CONGRÈS

DES

SOCIÉTÉS SAVANTES DE PROVENCE

MARSEILLE

(31 Juillet — 2 Août 1906).

COMPTES-RENDUS ET MÉMOIRES

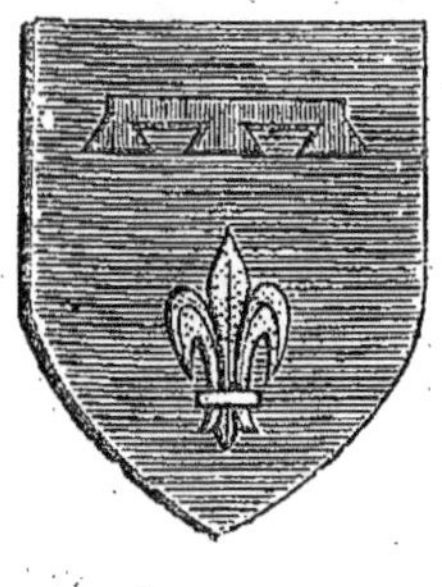

<table>
<tr><td>AIX-EN-PROVENCE
A. DRAGON, Libraire,
1, Place des Prêcheurs, 1.</td><td>MARSEILLE
P. RUAT, Libraire.
54, Rue Paradis, 54.</td></tr>
</table>

1907

CONGRÈS

DES

Sociétés Savantes de Provence

1906

CONGRÈS

DES

Sociétés Savantes de Provence

MARSEILLE

(31 Juillet - 2 Août 1906).

COMPTES-RENDUS ET MÉMOIRES

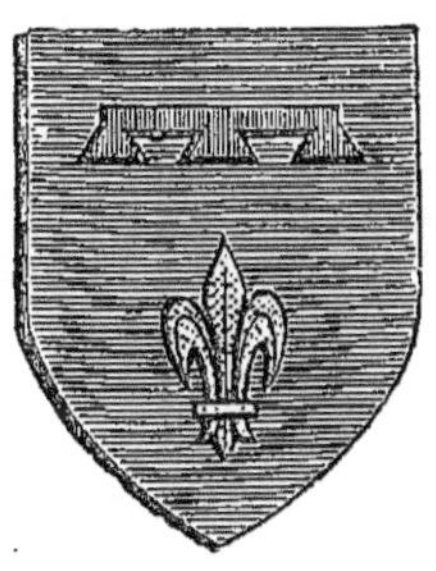

Deux membres de la *Société d'Études Provençales,* un dimanche d'octobre 1905, s'entretenant de l'Exposition Coloniale de Marseille, qui s'annonçait comme la manifestation la plus éclatante de la vitalité de notre grand port méditerranéen, envisagèrent les avantages qu'il y aurait à réunir à Marseille, à cette occasion, un Congrès des Sociétés savantes de Provence.

Il leur parut, tout d'abord, que ce Congrès serait, pour ainsi dire, la synthèse des efforts accomplis par tous les groupements qui se sont donné la tâche de faire mieux connaître, sous tous ses aspects, ce grand et beau pays.

Ils y virent, en outre, une occasion de cimenter l'union qui doit régner entre des groupes concourant au même but, et d'inaugurer, en cette circonstance solennelle, une série de congrès provençaux qui pourraient, à l'avenir, se renouveler successivement dans chacune des villes de la région.

Leurs amis, auxquels ils firent part de cette idée, les encouragèrent vivement à la mettre à exécution. Les secrétaires-correspondants de la *Société d'Études Provençales,* pressentis sur l'accueil que cette idée recevrait dans leur milieu, répondirent, tous, par un avis favorable.

Le Bureau de cette Société, dans sa réunion du dimanche 25 novembre 1905, saisi d'une proposition dans ce sens, décida, à l'unanimité, de prendre l'initiative de ce Congrès et présenta un projet à l'Assemblée générale du 9 décembre suivant qui, l'approuvant sans réserve, désigna, séance tenante, plusieurs de ses membres pour faire partie du Comité d'initiative.

Il n'y avait pas de temps à perdre. Un programme, aussitôt élaboré, fut publié dans le numéro de janvier-février 1906 des *Annales de la Société d'Études Provençales* et, tiré à part à mille exemplaires, il fut répandu dans toute la Provence et les régions circonvoisines.

En même temps, cette idée d'un Congrès provençal était soumise à M. J. Charles-Roux, commissaire général de l'Exposition Coloniale, à l'Académie de Marseille, à l'Académie d'Aix et à quelques autres Corps savants de la région. Partout, elle fut accueillie avec faveur.

Un Comité d'initiative, composé de membres de la *Société d'Études Provençales*, de l'Académie d'Aix et de l'Académie de Marseille, se forma immédiatement en vue d'arrêter les lignes générales du projet. Dans une réunion tenue à Marseille, au siège de l'Académie, le jeudi 3 mai, ce Comité décida d'envoyer à toutes les Sociétés de la Provence et des régions circonvoisines une circulaire les invitant à donner leur adhésion au Congrès, à désigner des délégués pour faire partie du Comité d'organisation et à se faire représenter, autant que possible, à une réunion de ce Comité qui devait avoir lieu, le jeudi 17 mai, au siège de l'Académie de Marseille, afin d'arrêter les bases de l'organisation.

A cet appel, les Sociétés répondirent nombreuses, et désignèrent, chacune, un ou plusieurs délégués.

A la réunion du 17 mai, à laquelle assistaient des représentants de la plupart des Sociétés de Marseille et des villes voisines, le Comité d'organisation, définitivement constitué, élut les Membres de son Bureau, fixa la date de l'ouverture du Congrès au 1er août et sa durée à deux ou trois jours, suivant le nombre des communications, décida qu'une nouvelle circulaire serait envoyée aux intéressés pour porter cette organisation à leur connaissance, et chargea le Bureau de régler les détails qui n'auraient pas été prévus par l'Assemblée.

Entre temps, M. le Ministre de l'Instruction publique, des Beaux-Arts et des Cultes, à qui notre projet avait été soumis, voulut bien, afin de manifester la sympathie que lui inspirait cette tentative de décentralisation, déléguer M. Belin, recteur de l'Académie d'Aix-Marseille, pour l'y représenter.

De son côté, le Conseil général des Bouches-du-Rhône témoignait un vif désir de voir réussir notre entreprise et votait une subvention de 500 francs pour faire face aux frais d'organisation du Congrès.

S. A. S. le Prince Albert Ier de Monaco, sollicité de prendre part à cette manifestation de la vie intellectuelle en Provence, avait désigné pour l'y représenter officiellement M. L.-H. Labande, archiviste de la Principauté.

Enfin, MM. J. Charles-Roux, commissaire général de l'Exposition Coloniale ; Foncin, inspecteur général de l'Instruction publique ; Frédéric Mistral, incarnation vivante du génie provençal ; R. de Saint-Arroman, chef du bureau des Sociétés savantes au Ministère de l'Instruction publique, voulurent bien prendre le Congrès sous leur patronage et en accepter la Présidence d'honneur.

Tout ainsi arrêté, il ne restait qu'à passer à l'exécution. Les Compagnies de chemins de fer accordèrent aux Congressistes, pour se rendre à Marseille, une remise de 50 o/o sur les prix de leur tarif général ; l'Administration de l'Exposition Coloniale mit gratuitement à leur disposition des cartes d'entrée permanente à l'Exposition pendant la durée du Congrès.

Dans une dernière réunion du Bureau et du Comité d'organisation tenue au siège de l'Académie de Marseille, le vendredi 20 juillet, il fut décidé que le Congrès s'ouvrirait le mercredi 31 juillet et se clorait le jeudi 2 août. La séance d'ouverture et celle de clôture devaient avoir lieu dans la salle des fêtes, au Grand Palais de l'Exposition, et les séances pour la lecture et la discussion des mémoires dans les salles et amphithéâtres de la Faculté des sciences mis gracieusement à la disposition du Congrès par M. Charve, doyen de la Faculté. Les présidents, vice-présidents et secrétaires furent désignés pour chacune des sections, dont le nombre fut fixé à quatre : archéologie ; histoire ; langue et littérature provençales, folklore, familles, beaux-arts ; sciences économiques et sociales, sciences physiques et naturelles, géographie.

Cependant, les mémoires arrivaient nombreux, plus nombreux qu'on eût osé l'espérer. Ils atteignirent, à quelques unités près, le chiffre de 100.

Un programme définitif, avec liste des communications, fut adressé, en date du 25 juillet, à tous ceux qui avaient donné leur adhésion.

Enfin, l'ouverture du Congrès eut lieu au jour et à l'heure fixés devant une assistance où l'on remarquait des érudits, des archéologues, des littérateurs, amenés à Marseille autant par l'attrait du Congrès que par celui de l'Exposition.

Les séances, à la Faculté des sciences, furent en général bien suivies et fort animées. Des échanges de vues féconds se produisirent et des relations solides se nouèrent entre des gens qui, pour la plupart, se connaissaient déjà par leurs travaux, mais qui étaient heureux d'entrer en rapports plus intimes.

Le jour de la clôture, un banquet réunissait au restaurant de la Plage une quarantaine de Congressistes. Au dessert, pendant que l'escadre simulait l'attaque de Marseille, de nombreux toasts furent portés.

Quelques heures après, tous se réunissaient une dernière fois dans la salle des fêtes du Grand Palais de l'Exposition pour entendre et applaudir un intéressant discours de M. Arnaud d'Agnel sur l'utilité pour la ville intellectuelle en Provence d'un Congrès périodique des Sociétés savantes et une enlevante allocution de M. J. Charles-Roux sur la décentralisation et la poésie provençale.

Puis les Congressistes se sont dispersés, emportant le meilleur souvenir de ces assises scientifiques, où n'a cessé de régner la plus franche cordialité, et ont regagné leurs domiciles respectifs, en se disant non pas adieu, mais au revoir.

Car, dans une réunion plénière, tenue, sous la présidence de M. Belin, recteur de l'Académie, président du Bureau, dans le grand amphithéâtre de la Faculté des sciences, à l'issue de la dernière séance pour la lecture des mémoires, tous avaient voté pour le principe de la périodicité des Congrès des Sociétés savantes de la Provence,

Ainsi se trouve pleinement réalisé l'espoir des promoteurs du Congrès, puisqu'il a contribué à cimenter l'union entre tous les hommes et les groupes qui s'intéressent au passé comme au présent et à l'avenir de la Provence, et que ce Congrès s'annonce comme le premier d'une série qui se continuera, choisissant successivement pour siège chacune des villes de la Provence.

Le Secrétaire général,

F.-N. NICOLLET,
Professeur au lycée Mignet.

DOCUMENTS OFFICIELS

PROGRAMME

DU

CONGRÈS DES SOCIÉTÉS SAVANTES

DE PROVENCE (1).

Histoire.

1. Étudier les authentiques de reliques conservées dans les trésors de diverses églises provençales.

2. Signaler les cartulaires. les obituaires, les pouillés et en général les documents relatifs à l'histoire de la Provence conservés soit en dehors des dépôts publics, soit à l'étranger, notamment en Espagne et en Italie.

3. Rechercher dans les textes diplomatiques antérieurs au milieu du xiiie siècle les surnoms ou sobriquets qui peuvent accompagner les noms de personnes.

4. Relever dans des chartes antérieures au xiiie siècle, et pour la région provençale, les noms des témoins ; les classer de manière à fournir les indications précises pour aider à la chrono-

---

1 Il est bien entendu que par le terme *Provence*, revenant fréquemment au cours de ce programme, on a voulu indiquer toute la région de langue provençale (Comtat-Venaissin, comté de Nice, principautés d'Orange et de Monaco, et même Gapençais).

logie des documents qui ne sont pas datés. — Établir et justi
fier la chronologie des fonctionnaires ou dignitaires civils ou
ecclésiastiques dont il n'existe pas de listes suffisamment
exactes.

5. Signaler dans les archives et dans les bibliothèques les
pièces manuscrites ou les imprimés rares qui contiennent des
textes inédits ou peu connus de chartes de communes ou de
coutumes.

6. Étudier l'administration d'une commune sous l'ancien régime, en Provence, à l'aide des registres des délibérations et
des comptes communaux. Définir les fonctions des officiers
municipaux et déterminer le mode d'élection, la durée des
fonctions, le traitement ou les privilèges qui y étaient attachés.

7. Établir, à l'aide des anciens registres de comptes, des registres cadastraux et autres documents, et pour une période
déterminée antérieure à la Révolution, quelles étaient les sources de revenus d'une commune ou d'une communauté.

8. Signaler pour les xiiiᵉ et xivᵉ siècles, les listes de vassaux
ou les états de fiefs mouvants d'une seigneurie ou d'une église
quelconque ; indiquer le parti qu'on en peut tirer pour l'histoire féodale et pour la géographie historique.

9. Registres paroissiaux antérieurs à l'établissement des registres de l'état-civil ; mesures prises pour leur conservation ;
services qu'ils peuvent rendre pour l'histoire des familles ou
des pays, pour les statistiques et pour les autres questions économiques.

10. Chercher dans les registres de délibérations communales
et dans les comptes communaux les mentions relatives à l'instruction publique : subventions, nominations, listes de régents,
matières et objet de l'enseignement, méthodes employées.

11. Donner des renseignements sur les livres liturgiques
(bréviaires, diurnaux, missels, antiphonaires, manuels, pro-
cessionaux, etc.) imprimés avant le xviiᵉ siècle, à l'usage d'un
diocèse, d'une église ou d'un ordre religieux.

12. Recueillir les renseignements qui peuvent jeter de la lumière sur l'état du théâtre, sur la production dramatique et sur la vie des comédiens en Provence.

13. Étudier l'intérêt qu'ont, au point de vue historique et au point de vue pratique, les archives communales et hospitalières, ainsi que les moyens d'assurer leur conservation.

14. Exposer l'histoire d'une administration municipale de canton sous le régime de la Constitution de l'an III.

15. La grande peur dans un village ou une région de la Provence.

16. Les fédérations en 1789 et 1790.

17. Étudier, dans une commune, la question religieuse de 1789 à 1795. Les cultes de la Raison et de l'Être suprême.

18. Notices et documents inédits sur les représentants du peuple aux assemblées révolutionnaires.

19. Monographie d'un club, d'une société populaire.

20. La levée, la composition et l'organisation d'un bataillon de volontaires.

21. Étudier les variations de l'esprit public dans une commune, de la Révolution au Consulat.

22. Dresser la biographie et étudier sommairement l'œuvre littéraire d'un écrivain provençal (troubadour, troubaire ou félibre).

23. Signaler les textes provençaux inédits.

24. Étudier les artistes provençaux (c'est-à-dire originaires de la Provence ou étrangers y ayant travaillé) et les œuvres d'art, d'après les documents conservés dans les archives publiques ou particulières.

Archéologie.

25. Faire, pour chaque département, un relevé des sépultures préromaines en les divisant en deux catégories : sépultures par inhumation, sépultures par incinération.

26. Étudier les divinités indigètes d'après les monuments figurés et les monuments épigraphiques.

27. Faire connaître ce que les textes et les monuments antiques de tout genre peuvent apprendre sur l'industrie et le commerce dans la Gaule Narbonnaise à l'époque romaine.

28. Signaler les documents d'archives, les manuscrits anciens ou la correspondance des antiquaires des derniers siècles qui peuvent servir à établir l'âge ou l'histoire d'un monument archéologique déterminé.

29. Décrire les monuments grecs qui se trouvent dans les collections publiques ou privées, particulièrement de la région du Sud-Est ; en préciser la provenance.

30. Rechercher le tracé des voies romaines en Provence ; étudier leur construction ; signaler les bornes milliaires.

31. Dresser, pour la région du Sud-Est, des cartes générales ou partielles des monuments et des vestiges de monuments gallo-romains détruits ou conservés.

32. Rechercher les centres de fabrication de la céramique antique en Provence.

33. Dresser la nomenclature des chapelles romanes qui existent en Provence, soit dans un arrondissement soit dans un département.

34. Donner, avec plans, dessins et photographies à l'appui, la description des édifices de la période romane du moyen âge ; critiquer les dates qui ont été proposées pour ces édifices et vérifier leur exactitude.

35. Signaler les monuments antérieurs au XIᵉ siècle ; rechercher en particulier les inscriptions, les sculptures, les verres gravés, les objets d'orfèvrerie et les pierres gravées.

36. Cataloguer et décrire les monnaies mérovingiennes provenant d'ateliers provençaux conservées dans les collections publiques ou privées.

37. Signaler les documents inédits relatifs au monnayage de René d'Anjou, des archevêques d'Arles et des princes d'Orange.

38. Décrire les sceaux conservés dans les archives publiques ou privées de Provence ; accompagner cette description de moulages ou au moins de photographies.

39. Faire par région, par ville, ou par édifice, le recueil des pierres tombales et inscriptions diverses, publiées ou non ; accompagner ce recueil, autant que possible, d'estampages ou de dessins.

40. Étude sur un point du droit public ou privé de la Provence.

41. Signaler les usages locaux se rattachant originairement à l'ancien droit provençal.

Sciences économiques et sociales.

42. Esquisser l'histoire d'une école centrale, d'un lycée ou d'un collège communal.

43. L'enseignement primaire dans une commune pendant une période déterminée : sous l'ancien régime, pendant la Révolution, sous le premier Empire, etc.

44. Rechercher, dans la région du Sud-Est, et pendant une période déterminée, l'effort de la population rurale pour acquérir la terre.

45. Du développement et du fonctionnement des syndicats agricoles et des unions de syndicats agricoles en Provence.

46. Étudier l'origine et le rôle politique et social des confréries du Saint-Esprit en Provence.

47. Exposer les délibérations prises par l'assemblée générale des communautés de Provence relatives à l'abolition de la mendicité.

48. Situation économique et sociale d'un département en 1848 (On en trouvera les éléments dans l'*Enquête industrielle et agricole* prescrite par le gouvernement provisoire, le 25 mai 1848).

49. Les sociétés charitables.

50. Faire connaître les attributions et le fonctionnement de l'administration des vigueries.

51. Étude du folk-lore provençal (chansons, usages, traditions, ustensiles, etc.)

52. Recherches historiques sur le commerce de Marseille.

53. Étude historique sur les industries particulières à la Provence et au Comtat (papeterie, verrerie, faïencerie, filature, etc.).

54. Documents sur le commerce des Italiens et des Catalans en Provence.

55. Relations de la Provence avec les côtes barbaresques ; la traite des esclaves maures ou nègres.

Sciences.

56. Essai d'une tectonique générale des Alpes, d'après les travaux les plus récents.

57. Constitution géologique de la Méditerranée entre la France, la Corse et l'Algérie.

58. Description des Bryozoaires miocènes de la Provence.

59. De l'avenir des gisements de lignite et de bauxite de la Provence.

60. Les arts agronomiques en Provence.

61. Ethnologie et géologie des colonies françaises.

62. Minéraux que l'on rencontre en Provence. Examen spécial de leurs gisements. Importance industrielle.

63. Monographies relatives à la faune et à la flore de la Provence.

64. Étude géologique et biologique des cavernes (état actuel et vestiges préhistoriques).

65. Étude sur les sanatoria en Provence.

Géographie.

66. Signaler les documents géographiques manuscrits relatifs à la Provence (textes et cartes) qui peuvent exister dans les bibliothèques publiques et les archives départementales, communales ou particulières. — Inventorier les cartes locales anciennes, manuscrites et imprimées ; cartes de diocèses, de provinces, plans de villes, etc.

67. Étudier la toponymie d'une commune ou d'une région de la Provence ; rechercher les formes originales des noms de lieux et les comparer à leurs orthographes officielles (cadastre, carte d'état-major, almanach des postes, cachets de mairie, etc.). Compléter la nomenclature des noms de lieux en relevant les noms donnés par les habitants aux divers accidents du sol (montagnes, cols, vallées, etc.) et qui ne figurent pas sur les cartes.

68. Déterminer les limites et dresser des cartes des anciennes circonscriptions diocésaines, féodales, administratives, etc., de la Provence ; faire la carte particulière des possessions d'une abbaye ou d'une maison seigneuriale de Provence (sauf pour la maison de Baux, déjà étudiée par le Dr Barthélemy).

69. Voies anciennes à travers la région provençale (routes commerciales et chemins de transhumance).

70. Modifications anciennes et actuelles des côtes de Provence.

71. Biographies des anciens voyageurs provençaux.

72. Étude sur le déboisement et le reboisement en Provence.

73. Dans quel pays vont les émigrants d'une commune ou d'un canton ou d'un arrondissement déterminés ? A quelles occupations se livrent-ils de préférence ?

74. De quel pays de la Provence ou des régions voisines sont originaires les colons ou les émigrants d'un centre déterminé de l'Algérie ou de la Tunisie ? (Donner autant que possible les noms et prénoms avec les détails d'état-civil des premiers immigrants).

75. Biographie d'un émigrant s'étant distingué par son intelligence, ses aptitudes, etc. ?

76. Immigration corse, italienne, catalane sur les côtes de Provence (Spécialement pour l'immigration italienne étudier l'influence des nouvelles lois internationales sur le mouvement de la population et de l'épargne).

PREMIÈRE CIRCULAIRE

Adressée par le Comité d'initiative à MM. les Présidents des Sociétés savantes de la région provençale et des régions circonvoisines.

CONGRÈS DES SOCIÉTÉS SAVANTES DE PROVENCE

A MARSEILLE

Marseille, le 5 mai 1906.

MONSIEUR LE PRÉSIDENT,

A l'occasion de l'Exposition Coloniale de Marseille, manifestation grandiose de la vitalité du grand port méditerranéen, la *Société d'Études Provençales* a pensé qu'un Congrès des Sociétés Savantes de Provence et de la région circonvoisine serait l'affirmation, la synthèse des efforts accomplis par tous les groupements qui se sont donné la tâche de faire mieux connaître, sous tous ses aspects, ce grand et beau pays.

Cette idée d'un Congrès Provençal, soumise à l'Académie de Marseille, à l'Académie d'Aix et à quelques autres Corps savants de la région, a été favorablement accueillie partout.

Un Comité d'initiative, composé de membres de la Société d'Études Provençales, de l'Académie de Marseille et de l'Académie d'Aix, s'est immédiatement formé en vue d'arrêter les lignes générales du projet et prier toutes les Sociétés sœurs de vouloir bien donner leur adhésion.

Une réunion aura lieu le *jeudi 17 mai prochain, à 3 heures,* au siège *de l'Académie de Marseille*, rue Thiers, 40. Le Comité d'organisation y sera formé définitivement, de même qu'il sera procédé à l'élection du Bureau et à l'élaboration d'un programme définitif.

Nous avons donc l'honneur de vous prier instamment, Monsieur le Président, de vouloir bien inviter votre Société à donner, si elle ne l'a déjà fait, son adhésion au Congrès projeté qui aurait lieu vers le 1ᵉʳ août prochain. Il nous serait également fort agréable de la voir, si faire se peut, déléguer un de ses membres pour la représenter à la réunion du 17 mai, où seront arrêtées les bases de l'organisation.

Nous osons espérer que cette idée d'un congrès provençal si bienveillamment accueillie par M. Jules Charles-Roux, commissaire général de l'Exposition Coloniale, le sera également par votre Société qui y verra l'occasion de cimenter l'union qui doit régner entre des groupes concourant au même but, et d'inaugurer, en cette circonstance solennelle, une série de congrès provençaux qui pourront, à l'avenir, se renouveler successivement dans chacune des villes de la région.

Les adhésions et toutes communications utiles seront reçues par M. Fournier, secrétaire du Comité d'initiative, 2, rue Sylvabelle, à la Préfecture, Marseille.

Veuillez agréer, Monsieur le Président, l'assurance de nos sentiments les plus distingués et dévoués.

Le Comité d'initiative.

DEUXIÈME CIRCULAIRE

Adressée à Messieurs les membres des Sociétés savantes de la Provence et des régions circonvoisines.

CONGRÈS
DES
Sociétés Savantes de Provence
À MARSEILLE.

Marseille, le 20 mai 1906.

MONSIEUR,

Nous avons l'honneur de solliciter votre adhésion au *Congrès des Sociétés savantes de Provence* qui se réunira pour la première fois à Marseille le 1er août prochain, à l'occasion de l'Exposition Coloniale déjà ouverte dans cette ville.

Le Comité d'organisation, dont vous trouverez ci-après la composition, adresse un pressant appel aux membres des Sociétés savantes de la région provençale, des régions circonvoisines et des pays, comme la Corse, l'Algérie et la Tunisie, qui sont en rapports constants avec Marseille, métropole coloniale de la France. Il adresse le même appel aux membres des Sociétés Scientifiques des villes d'Espagne et d'Italie qui n'ont cessé d'entretenir avec la grande et noble ville des relations d'amitié, — d'une amitié remontant à une haute antiquité ou, tout au moins, au moyen âge, alors que la Provence, Naples, la Sicile et l'Anjou étaient sous le même sceptre politique.

En cette terre de Provence si riche de souvenirs historiques, au passé si brillant et coloré, nombreux sont les groupes savants : Académies, Sociétés Historiques, Littéraires, Scientifiques, Félibréennes, etc., ayant le même but, mais s'ignorant parfois, ou se connaissant à peine, faute d'occasions de se réunir, de mettre en commun le fruit de leurs labeurs.

Il a paru que l'Exposition Coloniale de Marseille, demeurant par plusieurs côtés une manifestation essentiellement provençale, était une occasion unique de réunir tous les groupes provençaux ou amis de la Provence, et affirmer ainsi magnifiquement la vitalité de notre petite patrie, sous ses formes si variées, si intéressantes, si dignes, à tous égards, d'être mises en pleine lumière.

Un Congrès était la forme la plus propre à atteindre ce but. L'ambition du Comité d'organisation serait pleinement satisfaite si chaque Société se trouvait représentée par un grand nombre de membres dont la présence au Congrès et la participation effective par des communications nombreuses et intéressantes sont les éléments essentiels de succès.

Telles sont, Monsieur, les raisons qui nous font insister pour avoir votre adhésion, celle de tous les savants qui, Provençaux d'origine, habitants ou amis de la Provence, s'intéressent à ce qui touche ce grand et beau pays où naquit un grand mouvement décentralisateur qui a gagné les autres provinces.

Le Congrès des Sociétés Savantes de Provence sera lui-même une manifestation décentralisatrice, qui pourra ultérieurement se poursuivre dans d'autres villes de la région, et dont la pleine réussite est assurée, si ces Sociétés, en tant que groupes constitués, et leurs membres individuellement, veulent bien associer leurs efforts aux nôtres, assurer le succès du Congrès par l'apport de leurs connaissances.

Nous vous demandons donc avec instance votre adhésion et votre participation, à l'aide d'une étude personnelle sur l'un des sujets figurant au programme déjà distribué aux Sociétés Savantes, ou sur toute autre question à votre choix, pourvu qu'elle ait un caractère provençal.

Vous trouverez ci-après, en outre de la composition du Comité d'organisation, des indications pratiques relatives au Congrès qui ne donnera lieu à *aucune cotisation*. Non seulement la

participation sera absolument gratuite, mais encore les adhérents bénéficieront de l'entrée gracieuse à l'Exposition Coloniale
pendant toute la durée du Congrès. Un volume des mémoires
présentés au cours de cette manifestation scientifique sera imprimé et témoignera de la science et de l'activité des groupes et
des savants provençaux.

Veuillez agréer, Monsieur, l'assurance de notre considération
la plus distinguée,

Le Président :

F. BELIN,

Recteur de l'Académie,
Officier de la Légion d'honneur.

Les Vice-Présidents :

Ch. VINCENS,	Dr Ph. AUDE,
Trésorier de l'Académie des Sciences, Lettres et Beaux-Arts de Marseille.	Médecin en chef de la Marine E. R. Officier de la Légion d'honneur, Ancien Président de l'Académie d'Aix.
Paul ARBAUD,	P. MASSON,
Président de la Société d'Etudes Provençales.	Professeur à la Faculté des Lettres, Secrétaire général de l'Exposition Coloniale.

Le Secrétaire Général :	*Le Secrétaire Trésorier :*
F.-N. NICOLLET,	J. FOURNIER,
Professeur au Lycée Mignet.	Archiviste Adjoint des Bouches-du-Rhône.

NOTA. — La participation au Congrès est gratuite ; tout membre d'une
Société savante de Provence ou des régions circonvoisines peut assister
aux séances, y présenter des mémoires et prendre part aux discussions.
Les Dames sont admises. Les mémoires devront être parvenus au secréta-
riat du Congrès (2, rue Sylvabelle, Marseille), au plus tard, le 15 juillet.
Le sujet, s'il n'est pas pris dans le programme antérieurement publié,
devra être une question d'intérêt provençal. Un quart d'heure environ sera
accordé pour la lecture de chaque mémoire.

Le Congrès s'ouvrira le 1er août. Il comprendra deux séances générales,
d'ouverture (l'heure en sera indiquée par la presse) et de clôture, qui auront
lieu au Palais de l'Exposition, dans la salle des Congrès, et des séances de
section, qui auront lieu, soit à la Faculté des Sciences, soit au Lycée. La
durée ne pourra être fixée définitivement que lorsque l'on connaîtra le
nombre des communications qui seront faites. Le Congrès comprendra

trois sections : 1º Histoire, archéologie et sciences auxiliaires ; 2º Littérature et langue provençales et Beaux-arts ; 3º Sciences. Les présidents et secrétaires de chaque section seront désignés par le Bureau, après entente avec le Comité d'organisation.

Des démarches devant être faites auprès des Compagnies de transport pour obtenir aux Congressistes un tarif de faveur, nous vous prions de nous faire parvenir *le plus tôt possible* le bulletin d'adhésion ci-joint.

TROISIÈME CIRCULAIRE

Marseille, le 25 juillet 1906.

Monsieur.

Nous avons l'honneur de vous envoyer le programme définitif du *Congrès des Sociétés savantes de Provence*, qui se tiendra du 31 juillet au 2 août à Marseille.

Nous joignons à ce programme :

1° *Une carte d'entrée permanente* à l'Exposition coloniale
pour les personnes qui nous ont envoyé leur bulletin d'adhésion ;

2° *Une carte de voyage à demi-tarif* en chemin de fer sur le
réseau de la Compagnie P.-L.-M., pour les personnes qui nous
en ont fait la demande en temps voulu.

La Compagnie des chemins de fer du Sud de la France a
bien voulu accorder aussi le voyage à demi-tarif en faveur des
Congressistes. Aux termes de la lettre de M. le Directeur de
cette Compagnie du 15 juin, « il sera délivré aux membres du
Congrès des billets plein tarif à l'aller, et le retour s'effectuera
gratuitement sur la *présentation du billet d'aller qui sera laissé
entre les mains de chacun d'eux et d'un certificat du Président
du Congrès constatant que le titulaire s'est rendu audit Congrès. Des instructions seront données aux gares* ».

PROGRAMME DU CONGRES

Le mardi soir 31 juillet, à 5 heures précises, séance d'ouverture, à l'Exposition coloniale (Rond-point du Prado), dans la
salle des fêtes du Grand Palais Central, sous la présidence de

M. Belin, Recteur de l'Académie, Représentant de M. le Ministre de l'Instruction Publique, Président du Congrès.

Allocution par M. le Président.

Allocution par M. Labande, délégué officiel de S. A. S. le Prince de Monaco.

Lecture de l'étude de M. Camille Jullian, professeur au Collége de France, sur « *Les transformations des sociétés barbares de la Provence et le commerce de Marseille grecque* ».

Le même jour, à 9 heures du soir, dans l'enceinte de l'Exposition, grande fête de nuit avec illuminations, fontaines lumineuses, intéressantes vues des colonies reproduites par un puissant cinématographe.

Le mercredi 1er août, à 9 h. 1/2 du matin et à 2 h. 1/2 du soir, et le jeudi 2 août, à 9 h. 1/2 du matin, à la Faculté des sciences (allées des Capucines), séances des sections pour la lecture et la discussion des mémoires suivant l'ordre indiqué ci-après.

Le jeudi 2 août, à midi, banquet des Congressistes dans un restaurant de la plage du Prado (cotisation : 10 fr.).

Les personnes qui désirent y prendre part sont priées d'envoyer leur adhésion, dès maintenant, à M. J. Fournier, secrétaire-trésorier, 2, rue Sylvabelle, Marseille.

Le même jour, à 5 heures précises du soir, séance de clôture, à l'Exposition Coloniale, dans la salle des fêtes du Grand Palais Central.

Discours sur l'utilité pour la vie intellectuelle en Provence d'un Congrès périodique des Sociétés savantes, par M. Arnaud d'Agnel, délégué de la Société de statistique de Marseille.

Discours par M. Jules Charles-Roux, président d'honneur du Congrès, commissaire général de l'Exposition coloniale.

La tenue pour toutes les séances et pour le banquet est le costume de ville.

La direction de l'Exposition Coloniale a bien voulu accorder aux Congressistes l'entrée gratuite à l'Exposition durant les trois journées du Congrès. Ceux qui n'auraient pas reçu leur

carte sont priés de la réclamer à M. Fournier, à l'adresse indiquée ci-dessus.

Les tramways conduisant au Rond-point du Prado, partent
du cours Saint-Louis toutes les 5 minutes et portent en gros caractères l'indication Exposition coloniale sur banderole verte.

Les Congressistes qui désireraient des renseignements complémentaires sont priés de les demander dès maintenant par
lettre ou dans la journée du mardi 31 juillet de vive voix, à M.
Fournier, à l'adresse indiquée ci-dessus.

Toutes autres dispositions antérieurement annoncées sont
annulées.

DÉLÉGUÉS OFFICIELS
PRÉSIDENTS D'HONNEUR
BUREAU ET COMITÉ D'ORGANISATION

Représentant de M. le Ministre de l'Instruction publique.

M. F. BELIN, recteur de l'Académie.

Représentant de S. A. S. le Prince de Monaco

M. L.-H. LABANDE, archiviste de la Principauté, inspecteur
divisionnaire pour toute la Provence de la Société française
d'archéologie.

PRÉSIDENTS D'HONNEUR

MM. J. CHARLES-ROUX, commissaire général de l'Exposition
Coloniale.
FONCIN, inspecteur général de l'Instruction publique.
Frédéric MISTRAL.
R. DE SAINT-ARROMAN, chef du bureau des Sociétés savan-
tes au Ministère de l'Instruction publique.

BUREAU

Président : M. F. BELIN, recteur de l'Académie.

Vice-Présidents : MM. Paul ARBAUD, président de la Société
d'Études provençales.

D' Philippe AUDE, médecin en chef de
la marine E. R., ancien président
de l'Académie d'Aix.

Paul MASSON, professeur à la Faculté
des Lettres d'Aix, secrétaire général de l'Exposition Coloniale.

Charles VINCENS, trésorier de l'Académie de Marseille.

Secrétaire général : M. F.-N. NICOLLET, professeur au lycée
Mignet.

Secrétaire-trésorier : M J. FOURNIER, archiviste adjoint des
Bouches-du-Rhône.

COMITÉ D'ORGANISATION

MM. les Membres du Bureau et les Secrétaires-correspondants
de la Société d'Études Provençales qui a pris l'initiative du
Congrès :

MM.

ARNAUD, professeur au lycée Mignet, de la Société d'histoire de
la Révolution.

ARNAUD D'AGNEL, de la Société de statistique de Marseille.

ASTIER (E.), de l'Association des Sylviculteurs de Provence.

BARETY (D'), de l'Academia Nissarda.

BERNARD (D'), de la Société scientifique, littéraire et des beaux-
arts de Cannes.

CAILLEMER, professeur à la Faculté de droit d'Aix, de la Société
d'Études provençales.

CAUVIN, de la Société scientifique et littéraire des Basses-
Alpes.

CLAUZEL (P.), de l'Académie de Nîmes.

CUGNY (Léon), de l'Alliance scientifique universelle.

DELIBES (E.), de la Société de géographie et d'études coloniales
de Marseille.

DOUBLET (G.), de la Société des lettres, sciences et arts des
Alpes-Maritimes.

DRAGEON, de l'Académie du Var.

FOURNIER (J.), de la Société de géographie et d'études coloniales de Marseille.

GANTELMI D'ILLE (Marquis DE), de l'Académie d'Aix.

GÉRIN-RICARD (Comte DE), de la Société archéologique de Provence.

GRANET, de la Société archéologique de Montpellier.

GUÉRIN, de la Société d'horticulture et de botanique des
Bouches-du-Rhône.

GUILLIBERT (Baron Hippolyte), de l'Académie d'Aix.

JOLEAUD, de l'Académie de Vaucluse.

LABANDE, de l'Académie de Vaucluse.

LACAZE-DUTHIERS, de la Société des amis du Vieil-Arles.

LACOSTE, de l'Académie du Var.

LAVAL (Dr), de l'Académie de Vaucluse.

LÉOTARD (J.), de la Société de géographie et d'études coloniales
de Marseille.

LIVON (Dr), de l'Académie de Marseille.

MASSON (P.), de la Société d'Études provençales.

MICHEL, de la Société d'Études des Hautes-Alpes.

MIRETY-SANS, secrétaire de la Real Academia de Buenas Letras
de Barcelona (Espagne).

MOREL-REVOIL, de la Société des architectes des Bouches-du-
Rhône.

PARY. de l'Association des Sylviculteurs de Provence.

POUPÉ (E.), de la Société d'Études de Draguignan.

RAIMBAULT (M.), de l'Escolo de la Mar.

Servian, de l'Académie de Marseille.
Vincens (Ch.), de l'Académie de Marseille.

SOCIÉTÉS
ayant adhéré au Congrès.

Académie des Sciences, Agriculture, Arts et Belles-Lettres d'Aix.
Académie des Sciences, Lettres et Beaux-Arts de Marseille.
Académie des Sciences et Lettres de Montpellier.
Académie de Nîmes.
Academia Nissarda.
Académie du Var.
Académie de Vaucluse.
Alliance scientifique universelle (Association internationale des hommes de science). Comité central de France.
Association des Sylviculteurs de Provence.
Escolo de Lar, d'Aix.
Escolo de Lerin, de Cannes.
Escolo de la Mar, de Marseille.
Escolo Mistralenco, d'Arles.
Escolo de la Targo, de Toulon.
Real Academia de Buenas Letras, de Barcelone.
Regia deputazione di storia patria, de Turin.
Società ligure di storia patria, de Gênes.
Société des Amis du Vieil-Arles.
Société archéologique de Provence.
Société archéologique de Montpellier.
Société archéologique, scientifique et littéraire de Béziers.
Société des Architectes des Bouches-du-Rhône.
Société d'Études historiques, scientifiques et littéraires des Hautes-Alpes.
Société d'Études provençales.
Société d'Études scientifiques et archéologiques de Draguignan.

Société d'horticulture et de botanique des Bouches-du Rhône.
Société de Géographie et d'Études coloniales de Marseille.
Société des lettres, sciences et arts des Alpes-Maritimes.
Société scientifique, littéraire et des beaux-arts de Cannes.
Société scientifique et littéraire des Basses-Alpes.
Société de Statistique de Marseille.

MEMBRES DES SOCIÉTÉS

ayant donné leur adhésion personnelle.

MM.

ALEZAIS (Henri), docteur en médecine, professeur suppléant à l'École de médecine et de pharmacie, 3, rue d'Arcole, Marseille.

ARBAUD (Paul), président de la Société d'Études provençales, 2, rue du Quatre-Septembre, Aix-en-Provence.

ARNAUD (François), correspondant du Ministère, ancien notaire, Barcelonnette (B.-A.).

ARNAUD (G.), de la Société d'histoire de la Révolution, 7, rue Mignet, Aix-en-Provence.

ARNAUD D'AGNEL, de la Société archéologique de Provence, 10, rue Montaux, Marseille.

ARTAUD (Adrien), président de la Société des sciences économiques, rue Tranier prolongée, Marseille.

ASTIER (Émile), secrétaire général de l'Association des sylviculteurs de Provence, Marseille.

ASTIER (Jean-Baptiste), de l'Escolo de la Mar, 46, boulevard du Jardin zoologique, Marseille.

AUBERT (Louis), de l'Escolo Mistralenco, 5, chemin de Griffeuille, Arles.

AUDE (Dr Philippe), ancien président de l'Académie d'Aix, 1, rue du Lycée, Aix-en-Provence.

AUDE (Édouard), de l'Académie d'Aix, secrétaire-archiviste de

la Société d'Études provençales, conservateur de la bibliothèque Méjanes, Aix-en-Provence.

Auzivizier (Clément), secrétaire-correspondant de la Société
d'Études provençales, rue des Lanciers, Brignoles.

Baréty (Alexandre), président de l'Academia Nissarda, 31, rue
Cotta, Nice.

Barré (Henri), trésorier de la Société de Géographie et d'études
coloniales de Marseille, membre de la Société de statistique, bibliothécaire de la ville.

Belin (F.), de l'Académie d'Aix, Recteur de l'Académie, 23,
rue Gaston-de-Saporta, Aix-en-Provence.

Bernard (Dr C.), vice-président de la Société scientifique, littéraire et des beaux-arts de Cannes, 2, quai Saint-Pierre.

Bertrand (Marie), cabiscol de l'Escolo de Lerin, secrétaire-
correspondant de la Société d'Études provençales, sous-
bibliothécaire archiviste de la ville de Cannes.

Bigot (Paul-Henri), membre de la Société scientifique et litté-
raire des Basses-Alpes, secrétaire-correspondant de la
Société d'Études provençales, professeur au Collège de
Manosque, 29, rue du Quatre-Septembre.

Bouillon-Landais (Louis-Paul-Marie), correspondant des Sociétés des beaux-arts des départements, à Saint-Menet,
près Marseille.

Bourges (Chanoine), de l'Escolo de Lar, aumônier des Hospices, Aix-en-Provence.

Bourrilly (Joseph), cabiscol de l'Escolo Mistralenco, 20, rue
Molière, Arles.

Bourrilly (L.), de l'Académie du Var, inspecteur primaire,
Toulon.

Bourrilly (V.-L.), secrétaire-correspondant de la Société d'Études provençales, docteur ès-lettres, professeur au Lycée,
Toulon.

Bout de Charlemont (Marie-Hippolyte), de la Société des gens
de lettres et de la Société archéologique de Provence, Aubagne (B.-du-R.).

BRESC (Louis SIGAUD de), de l'Académie d'Aix, 2, rue Sallier, Aix-en-Provence.

BRUGUIER-ROURE, des Académies de Nîmes et de Vaucluse, inspecteur de la Société française d'archéologie à Pont-Saint-Esprit (Gard).

CAILLEMER (Robert), professeur agrégé d'histoire du droit à l'Université d'Aix-Marseille, actuellement à celle de Grenoble.

CAILLOL DE PONCY, président de la Société de photographie, 18, Chemin des Chartreux, Marseille.

CAMAU (Émile), de l'Académie de Marseille, 110, Cours Lieutaud.

CAMOUS (Louis), de la Société des lettres, sciences et arts des Alpes-Maritimes, médecin des hôpitaux, 2, rue de l'Opéra, Nice.

CARSIGNOL (Henry), de l'Académie du Var, curé, publiciste à la Moure-Garde-Freinet (Var).

CASTINEL (Dr Julien), de la Société d'Études provençales, 67, rue de la République, Marseille.

CAUVIN (C.), de la Société scientifique et littéraire des Basses-Alpes, secrétaire-correspondant de la Société d'Études provençales, professeur au Lycée Gassendi, Digne (B.-A.).

CHAILAN (Marcellin-Martin), de la Société des Amis du Vieil-Arles et de l'Académie de Nîmes, curé d'Albaron-en-Camargue.

CHAILLAN (Marius), de l'Académie d'Aix, correspondant du Ministère, curé de Septèmes (B.-du-R.).

CHAPERON (Jules), de la Société d'Études provençales, curé de la Martre, par Comps (Var).

CHARVE (Léon), de l'Académie de Marseille, doyen de la Faculté des sciences, 60, cours Pierre-Puget, Marseille.

CHEVALIER (Joseph-Alexandre-Toussaint), secrétaire de l'Escolo de la Mar, 10, boulevard de la Madeleine, Marseille.

CLERC (Michel), de l'Académie de Marseille, directeur du musée archéologique, Château Borély, Marseille.

Constans (Léopold-Eugène), professeur à la Faculté des lettres de l'Université d'Aix-Marseille, 42, cours Gambetta, Aix-en-Provence.

Cotte (Charles), de la Société archéologique de Provence, notaire à Pertuis (Vaucluse).

Cotte (Gaston-Albert), docteur en médecine, 241, Boulevard National, Marseille.

Cotte (Jules), professeur à l'École de médecine, 175, Boulevard National, Marseille.

Curet (Eug.), avocat à la Cour d'Aix-en-Provence.

Crémieux (Adolphe), professeur au Lycée de Marseille, chargé du cours d'histoire de la Révolution à l'Université d'Aix-Marseille, 41, rue Marengo, Marseille.

Dauphin (Louis-C.), de la Société d'Études provençales, pharmacien naturaliste à Carcès (Var).

Dauphin (Honoré), de l'Escolo Mistralenco, Arles.

Davin (Paul-Marie), de la Société d'Études provençales, 10, place des Prêcheurs, Aix-en-Provence.

Decoppet (Emmanuel), directeur de l'École pratique d'agriculture de Valabre, Luynes, par Gardanne (B.-du-R.).

Delmas (Jacques), des Académies du Var et de Vaucluse, de la Société de statist. de Marseille, 8, rue Goudard, Marseille.

Delpech (Joseph-Antoine-Laurent), professeur agrégé de droit public à l'Université d'Aix-Marseille, 25, rue du Quatre-Septembre, Aix-en-Provence.

Destandau (Abel), de la Société des amis du Vieil-Arles, correspondant du Ministère, pasteur à Mouriès (B.-du-Rh.).

Dollieule (Frédéric), de l'Académie du Var, avocat, 116, rue Sylvabelle, Marseille, et Solliès-Pont (Var).

Donati (F.), secrétaire gén., du Syndicat agric. Bastia (Corse).

Doublet (Georges), président de la Société des lettres, sciences et arts des Alpes-Maritimes, professeur au lycée, villa Minerve, rue du Soleil, Nice.

Duprat (M.), de l'Académie de Vaucluse, professeur adjoint au lycée, Avignon.

FALGAIROLLE (Prosper), de la Société d'Études provençales, archiviste de la ville, Vauvert (Gard).

FASSIN (Émile), de la Société des amis du Vieil-Arles, conseiller à la Cour, boulevard du roi René, Aix-en-Provence.

FOURNIER (Joseph), de la Société de géographie et d'études coloniales, archiviste adjoint des Bouches-du-Rhône, correspondant du Ministère, Marseille.

GAFFAREL (Paul), de la Société d'Études provençales, professeur à l'Université d'Aix-Marseille, 295, rue Paradis, Marseille.

GANTELMI D'ILLE (marquis Charles DE), président de l'Académie d'Aix, 6, cours Mirabeau, Aix-en-Provence.

GAP (Lucien), de l'Académie de Vaucluse, instituteur public à Oppède (Vaucluse).

GÉRIN-RICARD (comte Henri DE), président de la Société de statistique de Marseille, 60, rue Grignan, Marseille.

GERMANET (Frédéric), de la Société d'Études provençales, professeur de sténographie, cours Mirabeau, Aix-en-Provence.

GOBY (Paul), de la Société des Alpes-Maritimes, secrétaire-correspondant de la Société d'Études provençales, 5, boulevard Victor-Hugo, Grasse.

GUÉBHARD (Dr Adrien), ancien président de la Société des lettres, sciences et arts des Alpes-Maritimes, à Saint-Vallier-de-Thiey (Alpes-Maritimes).

GUENDE (Charles), professeur à l'École de médecine, 2, rue Montaux, Marseille.

GUÈS (Antonin), de la Société d'Études provençales, propriétaire à Salon (B.-du-Rh.).

GUILLIBERT (baron Hippolyte), secrétaire perpétuel de l'Académie d'Aix, 10, rue Mazarine, Aix-en-Provence.

Mlle HOUCHART (Eugénie), de l'Académie de Vaucluse, 14, rue d'Italie, Aix-en-Provence.

HOUCHART (Victor-Aurélien), de la Société d'Études provençales, propriétaire-viticulteur au Tholonet, près Aix-en-Provence.

Imbert (Dr Léon), professeur à l'Ecole de médecine, 2, cours
du Chapitre, Marseille.

Jarrie (G. de), de la Société d'Études provençales, 38, rue d'Antibes, Cannes.

Jaubert (Dominique), de l'Académie du Var, avocat, 14, rue
Peiresc, Toulon.

Jullian (Camille-Louis), professeur au Collège de France.

Julien (Fortuné-Toussaint), professeur en retraite, 16, traverse
Bressier, Aix-en-Provence.

Labande (L.-H.), de l'Académie de Vaucluse, archiviste de la
Principauté, Monaco.

Labroue (Henri), professeur agrégé d'histoire au lycée de Toulon, 43, rue Nationale.

Lacaze-Duthiers (Étienne), vice-président de la Société des
amis du Vieil-Arles, 11, rue Vauban, Arles.

Lacoste (Charles-Ernest), des Académies d'Aix et du Var,
11 *bis*, place du Quatre-Septembre, Aix-en-Provence.

Latune (Charles), de la Société d'Études provençales, avocat,
39, rue Saint-Ferréol, Marseille.

Laval (Dr Victorin), ancien président de l'Académie de Vaucluse, 18, rue de la Croix, Avignon.

Léotard (Jacques), secrétaire général de la Société de géographie et d'études coloniales de Marseille.

Lieutaud (Auguste), président de la Société des amis du Vieil-
Arles, 4, rue de la Monnaie, Arles.

Livon (D^r Ch.), directeur de l'Institut antirabique de Marseille,
correspondant national de l'Académie de médecine, 14,
rue Peirier, Marseille.

Malaussène (J.-E.), juge-suppléant au tribunal de Grasse, actuellement juge au tribunal de Semur.

Manteyer (Georges de), de la Société d'Études des Hautes-
Alpes, au château de Manteyer, par la Roche-des-Arnauds
(Hautes-Alpes).

Martin (Charles), de l'Escolo de Lar, négociant, 15, cours des
Arts et Métiers, Aix-en-Provence.

Masson (Paul), de l'Académie de Marseille, professeur à la Faculté des lettres, 2, place Leverrier, Marseille.

Maurel (J.), de la Société scientifique et littéraire des Basses-Alpes, curé de Valernes (Basses-Alpes).

Mer (Georges), docteur en droit, receveur des contributions aux Mées (Basses Alpes).

Michel (Joseph), secrétaire de la Société d'Études des Hautes-Alpes, place Saint-Arnoux, Gap.

Mille (Marie-Jérôme), vice-président de la Conférence du stage, avocat, rue Cellony, 42, Aix-en-Provence.

Mirety-Sans (Joaquin), secrétaire de la Réal Academia de Buenas Letras de Barcelona, Espagne.

Monné (Jean), directeur du *Felibrige*, 41, rue Thomas, Marseille.

Montricher (de), de l'Académie de Marseille.

Moulin (Paul), de la Société d'Études provençales, 6, rue des Minimes, Marseille.

Mouttet (Ferdinand), de l'Académie du Var, notaire et maire de Signes, Var.

Nicollet (François-Napoléon), de la Société d'Études des Hautes-Alpes et de la Société d'Études provençales, 36, avenue Victor-Hugo, Aix-en-Provence.

Nicollet (Jean-Marie), de la Société d'Études des Hautes-Alpes, juge de paix à la Bâtie-Neuve (Hautes-Alpes).

Pary, de l'Association des sylviculteurs de Provence, Marseille.

Pellissier (Henri), de la Société astronomique de France, négociant, 4, rue du Trésor, Aix-en-Provence.

Perdrix (Louis-Léon), professeur de chimie à la Faculté des sciences, 6, rue des Minimes, Marseille.

Pillard (d'Arkaï), ancien élève de l'École spéciale des langues orientales et de l'École libre des sciences politiques, publiciste, Golfe-Juan (Alpes-Maritimes).

Poupé (Edmond), de la Société d'Études de Draguignan, 20, boulevard de l'Esplanade, Draguignan.

Pᴀɴɪꜱʜɴɪᴋᴏꜰꜰ (Ivan), de la Société des amis du Vieil-Arles, artiste-peintre, aux Saintes-Maries (B.-du-Rh.).

Rᴀɪᴍʙᴀᴜʟᴛ (Maurice), cabiscol de l'Escolo de la Mar, sous-archiviste des Bouches-du-Rhône, 14, rue Montaux, Marseille.

Rᴀᴍᴘᴀʟ (Auguste), de la Société de géographie et d'études coloniales, avocat, rue Grignan, Marseille.

Rᴀɴᴄᴇ-Bᴏᴜʀʀᴇʏ (Antoine-Joseph), de la Société des lettres, sciences et arts des Alpes-Maritimes, 10, avenue de la Gare, Nice.

Rᴇʙᴏᴜʟᴇᴛ (capitaine), de l'Académie de Vaucluse, à Avignon.

Rᴇǫᴜɪɴ (abbé), de l'Académie de Vaucluse, 14, boulevard Victor-Hugo, Avignon.

Rᴇʏɴᴀᴜᴅ (Félix), archiviste en chef des Bouches-du-Rhône.

Rᴇʏɴᴀᴜᴅ ᴅᴇ Lʏǫᴜᴇꜱ (Gaston-Paul-Alexandre), de la Société d'Études de Draguignan, curé du Puget-sur-Argens (Var).

Rᴇʏɴɪᴇʀ (Alfred), botaniste, avenue de Vauvenargues, Aix-en-Provence.

Rɪᴘᴇʀᴛ ᴅᴇ Mᴏɴᴄʟᴀʀ (marquis François ᴅᴇ), de l'Académie de Vaucluse, au château d'Allemagne (Basses-Alpes).

Rɪᴠɪᴇ̀ʀᴇ (Jules), de l'Académie du Var, architecte, 15, avenue Vauban, Toulon.

Rᴏᴍᴀɴ (Joseph), de la Société d'Études des Hautes-Alpes, correspondant du Ministère, au château de Picomtal, Les Crottes, près Embrun (Hautes-Alpes).

Rᴏꜱꜱɪ (Girolamo), R. Ispettore degli scavi e monumenti della provincia di Porto-Maurizio, Ventimiglia.

Sᴀᴜᴠᴇ (Fernand), de l'Académie de Vaucluse, secrétaire-correspondant de la Société d'Études provençales, Apt (Vaucluse).

Sᴄʜᴀᴛᴢ (Albert), professeur agrégé à la Faculté de droit d'Aix, actuellement à celle de Dijon.

Sᴇ́ɢᴀʀᴅ (Charles-Marie-Joseph), président honoraire de l'Académie du Var, 10, place Puget, Toulon.

Tᴇɪꜱꜱᴇ̀ʀᴇ (V.), de la Société d'Études provençales, directeur de l'école communale, Trets (B.-du-R.).

Valérian (Isidore), de la Société d'Études provençales, archéologue, architecte, 35, boulevard de la République, Salon (B.-du-Rh.).

Valran (Gaston), secrétaire-général de la Société d'Études provençales, 56, cours Gambetta, Aix-en-Provence.

Vasseur, professeur à la Faculté des sciences, palais Longchamp, Marseille.

Vayssière, professeur à la Faculté des sciences de l'Université d'Aix-Marseille.

Verrier (Dr Eugène), délégué sur la Côte-d'azur de l'Alliance scientifique universelle, 8, rue Chabaud, Cannes.

Verrier (Paul), photographe d'art, même adresse.

Vesinne (Henri de), de la Société d'Études des Hautes-Alpes, ingénieur des arts et manufactures, Gap.

Vidal, de l'Académie d'Aix, majoral du Félibrige, cabiscol honoraire de l'Escolo de Lar, 'avenue Victor-Hugo, Aix-en-Provence.

Ville-d'Avray (le colonel Henry Thierry de), de la Société des lettres, sciences et arts des Alpes-Maritimes et de celle de Cannes, bibliothécaire et conservateur des musées, villa Casabianca, Cannes.

Vincens (Ch.), trésorier de l'Académie de Marseille, 9, rue Nicolas, Marseille.

PROCÈS-VERBAUX DES SÉANCES

SÉANCE D'OUVERTURE

La séance d'ouverture du Congrès eut lieu le mardi 31 juillet, à cinq heures précises, dans la salle des fêtes du Grand Palais de l'Exposition Coloniale, sous la présidence de M. F. Belin, recteur de l'Académie; délégué du Ministre de l'Instruction publique et président du Bureau. A ses côtés, avaient pris place MM. J. Charles-Roux, commissaire général de l'Exposition ; L.-H. Labande, délégué de S. A. S. le Prince de Monaco ; F.-N. Nicollet et J. Fournier, secrétaires du Congrès.

La salle avait été aménagée avec goût pour la circonstance par les ordres de M. Morel, le distingué administrateur de l'Exposition, et un excellent orchestre prêtait son concours.

M. F. Belin, président, proclama l'ouverture du Congrès, souhaita la bienvenue aux Congressistes et prononça l'allocution suivante :

ALLOCUTION DE M. BELIN

MESSIEURS,

Je suis, je vous l'avoue, quelque peu embarrassé pour vous souhaiter la bienvenue. Membre de la Société d'Études provençales et de l'Académie des arts, sciences et belles-lettres d'Aix, j'ai été, à ce double titre, choisi comme président du Comité d'initiative, qui a eu l'heureuse idée (il est quelquefois permis de se louer) de réunir, en un congrès, les Sociétés savantes de l'ancien Comté de Provence et terres adjacentes, comme on disait autrefois ; et, d'autre part, M. le Ministre de l'Instruction publique et des Beaux-Arts, applaudissant à notre hardie tentative de décentralisation, a bien voulu me charger de le représenter auprès de vous. J'ai donc deux visages, mais je n'en dois aujourd'hui montrer qu'un ; et c'est le confrère qui vous remercie bien sincèrement de nous avoir aidés à prouver à tous, Français et étrangers, à l'occasion de cette grandiose Exposition Coloniale, qui illustre une fois de plus la ville de Marseille et constitue un de ses titres nouveaux à la reconnaissance nationale, que l'activité intellectuelle, féconde et créatrice n'est point chose nouvelle en Provence ; que la Provence a eu, à toutes les époques de son histoire, le culte éclairé de l'art et de ses manifestations les plus diverses ; et que ceux qui portent aujourd'hui son nom à travers le monde, artistes ou poètes, savants ou érudits, négociants ou navigateurs, sont bien les fils de ceux dont vous avez retracé les gestes ou retrouvé les œuvres, jusqu'à vous ensevelies dans l'oubli.

Lors de notre dernière réunion à la Sorbonne, il n'y a pas quatre mois, un ministre éminent, ancien grand maître de l'Université, saluait en nous « la substance inaltérable de la population », ajoutant que nous étions « la bonne humeur et « la santé ; le travail tranquille et souriant ; la conscience et « l'impartialité ; la persévérance et la raison ». L'éloge était magnifique ; comme nous sommes modestes, nous ne l'avons accepté qu'en partie ; nous nous sommes, seulement, promis de le justifier chaque année. Vous n'avez pas, mes chers confrères, voulu attendre, pour le faire, la réunion annuelle de nos Sociétés savantes. A cette époque des vacances, si impatiemment attendues par nos familles, tout, pourtant, conspirait à vous retenir loin de la grande ville : la montagne ou la plage ; nos bois ombreux, quoi qu'on en dise, ou la bastide solitaire et éloignée, si chère à vos pères ; mais nous avons fait appel à votre ardent amour pour la Provence, à votre affection profonde, que sans cesse fortifient la raison et l'étude, pour cette terre privilégiée où le ciel est plus bleu, l'air plus limpide, la lumière plus éclatante, les cœurs plus prompts à se prendre, et vous êtes de tous côtés venus. Vous nous apportez à l'envi le résultat de vos patientes recherches, de vos investigations minutieuses, de ces travaux si intéressants et si neufs, qui nous apprennent à mieux connaître la petite patrie et à rendre une justice méritée à ceux qui, avant nous, l'ont servie, illustrée ou défendue. Qu'on parcoure la liste des communications promises, et l'on verra que rien de ce qui intéresse la Provence ne vous demeure étranger : qu'il s'agisse de l'époque qui a précédé la domination romaine ou des temps agités de notre Révolution ; — de notre administration municipale ou de la condition de nos maîtres d'école avant 1789 ; — des monuments chrétiens primitifs de la Provence ou des joyaux qui composaient le trésor de nos vieilles cathédrales; — du Consulat de la mer à Marseille au xiii⁰ siècle ou de la peste de 1720; — de ceux qui ont travaillé à la brillante renaissance de la langue provençale ou de ceux qui, à leur tour. prouvent par leurs découvertes que la science est toujours la grande bienfaitrice; et, dans ces essais, que je ne puis, à mon grand regret, énumérer tous, nulle préoccupation étrangère ne vient distraire votre sérénité : vous ne poursuivez que le vrai.

Mes chers confrères, arrivé presque au terme d'une carrière déjà longue. nul honneur ne pouvait autant me toucher que celui qui m'est échu aujourd'hui. J'éprouve un vrai sentiment de fierté à présider une assemblée composée de savants tels que vous, d'hommes d'étude ayant ancré au cœur le culte du sol natal, tout entiers à la tâche qu'ils se sont volontairement imposée pour le meilleur renom de leur province ou de leur cité, et trouvant dans la satisfaction d'un devoir librement accompli la plus haute récompense d'œuvres qui accroissent sans cesse le patrimoine intellectuel de la patrie. A votre façon, et ce n'est pas la moins bonne, vous servez la France avec un désintéressement qui vous honore, et qui, toujours, peut servir d'exemple.

En terminant, car les longs discours me font peur, j'estime qu'il est de mon devoir de vous dire que j'ai été profondément ému de l'accueil que vous m'avez réservé, et je tiens à vous en exprimer publiquement mes plus vifs sentiments de gratitude.

M. le Président donne ensuite la parole à M. Labande, délégué de S. A. S. le Prince de Monaco :

ALLOCUTION DE M. LABANDE

Messieurs,

Son Altesse Sérénissime le Prince Albert Ier de Monaco, sollicité par la Société d'Études provençales, organisatrice du Congrès, de se faire représenter à ces assises scientifiques, a daigné me faire l'honneur de m'y déléguer. La principauté de Monaco, depuis la plus haute antiquité, tient par trop de liens à la Provence, sa voisine, pour que son souverain, arrière-petit-fils des marquis des Baux, seigneurs de Saint-Remy, n'ait saisi avec empressement cette occasion de témoigner du haut intérêt qu'Il n'a cessé de porter à vos études scientifiques, archéologiques et historiques.

Il serait oiseux de rappeler ici combien Lui-même, par des travaux personnels qui Lui ont ouvert les portes de l'Institut de France, a contribué au progrès des sciences diverses comprises sous le nom d'océanographie, que le voisinage de la Méditerranée rend particulièrement utiles aux Provençaux. Et ces progrès ne feront désormais que s'accentuer, grâce à la magnifique fondation de l'Institut océanographique, à laquelle ont applaudi les savants du monde entier.

Vous n'ignorez pas non plus combien les recherches si ar-
dues et si compliquées sur la préhistoire provençale Lui sont
redevables par l'exploration méthodique et raisonnée, dirigée
par Lui, des grottes déjà fameuses de Baoussé-Roussé, et
par la création du Musée anthropologique de Monaco. La connaissance des premières manifestations de l'homme et de son
activité sur notre littoral s'est trouvée par là enrichie de documents de la plus haute importance, qu'un récent Congrès in-
ternational, tenu sous les auspices du Prince Albert Ier, a permis de vérifier et d'interpréter.

L'histoire de la Provence depuis le xie siècle ne doit-elle pas
encore à Sa bienveillance éclairée quelques-uns des volumes de
la collection de textes imprimés par Son ordre? Jusqu'ici, c'est
surtout la région la plus orientale de la Provence qui en a bé-
néficié, mais le champ de cette collection s'élargira de plus en
plus et je suis heureux de pouvoir annoncer aux membres de
ce Congrès que la Provence tout entière y trouvera son profit.

Son Altesse Sérénissime reconnaît en effet de quelle importance et de quel intérêt sont les études d'histoire et d'archéologie relatives à votre admirable pays, et si Elle tient tant à honneur de les faciliter autant qu'il est en Son pouvoir, c'est dans
la conviction qu'elles ont une haute portée scientifique et philosophique. Les destinées de la Provence, grâce à une situation
géographique privilégiée, ont été telles que, depuis les temps
les plus reculés, elles ont été associées d'une façon intime à la
marche progressive de la civilisation. La mission qui lui in-
comba dans l'antiquité classique, grecque et romaine, est trop
connue de vous tous, pour que j'aie la présomption d'insister
à ce sujet. Quand, plus tard, le flot des barbares envahisseurs
menaça de tout submerger, ne fut-elle pas une des dernières
provinces de l'Empire d'Occident à sauvegarder le patrimoine
intellectuel et moral de l'humanité et à le défendre jalouse-
ment ? C'est assurément ce qui lui valut d'être l'objet d'âpres
convoitises et de se trouver mêlée à des luttes meurtrières qui,
en définitive, devaient assurer au vainqueur une prédominance

mondiale. Lorsque la tourmente s'éloigna, elle reprit bien vite le rang dont l'avaient fait déchoir les guerres et les invasions, et ses villes principales ne tardèrent pas à rivaliser avec les républiques les plus prospères de l'Italie. Son rôle pour le rapprochement des peuples, pour l'extension du commerce, pour la diffusion des grandes idées de justice et de liberté dans le monde méditerranéen, fut vraiment merveilleux pendant tout le moyen âge et les temps modernes : il y a ici des érudits qui pourraient vous l'expliquer bien mieux que je ne saurais le faire et j'aurais mauvaise grâce à développer ce thème devant leur compétence justement appréciée.

Il semble pourtant que l'attention de ces mêmes érudits ne se soit pas encore portée d'une façon assez complète et assez suivie sur la part prise par les Provençaux depuis la fin de l'époque romaine dans le développement de l'art. Il est vrai que la question est extrêmement complexe et qu'il est fort difficile de démêler ce que la Provence dut à l'Italie, au nord ou au centre de la France, et *vice versa* ce que la France et l'Italie durent à l'influence provençale. Ce problème, envisagé sous tous les points de vue, vaut d'être discuté, car je soupçonne que sa solution sera considérée comme capitale pour l'histoire de l'art en général. Mais on ne pourra guère l'essayer que lorsqu'on aura en main une quantité suffisante de textes bien datés, s'appliquant sans contestation à des monuments ou des œuvres conservés jusqu'à nos jours.

Des réunions telles que celle-ci ne peuvent que favoriser l'examen approfondi des diverses questions qui restent ainsi à élucider. En facilitant l'échange des idées et en resserrant les relations entre érudits d'une même région, elles ont l'immense avantage de stimuler des études qui ne sont nulle part plus attrayantes qu'en Provence.

Le succès du Congrès qui s'ouvre aujourd'hui est une preuve de l'utilité qu'il présente ; il fait espérer en même temps que son œuvre sera durable et permet de souhaiter qu'il soit le premier d'une longue série d'autres semblables.

A ce succès, dont nous devons savoir gré aux organisateurs, nul ne sera plus heureux d'applaudir que Son Altesse Sérénissime le Prince de Monaco ; nul plus que Lui n'appréciera, Messieurs, le mérite et la valeur de vos travaux.

Enfin, M. Fournier donna lecture d'une savante étude envoyée par M. Camille Jullian, professeur au Collège de France, qui, au dernier moment, avait dû renoncer à se rendre au Congrès :

ÉTUDE DE M. JULLIAN

LES TRANSFORMATIONS DES SOCIÉTÉS BARBARES DE LA PROVENCE ET LE COMMERCE DE MARSEILLE GRECQUE.

Marseille vécut, durant quinze générations, à la frontière du monde barbare. De 598, date de sa fondation, jusqu'à 125, date de l'arrivée des Romains, elle n'eut en Gaule, comme voisins, adversaires, amis, clients ou concurrents, que des hommes du pays, des sociétés d'indigènes. Pendant ce long espace de temps, l'arrière-pays de la ville grecque changea souvent de maîtres, et le monde barbare qui l'approchait changea de caractère. Quand les Phocéens apparurent, la Provence appartenait aux Ligures ; les Celtes les ont remplacés ; puis, sont venus les Romains. La cité de Marseille a donc eu le contact des trois grandes civilisations qui se sont succédé dans l'histoire ancienne de l'Occident : les Ligures, derniers héritiers des temps primitifs ; les Celtes, les conquérants de l'Europe venus des plaines du Nord ; les Romains, les conquérants des terres de la Mer Intérieure venus des rivages du Midi. — Cherchons quelles transformations se sont produites en Provence sous ces diffé rents régimes, et comment Marseille a pu s'accommoder avec ses voisins successifs.

**

Quand Marseille fut fondée, il n'y avait en Provence que des Ligures, et les Grecs appelèrent le pays la Ligurie ou la Ligustique. C'est, du reste, à partir de cette fondation que ces noms de Ligures et de Ligurie furent connus des Hellènes, qu'ils prirent place dans les vers de leurs poètes ou les tables des cartographes de Milet. Les voyageurs grecs qui, au sixième siècle avant notre ère, s'aventuraient le long des côtes méditerranéennes, depuis la Tête de Chien de Monaco jusqu'au Cap Cerbère des Pyrénées, n'entendirent parler que des Ligures, au milieu desquels rayonnait la splendeur juvénile de Marseille grandissante.

Mais il faut se figurer ces Ligures comme des populations sans unité et sans cohésion. Il n'y avait entre 'eux d'autre lien que la communauté de nom et de langue. Que des siècles auparavant aient existé des empires ligures dans la vallée du Rhône ou dans les monts de la Provence, cela est fort possible. Mais il n'en reste plus trace au temps de l'ère marseillaise. Les Ligures du sixième siècle avant Jésus-Christ sont quelque chose comme « les Romains » ou « la Romania » des temps de Clovis ou de Clotaire, comme « les Francs » des temps de Charles le Simple ou de Louis le Gros, le vestige et le vocable d'une grande civilisation qui disparaît.

A l'unité primitive du monde ligure avait succédé un état de morcellement infini. Le régime politique de tous ces Barbares est le régime de la tribu, ou, comme disaient les Latins, du *pagus*. Lisez chez Tite-Live la description des sociétés ligures de l'Italie apennine à l'époque de Paul-Emile : elles sont l'image des sociétés ligures de la Provence dans les siècles qui ont accompagné et suivi la fondation de Marseille. C'est, partout, la vie en tribu, c'est-à-dire le groupement de quelques

centaines de familles et de quelques milliers d'hommes, associés pour la vie en commun dans une petite vallée, autour d'un
étang, le long des rivages d'un golfe, au centre d'une clairière
de vaste forêt. Et à la tête de la tribu se trouve un « petit roi »,
regulus, disaient les Romains, sorte de patriarche, à la fois
chef de guerre, juge et prêtre. — C'est un roitelet de cette sorte,
Nann, qui accueillit les Phocéens et leur permit de fonder Marseille.

Nous connaissons le nom de la tribu dont Nann était le roi
et sur le territoire de laquelle Marseille fut bâtie : c'était la
tribu des Ségobriges, *Segobrigii*. — On a prétendu que ce nom
était apocryphe, qu'il était d'origine celtique, et que quelque
chroniqueur maladroit l'aurait inséré dans l'histoire des Ligures de Provence. Ce reproche ne me paraît pas avoir sa raison
d'être. Le nom de *Segobrigii* est ligure, sans aucun doute.
Vous le trouvez en Espagne, dans des régions où les Ligures
ont longtemps vécu : et si les Celtes l'ont conservé, cela ne
veut point dire qu'ils l'aient apporté. Regardez les vieilles localités ligures du Sud-Est de la France, et vous rencontrerez souvent dans leurs noms les mêmes thèmes onomastiques que
dans celui des Ségobriges : *Brigantio*, Briançon, *Segustero*,
Sisteron, et bien d'autres.

Au lieu et place de ce nom de Ségobriges, un auteur ancien
donne le nom de *Comani* à la tribu ligure du terroir marseillais. Or, il se trouve que le fils du roi Nann, et par suite le
beau-frère du fondateur de Marseille, s'est appelé de ce même
nom, *Comanus*. Coïncidence qui suggère deux hypothèses : ou
bien l'auteur en question aura pris le nom du roi pour celui de
sa tribu ; ou bien la tribu des Ségobriges aura reçu, à la mort
de Nann, le nom de son nouveau roi *Comanus* ; car il n'est
pas rare, chez les peuples barbares de l'antiquité (comme chez
les peuplades africaines de maintenant), de voir le nom d'un
roi passer à son État et à ses sujets.

L'étendue du domaine des Ségobriges n'est point connue,
mais il n'est pas difficile de le retrouver par conjecture. C'était,

à n'en point douter, le bassin de l'Huveaune, tout au moins depuis l'embouchure jusque vers Auriol, j'entends et la plaine qu'arrose la rivière et les rudes montagnes qui encadrent cette plaine. Le vallon de l'Huveaune est, en effet, la seule région découverte que l'on trouve aux environs de Marseille. Naturellement arrosée, de culture facile et de richesse suffisante, il n'y a que là qu'une tribu un peu nombreuse puisse trouver sa subsistance. Puis, la rivière de l'Huveaune trace le sillon le plus long et le plus accessible qu'on puisse voir dans l'arrière-pays de Marseille ; elle ouvre une route très commode vers l'intérieur de la Provence ; elle mène jusqu'à cette voie de l'Arc et de l'Argens qui est l'axe de la Gaule du Sud-Est. Enfin, c'est au beau milieu de cette vallée de l'Huveaune, à Saint-Jean-de-Garguier et dans la Crau d'Aubagne, qu'on reconnaîtra, à l'époque romaine, les plus importants vestiges de population indigène qu'ait livrés l'arrondissement de Marseille. Et tout cela fit de sa vallée la terre d'élection et d'une société barbare et d'une colonie grecque.

Toutes les petites vallées de la Provence avaient des tribus semblables : et l'Arc, et la Touloubre, et les rivages de l'étang de Berre et la plaine de la Camargue, chacune des régions naturelles de notre contrée possédait sa tribu propre, dont les Anciens nous ont transmis le nom. Mais aucun nom d'ensemble ne s'étendait sur ces différentes sociétés. Elles n'étaient point groupées sous de mêmes chefs ; elles n'avaient point d'institutions communes.

Un tel morcellement était fort préjudiciable aux progrès économiques de Marseille et au développement de son commerce. Autant de tribus, autant, sans doute, de palabres et de péages. A chaque étape de leurs voyages (et l'étendue de ces tribus correspondait à l étape d'une journée de route), le marchand se trouvait en face de chefs nouveaux et de conditions nouvelles.

Aussi, le commerce marseillais ne paraît s'être développé que lentement dans les deux premiers siècles qui ont suivi la fondation et qui correspondent aux temps ligures. Les plus anciennes monnaies ne dépassent pas Auriol ou Cavaillon. Il n'est pas encore question, dans les textes, de la route de la Durance. Ce n'est que par le Rhône que les Grecs remontèrent un peu haut dans l'intérieur. Ils ne nous ont rien appris de la France centrale. Ils sont restés déjà deux à trois siècles en Provence et le monde hellénique continue à ignorer les Alpes et la Garonne.

Ajoutez à cela que les tribus ligures des environs de Marseille, sociétés demeurées sauvages et grossières, donnaient fort à faire à leurs voisins grecs. L'entente des jours de la fondation n'avait point duré. Les Phocéens avaient été assiégés. Ils vivaient toujours sur la défensive. L'arrière-pays leur était d'ordinaire interdit.

Dans les deux siècles qui suivirent la fondation de Marseille, les sociétés barbares de la Gaule se transformèrent à la suite d'un événement politique considérable, l'invasion, la victoire et l'établissement des Celtes. — Partout où les Celtes pénétrèrent, et au fur et à mesure de leur installation, le régime de la peuplade ou de la nation se substitua ou se superposa au régime de la tribu : par-dessus ces groupes restreints cantonnés dans un petit pays, se formèrent de vastes États embrassant des régions naturelles, maîtres de larges bassins, de longues routes, de carrefours nombreux. Au lieu, par exemple, de vingt tribus dispersées entre les Cévennes et les étangs, on eut, s'étendant sur le Languedoc tout entier, la seule nation des Volques.

Ce fut vers l'an 400 que les Celtes pénétrèrent dans la région du Rhône maritime et que leur arrivée y fit sentir cette conséquence. A la suite de guerres ou d'alliances entre eux et les tribus ligures de la Provence, il se constitua, dans le voisinage de Marseille, la grande peuplade des Salyens.

On appela de ce nom la fédération de toutes les tribus celtes ou ligures qui habitaient entre la mer, le Rhône, les Alpines, le Lubéron et les monts des Maures. Trets, sur la voie de l'Arc à l'Argens, Toulon, sur le rivage, Arles, Pertuis, Orgon étaient les villes extrêmes de l'État des Salyens. Il correspondait à peu près exactement à la Provence traditionnelle. La ligne médiane de son territoire était marquée par la grande route stratégique et commerciale de l'Arc et de l'Argens. Son point central, son « milieu », comme disaient les Gaulois, était Aix sur cette route, à égale distance de ses quatre lignes frontières. Et de fait, c'est près d'Aix, à Entremont, que les Salyens établirent leur principale forteresse. — Ce qui montre, par parenthèse, que, dès que la Provence apparaît dans l'histoire comme individualité géographique et nationale, Aix se présente à nous, en même temps, comme sa capitale naturelle.

Au surplus, le développement d'Entremont ne nuisit pas aux progrès de Marseille. Tout au contraire. La naissance de la Provence, la grandeur de Marseille, sont des faits simultanés. Si la Provence trouva, avec l'ancêtre d'Aix, sa capitale intérieure, elle prit, avec Marseille la Phocéenne, sa capitale maritime.

De ce nouveau régime, en effet, date la puissance économique de Marseille, tout au moins sur la Gaule. Au lieu d'avoir affaire à dix tribus, elle n'eut plus à négocier qu'avec une nation. Cette nation détenait les voies essentielles du commerce dans le Sud-Est : les débouchés de la Durance, les carrefours d'Arles, la route d'Aix, le défilé de Lamanon. Si les Marseillais parvenaient à s'entendre avec elle, la sécurité de leurs marchands était assurée jusqu'aux départs d'Avignon et de Pertuis vers les chemins de l'intérieur. Et, de plus, si l'alliance était intime entre eux et les Salyens, la puissante nation celtique leur servirait de garant, d'appui et comme de fourrier dans les relations avec les nations ultérieures du Languedoc, du Dauphiné ou de l'Auvergne.

C'est ce qui arriva. Car les Gaulois Salyens comprirent qu'ils avaient plus d'intérêt à aider Marseille qu'à la molester. La présence à côté d'eux d'une ville riche et active leur valait à meilleur compte les marchandises de l'Orient, le corail et les poissons des mers ligures. Ce voisinage constituait une supériorité et un prestige pour leur peuplade. Ils se gardèrent bien de lui porter ombrage.

Salyens et Marseillais s'unirent. Les marchands grecs circulaient librement en Provence. Les chefs de clans gaulois leur servaient d'hôtes et de correspondants et étaient sans doute leurs principaux clients. Des cavaliers celtes se mirent à la solde des négociants de Phocée. Ce que les Grecs traduisirent en répétant partout que les Gaulois étaient devenus philhellènes, et ils racontèrent l'histoire de ce grand chef salyen qui était venu offrir un collier d'or à leur déesse de l'Acropole.

Ces temps gaulois correspondent à la prééminence commerciale de Marseille. Appuyée sur de tels alliés, elle envoya ses marchands et ses monnaies sur toutes les routes de la Gaule, et elle atteignit enfin, par les voies de terre et de fleuve, les rivages de l'Océan, les marchés de l'ambre et de l'étain. L'union de Marseille avec la Provence amena ses victoires marchandes sur la France tout entière.

La sécurité matérielle et le prestige commercial de Marseille prirent fin vers le milieu du second siècle avant notre ère : et cela, tout à la fois parce qu'elle se brouilla avec la Gaule et parce qu'elle s'unit trop intimément avec le peuple Romain.

Dans les temps de Scipion l'Africain et de Paul-Émile, le monde gaulois inaugurait de nouvelles destinées. La plupart de ces grandes peuplades que nous avons vues naître, se groupèrent et s'unirent sous la direction de l'une d'entre elles, celle des Arvernes. Un empire celtique se forma, dont les limites correspondaient aux frontières naturelles de la Gaule, le Rhin ou les Ardennes, l'Océan, les Alpes, les Pyrénées et la mer Méditerranée. Les voisins de Marseille, maintenant, ce ne sont plus les membres d'une tribu, les citoyens d'une peuplade, ce sont les sujets d'un État considérable.

Il semblait que le nouvel ordre de choses dût être favorable aux Marseillais : une simple entente avec les Arvernes, chefs de ce grand Empire, suffisait pour leur ouvrir la Gaule tout entière. Et il semble que l'entente s'est faite d'abord et que pendant quelque temps les Marseillais aient vécu en bons termes avec leurs puissants voisins.

Mais le désaccord ne tarda pas à se produire. L'empire Arverne et la ville grecque devaient fatalement entrer en concurrence. — Cet empire avait, lui aussi, ses marchands : des négociants gaulois allaient et venaient, d'une frontière à l'autre de la Gaule, à la recherche des bonnes entreprises. Les Volques du Languedoc s'étaient placés sous la dépendance des Arvernes : voilà donc ces derniers pourvus d'un bon port près de la Méditerranée, celui de Narbonne, de tout temps jalouse de Marseille et sa rivale malheureuse.

La Gaule des Arvernes et les Grecs de Marseille se trouvèrent en conflit d'intérêts. Les Marseillais se plaignaient d'être tracassés par les Salyens, leurs fidèles amis d'autrefois. Ils appelèrent alors les Romains à leur secours.

Les légions arrivèrent en 125 avant notre ère. L'œuvre des Romains, qui se termina sept ans après, fut double. — D'abord, ils maîtrisèrent la peuplade des Salyens, c'est-à-dire la Provence, et pour plus de sûreté, ils installèrent un fort et une garnison à Aix, qui surveillaient à la fois la grande route du pays et sa forteresse principale. — Puis ils battirent les Arvernes en deux rencontres, les rejetèrent au-delà des Cévennes et supprimèrent leur courte prééminence. La Gaule fut rendue à son état antérieur. L'empire celtique disparut : il n'y eut plus que les anciennes grandes peuplades.

Marseille se retrouva donc comme elle était avant la fondation du grand État celtique et elle put espérer reconquérir son influence et accroître ses débouchés.

***

En réalité, elle avait derrière elle, dans l'arrière-pays, des concurrents tout autrement forts et dangereux que les Gaulois de l'empire Arverne.

Les Romains étaient installés à Aix : soyons sûrs qu'il ne s'y trouvait pas seulement des soldats, mais encore des marchands italiens. Et de fait, nous voyons, quelques années plus tard, les trafiquants de la péninsule agioter et s'enrichir dans ces régions du Languedoc et de la Provence, sur lesquelles Marseille avait exercé un monopole de fait.

Au-delà du pays salyen, les Romains eurent des garnisons et des comptoirs jusqu'à Vienne sur la route du Rhône, jusqu'à Toulouse sur la route de la Garonne : c'est-à-dire que les grandes voies d'accès et de trafic vers l'intérieur et l'Océan leur appartinrent désormais. C'est à eux qu'il fallut payer les droits. Et, ce qui fut plus dangereux, c'est que les négociants italiens affluèrent sur ces routes et allèrent à leur tour à la recherche des marchés du Nord.

Enfin, le peuple Romain bâtit une colonie à Narbonne. La ville grandit rapidement. Elle devint le rendez-vous du monde italien en Transalpine. Son port s'enrichit. Marseille eut cette fois, ce qu'elle avait pu éviter depuis sa fondation, une redoutable concurrente sur le rivage même de la Gaule.

Dès lors, la décadence du port, du commerce et du rôle de Marseille ne fit que s'accentuer, jusqu'au jour de la chute définitive, quand César assiégea, prit et mutila la vieille cité grecque.

***

Ainsi, la vigueur et la richesse de Marseille grecque ont été contemporaines de l'existence autonome de la peuplade salyenne, c'est-à-dire de la Provence gauloise. Auparavant, dans son arrière-pays morcelé entre dix tribus, l'effort de Marseille s'usait avant d'être arrivé à une œuvre utile. Plus tard, quand ce même pays fut une partie d'un grand Empire, celtique ou romain, cet Empire était une chose trop forte et trop ambitieuse pour ne pas contrecarrer Marseille. Celle-ci eut donc sa pleine puissance et toute sa liberté lorsqu'elle put s'entendre avec la Provence bien constituée, lorsqu'il y eut, si je peux dire, accord et équilibre entre ces deux êtres que la nature avait créés solidaires l'un de l'autre, la terre de Provence et le port de Marseille.

M. le Président annonce que la première séance pour la lecture et discussion des Mémoires aura lieu le lendemain matin, à 9 heures 1/2 précises, dans les salles et amphithéâtres de la Faculté des Sciences, et la séance est levée à 6 heures 1/2.

SÉANCES DE LECTURE

et Discussion des Mémoires.

Vu le grand nombre de communications, il ne put être accordé que dix minutes pour la lecture de chaque mémoire. Les auteurs de mémoires dont la lecture aurait dépassé cette limite avaient été priés d'en préparer un résumé.

Pour la même raison, il n'a pas été possible de publier complètement tous les mémoires. Une Commission fut nommée par le Comité d'organisation, dans sa réunion du vendredi 23 novembre 1906, pour désigner parmi ces mémoires ceux qui méritaient plus particulièrement d'être publiés. Cette Commission, composée de MM. les Membres du Bureau du Congrès et de MM. Arnaud, professeur au lycée Mignet. Arnaud d'Agnel, Michel Clerc, Dr Livon, Paul Moulin, Raimbault, Servian et Valran, après s'être partagé les mémoires et les avoir examinés individuellement, s'est réunie à Marseille, au siège de l'Académie (40, rue Adolphe-Thiers), le vendredi 8 mars 1907, pour coordonner tous les renseignements. Elle a désigné ceux des mémoires qui devaient être publiés en entier ; à quelques-uns, elle a retranché certains passages ne présentant pas un caractère absolument scientifique ou inédit ; quant aux autres, elle a décidé d'en faire un résumé de vingt à trente lignes. Elle a été d'avis aussi que les mémoires déjà publiés dans des périodiques ou autrement ne seraient pas reproduits, mais simplement résumés avec renvoi à la publication.

Dans les procès-verbaux des séances figureront seuls les résumés des mémoires qui ne sont pas publiés dans ce volume ou en entier ou en majeure partie. Pour ceux-ci, on renverra par un numéro au texte même du mémoire qui sera imprimé après les procès-verbaux.

On a conservé le groupement des mémoires par séances, tel qu'il avait été donné dans le programme officiel du 25 juillet. Mais, dans chaque séance, les mémoires ont été disposés par lettre alphabétique des noms d'auteurs.

Quatre sections siégeaient simultanément dans des salles différentes

PREMIÈRE SECTION

Archéologie.

Président : M. Michel CLERC, professeur d'histoire de Provence à l'Université d'Aix-Marseille, membre non-résidant du Comité des travaux historiques, directeur du Musée archéologique de Marseille.

Vice-président : M. Henri DE GÉRIN-RICARD, correspondant du Ministère de l'Instruction publique, président de la Société de Statistique de Marseille et de la Société archéologique de Provence.

Secrétaire : M. ARNAUD D'AGNEL, aumônier du lycée de Marseille, correspondant du Ministère de l'Instruction publique, membre de la Société de Statistique de Marseille et de la Société archéologique de Provence.

Secrétaire-adjoint : M. Ch. COTTE, notaire à Pertuis, membre de la Société archéologique de Provence.

Séance du mercredi matin, 1ᵉʳ août.

La séance est ouverte à neuf heures et demie, sous la présidence de M. Clerc, président de la Section. M. Arnaud d'Agnel remplit les fonctions de secrétaire.

Après avoir proclamé l'ouverture de la séance, le Président prononce une allocution où il expose tout l'intérêt que présentent les études archéologiques dans la région provençale, non seulement pour les périodes chrétienne et gallo-romaine, mais encore pour la période celto-ligure. Il rappelle à tous ceux qui s'intéressent à l'étude de nos origines l'appel qu'il leur adressait il y a deux ans [1]; il exprime le souhait que le Congrès qui s'ouvre soit le point de départ de l'enquête qu'il conseillait alors, et la conviction que les travaux de ce Congrès marqueront un pas en avant dans la science archéologique.

1. M. Arnaud d'Agnel, secrétaire de la Section, fait une communication sur : *Sault et l'ancienne Aeria ; essai d'identification.*

Après avoir brièvement rappelé les diverses hypothèses proposées au sujet d'Aeria et les avoir tour à tour combattues en se basant sur le sens même du texte de Strabon, M. Arnaud d'Agnel propose, simplement comme plus probable, l'identification avec Sault, dont le rôle fut si considérable au moyen-âge et dès la plus haute antiquité.

L'auteur appuie son hypothèse sur de sérieux arguments d'ordre archéologique.

---

[1] *L'Archéologie ligure (une enquête à faire)*, publié dans les *Annales de la Société d'Études provençales* (1ʳᵉ année, n° 1, janvier-février 1904, p. 1-9).

2. M. Ch. Cotte, secrétaire-adjoint de la Section, lit un mémoire intitulé : *La Provence avant l'histoire.* — Voir ci-après Mémoires, n° **I**.

Après la lecture de son mémoire, M. Cotte émet le vœu que « les archéologues recherchent si, dans le néolithique provençal, la civilisation à industrie fruste de la majorité des abris sous roche et des grottes est antérieure à la civilisation avancée semblable au *Carnacéen* de Salmon et présentant un faciès *tardenoisien* ».

3. M. L.-C. Dauphin, pharmacien naturaliste à Carcès (Var), membre de la Société d'Études Provençales, lit un mémoire contenant la *Description du chaton d'un anneau trouvé à Carcès dans un tombeau gallo-romain.*

Trouvé au quartier des Cadenières, dans une tombe recouverte avec des tuiles dites *romaines*, cet anneau a beaucoup de ressemblance avec les spécimens d'anneaux carolingiens de la Bibliothèque nationale. Le diamètre intérieur est de 20 $^{m/m}$; sur le chaton, de 15 $^{m/m}$ de long sur 10 $^{m/m}$ de large, sont gravés des signes où l'on croit reconnaître trois lettres : V (ou U), J (ou I), R. Le J ou I traverse obliquement le V ou U et forme la boucle supérieure de l'R. Sur le côté antérieur de l'U, on voit trois croix, dont l'une, celle du milieu, a un croisillon, et les deux autres sont en forme de T. Dans la partie inférieure du V, est un chevron et, comme suspendu au bas de ce V, un objet trop vaguement marqué pour qu'on puisse en déterminer la nature. Cet anneau paraît avoir servi de cachet ou *signum secretum*.

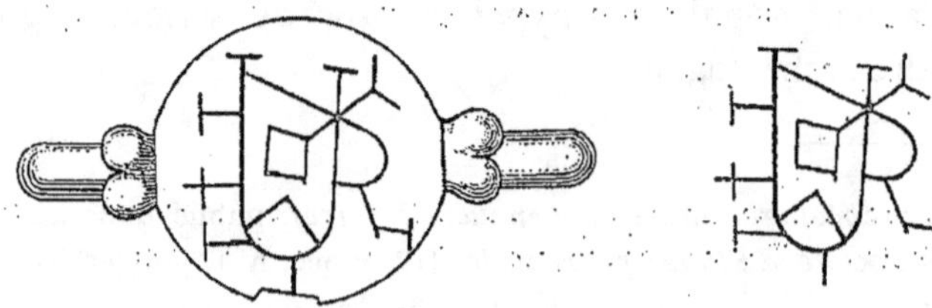

Le quartier des Cadenières est à peu de distance de Carcès, sur la rive opposée de l'Argens. A 800 mètres environ de là, au sortir d'un pont sur l'Argens, par où passait l'ancienne route de Carcès à Cotignac, on voit les ruines d'une chapelle de Saint-Antoine qui fut donnée aux Oratoriens du Mont Verdaille par Jean de Pontevès, comte de Carcès. Dans tout ce quartier, on a trouvé un grand nombre de tombes contenant des urnes en terre grise et rouge, de formes diverses, ainsi que d'autres objets en poterie et même en fer. On y a recueilli aussi quelques monnaies : une de Nerva en argent, une d'Auguste, une de Claude et un jeton de course de L. Calpurnius Pison, beau-père de Jules César. Toutes les tombes étaient recouvertes de tuiles à rebords droits avec marques digitales.

4. M. Paul Goby, membre de la Société des sciences, lettres et arts des Alpes-Maritimes, correspondant de l'Ecole d'anthropologie de Paris, présente diverses photographies inédites du dolmen de Colle-Basse, à Saint-Cézaire (Alpes-Maritimes) ; une photographie du sarcophage des Valentins, à Valderoure (Alpes-Maritimes) ; une photographie inédite du tombeau du Puits du Plan, à St-Cézaire ; plusieurs monnaies massaliotes trouvées dans l'arrondissement de Grasse. Chacun de ces divers objets est accompagné d'une notice. — Voir Mémoires, n° **II**.

5. M. Georges de Manteyer, ancien membre de l'École française de Rome, membre de l'Académie de Vaucluse et président de la Société d'Études des Hautes-Alpes, n'ayant pu assister à la séance, M. Nicollet, secrétaire général du Congrès, donne lecture du mémoire qu'il a envoyé sur Στομαλίμνη. — Voir Mémoires, n° **III**.

En appendice à ce travail, M. de Manteyer donne le classement de 110 monnaies romaines. Lors d'une visite à Fos, le 19 octobre 1898, elles lui furent présentées par un ouvrier italien des salines, qui disait les avoir recueillies dans les environs de Fos. De ce classement, il tire cette conclusion que le commerce, par la voie fluviale de Fos, dut cesser après l'an 28 de notre ère au profit de la voie de terre. — Voir cet appendice à la suite de son *Mémoire*.

M. Clerc, président de la Section, tout en reconnaissant le mérite et la valeur du classement fait par M. de Manteyer, en conteste la conclusion. En effet, il ne croit pas, et pour des raisons toutes spéciales, que ces monnaies aient été recueillies par cet ouvrier à Fos ; il pense que la plupart ont été apportées par lui de l'Italie.

6. M. F.-N. Nicollet, professeur au lycée Mignet, trésorier de la Société d'Études Provençales et membre de la Société d'Études des Hautes-Alpes, lit un mémoire sur *La Ligurie et les Ligures, d'après Strabon*.

La Ligurie, d'après Strabon, s'étendait à l'est jusqu'à la Macra, entre Luna et Pise (V, 2, 5). A l'ouest, il n'en fixe pas expressément les limites, mais il comprend dans la Ligurie la plaine de la Crau (IV, 1, 7). De la Crau et la Macra, le long de la mer, il cite, comme étant de race ligure, les Salyens, entre le Rhône, Avignon, les Alpes et la Méditerranée (IV, 6, 3) ; les Oxybiens et les Déciates qui, nous le savons par d'autres écrivains, habitaient la région de Cannes (IV, 6, 2) ; les Intemelii et les Ingauni, auxquels il donne pour capitales Albintemelium (Vintimille) et Albingaunum (IV, 6, 1). Dans l'intérieur, il dit que les Ligures occupent une partie de l'Apennin et la partie des Alpes qui en est voisine ; dans les Alpes mêmes, plusieurs peuplades celtes sont mêlées avec les Ligures (II, 5, 28). Dans la vallée du Pô, la Cispadane était peuplée par les Celtes dans la plaine, par les Ligures dans les montagnes (V, 1, 4) ; le pays, entouré par les Alpes et l'Apennin jusqu'à Gênes et Sabata, jadis occupé par les Boii, les Ligures, les Sénons et les Gésates, ne comprenait plus que des Ligures et des colonies romaines, depuis l'expulsion des Boii et la destruction des Sénons et des Gésates (V, 1, 10). Dans la Transpadane, les Taurini et d'autres peuplades, au pied des Alpes, étaient de race ligure (IV, 6, 6) ; nous savons d'ailleurs, par Pline, que les Insubres (peut-être les mêmes que les Symbrii de Strabon), en étaient aussi (V, 1, 12). Sur les sommets et les deux versants des Alpes, les Caturiges [qui habitaient le pays appelé terre de Donnus et de Cotius depuis Suse (Secusia), jusqu'à la montagne de Séüse (Secutia), près de *Ad Fines*], étaient aussi des Ligures (IV, 6, 6).

Les Ligures étaient d'une race différente des Celtes, mais ils avaient à peu près le même genre de vie (II, 5, 28). Dispersés dans des villages, ils se livraient à l'agriculture et à l'élevage (V, 2, 1). Leurs moutons fournissaient une laine rude, dont la plupart des familles d'Italie se faisaient des vêtements (V, 7, 12) ; leurs troupeaux étaient transhumants et paissaient tantôt sur le littoral, tantôt sur les montagnes (IV, 6, 2). Il y avait dans leur pays de vastes forêts fournissant de très beaux arbres pour la construction des navires et des essences employées pour faire des meubles. Ils vendaient aux marchés voisins (Gênes, Marseille) leurs bois, leur miel, leurs troupeaux avec leur produit, et en rapportaient de l'huile et du vin. Ils se nourrissaient surtout de laitage et usaient d'une boisson faite avec de l'orge (IV, 6, 2). Ils avaient comme animaux domestiques des chevaux et une espèce de mulets appelés *ginni*. On trouvait en grande quantité chez eux l'ambre jaune ou *electrum* qui était aussi appelé *lingurium* (IV, 6, 2).

Les Ligures étaient belliqueux et furent, par là, des voisins dangereux pour les Etrusques (V, 2, 5) et des adversaires redoutables pour les Romains, auxquels il fallut quatre-vingts ans de lutte pour obtenir sur le littoral un passage de douze stades, afin de se rendre en Espagne (IV, 6, 3). Ils se livraient volontiers au brigandage sur terre et sur mer ; rarement bons cavaliers, ils étaient de bons soldats légers et constituaient d'excellentes troupes de ligne ; ils avaient un bouclier d'airain (IV, 6, 2), qui, d'après Polybe (XXIX, 6, 1), fut adopté par les Romains. Les femmes de ces rudes laboureurs, bergers, guerriers étaient aussi énergiques et dures à la fatigue qu'eux (III, 4, 19).

Tels étaient, au temps de Polybe (54 avant à 24 après J.-C.) les Ligures, dont le mélange avec des peuplades celtes depuis quatre ou cinq cents ans et le voisinage des Romains, établis près d'eux ou parmi eux depuis plus de cent ans, n'avaient pas altéré la puissante originalité.

A propos de cette communication, M. Pillard (d'Arkaï) fait remarquer l'intérêt qu'il y aurait à rechercher, selon la méthode dont M. Nicollet vient de donner l'exemple, tout ce que les monuments anciens nous peuvent apprendre sur les Ligures. M. Nicollet ajoute qu'il recueille des notes dans ce but, mais un pareil travail demande beaucoup de temps et de longues recherches.

7. M. Isidore Valérian, architecte à Salon, membre de la Société d'Études Provençales, donne lecture d'un mémoire sur *Pisavis de la table de Peutinger et son véritable emplacement.*

Pisavis n'est mentionné ni dans les *Vases apollinaires*, ni dans l'*Itinéraire d'Antonin*, mais il se trouve dans la *Table de Peutinger* qui décrit ainsi l'itinéraire d'Aix à Arles : *Aquis sestis, — Pisavis XVIII, — Te[r]icias XV, — Glano XII, — Ernagina VIII, — Arelato VI.*

Parmi les auteurs qui se sont occupés de Pisavis, les uns la placent à Saint-Jean de Bernasse (ou Brenas), d'autres aux Rocassiers, d'autres à Pélissanne ; mais aucun de ces emplacements n'est satisfaisant.

Un endroit non encore exploré offre au contraire des traces évidentes d'une ville antique. C'est le quartier des Redortières, à trois kilomètres environ à l'est de Salon, sur l'ancienne route de Pélissanne à Salon, vers la limite de ces deux communes, à cent dix mètres d'altitude, par 3°10' de longitude orientale et

43°48' de latitude boréale. Le point le plus rapproché dans la carte de l'État-Major, situé à 200 mètres environ à l'ouest, est appelé *Les Deux-Sœurs*.

On trouve, en cet endroit, de nombreuses ruines, des murs d'enceinte, une grande source aujourd'hui tarie, un puits de 0^m 70 d'ouverture entièrement comblé, des entailles dans le rocher en forme de cuvettes coniques, des tombeaux, une multitude de débris de vases ornés, des éclats de basalte travaillés ayant servi de meules, des monnaies, des morceaux de bronze, des fragments d'enduit portant des traces de peinture à fresque, enfin plusieurs mosaïques en place, dont une mesure 15 mètres de long sur 5 de large.

Une voie centrale traverse cet emplacement du midi au nord et aboutit à Sainte-Croix de Salon ; dans le plan cadastral de Pélissanne, ce chemin est appelé *Chemin des Redortières* ou *de Val-de-Gond* (nom de la vallée située au midi de la chapelle de Sainte-Croix). La superficie de cette enceinte peut être évaluée à quatre mille mètres ; elle offre tous les caractères de l'emplacement d'une ville importante que nous croyons être l'ancienne *Pisavis*.

8. M. le docteur Eugène VERRIER, délégué de l'Alliance scientifique universelle, directeur du *Bulletin météorologique comparé*, n'ayant pu assister à la séance, M. Pillard (d'Arkaï) donne lecture de son mémoire sur *Les premiers habitants de la Provence* :

D'après Broca, la Gaule celtique était habitée par des hommes petits, brachycéphales et bruns, les Celtes, distincts et des Galls et des Kymris. D'autre part, Castaing fait venir les Ligures des confins de l'Égypte par le nord de l'Afrique, l'Espagne et le sud de la Gaule, jusqu'aux bords du Pô. D'autres auteurs font suivre aux Ligures et aux Ibères le littoral du Pont Euxin, traverser le Bosphore et, par la vallée du Pô, arriver dans la Provence. d'où les Ibères passent ensuite en Espagne.

Dans ces migrations, aucun de ces peuples n'a conservé son type pur et intact. Castaing veut qu'avant l'arrivée des Ibères, l'Espagne ait été peuplée par des Berbères et des Africains, avec lesquels ils se seraient mêlés. Mais il paraît certain que les Ligures et les Ibères étaient distincts et différents ; ceux-ci étaient dolicocéphales (indice 74, 4) et leptorhiniens (44, 3), tandis que les premiers, d'après une série de crânes trouvés dans des fouilles près de Gênes, auraient été brachycéphales (indice 86). On a cependant des traces d'un type mixte entre une race primitive (petite, brachycéphale et brune) et une race postérieure (plus grande, dolichocéphale et blonde) ; ne serait-ce pas le type celto-ligure ?

Pour quelques auteurs, les Ligures et les Ibères seraient autochtones et descendants des peuples paléolithiques. Quoi qu'il en soit, le Dr Lagneau, dans son *Dictionnaire encyclopédique de médecine*, attribue aux Galls, Celtes et Ligures qui ont habité la Provence, des caractères physiques différents, et, d'après le baron Larey, la taille des Ligures aurait été de 1 mètre 64 à 1 mètre 66. En résumé, les premiers habitants de la Provence auraient été des Ibéro-Ligures et des Celto-Galls.

L'ordre du jour étant épuisé, la séance est levée à onze heures et demie.

Séance du mercredi soir, 1er août.

La séance est ouverte à deux heures et demie. M. H. DE GÉRIN-RICARD, vice-président de la Section, occupe le fauteuil de la présidence ; M. Ch. COTTE remplit les fonctions de secrétaire.

1. M. BOUT DE CHARLEMONT, membre de la Société des gens de lettres et de la Société Archéologique de Pro-

vence, présente un mémoire sur *Tauroentum et la bataille des Lèques*, dont il lit un résumé :

La plage des Lèques se déroule à l'extrémité orientale du golfe de La Ciotat. Sur le rocher des Baumelles qui termine la plage à l'est, quelques pans de mur, soubassements de colonnes, tronçons d'aqueduc, marquent la place où s'élevait la ville gallo-grecque de Tauroentum ; deux lignes de blocs cubiques énormes que l'on aperçoit sous les eaux par un temps calme sont vraisemblablement les restes de ses quais et jetées.

Au VIe siècle avant notre ère, des Phocéens fuyant la domination de Cyrus, vinrent atterrir au fond du golfe des Lèques. Après une lutte avec les tribus ligures des Commani qui occupaient ces parages, ils s'établirent dans le pays, élevèrent sur un monticule une citadelle, autour de laquelle se bâtit la ville de Tauroentum, dont la population s'accrut rapidement et s'enrichit par la pêche et le commerce maritime, tout comme les habitants de Massalia.

L'an 49 avant notre ère, César ayant mis le siège devant Marseille restée fidèle au parti de Pompée, Nasidius, lieutenant de ce dernier, prit position dans le golfe de Lèques. C'est là que les Marseillais, forçant le blocus qui les entourait, seraient venus le rejoindre et auraient livré à la flotte de César un combat dont Lucain a fait un récit intéressant et coloré.

Aucun texte ni monument parvenu jusqu'à nous ne dit si les habitants de Tauroentum prirent part à cette bataille. Mais il est vraisemblable qu'ils soutinrent dans cette lutte les efforts des Marseillais, auxquels ils étaient liés par la communauté d'origine et d'intérêts. Ils eurent, d'ailleurs, le même sort ; Brutus, vainqueur, s'empara de Tauroentum, pendant que Marseille était contrainte d'ouvrir ses portes à Trébonius.

2. M. Ch. COTTE, secrétaire-adjoint de la Section, présente un *Tableau de 45 sépultures préromaines des Bouches-du-Rhône*.

Ce sujet a été traité pour plusieurs régions ; il y avait intérêt à l'étudier pour la Provence. M. Cotte l'a entrepris ; soit seul, soit en collaboration avec M. A. Cotte et M. Marin-Tabouret, il a fait des fouilles, réuni des documents nouveaux, recueilli les renseignements bibliographiques sur la question. Le tableau synoptique qu'il présente est la première ébauche d'un travail d'ensemble qu'il prépare. Ce tableau contient des colonnes où sont dénombrés les brachycéphales, les mésaticéphales, les dolichocéphales, et permet de se rendre compte, d'un coup d'œil, que ces derniers sont en majorité. Les crânes brachycéphales ne s'observent guère que dans des sépultures qui paraissent dues à des populations venues de la rive droite du Rhône, durant l'âge des métaux.

Au point de vue industriel, on trouve dans ces sépultures des objets qui permettent de croire à des relations avec le Gard, la Lozère, l'Aveyron. Ces rapports paraissent avoir été particulièrement importants à l'époque où les métaux ont été connus. L'étude du mobilier des sépultures permet aussi de donner une grande valeur au nom de *Carnacéen* appliqué par Salmon à l'âge qui est à cheval sur le néolithique et la protohistoire.

Mais elle prouve aussi que la division en sépultures par inhumation et sépultures par incinération est purement factice.

3. M. L.-C. DAUPHIN, pharmacien naturaliste à Carcès, membre de la Société d'Études Provençales, fait part du résultat de ses *Recherches archéologiques dans la grotte de Roquerousse sur la commune d'Artigues (Var)*.

Cette grotte est située à deux kilomètres nord de la halte d'Artigues, sur la ligne du central Var, dans la propriété de M. Joseph Lath. Elle s'ouvre au flanc d'une petite colline appelée Roquerousse, ou Rigabe, séparée de celle de Montmajor bien connue par son *oppidum*. A côté de l'ouverture, large de 2 mètres 50, se trouve une cavité qui peut donner abri à une personne et paraît avoir été creusée de main d'homme. L'intérieur de la grotte mesure 30 mètres de long sur 12 mètres de large et, en moyenne, 3 mètres de haut. Un passage étroit donne accès dans une seconde grotte, large d'environ 4 mètres sur 8 mètres de longueur. Au fond de cette deuxième grotte, un passage obstrué par des concrétions calcaires mène à une troisième grotte encore inexplorée.

En fouillant le sol de la première grotte, M. Dauphin a trouvé, à 40 centimètres de profondeur, des résidus de cuisine, cendres et petits ossements de mammifères calcinés ; puis, à 20 centimètres plus bas environ, des ossements qui, débarrassés des concrétions calcaires qui les enveloppaient, lui ont paru appartenir à l'ours des cavernes.

Description sommaire des objets trouvés : 1° fragment de fémur, 135 $^m/^m$ de long, 25$^m/^m$ de large, épaisseur 10 $^m/^m$; — 2° partie inférieure du même os, 110 $^m/^m$ de long, 25 $^m/^m$ de large, épaisseur 10 $^m/^m$; — 3° deux fragments de maxillaire inférieur droit, dans l'un restent une canine et une molaire ; — 4° fragment de tibia, 70 $^m/^m$ de long, 30 $^m/^m$ de large, épaisseur de l'os entier 15 $^m/^m$; — 5° partie de fémur, indéterminé, peut-être de l'ours des cavernes, 95 $^m/^m$ de long, 36 $^m/^m$ de large à la tête, épaisseur de l'os à la partie brisée 9 $^m/^m$; — 6° éclat de calcaire très dur, semblable à une pointe de flèche, 25 $^m/^m$ de long, 17 $^m/^m$ de large à la base ; — 7° divers fragments de charbon.

Dans plusieurs quartiers de la commune d'Artigues, on a trouvé des tombes recouvertes de tuiles à rebord ; sur la chaîne de montagnes qui est à l'est de Montmajor, on a détruit, pour l'empierrement des routes, plusieurs tumulus, dans lesquels furent trouvés, dit-on, des objets en cuivre et des ossements.

Après la lecture de ce mémoire, M. Ch. Cotte demande la parole et dit que le résultat de cette fouille lui paraît plutôt négatif, car les couches noires simulant des foyers

peuvent être simplement du guano de chauve-souris, le
fragment de calcaire présenté par l'auteur ne lui semble
avoir aucun caractère intentionnel, enfin les dents d'ovi-
nés recueillies par M. Dauphin ont pu être apportées par
des loups. M. de Gérin-Ricard observe que les pièces du
musée Longchamp, recueillies par le regretté Marion, sont
loin d'être probantes.

4. M. H. DE GÉRIN-RICARD, vice-président de la Section,
lit une étude sur les *Autels-cippes chrétiens de Provence.*
— Voir MÉMOIRES, n° **IV**.

5. M. Ferdinand MOUTTET, notaire et maire de Signes
(Var), membre de l'Académie du Var, n'ayant pu assister à la séance, M. le baron Guillibert, secrétaire perpétuel de l'Académie d'Aix, fait l'analyse de son mémoire
sur *Les premiers habitants des montagnes des Maures.*

La chaîne des Maures s'étend du sud-ouest au nord-est, entre
Hyères et Fréjus ; elle est limitée au nord par la dépression où
court la voie ferrée de Toulon à Nice, au sud et à l'est par la
mer, à l'ouest par le cours inférieur du Gapeau. Au vi[e] siècle
avant notre ère, cette région était habitée par des Ligures ou
Lygiens, dont une tribu, les Commani, s'échelonnaient sur le
littoral, d'après Ptolémée, depuis Marseille jusqu'à l'Argens.
Quand les Phocéens eurent fondé Marseille, des colonies grecques s'établirent dans ces parages, comme le prouve un monument trouvé dans une cave à Cogolin et décrit par Garcin, dans
son *Dictionnaire historique et topographique de la Provence*
(Draguignan, 1835, 2 vol.). Les Romains y ont laissé de nombreuses et importantes traces de leur domination : restes d'a-
queduc à Grimaud, piscines, tombeaux, urnes funéraires,
monnaies à Gassin ; nombreux vestiges de constructions à
Saint-Maxime.

Du viiie au xe siècle, les Sarrasins envahirent la région et y séjournèrent longtemps jusqu'à ce que, chassés de leur repaire du Fraxinet, ils furent contraints de se réfugier ailleurs.

6. M. Pillard (d'Arkaï), publiciste, ancien élève de l'École des Sciences politiques et de l'École des Langues orientales vivantes, lit une communication sur *Les colonies préphocéennes sur le littoral marseillais.*

Poursuivant une étude méthodique des origines du littoral, M. Pillard (d'Arkaï) rappelle qu'après les trois sources de l'Anthropologie, l'Archéologie et l'Érudition, il faut compter celle de l'Étymologie et de la Linguistique, fournie par les noms de lieux et de peuples. A ce point de vue spécial, après avoir relevé, au Congrès de Monaco (avril 1906), les *Synchronismes anthropologiques et archéologiques entre les enceintes dites ligures,* il présente une série de *Ressemblances géographiques et toponymiques entre les Colonies Sémitiques : La racine IBR, le suffixe ligure en SC, les Bérélins à La Penne, les Solymes à Sospel, les Massyliens à Marseille, les Phéniciens à Toulon, Cannes, Antibes, Nice, Eze, Monaco,* etc. La conclusion de ce résumé verbal du mémoire *in-extenso* (qui sera adressé ultérieurement aux membres du Congrès) est que ses diverses investigations, menées selon la classification scientifique moderne, s'accordent à confirmer les hypothèses de Bochard, Donop, Gésénius, Movers, Knobel, Redslob, Nilsson et tous les philologues non limités à l'école de Bopp, sur le rôle des Sémites dans la civilisation de la Méditerranée occidentale.

Après cette lecture, il s'engage sur ce sujet une discussion à laquelle prennent part MM. Clerc, Cotte et de Gérin-Ricard.

M. Pillard répond aux observations de M. Clerc sur les

Ibères et aux questions de M. Cotte sur le trafic de l'ambre. Plusieurs autres membres déclarent que les points soulevés demanderaient de nombreux éclaircissements, mais M. le Président fait observer que le temps manque, et la discussion générale sur les « Colonisations préphocéennes » est renvoyée aux futurs Congrès.

7. M. DE VILLE D'AVRAY, bibliothécaire-archiviste de Cannes, secrétaire de la Société scientifique, littéraire et des beaux-arts de Cannes, n'ayant pu assister à la séance, M. Pillard (d'Arkaï) donne lecture de son mémoire sur les *Passages de César et d'Antoine chez les Oxybiens.* — Voir MÉMOIRES, n° **V.**

Séance du jeudi matin, 2 août.

La séance est ouverte à neuf heures et demie, sous la présidence de M. Clerc, président. M. Arnaud d'Agnel remplit les fonctions de secrétaire.

1. M. le Dr L. CAMOUS, membre de la Société des sciences, lettres et arts des Alpes-Maritimes, présente un *Rescrit du pape Paul III (1538)* et en fait le commentaire.

Les Archives des Hospices civils de Nice renferment la copie de l'époque d'un rescrit du pape Paul III, — 18 juillet 1538, — dont l'original se trouve dans les Archives de la ville de Nice. « Estrato dal suo orig. existente nelle archivie di questa citta di Nizza, per fede infract. not. collegᵗᵒ e segᵃʳⁱᵒ di esta citta sono manualmᵗᵉ sottogᵗᵒ : Gilli Not. Collegᵗᵒ et Segᵒ. »
En voici les passages essentiels : Paulus p. p. III, ad perpetuam rei memoriam ex superne dispositionis arbitrio gregi do-

minio presidentes fidellium votis perque Leprosariis et in eis
degentibus personis subvenitur acoratoriorum et alliorum loco-
rum ecclesiasticorum. . . . .

Datum Roma apud S. Marcum sub annulo piscatoris
die XVIII Juli MDXXXVIII, pontificat. nostri anno quinto. »

Ce rescrit accorde aux syndics de Nice la permission de réunir tous les hôpitaux de la ville en un seul établissement sous
le nom d' « Hôpital Saint-Eloi », à tous les établissements ecclésiastiques d'œuvres pies le droit de recevoir des dons et des
legs pour leur entretien.

S'occupant des choses intérieures de la cité de Nice, ce document est particulièrement intéressant, parce que Paul III
(Alexandre Farnèze, ancien évêque de Vence), pape de 1534 à
1549, fit signer une trêve de 10 ans à François Ier qui était à
Villeneuve-Loubet et à Charles-Quint qui se trouvait à Villa-
franca.

La croix de marbre, placée à Nice, rue de France, et classée
comme monument historique, rappelle cette trêve de Nice.

2. M. Chailan, curé d'Albaron-en-Camargue, membre
de la Société des Amis du Vieil-Arles, lit une communication sur *Les livres liturgiques d'Arles au XVIe siècle.*
Voir Mémoires, n° **VI.**

3. Mlle Eugénie Houchart, membre de l'Académie de
Vaucluse, lit une communication sur *L'ancien château
du cardinal Grimaldi à Puy-Ricard.* — Voir Mémoires,
n° **VII.**

4. M. Requin, archiviste du diocèse de Vaucluse, correspondant de l'Académie des Beaux-Arts, membre de
l'Académie de Vaucluse, donne lecture de sa communication sur des *Curiosités notariales.* — Voir Mémoires,
n° **VIII.**

5. M. J. Roman, correspondant du Ministère de l'Instruction publique, membre de l'Académie delphinale et de la Société d'Études des Hautes-Alpes, n'ayant pu assister à la séance, M. Nicollet, secrétaire général du Congrès, donne lecture de sa communication sur *Les sceaux de la famille de Savoie-Tende.* — Voir Mémoires, n° IX.

La séance est levée à onze heures et M. Clerc, président de la Section, après avoir déclaré terminés les travaux du Congrès, pour cette Section, annonce qu'une réunion de toutes les Sections aura lieu dans le grand amphithéâtre de la Faculté, sous la présidence de M. Belin, recteur de l'Académie, président du Congrès.

DEUXIÈME SECTION

Histoire.

Président : M. Paul MASSON, professeur d'histoire et de géographie économiques à l'Université d'Aix-Marseille, correspondant du Ministère de l'Instruction publique, membre de l'Académie de Marseille.

Vice-Président : M. Edmond POUPÉ, professeur au collège de Draguignan, correspondant du Ministère de l'Instruction publique, membre de la Société d'Études scientifiques et archéologiques de Draguignan, secrétaire-correspondant de la Société d'Études Provençales.

Secrétaire : M. Marie BERTRAND, sous-bibliothécaire de la ville de Cannes, cabiscol de l'École de Lerin, secrétaire-correspondant de la Société d'Études Provençales.

Secrétaire-adjoint : M. Lucien GAP, instituteur à Oppède (Vaucluse), membre de l'Académie de Vaucluse.

Séance du mercredi matin, 1ᵉʳ août.

La séance est ouverte à neuf heures et demie, sous la présidence de M. Paul Masson, président de la Section. M. Bertrand remplit les fonctions de secrétaire.

Après avoir déclaré la séance ouverte, M. Masson souhaite la bienvenue à tous les travailleurs qui ont répondu à l'appel du Comité d'organisation du Congrès et ont apporté des mémoires nombreux et variés. Leurs recherches patientes et obstinées auront pour résultat de préciser l'histoire de la Provence et d'en dégager les enseignements. La vie publique et politique a toujours été très intense dans cette région à la population active et entreprenante. Son histoire mérite d'être connue non seulement dans ses grandes lignes, mais encore dans ses détails, et, si le Congrès donne une nouvelle impulsion aux études historiques, il aura fait œuvre utile.

1. M. Arnaud d'Agnel, correspondant du Ministère de l'Instruction publique, membre de la Société de statistique de Marseille, lit une communication sur *Les Convulsionnaires de Pignans*. Cette communication a été publiée dans les *Annales du Midi* (n° 74, avril 1907).
En voici le résumé :

Pignans, village du Var, qui a aujourd'hui 1.754 h., fut, au xviiie siècle, le centre principal du jansénisme en Provence. Il s'y passa des scènes extraordinaires de fanatisme religieux qui suivirent l'arrivée inattendue de gentilshommes, disciples du fameux Vaillant, alors enfermé à la Bastille.

D'illustres personnages, tels que le cardinal de Fleury et Mgr de Belsunce, s'occupèrent de ces faits scandaleux. L'évêque de Marseille demanda et obtint l'incarcération des principaux fauteurs des désordres; ils furent enfermés au fort Saint-Jean et à la citadelle de Saint-Nicolas. Les magistrats de Provence avaient ordonné de faire plusieurs enquêtes sur cette curieuse affaire. Ce sont les résultats très circonstanciés de ces enquêtes que l'auteur met en œuvre. Il relève une foule de détails typiques. Ces traits de mœurs font revivre un état d'âme si différent du nôtre qu'il nous semble très lointain. On constate qu'au fond de la province, comme à Paris, on se passionnait pour les questions théologiques comme actuellement pour les problèmes de la science. A un point de vue général, M. Arnaud d'Agnel fait ressortir des faits qu'il analyse l'extension du jansénisme jusque dans le midi de la France, l'habileté des novateurs dans leur choix d'expédients propres à séduire l'imagination méridionale. L'auteur montre aussi, pour l'honneur de notre petite patrie provençale, que tous les stratagèmes ne purent avoir raison du bon sens populaire. Disons, en terminant, que tout contribua à rendre célèbre l'affaire des convulsionnaires de Pignans, tout, jusqu'au prédicateur qui fut mandé tout exprès pour les combattre sur place, le fameux Père Bridaine, le tribun de la chaire au xviiie siècle. »

M. Joseph Fournier, sollicité par le président de donner son opinion sur ce mémoire, dit que M. Arnaud d'Agnel a tiré des Archives des Bouches-du-Rhône tous les documents qui lui ont servi à écrire cette étude et qu'il les a mis en œuvre habilement. Il ajoute que ces Archives contiennent de nombreux et intéressants renseignements sur la lutte religieuse à cette époque et sur l'attitude intransigeante de Mgr de Belsunce, évêque de Marseille, envers les Jansénistes qu'il poursuivit avec la plus grande rigueur.

2. La parole est ensuite donnée à M. Bertrand, secrétaire de la Section, qui, complétant et corrigeant les imprimés, d'après des documents puisés aux Archives du département des Bouches-du-Rhône et à celles de la ville de Cannes, donne un clair exposé de la *Prise des îles de Lérins par les Espagnols en 1635*. — Voir Mémoires, n° **X**.

A propos de cette communication, M. P. Masson fait remarquer que, contrairement à la situation des îles de Lérins qui furent pourvues d'ouvrages de défense, les îles d'Hyères et du littoral marseillais furent négligées, et que, par suite, elles furent souvent occupées par les ennemis de la France et de la Provence.

A ce moment, M. Masson cède la présidence à M. Belin, recteur de l'Académie, président du Congrès.

3. M. Chaillan, curé de Septèmes, correspondant du

Ministère de l'Instruction publique, membre de l'Académie d'Aix, a la parole pour donner lecture de son étude sur *Les relations de Marseille avec Jérusalem et la création du consulat de Jérusalem au XVIIe siècle*. Ce mémoire a été publié dans *Le Sémaphore de Marseille* (n^{os} des 13, 14, 16 et 17 août 1906 ; 79e année, n°s 24.039-24.041).

En voici le résumé :

Dès 1624, Lempereur est établi à Jérusalem comme consul ; mais la jalousie des Vénitiens contre Marseille intrigue auprès du pacha de Damas qui le fait emprisonner. Délivré au bout de cinq jours, il rentre à Jérusalem, mais avec défense d'y séjourner plus de deux mois. En 1686, Dortières, commissaire délégué pour visiter les Échelles, demande le rétablissement du Consulat de Jérusalem, qui est décidé au Conseil d'État tenu à Versailles le 31 juillet 1691. La Chambre de commerce de Marseille enregistre cet arrêt le 6 septembre suivant et inscrit 3.600 livres à son budget pour les dépenses du consul. Ces fonctions sont remplies en 1694 par un nommé Lempereur (comme le consul de 1624), à qui Pontchartrain écrit de Versailles le 28 avril et demande de lui « rendre compte de ce qui se sera passé au voyage » qu'il aura fait à Jérusalem.

M. Chaillan donne la relation de ce voyage, fait en 1695, qui se trouve aux Archives de la Chambre de commerce de Marseille, ainsi que les lettres écrites par Lempereur, en date du 26 septembre 1695 et du 12 mai 1696, pour se faire payer ses dépenses. Les Marseillais ne se décidèrent à payer qu'après une lettre de Pontchartrain du 7 mai 1697. L'état des dépenses envoyé par le consul, pour son second voyage à Jérusalem en 1696, s'élève à 1.322 livres 33. On trouva que c'était cher et on le fit remarquer à Lempereur qui en conçut du découragement.

En 1699, Lempereur est remplacé par Brémond qui, dès son arrivée à Saïda, écrit, le 28 août, une lettre où il expose les difficultés pécuniaires et autres auxquelles il se voit déjà exposé. Il entra, en février 1700, à Jérusalem, où, ignorant des coutumes et des mœurs, il ne tarda pas à voir tout le monde contre lui. Il en sortit « le 28 mai, à pied, ayant la fièvre, pour se rendre à Bethléem ». De retour à Saïda, il raconte ses déboires dans une lettre à la Chambre de commerce de Marseille, et, en 1702, le roi lui donne le consulat de Messine.

En 1712, le provençal de Blacas, vice-consul de Chio, fut nommé à Jérusalem. Celui-ci se trouva exposé aux mêmes difficultés pécuniaires et, le 20 octobre 1715, il réclame un important arriéré de ses appointements. C'est la dernière lettre émanant des consuls de Jérusalem qui se trouve aux Archives de la Chambre de commerce de Marseille.

M. P. Masson indique à l'auteur de cette communication qu'il aurait pu peut-être trouver quelque chose à ce sujet dans la correspondance de Peyresc. Il fait remarquer que la date de 1624 est celle de l'emprisonnement de Lempereur, mais non celle de la création du consulat qui eut lieu vraisemblablement en 1621 ; il ajoute que l'influence du P. Joseph en 1626 n'est que la conséquence de la mission de 1621.

M. Rampal demande si les émoluments du Consul étaient payés par la Chambre de commerce de Marseille. Il ajoute qu'il serait possible d'avoir de nombreux renseignements sur ce sujet en consultant les Archives des Ministères de la Marine et des Affaires étrangères. Après une discussion sur des points de détail, on passe à la suite de l'ordre du jour.

4. M. Léopold Constans, professeur de littérature à l'Université d'Aix-Marseille, majoral du Félibrige, vice-président de la Société d'Études Provençales, n'ayant pu assister à la séance, M. P. Masson donne lecture de sa communication sur *Le consulat de la mer à Marseille au XIIIe siècle.*

Ce mémoire est publié dans les *Mélanges offerts à M. le professeur Chabaneau* (p. 645-675). Le texte complet du manuscrit de M. Arbaud est en cours de publication dans les *Annales du Midi* (3e et 4e fascicules, 1907).

Ce texte provençal semble remonter au xiiie siècle, bien que la copie qui en a été conservée ne soit que de la fin du xive, d'après l'avis de M. Paul Meyer. Ce manuscrit appartient à M. Paul Arbaud, bibliophile, président de la Société d'Études Provençales; il y reste un feuillet de garde contenant le livret de famille d'un notable marseillais du xviie siècle, Gaspard Serene, époux de Catherine Napolone, qui y a noté la naissance et le décès des membres de sa famille, de 1587 à 1605.

Le texte contient : 1° la traduction provençale des chapitres de la première paix entre Charles d'Anjou et la ville de Marseille révoltée en 1287; 2° celle des chapitres de la deuxième paix concédés par Charles en 1262 et qui aggravent les conditions précédentes ; 3° une série de dispositions empruntées au livre des Statuts et privilèges de Marseille, qui constituent ce qu'on appelait au moyen âge *Le Consulat de la mer*, véritable code commercial et maritime. C'est la partie la plus intéressante du recueil, comme on peut en juger par les rubriques :

Dels consols establitz foras de Masseilha; — De gitament de mercadarias en mar per mal tems o per autra causa; — De gardar los conservages (engagements de servir sur mer)*; — Dels mariniers; — D'aquo mezeis* (même sujet)*; — De aver ferm las cauzas accitadas davant los consols establitz foras de Masseilha; — D'aquels que moron foras de Masseilha; — En qual maniera deu esser venduda cauza mobla obligada per peinnora; — De penhora donada en las naus per alcuna pecunia; — De compainhia e de comandas; — De naus loguadas a nouli; — D'aquels que deslian los avers d'autrui; — Dels es-*

*crivans de las naus; — De non portar aver sobre coberta ; —
De portar garni[z]ons en naus; — Dels mariniers; — D'aquo
mezeis; — De gietz de mercadarias en mar; — De las sortz
de las naus ; — D'espazi de xx. jorns donados als merca-
diers liquals seran en Masselha en lo tems de la guerra.*

Le copiste était négligent, mais comprenait ce qu'il écrivait.
La langue est intéressante et contient des mots non encore
rencontrés ailleurs.

5. M. Lucien GAP, secrétaire-adjoint de la Section,
donne ensuite lecture de son étude sur *Oppède au moyen
âge et ses institutions*. — Voir MÉMOIRES, nº **XI**.

Après la lecture de cette communication, dont le titre
primitif était : *Le village d'Oppède (Vaucluse) pendant le
schisme d'Occident (1378-1449)*, M. P. Masson fait remarquer qu'il y est autant question de Bernard de La Salle que
du village d'Oppède. M. le Dʳ Laval insiste également sur
ce point et propose à l'auteur de modifier le titre de son
mémoire, de façon à le mettre mieux en harmonie avec
le sujet traité. M. Gap accepte de faire cette modification.

6. M. MALAUSSÈNE, juge au tribunal de Grasse, n'ayant
pu assister à la séance, M. Fournier, archiviste des Bouches-du-Rhône, analyse sa communication sur *L'Administration communale de Saint-Jeannet (Alpes-Maritimes) sous l'ancien régime*. — Voir MÉMOIRES, nº **XII**.

M. Fournier fait remarquer que cette étude, très complète, a été faite d'après les Archives communales de
Saint-Jeannet et n'est d'ailleurs qu'une partie d'une histoire complète de cette localité en préparation.

M. le Dʳ Laval demande, à ce propos, s'il existe, dans
les Archives communales, des traces du passage du titre
de *syndic* à celui de *consul*. M. Fournier répond que le

titre de *consul* fut, en quelque sorte, la régularisation du pouvoir communal par l'autorité royale.

7. M. Poupé, vice-président de la Section, n'ayant pu, pour cause de maladie, assister à la séance, M. Fournier donne un résumé de son étude sur *L'Administration communale à Rians (Var) sous l'ancien régime.* — Voir Mémoires, n° **XIII.**

L'ordre du jour étant épuisé, la séance est levée à midi moins dix minutes.

Séance du mercredi soir, 1ᵉʳ août.

La séance est ouverte à deux heures et demie, sous la présidence de M. le Dʳ Victorin Laval, ancien président de l'Académie de Vaucluse. M. Bertrand remplit les fonctions de secrétaire.

1. M. G. Arnaud, docteur ès-lettres, professeur au lycée Mignet, membre de la Société d'histoire de la Révolution française, n'ayant pu se rendre à la séance, la parole est donnée à M. Nicollet, secrétaire général du Congrès, pour lire sa communication sur *Un ouvrage anonyme de Durand de Maillane.* — Voir Mémoires, n° **XIV.**

Après cette lecture, M. le Dʳ Laval ajoute que Durand de Maillane fut un grand calomnié et que, s'il fut un catholique convaincu, il fut aussi un adversaire irréductible des abus du clergé d'alors. Il exprime le désir et l'espoir de voir élever une statue à celui qui fut, avant tout, un bon provençal.

2. M. BARRÉ, conservateur de la Bibliothèque municipale de Marseille, trésorier de la Société de Géographie et d'Études coloniales de Marseille, lit une communication sur *La municipalité de Cassis sous la Constitution de l'an III*. — Voir MÉMOIRES, n° **XV**.

La lecture de cette étude terminée, M. Laval insiste sur le caractère décentralisateur de cette Constitution de l'an III, succédant au régime centralisateur de l'an II ; il regrette qu'elle ait eu une existence si éphémère et souhaite qu'on y revienne en l'adaptant aux exigences de notre époque.

3. M. P.-H. BIGOT, professeur au collège de Manosque, membre de la Société scientifique et littéraire des Basses-Alpes, a la parole pour lire une communication sur *La grande peur et l'organisation de la garde nationale à Manosque en 1789*. — Voir MÉMOIRES, n° **XVI**.

4. M. L.-C. DAUPHIN, pharmacien naturaliste à Carcès, membre de la Société d'Études Provençales, lit une communication sur le *Club révolutionnaire de Carcès*. — Voir MÉMOIRES, n° **XVII**.

5. M. DUPRAT, professeur adjoint au lycée d'Avignon, membre de l'Académie de Vaucluse, n'ayant pu assister à la séance, M. Nicollet, secrétaire général du Congrès, lit son travail sur *La grande peur à Châteaurenard et la création de la garde nationale*. — Voir MÉMOIRES, n° **XVIII**.

Après cette lecture, M. Laval fait remarquer que, par une action psychologique, cette peur, dont M. Bigot a parlé aussi dans son mémoire, se généralisa, mais fut de courte durée. Il insiste sur ce fait qu'à Châteaurenard comme à Manosque, elle décide les populations à organiser la garde nationale.

6. M. Destandau, pasteur de l'Église réformée à Mouriès (Bouches du-Rhône), correspondant du Ministère de l'Instruction publique, membre de la Société des Amis du Vieil Arles et de l'Académie de Vaucluse, lit une étude intitulée : *Une page de l'histoire de la ville des Baux en 1790.* — Voir Mémoires, n° **XIX**.

M. Laval fait remarquer le caractère patriotique de cette communication et constate que les sentiments généreux fleurissent depuis longtemps sur la terre des Baux.

7. M. Fassin, conseiller à la Cour, membre de l'Académie d'Aix, président d'honneur de la Société des Amis du Vieil Arles, n'ayant pu se rendre à la séance, M. le baron Guillibert, secrétaire perpétuel de l'Académie d'Aix, fait une analyse de son étude intitulée : *Quelques pages de l'histoire de la marine arlésienne ; Les marins d'Arles pendant la tourmente révolutionnaire.* — Voir Mémoires, n° **XX**.

8. M. Henri Labroue, professeur agrégé d'histoire au lycée de Toulon, membre de la Société d'Études Provençales, n'ayant pu assister à la séance, le secrétaire de la Section lit un sommaire de sa communication sur *Le Club jacobin de Toulon.*

Cette étude a été publiée dans les *Annales de la Société d'Études Provençales* (4ᵉ année, n° 1, janvier-février 1907, p. 1 à 51).

En voici le résumé :

Ce travail a été composé d'après des documents des *Archives municipales de Toulon* et de *Nans (Var), des archives départementales du Var* et des *archives du greffe du tribunal civil de Draguignan.* Le 18 juin 1790, le Conseil général de la commune de Toulon accueille la demande de plusieurs citoyens de constituer une société des *Vrais amis de la Constitution.* Cette société tient sa première séance le 21 du même mois et s'installe dans l'église Saint-Jean. L'élément bourgeois y domine, mais l'élément ouvrier y est nombreux. C'est en se mêlant activement à la politique locale et générale que le *Club Saint-Jean* développe ses forces. Le Conseil général de la commune n'est bientôt composé que de clubistes; le club rival de Saint-Pierre et tous les adversaires du club Saint-Jean sont peu à peu écartés ou étouffés. De 1791 à 1793, affilié aux Jacobins de Paris, le club de Toulon exerce une grande influence non seulement dans la ville, mais dans tout le département et même dans les départements voisins, par des relations fréquentes avec les Sociétés similaires. Il prend une part très active à la résistance contre l'invasion. A l'intérieur, il se montre partisan de l'ordre, de la sécurité des personnes et des biens. Mais une réaction bourgeoise et royaliste, compliquée d'intervention étrangère, anéantit son influence après 1793 ; des clubistes sont condamnés à mort et exécutés. En l'an III, des manifestations démocratiques sont les derniers actes publics qu'on peut vraisemblablement lui attribuer ; une *Société littéraire* et, en 1796, un *Cercle constitutionnel* sont ses dernières et lointaines survivances.

9. M. Victor TEISSÈRE, instituteur à Trets (Bouches-du-Rhône), membre de la Société d'Études Provençales, lit une communication sur *La Société populaire de Trets.* — Voir MÉMOIRES, n° **XXII.**

M. Laval observe que cette étude n'insiste pas assez sur le rôle joué par Trets dans le mouvement fédéraliste de 1793 ; cette commune, en effet, fut une de celles qui ne se prononcèrent pas pour les Girondins et restèrent jacobines malgré tout. M. Teissère répond qu'il se propose de faire du *Mouvement fédéraliste à Trets* l'objet d'une étude spéciale qu'il présentera à un autre Congrès [1].

La lecture des communications envoyées étant terminée, M. le Dr Laval fait remarquer le caractère de cette séance, tout entière consacrée à des études sur la Révolution. « De tout ce que vous venez d'entendre, ajoute-t-il, se dégage un enseignement; nous vivons de la Révolution; c'est une raison majeure pour étudier cette période de notre histoire sous toutes ses faces, afin de nous inspirer de tout ce qu'elle eut de bon et d'éviter ce qu'elle eut de mauvais. La Révolution française a établi le monde sur des bases nouvelles et, si le travail d'enfantement fut pénible, ce n'est pas une raison pour aimer moins la mère. »

M. Laval termine en remerciant les Congressistes de leur assiduité, malgré la chaleur intense, et lève la séance à quatre heures et demie.

Séance du jeudi matin, 2 août.

La séance est ouverte à 10 heures, sous la présidence de M. le baron Guillibert, secrétaire perpétuel de l'Académie d'Aix, vice-président de la Société d'Études Pro

---

[1] Cette étude sur *Le mouvement fédéraliste à Trets* a été lue au Congrès des Sociétés savantes de Paris et des départements, à Montpellier, dans la séance du vendredi matin, 5 avril 1907.

vençales, puis de M. le Dr Laval, ancien président de l'Académie de Vaucluse. M. Bertrand remplit les fonctions de secrétaire.

1. M. le Dr ALEZAIS, professeur à l'École de Médecine de Marseille, donne lecture de sa communication sur *Le blocus de Marseille pendant la peste de 1722.* — Voir MÉMOIRES, n° **XXIII.**

Après cette lecture, M. le baron Guillibert, président, fait remarquer que ce sujet est familier à M. le Dr Alezais, car il a déjà publié des travaux historiques très érudits sur la peste. Une discussion s'engage entre plusieurs membres sur l'emploi du vinaigre à la désinfection de la correspondance lors de la peste de Marseille.

2. M. P.-H. BIGOT, membre de la Société scientifique et littéraire des Basses-Alpes, professeur au collège de Manosque, présente la *Liste des desservants des deux paroisses de Manosque.*

Ces listes sont l'œuvre d'Henri-Jean Alivon (1821-1837), qui fut organiste des deux églises de Manosque et curé de Montfuron. Dressées d'après les archives paroissiales, elles ont été continuées jusqu'à nos jours par M. Bigot. Celle de la paroisse de Notre-Dame, commence en 1226, par Pierre Borgarelli, et finit en 1903, par Antoine-Prosper Brun, curé actuel ; elle comprend cinquante-six desservants. Pour le XIIIᵉ siècle, elle paraît être à peu près complète, avec ses huit desservants de 1226 à 1286 ; pour le XIVᵉ, elle en donne six, de 1300 à 1390 ; pour le XVᵉ, seulement quatre, de 1415 à 1463 ; pour le XVIᵉ, elle ne donne aucun nom jusqu'en 1561, et en contient treize de 1561 à 1599 ; pour le XVIIᵉ, elle est probablement incomplète avec neuf noms de 1600 à 1698 ; pour le XVIIIᵉ et le XIXᵉ, elle est complète.

Celle de la paroisse de Saint-Sauveur ne commence qu'en

1438, avec Esprit Fabry, vicaire, et finit, en 1890, par Paul Pieule, curé actuel ; elle comprend vingt-sept desservants. Pour le xve siècle, elle ne fournit qu'un nom ; pour le xvie, elle en donne sept, de 1548 à 1598 ; pour le xviie, elle en fournit neuf, vicaires ou curés, de 1605 à 1688 ; pour le xviiie, trois curés, de 1720 à la Révolution ; pour le xixe, la liste est complète avec six curés, de 1803 à 1890. Cette église, pendant la Révolution, fut convertie en temple de la Raison. »

3. M. DE BRESC, membre des Académies d'Aix et du Var, a la parole et fait l'*Historique des eaux de Fontaine-l'Évêque (ancien Sorpius).* — Voir MÉMOIRES, n° **XXIV.**

M. le Dr Laval, président, fait remarquer la ressemblance de cette fontaine avec celle de Vaucluse et demande si le nom ancien ne serait pas *Sorgius.* M. de Bresc répond que tous les documents portent *Sorpius.*

4. M. Paul GAFFAREL, professeur à la Faculté des lettres de l'Université d'Aix-Marseille, n'ayant pu assister à la séance, le secrétaire de la section présente sa communication sur *Les complots de Marseille et de Toulon (1812-1813).* — Ce travail sera publié, au mois d'octobre prochain, dans les *Annales de la Société d'Études Provençales.*

5. M. Charles LATUNE, avocat, membre de la Société d'Études Provençales, donne lecture de sa communication sur *Une intervention royale dans une affaire de famille sous le règne de Louis XV.* — Voir MÉMOIRES, n° **XXV.**

M. J. Fournier fait remarquer que cette étude n'est qu'une petite partie d'un ouvrage que M. Latune prépare sur *Les lettres de cachet en Provence*, sujet des plus intéressants, sur lequel on trouve de très nombreux documents aux archives des Bouches-du-Rhône. M. le baron Guillibert, président, félicite M. Latune d'avoir entrepris ce travail et donne quelques détails sur ce sujet.

6. M. J. MAUREL, membre de la Société scientifique et littéraire des Basses-Alpes, curé de Valernes, n'ayant pu assister à la séance, M. J. Fournier donne connaissance de son travail sur *La peste à Allauch en 1720.* — Voir MÉMOIRES, n° **XXVI**.

M. le baron Guillibert, président, félicite l'auteur de ce travail qui est un chercheur avisé. M. Fournier ajoute que M. Maurel, de même que le Dr Alezais, a puisé ses documents aux archives des Bouches-du-Rhône.

7. M. le Dr VERRIER, délégué de l'Alliance scientifique universelle, n'ayant pu assister à la séance, M. Bertrand, secrétaire de la section, donne lecture de son mémoire sur *Le département des Basses-Alpes au moment du coup d'État.*

M. le Dr Verrier résume le chapitre que Eug. Ténot, dans son ouvrage sur *La province en décembre 1851*, a consacré au département des Basses-Alpes. Il y ajoute quelques détails intéressants et inédits sur le rôle joué par l'instituteur Noël Pascal. Originaire d'Aubignosc, jeune encore, sorti depuis peu de l'École normale, cet ardent défenseur de la Constitution présidait le Comité central installé à Forcalquier et déploya beaucoup d'énergie. Après la journée du 9 décembre qui ruina les espérances des républicains fédérés, il ne se soumit pas. Échappant aux recherches des agents du coup d'État, il se réfugia à Nice qui faisait partie des États Sardes. Là, il se lia d'amitié avec le comte Orsini, l'auteur de la tentative si connue. Quand sa femme mourut, il vint secrètement en France pour chercher sa fille et retourna par mer à Nice sur un mauvais bâteau de pêcheur. Après l'amnistie, il rentra définitivement en France, où il s'occupa de médecine. Pendant la guerre franco-allemande, il fût envoyé à Besançon comme secrétaire général de la préfecture. La paix conclue, il devint un collaborateur de Jules Ferry qui lui donna, en souvenir, une de ses photographies avec ces mots : « En souvenir de nos bons combats ». Il mourut en 1889. Sa fille que, pendant son exil, il était venu chercher au prix de graves dangers, est mariée en secondes noces avec le Dr Verrier.

La séance est levée à 11 heures et demie.

TROISIÈME SECTION

Langue et littérature provençales ; Folklore ; Familles ; Beaux-Arts.

Président : M. Maurice RAIMBAULT, sous-archiviste des Bouches-du-Rhône, cabiscol de l'Escolo de la Mar, majoral du Félibrige.

Vice-Président : M. SERVIAN, membre de l'Académie de Marseille.

Secrétaire : M. Paul MOULIN, membre de la Société d'Etudes provençales.

Séance du mercredi matin, 1er août.

La séance est ouverte à 9 h. 1/2, sous la présidence de M. Maurice Raimbault, président de la section. M. Paul Moulin remplit les fonctions de secrétaire.

M. le Président prononce l'allocution suivante :

MESSIÉS,

Es pèr iéu un devé mai que mai agradiéu, en durbènt la proumiero sesiho de la seicien de Lengo, Literaturo e Bèis-Art, de souveta la bènvengudo en tout aquélei qu'an bèn ·vougu l'aduerre soun councours, emai de lei gramacia couralamen au noum de la Prouvènço. O, nouéste *Empèri dóu Soulèu* vous duou fouesso recounoueissènço à vàutrei tóutei, Artisto o Saberu, Felibre o noun Felibre, qu'en venènt eici signala à l'atencien, e bessai meme à l'amiracien dóu mounde, lei manifestacien passado de nouéste art, l'alestissés pèr l'aveni de generacien qu'auran tambèn radica au trefouns dóu couer l'amour, la passien dóu Bèu.

Es que pèr bèn ama sa patrìo, grando o pichoto, la fau d'enproumié bèn counoueisse, e — es malurous d'avé à lou coustata — soun noumbrous aquélei que s'imaginon d'èstre de Prouvençau d'elèi perqué fan en lengo prouvençalo de vers que, pèr l'idèio, sarien autant bèn rùssi o espagnòu. De fèt, la majo part sabon de la Prouvènço ni soun Istòri, ni sei Legèndo, ni soun Flourege, basto ! parlon de soun païs sènso n'avé jamai rèn vist. De que voulès que sigue soun ispiracien dins de coundicien pariero ? Canton lou péu brun o blound d'uno chato d'Arle que pourrié èstre autant bèn uno « miss » angleso o 'no « mousmé » japouneso ; escudellon de « Soulèu tremount sus l'Esterèu » qu'aurien pouscu tant bèn pinta dins lei Carpato. Ce que li manco, es ce que Mistral a agu au màgi pount, Mistral qu'es pèr iéu lou pus grand pouèto de toutei lei tèms perqué soulet a sachu refaire sa lengo, refaire soun ourtougràfi e refaire un pople à meme de lou coumprendre ; Mistral vis intra dins soun engèni, pèr uno grando part, sa prefoundo counoueissènço de tout ce que pertoco nouéste terradou. Rapelas vous aquélei delicious pouèmo istourique o legendàri deis *Isclo d'or* ; remembras-vous aquéu superbe cant de *Calendau* ounte nous debano lei glòri esvalido dins lei nèblo dóu passat, talo que soun pintado sus lei faiènço mousteirenco dóu comte Severan.

E bèn, Messiés, la toco d'aquest Coungrès es de remedia àn-aquelo regretablo situacien, de sauva de l'óublit lei travai de nouéstei rèire, de marca sei sucès, de plagne seis auvàri, e de nous metre ansin à meme d'imita ce que fèron de bouen en eivitant ce que fèron de marrit. Auren ansin countribuï au mantenemen e meme à l'espandimen d'aquelo *Patria Provincie* que, escrafado l'a quatre cènt vint an en tant que patrimòni poulitique, a pamens, en tant que patrimòni artisti, subreviscu ei guerro estrangiero, ei bourroulo interiouro, eis atentat dei gouvèr autoucratique e centralisaire, à la revouiro deis escolo unifourmisto, fasènt subran, à la voues d'un pouèto, reflouri une raço que cresien retoumbado au neant despuei de siècle.

Messiés, lou Pouèto a coumpli soun obro ; à nàutri d'entamena la nouestro.

1. M. J -B. Astier, trésorier de l'Escolo de la Mar, donne ensuite lecture d'une étude sur *Victor Gelu intime*, d'après des documents communiqués par la famille du poète. D'après ces documents, Victor Gelu était loin de mériter la mauvaise réputation que lui ont value ses œuvres mal comprises par le grand public. — Ce mémoire a paru dans les *Annales de la Société d'Études Provençales* (4e année, n° 3, mai-juin 1907, p. 137 et suiv.).

2 MM. Louis Aubert et J. Bourrilly, membres de l'Escolo Mistralenco, résument les traditions et les superstitions de notre région en passant en revue les *Objets et rites talismaniques* dont les collections du Museon Arlaten conservent des vestiges. — Voir Mémoires, n° **XXVII**.

3. M. J. Bourrilly, cabiscol de l'Escolo Mistralenco, fait connaître les origines du costume arlésien et les modifications qu'il a subies et subit encore sous l'influence des conditions de la vie ambiante. — Voir Mémoires, n° **XXVIII**.

M. le Président fait remarquer qu'il eût été intéressant de présenter quelques photographies qui eussent permis de mieux se rendre compte de ces changements.

M. Bourrilly reconnaît la justesse de cette observation et promet d'adresser des épreuves au bureau de la Section.

4. M. Joseph Chevalier, secrétaire de l'Escolo de la Mar, lit une étude sur *Les fêtes de Noël en Provence* et notamment sur les poésies populaires qui leur doivent leur nom et auxquelles Saboly a dû sa célébrité.

5. M. Antonin Guès, propriétaire à Salon, membre de la Société d'Études provençales, n'ayant pu assister à la séance, M. Nicollet, secrétaire général du Congrès, donne lecture d'une étude sur le félibre majoral *Antoine-Blaise Crousillat*, de Salon. — Cette étude sera publiée ultérieurement dans les *Annales de la Société d'Études Provençales*.

6. M. A. Jaubert, de l'Académie du Var, lit un mémoire sur *Guillaume de Cabestaing et Marguerite de Roussillon*.

M. le Président relève le caractère légendaire de ce récit, dont l'authenticité ne saurait être admise en présence d'un texte publié dans le « Musée des archives départementales » qui prouve que Saurimonde (et non Marguerite), loin de se suicider, se remaria avec Adhémar de Rosset, après la mort de Raymond de Castell-Rossello qui était son second mari, le premier s'appelant Ermengaud de Vernet.

M. Jaubert assure que le Roussillon dont il est question est non celui que nous connaissons sur les frontières d'Espagne et auquel se rapporte la charte visée par M. Raimbault, mais le village du même nom sis dans le voisinage d'Apt.

M. le Président fait observer que la thèse de M. Jaubert est détruite par la charte du Musée des Archives.

M. Jaubert répond qu'il a surtout voulu faire un tableau des mœurs de l'époque des troubadours d'après les renseignements donnés par Bouche.

7. M. l'abbé A. J. Rance-Bourrey, professeur honoraire de l'anciennə Faculté de théologie d'Aix, membre de la Société des Sciences, Lettres et Arts des Alpes-Maritimes, n'ayant pu assister à la séance, M. le Président de la section présente son mémoire sur *Rosalinde Rancher au lycée de Marseille.*

Joseph-Rosalinde Rancher, le poète Niçois auteur de la *Némaïda*, est né à Nice le 20 juillet 1785 et mort dans cette ville, le 11 juillet 1843. Ses restes reposent au cimetière du Château, sous une modeste pierre, avec une inscription italienne de Don Sappia.

Rancher était fils d'un chirurgien venu de Saint-Jeannet se fixer à Nice, vers 1770. Le père du chirurgien possédait à Saint-Jeannet une étude de notaire qui fut vendue à un de ses parents, M. Euzière.

Les Rancher sont peut-être originaires d'Avignon, Rosalinde fit ses premières études à Nice et vint les achever au lycée de Marseille, auquel il obtint une bourse, en l'an XII. Il fut un des 150 élèves nationaux nommés par le Premier Consul, lors de l'organisation du lycée.

Rosalinde Rancher, venu à Marseille en l'an XII, y fut accompagné par un de ses jeunes frères. Il avait alors 17 ou 18 ans et ne dut pas rester longtemps au lycée. Y obtint-il les succès que lui attribue une légende reproduite par *Tosalli* et Sardou ? Je ne le crois pas, car les palmarès du lycée, que j'ai pu consulter, ne mentionnent aucun Rancher pour la distribution des prix à la fin du premier trimestre de l'an XII ; et à la distribution qui eut lieu à la fin de l'année scolaire, le 1er fructidor an XII, un second prix de vers latin est attribué à *François Rancher* de Nice, élève de la 3e classe de latin, qui obtint aussi un 3e accessit de thème et le premier prix de ronde-bosse, dans la classe de dessin. Ce François Rancher est le frère de Rosalinde, né à Nice le 11 janvier 1789.

En 1805, Rancher aîné, de Nice, est élève de 2ᵉ, et un autre Rancher est élève de 6ᵉ ; Rancher aîné est élève de la classe de dessin et l'autre Rancher est cité parmi les élèves de gymnastique qui prirent part aux exercices publics de l'an XIII (1805). Je ne connais pas le palmarès de 1806 ; mais en 1807, il n'y a plus de *Rancher*.

Les Rancher dont j'ai relevé les noms ne sont pas le poète, dont le séjour à Marseille fut de très courte durée et passa inaperçu. Sa mère était veuve, dénuée de fortune et avait hâte de lui trouver une position. Rosalinde Rancher entra dans les contributions directes et fut placé dans un département italien, à Arrezzo, à Florence et enfin à Alassio. En 1814, il revint à Nice.

De son séjour à Marseille, Rosalinde Rancher ne conserva qu'un vague souvenir, et l'instruction qu'il y reçut fut sans influence appréciable sur le jeune Niçois.

La séance est levée à 11 h. 30.

Séance du mercredi soir, 1ᵉʳ août.

Présidence de M. Ferdinand Servian, de l'Académie de Marseille. M. P. Moulin remplit les fonctions de secrétaire.

La séance est ouverte à 2 heures 30.

1. M. l'abbé ARNAUD D'AGNEL, membre de la Société archéologique de Provence, lit une monographie de l'industrie de *La Verrerie en Provence*. — Voir MÉMOIRES, n° XXIX.

2. M. BOUILLON-LANDAIS, conservateur honoraire du Musée de Marseille, correspondant des Sociétés des Beaux-Arts des départements, n'ayant pu assister à la

séance, M J. Fournier, archiviste-adjoint des Bouches-du-Rhône, donne lecture de sa *Monographie de l'arc de triomphe de Marseille.*

Dans une séance du 17 octobre 1823, le marquis de Montgrand, maire de Marseille, invitait le Conseil municipal à « délibérer sur la proposition d'ériger à la Porte d'Aix un arc « de triomphe qui fût dédié à Msr le duc d'Angoulême et à sa « brave armée, en perpétuelle mémoire de la guerre entreprise « pour la délivrance du roi d'Espagne », captif de trop libérales Cortès.

Adoptée à l'unanimité et bien vite approuvée par le préfet, comte de Villeneuve, la proposition ne tarda pas à recevoir la consécration de l'ordonnance royale qui autorisait une aussi flatteuse dépense et, dans les premiers mois de 1824, l'architecte de la ville, R. Penchaud, se rendait à Paris avec celui des projets qui avaient réuni le plus de suffrages.

Malgré l'activité déployée par cet homme excellent, ce ne fut qu'à la fin de mars 1825, que l'entrepreneur Pierre Blu, déclaré adjudicataire, put commencer les fondations. Charles X succédait à son frère et le duc d'Angoulême était devenu le Dauphin ; il parut indiqué de hâter les travaux et de fixer au jour de la fête du roi la pose solennelle de la première pierre ; mais, le 4 novembre, une pluie battante transformait le chantier en un lac et l'on dut remettre la cérémonie au surlendemain.

Après un discours du maire et des salves de « boîtes », aux sons de la musique militaire, une grande table de marbre fut scellée, enfermée sous la pierre inaugurale ; elle dit la genèse de l'œuvre et jurerait un peu à côté des lettres d'or du frontispice. *(A la République Marseille reconnaissante).* Les villes, comme les hommes, reprennent quelquefois ce qu'elles ont donné.

Cependant l'architecte et le maire se heurtaient à maintes difficultés. Les devis imposaient la pierre de Saint-Remy et les fournisseurs élevaient des prétentions si hautes que la Ville dut se résoudre à traiter directement avec les propriétaires de carrières qu'elle fit exploiter à ses frais ; le transport fut un autre obstacle, les mariniers d'Arles se refusaient à charger ces gros blocs, — le roulage fut lent et cher. Enfin, au mois de mai 1828, la bâtisse put être reçue. Il restait à faire œuvre d'art.

Pour les bas-reliefs de trophées, pour les fins chapiteaux, les frises en guirlande, rinceaux, caissons de voûte et les clefs d'archivolte, on alla chercher des modèles à Nîmes, à Orange, aux sources les plus pures. Ces travaux, adjugés à Paris en septembre 1827, furent exécutés en seconde main par un ornemaniste de talent, Marneuf, en étroite collaboration avec Penchaud, et, vers le milieu de 1829, l'imposante masse, belle déjà en ses profils savants, attendait à ses larges panneaux les sculptures qui devaient lui donner sa signification, sa personnalité.

On sait qu'elles sont dues à Pierre-Jean David (David d'Angers) et à E.-J. Ramey fils, qui se partagèrent la besogne et s'engagèrent par traité à tout finir avant le mois d'octobre 1831. Mais nos sculpteurs ne se pressèrent point ; au 12 mars 1829, ils avouaient, tous deux, n'avoir encore rien fait et il fallut, pour les mettre en train, de gros pouvoirs donnés à Penchaud et le contrôle d'une commission dans laquelle entrait le baron Gérard.

Heureux retards ! qui permirent d'atteindre la révolution de Juillet, avant que la partie historique fût poussée plus loin qu'en esquisses. Fleurus, Marengo, Austerlitz, remplaçaient le Trocadéro, la soumission de Barcelone et les triomphes du Dauphin. David changea quelques grands hommes à son grand bas-relief et, le 1ᵉʳ mai 1839, un nouveau maire, M. Max Consolat, inaugurait le monument. Penchaud était mort, il avait été remplacé en décembre 1833 par M. Chassériau.

3. M. Georges DOUBLET, professeur de première au lycée de Nice, correspondant du Ministère, président de la Société des sciences, lettres et arts des Alpes-Maritimes, n'ayant pu assister à la séance, M. Nicollet, secrétaire général du Congrès, donne lecture de son mémoire sur *Les objets d'art de l'ancien diocèse de Vence* — Voir MÉMOIRES, n° **XXX**.

4. M. le baron GUILLIBERT, secrétaire perpétuel de l'Académie d'Aix, vice-président de la Société d'Études Provençales, fait une communication sur *Deux médailles relatives au bailli de Suffren*, et il en distribue des phototypies et des moulages en plâtre aux assistants. — Voir MÉMOIRES, n° **XXXI**.

5. M. Fortuné JULIEN, ancien professeur à l'École des Arts et Métiers, fait une communication sur *Les origines du théâtre d'Aix*. — Voir MÉMOIRES, n° **XXXII**.

6. M. P. MOULIN, secrétaire de la Section, donne lecture de son mémoire sur *Le théâtre à Marseille pendant la Révolution*. — Voir MÉMOIRES, n° **XXXIII**.

7. M. RAIMBAULT, président de la Section, signale le prix-fait, retrouvé par lui dans des minutes de notaire faisant partie des Archives de la ville d'Aix, d'un rétable, commandé par Guillaume de Matheron au peintre Marc de Furno, pour l'église de Saint-Maximin. — Voir MÉMOIRES, n° **XXXIV**.

La séance est levée à 4 heures 40.

———

Séance du jeudi matin, 2 août.

Présidence de M. Ch. Vincens, trésorier de l'Académie de Marseille. M. P. Moulin remplit les fonctions de secrétaire.

La séance est ouverte à 9 heures 30

1. M. Édouard AUDE, bibliothécaire de la Méjanes, membre de l'Académie d'Aix, lit une étude sur *L'Étymologie du nom de* Mar Sarnèio, *donné à la Méditerranée* — Voir MÉMOIRES, n° **XXXV**.

2. M. l'abbé P.-M. DAVIN, membre de la Société d'Études Provençales, lit un résumé de la biographie d'*Ignace Cotolendi, d'Aix en Provence, évêque missionnaire de la Chine occidentale.* Ce travail a été publié par l'auteur en une brochure in-octavo de 48 pages (*Ignace Cotolendi, d'Aix-en- Provence, curé de Sainte-Madeleine dans cette ville, évêque missionnaire en Chine, 1630 † 1662,* par Paul-Marie Davin, prêtre du diocèse d'Aix. — Aix, imprimerie et librairie Makaire (B. Philip, gérant), 2, rue Thiers, 1906). En voici le résumé :

Ignace Cotolendi naquit, le 23 mars 1630, à Brignoles, où son père, Jacques, et sa mère, Marguerite de Layon, avaient fui la peste de 1629. Après avoir fait ses études au *collège Bourbon* d'Aix, dirigé par les Jésuites, il voulut entrer dans cet Ordre, mais la faiblesse de sa santé y mit obstacle. Il commença ses études théologiques à la Sorbonne, puis vint les terminer à Aix. Ordonné prêtre, en mars 1653, il est nommé, à vingt-trois ans, curé de la paroisse de la Madeleine, où il exerce son ministère durant six ans. Comme une mission s'organisait pour la Chine, il demande à y être admis ; non seulement il est agréé,

mais on lui donne les titres d'évêque *in partibus* de Metello-
polis, de vicaire apostolique de Nankin, administrateur de la
Chine occidentale, de la Tartarie et de la Corée. Il s'embarque
à Marseille, le 3 septembre 1661, accompagné d'un autre Aixois,
Jean-François de Fortis. Au cours de son pénible voyage, tantôt par mer, tantôt par terre, il mourut à Mazulipatam, le
16 août 1662, dans sa trente-troisième année. Son compagnon,
de Fortis, mourut au mois de décembre de l'année suivante.

3. M. le baron GUILLIBERT, secrétaire perpétuel de
l'Académie d'Aix, fait une communication sur *Un historien d'Aix, poète.*

Il s'agit de l'écrivain aixois, Roux-Alphéran, dans lequel il
nous révèle un poète, dont la muse, de goût classique, n'avait
pas de visées particulièrement hautes, mais une inspiration
agréable. Ses œuvres sont encore appréciées aujourd'hui des
privilégiés qui les connaissent.

4. M. F.-N. NICOLLET, secrétaire général du Congrès,
fait part de ses recherches sur *L'Origine et l'étymologie
du nom provençal* roca, rocha (roche) — Voir MÉMOI-
RES, n° **XXXVI**.

M. Rampal fait remarquer que, si *bruga* vient de
verruca, le mot *broc* qui désigne le sommet d'une montagne (*la dent de* broc, en Suisse) pourrait bien venir d'une
forme primitive *verrucos* qui serait le masculin de *verruca*.

5. M. Auguste RAMPAL, membre de la Société de Géographie et d'Études coloniales de Marseille, donne lecture de ses *Notes généalogiques sur la famille Peyssonnel.*

Complétant les indications fournies sur cette famille par Ar-
tefeuil et Achard, au moyen de renseignements tirés d'Archives
départementales et communales, il indique que le chef en est

un « clerc lionoès », *Henri Peyssonnel*, marié à Lorgues en 1555 avec la fille d'un notaire, notaire lui-même en cette petite ville, où un de ses fils, *Gaspard*, exerça la même profession. On trouve des Peyssonnel à Lorgues durant tout le XVIIᵉ siècle, alliés aux plus notables familles du pays et revêtus à diverses reprises du chaperon consulaire.

Un autre fils d'Henri, *Balthazard*, se fit recevoir docteur en médecine en l'Université d'Avignon, le 2 mars 1594, exerça à Brignoles et s'y maria. Il fut le premier de quatre générations de médecins qui, après lui, se signalèrent à Marseille : son fils *Jean* fut, de 1655 vers 1660, médecin du consulat de France à Alep ; son petit-fils, *Charles*, doyen du corps médical marseillais lors de la peste de 1720, fut une des plus regrettables victimes de la contagion. Son arrière-petit-fils, *Jean-André*, se distingua comme naturaliste et a attaché son nom à la découverte de la nature animale du corail ; il mourut, en 1759, médecin botaniste réal à la Guadeloupe. Un frère cadet de ce savant, *Charles*, connu comme archéologue, fut consul de France à Smyrne, de 1748 à 1757 ; le fils aîné de Charles suivit également la carrière consulaire ; retraité comme consul général de Smyrne, en 1779, lié avec Dupont de Nemours, Condorcet......, il eut son heure de notoriété aux approches de la Révolution comme publiciste politique, remarqué pour son hostilité à l'alliance autrichienne. Une fille de Charles, mariée à un Clairambault, a fait aussi souche de consuls jusqu'à l'époque contemporaine.

Un troisième fils du notaire, Henri, et peut-être l'aîné, *Jacques*, vint exercer la profession d'avocat à Draguignan à la fin du XVIᵉ siècle, et fut imité par presque toute sa descendance, où l'on rencontre aussi des militaires ; il se maria successivement avec trois veuves et en eut dix enfants. Le plus jeune fils du premier lit, *Jean*, héritier de son cabinet, alla s'établir à Aix vers 1637 et se distingua parmi les meilleurs à la barre du Parlement. Le fils de celui-ci, *Jacques*, eut une réputation au moins égale à celle de son père ; il fut syndic de robe de la no-

blesse et écrivit un petit *Traité de l'hérédité des fiefs de Provence*, qui fit autorité jusqu'à la chute de l'ancien régime. Le
père et le fils connurent les différents honneurs auxquels pouvaient aspirer des avocats : syndicat de la corporation, assesso-
rat, rectorat de l'Université. Après eux, d'autres Peyssonnel
eurent le titre d'avocat en la Cour, mais n'arrivèrent pas à la
renommée.

Deux frères de l'auteur du *Traité de l'hérédité des fiefs* méritent une mention au titre militaire : *François*, officier de mous-
quetaires, devint la tige des seigneurs de Fuveau, par l'acquisition qu'il réalisa, en 1676, d'une partie de ce fief ; *Sauveur*,
colonel d'un régiment de dragons où servirent ultérieurement
presque tous les Peyssonnel qui portèrent l'épée, puis maréchal
de camp, mérita de Louis XIV l'épithète de *brave Peyssonnel*.
L'un et l'autre pouvaient se recommander de l'exemple d'on-
cles tant paternels que maternels : *Esprit Peyssonnel*, frère
consanguin de leur père, allié aux Puget, seigneurs de Roquebrune, et le lieutenant général *de Raymondis*. — La famille a
aussi compté divers ecclésiastiques, mais aucun ne fut élevé en
dignité.

Il semble que la Révolution ait arrêté la croissance de cette
famille, qui aurait peut-être pu, comme tant d'autres, s'élever
jusqu'aux sièges de nos Cours souveraines. Il est probable que
l'extranéité du premier du nom empêche de le voir sortir du
tréfonds populaire et de suivre l'ascension de ses auteurs par
l'exercice des arts manuels et du négoce jusqu'aux professions
libérales.

Les villes de la Basse-Terre, Marseille (en 1868) et Aix (en
1894) ont chacune donné à une de leurs rues le nom de Peyssonnel pour honorer le naturaliste, les médecins et les consuls
du Levant et les assesseurs d'Aix. La décision de l'édilité aixoise
a suscité des critiques ; un riverain de la nouvelle rue Peyssonnel, désireux de conserver le souvenir de l'ancienne appellation, a maintenu sur la porte de sa demeure le nom de Saint-
Claude.

M. le recteur Belin regrette que M. Rampal n'ait pas
mis en un suffisant relief ses dernières réflexions sur
l'ascension probable du bas peuple à la petite noblesse
de la famille Peyssonnel. M. de Gantelmi d'Ille indique
à l'auteur qu'il pourra compléter ses renseignements auprès de la famille de l'éminent avocat Arnaud-Thérèse
qui se rattachait aux Peyssonnel. M. le chanoine Davin
estime que la rue Saint-Claude aurait dû garder son nom
primitif, puisqu'elle rappelait le souvenir de Messire
Claude Viany, prieur de Saint Jean de Malte, curieuse
figure aixoise du XVIIᵉ siècle, dont le souvenir mérite
d'être conservé; on aurait pu trouver un autre emplacement pour honorer les Peyssonnel sans nuire à Viany.
M. Aude clôt humoristiquement la discussion en re-
marquant que le grand nombre des notabilités aixoises
permettrait d'établir entre elles un roulement pour leur
inscription sur les plaques d'émail des voies publiques.

6. M. le capitaine REBOULET, membre de l'Académie
de Vaucluse, n'ayant pu assister à la séance, M. J. Fournier, secrétaire-trésorier du Congrès, signale son important travail sur *Le général d'Anselme et ses maximes
militaires*. Cette étude est trop étendue pour pouvoir être
insérée ici ; elle devra faire l'objet d'une publication spéciale.

7. M. François VIDAL, félibre majoral, membre de
l'Académie d'Aix, fait la biographie du *Ténor Richelme*.
— Voir MÉMOIRES, nᵒ **XXXVII**.

La séance est levée à onze heures.

QUATRIÈME SECTION

Sciences économiques et sociales ; Sciences physiques et naturelles ; Géographie.

Président : M. le docteur Livon, directeur honoraire de l'École de médecine de Marseille, directeur de l'Institut antirabique, correspondant national de l'Académie de médecine, membre de l'Académie de Marseille.

Vice-Président : M. Gaston Valran, professeur au lycée Mignet, correspondant du Ministère, conseiller du commerce extérieur, secrétaire général de la Société d'Études Provençales

Secrétaire : M. Étienne Lacaze-Duthiers, professeur au collège d'Arles, vice-président de la Société des Amis du Vieil Arles.

Secrétaire-Adjoint : M. Fernand Sauve, bibliothécaire-archiviste de la ville d'Apt, membre de l'Académie de Vaucluse.

———

Séance du mercredi matin, 1ᵉʳ août.

La séance est ouverte à neuf heures et demie, sous la présidence de M. le docteur Livon, président de la Section.

En ouvrant la séance, M. le docteur Livon prononce une allocution toute d'à-propos. Après s'être félicité du succès qu'obtient le Congrès, il adresse des éloges aux promoteurs, aux organisateurs et à tous les érudits et savants qui, en préparant des communications nombreuses, ont témoigné de l'intérêt qu'ils prennent au développement des connaissances scientifiques. Il fait ressortir le caractère éminemment utile de quelques-unes des communications annoncées et souhaite que ces travaux atteignent tous le but que se sont proposé leurs auteurs.

1. M. François Arnaud, ancien notaire, correspondant du Ministère, membre de la Société scientifique et littéraire des Basses-Alpes et de la Société d'Études des Hautes-Alpes, n'ayant pu se rendre à la séance, M. J. Fournier, archiviste-adjoint des Bouches-du-Rhône, présente ses travaux sur *L'enseignement secondaire et primaire à Barcelonnette.*

Ces questions ayant fait déjà l'objet de publications de M. Arnaud, nous ne saurions mieux faire que d'y renvoyer. — Voir notamment, dans le *Bulletin de la Société scientifique et littéraire des Basses-Alpes* (t. VI, 1893-1894, p. 1-10, 89-100, 117-132, 193-201, 306-327, 354-383, 438-460, 493-506), ses études sur *L'instruction publique à Barcelonnette,* études qui ont été, en outre, publiées en un volume petit in-octavo de 158 pages, sous le titre : *L'instruction publique à Barcelonnette ; Écoles, École Normale, Collège Saint-Maurice.* Extrait des documents et notices historiques sur la vallée de Barcelonnette, par F. Arnaud, notaire à Barcelonnette (Basses-Alpes) ; Digne, imprimerie Chaspoul et V⁰ Barbaroux, 20, place de l'Évêché, 1894.

2. M. L. Bourrilly, inspecteur de l'enseignement primaire à Toulon, président honoraire de l'Académie du Var, fait une communication sur *La condition des maîtres d'école dans la région de Toulon sous l'ancien régime.* — Voir Mémoires, nᵒ **XXXVIII**.

3. M. Robert Caillemer, professeur agrégé d'histoire

du droit à l'Université d'Aix-Marseille, étant retenu à Paris comme examinateur, M. J. Fournier, secrétaire-trésorier du Congrès, lit un résumé de son mémoire sur *Les débuts de la science du droit en Provence : Iohannes Blancus, Massiliensis.* — Voir MÉMOIRES, n° **XXXIX**.

4. MM. Édouard JOURDAN, professeur de droit civil, et Joseph DELPECH, professeur agrégé de droit public à l'Université d'Aix-Marseille, font déposer sur le bureau du Congrès un *Tableau du personnel de la Faculté de droit d'Aix depuis le décret impérial de Braunau en Haute-Autriche* (18 Vendémiaire an XIV-10 octobre 1805). — Les déclarations suivantes sont faites en leur nom :

Plusieurs Facultés ont le privilège d'avoir d'excellentes histoires spéciales : ainsi, des registres provenant des anciennes « Facultés des droits » qui distribuèrent à Rennes l'enseignement juridique, de 1736 à 1792, M. Émile Chénon, jadis agrégé à la Faculté de droit de Rennes et actuellement professeur d'histoire du droit à l'Université de Paris, a extrait des particularités et des épisodes dont l'intérêt est grand au double point de vue de l'histoire des anciennes Universités et de l'histoire locale [*Les anciennes Facultés des droits de Rennes* (1735-1792), 1 vol. in-8°, 200 p., Rennes, Caillière, 1890] ; Toulouse envoya, comme document, à la Section de l'enseignement supérieur de l'Exposition universelle de 1900, un *Aperçu historique sur la Faculté de droit de l'Université de Toulouse, Maîtres et Escoliers, de l'an 1228 à 1900,* que son doyen d'alors, M. Antonin Deloume, présentait, à bon droit, « comme un hommage rendu à l'antique Faculté dont l'histoire honore hautement la cité toulousaine » [1 vol. gr. in-8°, 171 p., Toulouse, E. Privat] ; et, plus récemment, un *Livre du centenaire de la Faculté de droit de Grenoble* donnait à M. le doyen Paul Fournier un pieux prétexte d'affirmer sa manière érudite dans une excellente his-

toire en bref de « L'ancienne Université de Grenoble » depuis
la bulle obtenue à Avignon, le 12 mai 1339, du pape Benoît XII
par le dauphin Humbert II, et à son collègue, M. Balleydier,
l'honneur de montrer, avec une psychologie du meilleur aloi,
comment aussi, depuis le printemps de l'année 1806, où elle
ouvrit ses portes à la première génération de ses élèves, l'École
de droit organisée par Napoléon a vécu mêlée à la vie de la
nation aussi bien qu'à la vie de sa petite patrie, le Dauphiné.
[Publ. dans les *Annales de l'Université de Grenoble*, t. XVIII,
ann. 1906, p. 318-420. — *Adde* les Documents réunis par
M. Raoul Busquet, *ibid.*, p. 421-567]. — Pour Aix, l'importance
justement louée des publications de M. le recteur Belin (V. le
Compte-rendu de notre ami Robert Caillemer, dans les *Annales
de la Société d'Études Provençales*, t. II, ann. 1906, p. 103 et suiv.),
défendait à MM. Jourdan et Delpech de songer même à un résumé pour *L'ancienne Université de Provence*, et d'autres raisons de convenance les détournèrent, pour le siècle dernier, de
laborieuses recherches et de difficiles appréciations. Toutefois,
il leur a paru opportun, nécessaire même, de commémorer, au
moins par le nom et la sommaire biographie de ses ouvriers,
l'œuvre accomplie depuis le temps où Napoléon, à mi-chemin
entre Ulm et Vienne, à Braunau, sur la frontière de la Haute-
Autriche et de la Bavière, peu avant Austerlitz, signait le décret
d'organisation de l'École d'Aix et en nommait les professeurs,
suppléants et secrétaire [V. sur la séance d'ouverture, qui eut
lieu le 15 avril 1806, E. Glasson, *Le centenaire des Écoles de
droit*, 2ᵉ article, dans la *Rev. internat. de l'enseignement*, t. L,
ann. 1905, p. 332-335]. Ainsi réduite, leur tentative ne risquait
de passer ni pour un détournement de pouvoir, ni pour un
excès de compétence, et elle pouvait se réclamer, comme d'une
cause utile, du souci de montrer que la Faculté a, dans le passé,
de longues racines, et, pour le présent, garde la mémoire du mot
d'Albert Dumont que « l'Université est comme le pays : elle
marche » : on ne saurait oublier, en effet, comment, il y a plus
d'un siècle, en l'an XII, alors que, pour l'organisation de l'en-

seignement supérieur, dont le cadre avait été tracé deux ans auparavant, il s'agissait de fixer l'emplacement des nouvelles écoles appelées à former dorénavant le personnel des principales
carrières judiciaires ; Aix, au dire de M. Balleydier (*op. cit.*,
p. 387), paraissait aux villes rivales « l'adversaire le plus redoutable...., se recommandait de vieilles traditions universitaires
et parlementaires..., comptait au Conseil d'État des amis dévoués et influents, notamment les Provençaux Siméon et Portalis, l'illustre Portalis qui, après avoir joué un rôle prépondérant dans l'élaboration de la nouvelle législation, ne pouvait
manquer d'exercer une grande influence sur l'organisation de
son enseignement »; et il y a lieu de constater qu'alors que, dans
tous les ordres de la pensée, le champ des études s'est agrandi
et les méthodes renouvelées, parce que c'est « presque une loi,
une condition du progrès, chose oscillatoire » (Jules Lemaître,
Disc. aux étudiants, Paris, A. Colin, 1900, p 107), que les
idées et les générations s'opposent entre elles en se succédant,
le nombre des chaires et des enseignements s'est augmenté,
dans la vieille Faculté, jusqu'à être de douze pour les unes et de
vingt-deux pour les autres. — MM. Édouard Jourdan et Joseph
Delpech ont le propos de marquer avant de longs mois ces traditions en publiant le Tableau du personnel de la Faculté voué
dans Aix à l'enseignement de la jurisprudence depuis sa fondation, en l'année 1399, jusqu'au décret de Braunau ; ils ont
eu le dessein d'indiquer la vie progressive de la moderne
Faculté dans le Tableau que le Congrès a accueilli avec intérêt
et qu'a offert de publier la Société d'Études Provençales.

Le travail de MM. Delpech et Jourdan sera prochainement publié en entier dans les *Annales de la Société
d'Études Provençales*.

5 M. Lacaze-Duthiers, secrétaire de la Section,
n'ayant pu assister à la séance, M. Nicollet, secrétaire

général du Congrès, présente son travail sur *L'enseignement secondaire à Arles du XVe au XVIIe siècle (1405-
1636)*. — Voir MÉMOIRES, n° **XL**.

6. M. REYNAUD DE LYQUES, curé de La Verdière, membre de la Société scientifique et archéologique de Draguignan, fait une communication sur *L'Enseignement primaire à La Verdière avant 1789*. — Voir MÉMOIRES,
n° **XLI**.

7. M. REYNAUD DE LYQUES fait une seconde communication sur un *Voyage de Toulon à Paris en 1751*.

Ce travail est écrit d'après les lettres où le P. La Berthonye (1)
raconte un voyage qu'il fit, de Toulon à Paris, en 1751. Ce
voyage, qui ne fût d'ailleurs marqué par aucun événement
extraordinaire, donne lieu toutefois au P. La Berthonye de faire
preuve d'observation, d'esprit et de gaîté.

8. M. Victor TEISSÈRE, directeur de l'école communale
de Trets, membre de la Société d'Études Provençales,
étant empêché par son service d'assister à la séance,
M. Nicollet, secrétaire général du Congrès, présente son
mémoire sur *L'enseignement primaire sous la Restauration à Trets* :

Négligé sous l'Empire, l'enseignement primaire n'est pas plus
prospère sous la Restauration. L'instituteur, pour exercer, doit
avoir le brevet délivré par le recteur de l'Académie et un certificat de bonne conduite émanant du curé ou du maire. L'école

---

(1) Sur le P. La Berthonye, voir dans les *Annales de la Société d'Études Provençales* (Deuxième année, n° 5, sept.-oct. 1905, p. 208-219 ; troisième année, n° 1, janv.-févr. 1906, p. 23-38, et n° 2, mars-avril 1906, p. 81-
94), le travail publié par M. l'abbé G. Reynaud de Lyques, sous le titre :
*Un prédicateur toulonnais au XVIIIe siècle ; Le R. P. Hyacinthe-Thomas-
d'Aquin La Berthonye.*

était sous la surveillance d'un Comité cantonal. Le Comité de Trets, nommé le 26 janvier et installé le 11 février 1821, comprend le curé, le juge de paix, un médecin, un notaire et six propriétaires. Dans sa séance du 15 mai 1821, il approuve l'état nominatif des instituteurs et institutrices; dans celle du 15 janvier 1822, il adopte un règlement pour écoles, dont M. Teissère donne le texte d'après les Archives communales de Trets. Suivent des détails sur plusieurs instituteurs ou institutrices (Clappier, veuve Chappus, Beaudrier, Lieutaud, Audibert, Suzanne Meiffren, etc.)

La séance est levée à 11 heures 30 minutes.

Séance du mercredi soir, 1ᵉʳ août.

La séance est ouverte à deux heures et demie, sous la présidence de M. A. Crémieux, professeur au lycée de Marseille, chargé d'un cours d'histoire de la Révolution à l'Université d'Aix-Marseille.

1. M. CRÉMIEUX donne lecture de son mémoire sur *La taxe du pain à Marseille à la fin du XIIIᵉ siècle.* — Voir MÉMOIRES, nº **XLII.**

2. M. LACOSTE, ingénieur civil, membre des Académies d'Aix et du Var, fait une communication sur *Les huiles de Provence et les huiles de Tunisie.* — Voir MÉMOIRES, nº **XLIII.**

3. M. DE MONTRICHER, membre de l'Académie de Marseille, lit un mémoire sur l'*Union des Syndicats agricoles des Alpes et de Provence et son œuvre.* — Voir MÉMOIRES, nº **XLIV.**

4. M. H. PÉLISSIER, négociant à Aix, membre de la Société astronomique de France, fait une communication sur *L'olivier, l'olive et l'huile d'olive en Provenc* .

L'olivier croît dans tous les départements limitrophes ou voisins de la Méditerranée, mais sa culture est surtout intense dans la Provence proprement dite. L'arbre, d'un vert cendré, n'a pas un aspect qui flatte la vue, mais son fruit donne un produit justement apprécié dans l'ancien et le nouveau monde. Dès l'antiquité, le rameau de l'olivier était le symbole de la paix ; M. Pélissier exprime le souhait qu'il soit adopté comme emblème par toutes les Sociétés qui travaillent à la pacification universelle.

Il donne ensuite des détails techniques sur la culture et la taille de l'olivier, sur ses maladies et les remèdes qu'il convient d'y appliquer, sur la récolte et la préparation de l'olive pour la table, enfin sur sa trituration et sur les procédés employés pour en extraire l'huile.

5. M. SCHATZ, professeur agrégé à la Faculté de droit d'Aix, étant retenu à Paris comme examinateur et n'ayant pu se rendre au Congrès, M. Georges Mer, licencié en droit, receveur des contributions aux Mées (Basses-Alpes), donne une analyse des recherches qu'ils ont faites, lui et M. Eug. Curet, avocat à la Cour d'Aix, sous la direction de leur distingué professeur, et qu'ils ont présentées au Congrès sous le titre : *Études monographiques sur la concentration industrielle dans la région d'Aix : La chapellerie et la cordonnerie.* — Voir MÉMOIRES, n° XLV.

6. M. Gaston VALRAN, vice-président de la Section, n'ayant pu, pour cause de maladie d'un de ses fils, assister aux travaux du Congrès, le Président de la séance lit un résumé de son mémoire sur *La corporation des cordonniers de Marseille en 1789.* — Voir MÉMOIRES, n° **XLVI.**

7. M. Ch. VINCENS, trésorier de l'Académie de Marseille, fait une communication sur *La coopération et les sociétés coopératives de consommation à Marseille.*

La séance est levée à 5 heures 40 minutes.

Séance du jeudi matin, 2 août.

La séance est ouverte à neuf heures et demie, sous la présidence de M. le docteur Perdrix, professeur à la Faculté des sciences de l'Université d'Aix-Marseille, membre de l'Académie de Marseille.

1. M. Léon PARY, membre de l'Association des sylviculteurs de Provence, présente, au nom du Président de cette Association, un mémoire sur *Le déboisement et le reboisement en Provence.* Ce mémoire a paru dans *La Revue forestière de l'Association des Sylviculteurs de Provence,* 1re année, n° 1, p. 15.

2. M. CAILLOL DE PONCY, président de la Société de photographie, fait une communication sur *La photographie documentaire et le classement des documents.*

3. M. Jules COTTE, professeur à l'Ecole de médecine et de pharmacie de Marseille, fait une communication sur *La pêche des éponges en Provence.* — Voir MÉMOIRES, n° **XLVII.**

4. M. Honoré DAUPHIN, d'Arles, lit une *Note sur un plan d'Arles en 1747*. — Voir MÉMOIRES, n° **XLVIII**.

5. M. V.-A. HOUCHART, propriétaire-viticulteur au Tholonet près d'Aix, membre de la Société d'Études Provençales, présente un mémoire sur *Le déboisement et le reboisement en Provence*. — Cette étude, vu son étendue, fera l'objet d'une publication spéciale.

6. M. J.-M. NICOLLET, juge de paix à La Bâtie-Neuve (Hautes-Alpes), n'ayant pu se rendre au Congrès, son frère, professeur au lycée Mignet, fait un exposé des faits contenus dans son mémoire sur *Les émigrants des cantons de La Bâtie-Neuve, Gap et Talard (Hautes-Alpes)*.

De tout temps, cette région a fourni beaucoup d'émigrants. Il y a de ce fait trois raisons principales : le pays offre peu de ressources, les familles y sont nombreuses, la population est entreprenante et laborieuse. Pendant fort longtemps, ces émigrants se dirigeaient vers les grandes villes voisines, Marseille principalement, Aix, Grenoble, Lyon, plus rarement vers Paris. Au xviiie siècle, on en trouve quelques-uns qui vont en Italie ou en Espagne. Durant le xixe siècle, c'est surtout vers l'Amérique du Nord qu'ils se portent.

Mais depuis une vingtaine d'années, un courant s'établit vers les colonies françaises. Quand les habitants de Chaudun (canton de Gap) résolurent de vendre, tous à la fois, leurs terres à l'Administration forestière, c'était pour aller fonder ensemble un village en Algérie. Les habitants de Châtillon-le-Désert (canton de Veyne) eurent la même pensée. Aucun de ces projets ne s'est réalisé. Mais de nombreux émigrants vont chaque année, soit individuellement, soit en famille, s'établir en Algérie ou en Tunisie, et même dans des colonies plus lointaines, à Madagascar, au Tonkin. En 1905, cinq familles de

Montgardin (canton de La Bâtie-Neuve) sont allées s'établir en Algérie ; une de Sigoyer (canton de Talard) y est allée en 1904. Ceux qui y vont individuellement reviennent ordinairement se marier dans le pays.

Ces émigrants vont, en général, se livrer à l'agriculture ; quelques-uns vont ouvrir des cafés ou des restaurants ; un assez grand nombre de ceux qu'attirent l'Algérie et la Tunisie y vont comme employés de chemin de fer, parce que le Directeur d'une des Compagnies est de Gap ; à signaler un de Sigoyer (Virgile Paul) qui était allé à Madagascar pour se livrer à la capture des bœufs sauvages (il y est mort en 1905).

Ce courant de l'émigration vers nos colonies est intéressant à noter et mérite d'être encouragé ; car nos compatriotes y trouvent un champ aussi vaste pour leur activité et ils y ont l'avantage d'être soumis à la loi française, de pouvoir parler la langue française, de contribuer à l'extension et à la prospérité de la France.

7. M. le docteur PERDRIX, président de la séance, fait un exposé de son *Nouveau procédé de désinfection rapide et à sec des objets solides.* — Voir MÉMOIRES, n° **L.**

8. M. Alfred REYNIER, botaniste, n'ayant pu assister à la séance, le Président de séance fait part de sa communication sur *La botanique à Aix en-Provence depuis la seconde moitié du XVIe siècle.* — Voir MÉMOIRES, n° **LI.**

9. M. Fernand SAUVE, secrétaire-adjoint de la Section, n'ayant pu assister à la séance, M. J. Fournier, archiviste-adjoint des Bouches-du-Rhône, présente son mémoire sur la *Topographie et toponymie aptésiennes.* Voir MÉMOIRES, n° **LII.**

La séance est levée à 11 heures 35 minutes, et le Président annonce qu'une réunion générale de toutes les Sections va se tenir immédiatement dans le grand amphithéâtre.

SÉANCE GÉNÉRALE

Le jeudi, 2 août, à 11 heures 45 minutes, après la clôture des séances de toutes les sections, les congressistes se sont réunis en Assemblée générale dans le grand amphithéâtre de la Faculté des sciences, sous la présidence de M. F. Belin, recteur de l'Académie, président du bureau.

Après avoir constaté le succès du Congrès, M. le Président dit que plusieurs congressistes, précisément en raison de ce succès, lui ont exprimé le désir de le voir se renouveler. Il y a donc lieu d'étudier cette question, d'examiner si ce Congrès serait annuel, biennal ou triennal, de désigner une Commission chargée d'en prendre l'initiative, quand l'occasion lui paraîtra favorable, et la ville où se réunira le prochain Congrès.

Une discussion s'engage à ce sujet, à laquelle prennent part plusieurs congressistes. Pour conclure, l'Assemblée décide qu'un Congrès triennal paraît suffisant pour entretenir des rapports amicaux entre toutes les sociétés de la région sans surcharger leur budget ; elle désigne pour faire partie de la Commission permanente les membres du Bureau du Congrès actuel, laissant à cette Commission le soin de désigner l'époque où il sera opportun de convoquer un nouveau Congrès et le lieu où il devra se réunir.

La séance est levée à midi et quart.

SÉANCE DE CLOTURE

La séance de clôture du Congrès eut lieu le jeudi 2 août, à cinq heures précises, dans la salle des fêtes du grand Palais de l'Exposition Coloniale, sous la présidence de M. F. Belin, recteur de l'Académie, délégué du Ministre de l'Instruction publique et président du Bureau, ayant à ses côtés MM. J. Charles-Roux, commissaire général de l'Exposition; L.-H. Labande, délégué de S. A. S. le Prince de Monaco; F.-N. Nicollet et J. Fournier, secrétaires du Congrès.

La salle était aménagée avec le même goût que pour la séance d'ouverture, et le même orchestre prêtait son concours.

Dès que la séance fut ouverte, M. Léon Cugny, délégué de l'Alliance scientifique universelle, demanda la parole et, au nom du Comité central de France, donna lecture d'un mémoire, où, après avoir fait connaître le but et l'organisation de cette association, il adressa, en sa faveur, un chaleureux appel à tous les Congressistes.

M. le Président donne ensuite la parole à M. l'abbé Arnaud d'Agnel, correspondant du Ministère, qui prononce le discours suivant sur *L'utilité pour la vie intellectuelle en Provence d'un congrès périodique des Sociétés savantes.*

DISCOURS DE M. ARNAUD D'AGNEL

L'allocution si littéraire de M. le recteur Belin, notre cher président, les mots aimables et flatteurs de M. Labande, délégué de Son Altesse le Prince de Monaco, les toasts chaleureux de l'organisateur de l'Exposition Coloniale, du vice-président du Conseil général des Bouches-du-Rhône, de M. le D' Heckel, commissaire général adjoint de l'Exposition, tous ces témoignages de sympathie, ces éloquentes félicitations disent hautement la joie qu'apporte à tous un événement extraordinaire par sa nouveauté, le Congrès des Sociétés savantes du Sud-Est.

Des horizons les plus lointains de la campagne provençale accourent des moissonneurs. Il en vient des rives du Rhône et des bords de l'Argens, du flanc de l'Esterel et des plateaux des Alpes. Jeunes et vieux apportent sur leurs épaules de belles gerbes d'or. Amoureux de leur culture, ils se sont dit : « Afin de jouir davantage du fruit de nos sueurs, nous mêlerons tous nos épis sur une aire commune et ensemble nous les battrons pour en faire jaillir le froment ».

Cette manifestation de la Provence intellectuelle cause une joie d'autant mieux sentie qu'elle n'est pas sans surprise. Me permettez-vous d'esquisser la psychologie de cet étonnement, d'en noter les principaux motifs ? C'est le moyen, n'est-ce pas, de préciser, en l'éclairant, la conscience peut-être trop vague que nous avons de nos énergies latentes.

Agréablement surpris, mais surpris cependant, nous le sommes tous à des degrés divers, en constatant le nombre relativement considérable des sociétés littéraires et scientifiques du midi de la France.

Ces Sociétés ont sans doute entre elles des échanges de publications, des rapports officiels, mais ce commerce en fait-il, sinon des sœurs ou des amies, au moins des connaissances sérieuses ? Par routine, disons-le très bas, par amour-propre égoïste, chacun de ces organismes ne s'intéresse qu'à sa propre activité. Il vit individuellement sa vie petite ou grande, sans nul souci de celle des autres. Ces nobles personnes correspondent entre elles à des intervalles réguliers et se font des présents, mais ce sont là formules sèches et cadeaux de pure convention.

En réalité, on se salue de loin et l'on s'écrit de temps à autre, quelquefois depuis dix et vingt ans, mais en dépit de ces relations anciennes, l'on s'ignore, sans même songer à se connaître.

Par coquetterie, je le suppose, les corps savants de la région ne se sont pas comptés, de peur de se trouver en nombre trop infime. Sous l'impulsion vigoureuse donnée à toute la Provence par l'Exposition Coloniale de Marseille, cette crainte illusoire a été enfin maîtrisée. Le dénombrement vient de se faire. Au lieu d'un chiffre ridicule, ce sont soixante-quinze compagnies de toutes espèces, académies, cercles et athénées, qui semblent sortir du sol, comme autant de fleurs, jusque dans les régions les plus reculées. Des villes de quelques milliers d'âmes, Forcalquier, Digne, Barcelonnette et Draguignan, possèdent des Sociétés florissantes.

Cette multitude de groupements distincts est de nature à sortir les plus sceptiques de leur apathique ironie. N'est-elle pas une preuve palpable de la vitalité intellectuelle de la Provence ? Mais n'est-elle pas en même temps qu'un gage d'espérance, un sujet d'alarmes ? Il y a un péril et des plus graves, dans la création ininterrompue d'associations nouvelles. Les fondateurs d'œuvres de ce genre devraient, avant toute démarche, se demander, ou plutôt s'enquérir auprès de personnes compétentes, si la fin qu'ils prétendent atteindre n'est pas déjà poursuivie par des Sociétés existantes ? Pourquoi dresser, au détriment de la science, autel contre autel ? Pourquoi ne point essayer d'une fédération de tous les corps savants ? Tout en ne rien perdant de leur individualité, de leur physionomie caractéristique, les divers groupes, en s'unissant les uns aux autres, sans se fondre ensemble, doubleraient leurs forces et assureraient leur avenir. La crainte d'être amoindris, sinon supplantés par de nouveaux venus, n'aurait plus de raison d'être.

Il convient d'en faire l'aveu : la difficulté principale, la pierre d'achoppement que rencontre ce dessein est l'amour-propre de plusieurs compagnies savantes.

A force de vivre d'une existence égoïste et fermée, elles éprouvent une sorte de répugnance à se lier fraternellement d'affection et à s'essayer à une œuvre commune. Cette répugnance est cependant moins invincible qu'elle paraissait l'être lors de la perspective offerte par la Société d'Études Provença-les, d'une république fédérative où auraient pris place, chacun à sa guise, tous les beaux esprits de Provence.

Avec quelle tiédeur furent accueillies ces propositions discrètes, ces premières ouvertures !

Sans doute, cette réserve était de bon ton, elle s'imposait entre gens de qualité et de mérite qu'une rencontre heureuse n'avait pas encore rapprochés...

Puis, en ne prêtant l'oreille qu'à ses travaux personnels ou à ceux des collègues de sa ville, on perdait trop de vue cette étude générale de la Provence, à laquelle tous les Provençaux doivent s'intéresser pratiquement.

On oubliait que la monographie d'un village, l'histoire d'une cité, la dissection d'une plante ou d'un insecte n'ont de prix qu'autant qu'elles contribuent à faire connaître ce pays merveilleux dont nous sommes les fils de naissance ou d'adoption, et dont nous aspirons tous à devenir les chantres. En étudiant les poèmes de Mistral, en fouillant les oppida gréco-ligures, en arrachant à nos archives leurs secrets, c'est pour la Provence que l'on travaille, pour la Provence que l'on se passionne, et, par derrière elle, pour la patrie dont elle est l'image réduite, mais combien fidèle et combien gracieuse !

Il reste encore à vous signaler deux motifs de surprise. Le premier est l'entente cordiale entre les Congressistes. L'échange des idées s'est fait activement, mais sans fièvre, ni délire. Les discussions se sont poursuivies en paroles franches, mais toujours de bon aloi. La communauté de sentiments a suivi d'ailleurs celle de pensées. Si les cerveaux se sont frottés les uns contre les autres, suivant le mot réaliste de Montaigne, les mains se sont serrées bien fort et les cœurs se sont compris à leur manière. Pour s'occuper de métaux ou de roches, l'amitié entre savants n'en demeure pas moins tendre, et pour parler verre ou faïence, elle n'en est pas plus fragile. Tous les cœurs ont vibré du même enthousiasme, ont partagé les mêmes espérances.

Mais avant de vous parler de cet espoir et des moyens de travailler dès maintenant à sa réalisation, je dois vous dire notre dernier sujet d'étonnement.

C'est la solidité, la valeur incontestable de la plupart des communications admises à la lecture.

Je regrette qu'il ne rentre pas dans le plan de ce discours de citer des noms de collègues, le titre de leurs études respectives. Ce regret s'adoucit en pensant à l'impossibilité de faire, en toute justice, une sélection parmi tant d'œuvres remarquables.

Les rapports ne sont pas, comme certains pourraient le croire, des badinages littéraires ou des redites d'archéologie et d'histoire. En ce pays, il y a assez de savants consciencieux, de chercheurs armés de patience pour continuer d'interminables enquêtes et doués par surplus du sens critique nécessaire pour ne pas exagérer leurs découvertes ou en fausser la signification.

Le bureau du Congrès a été agréablement surpris par l'affluence des messages scientifiques qui lui arrivaient de toute part. Quatre-vingt-huit mémoires parvinrent ainsi, apportant avec eux une moisson de documents inédits et d'observations originales. Ce butin, nous le devons à un coup d'audace, dont le triomphe légitime seul la témérité.

A l'examiner attentivement, cette manifestation de vie dont nous sommes les témoins est surprenante de spontanéité et de grandeur. Les membres de cette laborieuse assemblée se trouvent réunis ici comme par enchantement. Qu'ils y soient venus d'un commun accord, poussés par une mystérieuse attirance, je puis l'admettre, mais comment expliquer qu'ils y soient venus les mains pleines de trésors insoupçonnés ?

Nous avons le droit, Messieurs et chers collègues, de nous réjouir des résultats de ce Congrès, d'en concevoir un légitime orgueil. Des esprits envieux et chagrins auraient mauvaise grâce à nous le contester. D'ailleurs, quand la réussite est éclatante, satisfait ou mécontent, tout le monde s'incline.

Mais que les délices de l'heure actuelle ne fassent pas oublier l'avenir ! Faisons face à la réalité. Il serait criminel de taire le devoir qu'impose cette première réunion plénière des Sociétés savantes du Sud-Est. Ce réveil intellectuel de la Provence ne doit pas être un fait isolé, mais le point de départ de Congrès périodiques. Qu'on ne nous accuse pas une fois de plus de manquer de cette qualité sans laquelle toutes les autres ne sont rien, la persévérance. Cette obligation, aujourd'hui tous la reconnaissent et s'y soumettent de grand cœur. Plus tard, en sera-t-il de même ?

Charmé d'avoir fait connaissance et d'avoir discuté entre eux d'intéressants problèmes en des causeries intimes, les Congressistes n'ont qu'un désir : se revoir bientôt et reprendre des conversations dont la matière est inépuisable. Que dis-je, au lieu de se séparer ce soir ou demain, l'on voudrait pouvoir vivre côte à côte et travailler en commun.

Mais quand chacun de nous aura repris ses occupations familières, ses habitudes favorites, l'influence du milieu tardera-t-elle à paralyser de nouveau notre initiative ? Les Sociétés provençales se souviendront longtemps de ces fêtes splendides de l'intelligence dont Marseille est le théâtre. Leurs membres en reparleront avec une certaine mélancolie.

Pourquoi se le dissimuler ? Cette belle assemblée d'hommes d'études ne se reformera plus, si les corps savants de la Provence ne s'entendent pas, dans le plus bref délai possible, pour fonder un comité d'organisation permanent, en vue d'assurer la pérennité d'un Congrès périodique, auquel ces diverses compagnies s'engageraient à prendre part. Un tel comité est nécessaire pour rendre viable cette institution. A ses membres peu nombreux, choisis parmi les plus actifs, incombera le soin de préparer à l'avance les prochaines assises littéraires et scientifiques.

Quelques-uns seraient partisans d'un Congrès annuel. Je redoute que leur zèle très louable ne soit incompris, et qu'en montrant tant d'exigences, ils ne découragent leurs collègues. En voulant tout gagner, l'on s'expose à tout perdre. C'est pour ne pas tenir compte de cet adage du bon sens populaire que tant de créations intellectuelles sont des œuvres mort-nées. Une Société ne dure qu'à la condition de ménager ses forces et ses deniers. Promettre peu et donner davantage, telle doit être la devise des groupements scientifiques, comme des associations financières et industrielles. C'est pour avoir voulu servir à leurs lecteurs un numéro mensuel que les directeurs successifs de plusieurs *Revues* de Provence ont été contraints d'arrêter leur publication.

Nos savants, j'en suis sûr, se rangeront à l'avis d'un Congrès biennal, peut-être même triennal. Espacer ainsi ces réunions dans le temps, sera leur donner plus d'importance. Rares, elles seront remarquées; fréquentes, elles passeraient inaperçues. Puis l'on pourra les organiser avec plus de sollicitude et agir avec moins de parcimonie. Les Sociétés, c'est une considération capitale, n'auront pas à grever leur budget plutôt maigre d'une charge trop lourde. A ce propos, la dépense pécuniaire est-elle une objection contre la fixation définitive d'un Congrès périodique? Oui, si cette réunion doit se tenir annuellement; non, dans la seule supposition possible d'assises biennales. Les frais, dans ce cas, seront couverts, en partie, par les subventions des communes et des Conseils généraux, secours que ces administrations ne peuvent pas refuser à une institution peu coûteuse et dont l'utilité se démontrera d'elle-même.

Il est invraisemblable que ces subsides soient refusés de parti-pris à des érudits consciencieux et désintéressés, alors qu'ils sont distribués si libéralement à des clubs sportifs de toute espèce. Il ne sera pas dit qu'en France, ce foyer de lumière, les municipalités s'intéressent à la gymnastique du corps au détriment de celle de l'esprit. Nous trouverons dans nos édiles le soutien matériel; d'ailleurs, le cas échéant, des quotités modiques pourraient y suppléer; ce moyen serait, il est vrai, le dernier à employer, la ressource suprême.

Un autre élément de succès, c'est l'appui moral de savants de premier ordre, amis éclairés des gens et des choses de Provence, fervents admirateurs de son passé.

La communication de M. Camille Jullian, correspondant de l'Institut, professeur au Collège de France, n'a pas été simplement pour nous un régal intellectuel, un mets exquis et délicat, mais un encouragement sans prix, un appel à mieux faire.

A entendre parler du passé de son pays avec tant d'éloquence, on s'en éprend davantage. M'autorisez-vous, moi l'un des moins méritants, à lui exprimer, en notre nom à tous, avec notre tristesse de ne pas le compter parmi nous, l'émotion profonde que nous avons ressentie à la lecture de ces pages où la perfection du style, unie au savoir archéologique le plus étendu, rappelle l'auteur éminent de *Vercingétorix* et de *Gallia* ?

Les avantages du Congrès ne consistent pas uniquement en la satisfaction un peu platonique éprouvée par des gens de goûts semblables à se trouver réunis; le profit en est plus pratique. C'est une meilleure utilisation de tous les efforts.

Se tenir au courant du labeur des autres, n'est-ce point éviter une perte de temps en des recherches déjà faites ou en voie de se faire? N'est-ce pas s'assigner à soi-même une tâche vraiment personnelle et par le fait utile à tous ?...

En approfondissant un point particulier d'histoire ou de toute autre science, l'auteur apprend fortuitement, en dehors de l'objet immédiat et direct de son étude, une foule de détails accessoires, mais intéressants en eux-mêmes. Ce sont ces à-côtés de la question dont il peut faire profiter ses collègues.

Ce bénéfice, rien de plus apte à le procurer que ces grandes réunions intellectuelles de toute une province.

Dans un remarquable article intitulé : l'*Archéologie ligure, une enquête à faire*, M. Michel Clerc écrit ces lignes si judicieuses : « Chez nous, je veux dire en France, chacun travaille de son côté, sans s'inquiéter de ce que fait le voisin et au risque de refaire des choses déjà faites, ou inutiles. Notre individualisme excessif nous empêche de constituer ces groupements d'où sont sorties autrefois des œuvres colossales, comme celles des Bénédictins. Et, certes, je ne rêve pas de ressusciter des temps à jamais passés et des mœurs à jamais disparues. Mais je voudrais qu'au moins nous prissions quelque peu modèle sur ce qui se fait ailleurs que chez nous, par exemple, en Allemagne. Là, chaque professeur d'histoire d'une Université groupe autour de lui un petit noyau d'étudiants qui consentent à travailler sous sa direction, c'est-à-dire à étudier les questions dont il leur indique l'utilité et à les étudier d'après un plan uniforme.

« C'est ainsi qu'a pu être menée à bien, entre tant d'autres entreprises, l'immense reconstitution de ce qu'on appelle le *limes* allemand.

« Ce qui nous manque, cette conclusion est à méditer, ce n'est pas précisément le nombre des travailleurs, c'est de savoir organiser notre travail ».

Je ne crois pas que les vœux émis par M. Clerc soient jamais remplis. On en admire la justesse et l'à-propos, mais on s'en tient là. De même que l'Allemand n'aura jamais le génie vulgarisateur du Français, celui-ci en revanche lui enviera toujours son esprit d'organisation dans les vastes entreprises scientifiques. Cette influence, pourtant si naturelle, d'un professeur sur ses ex-disciples ne se rencontrera chez nous qu'à l'état d'exception, elle ne saurait être érigée en principe.

Une vanité aussi sotte que ridicule fait que l'on répugne à jouer le rôle de satellite, fût-ce d'un astre de première grandeur.

Le littérateur d'occasion, ou l'amateur de sciences voudrait bien recevoir quelques leçons, mais sans les solliciter et en se plaçant au même niveau que son maître.

Il le peut dans un Congrès. L'attention complaisante prêtée à la lecture de ses travaux personnels, l'autorise à écouter les remarques faites à leur sujet, lui en fait même un devoir de pure politesse.

Quelle excellente occasion pour des savants de travailler, sans en avoir l'air, avec mille ménagements, à la formation scientifique des rapporteurs. A propos de dissertations verbeuses, de thèses *à priori*, de conclusions hâtives, ils rappelleront les règles de la critique moderne. Pourquoi n'indiqueraient-ils pas dans leurs propres communications, comme l'a fait M. Michel Clerc dans l'article cité, les enquêtes à faire et les méthodes à suivre. Personne ne pourrait en prendre ombrage puisqu'ils ne feraient qu'user d'un droit commun à tous.

Messieurs, le projet que je vous demande de faire aboutir est-il réalisable ? Étourdis par les splendeurs de cette fête, ne poursuivons-nous pas un rêve en cherchant à la renouveler dans un avenir plus ou moins prochain ?

Deux entreprises passaient aussi, avant leur mise en train, pour de séduisantes chimères : l'une n'a qu'un champ d'action limité, l'autre un rayonnement indéfini, mais toutes deux sont si près de nous et d'un intérêt si palpitant que je ne résiste pas au plaisir de les donner en exemples. Ce sont des stimulants capables de rendre les timides confiants, et les courageux héroï-ques.

Quel superbe défi jeté aux pusillanimes que le développe-ment de la Société d'Études Provençales ! Fondée officielle-ment en janvier 1903, le nombre des adhérents n'était alors que de 70. Mais dans un rapport lu à l'assemblée générale de cette Société, le 27 décembre 1904, M. Nicollet a la satisfaction de constater que le nombre en est alors de 171, dont 9 mem-bres perpétuels, 150 membres titulaires et 12 bibliothèques abonnées. En un an, la nouvelle association avait reçu plus de

100 adhésions, elle avait presque triplé la liste de ses membres.
Une croissance si merveilleuse pouvait inspirer quelque soupçon en inclinant à croire à une extension factice, à des recrues
d'un jour. Non seulement les Études Provençales n'ont pas eu
à regretter de défection, mais elles se sont félicitées de recevoir
plusieurs érudits de marque. Il semble qu'une divinité favorable recherche dans toute la Provence les personnalités littéraires et scientifiques, pour les lui présenter le plus gracieusement du monde. J'en ai l'hallucination, Minerve, Apollon et
les Muses se mettent à parcourir notre pays, frappés de sa ressemblance avec la Grèce. Épris d'un passé dont ils furent les
inspirateurs et les dieux tutélaires, ils veulent le faire revivre
sur le sol de l'antique territoire de Massalia. De toutes les découvertes de leurs cerveaux féconds, la Société d'Études Provençales est l'une des meilleures.

Un second exemple, et je n'en sais pas de plus saisissant,
c'est l'Exposition Coloniale elle-même, l'occasion inoubliable
de notre première rencontre entre savants provençaux. Malgré
ses proportions colossales et son aspect merveilleux, nous nous
sommes si bien habitués à cette exposition par la ferveur de
notre enthousiasme et par la conscience qu'elle est marseillaise à tous égards, que nous en venons à oublier sa création
récente. Ces palais si grandioses, ces pavillons indigènes d'architecture et d'ameublement et par le fait si pittoresques, ces
collections complètes et méthodiques, ces mille enchantements
du regard ne sont pas sortis de terre d'eux-mêmes. Avant de
reposer sur notre sol, ils étaient cachés depuis longtemps derrière le front d'un homme d'intelligence et d'énergie. Ils étaient
là aussi beaux, aussi vivants qu'aujourd'hui, mais beaux et vivants d'idées, de sentiments et d'images.

Messieurs, y avez-vous réfléchi, n'est-ce pas un prodige
qu'il se soit rencontré quelqu'un d'un esprit assez puissant
pour concevoir de si vastes projets et d'un vouloir assez persé-
vérant pour les faire passer, en dépit de toutes les oppositions,
de son cerveau dans la réalité extérieure ?

Messieurs, que tant d'audace et de succès nous encourage à poursuivre sans relâche et sans défaillance la réalisation d'entreprises modestes, mais utiles entre toutes.

Le meilleur stimulant de notre labeur intellectuel est le champ d'études offert par la Provence. Plus on le cultive et plus ses horizons s'éloignent. Son immensité, dont nous avons maintenant conscience, exige des travailleurs actuels un redoublement d'énergie. Elle appelle aussi de nouveaux pionniers de l'érudition locale. A notre tour, mais avec une vue plus claire et plus précise qu'on ne l'avait jadis, nous constatons les négligences et les erreurs de nos devanciers en histoire et en archéologie. Le sens critique nous exagère leurs fautes et les multiplie à l'infini. L'œuvre à faire nous paraît colossale, c'est à la fois la recherche de l'inconnu et la mise en question de résultats soi-disant acquis.

A propos de révision d'ouvrages, M. Victor Jean, vice-président du Conseil général du département, dans un toast très applaudi, attirait l'attention de tous sur la *Statistique des Bouches-du-Rhône*, publiée sous la Restauration. Cet avocat distingué en souhaitait vivement la refonte.

L'exécution d'une telle entreprise demande sans doute un comité d'édition d'un nombre de membres nécessairement restreint, mais elle exige aussi la collaboration anonyme de tous les érudits méridionaux. C'est grâce aux corrections et aux découvertes faites sur place et par des habitants de l'endroit que les auteurs de la nouvelle *Statistique* pourront en faire une encyclopédie du savoir provençal.

On lit dans un registre de la Cour des comptes de Provence le récit d'un fait tellement extraordinaire qu'il paraît invraisemblable. C'est la découverte fortuite à Tourves d'un trésor de monnaies massaliottes (1). L'événement eut lieu le 12 juin 1366. Le narrateur le raconte ainsi. Vers neuf heures du ma-

---

(1) H. DE GÉRIN-RICARD et abbé ARNAUD D'AGNEL, *Revue numismatique*, 1903, p 164.

tin, des enfants vinrent en jouant réveiller un jeune berger qui
faisait paître ses brebis au bord du chemin public qui se trouve
entre le village de Tourves et le château de Seysson. Au moment où le pâtre se retournait pour voir qui le hélait, les enfants aperçurent tout à coup des pièces d'argent qui sortaient
du sol par un trou d'abord si petit qu'on pouvait à peine y passer les doigts. Ayant bouché le trou avec leurs mains, les monnaies se mirent à jaillir un peu plus loin d'un autre trou, telle
l'eau d'une fontaine, et en si grande quantité que les habitants
du village en emportèrent dans leurs bourses. leurs poches et
jusque dans leurs tabliers, de quoi former la charge de vingt
mules. Sur ces entrefaites, une femme survint, qui fendit la
foule en criant : « Ma part ! Ma part ! », mais au moment où
elle se disposait à prendre son lot du trésor, celui-ci disparut
soudain.

Messieurs, des richesses autrement précieuses, puisqu'il s'agit
des biens de la science, de données, intéressant tout le passé
de notre chère petite patrie, sont enfouies dans le sol provençal ou au fond de nos archives, nous les conquerrons et nous
en emporterons chacun de quoi remplir plusieurs volumes.

A coup sûr, il y faudra peiner davantage que les habitants de
Tourves, la fortune scientifique, de même que la fortune matérielle, ne saurait venir en dormant; mais les ouvriers sont
autour de nous, ils ont toute l'habileté, toute la science, toute
la persévérance requises pour mener à bien une œuvre grandiose que nous voudrions être la conclusion pratique de cet
inoubliable Congrès et la récompense de ses organisateurs.

Après que M. l'abbé Arnaud d'Agnel a terminé, M. Jules
CHARLES-ROUX, commissaire général de l'Exposition Coloniale, président d'honneur du Congrès, prend la parole
et prononce le discours suivant :

DISCOURS DE M. J. CHARLES-ROUX

Mesdames,

Monsieur le Recteur,

Messieurs,

Je suis aussi heureux que flatté d'avoir à prendre la parole devant cette assemblée d'érudits et de lettrés, amoureux de notre chère Provence, de ses usages, de sa langue, de sa littérature et de ses arts ; devant l'éminent Recteur de l'Université d'Aix-Marseille, l'honorable M. Belin, qui, depuis de longues années, consacre son grand savoir et son inaltérable dévouement à la culture intellectuelle de notre région.

Nous vous remercions d'avoir jugé que l'Exposition Coloniale de Marseille, demeurant par plusieurs côtés une manifestation provençale, était une bonne occasion de réunir tous les groupes provençaux ou amis de la Provence, et d'affirmer ainsi la vitalité de notre petite patrie.

En vous offrant l'hospitalité au sein même de notre Exposition, au milieu des palais de nos Colonies d'Afrique, d'Asie et d'Amérique, fidèles interprétations des diverses architectures de ces régions lointaines, au milieu de leurs indigènes, de leur faune, de leur flore et des multiples produits de leur sol, nous espérons que vous voudrez bien marquer quelque intérêt aux résultats des trente années d'efforts poursuivis par les coloniaux, malgré vent et marée, avec autant de foi que d'énergie, de persévérance, de méthode et d'esprit de suite ; nous espérons que vous ferez bon marché de cette légende, — propagée et entretenue avec un soin jaloux par nos concurrents, — *« que les Français sont dépourvus du génie colonisateur »*.

Vous prouverez ainsi une fois de plus que le culte de la science, des belles-lettres et des arts, n'exclut point celui des questions économiques et que les bons citoyens, quels que soient leurs goûts et leurs professions respectives, savent mutuellement se tendre la main pour collaborer à la prospérité et à la grandeur de leur pays.

Permettez-moi de vous rappeler, Messieurs, qu'au lendemain de nos désastres de 1870, quand la patrie mutilée saignait de toute part, c'est la politique coloniale qui a retrempé les énergies, relevé les courages, rallumé dans les âmes le goût de l'action et de la vie. Si elle a eu ses héros, elle compte aussi ses martyrs, et le rapide développement de notre Empire d'Outremer, avec ses 50 millions d'habitants, — œuvre de nos hardis explorateurs et de notre vaillante armée, guidés par des chefs éminents, — constitue le principal titre de gloire de la troisième république, et, pour ainsi dire, notre revanche morale.

Si l'œuvre coloniale est âpre et rude, Messieurs, il n'en existe pas de plus passionnante ni de plus belle.

Coloniser, c'est se mettre en contact avec des races et des civilisations nouvelles; c'est se mesurer avec la complexité des problèmes que soulève la diversité infinie de la nature et de la vie; « c'est se renouveler en créant », suivant l'heureuse expression de M. Leygues, Ministre des Colonies; c'est accroître le capital national et le capital universel, en allumant sur tous les points du globe de nouveaux foyers d'espérance, d'activité et de force; c'est accomplir l'œuvre de solidarité humaine la plus haute, car la colonisation qui n'aurait pas pour but et pour résultat d'élever en dignité et en bien-être les peuples conquis ou pacifiquement pénétrés, serait une œuvre grossière et brutale, indigne d'une grande nation.

Dans cette Exposition, Messieurs, notre ambition n'a pas été uniquement de mettre en relief les quelques idées que je viens de résumer, d'affirmer la puissance industrielle, commerciale et maritime de notre port et de légitimer notre prétention d'être la métropole coloniale de la France. Nous nous sommes proposés en même temps de faire œuvre *scientifique*, *artistique*, *agricole et décentralisatrice*.

Œuvre scientifique, par l'Exposition rétrospective de l'industrie des corps gras, dont Marseille a été le berceau et où nous avons mis en pratique les découvertes des Chevreul, des Berthelot et des Haller ; par l'Exposition internationale d'Océanographie, science nouvelle, appelée à rendre de signalés services à nos marins, à nos pêcheurs, dont le principal initiateur a été S. A. S. le prince de Monaco, et dans laquelle les nations étrangères, — il faut malheureusement le constater, — nous ont singulièrement devancés.

Œuvre artistique, en groupant dans le palais du ministère des Colonies les tableaux de nos principaux peintres orientalistes, anciens et modernes ; — en organisant une Exposition rétrospective d'Art provençal, où tableaux, marbres, meubles, faïences, verreries et bibelots de tous genres prouvent éloquemment que la Provence n'a jamais cessé d'être un foyer artistique bien vivant.

L'agriculture, l'arboriculture et l'horticulture jouent un trop grand rôle dans les colonies et dans la métropole pour qu'il nous fût permis de les négliger. Nous leur avons donc attribué une large part. Sous l'habile direction de mon collègue, le docteur Heckel, assisté de M. Claude Brun et de l'intelligente pléiade de nos horticulteurs provençaux, nous avons réuni dans nos jardins et dans nos serres de multiples échantillons de nos plus belles plantes tropicales. Nous avons procédé à de nombreux concours de légumes, de fruits et de fleurs, qui ont obtenu un légitime succès et nous nous sommes fait un plaisir de recevoir les Congressistes de l'Union des Syndicats agricoles de Provence et des Alpes, présidés par mon éminent confrère à l'Académie de Marseille, le Marquis de Villeneuve-Trans.

Au mois de Septembre, avec l'aide de la Compagnie P.-L.-M., aura lieu un concours d'emballage et vous n'ignorez certainement pas, Messieurs, l'importance de l'emballage au point de vue du transport des primeurs et des fruits, non seulement d'Algérie, mais des colonies des Antilles et de la côte Occidentale d'Afrique.

Nous nous efforçons, en un mot, de mettre en pratique la belle et vieille devise : *Omne tulit punctum qui miscuit utile dulci.*

Enfin, dans un pavillon, d'apparence modeste « lou mas de santo Estello », sous l'égide de l'étoile à sept rayons du félibrige, nos meilleurs maîtres provençaux ont peint des dioramas de nos villes les plus riches en souvenirs historiques, de nos sites les plus pittoresques : Aix, Arles, Avignon, les Martigues, Marseille, la Sainte-Baume et les Baux. Contre les murs du « Mas », tout autour de la vieille cheminée et du « Cremascle », sont suspendus les objets familiers à nos pères, avec l'indication de leurs noms en provençal.

Il existait une lacune dans notre programme et vous avez bien voulu vous charger de la combler.

Nous avions été impuissants à rendre, par une Exposition, le pieux hommage que nous devons à la littérature provençale et vous êtes venus, Messieurs, vous, les représentants autorisés de nos Sociétés Savantes, — ces vestales qui entretiennent en province le culte du Vrai, du Beau et du Bien, — vous êtes venus nous apporter le fruit de vos travaux, faire entendre la note qui manquait à notre symphonie et jeter sur notre tentative de décentralisation l'éclat de vos paroles éloquentes.

Veuillez être assurés de toute notre gratitude.

Ah ! Messieurs, la décentralisation, dont on parle toujours sans jamais la réaliser ! — Quel mirage décevant ! — Et pourtant, notre tentative ne prouve-t-elle pas une fois de plus que la province dispose de ressources lui permettant de faire œuvre utile par elle-même et que Paris n'est pas obligatoirement le siège de toute manifestation sérieuse et instructive ? Personne moins que moi, Messieurs, n'est disposé à contester à Paris son titre de capitale, et personne n'en est plus fier ; mais pourquoi convertir Paris en une sorte de Minotaure ? Pourquoi ériger en principe qu'on ne peut *rien tenter* ni rien obtenir en dehors de Paris ? Si notre capitale cessait d'être un objectif indispensable pour les penseurs, les lettrés, les savants, les artis-

tes, on verrait si la province tarderait à jouer un rôle prépondérant dans le mouvement intellectuel de la nation ; on verrait même si les produits de toute nature ne présenteraient pas
une originalité plus marquée, une saveur nouvelle. Et, si je me
permets d'être aussi affirmatif, c'est que je me borne en somme
à répéter ce qu'ont dit, avec l'autorité s'attachant à leurs noms,
des hommes tels que Talleyrand, Condorcet, Royer-Collard,
Guizot, Victor Cousin, Duruy, Renan, Challemel-Lacour,
Liard, etc. Notre aimable sous-secrétaire d'État aux Beaux-Arts
actuel, lui-même, M. Dujardin-Beaumetz, parle, de temps en
temps, de la décentralisation avec infiniment d'éloquence,
comme s'il y croyait, et aux applaudissements répétés de ses
auditeurs... Mais, autant en emporte le vent. « *Et verba et
voces, prætereaque nihil.* »

Cependant, malgré la pression, l'incitation parisienne, l'esprit décentralisateur ne tend-il pas quand même à se développer et n'en trouve-t-on pas des preuves évidentes sur les divers
points du territoire ?

Pendant que l'âme grecque se réveille et s'apothéose au théâtre antique d'Orange, où les fêtes de cette année nous promettent de nouvelles et grandioses émotions ; — que les arènes
de Béziers prêtent leur vieux cadre de sang et de gloire à *la
Vestale* de Spontini ; — que la foule enthousiaste de Nîmes se
presse sur les gradins de son amphithéâtre, comme aux jours
lointains du peuple-roi, l'âme celtique surgit du vieux sol,
foulé par les vierges druidesses et par les blondes fées de l'Ar-
mor, et semé encore de dolmens et de menhirs. On vient
d'exécuter à Saint-Brieuc, en présence des bardes de Bretagne
et de Galles, l'admirable chœur des *Deux Bretagnes*, de Thiel-
mans, et de célébrer les curieuses cérémonies bardiques, dans
ce pays voué, semble-t-il, par Chateaubriand à une éternelle
mélancolie, dans ce pays « où même un air de fête ne va pas
joyeux jusqu'au bout ».

Si nous allons vers le Nord, nous voyons qu'à Tourcoing a
lieu en ce moment une Exposition industrielle, à laquelle d'in-

telligents organisateurs ont joint une Exposition artistique, démontrant ainsi qu'on ne voisine pas impunément avec les Flandres.

Bordeaux prépare pour l'an prochain une Exposition maritime, sous le haut patronage du vaillant amiral Gervais, président de la Ligue maritime française.

Enfin, ce que Mistral a su accomplir à Arles, Maurice Barrès rêve de le réaliser à Belfort, en réunissant sur ce lambeau de terre française les souvenirs toujours vivants dans nos cœurs d'Alsace-Lorraine.

Ces tentatives de décentralisation, ces affirmations de la Province, se produisant au Midi comme au Nord, à l'Ouest et à l'Est, donnent grandement raison au mot si profond de Renan, qu'il est plus opportun que jamais de méditer : « *Le respect des aïeux est la grande loi des vrais hommes de progrès* ».

Il ne faut donc pas perdre courage, Messieurs, et, en attendant la réalisation d'une réforme, que les hommes de ma génération ne seront certainement pas appelés à célébrer, mais qui est peut-être moins éloignée qu'on ne le suppose. continuons un peu notre œuvre de Pénélope. Obéissant à un sentiment peut-être égoïste, demandons-nous si nous sommes si fort à plaindre dans notre recueillement, notre oubli provincial ; s'il n'est pas doux d'avoir le temps de reporter nos regards en arrière pour vivre avec le passé, compulser nos vieilles archives et rêver tout à notre aise, dans une atmosphère tranquille et reposante ; sous les voûtes de la Méjanes, les arbres séculaires du cours Mirabeau ou au pied de la fontaine du bon Roi René, — au musée Calvet, sous les remparts d'Avignon et le palais des Papes, — au Museon Arlaten et sous l'antique allée des Alyscamps, — à Montmajour, aux Baux, à la Sainte-Baume et dans la basilique de Saint-Maximin, — ou dans une des calanques de notre golfe, de cette Méditerranée, dont les eaux, rayées par le vaisseau d'Ulysse, ont baigné les pieds de toutes les idoles de la Grèce, « dont les sillons mouvants virent flotter les trirèmes « d'Hamilcar et les nefs pompeusement ornées d'Antoine et

« de Cléopâtre, qui apporta enfin au monde antique la déesse
« de la beauté, cette Aphrodite que le Boticelli de Florence
« nous montre portée par les vents et ignorante d'un charme
« qu'elle ne sait pas encore ».

Demandons-nous si ce n'est pas aux patients travaux de nos
modestes savants de province que l'on est redevable de bien
des découvertes sur notre histoire, notre littérature et nos arts ?
Je pourrais fournir de nombreuses preuves à l'appui de cette
vérité, mais je me bornerai à citer un exemple qui me paraît
bien s'approprier à la circonstance nous réunissant aujour-
d'hui.

En 1861, à l'occasion du concours régional, qui se tint à
Marseille, un groupe de provençaux eut l'heureuse pensée d'en
rehausser l'éclat par une exposition des Beaux-Arts.

Cette Exposition mit en lumière, après une longue obscu-
rité, les ouvrages des peintres nés en Provence, ou qui en
avaient fait leur patrie d'adoption, et le distingué maire d'alors,
l'honorable *M. Onfroy* — une des lumières de notre barreau —
après avoir fait observer, dans son discours d'inauguration,
que le programme du concours régional consistait à *apprendre
aux villes la science des champs et aux champs les arts des
villes*, fut presque prophète en ajoutant les paroles suivantes :

« Sur les murs qui nous entourent, se déroule une immense
« légende : elle est formée de tous ces tableaux qui, hier en-
« core, obscurément fixés au mur d'une chapelle ou au pan-
« neau d'un salon solitaire, histoire de nos pères, font de nous
« en ce moment comme une famille de pieux héritiers, heu-
« reux de retrouver et de contempler avec respect, sur ces toi-
« les, la longue série des portraits, des talents, des gloires et
« des inspirations religieuses de nos aïeux provençaux. Avant
« ce jour, c'étaient certainement de belles toiles, mais, après
« cette éclatante exhibition de nos trésors artistiques, c'est un
« tout, c'est un corps qui renaît, c'est une « ÉCOLE IGNORÉE »
« qui va se faire une place. »

Notre école provençale était si bien ignorée, en effet, que les peaux primitifs d'Aix et d'Avignon, le *Buisson ardent* et le *Triomphe de la Vierge*, par exemple, figuraient dans le catalogue, sous le nom illustre de Van Dick. Certains les attribuaient à Memling ; mais c'est à partir de cette époque que l'on commença à se demander si l'on ne commettait pas une erreur et une injustice grossières en attribuant ces chefs-d'œuvre à l'école Flamande.

Le regretté Blancard, archiviste en chef du département des Bouches-du-Rhône et ancien secrétaire perpétuel de l'Académie, de Marseille, — cet esprit si cultivé, si chercheur et si distingué, — se mit à la besogne et trouva dans nos archives la preuve indiscutable que le « Buisson ardent » était l'œuvre d'un peintre provençal appelé *Nicolas Froment* et lui avait été commandé par le roi René pour la cathédrale d'Aix.

De son côté, en Avignon, M. l'abbé Requin, à qui nous devons un merveilleux ouvrage sur les faïences de Moustiers, complétant si heureusement les publications sur nos vieilles faïences du baron Davillier et de Jules Jacquemart, M. l'abbé Requin découvrit dans les minutes du notaire Giraudy, au protocole de Jean Morelli, à l'année 1453, le contrat passé entre un prêtre, Jean de Montagnac, et le peintre Enguerrand Charonton pour la confection du tableau du « Triomphe de la Vierge ». Ainsi fut dévoilée l'existence des « *deux écoles d'Aix et d'Avignon* » et la dernière Exposition des *Primitifs*, au pavillon de Marsan, à Paris, a définitivement consacré les trouvailles de nos deux éminents concitoyens. Il me semble que ce sont là pour les provinciaux des titres de gloire qui ne sont pas à dédaigner et qui justifient pleinement les pronostics de Maître Onfroy. Rien de surprenant du reste qu'à Aix, qui fut le siège d'une Cour éminemment artistique et littéraire, qu'à Avignon, pendant le règne des papes, se soient constituées des écoles de peinture, des réunions d'artistes qui, dans tous les pays, furent, au xvᵉ et au xvɪᵉ siècle, les accompagnateurs ordinaires des rois, des princes et des grands.

Oui, Messieurs, aimons nos vieilles provinces et n'envions

pas les peuples jeunes qui n'ont pas d'histoire, dont les aïeux,
les aïeules n'ont pas porté le voile à la Déesse dans la procession des Panathénées, dont les enfants n'entendent pas en
nourrice les vieux mots de leur père mêlés aux complaintes du
temps jadis..... ; n'est-ce pas en l'endormant, par la cadence de
vieux airs provençaux, que la Mère de Mistral, la première,
prononça le nom de « Mireio » ? Plaignons donc ceux qui ne
connaissent pas la nostalgie du passé, la mélancolie des souvenirs.

Le Président Roosevelt a corroboré tout récemment ce que
je viens de soutenir et a fait preuve d'une bien grande intelligence et d'une profonde philosophie dans une lettre qu'il a
adressée à Mistral pour le remercier d'une médaille, portant un
profil d'Arlésienne, et d'un exemplaire de *Mireille*, que l'illustre félibre lui avait envoyés :

« A vous et à vos collaborateurs tout succès ! — écrit le Prési-
« dent de la République des États-Unis, — vous enseignez une
« leçon que nul plus que nous n'a besoin d'apprendre, nous
« les gens de l'Ouest, nation ardente ayant soif de richesses ;
« une leçon qui, après l'acquisition du bien-être matériel, rela-
« tivement considérable, nous apprend que les choses qui
« comptent réellement dans la vie sont les choses de l'esprit.

« Les industries et les chemins de fer ont leur valeur jusqu'à
« un certain point ; mais le courage et la puissance d'endurance,
« l'amour de nos épouses et de nos enfants, l'amour du foyer
« et de la Patrie, l'amour des fiancés l'un pour l'autre, l'amour
« et l'imitation de l'héroïsme et des efforts sublimes, les sim-
« ples vertus de tous les jours et les vertus héroïques, toutes
« ces vertus-là sont les plus hautes, et, si elles font défaut, au-
« cune richesse accumulée, aucun industrialisme imposant et
« retentissant, aucune fiévreuse activité, sous quelque forme
« que ce soit, ne sera profitable, ni à l'individu, ni à la nation.

« Je ne méconnais aucune de ces choses du « Corps de la
« Nation », seulement je désire qu'elles ne nous portent pas à
« oublier qu'à côté de son corps, il y a aussi son âme. »

Cette lettre n'est, en somme, que l'exposé du programme de Mistral dans la bouche d'un homme, qui rêve pour l'avenir de son pays, — d'un pays neuf, — ce que Mistral voudrait, lui aussi, conserver pour notre vieille France.

De plus, si on étudie, sans parti-pris, l'œuvre de Mistral et la morale philosophique qui s'en dégage, on reconnaîtra qu'en exaltant le respect des idiomes et des usages locaux, il proteste contre le nivellement général qui tend à nous envahir et, qu'en s'appliquant à la reconstitution de la petite Patrie, loin de mériter le titre de séparatiste, il travaille à la grandeur de la France.

Mistral a été, du reste, tout récemment, l'objet de l'hommage, peut-être le plus flatteur de tous ceux qu'il ait reçus. Voici la copie textuelle de la dépêche qui lui a été adressée d'Algésiras :

« D'Algésiras à Maillane, France.
« A Frédéric Mistral,
« Les Représentants de la Presse mondiale, réunis en une
« cordiale et ensoleillée fête champêtre, dans les bois d'Almo-
« rauna, résidence des ducs de Medina Coeli, sur l'invitation
« de M. l'Alcade d'Algésiras, et sous la présidence du duc Aldo-
« movar del Rio, président de la Conférence Internationale,
« ont pensé ne pouvoir mieux terminer cette fête de concorde
« qu'en envoyant l'hommage de leur affection reconnaissante
« au grand poète de la race latine, objet de l'admiration uni-
« verselle, à Mistral, symbole de civilisation pacificatrice.
« Au nom de tous les journalistes présents,
« *Le secrétaire général*
« *de l'Association de la Presse Espagnole* ».

Voudriez-vous, Messieurs, permettre à un homme qui s'est occupé beaucoup plus de questions d'Économie politique, de finance, de colonies et de marine, que de littérature, mais qui a trouvé toujours un grand charme dans la fréquentation des lettrés et des artistes, et qui pousse l'audace jusqu'à écrire en ce

moment un long ouvrage sur la Provence littéraire et artistique et les ruines de la vallée du Rhône, — voudriez-vous lui
permettre de sortir dès à présent de son domaine, pour vous parler de nos deux grands poètes provençaux, Mistral et Aubanel ?

Quel contraste entre ces deux princes du félibrige ! Alors que
la devise de Mistral : « *Le soleil me fait chanter* », exprime l'allégresse et la joie de vivre, celle d'Aubanel : « *Qui chante, son
mal enchante* », témoigne d'une douleur intérieure, douleur
profonde, qu'il s'est complu, du reste, à cultiver.

Tout a souri à l'auteur de *Mireille*, la nature l'a gratifié de
ses dons, et, au cours de son existence déjà longue, gloire, honneur, fortune, bonheur conjugal, satisfactions de tout genre
lui sont échues en partage. Sa renommée, comme on vient de
le voir, rayonne dans le monde entier et brille peut-être d'un
éclat plus vif encore à l'Étranger qu'en France.

Quand, à la fin d'un banquet où Mistral a donné les preuves
manifestes d'un royal appétit, il lève la *coupo santo*, en enton-
nant de sa voix mélodieuse et vibrante le chant des félibres, la
noble simplicité de son geste et de son attitude, la sérénité de
son regard, l'expression de son visage, sont bien celles du génie
superbe, satisfait et triomphant.

Tout en ayant une grande simplicité de poète laboureur,
Mistral n'en est pas moins justement fier de l'antiquité de sa
race. « Mes parents, des ménagers, écrit-il dans ses Mémoires,
« étaient de ces familles qui vivent sur leurs biens, au labeur
« de la terre, d'une génération à l'autre. » Et il ajoute : « mais,
« si, parbleu, nous voulions hausser nos fenêtres, comme le
« font tant d'autres, sans trop d'outrecuidance, nous pour-
« rions avancer que la gente mistralienne descend des Mis-
« tral dauphinois, devenus par alliance Seigneurs de Mondra-
« gon et puis de Romanin. Le célèbre pendantif, qu'on mon-
« tre à Valence, est le tombeau de ces Mistral ; et, à Saint-
« Rémy, nid de ma famille (car mon père en sortait), on peut
« voir encore l'hôtel des Mistral de Romanin, connu sous le
« nom de « Palais de la Reine Jeanne ».

Le blason des Mistral nobles, surmonté d'une couronne de Comte, porte trois feuilles de trèfle, avec la devise : *Tout ou rien*.

Théodore Aubanel, lui, n'était ni noble ni beau. Rongé par un amour passionné et inassouvi, son cœur a toujours saigné ; et sa « *miougrano-entreduberto* » est la fidèle représentation de l'état de son âme. Ajoutons qu'en donnant à son premier recueil de poèmes le titre de *Miougrano* (Grenade), Aubanel avait encore dans les yeux le souvenir de la robe grenat que portait *Zani*, la première fois qu'il la vit au château de Fontsegugne. « Dans le réveil de notre belle littérature provençale, s'écrie Clovis Hugues, mon ancien collègue à la Chambre, que j'aime bien comme littérateur et poète, Frédéric Mistral aura été la tête, Roumanille aura été l'esprit, mais Aubanel aura été le cœur ! »

Aubanel a été, en effet, un grand poète d'amour ; « tantôt il « supplie, tantôt il ordonne, il pleure, il s'aigrit, il a des fris- « sons de volupté, il s'emporte, il se calme, il se berce et s'en- « dort dans l'harmonie languissante des phrases murmurées à « voix basse. Le poète chante pour enchanter son mal, mais on « sent que le mal a puisé sa sève dans un amour riche et une « douleur profonde.

« Voilà pourquoi cette œuvre restera immortelle, c'est que le « cœur humain n'est ni du Nord, ni du Midi, et que les poètes « d'Amour ont la vraie Éternité pour eux, parce qu'ils font « battre à jamais le cœur humain ! »

C'est dans ce beau langage que Charles Fuster célèbre Aubanel comme chantre de l'Amour, mais il a été également celui de la Beauté. Nul poète ne lui donna une plus grande place, ne l'exalta en des strophes plus vibrantes : « Malheur, écrit-il à « son ami, malheur au cœur de bronze qui, devant la Beauté, « ne plie pas le genou et ne lui consacre pas son âme avec tou- « tes ses forces. »

Et, dans la Vénus d'Arles : « Oh ! sans la Beauté, que serait « le monde ? Que tout ce qui est beau brille, que tout ce qui est « laid se cache. »

Le jour du mariage de Frédéric Mistral, il chanta en son honneur : « La gloire est vaine, il n'y a que l'Amour, quand « tout s'écroule, qui échappe à la brume. Il est meilleur d'être « aimé que d'être illustre. L'Amour est un laurier qui n'a pas « son pareil..... Ah ! bonheur nuptial, infini désir d'amour, « vous buvez en baisers toutes les joies de la vie ; vous tenez « le monde enlacé entre deux bras frais et vous portez un en- « fant dans votre sein frémissant. »

Il est vrai de dire que nos filles du Midi sont bien faites pour inspirer les poètes, même ceux qui ne le sont pas, et ce n'est point d'aujourd'hui qu'elles ont conquis les suffrages des juges les plus compétents. Lorsque Racine, retiré à Uzès chez son oncle le chanoine, attendait patiemment, dans des dispositions fort peu ecclésiastiques, le bénéfice qu'on lui faisait espérer, il ne se privait pas d'ouvrir les yeux et de regarder autour de lui. Il écrivait à son ami La Fontaine, un amateur qu'il savait inté- resser tout particulièrement par ces détails : « Je ne me saurais « empêcher de vous dire un mot des beautés de cette province. « On m'en avait dit beaucoup de bien à Paris, mais, sans men- « tir, on ne m'en avait encore rien dit auprès de ce qui en est, « et pour le nombre et pour l'excellence ; il n'y a pas une villa- « geoise, pas une savetière qui ne disputât de beauté avec les « Fouilloux et les Menneville. Si le pays de soi avait un peu de « délicatesse, et que les rochers y fussent moins fréquents, on « le prendrait pour un vrai pays de Cythère. Toutes les fem- « mes y sont éclatantes et s'y ajustent d'une façon qui leur est « la plus naturelle du monde. Et pour ce qui est de leur per- « sonne : « *Color verus, corpus solidum et succi plenum.* »

Cette lettre est datée du 11 novembre 1661. Mesdemoisel- les de Fouilloux et de Menneville étaient filles d'honneur de la reine Mère, Anne d'Autriche, et, soixante ans plus tard, Saint- Simon parlait encore de la renommée de beauté d'Ange Bé- nigne de Meaux de Fouilloux, devenue duchesse d'Alluye.

Racine avait raison de vanter ainsi les femmes des environs d'Uzès. Le poète qui devait réaliser, dans leurs grâces souveraines, Andromaque et Bérénice, n'hésite pas à comparer les paysannes et les ouvrières de la basse vallée du Rhône aux beautés les plus en vue de la Cour ; remarquons seulement que le portrait qu'il en trace s'appliquerait mieux encore aux filles d'Arles, de Saint-Remy, de Maillane, d'Avignon, de notre vieux quartier de Saint-Jean, — filles descendant de cette Gyptis qui tendit la coupe sacrée où, depuis six cents ans, les provençaux sont venus se désaltérer.

A mon humble avis, parmi les nombreux écrivains qui ont apprécié l'œuvre d'Aubanel, c'est Alphonse Daudet qui l'a le mieux comprise. « Notre beau Rhône de Provence pleurera « Aubanel comme les fées du Rhin ont pleuré Henri Heine, « dit-il, en parlant de son œuvre forte et passionnée, rouge de « sang et de vie, sur laquelle semblent planer ces idéales for- « mes blanches : *La Vénus d'Arles*, le *Marbre rayonnant* et le « *Christ d'Avignon*, l'ivoire sublime. »

Alphonse Daudet, en définissant, en une seule phrase, l'extraordinaire état d'âme d'Aubanel, amoureux jusqu'à la passion, profondément païen et, en même temps, très religieux…, a mis le doigt sur la plaie. En faisant rayonner sur son œuvre le marbre de la *Vénus d'Arles* et l'ivoire du *Christ d'Avignon*, deux des plus beaux poèmes du maître, Alphonse Daudet en a justement synthétisé l'idée dominante.

La « *Miougrano entre-duberto* » marque, du reste, une phase importante dans l'histoire de la littérature provençale. La passion qui, jusque-là, avait timidement conquis ses droits dans la production de la jeune École, poussa son premier cri de souffrance, car, même dans *Mireille*, il ne peut être question de véritable passion, mais uniquement d'amour chaste et juvénile.

C'est de l'amour d'Aubanel pour Zani, pour la comtesse de T… « l'amigo qu'ai jamais visto », que sont sortis la *Miougrano entre-duberto* et les *Lettres à Mignon*. Il y a dans ces ouvrages des strophes frissonnantes, des chants amoureux jusqu'à la tempête. « Mon amour a été sans espérance, dit-il,

« c'était un mois de mai sans fin pour mon cœur tendre qui
« n'aimait que pour aimer et pas davantage. » Et quand Zani se
fait nonette et qu'elle part pour Constantinople, Aubanel dé-
gonfle ainsi son pauvre cœur : « Le long de la mer et des gran-
« des vagues, j'ai couru comme un inconsolé et, par son nom,
« tout un jour je l'ai criée ! » Il appelle la mort avec des clameurs de détresse ; il s'indigne de voir la nature sourire et sur-
vivre encore, lorsqu'il porte au cœur un deuil si profond :

« O fleurs, pourquoi êtes-vous si jolies ? pourquoi murmu-
« rez-vous, ô sources ? Pourquoi tant de feuilles ? la branche
« ploie sous la ramée ; ô neige d'hiver, froide et blanche, ne
« pourrais-tu sous ton linceul tenir la terre en deuil toujours !
« Pourquoi chantez-vous comme des orgues, oiseaux qui
« volez dans les arbres ? Éteignez-vous toutes, étoiles ; pour-
« quoi faites-vous la nuit si belle ? Ou bien, éteignez-vous, mes
« yeux, et je ne verrai plus si belle nuit. »

Ce que les philosophes appellent l'amour platonique a toujours été pour les poètes une source de beaux vers ; le malheur
ou l'inopportunité de leurs passions donnait à celle-ci un charme
que le bonheur ou l'assouvissement eussent fait disparaître.
C'est une vérité, reconnue par les plus grands maîtres de l'art,
que la douleur, plus profondément humaine que la joie, inspire davantage.

> Les plus désespérés sont les chants les plus beaux,
> Et j'en sais d'immortels qui sont de purs sanglots.

Comment se fait-il, Messieurs, que les ouvrages des poètes
provençaux jouissent d'infiniment plus de vogue à l'étranger
qu'en France ; pourquoi l'Allemagne, se souvenant sans doute
qu'elle doit ses Minnesinger à nos troubadours ; pourquoi la
Suède et la Norvège possèdent-elles des chaires de provençal,
alors qu'il n'en existe pas chez nous ? Tant et si bien que les
étrangers connaissent mieux que nous nos anciens auteurs provençaux et nos félibres modernes.

Je ne veux pas énumérer les traductions faites en Allemagne,

mais un provençaliste luxembourgeois, M. Nicolas Welter, a
publié des études très documentées sur Roumanille, Mistral et
Aubanel, et la traduction qu'en ont donnée MM. J. Waldener et
F. Charpin permet de juger combien ces ouvrages sont consciencieux ; ce n'est un secret pour personne qu'une traduction
de *Mireille* est distribuée dans les écoles en Allemagne, et
qu'il en est de même en Suède et en Norvège. L'attribution du
prix Nobel à Mistral offre, du reste, la meilleure preuve de la
popularité dont il jouit dans ces pays.

En dehors de *Mireille* qui a été propagée par Gounod (car
la musique jouit du beau privilège de se répandre en un instant dans une salle immense remplie de plusieurs milliers d'auditeurs qui, d'un coup, se trouvent imprégnés non seulement
des sons qu'ils entendent, mais du poème qui les a inspirés) ;
— en dehors de *Mireille*, peu de gens ont lu les autres ouvrages de Mistral et moins encore ceux d'Aubanel, de Roumanille,
de Tavan, de Félix Gras, de Gelu ou de Bénédit et de Charles
Rieux. Ce genre de lectures et d'études est le propre d'un tout
petit cénacle et il est de bon ton d'appeler « le Provençal » un
patois.

Ce n'était pas l'avis de Villemain, car, dans la séance publique de l'Académie Française du 20 août 1852, en décernant un
des prix Monthyon au poète Jasmin, l'honorable académicien,
au nom de l'Institut national, commence par remercier M. Raynouard, érudit, poète et législateur citoyen, d'avoir rendu à
l'Europe savante une bonne part de l'ancien esprit français, par
la restitution de cette langue romane du xiiie siècle dont les
monuments s'étaient comme perdus, sous la gloire du français
de Rouen et de Paris, du français de Corneille et de Molière. Il
félicite Jasmin de son talent, qui marque de l'empreinte de l'art
et du feu de la passion les formes longtemps dédaignées du langage de l'ancienne Provence et en fait un instrument d'œuvres
honnêtes et de vertueuses pensées de charité fraternelle et de
patriotisme méridional et français.

Mais, Alphonse Daudet, Messieurs, dans les *Lettres de mon*

Moulin, avec ce style aussi brillant que le soleil qui nous éclaire, s'est chargé de répondre aux détracteurs de notre langue, et je termine par cette citation :

« Tandis que Mistral me disait ses vers dans cette belle lan-
« gue provençale plus qu'aux trois quarts latine, que les reines
« ont parlée autrefois et que, maintenant, nos pâtres seuls
« comprennent, j'admirais cet homme au dedans de moi, et,
« songeant à l'état de ruine où il a trouvé sa langue maternelle
« et ce qu'il en a fait, je me figurais un de ces vieux palais des
« princes des Baux comme on en voit dans les Alpilles : plus
« de toit, plus de balustres aux perrons, plus de vitraux
« aux fenêtres, le trèfle des ogives cassé, le blason des portes
« mangé de mousse, des poules picorant dans la cour d'hon-
« neur, des porcs vautrés sous les fines colonnettes des gale-
« ries, l'âne broutant dans la chapelle où l'herbe pousse, des
« pigeons venant boire au grand bénitier rempli d'eau de pluie,
« et, enfin, parmi ces décombres, deux ou trois familles de
« paysans qui se sont bâti des huttes dans les flancs du
« vieux palais.

« Puis, voilà qu'un beau jour le fils d'un de ces paysans
« s'éprend de ces grandes ruines et s'indigne de les voir ainsi
« profanées. Vite, vite, il chasse le bétail hors de la cour d'hon-
« neur, et les fées lui venant en aide, à lui tout seul, il recons-
« truit le grand escalier, remet des boiseries au mur, des vi-
« traux aux fenêtres, relève les tours, redore la salle du trône,
« met sur pied le vaste palais d'autre temps, où logèrent des
« Papes et des Impératrices.

>« Ce palais restauré, c'est la langue provençale,
>« Ce fils de paysan, c'est Mistral... »

Après ce discours éloquent et fort applaudi, M. le Président adresse aux Congressistes un dernier remerciement et la séance est levée à 6 heures 40 minutes.

COMPTE-RENDU FINANCIER

Le compte-rendu financier du Congrès ne pourra s'établir d'une façon définitive que lorsque toutes les recettes auront été faites et toutes les dépenses payées.

Il sera publié alors dans les *Annales de la Société d'Études Provençales.*

Nous ne pouvons, pour le moment, que donner les indications générales suivantes :

Le Conseil général des Bouches-du-Rhône avait accordé une première subvention de *cinq cents francs* pour l'organisation du Congrès. Les dépenses pour cette organisation ne s'étant élevées qu'à 357 fr. o5, il reste en caisse, de cette subvention, une somme de 142 fr. 95.

Le même Conseil général a voté une deuxième subvention de *mille francs*, pour l'impression du volume des Comptes-rendus et Mémoires du Congrès.

M. Paul Arbaud, président de la *Société d'Études Provençales*, a donné *trois cents francs* pour le même objet.

C'est donc une somme de 1.442 fr. 95 qui reste disponible pour l'impression du volume et les autres frais.

A cette somme, viendra s'ajouter le produit des souscriptions qui s'élèvent déjà à deux cents.

Dès maintenant, il est certain que le budget du Congrès, grâce à la générosité du Conseil général des Bouches-du Rhône et de M. Arbaud, se soldera par un excédent des recettes sur les dépenses.

Le Bureau du Congrès et le Comité d'organisation ont l'intention de constituer avec cet excédent un fonds pour l'organisation des futurs Congrès des Sociétés savantes de Provence.

Marseille, le 30 mai 1907.

MÉMOIRES

I

LA PROVENCE AVANT L'HISTOIRE

PAR

M. **Ch. COTTE**, avocat à Pertuis.

Membre Correspondant de l'Académie d'Aix.

Dans cette étude, Messieurs, je veux examiner rapidement moins les divers aspects présentés par la Provence avant l'histoire, que les civilisations qui y ont laissé leurs vestiges, en proposant certaines classifications et mes vues personnelles sur la question.

J'élimine de mon travail les Alpes-Maritimes qui offrent à M. Goby un champ d'études dont il tire le meilleur parti.

Dans des études antérieures, j'ai déjà groupé les connaissances acquises sur le paléolithique et le néolithique de notre contrée. Je puis donc élaguer beaucoup de points sur lesquels la controverse me paraît éteinte.

On n'a pas encore signalé en Provence des silex paraissant taillés intentionnellement durant l'époque tertiaire.

J'ai l'honneur de vous présenter des silex que je récolte depuis quelques années dans le canton de Pertuis, silex recueillis dans les couches alternées des argiles rouges et des poudingues de Viens.

Dans les argiles, on trouve des silex assez minces, certains même me paraissant taillés intentionnellement. Il n'y a rien d'étonnant à cela, car de nombreuses familles néolithiques ont parcouru le pied du Luberon, disséminant des fragments de silex travaillé, des haches polies, bien qu'il y ait très peu de stations proprement dites [1]. Les silex des argiles dont je parle peuvent donc être parfois des silex taillés intentionnellement, mais alors ils sont récents.

Je me suis attaché à recueillir dans les poudingues un certain nombre d'échantillons. L'âge tertiaire de ceux-ci, extraits en brisant la roche au marteau, est indiscutable. Vous observez que parfois on y trouve des formes bien curieuses qui font songer au travail intentionnel. Des conchoïdes de percussion sont assez nombreux ; mais vous remarquez surtout les étoilures multiples bien connues des palethnologues ; seulement, ici, les étoilures ne s'observent guère que sur les arêtes. Il faudrait admettre que l'*Anthropopithecus Pertusii* (pourquoi ne pas baptiser ce mécréant ?) donnait la forme à la plupart de ses outils en martelant les bords, alors que son collègue de Thenay utilisait l'éclatement par la chaleur. L'*Anthropopithecus Bourgeoisii* aurait été de très petite stature, à en juger par l'exiguité de ses instruments. Près de Pertuis, dans le même bloc de poudingue, j'ai recueilli des éolithes de toutes tailles ; notre aïeul provençal aurait eu des statures bien variables. Il semble bien plus logique d'admettre qu'il s'agit simplement de silex ballottés par les eaux en même temps que les cailloux roulés auxquels ils sont mêlés.

---

[1] Je signale au Congrès comme menues stations inédites : 1° quelques silex et fragments de poterie réunis près du sommet de la barre de rochers qui se dresse au sud du hameau de Fontjoyeuse, en un point abrité du mistral ; 2° une station trouvée par M. Enjoubert et moi, dans la commune de Pertuis, sur le plateau de Gargaselle, à l'extrémité duquel M. Jean Callier aurait trouvé deux haches polies et moi-même d'autres objets. Je me propose de porter mes recherches sur ce point.

L'étude du quaternaire provençal a été faite au point de vue géologique par des auteurs spéciaux. Mon incompétence m'empêche d'analyser leurs travaux. Du reste, il suffit d'en retenir que la Provence n'a pas été une sorte d'îlot soustrait aux influences des climats qui ont régi le reste de l'Europe. Les découvertes des *Bausse-Rousse* suffiraient à le prouver. Nous pouvons donc admettre comme principe que les archéologues doivent s'attacher, dans l'étude du quaternaire, à l'observation simultanée de la faune et de l'industrie. C'est ce qu'ils ont tenté de faire ; mais sauf en ce qui concerne les Alpes-Maritimes, les résultats obtenus sont encore bien faibles.

La station paléolithique la plus ancienne que nous connaissions est celle de Caromb, où des silex taillés très frustes ont été trouvés dans des alluvions. Malheureusement, les auteurs qui ont étudié ce gisement ont été bien peu précis.

Je passe sur l'étrange gisement de Roquebrussanne (frontal humain sans rien de caractéristique, accompagnant des outils grossiers et une dent de mammouth).

Parmi les nombreuses grottes où des remaniements ont pu amener des confusions, je citerai celle de Rigabe s'ouvrant près du sommet du coteau, à quelques kilomètres de Rians, et à un kilomètre environ au nord de la station d'Artigues. Cette grotte a été fréquentée par la faune quaternaire; mêlés aux débris de celle-ci, on a découvert jadis quelques éclats de silex et une défense de sanglier présentant des stries. On peut voir ces pièces au Musée Longchamp. Marion en avait conclu à la présence de l'homme quaternaire. Je crois que l'homme a dû pénétrer, en effet, jadis, dans cette caverne, mais à l'époque néolithique. Un frère Mariste y aurait fait des fouilles dont j'ignore les résultats. La rumeur publique voudrait que cette grotte ait aussi livré des ossements humains.

Les fouilles que j'ai exécutées ont montré qu'il y a, près de l'entrée, des foyers anciens remaniés jusqu'à plus d'un mètre de profondeur ; j'ignore, du reste, la date de ces foyers.

On peut également faire des fouilles dans une partie profonde de la caverne ; mais il est certain que cette partie était trop sombre et trop humide pour être habitée. Les objets d'industrie que l'on peut y recueillir me semblent ne pouvoir s'y trouver que pour y avoir été entraînés fortuitement ou pour avoir fait partie du mobilier d'une sépulture.

On ne peut donc tirer aucune conclusion pour ce gisement, où les remaniements sont à peu près certains dans la totalité des surfaces propices aux recherches.

Le moustérien paraît représenté en Provence par trois abris grottes : la *Baumo dei Peirar*, le *Baus de l'Aubesie*, et la caverne de Châteaudouble. J'efface intentionnellement la grotte de la Masque et la station du Deffend à Sault. Pour cette dernière, je suis en cela d'accord avec M. Moulin.

Les trois abris que je conserve comme devant être moustériens laissent subsister un doute dans l'esprit, par le fait que la faune est en partie quaternaire et en partie actuelle. Le *Baus de l'Aubesie* a même fourni des charbons d'amélanchier indiquant un climat sec.

Au sujet du moustérien, je vous présente cette pièce trouvée dans une couche argileuse de la *Bàumo dòu Luce*. L'absence de faune m'empêche d'être affirmatif sur son âge.

Il n'y a pas de solutréen ni de magdalénien, du moins à mon avis, dans la région de Provence dont je m'occupe. Le mas d'azilien, le tourassien, le campignien n'y existent pas, ou du moins ils n'y existent pas à l'état de gisements pouvant être comparés aux stations synchroniques du reste de la France.

Ici j'aborde la classification du néolithique. Celle que je propose ne présente pas, je le dis immédiatement, de grandes différences avec celles qui ont la faveur de nos palethnologues provençaux les plus érudits, mais si la quasi-paternité ne m'aveugle pas, cette classification me semble présenter quelques avantages sur celles qui ont été données avant elle.

D'une manière générale, on a considéré nos stations à silex frustes comme les plus anciennes. Seulement, tandis que M. Fournier les fait remonter au quaternaire, en y créant des subdivisions, je les attribue plus simplement à une seule division du néolithique.

La civilisation suivante, si j'ose ainsi dire, a des outils plus élégants, des parures plus soignées, des haches polies. Elle se soude, sans distinction possible pour l'outillage, à l'âge du bronze. Salmon l'a appelé le carnacéen ; je crois que nous devons conserver ce nom qui a désigné, dans l'esprit de l'auteur, précisément ce que je viens d'indiquer.

Ainsi que je viens de le dire, la première industrie néolithique est grossière ; on n'y observe pas ou presque pas l'usage de la pierre polie, mais la poterie qu'on y rencontre dans la plupart des gisements de ce genre, et l'ensemble de la faune accompagnant cette industrie permettent de la placer après le paléolithique. D'autre part, les caractères du mobilier la différencient du campignien. Détail caractéristique : les gisements où on la trouve sont presque uniquement des grottes ou des abris sous roche.

Je fais observer immédiatement que certains abris naturels recèlent les vestiges d'une civilisation plus avancée ou servant de transition.

Mais le carnacéen est, d'une façon générale, une époque de campements en plein air. C'est lui qui a alimenté tout le faux solutréen de Provence. A ses haches polies, à ses amulettes, à ses parures en pierres dures, à ses belles flèches amygdaloïdes, phyllomorphes ou pédonculées, se mêlent quelques silex qui simulent les divers types chelléens, moustériens, magdaléniens, ce qui a donné naissance à bien des confusions. Sa caractéristique habituelle est cependant la beauté de la majorité de ses instruments. C'est alors que fleurit sur notre sol l'industrie à facies tardenoisien. D'ailleurs, j'ai pu constater que les mêmes faits se reproduisent partout. Lisez les listes de silex découverts dans nos possessions du nord de l'Afrique et vous verrez nombre de gisements où les auteurs décrivent minutieusement la présence d'outils chelléens, de solutréens, de magdaléniens et de tardenoisiens, toujours ou presque toujours mêlés. C'est à regret que M. le Dr Raymond a classé dans le mésolithique les petits silex géométriques des stations en plein air du Gard.

Ce département, si riche au point de vue préhistorique, offre une particularité intéressante par comparaison avec la Provence, je veux parler de la présence dans les grottes d'habitats néolithiques à industrie très avancée. D'autre part, on y note la fréquence d'un objet dont la destination nous laisse indécis, les billes en pierre polie. Nous retrouvons en Provence ces billes dans la grotte du Castellaras, qui a malheureusement été saccagée, et dans la nécropole de la Bastidonne de Trets. Peut-être s'agit-il là d'une civilisation assez particulière, appartenant à quelques tribus qui avaient conservé le goût des habitations dans les abris sous roche, alors que, déjà, nos populations provençales préféraient en général l'usage des huttes.

Je dois parler ici de la sensationnelle communication faite l'année dernière par MM. Arnaud d'Agnel et Capitan sur les relations de l'Egypte avec la Provence durant le néolithique égyptien. Des savants éminents, tels que MM. Salomon Reinach, Maspéro, de Morgan, avaient reconnu la similitude des silex de Riou avec ceux d'Egypte. Je me permettrai de faire observer que les auteurs ont commis une erreur en déclarant que les types de silex qu'ils présentaient n'avaient jamais été découverts hors de l'Egypte, si ce n'est au sud de l'Algérie et de la Tunisie. Je puis rappeler que certaines de leurs formes typiques se retrouvent, à l'état sporadique il est vrai, dans notre néolithique provençal. Le couteau à bord supérieur oblique me semble, d'après la figure, bien analogue au tranchet que M. Marin-Tabouret et moi avons trouvé à Ensuès. Un silex de Régalon sert de transition entre ce type et le couteau à soie dont un échantillon a été figuré par M. Fournier sous un autre nom. Les scies ne sont pas inconnues chez nous. Les pointes de flèche à barbelures sans pédoncule sont représentées à la grotte funéraire de Reillanne, si bien étudiée par MM. Clerc et Fallot, et à la grotte du Castellaras, où le bord d'une flèche a des dentelures caractéristiques.

Deux théories peuvent donc être soutenues : les Egyptiens de Riou ont eu des imitateurs en Provence, ou les habitants de cette île n'étaient pas des Egyptiens. Je ne me prononce pas pour le moment.

En ce qui concerne l'âge du bronze, nous connaissons peu de choses. Le carnacéen, se prolongeant, en représente la première partie. Pour les âges suivants, nous n'avons qu'à suivre les classifications usuelles, afin d'y rattacher les trop rares découvertes opérées. M. de Gérin-Ricard, dans sa statistique si précieuse, a indiqué la presque totalité des trouvailles effectuées et je ne veux pas, dans cette note, revenir sur ce qu'il a dit. Je vais simplement parler du département de Vaucluse qu'il n'a pas étudié.

Ce département a fourni quelques haches en bronze ; un exemplaire, à bords droits, notamment, a été découvert à Saint-Martin-de-la-Brasque ; bien que ses bords soient légèrement recourbés, je crois qu'il ne faut pas la classer parmi les haches à ailerons. Si nous suivions de Mortillet, nous aurions, dans cette pièce, un vestige de l'industrie morgienne. Les civilisations suivantes de l'âge du bronze seraient représentées par la hache à ailerons de Baumes-de-Venise et par les haches à douilles de Ménerbes et de Buoux.

C'est aussi à une époque relativement récente qu'il faut rattacher les épées ou poignards de bronze de Vaison, de Lagnes (Musée Calvet) et de Jonquières, les deux épées en bronze de Buoux (collection Garcin et Lazard). Certaines de ces armes, comme la majorité des pointes de flèches et des bracelets en bronze, sont de l'âge du fer ; j'arrive donc ici à l'époque historique.

Vous me pardonnerez de ne pas résister au plaisir de rappeler les recherches dans nos Alpes Provençales de M. Chantre et de M. Müller et spécialement celles de MM. David-Martin et Georges de Manteyer dans les tumulus hallstattiens de Chabestan.

Je viens de retracer sommairement l'état actuel de nos connaissances sur les industries successives de l'antique Provence.

Je constate le peu de renseignements possédés sur le paléolitique.

En ce qui concerne le néolithique, je propose une distinction, qui me paraît utile, entre la civilisation fruste des habitats dans les grottes et le carnacéen des stations en plein air, une place à part étant faite pour nos très rares stations à billes polies.

Les documents sur l'âge de bronze sont également très rares. Les fouilles des oppidums nous permettront peut-être ultérieurement de distinguer ce qui peut être antérieur à l'âge du fer dans quelqu'un de nos vieux camps provençaux.

II

Présentation de diverses photographies inédites du dolmen
de Colle=Basse, à St=Cézaire

par **Paul GOBY**, de Grasse

Correspondant de l'Ecole d'Anthropologie de Paris,
Membre de la Société des Lettres, Sciences et Arts des Alpes-Maritimes.

En présentant ces documents photographiques, notre but est de montrer, sous ses divers aspects, un des plus beaux dolmens de l'arrondissement de Grasse : le dolmen de Collebasse. Les archéologues qui n'ont pu assister à l'excursion du Congrès de Monaco, dans les montagnes de Grasse, se feront ainsi une idée précise du genre particulier des dolmens de cette partie des Alpes-Maritimes, où, jusqu'à présent, ces sortes de monuments ont été signalés en plus grand nombre qu'en aucun autre point de la Provence [1].

Le dolmen de Collebasse ou du bois d'Amon est situé à l'est de Saint-Cézaire, entre ce village et Cabris, à une altitude de 596 mètres. Il est composé d'une cella de 1 mètre 90 de longueur, formée de 5 dalles : une grande à l'est, une au nord, une au sud, enfin de deux à l'ouest, assez distantes l'une de l'autre pour former une entrée de 0^{m}40 à 0^{m}80 de large. Celle-

---

[1] Une étude complète et détaillée de tous ces monuments est préparée en ce moment par M. Goby ; elle paraîtra prochainement.

ci est précédée d'un couloir ou vestibule de 2 mètres de long,
limité sur ses côtés par de belles dalles levées, presque aussi
grandes que celles de la cella; le tout est entouré d'un énorme
galgal de pierres, formant tumulus, encaissant la cella jusqu'aux rebords et ayant un diamètre total de 18 m. sur 2 m.
à 2 m. 5o de hauteur au Sud.

En 1866, Bourguignat avait connu l'existence de ce dolmen,
mais le temps dont il disposait ne lui permit pas d'y pratiquer
des recherches ; ce soin fut laissé à de Maret qui fouilla la
sépulture, le 3 mars 1876. Il y découvrit un certain nombre
de dents et d'ossements humains qui furent étudiés par le
professeur Gervais; il y trouva encore une perle en bronze,
une pendeloque en os et une incisive de porc. Ayant repris
nous-même, en 1900, quelques fouilles, nous avons également
recueilli, dans le tamisage des terres, une cinquantaine de
dents, divers ossements en fragments et quelques morceaux
de poteries, sans ornements.

PRÉSENTATION DE DOCUMENTS PHOTOGRAPHIQUES
CONCERNANT LE SARCOPHAGE DES VALENTINS DE VALDEROURE

M. Paul Goby présente plusieurs photographies concernant
un sarcophage romain, situé dans les montagnes de Grasse
(à 1.050ᵐ d'altitude au moins), non loin du hameau des Valentins (commune de Valderoure, Alpes-Maritimes), au-dessous de la chapelle Saint-Léon.

Ce sarcophage, délaissé, comme tant d'autres monuments du
même genre, et tout recouvert de broussailles, est couché sur
le côté, à droite d'un petit sentier et à proximité d'une fontaine,
où il avait servi jadis d'abreuvoir.

Photographie Paul Goby.

Fig. 1. — Dolmen de *Collebasse* ou du Bois d'Amon, à Saint-Cézaire (A.-M.)

Photographie Paul Goby.

Fig. 2. — Sarcophage Romain du Puits-du-Plan, à Saint-Cézaire (A.-M.)

Une inscription, fort mal conservée, très difficile à lire, figure sur une des faces latérales (l'estampage en sera pris à la première occasion). La pierre où il a été taillé appartient au calcaire jurassique du pays [1]. Il s'agit là d'un tombeau à incinérations ; on peut y distinguer encore, à l'intérieur, les restes de cinq compartiments, dont les cloisons de plusieurs d'entre eux ont été brisées. Ce tombeau mesure 2 mètres environ de longueur sur 0,60 centim. de large et 0,60 centim. de hauteur.

Sénequier, en 1885, l'avait déjà signalé, dans ses *Excursions Archéologiques aux environs de Grasse* (Annales de la Société des Lettres, Sciences et Arts des Alpes-Maritimes, Tome X); mais il serait bon que ce monument fût inscrit sur la carte et dans l'inventaire des Monuments Romains de Provence. Les photographies qui le représentent sont inédites ; elles permettront de donner une idée plus précise de ce document, qui est plein d'intérêt pour le pays de montagne où il a été découvert.

L'auteur demande que l'on fasse également figurer sur la carte et dans l'inventaire des Monuments Romains de Provence, un autre sarcophage qui se trouve dans la même région, près d'Andon au «Collet de la Serre», propriété Édouard Funel. L'inscription qui est ici mieux conservée et très visible, a été relevée autrefois par Revellat et Sénequier.

Les territoires d'Andon, de Caille, de Valderoure, de Séranon possèdent encore des restes de voies romaines et des milliaires, et au cours de différentes excursions dans le pays, M. Paul Goby a pu recueillir, sur de véritables stations jusquelà inconnues, des fragments de doliums, d'amphores, de grandes tegulæ rouges et jaunes, des fragments de moulins à bras (meta et catillus) en trachyte et surtout en porphyre rouge de

---

[1] Pour les études géologiques de ce pays, consulter les importants travaux et la carte de M. le Dr A. Guébhard de Saint-Vallier-de-Thiey.

l'Estérel. Une monographie plus détaillée de ces trouvailles et de leurs emplacements sera donnée ultérieurement par l'auteur.

***

TOMBEAU DU PUITS-DU-PLAN A SAINT-CÉZAIRE.

M. Goby présente également plusieurs photographies inédites d'un autre tombeau romain, situé non loin du village de Saint-Cézaire (Castrum Cæsarii), à l'ouest de Grasse, tout près d'un énorme puits, au quartier dénommé « le Puits-du-Plan ». (Voir pl., fig. 2.)

Ce sarcophage avait abrité les restes d'une jeune fille de dix-huit ans, du nom de Sempronia, grande famille de Rome[1].

L'inscription qui est gravée sur un des côtés est la suivante :

```
M OCTAVI..... MOIIOS........................
IVGE FORO DVCERET IPS... D... VIT...........
.......... VIXIT AN XVIII M OCTAVIVS..........
NVS ET IVLIA SEMPRONIA INFELICISSIMI......
PARENTES IN DOLORIS SOLA ..................
IO DVLCISSIMO ET SV.........................
                ,.....................
```

Cette inscription figure dans l'ouvrage de Noyon : Statistique du département du Var (1846), page 370. Dans son dictionnaire de Provence, dès 1835, Garcin avait déjà signalé ce monument.

Le tombeau serait à la même place depuis *plus de 80 à 100 ans*, servant d'abreuvoir aux bestiaux du pays.

---

1. La famille des Gracques, dont plusieurs membres jouèrent à Rome un rôle si important et si fameux, faisait partie de la *gens Sempronia*. La femme de D. Junius Brutus, consul en 77, était aussi une *Sempronia*.

Les Romains ont laissé à Saint-Cézaire d'autres traces intéressantes de leur passage ou séjour : un vieux pont près de la
Siagne, d'anciennes citernes (?), quelques restes de villas habitées, croit-on, par des officiers.

Il est vraiment regrettable que des monuments, tels que le
sarcophage de Valderoure, celui de Saint-Cézaire et tant d'autres,
d'une réelle importance par leur rareté dans ces pays de montagne, qui intéressent au plus haut degré l'histoire bien im-
précise de certains centres, soient délaissés à ce point par les
municipalités, par les communes qui devraient en avoir et la
garde et le soin. Ces monuments se dégradent de jour en jour
et sont exposés à toutes les intempéries, quand ce n'est pas au
vandalisme inconscient du paysan, du berger ou du premier
passant.

Il est désirable que, *dans toute notre Provence*, une protection plus efficace soit accordée à ces vieux restes et que les
Sociétés archéologiques des départements ou le Congrès choi-
sissent des délégués qui seraient chargés (ils auraient ainsi plus
d'autorité) de faire des démarches *personnelles*, afin d'arriver
à mettre en lieu sûr, dans chaque région, les antiques monuments *abandonnés*. Si les musées des grandes villes sont trop
éloignés, qu'on utilise au moins, dans les villages, quelque salle
de mairie ou les écoles.

En choisissant les écoles, il y aurait peut-être même profit
pour l'avenir. Quand l'instituteur aura appris aux enfants
l'intérêt majeur qui se rattache aux objets archéologiques,
ceux-ci, tout jeunes, s'habitueront à les respecter et il est
certain que, dans la suite, ces jeunes gens viendront signaler
d'eux-mêmes ou rapporter à l'école (ne serait-ce que dans le
but de faire plaisir à leur maître), les médailles et autres objets
trouvés dans les campagnes. Par ce moyen, bien des restes
précieux pourront être connus, et d'autres, au lieu d'être per-

dus ou détruits, seront conservés pour la plus grande utilité des études. Il serait à souhaiter qu'un vœu, pour la conservation et la mise en lieu sûr des monuments délaissés, romains et autres, de Provence, fût formulé à l'occasion de ce Congrès. Ce vœu est nécessaire et trop important pour qu'il soit besoin d'insister auprès de ceux que font agir les mêmes aspirations.

C'est par une action commune, avec quelque peine personnelle (peu agréable parfois), qu'il faut savoir à l'occasion s'imposer, qu'on arrivera, un peu partout, à sauver et à conserver une foule de documents dont l'importance grandira encore au fur et à mesure d'autres découvertes. Il s'agit de rassembler pour plus tard des points d'appui positifs, des données certaines, des termes de comparaisons utiles, souvent indispensables, pour l'histoire particulière de chaque pays et pour l'histoire générale de notre vieille Provence. Si on le désire vraiment, qu'on sache en prendre tous les moyens !

MONNAIES ROMAINES TROUVÉES A SAINT-CÉZAIRE (ALP.-MARIT.)

A différentes époques déjà, le territoire de Saint-Cézaire avait fourni un certain nombre de monnaies romaines. Les quartiers de la Treillère, du Puits-du-Plan, de Campcivière notamment, avaient donné, au cours des cultures des terres, avec d'autres objets de la même période, des grands et petits bronzes d'Auguste, de Tibère, Caligula, Claude, Néron, Titus, Domitien, Trajan, Héliogabale, etc. Ces monnaies sont aujourd'hui égarées on ne sait où. Quelques-unes ont été vendues aux étrangers de passage ; d'autres sont dispersées dans quelques rares collections.

A titre de documentation locale, nous croyons utile d'ajouter aux précédentes trouvailles la liste des bronzes suivants, mis à découvert, il y a 7 à 8 ans, pendant le défoncement d'un terrain, par M. Daver, propriétaire au quartier de Mauvans, dans une station gallo-romaine, située au-dessous du camp retranché du même nom.

Nous adressons, en la circonstance, nos plus vifs remerciements au savant membre de l'Institut, M. Ern. Babelon, qui a bien voulu faire la détermination précise de ces monnaies :

1° Monnaie usée : AUGUSTE ou personnage de sa famille.

2° Moyen Bronze : LUCILLE (?), femme de Lucius Verus.

3°   »   »   : HADRIEN. R/VIRTVTI AVGVSTI.

4° Moyen Bronze : MARC-AURÈLE.

5° Grand Bronze : MARC-AURÈLE, TR. P. XXVI (an 172 après J.-C.).

6°   »   »   : COMMODE.

7° Moyen Bronze : SEPTIME SÉVÈRE.

8° Grand Bronze : ALEXANDRE SÉVÈRE P. M. TR. P. X. COS. III P. P. — (Le Soleil) — (An 231 après J.-C.).

9°   »   »   : ALEXANDRE SÉVÈRE — TR. P. XI (An 232 après J.-C.).

10° Moyen Bronze : GORDIEN III — R/ le Soleil.

11° Grand Bronze : VOLUSIEN, fils du Tribunien Gallus. (251-254 après J.-C.).

MONNAIES MASSALIOTES

PROVENANT

DE L'ARRONDISSEMENT DE GRASSE.

Dans son intéressant travail sur les sujets d'études à traiter plus spécialement au Congrès colonial, M. Henri Froidevaux [1] a fait ressortir, avec beaucoup de justesse, l'importance qu'il y aurait à dresser un inventaire de tous les documents grecs ou massaliotes, recueillis sur notre terre de Provence. Il est de toute nécessité, pour l'histoire de l'antique Massalia, de savoir jusqu'à quels confins a pénétré sa civilisation, quels sont les points, dans l'intérieur de nos montagnes, qui ont reçu des objets de son industrie et de son commerce, quelle est la nature de ces objets. Il y a, sur ce sujet, encore beaucoup à faire, beaucoup à trouver.

C'est en recueillant petit à petit les moindres documents qu'on arrivera à former un faisceau de quelque valeur. La plus modeste trouvaille peut avoir son importance, surtout quand on peut en désigner exactement la provenance, le lieu du gisement.

Je n'ai ni l'intention, ni l'espace pour m'essayer à faire ici un relevé général des objets grecs ou massaliotes recueillis soit dans les Alpes-Maritimes, soit sur toutes nos côtes proven-

---

[1] Henri FROIDEVAUX. — *Un questionnaire d'Histoire Coloniale Marseillaise et Provençale* (Annales de la Société d'Études Provençales. Aix, 3ᵉ année, nº 3, mai-juin 1906, p. 123 à 137).

çales. Je veux me borner seulement à signaler quelques trouvailles faites aux environs de Grasse, et à en indiquer la
date.

L'arrondissement de Grasse a fourni, à différentes reprises,
des monnaies massaliotes et grecques. Le musée de Cannes
en possède quelques-unes, qui, croit-on, proviennent également du pays ; mais la plupart n'ont pas leur étiquette
d'origine.

Voici l'empreinte d'une monnaie recueillie à Antibes en
1869 ; elle se trouve actuellement dans la collection de feu Ca-
vallier, à Grasse. M. Er. Babelon, membre de l'Institut, et
M. Gustave Martin, l'aimable conservateur du cabinet des
Médailles de la ville de Marseille, ont bien voulu l'examiner.

Il s'agit d'un bronze Massaliote :

Tête d'Apollon à gauche, couronnée de laurier.

R/ — Taureau cornupète à droite, à l'exergue ΜΑΣΣΑΛΙΗΤΩΝ.

En 1869 et 1873, on en a trouvé également à Saint-Cézaire,
près Grasse ; avant de pouvoir en faire paraître les repro-
ductions photographiques, j'en soumets dès aujourd'hui les
empreintes aux membres du Congrès. Ces monnaies sont
en argent ; plusieurs appartiennent à la Collection feu Caval-
lier ; une autre, à la Collection Jusbert, de Grasse.

Trois proviendraient d'une belle trouvaille qui aurait été
faite, en 1873, à Saint-Cézaire.

Un paysan, en béchant ses terres, aurait mis à découvert un
ase, qui contenait 300 (?) monnaies en argent, massaliotes
ou grecques. Je n'ai pu savoir ce qu'étaient devenues les
autres. On m'a affirmé qu'elles avaient été vendues à un bijou-
tier inconnu. Ce qui est certain, c'est qu'au milieu de ces monnaies, se trouvait également un fort bel anneau en bronze,

aplati, du même genre que certains autres recucillis dans la cachette de la Combe, à Saint-Vallier-de-Thiey [1].

L'anneau est actuellement encore entre les mains de M. Jusbert, à Grasse, à qui il fut vendu, avec deux drachmes, quelques mois après la découverte.

M. Gustave Martin a eu l'obligeance de faire la détermination exacte de ces différentes monnaies ; nous l'en remercions bien cordialement.

DRACHMES MASSALIOTES :

ARG. Tête de Diane à droite, pendants d'oreille.
R/ — ΜΑΣΣΑ — Lion marchant à droite, à l'exergue ΠΙΛ (?).
(Cinquième époque — 2ᵉ type de Diane.)
Monnaie trouvée à Saint-Cézaire (Alpes-Maritimes), en 1873. (Coll. Cavallier-Saisse à Grasse.)

ARG. Tête de Diane à droite, avec l'arc et le carquois, pendants d'oreille.
R/ — ΜΑΣΣΑ — Lion marchant à droite, dans le champ A (?).
(Cinquième époque — 2ᵉ type de Diane.)
Monnaie trouvée à Saint-Cézaire (Alpes-Maritimes), en 1873. (Coll. Cavallier-Saisse, à Grasse.)

ARG. Buste de Diane à droite avec ses attributs.
R/ — ΜΑΣΣΑ — Lion à droite, à l'exergue ΝΔΑ.
(Sixième époque — 3ᵉ type de Diane.)
Monnaie trouvée à Saint-Cézaire (Alpes-Maritimes), en 1869. (Coll. Cavallier-Saisse, à Grasse.)

---

[1] *Bronzes et Parures en argent, à Saint-Vallier (Alp.-Marit).* (Matériaux pour l'hist. prim. et nat. de l'homme. Tome IX, 6ᵉ liv. Juin 1878, p. 291).

Buste de Diane à droite avec ses attributs.

G. R/ — ΜΑΣΣΛ — Lion à droite. Dans le champ Δ, à l'exergue IIER.

Monnaie trouvée à Saint-Cézaire (Alpes-Maritimes), en 1869. (Coll. Cavallier-Saisse, à Grasse.)

Buste de Diane à droite avec ses attributs.

G. R/ — ΜΑΣΣΑ — Lion à droite, dans le champ Λ, à l'exergue TVΛ (?).

Monnaie trouvée à Saint-Cézaire (Alpes-Maritimes), en 1873. (Coll. Jusbert à Grasse.)

Enfin, dans les fouilles que nous poursuivons depuis deux ans, dans l'enceinte du Camp-du-Bois au Rouret, il nous a été donné de recueillir, dans une grande tranchée de 33 mètres, plusieurs monnaies. L'une d'elles est indéterminable. La deuxième, extraite à 1 mètre 25 de profondeur, est en métal cassant et serait, d'après M. Babelon, une grossière imitation barbare de la suivante. M. Déchelette l'a étudiée également ; elle lui a paru se rapprocher, comme facture, de certaines monnaies gauloises ; la troisième (mise à jour à 0,80 centim. de profondeur des fouilles) est un beau bronze massaliote, du IIIe au Ier siècle, tout recouvert d'une belle patine (tête d'Apollon à droite, taureau cornupète de l'autre).

Il était intéréssant d'attirer l'attention des archéologues sur ces dernières monnaies recueillies *en place* dans un des camps les plus rapprochés d'Antibes, ancienne colonie grecque.

La continuation des fouilles nous apportera, sans doute, d'autres documents et nous permettra peut-être d'avoir de plus amples renseignements sur les relations (commerce ou pillage) des tribus barbares de la montagne avec les Grecs de la côte.

Nous devons ajouter que le camp du Rouret, sans parler d'un grand nombre d'autres objets et poteries de civilisations différentes qui feront l'objet d'une étude à part, nous a également fourni, à des niveaux divers, une série de poteries à couverte noire, *Campaniennes*, dont un fond de vase porte des palmettes en creux, semblables à celles figurées sur certaines poteries découvertes au Baou-Roux, par M. le professeur Vasseur, de Marseille.

III

NOTE SUR

ΣΤΟΜΑΛΙΜΝΗ

par M. Georges DE MANTEYER

Ancien membre de l'École française de Rome,
Président de la Société d'Études des Hautes-Alpes,
Membre associé régional de l'Académie d'Aix ; Membre titulaire
de l'Académie de Vaucluse.

Les substantifs grecs λίμνη, *étang*, et στόμα, *bouche*, ont formé un composé de genre variable qui désigne certains étangs. Ce composé est donné par Théocrite sous la forme στομάλιμνον [1] et par Strabon sous la forme στομαλίμνη [2].

[1] Id. IV. 23-25. καὶ μὰν ἐς στομάλιμνον ἐλαύνεται ἔς τε τὰ Φύσκω,
καὶ ποτὶ τὸν Νήαιθον, ὅπᾳ καλὰ πάντα φύοντι,
αἰγίπυρος καὶ κνύξα καὶ εὐώδης μελίτεια.

Le traducteur rend ἐς στομάλιμνον par *ad paludis ostium* (Poetae bucolici. Parisiis, Didot, MDCCCLI, p. 9).

[2] Libr. IV, cap. 1, § 8.

ὑπέρκειται δὲ τῶν ἐκβολῶν τοῦ Ῥοδανοῦ λιμνοθάλαττα, καλοῦσι δὲ στομαλίμνην, ὀστράκια δ' ἔχει πάμπολλα καὶ ἄλλως εὐοψεῖ· ταύτην δ' ἔνιοι συγκατηρίθμησαν τοῖς στόμασι τοῦ Ῥοδανοῦ, καὶ μάλιστα οἱ φήσαντες ἑπτάστομον αὐτόν, οὔτε τοῦτ' εὖ λέγοντες οὔτ' ἐκεῖνο· ὄρος γάρ ἐστι μεταξὺ τὸ διεῖργον ἀπὸ τοῦ ποταμοῦ τὴν λίμνην.

Le traducteur rend στομαλίμνην par *lacum prope ostia* (Strabonis geographica. Parisiis, Didot, MDCCCLIII, t. I, p. 152).

Ibid., Libr. XIII, cap. 1, § 31.

Μετὰ δὲ τὸ Ῥοίτειόν ἐστι τὸ Σίγειον, κατεσπασμένη πόλις, καὶ τὸ

Il convient de rechercher l'emplacement de ces étangs et de reconnaître ce que leur situation peut présenter de particulier.

On en connaît quatre et en voici l'indication.

1° Quand Strabon décrit du nord-est au sud-ouest la côte de l'Hellespont, dans le détroit des Dardanelles, il nomme successivement les villes de *Dardanos*, *Ophrynion*, *Rhoïteion*, celle-ci, avec son littoral bas où se voit *Aianteion*. Après *Rhoïteion*, Strabon nomme immédiatement la ville détruite de *Sigeion*; puis, il revient sur ses pas pour décrire le lieu dit *Stomalimne* et aussi les bouches du Scamandre qui occupe la plaine avec le Simoïs entre *Rhoïteion* et *Sigeion*. Ces deux fleuves, dit-il, amenant une grande quantité de limon, le répandent sur la côte, y forment des marais, des étangs d'eau saumâtre et leur embouchure s'obstrue[1].

C'est évidemment près de cette embouchure du Scamandre et du Simoïs que doit se placer l'étang dit *Stomalimne* et le lieu qui en a pu porter le nom.

2° Plus loin, à propos de la Carie, décrivant l'île de *Kos*,

---

ναύσταθμον καὶ ὁ Ἀχαιῶν λιμὴν καὶ τὸ Ἀχαϊκὸν στρατόπεδον καὶ ἡ Στομαλίμνη καλουμένη καὶ αἱ τοῦ Σκαμάνδρου ἐκβολαί· συμπεσόντες γὰρ ὅ τε Σιμόεις καὶ ὁ Σκάμανδρος ἐν τῷ πεδίῳ, πολλὴν καταφέροντες ἰλύν, προσχοῦσι τὴν παραλίαν καὶ τυφλὸν στόμα τε καὶ λιμνοθαλάττας καὶ ἕλη ποιοῦσι. (*Ibid.*, t. I, p. 509.)

Ibid., Libr. XIV, cap. II, § 19.

ἀπὸ δύσεως δὲ τὸ Δρέκανον καὶ κώμην καλουμένην Στομαλίμνην. (*Ibid.*, t. I, p. 561.)

[1] Strab. libr. XIII, cap. I, § 28-31.

Suivre la description de Strabon sur la carte de H. Kiepert : Specia l karte vom Westlichen Kleinasien, Berlin, Dietrich Reimer, 1890, n° IV.

Y joindre la carte de M. A. Bouché-Leclercq qui donne la disposition de l'ancien rivage en retrait (Bouché-Leclercq, *Atlas pour servir à l'histoire grecque de E. Curtius*, Paris, 1883, Pl. IV, Plaine de Troie).

dans le groupe des Sporades, Strabon [1] dit que cette île est terminée au sud par le promontoire *Laketer*, actuellement cap *Krokilos*, et qu'elle présente à l'ouest le *Drekanon* [2]. La position du *Drekanon* est établie par le fait qu'il se trouvait à 200 stades de navigation au sud de la ville de *Kos* et à 35 au nord du *Laketer*; en raison de ces chiffres qui ont, au moins, une valeur proportionnelle, le *Drekanon*, étant beaucoup plus rapproché du *Laketer* que de la ville, ne peut guère être identifié qu'avec le cap actuel *Daphni*, sur la côte occidentale de l'île. Or, Strabon rattache au *Laketer* le lieu de *Halasarna* et au *Drekanon* le lieu de *Stomalimne*; il en résulte que *Stomalimne* peut avoir existé au moins aussi loin du *Drekanon* sur la côte occidentale que *Halasarna* du *Laketer* sur la côte méridionale.

C'est donc très justement que Kiepert identifie *Stomalimne* avec le seul étang marqué dans l'île sur le bord de la mer et sans communication actuelle apparente avec elle, placé entre l'embouchure de deux cours d'eau et en face de l'île *Psérimon*. Dans le voisinage de cet étang, existait donc une ville qui en avait pris le nom.

3° Théocrite place sa quatrième idylle aux portes de Co-

---

[1] STRAB. libr. XIV, cap. II, § 19.

H. KIEPERT, Specialkarte vom Westlichen Kleinasien, n°ˢ XIII et X.

[2] L'index de l'édition de Didot (t. II, p. 794) oublie d'indiquer cette localité ; mais les éditeurs du *Thesaurus*, d'après ce texte de Strabon, en font, ce qui est naturel, un promontoire de *Kos*, comme le *Laketer*. (Thesaurus græcæ linguæ, vol. II, col. 1676. Parisiis Didot 1833). — Cf. O. RAYET, *Mémoire sur l'île de Kos*. Paris. Impr. Nat. 1876. (Extrait des Arch. des missions, 3ᵉ série, t. III, in-8° de 84 pp. avec une carte hors texte). L'étang n'y est pas nommé. Il se trouve à l'embouchure de l'ʽΑλεις.

trone, en Calabre[1]. Le berger Corydon fait paître une génisse sur les bords de la rivière *Aisaros* vers les ombrages du *Latymnon*, tandis que son compagnon Battus pousse un taureau couleur de feu du *Stomalimnon* au mont *Fuscon*, puis vers le fleuve *Neaithos* où viennent les plantes odorantes.

Il est facile d'identifier le *Neaithos* de Théocrite avec le Neto actuel qui se jette dans la mer à 15 kilomètres environ au nord de Cotrone. Quant à l'*Aisaros*, à l'embouchure duquel était vraisemblablement, selon Strabon[2], le port de Cotrone, c'est, sans aucun doute, l'Esaro, c'est-à-dire la rivière qui arrive à la mer à un kilomètre au nord du promontoire où s'élève Cotrone[3].

De plus, il semble bien qu'il faille identifier le mont *Fuscon* avec le *monte Visco vatello*, qui, mesurant 98 mètres de hauteur, se trouve à environ deux kilomètres au sud-ouest de Cotrone, sur la rive droite même de l'Esaro.

Comme le *monte Visco*, l'étang *Stomalimnon* doit donc être placé, non pas à l'embouchure du Neto, mais à celle de l'Esaro, c'est-à-dire à proximité de Cotrone.

---

[1] Dans la province de Catanzaro. — Voir la Carta topografica del Regno 1/100.000°; f°° 238, III : Cotrone, et IV : Strongoli.

Theocr., Id. IV, vers 17-19, 23-25 (éd. Didot, p. 9).

[2] Strab., lib. VI, cap. 1, § 12. (Ed. Didot, t. I, p. 217).

Πρώτη δ'ἐστὶ Κρότων ἐν ἑκατὸν καὶ πεντήκοντα σταδίοις ἀπὸ τοῦ Λακινίου καὶ ποταμὸς Αἴσαρος καὶ λιμὴν καὶ ἄλλος ποταμὸς Νέαιθος...

[3] Le nom de l'*Esaro* paraît manquer sur la carte au 1/100.000°, levée en 1870 par l'élève-ingénieur Marchegiani, sous la direction du capitaine Carenzi; mais le cours de la rivière y est très visible : elle se termine, à l'embouchure, par une sorte de renflement en forme d'étang, dont la communication avec la mer est interceptée par un cordon de sable. On sait, par ailleurs, que Cotrone se trouve sur le flanc septentrional du mont Corvaro, à l'embouchure de l'Esaro (MORONI, *Dizionario di erudizione storico-ecclesiastica*, vol. XVIII, p. 158).

4⁰ Strabon, parlant des bouches du Rhône, dit qu'au-delà de ces bouches se trouve un étang salé appelé *Stomalimne*. Cet étang contient une grande quantité d'huîtres et, surtout, il abonde en poissons. C'est à tort que certains géographes l'avaient mis au nombre des bouches du fleuve qui, selon eux, en possédait sept; car une hauteur, formant obstacle, sépare le fleuve de l'étang [1].

Le fait précis, que l'étang en question est séparé des embouchures par une élévation, permet d'identifier avec certitude cet étang et cette élévation. Pour celle-ci, il s'agit de la croupe, dirigée du nord au sud, qui se termine au sud par une colline plus élevée où s'étage le village actuel de Fos. Cette croupe aboutit ainsi à proximité de la mer : elle s'élève au-dessus des marais de la Fous qui règnent jusqu'au Rhône et qu'elle limite à l'est ; de l'autre côté, elle borde et surplombe la rive occidentale de l'étang dit de l'*Estoumaou* Cet étang n'était jadis séparé de la mer que par les sables de la plage. Son nom, comme l'a remarqué M. Desjardins, rappelle le grec *Stomalimne* [2]; mais il peut ne pas en provenir directement. En effet, le terme στόμα, que les Grecs employaient pour désigner l'embouchure d'un fleuve, a passé en latin. A cet égard, les éditeurs de Ducange ne citent qu'un texte de Paul Diacre ou de son continuateur fort insuffisant [3]; mais l'itinéraire de Bordeaux à Jérusalem, fait en 333, indique à sept lieues de Bordeaux le relai [*ad*] *Stomatas* qui semble le prouver [4]. C'est ainsi que Στομα [Λίμνη] a pu

---

[1] Strab. lib. IV, cap. 1, § 8. (Ed. Didot, t. I, p. 152).
Carte de la France dressée par ordre du Ministre de l'intérieur au 1/100.000ᵉ. Feuille XXII-35.

[2] E. DESJARDINS, *Géographie de la Gaule romaine*, t I, 1876, p. 205.

[3] Pauli Diaconi, libr. XVIII : «... ad custodiendum stoma eremi. » (Ducange Glossarium, Parisiis, Didot, 1846, t. VI, p. 380.)

[4] E. DESJARDINS, *Géographie de la Gaule romaine*, t. IV, 1893, p. 33.

devenir, en latin, [*ad*] *Stomatum*, d'où le nom actuel *Estou-maou*.

En résumé, les quatre sites de *Stomalimne* connus offrent des caractères communs. Chacun des quatre est, à proprement parler, un étang salé situé à la fois à proximité de la mer et de l'embouchure d'un cours d'eau. L'étang ne communique pas nécessairement avec le cours d'eau, car jamais un bras du Rhône n'a dû donner dans l'étang de l'Estoumaou. D'autre part, l'étang ne débouche pas sur la mer ; il en est séparé par le sable de la plage.

Στομαλίμνη c'est donc le lac placé près l'embouchure d'un fleuve, στόματος λίμνη ; ce n'est pas στόμα λίμνης, l'embouchure d'un lac. Si le traducteur de Théocrite a rendu l'expression ἐς στομάλιμνον par *ad paludis ostium*, dans l'édition Didot, c'est une erreur ; il convenait d'écrire *ad ostii paludem*.

M. V. Bérard a vu, dans les noms du Simoïs, d'Astypalée, de Cotrone et de Monaco, la preuve que les côtes où se trouvent les *Stomalimne* ont d'abord été occupées par les Phéniciens [1] ; elles ont, ensuite, été colonisées par les Grecs et ce nom d'étang date de ces derniers. Il n'est pas surprenant, par conséquent, de retrouver sur toutes ces rives la légende d'Hercule : cette légende groupe, dans l'itinéraire du héros, les localités en question.

En effet, d'après Pindare que cite Strabon [2], c'est à Kos que les vents portèrent le vaisseau d'Hercule revenant de Troie.

D'autre part, dans l'épisode des troupeaux de Géryon, Hercule, après les avoir enlevés, les mena d'Espagne en Grèce

---

[1] V. Bérard, *La Méditerranée Phénicienne* (*Annales de Géographie*, t. IV, p. 271-286, 414-431 ; t. V, p. 257-276).

[2] Strab. lib. VII, fragm. 57 (Didot, t. I, p. 284).

en traversant, selon Denys d'Halicarnasse [1], d'abord le Rhône et la Crau, où il faillit être vaincu par les Ligures, puis l'Italie et, selon Diodore [2], l'emplacement de Cotrone.

Fos, 19 octobre 1898. — Rome, 30 mars 1899.

Georges DE MANTEYER.

APPENDICE

On sait que la plage de Fos a été, vers les bouches du Rhône, l'une des étapes du commerce antique : le nombre très considérable de débris d'amphores que la mer y remue sur le rivage laisse entrevoir quelle fut l'importance du trafic, mais on est encore peu fixé sur l'époque où cette station commerciale fut délaissée.

En compagnie de M. David Martin, conservateur du Musée de Gap, le 19 octobre 1898, l'occasion fit rencontrer à Fos un ouvrier italien des salines, qui, à ses moments perdus, recueil-

---

[1] DIONYS. HALIC. *Rom. Antiquit.*, lib. I, cap. XLI (éd. Didot, p. 30).
[2] DIOD. SIC., lib. IV, cap. XXIV (éd. Didot, t. I, p. 206).

lait les monnaies éparses sur le sol [1]. Il en avait trouvé de quoi remplir quatre cartons fixés sous verre aux murs de son appartement. Malgré la difficulté d'examiner ainsi ces pièces, dont une seule face était visible, on ne pouvait manquer d'en dresser rapidement le catalogue : c'est ce qui fut fait et en voici la liste.

1 L. Lucretius Trio, monétaire, vers 680 (74 av. J.-C.), *Babelon* t. 2, p. 153, § LXXXIX, n° 2.

2 M. Lollius Palicanus, mon. v. 709 (45), avec la contremarque : C t. 2, p. 148, § LXXXVII, n° 2.

3 M. Antonius, imp. et triumvir, v. 713 (41), t. 1, p. 176, § XI, art. 2, n° 51.

4 Le même, *à fleur de coin*.

5 C. Julius Cæsar Octavianus, v. 726 (28), t. 2, p. 64, § LXXXII, art. 8, n° 154.

6 Le même avec la Victoire de Samothrace, ibidem.

7 C. Julius Cæsar, v. 696 (58), t. 2, p. 10, § LXXXII, art. 7, n° 9.

8 Le même.

9 L. Thorius Balbus, mon., v. 660 (94), t. 2, p. 488, § CLXIV.

10 Le même.

11 Publius Clodius Turrinus M. f., mon., v. 711 (43), t. 1, p. 356, § XXXVI, art. 8, n° 15.

12 Le même.

13 C. Claudius Pulcher, mon., v. 648 (106), t. 1, p. 345, § XXXVI, art. 1.

14 Le même.

----

[1] Il se pourrait, évidemment, que l'ouvrier en question, au lieu de trouver ces monnaies à Fos, les ait apportées d'ailleurs et on ne peut se porter garant de ses dires. On les admet, seulement, jusqu'à preuve du contraire.

M. A. Guebhard a décrit ainsi une collection de 120 deniers romains s'étageant de l'an 139 à l'an 1 avant J.-C. (Sur un trésor de deniers romains trouvé en 1901 aux environs de Nice. Nice, Malvano, 1904, extrait des *Annales de la Soc. des Lettres, Sciences et Arts des Alpes-Maritimes*, t. XIX).

15 C. Licinius L. f. Macer, mon., v. 672 (82), t. 2, p. 133, § LXXXV,
    art. 4, n° 16.

16 Le même.

17 Man. Fonteius C. f., mon., v. 666 (88), sur la joue, contremarque
    frappée, t. 1, p. 506, § LXVIII, art. 3, n° 9.

18 Le même.

19 Marcius Philippus, mon., v. 694 (60), contremarque, à droite, faite
    au ciseau : P, t. 2, p. 197, § XCVIII, art. 8, n° 28

20 Le même.

21 C. Vibius C. f. Pansa, mon., v. 664 (90) t. 2, p. 540, § CLXXVII, art. 1,
    n° 4 (?).

22 Le même.

23 Cn. Cornelius Lentulus P. f. Marcellinus, mon., v. 670 (84); qui-
    naire, t. 1, p. 415, § XLIV, art. 10, n° 51.

24 Le même.

25 L. Cassius Longinus, mon., v. 700 (54), t. 1, p. 332, § XXIII, art. 6, n° 10.

26 Le même.

27 P. Crepusius, mon., v. 670 (84), t. 1, p. 441, § XLIX, n° 1.

28 Le même.

29 M. Fannius C. f., mon., v. 605 (149), t. 1, p. 491, § LXIV, art. 1, n° 1.

30 Le même.

31 Paullus Æmilius Lepidus, mon., en 700 (54), t. 1, p. 122, § V, art. 4.

32 Le même.

33 M. Fannius C. f., mon., v. 605 (149), t. 1, p. 491, § LXIV, art. 1.

34 Le même.

35 L. Memmius L. f. Galeria, questeur, v. 672 (82), t. 2, p. 216, § CI, art. 2 et 3.

36 Le même.

37 C. Julius Cæsar Octavianus, (42-38), beau, t. 2, p. 53, § LXXXII, art. 8,
    n° 116.

38 Le même.

39 Publius Clodius Turrinus M. f., mon., 711 (43), t. 1, p. 356, § XXXVI.
    art. 8, n° 15.

40 Le même.

41 P. Crepusius, mon., v. 670 (84), t. 1, p. 441, § XLIX, n° 1.

42 Le même.

43 C. Julius Cæsar Octavianus, 726 (28), t. 2, p. 65, § LXXXII, art. 8, n° 156.

44 Le même.

45 Titus Carisius, mon., v. 706 (48), t. 1, p. 314, § XXXII, art. 1, n° 2.

46 Le même.

47 M. Æmilius Lepidus, imp. et triumvir, 710-712 (44-42) ; quinaire,
t. 1, p. 130, § V, art. 6, n° 29.

48 Le même.

49. C. Julius Cæsar Octavianus, 726 (28). t. 2, p. 66, § LXXXII, art. 8,
n° 158.

50 Le même.

51 C. Claudius Pulcher, mon., v. 648 (106) ; sur la joue, la contremarque : Ƨ, t. 2, p. 345, § XXXVI, art. 1, n° 1.

52 Le même.

53 Cn. Cornelius Lentulus P. f. Marcellinus, mon., v. 670 (84) ; quinaire, t. 1, p. 415, § XLIV, art. 10, n° 51.

54 Le même.

55 C. Julius Cæsar Octavianus, 726 (28), t. 2, p. 67, § LXXXII, art. 8, n° 162.

56 Le même.

57 M. Plætorius Cestianus, Edile curule, 685 (69), t. 2, p. 312, § CXXV,
art. 3, n° 3.

58 Le même.

59 M. Porcius Cato, mon , v. 653 (101) ; quinaire, t. 2, p. 371, § CXXXII,
art. 4, n° 7.

60 Le même ; contremarque : ** d** .

61 C. Julius Cæsar Octavianus, v. 723 (31) ; quinaire, t. 2, p. 57, § LXXXII,
art. 8, n° 132.

62 Le même.

63 Q. Cæcilius Metellus Pius, imperator, v. 675 (79), t. 1, p. 275, § XXVI,
art. 7, 9, n° 43.

64 Le même.

65 L. Rubrius Dossenus, v. 671 (83) ; quinaire, t. 2, p. 408, § CXLI, n° 4.

66 (?) L. Æmilius Buca quatuorvir mon. en 710 (44) ; quinaire, t. 1,
p. 124, § V, art. 5, n° 18 (?).

67 C. Julius Cæsar,   (50-44), t. 2, p. 11, § LXXXII, art. 7, n° 10.

68 Le même.

69 C. Marcius Censorinus, mon., v. 670 (84), t. 2, p. 192, § XCVIII, art. 6,
n° 19.

70 Le même.

71 M. Porcius Cato, propréteur, 706-708 (48-46) ; quinaire, t. 2, p. 376,
§ CXXXII, art. 6, n° 11.

72 Le même.

73 C. Julius Cæsar, v. 696 (58), t. 2, p. 10, § LXXXII, art. 7, n° 9.

74 Le même.

75 Sex. Pompeius Fostulus, mon., v. 625 (129), t. 2, p. 337, § cxxx, art. 1, nº 1.

76 C. Marius C. f. Capito, mon., v. 670 (84), *dentelé*, t. 2, p. 203, § xcix, art. 2, nº 9.

77 C. Nævius Balbus, mon., v. 680 (74), *dentelé*, t. 2, p. 248, § cix, art. 2, nº 6.

78 C. Cassius Longinus, imp. 712 (42), t. 1, p. 336, § xxiii, art. 7, nº 16 ou 18.

79 Man. Acilius Glabrio, mon., v. 700 (54), t. 1, p. 106, § iii, art. 3, nº 8.

80 Q. Antonius Balbus, préteur, 672 (82), *dentelé*, t. 1, p. 158, § xi, art. 1-9, nº 1.

81 M. Plætorius Cestianus, edile curule, 685 (69), contremarque sur la joue : **C**, t. 2, pp. 312-313, § cxxv, art. 3, nº 4.

82 Q. Cassius Longinus, mon., v. 694 (60), t. 1, p. 331, § xxiii, art. 5, nº 7.

83 P. Licinius Crassus Dives, quest., v. 696 (58), t. 2, p. 134, § lxxxv, art. 5, nº 18.

84 C. Maianius, mon., v. 560 (194), t. 2, p. 166, § xciv, art. 1, nº 1.

85 C. Mamilius Limetanus, mon., v. 670 (84), *dentelé* inédit ?, t. 2. p. 173, § xcvi, art. 2, nº 6 variété inéd.

86 Q. Cassius Longinus, mon., v. 694 (60), avec la contremarque : **C**, t. 1, p. 331, § xxiii, art. 5, nº 7.

87 M. Atilius Saranus, mon., v. 580 (174), t. 1, p. 229, § xviii, art. 2, nº 8 ou 9.

88 M. Antonius, imp. et triumvir, 713 (41) ; en dessus, la contremarque : ⦵, t. 1, p. 175, § xi, art. 2, nº 48 ou 49.

89 P. Furius Crassipes, ed. curule, v. 671 (83), t. 1, p. 526, § lxxii, art. 7, nº 19.

90 Ti. Veturius, mon., v. 625 (129), t. 2, p. 535, § clxxvi.

91 C. Norbanus, mon., v. 670 (84), t. 2, p. 259, § cxiii, art. 1, nº 1.

92 L. Flaminius Cilo, mon., v. 660 (94) [ou mon. en 710 (44)], t. 1, pp. 495-496, § lxvi, art. 1, nº 1 ou art. 2, nº 2.

93 A. Postumius A. f. Sp. n. Albinus, mon., v. 680 (74), *dentelé*, t. 2. p. 381, § cxxiii, art. 3, nº 7.

94 Titus Carisius, mon., v. 706 (148) ; avec la contremarque : ⦚, t. 1, p. 314, § xxxii, art. 1, nº 1.

95 Cn. Cornelius Lentulus Marcellinus, questeur (74), t. 1, p. 417, § xliv, art. 10.

96 Q. Minucius Thermus, mon., v. 665 (90), t. 2, p. 235, § cv, art. 5, nº 19.

97 Man. Æmilius Lepidus, mon., v. 642 (112), t. 1, p. 118, § v, art. 2, nª 7.

98 Cn. Domitius Ahenobarbus, mon., v. 640 (114), t. 1, p. 460, § LVII,
    art. 2, n° 7 ou 8.

99 T. Cloulius, mon., v. 653 (101); quinaire, t. 1, p. 360, § XXXVII, art. 2.

100 Cn. Cornelius Lentulus P. f. Marcellinus, mon., v. 670 (84), t. 1,
    p. 415, § XLIV, art. 10, n° 50.

101 C. Sulpicius C. f., mon., v. 660 (94), *dentelé*, t. 2, p. 471, § CLXI,
    art. 1, n° 1.

102 Cn. Cornelius Blasio Cn. f., mon., v. 655 (99), avec la marque X,
    indicative de la valeur de XVI as; t. 1, p. 396, § XLIV, art. 6, n° 19
    ou 20.

103 P. Vettius Sabinus, mon., v. 653 (101); quinaire, t. 2, p. 531, § CLXXV,
    art. 1, n° 1.

104 C. Vibius C. f. Pansa, mon., v. 664 (90) ou 711 (43); contremarque : C
    t. 2, pp. 538-546, § CLXXVII, art. 1 ou art. 2, n° 16 (?).

105 T. Carisius, mon., v. 706 (48), t. 1, p. 315, § XXXII, art. 1, n° 4.

106 A. Plautius, éd. curule en 700 (54), t. 2, p. 325, § CLXXVII, art. 3, n° 13.

107 M. Antonius, imp. et triumvir, v. 711 (43); quinaire, avec la con-
    tremarque : F t. 1, p. 173, § XI, art. 2, n° 42.

108 P. Servilius M. f. Rullus, mon., v. 665 (89), t. 2, p. 451, § CLIII, art. 5,
    n° 14.

109 L. Furius Cn. f. Brocchus, mon., v. 700 (53), t. 1, p. 528, § LXXII,
    art. 8, n° 23.

110 C. Mamilius Limetanus, mon., v. 670 (84), *dentelé*, t. 2, p. 173,
    § XCVI, art. 2, n° 6.

Ce sont en tout cent dix pièces d'argent de coin romain,
dont quatre-vingt-treize deniers et dix-sept quinaires [1]. Parmi
les deniers, il y en a sept seulement de dentelés [2]. Neuf deniers
au moins et deux quinaires portent une contremarque [3]; si les
deux faces des pièces avaient été visibles, il est probable que
ce nombre devrait être augmenté. L'un des deniers est remarquable par sa belle conservation [4]; il est de César. Un autre est
à fleur de coin [5] : c'est le denier frappé en 41 av. J.-C. par le

---

[1] N°° 23, 24, 47, 48, 53, 54, 59, 60, 61, 62, 65, 66, 71, 72, 99, 103 et 107.
[2] N°° 76, 77, 80, 85, 93, 101 et 110.
[3] N°° 2, 17, 19, 51, 60, 81, 86, 88, 94, 104 et 107.
[4] N° 37.
[5] N° 4.

questeur M. Barbatius aux effigies de Marc Antoine et d'Octave.
Au reste, la répartition des cent dix pièces par ordre chronologique est la suivante :

194 av. J.-C.	nᵒ 84	=	1
174	nᵒ 87	=	1
149	nᵒˢ 29, 30, 33, 34	=	4
148	nᵒ 94	=	1
129	nᵒˢ 75, 90	=	2
114	nᵒ 98	=	1
112	nᵒ 97	=	1
106	nᵒˢ 13, 14, 51, 52	=	4
101	nᵒˢ 59, 60, 99, 103	=	4
99	nᵒ 102	=	1
94	nᵒˢ 9, 10, 92 (?), 101	=	4
90	nᵒˢ 21, 22, 96, 104 (?)	=	4
89	nᵒ 108	=	1
88	nᵒˢ 17, 18	=	2
84	nᵒˢ 23, 24, 27, 28, 41, 42, 53, 54, 69, 70, 76, 85, 91, 100, 110	=	15
83	nᵒˢ 65, 89	=	2
82	nᵒˢ 15, 16, 35, 36, 80	=	5
79	nᵒˢ 63, 64	=	2
74	nᵒˢ 1, 77, 93, 95	=	4
69	nᵒˢ 57, 58, 81	=	3
60	nᵒˢ 19, 20, 82, 86	=	4
58	nᵒˢ 7, 8, 73, 74, 83	=	5
54	nᵒˢ 25, 26, 31, 32, 79, 106	=	6
53	nᵒ 109	=	1
48	nᵒˢ 45, 46, 105	=	3
48-46	nᵒˢ 71, 72	=	2
45	nᵒ 2	=	1
50-44	nᵒˢ 67, 68	=	2
44	nᵒ 66	=	1
43	nᵒˢ 11, 12, 39, 40, 107	=	5
44-42	nᵒˢ 47, 48	=	2
42	nᵒ 78	=	1
41	nᵒˢ 3, 4, 88	=	3

42-38	nᵒˢ 37, 38	= 2
31	nᵒˢ 61, 62	= 2
28	nᵒˢ 5, 6, 43, 44, 49, 50, 55, 56	= 8

Soit, en résumé, de l'an 194 à l'an 28 avant J.-C. :

IIᵉ siècle av. J.-C.	1ᵉʳ quart :	1
—	2ᵉ quart :	1
—	3ᵉ quart :	7
—	4ᵉ quart :	10
Iᵉʳ siècle av. J.-C.	1ᵉʳ quart :	36
—	2ᵉʳ quart :	23
—	3ᵉ quart :	32

L'année 84 est la plus fortement représentée ; il est remarquable qu'aucune monnaie ne soit postérieure à l'an 28.

Le 16 janvier 727 (27 av. J.-C.), Octave devint Auguste : cette même année, il se rendit à Narbonne, y tint une assemblée, constitua la province impériale prétorienne en la séparant de l'Espagne et des Gaules. Il prit des mesures pour organiser cette province Narbonnaise. Dès le début de l'occupation romaine, la voie Aurélienne, qui venait de Rome jusqu'à la rivière de Gênes, avait été poussée jusqu'à Arles par le littoral : en 122 av. J.-C., le consul C. Domitius Ahenobarbus avait créé la voie, qui garde son nom, d'Arles vers l'Espagne par Nîmes et Narbonne. Le légat de César, Ti. Claudius Nero (sept. 46-mars 44), ayant fondé les colonies d'Arles, d'Orange et de Vienne, et cette dernière ayant été remplacée par celle de Lyon, l'administration romaine se hâta de substituer au vieux chemin, qui remontait la rive gauche du Rhône, une voie régulière d'Arles à Lyon. En 22 av. J.-C., l'organisation de la Narbonnaise était considérée comme accomplie et l'empereur la remit au Sénat. Enfin, quand Marcus Vipsanius Agrippa fut légat des Trois Gaules à Lyon (22-21 av. J.-C.), il doubla cette voie de la rive gauche par une voie de Lyon à Narbonne sur la rive droite, en même temps qu'il créait les voies d'Aquitaine, de l'Océan et du Rhin [1].

Ainsi la voie romaine, sur la rive gauche du Rhône, entre Arles et Lyon, a été établie après la création des colonies de César et avant la remise de la Province par Auguste au Sénat : si elle n'était pas achevée en 27, lors de la création de la Narbonnaise, elle l'était certainement en 22. Ces dates établies, si les deniers en question proviennent réellement de la région, il n'est pas surprenant de constater, grâce à eux, que les apports du commerce diminuent à Fos après l'an 28 : la voie fluviale allait être abandonnée plus ou moins complètement, et plus ou moins vite, au profit de la voie de terre.

---

[1] Florian Vallentin, *La voie d'Agrippa de Lugdunum au rivage Massaliote*, Paris, Champion, 1880 (Extrait de la *Revue du Dauphiné et du Vivarais*, n° 5). — André Steyert, *Nouvelle histoire de Lyon*, t. I ; Lyon, Bernoux et Cumin, 1895, pp. 194-195.

M. Roger Vallentin du Cheylard a étudié des deniers romains provenant du pays des Voconces et portant les contremarques A, AO, C, M, V (Roger Vallentin, *Contremarques sur des monnaies d'argent de la république romaine trouvées dans le territoire des Vocontii*. Valence, Céas, 1888). Il a également étudié un denier de Jules César contremarqué du signe ✕. (Roger Vallentin, *Contremarque sur un denier de Jules César*. Valence, Céas, 1889 ; Bull. d'archéol. de la Drôme).

(Nous devons ces caractères épigraphiques à l'obligeance de MM. Protat frères, Mâcon.)

IV

Autels-cippes chrétiens de Provence

par le Cᵗᵉ de GÉRIN-RICARD

Président de la Société de Statistique et de la Société Archéologique
de Provence,
Vice-président de la section d'Archéologie du Congrès.

Des monuments laissés en Provence par le christianisme primitif, les sarcophages surtout, ont été étudiés par de savantes personnalités, telles que Le Blant, Faillon, Albanès, Rostan. Les autels sont moins connus et cependant l'abbé Pougnet, d'abord, Bargès, MM. Eysséric, Gazan, Mougins de Roquefort, Chaillan et moi-même en avons signalé ensuite quelques-uns. Aussi un *corpus* de ces intéressants antiques et d'autres pièces contemporaines s'impose; j'entreprendrai peut-être ce travail qui permettra des rapprochements entre ces divers échantillons de sculpture et les quelques pièces analogues qui existent en dehors de la région provençale. Enfin, ces dessins nous conserveront les lignes de ces monuments, menacés, comme tous, de disparaître moins par suite des ravages du temps que par les outrages des hommes.

Aujourd'hui, je me bornerai à donner la liste assez courte et la bibliographie de ce que j'ai appelé les autels-cippes chrétiens et j'en signalerai trois, dont deux au moins sont inédits.

L'intérêt que présentent ces échantillons d'art religieux est grand, au double point de vue historique et artistique.

Voici comment l'abbé Pougnet[1] classe les autels de notre région, en commençant par les types les plus anciens : autels massifs, autels pédiculés, autels-tables, autels à rétables.

Dans la première catégorie, il a placé les autels du xii° siècle qu'il appelle primitifs et qui comprennent des autels en forme de dés, les uns unis comme aux abbayes de Sénanque et de Montmajour ; d'autres, à arcatures et à statues comme ceux des cathédrales d'Arles, d'Apt, de Vienne et d'Avignon. Il ne fait aucune mention spéciale des autels procédant du cippe antique, et ne parle qu'incidemment, sans donner d'exemple caractéristique, de l'emploi, comme supports, de pierres païennes.

Ici, au contraire, je ne m'occuperai que de ce dernier genre et je laisserai de côté même les tables d'autels pédiculés, très intéressantes par les sculptures de leurs frises et dont Saint-Victor de Marseille, Saint-Pierre d'Auriol, Saint-Germain de Venel, Saint-Pierre de Belcodène, Saint-Jean de Bernasse ont fourni de remarquables spécimens [2].

Les autels mérovingiens, comme certains de l'époque romane, au lieu d'être adossés au mur de l'abside, étaient placés isolément au milieu du chœur et l'officiant célébrait ainsi en regard des fidèles.

Essai d'Inventaire des Autels-Cippes Mérovingiens.

Bouches-du-Rhône. — *Rognes.* Marbre de 0 m. 90 de hauteur, au centre monogramme *decussatum* aux 6 branches pat-

---

[1] Plusieurs de ces autels sont contemporains des autels-cippes, leur ornementation étant analogue ; certains sont peut-être même plus anciens.
[2] *Congrès scientifique de France tenu à Aix en 1866*, t. II, p. 352.

tées, bordées et perlées avec α et ω de 0,05, le tout entouré d'une couronne ; face postérieure unie, sur les côtés, une croix en relief de 0,50 de haut sur 0,43 de large. Sert de support de croix dans l'ancien cimetière de Rognes ; était autrefois au centre du maître-autel de l'église paroissiale. Ce monument a été décrit d'une façon complète par M. l'abbé Constantin en 1890 [1], puis décrit à nouveau et sa face principale figurée par M. Chaillan en 1903 [2]. (Voir planche, figure 8.)

Rousset. — Pierre de 0,76 de haut et de 0,40 de côté ; l'ornementation a disparu sur deux faces, par suite d'un travail de ravalement ; sur la face principale, monogramme en forme de roue à 8 branches ou rayons avec α et ω entouré d'une couronne ; au-dessus, deux petites arcatures géminées de 0,16 × 0,12 à plein cintre avec pilastres à chapiteaux ; sujets effacés à l'intérieur. Sur un des côtés, vase avec anses droites, d'où s'élance une palmette et un cep de vigne qui décrit de très gracieux enlacements. Sur le sommet, tombeau à reliques ou *loculus* de 12 centimètres de côté sur 5 de profondeur.

Ce monument, découvert vers 1842 à Favaric, où se trouvait la *cella* de Saint-Pierre et de Sainte-Marie citée dans des chartes à partir de l'an 1050 [3], a été dessiné et étudié par M. Saint-Marcel Eysseric qui l'a signalé à M. Flouest et ce dernier en a fait l'objet d'une communication à la Société des Antiquaires de France en 1882 [4], puis, en 1903, M. Chaillan, de son côté [5],

---

[1] *Les paroisses du diocèse d'Aix*, p. 515.

[2] *Note sur trois monuments mérovingiens*, etc. Aix, Pourcel, p. 6 et 7.

[3] C'est par erreur que Flouest place cet ancien prieuré dans les Basses-Alpes.

[4] Séance du 15 mars 1882. Bulletin, note et dessin, p. 186.

[5] Ut supra, p. 12 et 13.

M. Arnaud d'Agnel et moi[1] du nôtre, reparlions de ce curieux monument, dont j'avais pris un dessin sur place le 16 juillet 1901 (V. planche, fig. 3).

Salon. — La chapelle Sainte-Croix du Salonet renfermait un autel dont il sera parlé plus loin.

Var. — *Brignoles.* — Autel dit pierre de *San Sumian*, dont il sera parlé plus loin.

La Celle. — Dans l'antique sanctuaire de la Gayole, où a été trouvé le plus ancien sarcophage chrétien que l'on connaisse, se trouvait un cippe quadrangulaire, transporté depuis au séminaire de Brignoles. Albanès l'avait signalé en 1886[2] et M. Chaillan en a donné une reproduction avec un commentaire en 1903[3] ; j'en ai pris un dessin le 22 septembre 1905 (Voir planche, fig. 2).

C'est une pierre de 1 m. 20 de hauteur sur 0,50 et 0,35 avec *loculus* de $12 \times 10 \times 10$ centimètres au sommet. Une seule face est sculptée et présente le chrisme à 6 branches pattées composé d'un rho (P) à haste allongée avec boucle très réduite et d'un X qui porte suspendu à ses bras supérieurs A et ω. Au-dessus est figuré un oiseau qui paraît être un aigle. Ce sujet rappelle beaucoup un des bas-reliefs mérovingiens de l'église de Vence, dont un moulage existe au musée de Cannes et qui a été figuré par M. E. Blanc[4] (V. planche, fig. 9).

---

[1] Concours des antiquités de la France 1903 (Académie des Inscriptions et belles-lettres). *Les Antiquités de la vallée de l'Arc*, Aix, 1906, p. 175.

[2] *Deux inscriptions métriques du Ve siècle trouvées à la Gayole*. Marseille, 1886, p. 3.

[3] Op. cit., p. 21.

[4] *La Cathédrale de Vence*. Extrait du *Bulletin monumental*, 1877-78, p. 8, 18, 19.

Saint-Zacharie. — Dans l'Hôtel-de-Ville, cippe païen provenant de l'ancien couvent des Bénédictines (0,82 × 0,48 × 0,38), portant sur sa face principale une dédicace à Jupiter.

IOVI
       Jovi Optimo maximo
OMX

A une époque postérieure, a été gravée au trait, sur le revers du monument, une croix latine pattée entre deux agneaux, le tout surmonté d'une draperie à deux pentes sortant d'un baldaquin à festons. Bargès [1] a été le premier à faire connaître cet autel, auquel M. Camille Jullian a aussi consacré un savant article [2] (Voir planche, fig. 6).

AUTEL DE SAINTE-CROIX DE SALON.

A cinq kilomètres à l'est de Salon et sur un des points culminants de la chaîne de collines qui sépare le territoire d'Aurons du Val de Cuech existent les ruines d'un *castellum* antique, appelé le Salonet. Cet *oppidum*, de 10 hectares de superficie, est défendu par des escarpements, sauf du côté du nord, où une double ligne de remparts barre le côté faible de la position.

Les quelques fouilles que j'ai pu y pratiquer m'ont permis de reconnaître que ce point avait été occupé pendant un très long espace de temps, puisqu'on y rencontre des instruments

---

[1] *Notice sur un autel antique à Saint-Zacharie.* Leroux, Paris, 1875. J'ai vérifié le dessin publié par Bargès ; il est exact, à ce détail près que la croix est pattée et les agneaux plus grands et plus rapprochés des bras de la croix, qui touche par son sommet aux tentures. M. Victor Fabre, de St-Zacharie, a eu l'obligeance de m'envoyer un meilleur croquis du monument que celui reproduit ici d'après Bargès, mais notre cliché était déjà fait.

[2] *Les inscriptions de la vallée de l'Huveaune.* Vienne, 1885. *Bull. épigraphique* et c. L. 1. XII.

en silex et en pierre polie, des bijoux de l'époque du bronze, des monnaies grecques, marseillaises en argent et en bronze, des poteries robenhausiennes, grecques, romaines et chrétiennes et notamment pour cette dernière époque de la vaisselle estampée à palmettes et rouelles.

Sur le point le plus élevé de l'*oppidum*, subsistent les ruines de la chapelle médiévale de Sainte-Croix et de divers bâtiments annexes qui servaient à loger des moines. Ces derniers, au cours de certaines périodes troublées, ne se trouvant plus suffisamment en sûreté dans ces locaux, creusèrent des réduits dans le banc de molasse taillé à pic qui supporte la chapelle et à mi-hauteur de celui-ci. On ne pouvait accéder dans ces grottes artificielles munies d'une porte étroite et de lucarnes qu'au moyen de cordes et en empruntant une corniche de la roche qui cesse brusquement à quelques mètres du réduit par une entaille faite à dessein. Une planche ou un madrier faisant office de pont-levis devait permettre aux habitants de franchir l'obstacle.

Au xviie siècle, quelques religieux, suivant la règle de saint François, construisirent, à 200 m. environ au sud et au-dessous de l'oppidum et de la chapelle Sainte-Croix, un assez vaste monastère avec église : c'est le couvent de Notre-Dame de Cuech, très belle solitude, d'où la vue embrasse toute la vallée de la Touloubre, peuplée de villages et de hameaux.

L'église de ce couvent est précédée d'une cour, au milieu de laquelle, gisait parmi de hautes herbes, le monument dont la description suit et qui devait être jadis dans la chapelle Sainte-Croix : c'est probablement au xviie siècle, lors de la construction du monastère, qu'il aura été descendu à Notre-Dame de Cuech. Cet intéressant échantillon d'art mériterait une meilleure place ; c'est ce que ne manquera pas de faire M. le comte de Florans, propriétaire des lieux, à qui j'ai signalé et l'existence du monument et son état d'abandon complet.

Description. — Dé de pierre en calcaire tendre et blanc (probablement des carrières de Fontvieille ou des Baux) avec soubassement mouluré et saillant (hauteur 0,75, largeur des côtés 0,50), les quatre faces sculptées en bas-relief.

Panneau de face : chrisme composé d'un X vergé inscrit dans une couronne ou guirlande de laurier, appelée aussi *orarium* ; à droite, un oméga de forme assez particulière ; l'alpha, qui se trouvait certainement à gauche, a disparu.

Panneau de derrière : croix latine aux bras ornés de perles ovales en relief [1], au pied accosté de deux vases à base étroite et à col évasé d'où sort une palmette. De ce côté, le soubassement présente une entaille semi-circulaire formant pont [2].

Panneaux des côtés : ils sont identiques. A leur base, trois palmettes posées en éventail, d'où partent deux tiges à enroulements, dont la disposition générale affecte la forme d'un cœur et dont l'extrémité de chacune, recourbée à l'intérieur, se termine par une fleur à sept pétales assez semblable à un soleil (? tournesol).

Cette pierre ayant été réemployée à une époque indéterminée pour le pied droit d'une porte, on l'a entaillée dans le sens de sa hauteur sur le panneau de droite. Les arêtes du plan supérieur du monument ont été émoussées probablement à ce moment (V. planche, fig. 1).

L'artiste qui a sculpté ces bas-reliefs a opéré par évidement ou affouillement de la pierre sans modifier le plan de parement et ce procédé est caractéristique de l'époque franque. Quant au

---

Un marbre du musée d'Arles offre aussi une croix latine gemmée, c'est-à-dire ornée de pierres précieuses ovales, rondes et lozangiformes, accompagnée d'oiseaux, de palmiers et du chrisme dans une guirlande. M. de Caumont (*Archéologie des écoles primaires*, 1868, p. 186) considérait cette pièce comme appartenant au ve siècle.

[2] J'ai remarqué des entailles de cette forme à la base de plusieurs autels païens.

milieu archéologique où se trouvait l'autel, il présente — je l'ai dit déjà — de nombreux vestiges de cette période et notamment des poteries de basse époque estampée à palmettes, rouelles, soleils, motifs qui se retrouvent, du reste, sur l'autel de Sainte-Croix [1].

AUTEL DE SAN-SUMIAN A BRIGNOLES.

Le 22 septembre 1905, au retour d'une visite faite aux antiques conservés au séminaire de Brignoles et aussi au milliaire de la Dîme, un obligeant confrère, M. C. Auzivizier, me proposa de faire décrire un petit crochet à notre promenade pour voir la statue de San Sumian (que l'on traduit en français par Saint Siméon). Nous y fûmes bientôt et grand fut mon étonnement en me trouvant en présence, non d'une statue, mais d'un autel chrétien représentant une figure humaine en pied sur sa face principale.

Le monument est en grès ; il mesure 1^m70 de hauteur, y compris un soubassement de 35 centimètres en forme de sphère irrégulière, destiné à être enfoncé dans le sol ; largeur 0,50 centimètres ; épaisseur, 0,32. Cette pierre est encastrée debout dans la partie supérieure du mur de clôture qui entoure le point de captage des sources alimentant Brignoles [2] ; son sommet est au niveau du couronnement du mur, ce qui m'a permis de constater qu'il était muni du classique *loculus* (de 10 × 10 × 7 centimètres), avec rainure pour l'emboîtement d'une dalle de couverture.

---

[1] Cf. sur ce genre de poterie, H. DE GÉRIN-RICARD, *Rapport sur une mission archéologique en Italie.* Nouvelles archives des missions scientifiques, t. XIII, 1905, Impr. Nationale.

[2] Cette source, qui jaillit par deux émissaires distants de 10 m., débite plus de 1 m. cube par minute ; ses deux branches se rejoignent et formaient jadis une jolie nappe d'eau recouverte depuis 1692 par les travaux de captage.

La face principale représente un personnage en pied, vu de face, de 97 centimètres de haut ; le corps est encadré par deux pilastres demi-ronds et la tête semble appuyée sur un coussin orné de deux X ; les traits de la face sont effacés, mais on aperçoit sur les côtés de la tête les oreilles fortement accusées en forme d'anses, les mains sont jointes à la hauteur de l'abdomen ; de la taille à mi-cuisses, le personnage est vêtu d'une courte jupe semblable au *kilt* des Ecossais, c'est le *sagum :* les pieds semblent pourvus de chaussons montants. La jupe est percée sur le bas et au milieu d'une petite cupule circulaire polie par des attouchements fréquents résultant de pratiques superstitieuses [1].

L'ensemble de l'image est très primitif et je n'ai jamais rien vu de semblable dans les manifestations grotesques si variées de l'art roman. Nous devons être ici en présence d'un échantillon d'art barbare et indigène, dont je ne connais pas d'autre exemple (V. planche, fig. 4).

Dans cette figure, faut-il voir la représentation d'un personnage couché dans son tombeau, comme semblerait l'indiquer à première vue le coussin du chevet, la position des mains qui sont jointes et les pilastres qui dessinent avec le socle la forme d'un sarcophage ? Je ne le pense pas, car la pierre est taillée pour être posée verticalement et l'attitude du sujet évoque l'idée d'un être vivant. Cette sculpture représente-t-elle un saint, saint Siméon ou tout autre ? Cette hypothèse paraît contredite par ce fait que le bas-relief n'offre aucune trace soit du nimbe, attribut surnaturel des saints, soit d'accessoires se rapportant au sacerdoce, tels que calice, bâton pastoral, etc.

La face opposée du monument est entièrement occupée par

---

[1] La croyance populaire est que les jeunes gens qui embrassent ce nombril trouvent à se marier ; quant aux femmes stériles, elles deviennent fécondes.

une croix ou plus exactement par un tau à enlacements et ca-
bochons de style mérovingien, le tout traité avec assez d'art
pour qu'on puisse se demander si les deux faces du monument
sont l'œuvre du même artiste. L'impression qui se dégage de
l'examen de ces deux bas-reliefs est qu'ils ne sont pas contemporains et peut-être l'autel de Brignoles a-t-il, comme celui
de Saint-Zacharie, une face d'origine païenne èt l'autre incontestablement chrétienne. Du reste, la survivance d'un culte
profane est évidente ici par les pratiques idolâtres dont cette
pierre était l'objet et ce cas d'une divinité christianisée par la
religion nouvelle ne serait point un exemple isolé. Ainsi que
Bargès l'avait constaté[1], le catholicisme naissant eut beaucoup
de peine à déraciner dans les populations rurales de la Provence les vieilles croyances, même jusqu'à une époque assez
tardive, puisqu'un concile, tenu à Arles en 452, dut ordonner
que si quelqu'un allumait des flambeaux, rendait un culte à
des arbres, à des fontaines ou *à des pierres* ou bien négligeait
de les détruire, il serait réputé coupable de sacrilège.

Quant aux deux autres côtés de la pierre, il est impossible de

---

[1] « Nous savons par l'histoire que la religion chrétienne eut beaucoup
de peine à prendre racine et à se propager dans les contrées occidentales
de l'empire romain, notamment dans le midi des Gaules et, en particulier,
dans les districts éloignés des grandes villes, dans les montagnes de la
Provence et dans les hameaux habités par les indigènes mêlés avec des
colons d'origine étrangère ; dans le voisinage de la cité phocéenne et sous
l'influence de cette cité éminemment superstitieuse et attachée au culte
des dieux de la Grèce, les populations se montrèrent longtemps rebelles
aux lumières de l'Évangile et obstinées à garder leurs antiques croyances.
Marseille, elle-même, n'embrassa que fort tard les bienfaits de la nouvelle
religion, car ce n'est que vers la fin du IIIe siècle qu'elle donna des martyrs à l'Église ; la liste authentique de ses évêques ne commence guère qu'à
partir de la conversion de l'empereur Constantin au début du IVe siècle. »
L'étude des débris archéologiques des premiers siècles confirme et éclaire
ces données.

dire s'ils sont sculptés, parce qu'ils sont masqués par la maçonnerie du mur qui fait corps avec eux.

En examinant les abords de ce curieux monument, j'acquis bientôt la conviction qu'une chapelle avait dû exister là, comme me paraissaient l'attester divers fragments d'architecture et notamment une portion de cul-de-lampe ou de chapiteau, placée sur la porte d'une habitation et représentant un fauve tenant dans ses griffes un agneau. Le souvenir de ce sanctuaire disparu est complètement effacé de la mémoire des habitants de Brignoles, mais, sur mon insistance, M. Auzivizier a bien voulu faire quelques recherches et par les notes qu'il m'envoya à quelque temps de là, j'appris qu'une église, sous le titre de Saint-Siméon, située à côté de la source de ce nom, avait été donnée au XIIe siècle à l'abbaye de Saint-Césaire d'Arles, que le 4 septembre 1247, l'abbesse Rixende conféra ce bénéfice à Amiel Venerosi, chanoine d'Aix ; enfin, il est encore question de ce prieuré de San Sumian dans des titres de 1324 et de 1439 [1].

Jusqu'à ce jour, le monument de Sumian, dit de Saint-Siméon, n'a jamais été étudié scientifiquement au point de vue archéologique ni seulement figuré, mais le Dr Bérenger-Féraud [2] en a donné une description incomplète et s'est attaché à rechercher l'étymologie de Sumian et les crédulités populaires attachées à ce personnage. Il dit très justement qu'il n'existe pas de saints appelés Sumian ou Simian et qu'aucun des saints Siméon connus n'est spécial à la Provence. Siméon aurait été proposé à l'époque chrétienne pour remplacer l'ancienne divinité de la source Sumian. Enfin, il pense, en se servant du grec, que la signification de ce nom est *mêler ou polluer ensemble* et la

---

[1] *Essai historique sur la ville de Brignoles*, d'après les notes de M. Ém. Lebrun. Marseille, 1897, p. 73, 145, 246, 357 et *Archives des Bouches-du-Rhône*, fonds de Saint-Césaire : prieurés. Vc 34, 36, 44 à 50.

[2] *Superstitions et survivances*. Paris, Leroux, 1896, t. I, p. 413 et 455.

source serait celle de l'union génésique. « On peut penser, dit-il, que les Celto-Lygiens, frappés par cette disposition remarquable de deux sources convergentes, l'avaient considérée comme l'image de l'union de deux êtres attirés l'un vers l'autre par l'amour. »

Alpes-Maritimes. — *Antibes*. — Le colonel Gazan et le Docteur Mougins de Roquefort ont, dans une notice intitulée : *Découverte dans la paroisse d'Antibes de trois autels primitifs chrétiens élevés sur monuments romains* [1], signalé deux cippes funéraires païens, à inscriptions débutant par la formule D [iis] M [anibus], trouvés en 1867 et en 1884, l'un dans la maçonnerie de l'autel de l'Ange Gardien ; l'autre, dans l'autel du Sacré-Cœur. Ces deux autels étaient munis de leur table ; les cippes jouaient là le rôle de supports.

La même publication indique, en outre, que, lors de la reconstruction du maître-autel de l'église paroissiale, effectuée en 1866, on découvrit dans sa face antérieure un dé en grès blanc (de Vence, suivant les auteurs), mesurant : hauteur 1^m12, largeur 0^m85, épaisseur 0^m55, avec socle et corniche moulurés, le sommet muni d'un *loculus* de 0^m16 de côté et la façade ornée d'un chrisme à huit branches pattées inscrit dans une roue de 0^m50 de diamètre. (V. planche, fig. 5.)

Un obligeant confrère, M. M. Bertrand, sous-bibliothécaire de la ville de Cannes, a bien voulu compléter ces renseignements en nous disant que cet autel a été depuis débité pour servir à la confection de bordures de trottoir.

Ile Saint-Honorat de Lérins. — Dans une visite faite le 29 avril dernier au musée lapidaire qui se trouve dans le plus

---

[1] *Mémoires du Congrès archéologique tenu à Montbrison en 1885*, Tours, 1886, 19 pages.

petit des cloîtres de l'abbaye cistercienne, dont l'origine remonte au commencement du ve siècle, j'ai remarqué un cippe en calcaire dur, appelé en Provence pierre froide, de 1^m 45 de hauteur, de 0^m 5o de largeur et d'épaisseur, à socle et à couronnement unis, faisant saillie sur le corps de l'autel qui est orné seulement sur sa face principale d'une croix latine en relief comprenant vers le milieu de sa branche inférieure un *loculus* pour les reliques. Le sommet du monument présente un autre *loculus* carré de 0^m 14 de côté. C'est la première fois que je constate l'existence de deux *loculi* sur le même autel.

« L'autel-cippe de Lérins n'a pas été mentionné dans les deux guides publiés par l'abbaye, probablement parce qu'il était alors au milieu du cimetière, où il servait de base à une croix de bois recouverte de plantes qui le dissimulaient presque complètement. Le *Cartulaire de Saint-Honorat* n'en parle pas non plus. Une pierre semblable se trouverait, paraît-il, à Six-Fours »[1]. (V. planche, fig. 7.)

Comme le pensaient MM. de Rossi, Flouest et Rohault de Fleury, nos autels-cippes de Provence sont, pour la plupart, des autels païens, auxquels le Christianisme est venu ajouter ses symboles propres. Le fait est indéniable pour la pierre de Saint-Zacharie et probable pour celle dite de Saint-Siméon à Brignoles ; il a aussi été constaté à Rome par de Rossi. Dans l'emploi de ces vieux monuments par les propagateurs de la religion du Christ, il ne faut pas voir, je crois, seulement une utilisation pratique de matériaux déjà façonnés, mais surtout un procédé très adroit de conserver à des pierres déjà vénérées leur clien-

------

[1] Lettre du secrétaire de l'abbaye du 25 juin 1906.

tèle de dévots en évitant de lui demander trop tôt un renonce-
ment complet à ses anciennes croyances. Ainsi que je le rappe-
lais plus haut, les premiers missionnaires de nos campagnes
eurent à compter avec les croyances préexistantes et ce n'est
qu'avec de grands ménagements et en évitant toute transition
brusque, capable de froisser des convictions très profondes,
qu'ils purent, en quelque sorte, infiltrer petit à petit les préceptes et les rites de la foi nouvelle.

À ce moment, on donna même à chaque église un patron
dont le nom ou l'image rappelassent la divinité jusque-là ado-
rée[1].

Je n'entends pas affirmer ici que tous les autels-cippes ont
été fabriqués avec des monuments païens; on a dû en confectionner tout exprès pour les besoins nouveaux ; mais on leur a
conservé la forme générale des *aræ* romaines et cela est si vrai
que la survivance, même à l'époque romane, du type dont il
s'agit est affirmée par la forme de l'autel qui est conservé à l'entrée de la crypte de Tarascon [2].

Par contre, il est des cas où l'ancien cippe païen a été utilisé,
sans modification aucune, comme support d'autel ou de bénitier, comme à Apt, Antibes, Orgon, Gardanne, Saint-Mitre
et dans une foule d'autres sanctuaires provençaux. La présence
de ces pierres dans un si grand nombre d'églises est une nouvelle preuve du soin que mirent les premiers pasteurs à s'assurer la possession de monuments déjà vénérés pour attirer le peuple dans les nouveaux temples.

---

[1] Mars fut remplacé par saint Marc ou par des soldats comme saint Martin, saint Victor et saint Maurice ; Saturne, par saint Saturnin ; Vénus, par
la sainte Vierge ; le culte aérien d'Apollon, par saint Apollinaire ou par
saint Michel ou un autre archange. (Cf. *Les Antiquités de l'Arc*, par
H. de Gérin et Arnaud d'Agnel, chap. iv, *passim*.)

[2] Cet autel à arcatures et à colonnettes ornées de croix et ménagées
dans le bloc, a été attribué au xiiiᵉ siècle par l'abbé Pougnet.

Destination. — La forme bizarre de nos autels-cippes et leur hauteur très inégale, puisque certains n'ont que o,80 et d'autres atteignent 1ᵐ 70, ont fait d'abord hésiter à les considérer comme des autels ; on s'est demandé tour à tour si ces monuments n'étaient pas des pieds de croix, des stèles funéraires ou tout autre chose ; il n'en est rien et la présence seule, constatée sur tous, du *loculus* ou tombeau contenant les ossements des martyrs sur lesquels on célébrait les mystères sacrés dans l'Église primitive, suffit à établir leur caractère d'autels ou de supports d'autels pédiculés, comme le fait a été constaté à Antibes.

Nous savons, d'ailleurs, que les autels tabellaires ou pédiculés étaient constitués par une table de bois, de pierre ou de marbre soutenue par un support central. A cette forme primitive de l'autel, succéda celle du tombeau qui prévalut dans l'Église d'Occident en souvenir des sarcophages, sur lesquels les premiers chrétiens célébraient l'Eucharistie dans les catacombes. On donnait aux autels primitifs la forme tabellaire parce que Jésus-Christ était à table lorsqu'il institua l'Eucharistie[1].

Quant à la hauteur de nos autels-cippes, il était facile de surélever les plus bas par l'emploi d'un stylobate et de ramener les plus hauts à un niveau convenable en les enfonçant dans le sol, comme cela a certainement eu lieu pour les deux spécimens de Brignoles et de la Gayole qui se terminent dans le bas par une portion à peine ébauchée et évidemment destinée à être cachée. Enfin, il est à noter que les autels les plus bas sont, par suite de dégradations, tous privés de leur corniche de couronnement, d'où une diminution que l'on peut évaluer à 20 centimètres.

Age. — Une autre question fort intéressante se pose à propos de ces monuments. Quel est leur âge ?

Pour tous ceux qui s'en sont occupés, ils datent de la période

---

[1] *Diction. des Antiquit. chrét.*, par Jacquin et Duesberg, p. 42 et 423 et *Diction. de théologie*, par l'abbé Bergier, au mot : autel.

allant du ve au viie siècle, et voici les opinions émises sur quatre d'entr'eux.

L'autel de Rognes serait, suivant M. Rohault de Fleury (in-Constantin, op. cit., p. 513 note), qui le rapproche de ceux d'Ispagnac et de Saint-Zacharie, du ve ou du vi[e] siècle et, suivant le P. de la Croix (in-Chaillan, op. cit.), de la deuxième moitié du vi[e] siècle.

Celui de Favaric porterait, pour l'abbé Constantin et M. Flouest, la marque du viie siècle, tandis que M. Chaillan pense que sa grande roue avec α et ω indique le vi[e].

Quant au monument de la Gayole, ce dernier auteur le date de la fin du vi[e] ou même du viie siècle, à cause de la présence du P et des caractères A et ω.

Enfin, Bargès voit dans l'autel de Saint-Zacharie une œuvre du vi[e] ou du viie siècle.

La question pourrait être tranchée d'une façon beaucoup plus précise si nous possédions ce que j'appellerai une échelle chronologique des différentes formes du chrisme figurant sur des monuments datés d'une façon certaine comme les monnaies et les inscriptions ; mais, à défaut de ce guide — encore attendu — j'ai réuni quelques indications capables d'éclairer un peu le sujet ; les voici :

Le type primordial du chrisme est composé de la lettre *chi* ✕, coupée en deux par une barre verticale qui est un *iota* I. C'est le *chi* vergé, composé des initiales du nom du Christ Ιησους Χριστὸς tel qu'il figure sur une inscription funéraire de l'an 279[1].

Sur des monnaies de Tarragone allant de 320 à 324, l'*iota* est terminé dans le haut par une boucle ronde. C'est l'apparition du P *(rho)* qui, avec le X *(chi)*, vont former les éléments du nouveau monogramme qui ne

---

[1] J. MAURICE, *Bulletin des Antiquaires*, 1903, p. 310.

sera plus composé des deux initiales du nom de Jésus-Christ, mais des deux premières lettres de Χριστὸς. Ce sigle figure sur des inscriptions funéraires de l'an 298 à l'an 329[1], et suivant Le Blant[2] jusqu'en 493. On le voit aussi sur les beaux cercueils en plomb de Saida (Phénicie), légués par le baron Lycklama au musée de Cannes et que de Rossi considérait comme du IVe siècle et peut-être même du IIIe[3].

Quant à l'addition des caractères α et ω dans les branches du chrisme, elle a été constatée dès l'an 377 et se maintient encore en 547[4]. Notre région a fourni des repères à ces indications par un autel et un sarcophage du musée Borely attribués au IVe siècle[5] et par un marbre d'Arles du Ve[6], sur lequel figure aussi une couronne ou guirlande de laurier et non d'épines.

A propos de ce dernier attribut entourant le chrisme, on le rencontre d'une façon assez suivie à partir du IVe siècle[7] sur des monuments ; sur les monnaies, il se prolonge fort tard, puisqu'on le rencontre encore sous Justinien Ier, c'est-à-dire en plein VIe siècle. Les bronzes des prédécesseurs de cet empereur, Justinien le Thrace (518-27), portent dans l'*orarium* un signe pris pour l'indice monétaire K et dans lequel je crois voir la représentation d'un demi-chrisme, disposé en parti, comme on dit en héraldique[8].

Voilà pour le chrisme ; mais, ce symbole ne constituant pas

---

[1] J. Maurice, *Bulletin des Antiquaires*, 1903, p. 310.

Inscriptions chrétiennes, préface, p. II.

Bolletino, 1873.

[4] Le Blant, *op. cit.*

[5] Le Blant, *Catalog. du musée*, p. 66 et 67.

[6] Le Blant, *Inscrip. chrét.*, n° 525.

[7] A Marseille et à Arles sur un autel et sur un couvercle de sarcophage.

[8] Des monnaies de Théodose II (408-50) portent le chrisme complet dans une guirlande. Cf. Sabatier, *Description générale des monnaies byzanines*. Paris, 1862, *passim*.

à lui seul tout le mode d'ornementation de nos autels, des remarques devraient aussi être faites sur les dates extrêmes de l'emploi des autres motifs décoratifs qui y figurent (vase, vigne, palmettes, aigle, croix), mais c'est encore là un important travail qui reste à faire et qui exige une hauteur de vues et une érudition que seul un maître de l'archéologie chrétienne peut réunir.

Toutefois, en utilisant les données relatées plus haut sur l'évolution de la forme du chrisme et aussi quelques observations faites par de très compétents archéologues sur les autres sujets décoratifs de nos monuments, je crois pouvoir proposer le classement suivant — tout provisoire s'entend — de nos autels-cippes, en commençant par ceux que je crois être les plus anciens :

1° Autel de la Gayole (chrisme sans *orarium*; A et ω suspendus par des chaînettes comme sur l'inscription funéraire du bassin de carénage de Marseille considérée comme du ɪvᵉ siècle) ;

2° Autels de San Sumian de Brignoles et de Sainte-Croix de Salon (croix latines gemmées ou perlées considérées par de Rossi, de Caumont et Rohault de Fleury comme marquant le vᵉ siècle) ;

3° Autel de Rognes (chrisme à six branches comme celui de Salon, mais les branches sont ici perlées ; les croix latines latérales étaient peut-être aussi perlées, vᵉ ou vɪᵉ siècle) ;

4° Autels de Favaric et d'Antibes (chrisme à huit branches, vɪɪᵉ siècle) ;

5° Autel de l'île Saint-Honorat de Lérins.

Quant à l'autel de Saint-Zacharie, je n'ose lui assigner une place dans cet essai de classement, parce que si, d'une part, son origine païenne indiscutable et son ornementation très primitive gravée au trait et non sculptée disposent à lui faire prendre rang en tête de la nomenclature ci-dessus, d'autre part, les sujets représentés (tentures et brebis) ne font leur apparition sur d'autres monuments qu'à une époque assez basse et postérieure à celle où l'on a constaté l'emploi courant de poissons, de colombes, d'aigles, de vases, de vignes, etc. A l'égard de ce monument, nous manquons totalement d'élément local de comparaison et cela explique pourquoi Bargès s'est tenu dans un juste milieu en l'attribuant au vi^e ou au viie siècle.

Comme on le voit, la série des autels-cippes que nous connaissons est peu nombreuse et c'est ce qui rend encore plus intéressante l'étude de ces monuments capables de fournir de précieuses indications sur l'histoire religieuse et sur les étapes de l'art dans notre région ; mais là n'est pas tout l'intérêt qu'ils présentent. Si la nature des calcaires employés à ces ouvrages pouvait être examinée par un géologue, peut-être pourrait-on savoir de quelles carrières ils sont sortis et, par suite, si ce sont les célèbres ateliers chrétiens d'Arles, voisins de beaux gisements de pierre tendre, ou ceux moins réputés d'Aix qui les ont façonnés, ou s'ils ont été taillés et sculptés sur place par des lapidaires ambulants ou par des artisans de l'endroit[1].

Cette constatation augmenterait la somme si réduite de nos connaissances sur cette branche de l'histoire industrielle de notre région à l'époque mérovingienne.

Puisse cette modeste étude provoquer le secours que nous attendons de la géologie et décider aussi des confrères à rechercher et à faire connaître les autres exemplaires, encore ignorés, des autels-cippes qu'un pays comme le nôtre doit forcément posséder.

---

[1] L'autel de Favaric et celui de Salon sont en grès blanc à grain très fin, semblable à celui des carrières d'Arles, de Fontvieille ou des Baux.

IO VI
OMX

1. Sainte - Croix de Salon. — 2. La Gayole. — 3. Favaric (Roussel). — 4. San Sumian (Brignoles). — 5. Antibès. — 6. Saint-Zacharie. —
7. — Lérins. — 8. Roanes. — 9. Vence.

V

PASSAGES DE CÉSAR ET D'ANTOINE

chez les Oxybiens

par M. **DE VILLE D'AVRAY,**

Bibliothécaire-archiviste de la ville de Cannes.

Après avoir, à la fin du chapitre 1er de notre *Histoire de Cannes* [1], tenté de délimiter les territoires occupés par les antiques populations des rives azurées, nous nous sommes reportés aux auteurs latins, pour essayer d'y découvrir quelques indications certaines sur un passé, d'autant plus difficile à reconstituer que les textes sont plus rares. Encore faut-il s'obstiner à lire entre les lignes, lorsqu'on a eu la bonne fortune de rencontrer enfin quelque chose de positif !

Le territoire de l'antique Œgitna, au centre duquel se trouvait le *Castrum Marsellinum* (Cannes) à l'époque de la conquête des Gaules, est celui qu'occupaient les *Oxybiens* (d'Antibes au Cap-Roux et Agay). A l'Est de cette peuplade, se trouvaient les *Décéates*, s'étendant du Var à Antibes ; au nord, les *Quariates* et les *Adunicates*, dans les hautes vallées du

---

[1] *Histoire de Cannes*, t. Ier, chap. II, p. 108 ; manuscrit. — *Médaille de vermeil au Concours du Prix Thiers, 1907.*

Loup et de la Lonne ; enfin les *Suelteri*, occupant toute la partie ouest de l'Estérel. Repoussés de la côte, depuis l'an 155 avant Jésus-Christ, les Ligures s'étaient retirés sur les sommets des montagnes. Telle est la situation générale au moment où paraît César.

Après la lecture de Plutarque et des *Commentaires*, si nous ne pouvons fournir un texte précis sur le passage du grand capitaine dans notre région, nous pouvons au moins formuler des hypothèses très vraisemblables. Il est hors de doute que notre contrée a dû souvent voir passer les troupes romaines « *sub sarcinis* », comme écrit César [1].

Quand César écrit « qu'il retourne en Italie », c'est, ne l'oublions pas, dans la Gaule Cisalpine qu'il va. Nous allons donc chercher avant tout à préciser son point de départ, son objectif et le trajet de son retour à la prise des quartiers d'hiver. Nous aurons ainsi, tant à l'aller qu'au retour, ses points de passage logiques se rapprochant le plus près de la vérité, militairement, géographiquement et topographiquement parlant.

Dans la campagne de 58 contre les Helvétiens, César partant de Rome et allant à Genève à marches forcées, le passage par le Mont-Cenis et la vallée de l'Arc s'impose. Le texte ajoutant « qu'il ordonne les plus nombreuses levées dans toute la Province », il est fort probable que les habitants de notre région durent fournir des éléments à ces levées générales et hâtives. Laissant bientôt le commandement à T. Labienus, le proconsul rentre en Italie lever d'autres légions. A son retour, les Centrons, les Graïoceles et les Caturiges, occupant les hauteurs, essayent d'arrêter sa marche. Après plusieurs combats heureux, il « arrive en sept jours sur le territoire des Voconces » [2].

---

[1] *De bello Gallico,* lib. II, xvii.

[2] *Commentaires,* lib. I, x.

Venant d'Aquilée, dans le Frioul Vénitien, il a dû remonter le Pô, passer par le col du mont Genèvre, traverser le pays des Caturiges, dont la capitale était *Caturigomagus* (Chorges, Hautes-Alpes), passer par Briançon, Embrun, Gap, et atteindre le territoire des Voconces à *Ad Fines* (commune de la Roche-des-Arnauds, Hautes-Alpes). A la fin de cette campagne, il prend ses quartiers d'hiver chez les Séquanes, il opère donc vraisemblablement son retour par le Mont-Cénis. Durant cette partie de la conquête de la Gaule, il ne passe donc jamais chez les Oxybiens, mais cette peuplade prend, selon toute vraisemblance, part aux levées qui se font dans la Province.

Ce n'est pas au printemps, comme l'écrit Aubenas [1], mais au début de l'été que commence la campagne de 57 [2]. Imposant au pays de nouvelles levées, César fit-il encore appel à nos vigoureuses populations ? Il ne le dit pas dans ses Mémoires. Les campagnes des années suivantes jusqu'en 53 ne nous fournissent aucune indication utile, sauf celle de 56, où « il ordonne, « pendant que l'on construit des vaisseaux longs sur la Loire, « de lever des rameurs dans la Province, de réunir des matelots et des pilotes... » [3]. Cet appel fait au concours de nos populations maritimes est à noter. La lutte avec les habitants des côtes de Bretagne, les Venetes (Vannes), aura forcément un caractère maritime et se décidera par un combat naval ; aussi César a-t-il recours aux marins de la Province dont il a pu déjà apprécier la valeur. Avec les bateliers du Centre, les marins de *Forum Julii* et les fils des Corsaires d'Œgitna semblent tout indiqués pour fournir un excellent contingent.

En 52, ni Forum Julii ni Castrum Marsellinum n'étant

---

[1] Aubenas, *Hist. de Fréjus*, p. 39.
[2] « Cæsar... inita æstate... Q. Pedium misit ». *Commentaires*, lib. II, ii.
[3] *Ibid.*, lib. III, ix.

menacés par Luctère, lieutenant de Vercingétorix, César qui, pour la deuxième fois, pénètre par les Hautes-Alpes dans la Province, ne visite que la partie sud de la Narbonnaise et ne traverse pas notre région.

En 51, le proconsul passe l'hiver à Bibracte (Autun) et réprime les derniers soulèvements. Puis, la paix étant assurée, il visite la Gaule méridionale, se montre en Aquitaine et reçoit les otages envoyés par le pays. Il part ensuite pour Narbonne, avec une escorte de cavalerie. Mais il ne dit pas s'il visite notre région Oxybienne.

L'année suivante, César, après avoir visité toutes les contrées de la Gaule Citérieure, rejoignit promptement son armée à Némétocène [1]. Dans sa hâte, il ne dut pas passer par le littoral, mais par le chemin le plus court, c'est-à-dire par le Mont-Cenis.

Nous n'avons donc pas une seule fois trouvé le nom des Oxybiens, ni des Décéates dans les *Commentaires*.

Pendant la guerre civile, après la chute de Marseille : « il « entra dans la place, et y ayant laissé en garnison deux légions, « renvoya les autres en Italie et revint à Rome ». Plutarque n'est pas plus explicite [2]. Mais il est évident que, pour aller de Marseille en Italie, les légions ont dû passer par la route du littoral, et que César a suivi le même chemin, avec sa rapidité si fameuse, à moins qu'il ne soit allé à Rome par mer. Nous pouvons donc enregistrer avec très grande probabilité le passage par l'antique Œgitna, des légions victorieuses de Marseille.

En résumé, César a traversé notre région peut-être en l'an 50, en venant de Narbonne, et très probablement en 49, après la prise de Marseille.

----

[1] *Commentaires*, lib. VIII-L et LII, et AUBENAS, p. 45.
[2] *Vie de César*, § XLII.

***

D. Junius Brutus, après l'assassinat de César, vint se mettre à la tête de nos contrées et de la Cisalpine. La Province supérieure est gardée par les quatre légions de Muratius Plancus, tandis que Lépide commande le reste de la Province romaine méridionale. César-Octave est à Rome, où le grand Cicéron, alors âgé de 64 ans, l'entoure de son amitié et le couvre du prestige de son éloquence. Antoine est en Macédoine, aussi loin que possible de Rome, où il est redouté. C'est assez la situation de Bonaparte en Egypte, et c'est aussi l'époque des grands discours, des célèbres Philippiques. Marc-Antoine, avec des légions revenues de Macédoine, cherche aussitôt à s'emparer de ce gouvernement de la Cisalpine, que chacun convoite déjà, non seulement pour sa proximité de la capitale, mais pour ses beautés particulières et pour son climat privilégié. Ces luttes sont du domaine de l'histoire et nous avons seulement recherché dans les lettres de Cicéron ce qui se rapporte à notre sujet. Il faut les lire, ces lettres, pour comprendre les atermoiement de ces chefs, la fausseté de leurs discours et les forfanteries de Plancus ! Celles adressées au grand orateur nous fournissent ici de précieux renseignements [1].

Lépide vient de recevoir l'ordre de lever son camp des bords du Rhône et de marcher en toute hâte sur les Alpes-Maritimes. Plancus, lui, vient de Lyon et s'arrête sur l'Isère... pour attendre les événements. « Si Antoine arrive, dit-il, sans être bien accompagné, j'espère lui résister facilement et faire prendre aux affaires une tournure dont vous serez satisfait, quand même l'armée de Lépide se disposerait à le recevoir.... Soyez sûr que per-

---

[1] *Lettres familières de Cicéron*, collection Panckoucke, t. XXV, lettre 815.

sonne ne l'emportera sur moi pour le zèle, le courage et l'activité ». — Antoine cependant pénétrait en Gaule par les passages les plus méridionaux, soutenant ses troupes dans les Alpes par son énergie toute militaire et sa bonne humeur. Ce passage des Alpes, nullement préparé, fut extrêmement pénible pour ses légions qui « durent souvent se nourrir de la chair de leurs chevaux ». Maître de la Via Aurelia, il chemine le long de la mer sans rencontrer d'obstacles sur sa route, puisque ni Plancus, ni Lépide ne se sont avancés jusqu'à lui. Tout le territoire étudié dans le premier chapitre de cette histoire est donc traversé par les légions d'Antoine qui franchissent Castrum Marsellinum avant de se hasarder dans l'Estérel. Que de fois, dès lors, dans notre histoire locale, ne verrons-nous la même route suivie !

Fort en cavalerie [1], Antoine doit choisir de préférence la plaine de Laval pour faire reposer ses forces de cavalerie. Au milieu de mai 43, nouvelle lettre de Plancus à Cicéron, auquel il annonce qu'Antoine s'est avancé jusqu'aux abords de Fréjus, et il écrit le 12 mai : « Cependant, sur l'avis que Lucius, frère d'Antoine, s'était avancé jusqu'à Forum Julii avec un corps de cavalerie et quelques cohortes, j'avais fait partir la veille mon frère à la tête de quatre mille chevaux pour aller à sa rencontre » [2]. Lépide arrive au Luc (Forum Voconii), et la fin d'une lettre, si l'on y regarde de près, va nous donner exactement le jour du passage d'Antoine à Castrum Marsellinum : « Antoine est arrivé le 15 mai à Forum Julii, avec son avant-garde ; Ventidius n'en est éloigné que de deux journées » [3]. Si l'avant-

---

[1] *Lettres familières de Cicéron*, t. XXVI, lettre 816.

[2] *Ibid.*, Lettre 816.

[3] « Antonius id. maii ad Forum Julii cum primis copiis venit ; Vintidius bidui spatio abest ab eo... » *Ibid.*, lettre 818.

garde arrive le 15 mai à Fréjus avec Antoine, tandis que le gros
est à hauteur de Nice, il est incontestable que le célèbre amant
de Cléopâtre traverse Vallauris, Mougins, Cannes et la Napoule
le 14 mai de l'an 43 av. J.-C. (ou le 15 au plus tard). — « Ventidius rejoint Marc-Antoine avec ses trois légions ; leur camp
est au-delà du mien [probablement, au bord de l'Argens].
Antoine, avant cette adjonction, n'avait que la deuxième légion
avec un assez grand nombre de soldats des autres légions,
mais sans armes. Sa cavalerie est considérable... elle ne monte
pas à moins de trente centuries... ». D'après ce texte, nous
pouvons affirmer que c'est la deuxième légion romaine qui
traverse avec Marc-Antoine notre région Cannoise, le 14 mai
de l'an 43 av. J.-C. Nous savons, de plus, dans quel triste état
se trouvait cette petite armée, dont la force la plus importante
consistait en cavalerie. Chaque cohorte ou centurie représentant
100 cavaliers, un peu plus que notre moderne escadron, cela
fait donc en tout un corps de 3.000 sabres. — Réglementaire-
ment, l'effectif de la légion était fixé à 6.000. Ce chiffre n'était
jamais atteint, et ne représentait que 5.000 combattants, à de
rares exceptions près. Cela nous donne : la deuxième légion
(5.000 h.), les trois légions de Ventidius (15.000 h.). En tout, à
son premier passage à Cannes : 20.000 fantassins et 3.000 sabres. Une lettre d'Asinius Pollion à Cicéron porte sa cavalerie
à 5.000 hommes. Il y a en plus « une légion de P. Bagienus et
les septième, huitième et neuvième légions ». Au maximum,
quarante mille hommes ; mettons 35.000 hommes bien armés,
plus des habitants enlevés sur son chemin, avec ou sans armes,
et de 3 à 5.000 cavaliers. Telle nous paraît la vérité. La lettre
d'Asinius Pollion à Cicéron est en effet catégorique : « S'il perd
l'espérance du côté de Lépide, non seulement il armera le peuple des provinces, mais jusqu'aux esclaves » [1]. Nous avons

---

[1] *Lettres familières de Cicéron*, t. XXVI, lettre 831.

ainsi enregistré le jour du passage des troupes, leur composition, leur effectif, les numéros de leurs unités, et, étant donnée la présence de cette suite de gens non armés, pu certifier que nos ancêtres régionaux furent ainsi, de gré ou de force, entraînés à la suite du futur triumvir.

Appien a fait nettement connaître les ouvertures et les relations secrètes entre Octave et Antoine, en vue d'une entente, et cela, dès le lendemain du combat de Modène. Nous n'entrerons donc pas dans le récit des pourparlers et des menées peu loyales des généraux de Rome aux bords de la rivière d'Argens. Les préliminaires de la comédie durent huit jours, et le 29 mai, à trois heures du matin, l'entente est conclue, prélude de la sanglante tragédie qui va sous peu se dénouer à Rome. Le lendemain, Lépide adresse au peuple romain son curieux manifeste, où ses protestations de dévouement à la République sont d'autant plus prodiguées que moins sincères. Une fois réunis, les deux futurs triumvirs ont une force considérable, « l'armée de Lépide étant au moins égale à celle d'Antoine »[1]. Dès lors, celui-ci se trouve à la tête de 70.000 combattants environ ; il va falloir compter avec cette puissance. Il est à croire que, jusqu'au mois d'août, le temps s'emploie à équiper et instruire nos compatriotes, brutalement arrachés de leurs foyers, à unifier l'armée, à préparer le drame qui va se jouer. Bouche, Girardin, Aubenas font quitter Fréjus vers cette époque par Antoine et Lépide, ayant tout intérêt à se rapprocher maintenant de l'Italie : « Or, de Fréjus aux Alpes-Maritimes, limite du gouvernement de Brutus, leur irréconciliable ennemi, ils ne rencontraient pour faire un séjour plus ou moins long que les villes grecques d'Antibes et de Nice, restées neutres dans ce débat... »[2]. En dehors de ce qui touchait alors leur intérêt

---

[1] AUBENAS, *Ibid.*, p. 83.
[2] *Ibid.*, p. 84.

personnel, c'est-à-dire la grosse partie engagée, nous ne pensons pas qu'ils se soient occupés (comme le croit Aubenas) du port ou des travaux de Fréjus. Leur objectif était à Rome. — A la fin de la première journée de marche, la plaine de Laval et de Mons Œgitna (Mougins) nous semble tout indiquée pour avoir vu les camps, au moins d'une importante fraction, de ces 70.000 hommes. Nous serions même tenté de les répartir ainsi :

Première journée : La cavalerie et l'avant-garde, aux abords du golfe Juan et d'Antipolis ; les Centuries, dans la plaine de Biot ; le gros de la colonne, à Castrum Marsellinum (Cannes) et dans la plaine qui l'entoure, au nord et à l'ouest.

Deuxième journée : La cavalerie et le gros, à Nicœa, et chez les anciens Vediantii (rive gauche du Var) ; les dernières fractions, probablement vers Deciatum (Villeneuve-Loubet), Cagnes et Saint-Laurent-du-Var. Il va sans dire que c'est le terrain seul qui nous donne ces indications, qui ne sont nullement des certitudes, mais semblent cependant s'imposer pour une troupe en marche, ayant pareil effectif.

. . . .

Octave n'a pas encore vingt ans, lorsque, le 20 août ou le 10 septembre (la date est incertaine), déjà consul, le futur empereur se décide à appeler à Rome les deux généraux réunis à Fréjus. Il est donc impossible, cette fois, de donner une date historiquement certaine pour cette traversée de l'ancien territoire des Oxybiens et des Décéates, comme nous venons de le faire pour la première traversée de nos régions du pays d'Azur. — Peu après, le triumvirat est conclu, les événements vont se précipiter, et jusqu'à la grande bataille de la Brague, livrée auprès de Biot, il n'est plus question de nous.

VI

LES LIVRES LITURGIQUES D'ARLES

AU XVIᵉ SIÈCLE

par M. **CHAILAN**, curé d'Albaron-en-Camargue,
Membre de la Société des Amis du Vieil-Arles.

Il y a déjà longtemps qu'on a demandé et qu'on attend toujours une bibliographie complète des livres liturgiques imprimés en France; c'est que ces vieux documents, on le reconnaît
aujourd'hui, sont précieux à plus d'un titre. Outre leur intérêt
spécial, celui de livres de prières usités à une époque, ils peuvent nous fournir encore bien des détails artistiques, historiques et archéologiques. Aussi quelques chercheurs ont ils
dirigé leurs investigations vers ce genre de travaux. La liste de
leurs productions serait déjà longue à citer. C'est afin d'ajouter
une petite pierre à cet édifice que nous donnons aujourd'hui
ces notes sur *les livres liturgiques d'Arles*, nous bornant,
pour le moment, à la période du xvıᵉ siècle, c'est-à-dire aux
premiers livres imprimés. Nous devons beaucoup au patient
collectionneur qu'était l'abbé Bonnemant [1]. Notre principal et
presque unique soin a été de rechercher dans ses manuscrits
les notes qu'il a colligées sur ce sujet.

---

[1] Bonnemant (l'abbé Laurent), né et mort à Arles (1731-1802), a laissé
plus de 100 manuscrits relatifs à l'histoire d'Arles. Ils sont déposés, aujourd'hui, à la Bibliothèque de la ville.

BRÉVIAIRE DE 1501.

Le premier livre à mentionner est un bréviaire. Il porte la date de 1501, c'est un des premiers imprimés de la région ; le bréviaire d'Aix n'avait paru que deux ans plus tôt, en 1499 ; celui de l'abbaye de Saint-Victor ne vit le jour qu'en 1508 ; celui de l'abbaye de Montmajour qu'en 1514 ; celui du diocèse de Marseille qu'en 1526. Mais ce qui le distingue surtout, c'est qu'il a été imprimé à Arles même, comme nous le dirons bientôt plus en détail. Le titre de ce bréviaire serait d'après Brunet [1] : *Breviarium secundum consuetudinem ecclesie arelatensis.* Nous n'en connaissons que deux exemplaires : un premier possédé par la Bibliothèque Nationale [2], un second incomplet déposé à la Bibliothèque Municipale d'Arles. « L'exemplaire qui appartient à la Bibliothèque Nationale n'a pas de titre et il commence par un calendrier en huit feuillets ; ceux du texte sont chiffrés de I à CCCCCLVIII ; le verso du dernier n'a qu'une seule colonne ; il est suivi d'un feuillet non chiffré dont le recto donne la suscription [suivante], imprimée en rouge :

« Explicit breviariuz s'd usuz sacratissime arelatesis | ec-clesie accuratissime correctû ac emendatum in eadê | arelatensi urbe impensis capituli impressum Anno | Domini millesimo quingentesimo primo die vero de | cima quinta iulii [3]. »

L'exemplaire de la Bibliothèque d'Arles ne commence qu'au folio 344 par ces mots : « Incipit sanctorale sanctorum secundum usum sancte arelatensis Ecclesie. » Il ne renferme que le sanctoral. La partie qui manque, c'est-à-dire le tempo-

---

[1] BRUNET : *Manuel du Libraire,* I, 1228.
[2] Ancien fonds B, n° 443.
[3] BRUNET : *Op. citat.,* I, 1228.

ral et le commun des saints forment le tome Ier de ce Bréviaire.

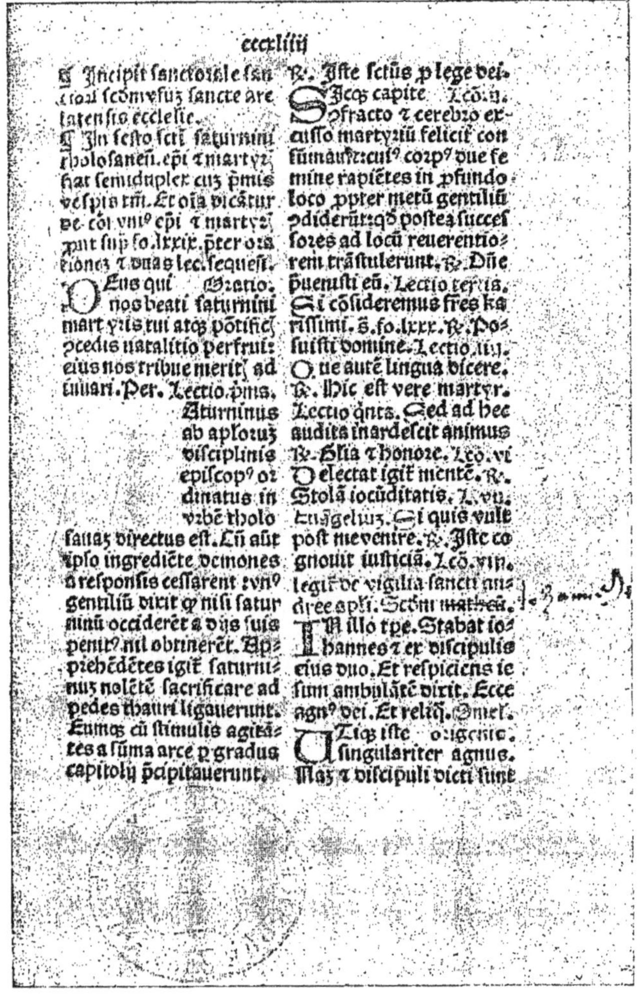

(Cliché Marcheteau, Arles).

Fig. 1. — UNE PAGE DU BRÉVIAIRE DE 1501.

Il est donc incomplet. Il a appartenu au savant abbé Bonnemant, comme en témoignent les mots écrits par lui-même sur

la partie qui reste : *Ex-Libris | Laurentii Bonnemant presbi-
teri arelatensis | Die 31 decembris 1772.* C'est un petit
in-12° relié en basane grise et portant au dos : Breviar. arela-
tens, t. II.

Probablement il avait eu pour premier possesseur le chanoine Meyran, car on lit à la dernière colonne de cet exemplaire, sur l'espace laissé en blanc, d'une écriture manuscrite
de l'époque : *canonicus Mayranus* [1].

Ce bréviaire, si rare, est digne d'attention. Il est à deux
colonnes avec des rubriques en rouge : il n'est folioté qu'au
recto en chiffres romains. Avec ses caractères gothiques, serrés,
mal venus, il a l'apparence d'un manuscrit. Des abréviations
multiples en rendent la lecture difficile, sans compter que de
nombreuses coquilles le déparent, ce qui n'est pas particulier
aux livres du xvi° siècle. (Fig. 1.)

Ce bréviaire a été imprimé à Arles, au nombre de 300 exemplaires, par Jean de la Rivière, imprimeur-libraire d'Avignon,
moyennant 513 florins et 13 gros qui furent versés entre ses
mains, cinq jours après l'achèvement de l'impression, le
20 juillet 1501. L'abbé Bonnemant a relevé dans le protocole
des années 1497-1506 du notaire Pierre Barberii, les termes du
traité qui fut passé avec le chapitre d'Arles :

« Anno 1501, et die 7 octobris, nobilis et circumspectus vir
magister Johannes de Riperia librorum impressor civitatis
Avinionis, promisit et solemniter convenit egregiis Dominis
Guillelmo Parade, Archidiacono, Johanni de Pomayrolis,
sacriste, Johanni Monachi, archipresbitero, Jacobo Julianeti
precentori, Alziario Autrici Thesaurario, Petro Corenhe, et

---

[1] Trophime Meyran, fils de Jacques et de Doucette Estienne, fut chanoine de Saint-Trophime en 1521. Il mourut le 17 juin 1571. Baron du
Rouré : *Les Meyran et leurs alliances*, p. 104.

Johanni de Turri, canonicis, ac Glaudio Ymberti, Anthonio Girardi, et Guillelmo Bertrandi presbiteris Beneficiatis sancte Arelatensis Ecclesie, in dicta Ecclesia capitulariter congregatis, et stipulantibus vice et nomine tocius cleri diocesis Arelatensis imprimere trecenta Breviaria ad usum dicte Arelatensis Ecclesie cum quibus pactis quorum precipua sunt : 1° quod dictus magister Johannes debeat dicta trecenta breviaria imprimere in presenti civitate Arelatis, de bono papiro et cum caracteribus novis : item quod dicti canonici et presbyteri debeant eidem magistro de Riperia providere de una domo in presenti civitate Arelatis, donec et quousque dicta Breviaria fuerint vendita. Anno 1501 et die 20 julii, dictus Magister Johannes de Riperia confessus fuit habuisse a venerabili capitulo sancte Arelatensis Ecclesie solvente de suis propriis pecuniis in pluribus et diversis solutionibus, videlicet summam 513 florenorum et 13 grossorum ; de qua summa convenerant dicte partes pro precio dictorum Breviariorum » [1].

Il est question de ce bréviaire dans un acte du 27 mai 1601 portant vérification par l'archevêque d'Arles, Horace Montano, des reliques de saint Lucien. Il y est dit qu'on lui a représenté un bréviaire de cette ville imprimé en 1501, qui fait mention de la translation des reliques de saint Lucien d'Antioche à Arles [2].

Saxi en parle également dans son *Pontificium Arelatense*, à l'année 1501, et assure que l'archevêque de cette époque, Jean X Ferrier « animum... applicuit, ut ex breviario expungerentur, quæ aut vitio temporis, aut forte ignorantia irrepse-

---

[1] L'abbé L. BONNEMANT : *Mémoires pour servir à l'histoire de l'Eglise d'Arles...* à l'article Jean IX Ferrier, p. 8.

[2] *Ibid.*, *Op. cit.*, à l'article Jean IV, p. 4.

rant, curavitque ut Arelate prælo daretur novo igitur præsule nova orandi forma, nova Arelatensis Ecclesia ».

Un simple examen de ce bréviaire nous permet de noter les différences qui le distinguent du bréviaire romain : c'est à peu de chose près la même disposition des matières : psautier, temporal, sanctoral.

Dans le sanctoral pourtant, les premières leçons ne sont pas empruntées à l'Ecriture Sainte, comme de nos jours, mais elles se tirent de la vie du saint dont on célèbre la fête. Elles sont ordinairement courtes, les trois dernières sur les neuf que comporte l'office constituent l'homélie de l'Evangile, dont les premières paroles seules sont citées. Beaucoup d'oraisons, même de nos saints provençaux, sont littéralement semblables à celles du bréviaire actuel. En général, nos saints arlésiens, à leur place, suivant la date de leur fête, ont un office propre avec des hymnes particulières. Il y aurait, croyons-nous, une belle anthologie de pièces latines relatives à la Provence, à extraire de ce vieux bréviaire. Tout n'y serait pas de première valeur, mais nous estimons, nous, que, plus tard, en voulant trop épurer ce bréviaire, on en a détruit bien des passages intéressants et dignes d'être conservés. On le reconnut au siècle suivant, lorsque fut décidée l'impression des offices propres au diocèse d'Arles (1612).

Le premier saint mentionné au sanctoral est saint Saturnin (29 novembre), et le dernier, saint Siffren (27 novembre). Entre ces deux dates extrêmes, voici les saints qui intéressent plus particulièrement l'ancien diocèse d'Arles :

Saint Lazare, suffragant d'Arles, évêque et martyr (fol. 358 v°) [1]. — Saint Lucien (fol. 364 v°), dont l'église Saint-Lucien

---

[1] La date de la fête des saints est à la table ; elle n'est pas répétée dans le corps du bréviaire, voilà pourquoi nous ne la donnons pas ici.

d'Arles possédait les reliques ; elles sont aujourd'hui dans la primatiale de Saint-Trophime [1]. — Saint Julien (fol. 364 v°), dont une église d'Arles porte encore le nom. — Saint Hilaire, évêque d'Arles (fol. 365 v°). — Saint Honorat, évêque d'Arles, titulaire de l'église des Aliscamps (fol. 366). — Saint Antoine, dont l'église Saint-Julien possède encore les reliques (fol. 373 v°). — Saint Rieul (Régulus), évêque d'Arles (fol. 413). — Sainte Marie Jacobé (fol. 422). — Sainte Magdeleine (fol. 453). — Sainte Rusticule, abbesse du monastère de Saint-Césaire, dont le corps est possédé par la primatiale de Saint-Trophime et la tête par l'église de la Major (fol. 480) [2]. — Saint Bertulfe, abbé, dont l'église primatiale possède les reliques (fol. 486). — Saint Genès (fol. 490). — Saint Césaire (fol. 491 v°). — Le bienheureux Louis Allemand (fol. 507 v°) « ...et die obitus gloriose memorie beati Ludovici Alamandi cardinalis Arelatensis fiat officium semiduplex cum primis et secundis vesperis et oratio dicitur de communi episcopi et confessoris ». C'est le seul des saints que nous mentionnons ici qui n'ait pas un office propre : Oraison, hymnes, leçons. — La translation des reliques de saint Trophime (fol. 518). La fête proprement dite est au folio 157 du temporal qui manque à l'exemplaire de la bibliothèque d'Arles. — Saint Virgile (fol. 525). — Sainte Marie Salomé (fol. 532). — Une dernière remarque à faire à propos de ces saints, c'est que saint Lucien, saint Julien et saint Bertulfe ne sont plus aujourd'hui au propre du diocèse. Pour donner une plus ample idée de ce bréviaire, nous citons les deux dernières des neuf leçons consacrées au premier de ces trois saints :

---

[1] L'archiprêtre BERNARD : *Les reliques conservées dans la basilique primatiale de Saint-Trophime d'Arles*, p. 28. Voir plus loin l'opinion de Bonnemant sur l'authenticité de ces reliques.

[2] IBID., *Op. cit.*, passim.

« Et inter cœtera corpora sanctorum corpus Beati Luciani
martyris quod dedit [Godefroy de Bouillon] pro magno jocali
Karolo magno, qui dum veniret contra civitatem Arelatensem
et eam cepisset, multas ecclesias seu capellas construi et ædifi-
cari fecit | Inter quas ecclesiam in honorem Beati Luciani
ædificari fecit, et per Turpinum Remensem Archiepiscopum,
aliis episcopis in sua comitiva existentibus, in eadem Ecclesia
corpus Beati Luciani honorifice condi fecit, tempore Domini
Honorii papæ anno sui pontificatus septimo. »

On aura remarqué les deux anachronismes que renferme ce
passage : Godefroy de Bouillon que l'on fait vivre du temps de
Charlemagne et le fameux Turpin que l'on fait contemporain
d'un pape du nom d'Honorius. Bonnemant [1], après avoir cité
ce passage, jette un point d'interrogation sur l'authenticité des
reliques de saint Lucien. Il faut avouer, sans parti-pris, que ce
n'est pas sans raison. Heureusement, ce bréviaire renferme
d'autres beautés qui le rendent plus vénérable à nos yeux et
qui nous font regretter sa rareté.

Office de la sainte Vierge de 1521.

Il s'imprima, à Lyon, en 1521, un livre d'heures à l'usage
du clergé d'Arles qui n'est pas liturgique, à proprement parler,
en ce sens qu'il n'était pas destiné à la prière officielle et publique. Mais il est assez intéressant pour mériter d'être mentionné. C'est un in-18 de 112 feuillets foliotés au recto en chiffres romains, imprimé sur parchemin en beaux caractères gothiques. L'exemplaire que nous avons eu entre les mains,
peut-être l'unique exemplaire qui reste, est relié en maroquin
rouge, avec vignettes dorées sur les plats, aux angles et au cen-

---

[1] L. Bonnemant : *Op. cit.*, à l'article Jean IV.

tre, représentant un ornement fleurdelisé, sauf celle du centre qui est différente. Il fait partie de la bibliothèque d'Arles. Le titre porte : *Ad laudem et honorem inte | merate et virginis*

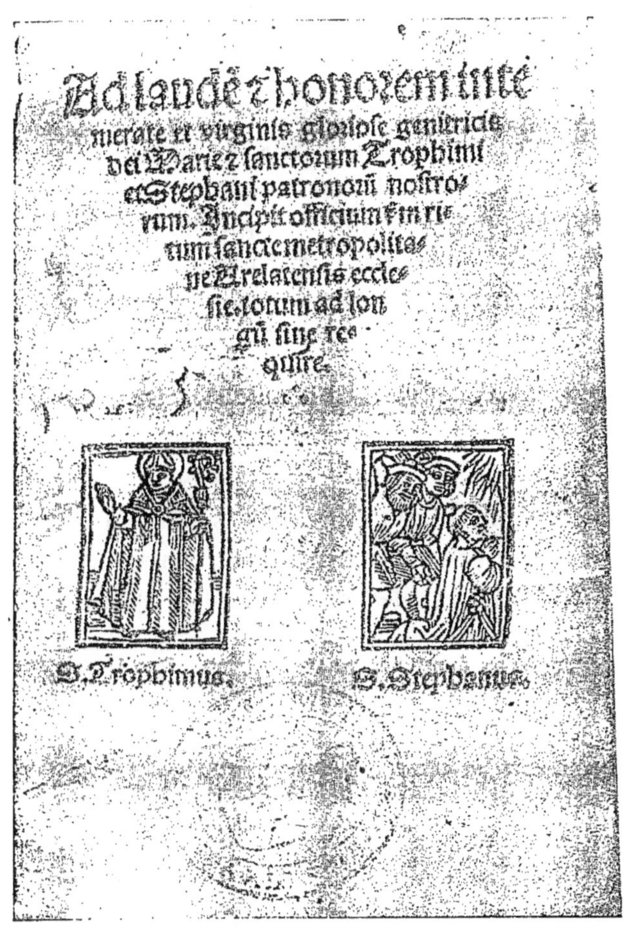

Cliché Marcheteau (Arles).

Fig. 2. — TITRE DE L'OFFICE DE LA SAINTE VIERGE DE 1521.

gloriose genitricis | Dei Mariē et sanctorum Trophimi | et Stephani patronorum nostro | rum. Incipit officium secun- dum ri | tum sancte metropolita | ne Arelatensis eccle |

sie. Totum ad lon | *gum sine requi* | *re* [1]. Puis, plus bas, à
droite, se trouve une gravure représentant saint Trophime, et,
à gauche, une autre figurant saint Étienne. (Fig. 2.) Le verso
de ce premier feuillet porte la pièce de vers suivante avec ce
titre : Clerus ad laudem Virginis Marie :

> Si fieri posset quod arene pulvis et unde
> Undarum gutte rosa gemme lilia flamme
> Ethera celicole nix grando sexus uterque
> Ventorum pluvie volucrum pecudum genus omne
> Silvarum rami frondes avium quoque penne
> Gramina ros stelle pisces angues et ariste
> Et lapides montes convalles terra dracones
> Lingue cuncta forent minime depromere possent
> Que sit vel quanta virgo regina Maria
> Que tua sit pietas nec littera dabit etas.

Des pages qui suivent non foliotées renferment un almanach
pour une période de dix-neuf ans, commençant à 1520, et
contenant, avec les fêtes mobiles, le nombre d'or, le bisextum
et les lettres dominicales.

Un calendrier vient ensuite ; il comprend vingt-sept pages
non numérotées. Il a pour titre : *Calendarium secundum usum
sancte arelatensis ecclesie*. En tête du mois, indication de sa
composition ; par exemple : « Januarius habet dies XXXI,
Luna vero XXX. Nox habet horas XVI, Dies vero VIII ». Les
« regulæ » que l'on trouve dans quelques calendriers à cette
époque sont à la fin de chaque mois, par exemple, après avril,
on lit : « Invento aureo numero post pacha computa XX dies
et in sequenti dominica fac terminum Rogationum. »

---

[1] Pour plus de commodité, nous donnons sans abréviation les titres et
les citations des livres liturgiques qui suivent.

Les fêtes de précepte, fort nombreuses, y sont indiquées par le mot *colitur* en rouge. Tous les saints particuliers à la ville d'Arles et quelques nouveaux y figurent, avec mention particulière pour ceux dont les églises d'Arles possèdent des reliques : V. g. au 11 février : « Sancti Desiderii, episcopi viennensi cujus corpus in sancta Arelatensis ecclesia requiescit ». Voici les autres saints qui ont cette indication : saint Lucien au 8 janvier ; saint Antoine, au 17 janvier ; saint Bertulfe, au 19 août ; le bienheureux Louis Allemand [1], au 17 septembre. Au 17 janvier, on lit encore cette note : « Anno Domini millesimo CCCCXCI fuit translatum corpus beati Anthonii abbatis de monasterio montis maioris ad ecclesiam parochialem sancti Juliani civitatis arelatensis. »

Au 26 mars, cette remarque en rouge : « Hic mutantur anni ab incarnatione. »

Après le mois de mars, se trouve la curieuse pièce latine que voici, qui est un salut à la fête de l'Annonciation :

Rubrica de annunciatione. Guillelmus Durandus

CLERUS.

Salve sancta dies que vulnera nostra coherces

Angelus est missus : est passus in cruce Christus.

Est Adam factus : et eodem tempore lapsus.

Ob meritum decime cadit Abel fratris ab ense.

Offert Melchisedech : Isaac supponit arris

Est decollatus Christi Baptista beatus.

Est Petrus erectus : Jacobus sub Herode peremptus

Corpora sanctorum cum Christo multa resurgunt.

Latro per Christum tam dulce suscepit. Amen.

---

[1] On trouve des détails sur toutes les reliques de ces saints dans la brochure déjà mentionnée de l'archiprêtre Bernard : *Les reliques conservées dans la basilique primatiale de saint Trophime*, petit format de 44 p., Avignon, Seguin, sans date.

Au 23 août, est signalée la mort, en 1303, du bienheureux Rostaing Caprée, archevêque d'Arles.

Au 16 décembre, cette mention : « Hic incipiunt dies crescere. »

Au 29 décembre, la fête de saint Trophime est ainsi annoncée : « Sancti Trophimi Galliarum apostoli et sancte ecclesie arelatensis primi fundatoris. »

Une remarque générale à faire à propos du contenu de ce livre de piété est qu'il renferme beaucoup de pièces latines en l'honneur de la sainte Vierge.

Les principales pièces de ce livre sont :

D'abord des extraits des quatre évangiles :

Fol. I : In principio erat verbum, de l'év. saint Jean.

Fol. I : Missus est, de l'év. saint Luc.

Fol. II : Cum natus est, de l'év. saint Mathieu.

Fol. II : Recumbentibus undecim, de l'év. saint Marc.

Fol. III : Messe en l'honneur de la sainte Vierge.

Fol. IV : Confiteor. Ce texte du Confiteor est différent de celui employé de nos jours. A ce titre, nous le reproduisons en entier :

Confiteor Deo omnipotenti beate Marie virgini et beato Trophimo beato Stephano et omnibus sanctis. Et ego miser peccator peccavi nimis cogitando loquendo operando et in pluribus aliis vitiis meis malis. Mea culpa, mea culpa, mea gravissima culpa. Ideo precor beatissimam virginem Mariam, beatum Trophimum, beatum Stephanum et omnes sanctos Dei et vos fratres ut oretis pro me peccatore ad Dominum Deum nostrum ut ipse per suam sanctam piissimam misericordiam misereat mei. Amen.

Fol. V : La passion selon saint Jean.

Fol. XXXVII : Les sept-psaumes de la pénitence.

Fol. LXXXVII : Le stabat Mater.

A partir du folio XCIII^{v°} se trouvent l'antienne, le verset et l'oraison en l'honneur d'un certain nombre de saints, parmi lesquels sont saint Trophime, saint Étienne, saint Laurent, saint Christophore, saint Sébastien, saint Genès, saint Lazare, saint Nicolas, saint Claude, saint Honorat, saint Césaire, saint Antoine, saint Roch.

Fol. CI : Le grand office de la sainte Vierge.

Fol. CVI : Les commandements de Dieu. Le 7ᶜ est ainsi libellé :

> « L'avoir d'autrui tu n'embleras
> « Ni retiendras à escient. »

Fol. CVII : Les cinq commandements de l'Église. Le 6ᵉ, *Vendredi chair*, n'y figure pas.

(Cliché Marcheteau, Arles.)

Fig. 3. — MARQUE DE GILBERT DE VILLIERS.

Fol. CVII : Les douze articles du symbole, suivis chacun du nom d'un apôtre en commençant par saint Pierre.

Le verso du folio CIX contient l'explicit : Explicit officium beatæ Marie Virginis secundum usum arelatensis ecclesie totum ad longum cum pluribus et devotissimis orationibus ac suffragiis plurimorum sanctorum et sanctarum Lugdini impressum per Gilbertum de Villiers. Anno Domini millesimo CCCCCXXI, die XIX mensis februarii.

Les derniers feuillets du livre contiennent la table générale des matières avec indication des folios où se trouvent les prières.

Enfin, le folio CXII se termine par la marque de l'imprimeur : Deux amours soutiennent l'écu de France barré et surmonté d'une couronne à pointes, au-dessus de laquelle émerge à mi-corps un cerf ailé. Au bas de l'écu pend un cartouche renfermant le double chiffre de l'imprimeur (le V englobant le G), surmonté d'une croix. En dessous se lisent ces mots, en lettres capitales, Gilbert-de-Villiers, encadrés dans un petit rectangle, lequel fait partie d'un autre rectangle à double filet renfermant le tout. (Fig. 3.)

Cette marque avec quelques autres vignettes, disséminées çà et là avant certaines initiales, ne sont pas les moindres curiosités de ce volume qui doit être assez rare. Nous ne savons à qui a appartenu l'exemplaire de la bibliothèque d'Arles.

MISSEL DE 1530.

Le premier Missel imprimé, particulier au diocèse d'Arles, porte la date de 1530. C'est un in-folio de 218 + 86 feuillets à caractères gothiques allongés. Les rubriques et les initiales des principales fêtes sont en rouge. Il a pour titre : *Missale secundum usum et consuetudinem sancte Arelatensis Ecclesie, hactenus impressioni non mandatum, hic suum exordium in lucem emittit, ad laudem Dei omnipotentis, Beatissimeque Virginis Marie, et Beatorum Stephani et Trophimi nostri, ac denique sanctorum omnium.* Au bas de ce titre, sont deux vignettes gravées sur bois, l'une représente saint Étienne et l'autre saint Trophime. « Je remarque avec étonnement, dit l'abbé Bonnemant, que saint Trophime est nommé après saint Étienne dans le titre, et que la figure qui le représente est à la gauche de celle de saint Étienne »[1]. Ce Missel est devenu assez rare. La bibliothèque d'Arles possède l'exemplaire de Bonnemant, comme le prouvent ces mots écrits de sa main sur l'une des gardes : « *Ex libris Laurentii Bonnemant presbiteri Arelatensis die 31 decembris 1772.* » Un autre exemplaire se voyait à la Major d'Arles, au siècle dernier, chez le curé Gaudion[2] ; nous ignorons ce qu'il est devenu. Il manque à l'un et à l'autre de ces Missels les premiers feuillets renfermant le titre et le calendrier ; en outre, celui de la bibliothèque d'Arles est dépourvu des feuillets 85 et 86.

Bonnemant signale, en outre, l'exemplaire qui appartenait, au xviiie siècle, à l'aîné de Molin[3] et que ce dernier tenait de son arrière-grand-oncle, Louis de Molin.

Le volume s'ouvre par une table des fêtes mobiles. Elle contient le nombre d'or, la lettre dominicale, le dimanche de la Septuagésime, celui de la Quinquagésime qu'elle appelle « Dominica carnis privii », le nombre des semaines et des jours depuis la Noël jusqu'à ce dimanche, la fête de Pâques, celles de l'Ascension, de la Pentecôte, du Saint-Sacrement. Elle renferme également le nombre des semaines et des jours depuis la Noël jusqu'à Pâques et jusqu'à la Pentecôte, et celui qui est depuis

---

[1] Primitivement, l'église Saint-Trophime portait le nom de S. Étienne Elle n'a perdu ce vocable qu'après le transfert des reliques de ce premier évêque des Aliscamps dans l'église métropolitaine actuelle, en 1152.

[2] Le chanoine Julien Gaudion (1792-1870), fils d'un ancien libraire, mourut curé de la Major, après avoir dirigé sa paroisse pendant 35 ans.

[3] François-Xavier de Molin, né et mort à Arles (1702-1770), savant antiquaire. Louis de Molin, vicaire général, né et mort à Arles (1601-1681), auteur de plusieurs livres liturgiques.

cette dernière fête jusqu'au premier dimanche de l'Avent, le jour auquel tombe ce dimanche et le nombre des jours de l'Avent.

Le calendrier qui suit cette table, outre le nombre d'or dans une première colonne, et, dans une seconde, en lettres qui ne dépassent jamais le G, la lettre dominicale, marque, dans une troisième, les calendes, les nones et les ides selon la manière ancienne de compter les jours.

On trouve aussi dans ce calendrier l'indication des signes du zodiaque, le changement des saisons, mais on les avance considérablement : ainsi le commencement du printemps est fixé au 7 février. On y signale les jours réputés malheureux par ces mots : « dies eger [1] ». En tête de chaque mois, est une sentence qui s'y rapporte : V. gr. pour janvier : « Prima diez mensis et septima truncat ut ensis » ; pour février : « Quarta subit mortem, prosternit tertia sortem ». Après cette indication vient l'énoncé du mois : 1° en hébreu, 2° en grec. Les « regulæ », signalées plus haut pour trouver les fêtes mobiles, ne manquent pas non plus ici à la fin des mois.

On y rencontre aussi la mention de plusieurs faits historiques. A la fin de janvier, on lit : « Anno Domini MCCCCXC fuit translatum corpus Beati Anthonii abbatis de Monasterio Montismajoris ad Ecclesiam parochialem sancti Juliani de Arelate ». Au 23 avril : « Egressio Noe de Archa ». Au 22 août est rappelé l' « Obitus Beati Rostagni Capre, Arelatensis ecclesie episcopi qui obiit sub anno Domini MCCCIII. » Une date différente est donnée par Saxi dans son *Pontificium arelatense* :

---

[1] Des astronomes découvrirent très anciennement en Égypte des constellations qu'ils prétendaient être nuisibles aux hommes; pour les faire connaître, on prit l'habitude de mettre dans les calendriers païens deux mots : « dies eger ». Ils ne furent pas effacés dans les premiers calendriers à l'usage des chrétiens,

« Obitus beati Rostagni Capræ, sanctæ hujus Arelatensis ecclesiæ archiepiscopi, decimo kalendas augusti » [23 juillet]. Au
17 septembre : « Beatus Ludovicus Alamandi cardinalis Arelatensis qui obiit sub anno MCCCCL ». C'est le seul souvenir qui
soit donné au bienheureux Allemand. Dans ce Missel, il n'a
point d'office, pas même de commémoraison. Dans le Bréviaire
imprimé en 1549, il en sera de même. Cet ostracisme, dû sans
doute à l'opposition du cardinal d'Arles au Pape lors du concile de Bâle, devait durer jusqu'en 1670. En cette année, l'Archevêque François de Grignan, sur les instances du chapitre,
fit composer et réciter un office en son honneur [1].

Parmi les saints mentionnés dans ce calendrier, citons les
suivants plus spécialement vénérés à Arles : Saint Lucien
(8 janvier), saint Julien (9 janvier), saint Honorat (16 janvier),
saint Antoine (17 janvier), saint Paul, évêque de Saint-Paul-
Trois-Châteaux (1er février), saint Didier (11 février), saint Que-
nin, évêque de Vaison (15 février), saint Paul, évêque de Narbonne (23 mars), saint Hilaire, évêque d'Arles (5 mai), saint
Baudile, martyr de Nîmes (20 mai), sainte Marie Jacobé
(25 mai), sainte Magdeleine (22 juillet), sainte Rusticule (11 août),
saint Roch (16 août), saint Bertulfe (19 août), saint Genès, martyr d'Arles (26 août), saint Césaire, évêque d'Arles (28 août),
saint Gilles, abbé (1er septembre), saint Agricol, évêque d'Avignon (2 septembre), saint Ferréol, martyr à Cavaillon (18 septembre), saint Denis, second évêque d'Arles (9 octobre), sainte
Marie Salomé (22 octobre), saint Brice et saint Véran (14 novembre), saint Ruf, évêque d'Avignon (15 novembre), saint
Siffren, évêque de Carpentras (27 novembre), saint Trophime
(29 décembre).

A propos de ce calendrier, voici quelques remarques que nous

---

[1] *Gallia christiana novissima, Arles,* n° 1928.

empruntons à l'abbé Bonnemant[1]. Les fêtes de précepte y sont trop multipliées : passe encore d'y voir saint Antoine, saint Sébastien et saint Roch, à cause de la grande vénération des Arlésiens pour ces saints, mais on s'étonne d'y trouver saint Blaise, saint François d'Assise et sainte Catherine, alors que saint Césaire et saint Génès n'y sont pas. On pourrait y relever quelques fautes d'ignorance ou d'étourderie : on nous donne, au 2 janvier, saint Clair pour un martyr, et on fait saint Honorat, fils d'un roi de Hongrie, dans l'Introït de la messe qui lui est consacrée. Il y a des saints dont le calendrier ne parle pas et dont cependant on trouve la messe dans le Propre : quelquefois, les indications du calendrier ne concordent pas avec celles du missel ; par exemple, l'office de saint Roch, au 16 août. A propos de ce saint, à l'Introït de la messe qui lui est dédiée, on a remplacé le verset du psaume qui se lit avant le *Gloria Patri* par : *Ora pro nobis, beate Roche*. D'autres fois, au même jour, sont marqués deux offices sans que l'on indique le moyen de satisfaire à cette double obligation, ou lequel des deux doit être préféré.

Après le calendrier, au folio I, on lit : *Ad honorem Domini nostri Jesu Christi beatissimeque virginis Marie beatorum Stephani et Trophimi patroni nostri et omnium Sanctorum. Incipit missale secundum usum et consuetudinem sancte Arelatensis ecclesie.* Dominica prima de adventu Domini. C'est le commencement du Temporal.

Cette première page est encadrée de vignettes, sans caractère, plus que médiocres ; les six jours de la création, à gauche et à droite ; au haut, le Père éternel bénissant et tenant le globe dans sa main avec en exergue : *Sancta. Trinitas. unus. Deus. Mise-*

---

[1] L. BONNEMANT : *Op. cit.* à l'article Jean X Ferrier.

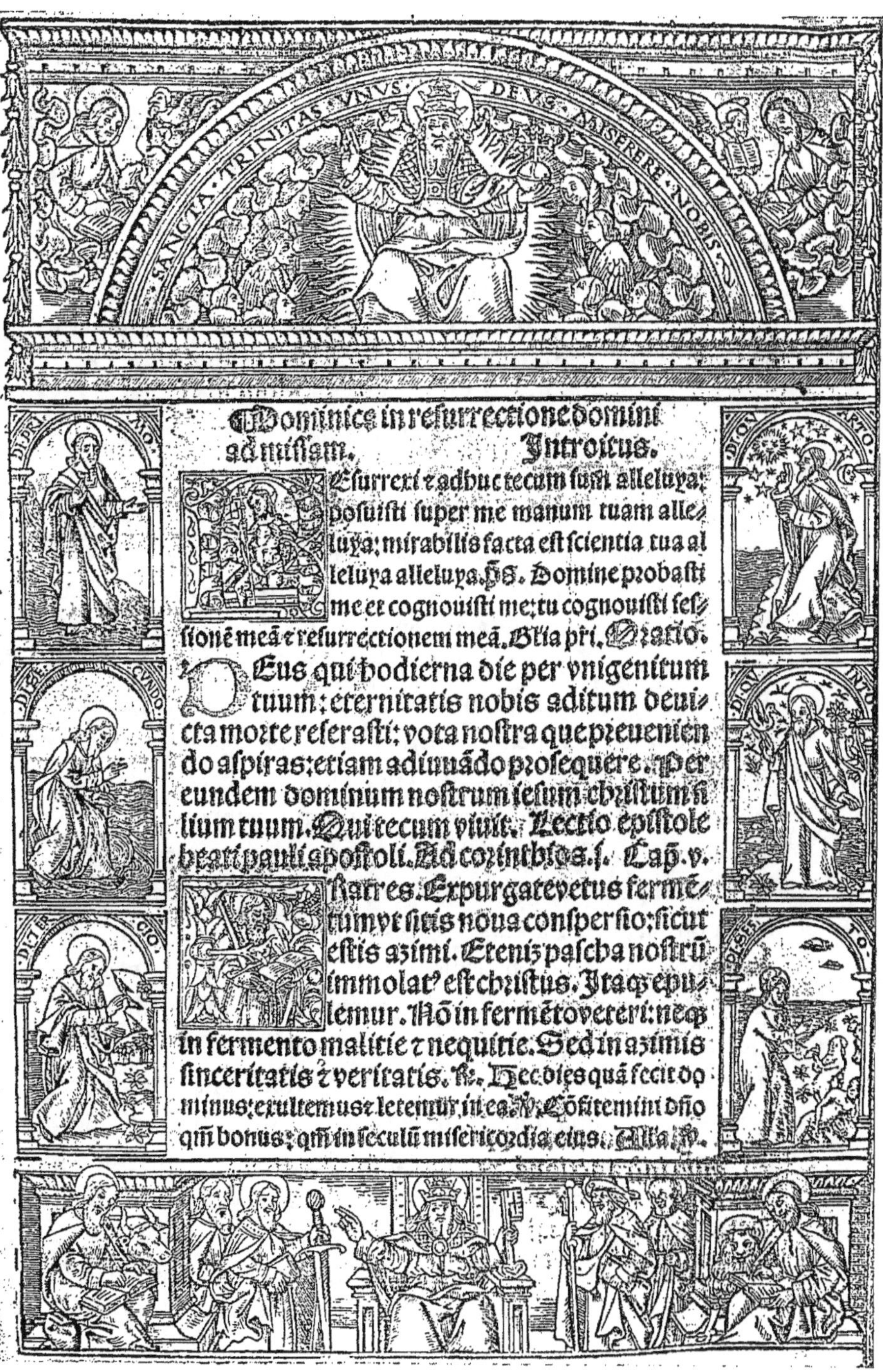

(Cliché Marcheteau, Arles).

Fig. 4. — UNE PAGE DU MISSEL DE 1530.
Dimensions : 31 cent. 1/2 × 21 1/2.

rere nobis. En bas, Jésus-Christ donnant les clefs à saint Pierre.

A la messe de Pâques, au folio CXII, ces mêmes ornements sont répétés. (Fig. 4.)

Pour l'ordinaire de la Messe, voici ce que ce Missel renferme de plus curieux. Le prêtre commençait la Messe à la manière usitée chez les Dominicains ; il disait *Aufer à nobis... et Oramus te...* au bas de l'autel.

Le Canon est le même que celui d'aujourd'hui, sauf quelques légères transpositions ou changements de mots non essentiels.

A la fin de la Messe, l'officiant donnait la bénédiction au peuple en ces termes : « Benedicat vos omnipotens et misericors Dominus † Pater et Fi † lius et Spiritus † sanctus », ou bien en ceux-ci : « In unitate sancti Spiritus bene † dicat vos Pater et Filius ». Cela fait, le prêtre récitait l'oraison : *Placeat tibi...,* que l'on dit à présent avant la bénédiction. Au dernier Évangile, à ces mots du prêtre : *Initium sancti Evangelii secundum Joannem,* le clerc répondait : « Gloria tibi Domine qui natus est de Virgine, succurat nobis hodie, et in omni tempore. Amen. » L'Évangile terminé, le célébrant récitait les oraisons suivantes : « Per Evangelia dicta deleantur nostra delicta. Te invocamus, te adoramus, te laudamus, te glorificamus, ô beata Trinitas. — ꝟ. Sit nomen Domini benedictum. ℞. Ex hoc nunc et usque in sæculum. Oremus, Protector in te sperantium, Deus, sine quo nichil est validum, nichil sanctum, multiplica super nos misericordiam tuam ut te rectore, te duce sic transeamus per bona temporalia, ut non amittamus æterna, per Christum... » Le prêtre donnait ensuite une seconde bénédiction en prononçant ces paroles : « A subitanea et improvisa morte, et a damnatione perpetua liberet nos Pater et Filius et Spiritus sanctus. Amen. »

Quant aux principales fêtes, voici ce qu'elles avaient de particulier : Pendant l'Avent, les féries IV et VI de chaque semaine avaient des épîtres et des évangiles propres. A la messe de la Vigile de Noël, un acolyte en surplis récitait immédiatement avant l'épître les quatre premiers versets du LXIIe chapitre d'Isaïe. De même, à toutes les messes de la fête, une leçon du même prophète précédait l'épître ordinaire prise des épîtres de saint Paul [1]. C'était vraisemblablement afin de marquer l'accomplissement de ces prophéties touchant Jésus-Christ et de bien montrer le rapport du nouveau Testament avec l'ancien. A la messe de Minuit, le célébrant, après avoir communié sous les deux espèces, disait tout haut ce verset : « Notum fecit Dominus salutare suum », auquel le peuple répondait : « Ante conspectum gentium », et, après avoir entonné tout de suite le *Deus in adjutorium*, on chantait les Laudes. Le prêtre terminait la cérémonie par l'oraison qui était suivie du *Benedicamus*, chantée par le Diacre qui l'assistait.

Pendant le Carême, lorsqu'on disait la messe de la férie, on se servait de chasubles de couleur noire : le jour des Cendres, on introduisait les pénitents dans l'église, où le célébrant leur faisait un discours, leur distribuait les cendres et les chassait de l'église ; il lavait ensuite les autels avec de l'eau bénite pendant que le chœur chantait une antienne.

Le dimanche des Rameaux, l'office commençait par une leçon tirée du LXIIIe chapitre d'Isaïe, après laquelle le chœur chantait en entier le verset : *Christus factus est pro nobis obediens ;* ensuite, le diacre disait l'évangile : *Cum appropinquasset,* lequel fini, le célébrant bénissait les rameaux par des oraisons qui mériteraient d'être reproduites. Elles sont au folio LVII.

Le Vendredi-Saint (folio LXXVII), les impropères ou repro-

---

[1] Ces leçons du prophète Isaïe étaient tirées pour la messe de Minuit du chapitre IXe, pour celle de l'Aurore, du chap. LXIe, et enfin pour celle du Jour, du chap. LIIe.

ches étaient chantés avant l'adoration de la Croix et étaient intercalés des versets grecs : *Agios o Theos...*. Le célébrant s'étant déchaussé allait prendre la croix (non encore dévoilée), et en avançant vers l'autel processionnellement avec ses officiers, il chantait les impropères, disant d'abord : *Popule meus...* ; deux chantres ajoutaient : *Agios o Theos...*, le chœur répondait par *Sanctus Deus...* Le célébrant reprenait le second verset des impropères, et les chantres et le chœur répétaient, les premiers : *Agios o Theos...*, le second, *Sanctus Deus...*, et ainsi de suite. Les impropères terminés, le prêtre découvrait la croix comme on le fait encore aujourd'hui. Le reste de l'office du matin était le même aussi, avec cette différence que le prêtre, avant de partir pour aller prendre le Saint-Sacrement au reposoir du Jeudi-Saint, faisait la confession au pied de l'autel, comme aux messes ordinaires.

Le Samedi-Saint (folio LXXXVII), on ne disait que quatre prophéties qui étaient suivies chacune d'une oraison. On chantait ensuite les litanies. Lorsqu'on était à l'invocation : *Sancte Stephane*, on allait processionnellement aux fonts baptismaux, en les continuant, et quand on avait dit : *Omnes sancti et sancte Dei, orate pro nobis*, on s'arrêtait ; et le célébrant chantait : *Ut fontem istum bene ✝ dicere digneris*, le chœur répondait : *Te Rogamus audi nos*, ce qui se faisait trois fois. Ensuite, avait lieu la bénédiction des fonts baptismaux ; lorsqu'elle était achevée, on continuait les litanies, beaucoup plus longues que celles que l'on chante de nos jours.

Pendant la quinzaine de Pâques, on ne disait l'office d'aucun saint, mais on le transférait après le second dimanche, s'il s'en rencontrait un pendant cette période réservée exclusivement au mystère de la Résurrection. Cependant, le samedi après Quasimodo, on faisait la fête et on disait la messe en l'honneur de la Compassion de la sainte Vierge.

La bénédiction du feu nouveau se faisait aussi le jour de la Purification, comme le jour du Samedi-Saint, mais avec des oraisons différentes, trop longues pour pouvoir être rapportées ici. Après les avoir dites, le célébrant jetait de l'eau bénite sur le feu en disant : « Benedictio Dei Patris omnipotentis, et Filii et Spiritus sancti descendat super hunc ignem et maneat semper. Amen ». Ensuite, avait lieu la bénédiction des cierges au moyen d'oraisons suivies d'une préface qui se rapportait au mystère du jour et qui passe pour un morceau de choix. A la fin, le prêtre qui officiait jetait de l'eau bénite sur les cierges que l'on allumait avec le feu nouveau pendant que le précenteur ou un chantre disait par trois fois : « Venite et accedite, aptate lampades vestras, ecce sponsus venit, exite obviam ei ». Le chœur chantait ensuite : « Lumen ad revelationem... » et le reste de la cérémonie s'achevait comme aujourd'hui.

Le Missel qui nous occupe avait des préfaces propres pour les fêtes de saint Jean-Baptiste, saint Augustin, saint Jérôme, saint Roch et saint François d'Assise. A la messe de sainte Marie-Madeleine et à celle de sainte Marthe, on disait la préface des Apôtres.

Il y a une prose particulière à la fête de sainte Barbe.

A la fin du Missel, on en trouve un grand nombre pour les messes de plusieurs autres saints, mais le prêtre n'était pas tenu de les dire. Parmi celles-ci, citons celle de saint Trophime : « Ecce pulchra canorum resonet voce... » au folio LXXIII^{vo}, et celle de sainte Madeleine commençant et finissant par : « Jesu vena venie. ... » au fol. LXXIX, lesquelles ne sont pas sans mérite littéraire[1].

---

[1] L'abbé Faillon, au tome II de ses *Monuments inédits*, col. 593-594, a reproduit la prose en l'honneur de sainte Marthe : *Ave, Martha gloriosa*. qui, dit-il, se trouve au folio CCV du Missel d'Arles de 1530. Nous ne l'y avons pas vue.

Le jour de la Transfiguration, on bénissait les raisins avec une oraison particulière que l'on récitait aussi à l'office.

Au commun des saints où commence une nouvelle foliotation, sont plusieurs messes particulières qu'il convient de signaler :

Au fol. XXX est une messe spéciale contre la peste rédigée par ordre du pape Clément VI. Tous ceux qui entendaient cette messe devaient porter en mains un cierge allumé et se tenir à genoux pendant toute la messe qui devait se célébrer pendant cinq jours. Le texte ancien en a été publié et commenté par J. Viard, *Bibliothèque de l'École des Chartes*, LXI, 334-338.

Au fol. XL sont deux messes : l'une en l'honneur des cinq saints privilégiés : saint Denis, saint Georges, saint Christophe, saint Blaise, saint Gilles, et l'autre en l'honneur des cinq saintes privilégiées : sainte Marguerite, sainte Catherine, sainte Marthe, sainte Christine et sainte Barbe.

Au fol. XLV est une messe pour l'âme dont le salut est douteux, et voici un passage de la collecte qu'on y lisait : « et si plenam veniam animâ ipsius obtinere non potest, saltem vel inter ipsa tormenta quæ forsitan patitur, refrigerium de abundantia miserationum tuarum sentiat. » Il semble, à la lecture de ce passage, que l'Eglise d'Arles était dans la croyance qu'une âme condamnée aux peines de l'enfer pouvait y être soulagée par les prières des fidèles, sentiment aujourd'hui abandonné par les théologiens. Au fol. LVII est une messe *de quatuordecim sanctis auxiliatoribus* : saint Georges, saint Blaise, saint Erasme, saint Vite, saint Pantaléon, saint Christophe, saint Denys, saint Cyriaque, saint Acace, saint Eustache, saint Gilles, sainte Catherine, sainte Marguerite et sainte Barbe.

Puis, au fol. LVIII sont les messes du trentenaire de saint Grégoire, fort en honneur sous l'ancien régime, mais dont les obligations étaient un peu dures à remplir pour le célébrant. Qu'on en juge : « Debet sacerdos qualibet die, qua ipse est celebraturus, invocare gratiam spiritus sancti, et deinde dicere nocturnum illius diei, deinde septem psalmos penitentiales cum precibus et sequentibus orationibus, post vero quam cele- braverit dicat vigilias mortuorum, et hoc, omni die, cum magna devotione et suorum peccatorum confessione. Aliqui verò dicunt totum psaltérium usque ad psalmum : *Dixit Do- minus*, et jejunant omni die. »

Les obligations pour le prêtre chargé de dire les messes gré- goriales, au nombre de treize (fol. LVIII v°) n'étaient pas non plus bénignes. Ces messes se célébraient pour les personnes dans l'adversité ; l'officiant devait jeûner chaque jour ; avant de monter à l'autel, il avait à réciter les sept psaumes de la Péni- tence avec les litanies et oraisons suivantes, à genoux ; après le Saint-Sacrifice, il disait les quatre Evangiles et, en récompense, il recevait une gratification abondante en cierges, savoir : deux pour la première messe qui était du premier dimanche de l'Avent ; deux autres pour la seconde qui était du jour de Noël ; trois autres pour la troisième qui était de l'Epiphanie ; sept autres pour la quatrième du dimanche de la Septuagésime ; deux autres pour la cinquième du dimanche des Rameaux ; quarante autres pour la sixième de la Résurrection ; dix autres pour la septième de l'Ascension ; dix autres pour la huitième de la Pentecôte ; trois autres pour la neuvième de la Trinité ; dix autres pour la dixième de la Croix ; deux autres pour la onzième de l'Assomption ; douze autres pour la douzième des Apôtres ; neuf autres pour la treizième des saints Anges.

Un des trois exemplaires du Missel d'Arles que nous avons signalés, celui de Louis de Molin portait au fol. LXIII une note manuscrite, de l'écriture même du vicaire général. Elle relate la démarche faite, en 1614, par l'archevêque d'Arles pour conju-

rér les sauterelles qui dévastaient le territoire. Il est bon de la
sauver de l'oubli : elle a un intérêt historique et liturgique.
Nous la reproduisons en entier. On comprendra facilement ce
latin : « Nota quod anno Domini 1614 et die 19 maï Reveren-
dissimus in Christo Dominus Gaspar a Laurentiis, archiepis-
copus Arelatensis, absoluta indulgentia quadraginta horarum
quà populum Arelatensem ad Dei misericordiam postulandam
incitaverat, processerit processionaliter cum toto clero et populo
Arelatensi extra civitatem in campum Elysium, in quo est divi
Petri edicula, juxta quam prolata sententia maledictionis
contra locustas fructus terre devastantes, salis et aquæ exor-
cismo usus est, postea addidit hanc orationem, et conjuratio-
nem in hunc qui sequitur modum, aspergens aqua benedicta
in modum crucis.

Oremus.

Tuere, quesumus, Domine sancte Pater, locum istum per
tui nominis invocationem, et hujus aquæ aspersionem ab omn i
nequitia volucrum, vermium, locustarum, torarum, murium,
pessimorumque animalium ac dœmonum; tuaque ineffabili
potentia nutrimenta in eis sita in eis illibata permaneant et
illœsa, qui in Trinitate perfecta vivis et regnas Deus.

Conjuratio genibus flexis facta.

Adjuro vos volucres, vermes, toras, mures, locustas, pessi-
maque animalia, et spiritibus immundos per Deum † verum,
per Deum † vivum, per Deum † sanctum, qui est Trinitas
sancta, † per B. Virginem Mariam, per novem ordines Ange-
lorum, per sanctos prophetas, per dudoecim nomina Aposto-
lorum, per sanctos Martyres et Confessores, per sanctas Vir-

gines et viduas, in quorum honore et virtute vobis præcipio ut exeatis et recedatis ab hoc territorio ; mansioque vestra sit perpetua in terra deserta et vasta solitudine, ubi nullæ creaturæ Dei noceatis, in nomine Patris, et Filii, et Spiritus sancti, Amen.

Deinde redeundo cantatum fuit Te Deum laudamus » [1].

On lit au bas de la dernière page du Missel de 1530 les paroles suivantes qui nous apprennent qu'il a été imprimé à Lyon : « Missale hoc consuetudini sancte Arelatensis Ecclesie aptum et accomodum. Deo annuente, optatam sumpsit periodum in famatissimo Lugdunensi Emporio, sumptibus et impensis venerabilium Dominorum ipsius Ecclesie, qui deliberatione uniformi et concordi decreverunt novum exemplar hoc, ante hac tenebrosum et non impressum, cudere, et de tenebris luminosum ac radiosum emittere, ad laudem Dei optimi, christifereque Virginis, ac divorum Stephani et Trophimi, necnon sanctorum omnium. Si quid lucidum vel decorum in prefato missali cernatur, sive comperiatur ; illi sit gloria cujus perfecta sunt opera, et qui opus imperfectionis non novit. Si verò quidpiam erratum fuerit compertum [2] venia danda erit prime excusioni ; siquidem in nullo peccare, potius est divinitatis quod humanitatis. Homerus quandoque dormitare dictus est. Dionysius vero de Harsy, calcographus probatissimus, imprimebat anno ab orbe redempto M CCCCC XXX, xiii octobris.

On ne s'attendait guère sans doute à voir le souvenir d'Homère dans cet explicit, qui, par ailleurs, respire un enthousiasme bien naïf.

Il nous reste à donner quelques détails sur l'impression de

---

[1] L. Bonnemant, *Op. cit.*, art. G. du Laurent, p. 2.

[2] Le Missel ne renferme pas seulement des fautes d'impression, mais aussi plusieurs solécismes.

ce livre. Un traité fut passé le 16 février 1529, entre Pierre Raymond, sacristain, et Dominique Jaquet, bénéficier, de l'église d'Arles, et Jean Osmond, imprimeur de Lyon. D'après les termes de cet acte, ce dernier devait imprimer trois cents missels à l'usage du diocèse, aux frais des anniversaires et quatre cents bréviaires aux frais du Chapitre. Ces livres devaient être semblables au Missel imprimé par le même, en 1526, pour l'église d'Aix et dont un exemplaire fut remis au Chapitre *ad cautelam*. Ils devaient être terminés dans le courant de l'année, avant la fête de saint Jean-Baptiste et portés à Arles aux risques et périls de Jean Osmond, et sur les trois cents exemplaires, deux cents devaient être reliés avant la fête de saint Michel. Au préalable, il lui avait été remis le manuscrit du Missel d'Arles, dûment corrigé, auquel il avait à se conformer. Il devait recevoir pour ses peines et pour chaque missel relié cinquante gros en monnaie de Provence, et vingt-six pour chacun des autres missels non reliés. Il ne lui était pas permis d'en imprimer au-dessus du nombre fixé avec le Chapitre, sauf six sur parchemin pour les chanoines. Il devait de plus imprimer quatre cents bréviaires, sur bon papier, d'après le modèle corrigé qui devait lui être remis, et faire ce travail au prix de deux florins, monnaie de Provence, pour chaque bréviaire relié. On ne devait payer les missels qu'après la confection des bréviaires, et on se réservait deux ans pour solder le prix de ces derniers, savoir : la moitié l'an d'après la livraison, et le reste l'année suivante. On lui donnait pareillement à imprimer les livres pour les baptêmes, pour les processions, ce que nous appelons aujourd'hui rituels. Ce travail devait être fait au plus tôt, sauf à débattre avec le Chapitre le nombre et le prix de ces divers livres d'offices. Le Missel prêté comme modèle devait être rendu. Cet acte fut passé dans la maison du notaire Guillaume Mandoni, en présence de Bo-

niface Arbaud et de Dorat Calvi, clercs. Il fut approuvé le
lendemain par le Chapitre assemblé [1].

Malgré les termes de ce traité, l'impression des Missels ne
fut achevée, comme on l'a vu plus haut, qu'au mois d'octobre 1530 sur les presses de Denis de Harsy mais par les soins de
Jean Osmond, libraire, qui fut le bailleur de fonds. La clause
relative aux bréviaires ne fut pas exécutée. Il n'y a pas de bréviaire d'Arles imprimé en 1530. Celui dont nous allons nous
entretenir porte la date de 1549.

Bréviaire de 1549

Ce fut l'archevêque Jean de Ferrier qui dota pareillement
son Eglise de ce nouveau bréviaire. Il se trouve à la Mazarine,
à la Méjanes, l'honorable famille Martin-Raget, d'Arles, en possède un exemplaire qui doit lui venir d'un membre de la famille, Pierre Véran, l'annaliste d'Arles bien connu. La bibliothèque d'Arles met à la disposition des lecteurs l'exemplaire
de l'abbé Bonnemant. Il porte comme d'habitude son ex-libris,
daté cette fois du 12 janvier 1761, alors qu'il n'était que simple clerc. C'est un in-8° à deux colonnes, à caractères bien nets
quoique petits. Les rubriques et les initiales de chaque para-
graphe sont en rouge. Plusieurs lettres sont représentées par
des vignettes assez ordinaires.

Ce livre a pour titre : « *Breviarium recens ad usum Arelatensis Ecclesiæ, Ex veteri ac novo Testamentis : Tum ex Ho-
miliis et Sermonibus sanctorum approbatorum doctorum, de
novo per Reverendissimum in Christo Patrem ac dominum Do-*

---

[1] Cf. *Gallia Christiana novissima*, Arles (1901), au n° 3062, où cet
acte en latin a été reproduit en entier, d'après la minute originale qui se
trouve dans le « Cartulaire du Chapitre d'Arles » de l'abbé Bonnemant,
t. I, p. 65-71.

minum Joannem Ferrerium, dictæ Arelatensis Ecclesiæ Ar-
chiepiscopum bene meritum absolute instauratum est ».
Au-dessous de ces mots se trouve la marque du libraire Vas
Cavallis, représentant un vase au milieu de deux chevaux dres-
sés sur leurs pieds, avec cette devise du livre des *Proverbes :*
Vas pretiosum labia scientiæ. La page se termine par l'indi-
cation habituelle : Venundantur Aquis, in Palatio Regali per
Vas Cavallis Bibliopolam. M.D.XLIX. (Fig. 5.)

Au feuillet suivant commence l'avertissement en latin par
lequel l'Archevêque rend raison des motifs qui l'ont porté à
donner ce nouveau bréviaire et dont voici les principaux. La
récitation du bréviaire était soumise à trop de règles qui échappaient à bien des intelligences, beaucoup de passages peu conformes à la Sainte Ecriture ou à l'enseignement des saints
Pères s'étaient aussi glissés dans la prière publique : les octaves si multipliées se superposaient l'une à l'autre et rendaient
difficile le choix de l'office et jetaient le clergé dans bien des
embarras. L'archevêque, après une tournée pastorale, ayant
trouvé un de ces vieux livres d'heures rédigé suivant les anciens rites arlésiens s'en servit très utilement pour son œuvre
de réforme. Les antiennes, les versets et les répons furent conservés afin de ne pas remanier entièrement l'ancien bréviaire.
Le calendrier fut plus explicite au sujet de l'indication de l'office. Le psautier fut réparti entre les jours de la semaine. Les
leçons, réduites à trois, furent un peu plus longues et tirées de
la Bible ou des saints Pères, parmi lesquels figurent saint Jérôme, saint Augustin, saint Ambroise, saint Grégoire, saint
Chrysostôme, saint Bernard. Les légendes ou vies des Saints
furent celles du bréviaire romain.

Saxi, dans son *Pontificium arelatense,* signale ces améliorations apportées au Bréviaire arlésien en quelques mots expres-
sifs : «Breviarium mendis et erroribus ut alias Pro-parens pur-

Fig. 5. — TITRE DU BRÉVIAIRE DE 1549.

gavit, novamque in formam antea informe redegit » [archie-
piscopus].

Le calendrier ne mentionne plus le « dies eger » ni les sentences et les règles placées au commencement du Missel de
1530, mais au bas de chaque mois on rencontre des quatrains
latins renfermant « des régimes de santé, si l'on peut donner
ce nom, dit l'abbé Bonnemant, à toutes les inepties qu'on y a
ramassées. Tel était le ridicule goût du temps. On en trouve
de semblables dans la plupart des Bréviaires ou Missels imprimés en France au commencement du xvi⁰ siècle. Il y a lieu de
croire qu'on ne les plaçoit dans ces sortes de livres d'église,
qu'afin de fournir aux curés de la campagne les moïens de se
rendre utiles à leurs parroissiens par la pratique de ces conseils,
soit pour prévenir les maladies, soit pour les guérir. On sçoit
que les ecclésiastiques se mêloient beaucoup de médecine en
ce temps-là. Au surplus les règles qu'on donne dans ces quatrains pour la conservation de la santé ne sont guère dignes
d'attention. La médecine ne souscriroit certainement pas à
toutes les sentences qu'ils contiennent sur cette matière » [1].

Les autres particularités sont les mêmes que celles des précédents calendriers déjà signalés. Une innovation est la désignation du folio où l'office est placé. Les indications astronomiques sont également fautives et sont le fait d'un homme peu
instruit en cosmographie.

Le calendrier est suivi d'une table perpétuelle des fêtes mobiles, ensuite vient un index des principales matières contenues dans le Bréviaire avec renvoi aux folios où elles sont
dans l'intérieur du livre. Finalement se trouvent sept règles
pour apprendre à réciter l'office divin. La dernière page de
toute cette partie est remplie par une gravure assez mal faite

---

[1] L. Bonnemant : *Op. cit.*, art. Jean X Ferrier.

représentant Jésus-Christ en croix entre les saintes femmes, encadrée elle-même par plusieurs motifs d'ornements.

Au fol. I, commence la disposition du Bréviaire telle qu'elle se voit encore aujourd'hui, du moins pour les parties importantes, après la répétition de ce titre déjà vu : « *Ad honorem Domini nostri Jesu Christi, ac beatissimæ virginis Mariæ ejus matris, et beatorum Stephani protomartyris, ac Trophimi hujus sanctæ Arelatensis Ecclesiæ primi fundatoris et Episcopi patronorum ejusdem Ecclesiæ omniumque sanctorum* ».

On remarque, dans ce Bréviaire, le Confiteor spécial à l'Eglise d'Arles, avec l'adjonction des mots :. saint Etienne et saint Trophime [1]. Les octaves, si nombreuses dans le Missel de 1530, disparaissent pour la plupart. On a conservé celles de la fête de saint Trophime et de la Visitation de la sainte Vierge, mais on a supprimé celle de la Conception. Les légendes sont courtes et assez exactes d'après le témoignage de l'abbé Bonnemant, mais en très petit nombre. Pour les saints de l'Eglise d'Arles, il n'y a que saint Honorat et saint Hilaire qui en aient. C'était pousser un peu loin la critique, car, après tout, on ne trouverait rien à dire aux actes de quelques-uns de nos saints de Provence, tels que saint Césaire, saint Genès et autres. Le jour de l'Epiphanie, on lisait, après Matines, la généalogie de Jésus-Christ selon saint Luc. Bonnemant fait aussi cette observation que la troisième leçon de la Conception de la sainte Vierge est composée de plusieurs passages des saints Pères qui ne prou-

---

[1] Il est ainsi conçu : « *Confiteor Deo omnipotenti Beatæ Mariæ semper Virgini, beatis Stephano et Trophimo et omnibus Sanctis et tibi Pater quia peccavi nimis cogitatione verbo et opere : Mea culpa, mea culpa, mea maxima culpa. Ideo precor beatam Mariam semper Virginem, beatos Stephanum et Trophimum omnes Sanctos et te Pater, orare pro me Dominum nostrum.*

vent pas à la rigueur « l'immaculéité », sauf deux qui, à la vérité, sont formels, mais ne sont pas de saint Bernard et de saint
Augustin, auxquels on les attribue.

L'abbé termine l'examen de ce bréviaire par ces mots flatteurs si rares sous sa plume :

« Enfin, après un mûr examen de ce Bréviaire, on ne peut
disconvenir que Jean Ferrier n'eût de la religion, du goût, de
la critique et de la sagacité » [1].

Une note de la main de Bonnemant, écrite sur l'exemplaire
qui lui appartenait, nous fournit quelques détails sur l'impression de ce livre : « L'an 1547, le 15 juillet, Mgr d'Arles et le
chanoine Cazaphilète, au nom et comme procureur du Cha-
pitre, ont contracté avecques Maistre Vaschavalis, libraire
d'Ays, et lui ont donné à faire imprimer huict cens Brévieres,
apert par Me Anthoyne Surian, notaire à Saint-Chamas. » Archives du chap. d'Arles. Délibérations du 2 sept. 1542 jusques
au 7 décembre 1551, fol. 241 v°.

Nous savons de plus que ce Bréviaire a été imprimé à Lyon,
en 1549, par Théobald Pagan. On lit au verso du folio 543,
le dernier du livre, ces mots en gros caractères :

Lugduni, excudebat

Theobaldus Paganus

1549

Le chanoine Marbot, dans une note de la page 179 de sa
« Liturgie Aixoise », nous apprend que ce bréviaire est d'une
composition analogue à celui du cardinal Quignonez. Il nous
dit aussi, p. 214, que ce même personnage avait été chargé en
1529 par le Pape Clément VII, de composer un nouveau bré-

---

[1] L. BONNEMANT : *Op. cit.*, à l'article Jean X Ferrier.

viaire qui fut publié sous sa forme définitive en 1538, et qu'il est beaucoup plus bref et plus littéraire que l'ancien.

Peut-être serait-il bon d'ajouter qu'il existait un ouvrage édité par le même libraire, sorti des mêmes presses, la même année 1549 et contenant la manière de bien réciter l'office divin. Malheureusement, nous ne connaissons ce livre que par son titre imprimé que nous rapportons textuellement : « *Petri a Burgo Avenionensis ad venerabileis canonicos arelatenseis de divino cultu religiosé tuendo, sacrarumque literarum studio colendo epistola, quæ continet etiam summam commendationem codicis precum horarium recens excussi typis Theobaldi Pagani in usum diœceseos Arelatensis qui quidem codex sua commoditate ad omnia munera Ecclesiastica aptissime obeunda valet.*

Diurnaux et Matines de 1554 ?

Nous hésitons à parler de ces derniers livres liturgiques : il ne paraît pas d'une manière certaine qu'ils aient été imprimés. On n'en trouve nulle trace dans l'histoire ecclésiastique d'Arles. L'abbé Bonnemant, si attentif à recueillir ce qui avait le moindre intérêt pour sa ville natale, aurait certainement sauvé de l'oubli ces livres en s'en procurant des exemplaires, ou tout au moins en nous laissant quelques notes manuscrites à leur sujet. Il a simplement inséré dans son *Cartulaire du Chapitre de la sainte Eglise d'Arles*, t. I, p. 535 [1], un projet d'impression de ces livres, dont voici la substance : Le 4 novembre 1553, Laurent de Brunet, vicaire général, agissant au nom de l'archevêque, et les autres chanoines de Saint-Trophime ;

---

[1] Cf. : *Gallia christiana novissima*, Arles (1901), où cet acte est reproduit en entier, au n° 3066.

Antoine Albe, prévôt ; Gaspard Autric, trésorier ; Antoine Icard, Antoine de Porcellet, Pierre Sanson, Auriac de Burgo, François Vincent, Honorat Mandoni, François de Varadier, Barthélemy Gilles, Jean Icard, assemblés en chapitre, convinrent avec Jean Ravel, conventuel de la même église, de ce qui suit : Jean Ravel fut autorisé à faire imprimer et à vendre, en quantité suffisante, des Diurnaux et Matines, selon le rite de l'Eglise d'Arles, composés « de bonnes lettres » d'après le Diurnal de Rome imprimé à Lyon, en 1547, par Vincent Portanaris. Il ne pouvait demander plus de huit sous des Diurnaux reliés et trois sous et demi des Matines. L'imprimeur était également obligé pour le même prix de faire relier et dorer cent Diurnaux et cent Matines pour l'usage du Chapitre. Il ne devait commencer tout ce travail qu'après avoir obtenu la signature du grand vicaire et du Chapitre. Cet acte fut dressé, à Saint-Trophime, par le notaire Antoine Nicolay, en présence d'Antoine Place, prieur de Saint-Laurent, et de Trophemon Brunet, écuyer d'Arles. Un premier ajournement empêcha la réalisation de ces promesses et finalement, le 23 juin 1554, Ravel passait sa permission à Masse Bonhomme, imprimeur de Lyon. Un second délai priva pour toujours les prêtres du diocèse de ces nouveaux livres liturgiques, c'est du moins notre opinion.

Il ne faut pas trop le regretter. Le pape Pie V, en effet, par sa constitution *Quod a nobis*, encore en vigueur, ordonna partout l'adoption du bréviaire romain que le Saint-Siège venait de refondre selon le désir du Concile de Trente. Le diocèse d'Arles se soumit assez vite à cette décision, à peine vingt ans après que l'ordre en fut venu de Rome. Ainsi l'atteste une note du chanoine Jean Feutrier : « L'an mil cinq cent huitante huit et le samedi vingt sixiesme jour de novembre, premières vêpres de l'Avent, en la sainte Eglise d'Arles fut commencé l'office de Rome, a l'honneur de Dieu, la Vierge Marie, saincts et sainctes du Paradis, suivant le sainct Concile de Trente et l'ordonnance sinodalle de Mgr le Révérendissime Silve de Saincte Croix, archevesque du dit Arles. Dieu nous fasse la grâce de si bien le continuer qu'à la fin de nos jours nous puissions jouir de la joye céleste » [1].

Les livres liturgiques d'Arles avaient vécu. Peu à peu la main destructive du temps et l'oubli des hommes allaient faire rares ces témoins d'un autre âge, au point de les rendre presque introuvables. Il est permis de le déplorer. C'est un peu de l'ancienne et illustre gloire de la vieille cité épiscopale qui s'en est allée avec eux. Et combien serait-il souhaitable, avant que ne disparaissent entièrement ces naïves légendes de nos saints de Provence, ces attachantes hymnes et proses arlésiennes, qu'une main pieuse les recueillît et les éditât de nouveau dans l'intérêt de tous ceux que ces choses passionnent !

· Abbé M. Chailan.

---

[1] L. Bonnemant : *Op. cit.*, article Silve de Sainte-Croix, p. 6.

VII

LE VIEUX CHATEAU DE GRIMALDI
à Puyricard

Plans, Actes divers et Traditions locales.

Par Mme **Eugénie HOUCHART**, membre de l'Académie de Vaucluse.

Passant tous les étés dans une propriété maternelle qui fait partie des assises fortifiées de l'ancien « podium » de Puyri-

Ruines de Grimaldi, vue prise du sud.

card, où se trouve le château de Grimaldi, j'ai été tentée d'étudier ce joli coin de notre Provence.

Mes recherches m'ont donné une ample moisson de documents inédits. Laissant, pour le moment, de côté tout ce qui concerne le pays de Puyricard, je me contenterai de résumer ici, en quelques pages rapides, les nombreuses pièces que j'ai glanées sur le château du cardinal :

Projets des architectes, dessins des voûtes, des escaliers, des mosaïques et plan complet de Grimaldi, à l'époque où le proverbe original qui inspira un chant connu devait avoir cette forme :

> « Lei Paricarden
> Soun viéu coumou d'aigo-ardènt !
> Juegon ei bocho,
> Soun castèu s'esbocho... »

Aujourd'hui, l'axiome a dû se modifier avec la chanson :

> « Lei Paricarden...
> Juegon ei boulo,
> Soun castèu s'esboulo... »

Car le vieux castelas est à l'état de ruine.

Le romain lui a laissé des fragments de poteries ; les XIIIᵉ et XIVᵉ siècles, leur moyen-appareil ; et le XVIIᵉ, quelques restes de ses splendeurs.

Cette ancienne communauté de Perricard ou Puy-Ricard était un PODIUM élevé et fortifié [1] comprenant autrefois une forteresse, le château des seigneurs du lieu (lequel était divisé en deux parties, l'une à la famille des Baux, l'autre aux archevêques d'Aix, co-seigneurs de Puy-Ricard) et quelques maisons

---

[1] Ce qui explique pourquoi l'ancien Ricardi s'appelait Puy, le village actuel se trouvant dans la plaine. Le nom de Ricard lui vint peut-être de son premier seigneur.

d'habitation. Le tout était entouré de remparts et de bastions, dont les vestiges existent encore.

Puyricard fut compris, semble-t-il, dans la concession que fit Raymond Béranger de Provence en 1150 aux comtes des Baux et appartint à cette importante maison pendant plusieurs siècles.

La Statistique des Bouches-du-Rhône nous apprend qu'en 1167 le château fut habité par Bertrand, et en 1289 par Raymond, tous deux membres de la famille des Baux.

Au XIIIe siècle, Raymond des Baux était co-seigneur de Puy-Ricard. Il demeurait dans l'ancien château qui se trouvait sur la hauteur.

Depuis la mort d'Elip des Baux et la révolte de François, duc d'Andrie, la moitié de la seigneurie revint à la cour de Provence [1].

Au XIVe siècle, la seigneurie est donc partagée en deux parties, dont l'une appartient aux *Comtes de Provence* après les seigneurs des Baux, et l'autre, comme auparavant, aux *archevêques d'Aix* [2].

Les Archives de l'Archevêché nous apprennent que le roi René donna à Vital de Cabanes, juge des premiers appels d'Aix, le château de Puyricard.

Pierre de Cabanes abandonna à l'Archevêque d'Aix, alors Ollivier de Pennard, en 1477, sa moitié de la seigneurie, donnée par René, en échange du château de *Graveson* [3].

---

[1] Statistique des Bouches-du-Rhône.

[2] ALBANÈS, *Gallia Christiana*, p. 61. *Instrumenta*. Arnaud de Narcès, élu archevêque d'Aix, en 1337, fit son testament et mourut en 1348, en son château de Puyricard, où il s'était retiré pour échapper à la peste.

Arnaud II qui lui succéda et siégea dix ans, mourut aussi au château de Puyricard, en 1358.

[3] L'acte d'échange est contenu dans une ancienne *charte* des Archives du Chapitre d'Aix. « Acte passé le 10 mars 1477, la neuvième année du pon-

Les archevêques d'Aix, jusque là co-seigneurs de Puyricard [1], deviennent seigneurs proprement dits, le jour de cet échange.

En 1630, le château ancien est presque tout démoli.

Le sieur Michaëlis, dont la propriété se trouvait à un kilomètre de là, loue ce qui reste du vieux château pour y enfermer ses récoltes.

Mais en 1655, la venue de Mgr Grimaldi à l'Archevêché d'Aix fait casser le contrat.

***

Gérôme Grimaldi, archevêque d'Aix de 1655 à 1685, appartenait à une des premières familles d'*Italie* qui possédait de grands domaines sur le littoral [2].

Le blason des Grimaldi était : « *losangé d'argent et de gueules sans nombre* ».

Né à Gênes, le 20 août 1597, fils de Jean-Jacques Grimaldi, baron de Saint-Féli, au royaume de Naples, de la branche des Grimaldi-Cavalleroni, sénateur de Gênes, et de Hieronima de Mari, ce prélat occupa dans l'église les plus brillantes situations [3].

Il avait été nonce extraordinaire auprès de l'empereur, gou-

---

tificat dudit archevesque, sous le règne de René, dans une audience particulière du palais royal, en présence de plusieurs notabilités de la Provence. Ollivier de Pennard donne tout son domaine de Graveson et compte encore 500 florins (environ 11.000 fr.). Le sieur de Cabanes donne à l'Archevêque son fief de Puyricard, sous quelques réserves. »

[1] Ecclesia Podio Ricardo (l'église de Puyricard) payait à l'archevêché, dans le synode tenu à Aix, en 1251, la redevance de II s. |IIII d.

Au rôle des décimes du XIVe siècle, sa taxe était de LX s. (Arch. dép.)

[2] Le golfe de *Grimaud*, près *Saint-Tropez*, porte leur nom.

[3] ALBANÈS, *Gallia Christiana*, diocèse d'Aix, p. 141, 142 et ss.

verneur de Rome. Urbain VIII le nomma évêque de Silésie et nonce apostolique de France. En 1643, il le comprit dans la promotion de juillet et le fit cardinal.

Mgr Grimaldi sacra Michel Mazarin, en 1645, lequel fut archevêque d'Aix durant trois années.

A la mort de ce prélat, survenue en Cour de Rome, en 1648, la France proposa immédiatement Gérôme Grimaldi pour lui succéder. Le pape Innocent X, désirant conserver seul le droit d'élire les évêques, refusa de ratifier l'élection faite par le roi [1].

Alexandre VII mit grand empressement à donner ses bulles au cardinal (31 août 1655).

En fin novembre, Monseigneur arriva en Provence, et son installation eut lieu le 3 décembre suivant. Cet épiscopat mémorable dura trente années.

Mgr Grimaldi aimait les pauvres qu'il visitait souvent. Ses aumônes annuelles montaient à *30.000 fr.* [2].

Jouissant d'une réelle fortune personnelle et d'un revenu considérable, le cardinal fit construire le grand séminaire d'Aix et conçut le projet, dit-on, de rebâtir la cathédrale de *Saint-Sauveur*, sur le modèle de Saint-Pierre de Rome ; mais devant les difficultés [3], il résolut de faire élever un château seigneurial, à Puyricard, où se trouvaient quelques ruines de l'ancien.

Situé à proximité d'Aix, sur un haut plateau qui, par la vallée de la Durance, reçoit l'air des Alpes, dans une position

---

[1] Le cardinal Grimaldi, quoique muni de son brevet et de ses titres, s'abstint d'en faire usage, par devoir de conscience, durant sept années, tant que vécut Innocent X.

[2] Fisquet, *France pontificale.*

[3] Le Chapitre s'y opposa, pensant n'avoir jamais les moyens d'entretenir un tel édifice.

climatérique exceptionnelle, Puyricard était bien ce que l'historien *Pitton* appelle « un fort bon lieu » [1].

Limitée au nord par la colline de Trévaresse qui, de Venelles, fuit en pente douce jusqu'à Rognes, la vue s'étend largement vers la droite où, au-delà de la plaine d'Éguilles, celle de Velaux se fond dans la mer. A gauche et dans le lointain, estompée de vapeur claire, la montagne de la Victoire dresse sa silhouette glorieuse. Au midi enfin, précisant l'horizon, le massif sombre d'Entremont se détache sur la chaîne bleue de l'Étoile...

On comprend qu'en homme de goût, le cardinal fût tenté par ce beau site, d'autant mieux qu'il était, en tant qu'archevêque d'Aix, seigneur de Puyricard.

Un acte passé en 1665, entre le cardinal et les maçons Henri Mouret et Pierre Mignet, indique la place qu'occupait l'ancien château [2]. Une autre pièce du 31 décembre 1665, signée par le cardinal et le sieur Benoist, parle de « l'ancien village démoli » qui était sur cette hauteur.

Donc, nous constatons que, lorsque Mgr Grimaldi voulut faire bâtir à Puyricard, il n'y avait plus sur le podium ni village, ni vieux château.

Il ne restait de la forteresse qu'une seule tour élevée au-dessus des remparts [3]. Elle entrait dans la ligne de fortifications qui comprenait, nous le savons formellement, la tour du Puy-Sainte-Réparade, la tour de Puyricard, la tour d'Entremont, la tour de la Keyrié, près Aix.

-----

[1] Pitton, *Les Antiquités découvertes à Puy-Ricard* en 1657.

[2] Nous verrons cet acte plus loin.

[3] Quelques-uns la désignent sous le nom de Tour de la Reine Jeanne, attribution trop fréquente et employée avec plus ou moins d'exactitude en Provence et dans le Comtat.

M^sr Grimaldi fit établir dans celle de Puyricard le *pigeon-nier* du château. C'est sous cette appellation, du reste, qu'elle figure dans un plan de l'époque.

Les fondations du château sont creusées, les soutènements bâtis sous la direction de Jean Roquebrune, conseiller à la Cour et intendant de Monseigneur [1].

La vieille tour de Puy-Ricard.

Lentement s'édifient les murailles, le cardinal faisant démolir tout ce qui n'est pas très droit et d'une extrême solidité.

En quelle année exactement commença la construction ? Est-ce en 1655, année même de l'installation de M^sr Grimaldi ?

---

[1] Nous avons pu retrouver, pour les réunir ici, les noms de l'intendant, de l'architecte et des principaux ouvriers qui travaillèrent au château.

Pitton, son contemporain, et après lui M. de la Tour Keyrié [1] disent qu'en 1657 les travaux étaient entamés.

Nous ne saurions préciser. Mais, ce qui est certain, c'est que le vrai point de départ de la construction importante est 1665.

Cette année-là, Monseigneur fait venir d'Italie, ainsi que nous l'apprennent des *documents inédits de l'archevêché d'Aix*, son compatriote, le Gênois, Giovani Batici Constanzo, architecte.

Celui-ci, ajoutent les mêmes actes, s'inspirant à la fois du « Palais Mazarin à Monte-Cavallo, du Palais Médicis à Monte Pincio à Rome e della Casa di san Pier d'Arrena, de Gênes », dessine un plan complet et compose de nombreux projets [2].

Voici une curieuse note indiquant en Gênois les différentes parties du château.

Cette note est datée de 1665, à primo :

1. Il cortile verso levante,
2. La terassa verso levante,
3. Il cortile verso mezzo giorno.
4. La terassa verso Ponente.
5. Il cortile verso Ponente
6. Scala indeto cortile.
7. Sito dove si tieno le carosse.
8. Il cabineto contigo alla torre.
9. Scala per descendere in cucina; la mezaria.

---

[1] *Excursions aux environs d'Aix.*

[2]
C   Escalier tournant à colonnes doubles.
D   Escalier de 15 degrés.
E   Escaliers pour monter aux tours.
F   Fenêtre cintrée.

10. Stansa nel centro della torre.
11. Camera verso tramontana.
12. Il saloto della parte di tramontana.
13. Sala a palmi alla cornice (volsono della volta a palmi 12
    e il saloto alto de palmi 20 alla cornice.
    Il volsono della volta a palmi 10).
14. Scala maestra, sopra la logia.
15. Logia innansi la sala.
16. La camera verso Ponente.
17. Il saloto di mezio in facia il cortile.
18. La prima stansa verso mezzo giorno (Le fenestre del
    piano di sale sono fati in palmi 6 di luce consuoi
    quadri di sopra. Le porte sono alte dieci palmi e large 5
    de luce).

De vostro illustrissimo, reverendissimo... servitore,

Gio B^{ci} Constanzo, arch.
(Giovani Batici, en dialecte génois).

Quand les plans sont arrêtés par l'architecte, Monseigneur
passe des conventions avec ses entrepreneurs.

Voici un acte, relatant le prix fait de certaines parties de la
construction :

« L'an mil six cens soixante-cinq, le dis septième du mois
de novembre après midi, devant notaire, constitués en leur
personne, ont comparu *Henri Mouret* et *Pierre Mignet*,
maîtres-maçons de Jouques, se sont faits forts et promettent de
le satisfaire, à Mgr Grimaldi, absent, et à M. *Jean Roquebrune*,
son intendant, conseiller à la Cour, de parfaire bien et convenablement toutes les murailles et massonneries, crottes et

voûtes qui seront nécessaires pour la construction du château
de Puyricard que Son Éminence fit déjà commencer de bâtir
au lieu où était *l'ancien château* [1].

«Comme aussi emploieront la *pierre de taille* qui sera nécessaire pour la bâtisse dudit château et feront le chemin à la
hauteur qui sera nécessaire par dessus le toit [2], le tout convenablement fait et assorti, et pour ce, moyennant le prix de
24 sols la canne carrée des murailles de *massonneries* réduites
à deux pans d'épaisseur, à la réserve des voûtes et crottes qui
se mesureront suivant les épaisseurs qui se trouveront [3].

« Toute la muraille devra être rebouquée avec du bon mor-
tier, etc... »

Le touriste qui passerait à Grimaldi et qui comparerait le
prix de revient de ces murailles et celui des maisons en carton-
pâte que l'on construit de nos jours, ne pourrait s'empêcher
de dire : « Heureux temps, où l'on obtenait de pareils monuments, au prix de 24 sols la canne carrée !... »

Nous trouvons un état de ce que coûta le *bois* de mélèze,
venant des Alpes, pour le château du cardinal : *3.520* livres.
Le tout débarquait au port de *Peyroles* et était transporté sur
des chariots.

Un autre acte indique le compte total du bois employé à

---

[1] Donc les travaux sont entamés déjà. On les reprend sur un meilleur
plan, Monseigneur change d'entrepreneur.

[2] On sait que les voitures accédaient à la hauteur du premier étage,
par la terrasse du midi.

[3] Les murailles de pourtour ayant sept pans d'épaisseur, devaient coû-
ter, d'après ce canage, trois fois et demi 24 sols la canne carrée.

cet effet par le sieur *Augustin Raynaud*, charpentier, soit *3.563* livres [1].

Les plus nombreuses pièces concernant le château sont datées de 1665.

La largeur du château était de *63 mèt. 50*. La profondeur, sans compter la logia, *27 mèt.* [2]

Par comparaison, d'après le plan, à l'échelle graduée, nous obtenons *33 mèt.* de la base à la terrasse supérieure. Les tours atteignaient plus de *40 mèt.* [3]

Il a été question de 80 tombereaux ayant transporté la pierre du *Puy-Sainte-Réparade* à Puy-Ricard [4].

Si nous en croyons la légende, un autre moyen de transport plus ingénieux aurait été employé. Le cardinal qui aimait les ouvriers et occupa fort longtemps les gens de la localité à cette construction, aurait fait établir une *chaîne d'hommes* au-dessus de la Trévaresse et dans le vallon, sur un parcours de plusieurs kilomètres. Les hommes se passaient rapidement, de l'un à l'autre, la pierre toute taillée.

Cette chaîne vivante, d'après la tradition, aurait été placée du Puy-Sainte-Réparade à Puyricard, ayant à sa gauche les fermes de la *Denise*, la *Sibérie*, au loin *Ganaï*, puis *Alphéran ;* à droite, *Pontier*, et plus bas *Moussu Estiéni*, lou *Pastro e Miquéli*.

Ce qui est certain, des commandes d'ailleurs en font foi, c'est que, pour la *Chapelle Renaissance* attenante au château, la pierre de Calissane a été employée [5].

---

[1] *Documents inédits des Archives de l'Archevêché.*

[2] On peut mesurer encore la partie nord de l'édifice.

[3] Nous avons un plan exact de l'édifice dans les Pièces justificatives.

[4] Pitton et, après lui, M. de Duranti la Calade dans les *Excursions aux environs d'Aix* que M. de la Tour Keyrié fit paraître.

[5] Une note de 1670 relate une importante commande du cardinal.

***

Cette chapelle qui mesurait *25 mèt. 1/2* de long et *18 mèt.* de large en comptant les deux nefs, était presque entièrement bâtie en pierre de *Calissane* blanche et fine, au grain demi-dur, très propre à l'ornementation.

Dans le chœur, sont encore parfaitement conservées des colonnades avec leurs chapiteaux à feuilles d'acanthes, grandes et petites, des bucranes et diverses dentelures.

Il y avait trois nefs : celle de droite, démolie ou obstruée [1], et celle de gauche qui, bien qu'affectée à divers usages de grange et d'écurie, est mieux conservée.

A l'extérieur, quelques pierres de Rognes, jaunâtres, incrustées de coquilles, sont mêlées à la construction. Mais sous l'action de l'air, elles se sont effritées.

En 1789, la chapelle était encore en très bon état. Sur le dôme [2], se trouvait la statue de la Résurrection du Sauveur, laquelle, donnée au Chapitre d'Aix, est placée actuellement dans les cloîtres de la cathédrale [3]. Cette statue en marbre est attribuée à *Bernin*.

Nous savons que Bernini, invité par Louis XIV, qui désirait le consulter au sujet de la restauration du Louvre, vint en France, en 1655. Peut-être' M⁶ʳ Grimaldi profita-t-il de son passage en Provence pour lui commander une œuvre d'art ?... Peut-être aussi, ne le fit-il que plus tard, car Bernini ne mourut qu'en *1680* (cinq ans avant le cardinal).

---

[1] Celle-ci porte une inscription.

[2] FAURIS DE SAINT-VINCENT *(Manuscrits)* cité dans sa notice sur Puyricard, par l'abbé ROUSTAN et, après lui, par M. DE LA TOUR KEYRIÉ.

[3] C'est là que nous avons pu la photographier.

Les *dates* peuvent donc coïncider. Quant à la *facture*, elle rappelle assez, par le brio de l'exécution et la richesse des draperies, les autres œuvres de Bernini : soit le groupe de sainte Thérèse avec l'ange à Sainte-Marie-de-la-Victoire, soit la statue équestre de Louis XIV, dont on a fait un *Curtius*, près de la pièce d'eau des Suisses, à Versailles, soit surtout le *Longin* de Saint-Pierre de Rome.

Aujourd'hui, le dôme de la chapelle s'ouvre tout grand sur le ciel. A la place de la statue de Bernini, se penche un poétique figuier, l'arbre fidèle à toutes les ruines, en Provence comme en Arcadie.

*
* *

En même temps que le château et la chapelle s'élevaient d'autres constructions sur la hauteur :

L'une qui figure sur le plan sous le nom de *pharmacie* et que diverses notes désignent comme *apothicairerie*, était située au sud de la chapelle.

C'est la seule partie conservée[1]. Le cardinal l'avait fait construire dans le but d'y faire distribuer des médicaments gratuits à Puyricard. Par testament du 1ᵉʳ septembre 1684, un an avant sa mort, l'archevêque dota cette maison de la propriété de Lignane[2].

---

[1] Elle est habitée actuellement par la famille Piffard, de Marseille, propriétaire des ruines.

[2] Lignane rapportait soixante charges de blé, lesquelles étaient partagées entre les pauvres de Puyricard et du Puy-Sainte-Réparade.

Un médecin et une pharmacie étaient entretenus en faveur des indigents. La viande et le linge devaient être fournis par le Séminaire (à qui plus tard fut donné Lignane).

L'apothicaire du cardinal se nommait Pastorel.

Au Nord-Est du château se trouvait la *Glacière*. Celle-ci subsiste encore, sous l'aspect un peu agrandi d'une de ces cabanes en pierres sèches et de forme sphérique que les bergers construisaient dans les champs pour s'abriter en temps d'orage.

Entre la Tour déjà citée, de construction plus ancienne que tout le reste et la Pharmacie[1], se trouvait la *Bergerie*, dont les vestiges se confondent avec les débris de l'ancien rempart. Le cavage de la bergerie, l'élévation des *crottes* et *voûtes* se fait, à partir de 1666. La pierre de taille y est employée. Le travail fait à cette bergerie, du 25 septembre 1666 jusqu'au dernier jour de juin 1667, ne s'élève pas à moins de *1466 livres 16 sols* [2]. C'est dire que le cardinal n'épargnait rien pour que tout soit bien conditionné.

Dans un quadrilatère situé au midi du château, entre la vieille tour et la bergerie, existait une importante *Orangerie*. L'Archevêque en avait fait venir les plants de son pays. On y accédait par un portique.

Au centre de l'Orangerie, se trouvait sur son socle, d'où s'échappait une nappe d'eau, une belle statue, grandeur naturelle, en pierre de Calissane, représentant la *déesse Pomone*.

Dispositions testamentaires du cardinal : « Je désire, qu'en la maison que j'ai fait construire dans ce but à Puyricard, un chirurgien apothicaire ou un habile garçon en ce métier y fasse sa demeure.

« Je donne Lignane au Séminaire, à condition de dire une messe deux fois la semaine, dans l'église que j'ai fait *rebâtir* à Perricard. »

Le mot de rebâtir nous indiquerait que, sur cet emplacement de la chapelle actuelle, s'en trouvait une autre antérieurement. Le chiffre 1546 sur une vieille pierre qui se trouve dans la chapelle latérale de droite indiquerait peut-être la date de la première construction.

[1] Voir le *plan* de l'époque aux Archives départementales.

[2] Notes des frais mentionnés dans les Archives de l'Archevêché d'Aix.

De la draperie qu'elle soulève s'échappent des grappes de raisins [1].

Il est dit que le cardinal fit aussi élever à *Louis XIV* une statue destinée à être placée dans le château avec cette inscription :

LUDOVICO MAGNO
ECCLESIA AQUENSIS

***

Pendant ce temps, l'importante construction se poursuit.

En 1671, Jean Jaubert, maître-maçon, expert du cardinal, est chargé du canage des murailles. Certaines parties étant défectueuses, on les abat. Le 4 décembre 1673, des Italiens de Gênes viennent carreler. Dans le *prix-fait* pour le pavé de la galerie, nous lisons : « Six livres, dix sols la canne, mais avec la frise, cela coûtera davantage à votre Eminence. »

Il existe un plan pour faire un pavé en carrés de marbre « di ott' angli, come la logia di san Pien d'Arrena ». Ci-joint un projet pour faire un *lastricato* (pavimentum) *à la mode de Venise* [2].

Le 9 décembre 1674, canage de la pierre de taille employée au bordat.

En 1681, nouveau canage des murailles. Honoré Pourchier fournit les tuiles de la toiture. Deux *tours* carrées dominent l'édifice [3]. Des *escaliers* à l'italienne conduisent à l'étage

---

Elle est actuellement, bien conservée, dans le jardin du Clos des Sources, à Puyricard.

[2] Dessin reproduit dans les notes.

[3] Il restait encore une bonne partie de celle de l'Est, en 1857. *(Manuscrits des contemporains.)*

noble (piano nobile). D'autres, à balustres et à colimaçon, conduisent aux tours.

Du côté du midi se trouvent quatre grands arceaux et, au centre, trois plus petits, reliés par *d'élégantes colonnades sculptées* sur deux étages. Les portes-fenêtres qui donnent accès sur les terrasses sont placées un peu en recul. Au troisième étage, une rangée de douze fenêtres, très régulièrement disposées.

Au nord, celles du milieu, à tous les étages, sont géminées[1].

Le cardinal-seigneur, qui a un goût très prononcé pour les œuvres d'art, veut que ce château ne le cède en rien, par sa magnificence, aux palais romains. Il fait venir des artistes italiens pour l'ornementer. Le mode de peinture employé par eux est quelque peu analogue à celui des fresquets actuels. Nous retrouvons, dans les documents précités[2], de curieux détails de leur procédé, avec le compte fait des peintures. Le tout est écrit en gênois. Nous avons essayé de les traduire, en les résumant : « Pour blanchir la muraille, la *dresser* avec une règle ; la *fretasser* avec une planche plate et propre, de deux palmes de long. Passer au tamis de la chaux blanche, vive, fort détrempée dans de l'eau fraîche. Cette chaux s'étend sur la muraille avec la truelle, bien également[3]. Mêler ensemble du blanc d'œuf et du savon détrempé. Avec un grand pinceau, asperger de ce liquide la chaux fraîche encore ; vérifier s'il n'y a aucune fissure. Ce travail doit être fait *screpaturo* (rapidement).

---

[1] La légende a voulu dire que cette fastueuse demeure possédait autant de fenêtres qu'il y a de jours dans l'année. Sans doute, l'on devait compter toutes celles donnant dans les cours intérieures. Même avec cette concession, nous sommes loin d'affirmer l'exactitude de ce chiffre.

[2] Archives de l'Archevêché d'Aix.

[3] Ceci est une sorte de stuccage.

Chaque douze palmes au cadre carré, il faut mettre demi-livre de savon et douze blancs d'œufs, le tout bien battu et allongé. Là-dessus se font les fresques. »

Il est regrettable que nous n'ayons pu retrouver les détails de ces décorations ; les scènes représentées eussent été intéressantes [1].

Tandis que les peintres décorent les salles, des tapissiers posent les tentures [2]. Ceci prouve que le château a été, au moins pour certaines parties de l'édifice, terminé [3]. Près de trente ans, l'on travailla à la construction de ce château, pour lequel le cardinal a dépensé, dit-on, *deux millions*.

Il le fit si grand, peut-être dans le but d'y tenir les conciles provinciaux, dont il voulait rétablir l'usage.

En 1685, la mort de Mgr de Grimaldi arrêta soudain la réalisation de ces beaux projets.

*
* *

Les successeurs du cardinal ne jouirent pas de cette construction qui fut abandonnée douze ans, à la suite des démêlés relatifs à la nomination des évêques, entre la Cour et le Saint-Siège Les archevêques de la Berchère et de Cosnac, dont

---

[1] Les modernes fresquets ne dessinent par avance aucun projet. Ils peignent d'imagination, *à priori*.

[2] La trace des clous des tapissiers est encore visible à certaines parties du château.

[3] Il a, du reste, été habité par le cardinal. A la vente des meubles de Mgr Grimaldi, faite en 1686, est relaté : « Un lit de damas rouge, provenant de la chambre des Empereurs, au château de Puyricard, vendu au procureur général de Brue cent treize livres. »

le premier fut administrateur illégitime de la villè d'Aix, ne l'occupèrent pas [1].

Mgr de Vintimille, archevêque d'Aix, de 1708 à 1729, dans l'impossibilité où il se trouvait d'entretenir d'aussi vastes constructions, désirait obtenir de Louis XIV l'autorisation de les abattre. Dans ce but, il fit faire par Vallon, architecte d'Aix, un plan du château indiquant la partie à démolir [2].

En 1709, un arrêt du Conseil d'Etat autorise l'archevêque Vintimille du Luc à faire démolir la partie du château qui est du côté du couchant comme « trop dispendieuse à entretenir et menaçant ruine. » La même année ont lieu les enchères de la démolition [3]. Toujours en 1709, arrêt du Parlement ordonnant que les experts examineront si la démolition d'une partie du château n'entraînera pas la ruine de l'autre partie. — Conclusion des experts, disant qu'il y a menace de ruine totale.

Le 23 octobre 1709, une partie du château fut minée.

En 1711, nouveau rapport de Vallon, architecte de l'Archevêque, attestant le défaut de solidité du château et l'impossibilité de le rétablir.

La même année arrive enfin un arrêt du Conseil d'Etat autorisant la démolition complète, sauf la chapelle, l'apothicai-

---

[1] En 1691, sous Mgr Berchère, se fit le nivelage du puits de Font Cuberte dont les eaux étaient à treize cannes en contre-bas du château. La propriété Alexis eut droit reconnu à la *surverse*.

[2] Ainsi qu'il est indiqué dans le plan, la partie à conserver est teintée en rose, celle à démolir est sombre. Liasse de Vallon : « *Le château a été entièrement construit*, mais il n'est pas solide à cause de la méchante qualité de la bâtisse et des mauvais terrains qui la soutiennent. » Cette déclaration, à notre humble avis, semble être le résultat d'une complaisance d'architecte. La vérité est que l'Archevêque, surchargé par ses œuvres, ne voulait pas entretenir un monument devenu inutile.

[3] La première adjudication de la démolition, au sieur François Aubert, quinze cent cinquante livres.

rerie et le lieu affecté à la distribution des viandes aux pauvres malades (3o août 1711).

Encore la même année, selon des papiers de famille, les
bombardiers de M⁣ᵍʳ de Vintimille tirèrent sur le château plusieurs coups de canon.

Enchères de la démolition [1].

L'Archevêque, d'après l'arrêt précité, peut employer les deniers de cette vente, ainsi que les pierres provenant de la démolition, soit au palais archiépiscopal, soit à ses fermes de
Puyricard [2].

Plusieurs habitants de la localité se servirent aussi de cette
pierre de taille pour construire leurs maisons de campagne.

En terminant, disons que sous la Révolution, tous les biens
appartenant à l'Archevêché furent vendus, comme nous l'apprennent les actes faits en la maison commune d'Aix, le
28 février 1791 [3].

Aujourd'hui, ce qui reste des splendeurs fastueuses du château du cardinal présente l'aspect d'une immense ruine. Le nid
de l'orfraie et celui de la colombe y vivent dans une harmonie
au moins apparente.

Et, sur ces murailles dont le stuccage ingénieux des Gênois

------

[1] C'est François Aubert, maître-maçon d'Aix, qui est de nouveau adjudicataire à huit cent vingt-cinq livres qu'il paie à l'Archevêque. Il accepte
de démolir, à condition d'avoir tuiles, fenêtres, portes de bois, poutres,
soliveaux et autres matériaux.

[2] Une partie de ces pierres alla encore au Séminaire. Une autre partie à
l'aile de l'Hôpital Saint-Jacques, dite des Convalescents.

[3] Là se trouvent consignés tous les prix des adjudications.

couvrit toutes les fissures, l'abeille trouve de larges fentes pour cacher son miel.

Tel devra demeurer, peut-être longtemps encore, esquissant sa silhouette démantelée sur le ciel bleu de la Provence, le vieux château de Grimaldi :

« Quand sur ses murs branlants il sent trembler la pierre,
« Il la retient, avec une étreinte de lierre
« Et poursuit mollement son rêve de cent ans ! [1] ».

E. HOUCHART.

[1] *Estelle*, chant v\u1d49, p. 107.

Ruines de Grimaldi, vue prise du côté de l'Ouest.

VIII

CURIOSITÉS NOTARIALES

par **M. l'Abbé REQUIN**, archiviste du diocèse d'Avignon,
*Correspondant de l'Institut, membre d'honneur de l'Académie de
Vaucluse.*

Par les mots curiosités notariales, je n'entends pas désigner
tout acte notarié, qui présente un intérêt au point de vue de
l'histoire publique ou privée ; à ce titre, tous les actes des notaires ou à peu près seraient des curiosités. Tout le monde sait
aujourd'hui que les minutiers des anciens tabellions sont une
mine inépuisable pour l'histoire de l'art, de l'indüstrie, du
commerce, de l'agriculture, de l'économie sociale, des familles,
de la linguistique, etc., plus riche peut-être, à certains points
de vue, que n'importe quelle autre dépôt de documents, et
surtout plus vaste et plus varié.

Je veux simplement désigner sous cette rubrique les documents trouvés chez les notaires, qui renferment quelques détails piquants sur les mœurs, les coutumes, les usages de nos
ancêtres. Même en les restreignant par cette définition, je n'en
finirais pas, si je voulais vous signaler tous les documents
curieux que j'ai recueillis au cours de mes longues recherches
chez les notaires. Mais je tâcherai de me borner et de ne pas
abuser de votre bienveillante attention.

Curieux certainement est cet usage consigné dans un acte
que le notaire intitule : *Denunciatio novi operis*. Un fait pour
en faire comprendre toute l'économie. Quand les Bénédictins
fondèrent leur collége à Avignon, à l'endroit où se trouvent actuellement l'hôtel des Postes, le temple protestant et le jardin de
Saint-Martial, ils établirent les fondations d'un mur tout à fait
sur les bords du canal de la Sorgue. Or, la propriété de ce canal
avait été concédée au Chapitre Métropolitain d'Avignon par les
comtes de Toulouse, *Inde iræ*. Les chanoines de Notre-Dame
des Doms viennent en délégation solennelle devant l'ouvrage
nouvellement construit, lancent contre celui-ci trois pierres,
font faire par-devant notaire un procès-verbal de leur démarche et intiment par là aux Bénédictins la défense de continuer
le travail commencé. C'est cet acte que le notaire appelle : *Denunciatio novi operis*. Il se produit chaque fois qu'un particulier construit un édifice sur un terrain en litige contre les
droits vrais ou prétendus d'un propriétaire voisin. A citer aussi
comme autre exemple d'un acte de ce genre, la protestation du
Chapitre de Saint-Sauveur par le lancement de trois pierres
contre Otton de Villari, qui avait fait peindre ses armes et celles
de sa femme, la comtesse de Villari, sur une maison du Chapitre[1].

Les testaments renferment quelquefois des clauses intéressantes. Le futur défunt demande assez fréquemment que tous
ceux qui viendront assister à son enterrement fassent, au retour des obsèques, un repas splendide dans sa propre maison[2]. Plus chrétien et plus charitable est le testament de cet au-

---

[1] Rub. de Pierre Senequerii, 1399, f° 128. — Voir aussi un acte du même
genre, Rub. de Jean Borrilli, 1469, f° 418. Étude Donnefort, notaire à Aix.

[2] Cartul. d'Ant. Agulhacii, 1463, f° 28. Arch. départ. de Vaucluse, Fonds
Pons, n° 40. D'après cet acte, vingt prêtres doivent célébrer la messe pour
le testateur le jour de son décès et ensuite faire un repas *secundum con-*

tre qui veut qu'on donne un peu de la farine qu'il possède dans sa maison et d'un tonneau de vin, *cuilibet venienti*, à quiconque se présentera [1]. Un autre fixe lui-même le menu du repas que feront les convives le jour de son enterrement : il veut qu'on leur serve une épaule de mouton et si son enterrement arrive un jour maigre, il ordonne qu'on remplace l'épaule de mouton par son équivalent en maigre [2]. La plupart des testateurs demandent à être ensevelis dans l'habit de l'ordre qui avait leur préférence et dont ils étaient tertiaires : Mineurs, Dominicains, Carmes, Augustins, Observantins ; d'autres veulent être enterrés entre quatre planches clouées, preuve que tout le monde n'avait même pas ces quatre planches [3] : quelques-uns ont peur d'être ensevelis vivants et prennent toutes sortes de précautions pour éviter pareil accident, qui ne doit pas être d'une gaieté folle.

Curieux aussi est cet acte par lequel Michel Matheron, secrétaire et ami du roi René, passe avec son cordonnier et par lequel celui-ci s'engage à fournir à son noble client et à toute sa famille des *sabattes* et des *patins*, moyennant la somme de 10 florins par an [4].

Curieux encore est l'engagement pris par Guillaume Raymbaud, jurisconsulte, qui vivait au temps du roi René. Il s'était obligé à faire ce que les hommes de loi appellent tout le nécessaire, pour la gestion des affaires d'un paysan, moyennant la

---

suetudinem patrum. — Rub. de Jean Vitalis, 1422, fº 10. Étude de Ruelle, notaire à Aix. — Placentine de Saint-Elpide, fille de Jean, notaire, veut être accompagnée à sa demeure dernière par douze pauvres que son héritier fera dîner le jour de son enterrement. — Rub. d'Ant. Borrilli, 1521, fº 257. Étude Wartel, not. à Aix.

[1] Rub. de Gabriel Laurencii, 1469, fº 18. Étude Donnefort, notaire à Aix.

[2] Rub. d'Antoine Nyelli, 1490-1494, fº 281. Étude Wartel.

[3] Cart. de Jacques Martini, 1425, même étude.

[4] Rub. de Jean Dupuy, 1457 (22 décembre). Étude Donnefort.

fourniture de 7 éminées d'avoine, que son client devait lui donner chaque année[1].

Plus curieux encore l'abonnement à un tarif déterminé de toute une commune à un barbier qui s'oblige à raser tous les habitants du sexe fort, à saigner, à arracher les dents et à soigner tout le monde en cas d'accident et de maladie, les barbiers étant alors presque tous chirurgiens et quelque peu médecins[2].

Il est bon de noter aussi la coutume du prêt du blé, que j'ai vu surtout mise en pratique à Aix par les confréries de Saint-Sébastien et de Notre-Dame-des-Anges. Au moment des semailles, vers la fin septembre et surtout pendant le mois d'octobre, ces confréries donnent à des agriculteurs pauvres le grain nécessaire pour ensemencer leurs terres et ceux-ci s'engagent à rendre ce qu'ils ont reçu après la récolte, vers la Madeleine. Il ne me paraît pas, d'après les clauses du contrat, que les confréries aient perçu le moindre intérêt ; c'était donc un prêt charitable. Cette gracieuseté était-elle réservée aux seuls membres de l'association ? Je l'ignore[3].

Un acte, d'une touchante moralité, qu'on voit souvent au moyen âge et même beaucoup plus tard, est celui que les notaires appellent : *Renunciatio querele* ou *Reconciliatio*. Deux particuliers, souvent pour une cause futile, s'étaient pris de querelle, en étaient venus aux mains, s'étaient blessés grièvement, quelquefois même la mort s'en était suivie. D'où des divisions

---

[1] Rub. de Jean Borrilli, 1470, f° 570. Étude Donnefort.

[2] Abonnement de la commune du Puy-Sainte-Réparade. Rub. de Pierre Ponhaudi, 30 mars 1460. — Id. par la commune de Puyloubier. Rub. de J. Dupuy, 1479-80, f° 112. Étude Donnefort, notaire à Aix, etc.

[3] Rub. de Dominique Girard, 1534, f° 295 et suiv. Voir aussi Rub. d'Antoine Borrilli, 1522, f° 184-194. Étude Wartel. Voir aussi ailleurs *passim*.

et des haines terribles. Plus tard cependant, le temps ayant fait
son œuvre ordinaire d'apaisement, des amis conciliants s'étant
interposés, les deux parties adverses finissent par s'entendre,
viennent se pardonner leurs torts mutuels et se réconcilient
par-devant notaire [1].

Autre fait curieux, mais d'un tout autre genre. Les gens qui
ne payaient pas leurs dettes étaient excommuniés. Or il arrivait quelquefois que les créanciers, après la mort de leur débiteur, exigeaient que son cadavre fût sorti de la terre sainte du
cimetière et privé de sépulture chrétienne [2]. Quel remue-ménage
dans les cimetières, si on autorisait pareille mesure de nos
jours!

Un document qui m'avait étonné et, — pourquoi ne le dirais-
je pas, — profondément scandalisé la première fois que je
le rencontrai, fut la vente d'un esclave. Cet acte n'est pas rare
chez les notaires d'Avignon et à toute la région provençale.
L'un de nos doyens, le savant archiviste du Var, M. Mireur, a
traité cette question de l'esclavage en Provence, avec la compétence qui le distingue ; inutile d'insister. Notons simplement en
passant : 1° que la dernière vente d'esclave que j'ai rencontrée est
de l'année 1777 [3] ; 2° que ces esclaves ne sont pas chrétiens,
mais Maures, Éthiopiens, Nègres ou Turcs (la conversion au
catholicisme libérait les esclaves [4]) et 3° enfin que ces esclaves
étaient devenus tels à titre de représailles contre les Turcs des
pays barbaresques qui venaient ravager nos côtes, piller nos

---

[1] Min. de Pierre Sarpillon, 1562 1564, f° 616. Étude de Beaulieu, notaire
à Avignon.

[2] Min. de Pons de Petra, 1440-1491, P, f°' 118, 167, 208 et 231. Étude
Antic, notaire à Avignon.

[3] Min. de Nicolas-Jean-Baptiste Lescuyer, 1777, f° 335. Étude Gras.

[4] Cartul. de François Morini, n° 13 (14 déc. 1486), f° 269. Étude de Beaulieu, not. à Avignon.

bateaux et surtout s'emparer de nos marins et des habitants des pays du littoral.

Il y aurait à signaler les actes rédigés en provençal, surtout les inventaires, si utiles pour l'étude de cette langue. Chez un seul notaire d'Aix, je n'ai pas noté moins de 325 actes écrits en langue vulgaire, comme ils disent. Qu'il me suffise de noter en passant tout un ordre d'actes plutôt scabreux, où les détails foisonnent et où l'on peut étudier de près les mœurs, un peu brutales, du moyen âge. Ce sont les informations canoniques, les enquêtes, les interrogatoires, les déclarations.

Avant de terminer, je voudrais signaler une série de contrats intéressants : c'est celle des promesses faites par-devant notaires. Pour ne pas vous prendre trop de temps, je négligerai les promesses d'aller en pèlerinage à Rome, à Saint-Jacques de Compostelle [1], etc. Je passerai également sous silence la promesse faite par un jeune homme de très bonne famille avignonnaise d'amender sa conduite, plutôt libertine, et de vivre désormais plus régulièrement [2] ; de ne plus boire de vin (1421) [3], ou encore celle que firent — je ne sais pour quelle cause — les maçons d'Avignon, en 1536, de porter un costume uniforme le jour de l'Assomption [4]. Je m'en tiendrai simplement à deux formes de promesses plus fréquentes et qui, pour être fréquentes, n'en sont pas moins fort curieuses : *Promissio non ludendi* et *Promissio sanandi* — la promesse de ne plus jouer et la promesse de guérir.

---

[1] Rub. de Jacques Holoni, 1402, f° 143. Étude de Ruelle. — Id. de François Borrilly, 1402, f° 43, Ibid. — Id. de Philippe Blancardi, 1460-1469, f° 106.

[2] Cartulaire de François Morini, n° ..., f° 132. Étude de Beaulieu, notaire à Avignon (16 mars 1504).

[3] Rub. d'Étienne Chaulan, 1421, f° 46. Étude Donnefort, notaire à Aix.

[4] Min. de Vincent, 1535-1536, f° 420. Étude Vincenti, notaire à Avignon.

Je n'irai pas vous faire une dissertation sur l'immoralité du jeu ni sur la puissance et les conséquences désastreuses de cette passion. Je me contenterai de constater l'empire énorme qu'il exerce sur le cœur de l'homme. Et si l'on peut dire : Qui a bu, boira, on peut aussi ajouter : Qui a joué, jouera. Certains, cependant, doués d'un courage exceptionnel ou bercés de douces illusions, ont essayé de se soustraire à cet empire souverain, et, pour rendre leur promesse plus sûre, l'ont fait constater par le tabellion. Les jeux qu'ils s'interdisent le plus habituellement sont les jeux de hasard, les dés et les cartes, quelquefois, mais beaucoup plus rarement, les échecs et les dames [1]. Tous s'obligent, en cas de rechutes, à une amende, parfois assez considérable, quelques-uns s'imposent même des peines très graves, témoin ce Juif de Roquevaire qui s'interdisait le jeu pendant dix ans, sous peine d'un an de prison, au pain et à l'eau. Ces sanctions si dures n'étaient ordinairement prises que par ceux qui avaient l'habitude de jouer de l'argent, *à l'eyssu*, comme ils disaient par opposition aux joueurs moins invétérés qui se contentaient de jouer *al bagnats*, c'est-à-dire de jouer *mouillé*, c'est-à-dire de jouer les consommations, de jouer pour boire, jeu qui ne saurait entraîner ordinairement de grosses dépenses.

A ce propos, qu'il me soit permis de signaler une erreur de lecture dans les *Statuts de Saint-Victor* de 1337, aujourd'hui perdus, — erreur qui a trompé Ducange lui-même et qui a ensuite trompé M. Henry d'Allemagne, dans son beau livre sur les cartes à jouer [2]. Voici le texte des *Statuts*, d'après Ducange : *Quod*

---

[1] Ces promesses sont trop nombreuses pour les indiquer toutes, je me contenterai de citer : Rub. de Jean Allibert, 1430, f° 2, et de Jean Gaufridi, 1407, f° 63. Étude de Ruelle, notaire à Aix.

[2] *Les cartes à jouer du XIVᵉ au XXᵉ siècle*. Paris, Hachette, 1906, tome I, p. 16.

nulla personna audeat nec presumat ludere ad taxillos nec ad paginas [nec] ad essuchum, ce que l'illustre savant traduit : « Il est défendu à quiconque de jouer aux dés *(ad taxillos),* aux cartes *(nec ad paginas),* ni aux échecs *(nec ad essuchum).* On pourrait peut-être donner aux mots *pagine, paginarum* le sens de cartes; il me semble avoir vu une fois ce sens attribué par un notaire au mot *paginæ,* mais il est impossible de traduire *ad eyssuchum* par *échecs,* et il faut rétablir ainsi le vrai sens de ce texte : « Quod nulla personna presumat ludere ad taxillos nec *ad bagnat* nec *ad eyssuchum* », c'est-à-dire qu'il est défendu de jouer aux dés soit sec, soit mouillé. On pourrait lire peut-être : *Quod nulla personna presumat ludere ad taxillos nec ad paginas ad eyssuchum,* c'est-à-dire il est défendu à quiconque de jouer aux dés et aux cartes à l'eyssu.

M. Camille Jourdan a signalé le premier le sens exact de ces deux mots (bagnat et eysuch), dans le *Bulletin* de l'Académie du Var, nouvelle série, t. VI, p. 288, et M. Mireur l'a définitivement établi dans le *Bulletin historique et philologique* du Comité des travaux historiques et scientifiques (1885) — voir en particulier les p. 8 et 9 du tirage à part. Tous les documents que j'ai trouvés ne font que confirmer leur sentiment.

Enfin, j'aborde la question des promesses de guérir, *promissio sanandi.*

On raconte que les Chinois ont une méthode très rationnelle de payer leurs médecins, ils leur règlent des honoraires tant qu'ils se portent bien et cessent de le payer quand ils sont malades. Il n'en est malheureusement pas ainsi dans les pays d'Occident. Toutefois, nos ancêtres, pour obvier aux inconvénients des honoraires trop élevés, avaient soin de passer avec le médecin, le chirurgien, l'empirique ou le rebouteur qu'ils appelaient auprès d'eux, un traité en bonne et due forme, par lequel ils statuaient sur le prix à payer, en cas de guérison et seulement en cas de guérison ; pas de guérison, pas de traitement[1]. Il faut ajouter, pour être complet, que dans certains cas particulièrement graves, ils exonéraient l'opérateur de toute poursuite, même si la mort de l'opéré s'ensuivait[2].

Les maladies et les opérations indiquées dans ces contrats sont de toutes natures. On peut observer cependant qu'il s'agit plus souvent de chirurgie que de médecine. Après les fractures de toute espèce, viennent les polypes, les maladies des yeux, la pierre, une certaine variété de cancer peu dangereux à condition qu'on ne le touche pas, appelé pour cette raison *Noli me tangere*, qu'on guérit facilement aujourd'hui avec les rayons Rœntgen[3]. Notons enfin qu'un barbier de Forcalquier promet au maître de chapelle de Saint-Sauveur de guérir les enfants de chœur de la Métropole, qui étaient atteints de la rasquette (1488)[4].

Telles sont les quelques notes curieuses que j'ai cru bon de faire connaître ; prises en détail, elles ne présentent pas un grand intérêt, elles amusent quelquefois et c'est tout ; prises dans leur ensemble, elles nous font mieux connaître la vie, les mœurs, les coutumes de nos ancêtres. Or, tout ce qui touche de près à ceux qui nous ont précédés dans la vie, a son charme

---

[1] Min. de Jean Lorini, 1448-1449, f° 87. Arch. départ. de Vaucluse, fonds Pons, n° 1380. — Rub. de Bertrand Borrilli, 1457, f° 210. Étude de Ruelle, not. à Aix. — Id. d'Antoine Oliveti, 1456, f° 49, ibid. — Rub. de Barthelemy Bernard, 1452-3, f° 203. — Rub. de Jean Lantelmi, 1442, f° 97. Étude Wartel, notaire à Aix. — Rub. d'Honoré Delamer, 1461, f° 206, même étude. — Rub. de Jean Dieulofes, 1433, à la date du 13 octob., même étude. — Id., 1421-22, f° 76, ibid., etc., etc., etc.

[2] Min. de Jean Lorini, 1442-1443, f° 82. Arch. dép. de Vaucluse, fonds Pons, n° 1376.

[3] Cartul. d'Étienne Chaulan, 1420, f° 150, et Rub. de Paul Rostagny, 1421-1425, f° 50. Étude Donnefort, not. à Aix.

[4] Rub. de Guill. Fabri, 1488, f° 44.

et son importance. Même dans ses menus détails, il exerce sur les esprits qui aiment à réfléchir comme une sorte de fascination.

H. REQUIN,

Correspondant de l'Institut.

IX

LES SCEAUX DE LA FAMILLE DE SAVOIE-TENDE

par **M. J. ROMAN**,

Correspondant du Ministère de l'Instruction publique.

Le vendredi 6 avril 1906, vers trois heures et demie, je flânais à l'étalage des marchands d'antiquités de la rue de Seine, en allant à l'Institut, lorsque quelques matrices de sceau renfermées dans une vitrine attirèrent mon attention. Plusieurs d'entre elles étaient visiblement fausses et surmoulées; sur une autre, je crus déchiffrer le mot de Tende qui ne m'était pas inconnu. J'entrai dans la boutique et examinai l'objet; son authenticité n'était pas douteuse, et pour une somme très modique, je devins propriétaire de la matrice originale du sceau de Claude de Savoie, comte de Tende, gouverneur et grand sénéchal de Provence.

Ce personnage est très connu, et les historiens des guerres de religion en Provence, depuis Nostradamus et Louvet jusqu'au pasteur Arnaud, ont discuté le rôle considérable qu'il a joué dans les troubles civils de cette époque. Il n'y a donc pas lieu d'y revenir et de raconter une fois de plus les événements auxquels il a été mêlé, les révoltes de Mouvans et de Flassans, les sièges de Sisteron et la lutte déplorable qui surgit entre lui et son fils Sommerive, chefs de deux factions opposées. Il me suffira de donner sur la famille de Savoie-Tende quelques détails généalogiques en rapport avec les sceaux de ses membres, et je décrirai, chemin faisant, quelques-uns de ces sceaux non pas tous, car ils sont fort nombreux et la plupart n'offrent entre eux que de légères différences, mais ceux seulement qui sont les plus intéressants et les plus variés.

Le père de Claude de Savoie, comte de Tende, était René, bâtard de Savoie, surnommé le Grand-Bâtard. Il était fils naturel de Philippe, duc de Savoie, et d'une noble demoiselle. Il épousa Anne de Lascaris-Ventimille, dernière descendante de la branche aînée de cette très illustre et très puissante maison [1]. Par ce mariage, il acquit les comtés de Tende, de Villars, de Sommerive, ce qui le décida à venir se fixer en Provence. Il ne tarda pas à en être nommé gouverneur et il mourut en 1525.

René, bâtard de Savoie, ne rougissait pas de l'illégitimité de sa naissance, son sceau de 1508 en est une preuve. En voici la description :

N° 1

N° 1. REYNE BASTART DE SAVO [*IE*]...

Ecu à une croix, un filet en barre brochant ; timbré d'un

---

[1] Lascaris portait : *de gueules à une aigle à deux têtes couronnées, au vol abaissé, d'or.* Ventimille portait : *de gueules au chef d'or.*

heaume de face, cimé d'une tête de lion dans un vol et supporté par deux lions.

Sceau rond en papier plaqué sur cire, de 46 mill.[1]

Ce sceau est d'une conception purement italienne et rappelle à s'y méprendre ceux des ducs de Savoie.

Après son mariage, René modifie son blason en écartelant ses armoiries avec celles de sa femme. Voici le très beau sceau dont il faisait usage en 1515 comme gouverneur de Provence :

N° 2.

N° 2. + R. B. D. SAVOIE. CŌTE. DE. V. E. D. T. GOVV. DE PROVVE.

(René bâtara de Savoie, comte de Villars et de Tende, gouverneur de Prouvence.)

Ecu écartelé, aux 1 et 4 à une croix, un filet en barre brochant, aux 2 et 3 contre écartelé, aux 1 et 4 à une aigle à deux têtes couronnées, au vol abaissé, qui est de *Lascaris*, aux

---

[1] Bibliothèque nationale, Mss. Clairambault, T. 134, p. 1943. Voyez : DEMAY, *Inventaire des sceaux de Clairambault*, n° 8480.

2 et 3 à un chef, qui est de *Ventimille*; timbré d'une corde-
lière nouée en lac d'amour, accosté de deux rameaux.

Sceau rond en papier plaqué, de 36 mill. [1]

Après les sceaux du mari, il n'est pas inutile de décrire celui
de la femme, puisque c'est le mélange de ses propres armoiries
avec celles de son époux qui a été l'origine de celles que ses
descendants ont adoptées. En 1534, Anne de Lascaris-Ventimille, veuve depuis quelques années, faisait usage du très joli
sceau suivant:

N° 3.

N° 3. ANNE. CONTESSE. DE. TENDE.

Ecu parti, au 1, à une demi-croix (pour une entière), un
demi filet en barre brochant, au 2 coupé (pour écartelé), en
chef à une aigle à deux têtes couronnées, au vol abaissé, en
pointe à un chef; timbré d'une couronne à dix perles.

Sceau rond sur papier, de 31 mill. [2]

Claude de Savoie, comte de Tende, fils des précédents, né
le 17 mars 1507, mort à Cadarache le 6 avril 1566, grand sé-

---

[1] Bibl. nation. Pièces originales du cabinet des titres, T. 2655, do-s
sier 58960, pièce 25.

[2] Bibl. nation. ibid., pièce 43.

néchal et gouverneur de Provence, colonel général des Suisses, etc. n'accepta pas dans leur intégralité les armoiries de son père; il leur fit subir une modification, légère en apparence, profonde en réalité, dont le but évident était de faire disparaître le témoignage importun d'une origine illégitime; il remplaça la barre de bâtardise par une bande, brisure quelconque, qu'on ne pouvait pas interpréter d'une façon fâcheuse pour les origines de sa maison.

Voici, par exemple, un beau sceau du comte de Tende, appliqué à une quittance de 1536, sur lequel les armoiries de son père ont subi l'altération que je viens de signaler :

N° 4. CLAVDE : CONTE : DE : TENDE.

Ecu écartelé, aux 1 et 4 à une croix, un filet en bande brochant, aux 2 et 3 contre-écartelé, aux 1 et 4 à une aigle à deux têtes couronnées, au vol abaissé, aux 2 et 3 à un chef; timbré d'une couronne de onze perles, entouré du collier de Saint-Michel, avec médaille pendante sur laquelle on voit l'archange perçant un dragon de sa lance.

Sceau rond sur papier plaqué, de 40 mill. [1].

Le comte de Tende était à la fois, comme je l'ai dit, gouverneur et grand sénéchal de Provence ; pour ces deux offices, il avait deux sceaux différents, dont sa chancellerie faisait usage suivant la nature de l'acte à sceller.

Voici son sceau comme gouverneur :

N° 5.

N° 5. + SIGILLVM + GVBERNATORIS + PATRIE + PROVINCIE.

Ecu semblable au précédent; timbré d'une couronne sur laquelle les perles sont remplacées par onze appendices en forme de massue, entouré du collier de Saint-Michel avec médaille pendante sur laquelle figure l'archange perçant un dragon de sa lance.

Sceau rond sur papier plaqué, de 38 mill. [2].

La couronne et le collier de Saint-Michel sont rendus par un procédé assez sommaire.

----

[1] Bibliothèque nationale, Pièces originales, T. 2655, dossier 58960, n° 44.

[2] Ibid., n° 46.

Le sceau du comte de Tende comme grand sénéchal est d'un travail très supérieur ; c'est précisément celui qui donne lieu à cette note et que j'ai pu acquérir dernièrement. En voici la description :

N°6.

N° 6. + CLAVDE. DE. TENDE. GRANT. SENESCHAL. DE. PROVVENCE.

Ecu semblable aux deux précédents ; timbré d'une couronne ornée de seize perles, entouré du collier de Saint-Michel avec médaille pendante, sur laquelle est représenté l'archange perçant un dragon de sa lance.

Matrice de sceau rond, en bronze, de 40 mill. Au revers, un appendice demi-circulaire fait saillie ; il est percé d'un trou rond et est destiné à être encastré dans un manche en bois, consolidé à l'aide d'une goupille transversale.

Cette matrice de sceau, dont la gravure est assez bonne, paraît avoir servi fort longtemps ; elle porte au milieu et au bas des traces d'usure qui n'empêchent pas cependant de distinguer le type et la légende.

Le fils du comte de Tende, Honorat de Savoie, comte de Sommerive, ne joua pas un rôle aussi brillant que ses deux ascendants immédiats. Après avoir pris les armes contre son père, dans le but probable de le supplanter comme gouverneur de Provence, il ne lui succéda pourtant qu'après sa mort et il mourut lui-même en 1572. Il n'exerça donc la charge, tant enviée, de gouverneur que pendant six ans seulement et ne fit rien de remarquable durant ce court espace de temps.

J'ai également trouvé son sceau, mais je le passerais sous silence, tant il est insignifiant, s'il n'était un curieux témoignage d'une troisième évolution du blason de la famille de Savoie-Tende.

René se qualifiait lui-même de bâtard et portait ostensiblement des armoiries de bâtard. Claude remplace la barre de bâtardise par une bande; son écusson n'est plus celui d'une branche illégitime, mais d'une branche cadette. Honorat supprime toute brisure et arbore audacieusement les armes pleines de la maison de Savoie ; le sceau suivant en est la preuve.

N°7.

N° 7. Sans légende.

Ecu écartelé, aux 1 et 4 d'une croix, aux 2 et 3 contre-écartelé, aux 1 et 4 d'une aigle à deux têtes couronnées au vol abaissé, aux 2 et 3 d'un chef ; timbré d'une couronne à sept perles, entouré du collier de Saint-Michel avec médaille pendante, sur laquelle est représenté l'archange perçant un dragon de sa lance.

Sceau elliptique sur papier plaqué, de 25 mill.

Appliqué à une quittance de 1564 [1].

Je n'ai garde d'attribuer aux sceaux précédents plus d'importance qu'ils n'en méritent. Au point de vue de l'art, ils offrent un certain cachet d'élégance et de finesse, mais n'approchent pas des admirables monuments sigillaires que le moyen-âge nous a laissés. Au point de vue de la composition et de la gravure, le sceau est en pleine décadence au xvi⁰ siècle. Ils présentent, au contraire, un certain intérêt historique puisqu'ils émanent de cette famille de Savoie-Tende qui, pendant plus d'un demi-siècle, a possédé, en Provence, une situation prépondérante.

Je crois, au surplus, qu'ils sont inédits ; je le crois, sans en être certain, parce que je ne connais pas tout ce qui a été imprimé sur la sigillographie en France et à l'étranger. Je les ai cherchés vainement dans les ouvrages du regretté M. Louis Blancard, dans ceux de Douët-d'Arq et de Demay, c'est-à-dire dans les principales publications consacrées à la sigillographie française. Je ne sais s'ils ont été publiés ailleurs.

---

[1] Bibliothèque nationale, Pièces originales, T. 2655, dossier 58960, pièce 65.

X

PRISE DES ILES DE LÉRINS PAR LES ESPAGNOLS

Par **M. Marie BERTRAND**,

Sous-Bibliothécaire-Archiviste de Cannes,

Cabiscol de l'Ecole de Lérins,

Secrétaire-correspondant de la Société d'Etudes provençales.

Après les historiens de Provence ; après les auteurs qui se sont particulièrement occupés de l'histoire de Cannes et de sa région, il semblait qu'il n'y avait plus rien à dire sur la prise des îles de Lérins par les Espagnols en 1635. Or, en compulsant les inventaires des archives du département des Bouches-du-Rhône, je me suis aperçu que ces archives contenaient nombre de documents encore inédits concernant ce fait important des annales de la Provence, entr'autres une intéressante lettre de Louis XIII et le procès-verbal de l'Assemblée générale des Communautés de Provence tenue à Cannes au mois de décembre 1635.

La prise des îles de Lérins par les Espagnols ne doit pas être considérée seulement comme le premier épisode de la période française de la guerre de Trente ans ; elle était préparée de longue date par nos ennemis qui, suivant la tactique de Charles-Quint, voulaient faire une diversion dans le midi de la France en envahissant la Provence. Pour la réussite de ce plan, il leur fallait une sérieuse base d'opérations et c'est ainsi qu'ils avaient été amenés à jeter les yeux sur les îles de Lérins.

Dès son arrivée au pouvoir (1624), le cardinal de Richelieu, on le sait, s'était attaché à la poursuite de trois projets : Abattre l'orgueil et l'esprit factieux des grands ; détruire la puissance politique des protestants ; abaisser la Maison d'Autriche, cette rivale séculaire de la France. S'acharnant à la solution du deuxième de ces projets, il avait comme adversaires l'Angleterre, qui soutenait ouvertement les protestants, et l'Espagne qui, malgré le traité de 1626, nous trahissait et favorisait tout ce qui se tramait contre le puissant ministre. Dans ces conditions, la Provence, par sa proximité de la frontière et l'étendue de ses côtes, était surtout exposée ; au mois de septembre 1627, le gouverneur d'Antibes annonçait que vingt-un vaisseaux anglais étaient mouillés en rade de Villefranche et six galères de Gênes devant Monaco et que des levées de gens de guerre se faisaient dans le comté de Nice, d'où urgence d'augmenter la garnison de la place forte confiée à sa garde [1]. Cette situation nécessitait dans la province un continuel mouvement de troupes [2] et l'adoption de mesures pour mettre le pays à l'abri d'une invasion pouvant se produire à tout instant.

L'année suivante (1628), l'Espagne jetait le masque et travaillait ouvertement, en Italie, à déposséder un prince fran-

---

[1] *Archives du département des Bouches-du-Rhône*, C. 15, (*Assemblée générale des communautés tenue à Aix, le 11 septembre 1627*).

[2] Je trouve dans les *Archives du Département des Bouches-du-Rhône* (C. 2138 et C. 621) que du 26 novembre au 31 décembre 1631, le régiment de Vaillac fait séjour à Grasse, Vallauris et Cannes ; quatre compagnies sont à Grasse, deux à Vallauris et quatre à Cannes. La province rembourse à la première communauté 1.252¹ 10ˢ, 864¹ à la deuxième et à la troisième 1.286¹ 6ˢ.

çaïs, le duc de Nevers, légitime héritier de Mantoue et de Montferrat et Louis XIII demandait à la Provence d'entretenir à leur passage, en janvier 1629, deux mille hommes qu'il envoyait au secours du duc de Mantoue[1]. L'horizon s'assombrissait de plus en plus; le pays était accablé par les subsides à fournir continuellement pour l'entretien des troupes et pour les fortifications des villes les plus exposées, notamment celles de Saint-Tropez et d'Antibes, où de nouvelles troupes étaient envoyées[2].

C'est au milieu de difficultés de toutes sortes qu'arrivait la disgrâce du duc de Guise, gouverneur de Provence, et son remplacement, en octobre 1631, par le maréchal de Vitry, lequel s'occupait activement de la mise en état de défense de son gouvernement. Au printemps de l'année suivante (1632), il était informé du projet des ennemis de tenter une descente sur la côte et il allait visiter, accompagné du comte de Boulbon, les places fortes de Toulon et d'Antibes[3]. Mais le pays continuait à souffrir des charges qui pesaient lourdement sur lui; rien d'étonnant alors que le général des galères, probablement à cause des mesures prises, ait écrit au Roi que le passage des galères espagnoles ne causait pas d'inquiétude et ne devait pas empêcher le départ des troupes logées en Provence[4].

Cependant, Richelieu ne perdait pas de vue son dessein d'abaisser l'orgueil de l'Espagne et, en 1633, il ordonnait au

---

[1] *Archives du département des Bouches-du-Rhône, C 15, (Assemblée des communautés, tenue à Aix, le 2 décembre 1628).*

[2] *Ibid. C. 17, (Assemblée des communautés, tenue à Valensole, le 29 avril 1630),*

Ibid. C. 19, (Assemblée des communautés, tenue à Aix, le 26 août 1631).

[3] *Ibid., C. 20.*

[4] *Ibid., C. 20.*

sieur de Bouc, premier président de la Cour des Comptes de
Provence, de « *dresser une veue figurée de toute la côte maritime afin que sur cette figure il peût ordonner les fortifications nécessaires pour la défense du pays et empêcher la descente des ennemis* [1]. » Le sieur de Bouc visita la côte de Nice à
Arles, fit dresser la carte, et c'est d'après ce document, qu'accompagnait le rapport de M. de Séguiran, que Richelieu ordonnait d'élever les fortifications des îles Sainte-Marguerite et
Saint-Honorat et les autres ouvrages et redoutes de la côte. La
situation se précisait ; le cardinal, en 1634, avait décidé le
renvoi de la Reine ainsi que la rupture ouverte avec l'Espagne
et, au mois de juillet, le maréchal de Vitry demandait à la
Provence des subsides pour faire face aux frais de la guerre [2].
Rappelé peu après à la Cour pour justifier sa conduite, le
Maréchal, qui avait été remplacé par le marquis de Saint-
Chamond, revenait dans son gouvernement en janvier 1635 et
ordonnait aussitôt, pour garder la côte, l'établissement de
postes à pied entre Toulon et Antibes [3] : c'était donc sur cette
partie du littoral qu'on craignait l'attaque des ennemis.

Tous ces renseignements, bien que n'intéressant pas directement la prise des îles de Lérins, ne sont pas inutiles. Ils
prouvent que, dès 1627, la Provence avait tout à craindre de la
part des Espagnols et que ceux-ci étaient bien décidés à l'envahir en se servant des îles comme base d'opérations.

C'est le 16 avril 1635 que Richelieu déclarait la guerre à l'empereur Ferdinand II et au roi d'Espagne Philippe IV, parent et allié
de l'Empereur. A ce moment, la situation de la Provence était

---

[1] BOUCHE, *Chorographie de la Provence*, t. II, p. 895.

[2] *Archives du département des Bouches-du-Rhône*, C. 22, *(Assemblée
générale des communautés, tenue à Apt, le 4 juillet 1634).*

[3] *Ibid.* C. 22, *(Assemblée générale des Communautés tenue à Aix, le
22 janvier 1635).*

loin d'être brillante ; le pays était épuisé par les charges qui pesaient sur lui depuis tant d'années et, malgré les efforts faits, ses défenses n'étaient pas achevées et en état de résister à une attaque sérieuse : « La province, dit Aubenas [1], était fort dégarnie de troupes régulières, les armées de la France se trouvant reportées au-delà des frontières. On y comptait quatre ou cinq régiments, au plus, préposés à la garde de Marseille et de Toulon. Force était de recourir à la Noblesse dont les volontaires s'empressaient toujours d'accourir, et aux milices locales, non moins promptes à s'armer pour la défense commune [2] ».

Le cardinal ne voyait pas ou ne voulait pas voir le véritable état de la Provence et de la France et, poussé par les événements, il se lançait en aveugle dans cette guerre : « Richelieu, écrit Michelet [3], dit à tort qu'il avait assez d'argent, de troupes, des places en bon état. Fontaine-Mareuil et d'autres disent le contraire, et l'événement ne prouva que trop bien qu'ils avaient raison. Il ne vit pas, ne prévit pas. Ce qu'il aurait pu voir, c'était son isolement réel, combien il était haï, et le profond bonheur que tout le monde aurait à le faire échouer. Et il ne prévit pas que l'argent manquerait dès la seconde année, que la France, au lieu d'envahir, serait elle-même envahie... Deux fois l'audace en choses improbables lui avait réussi... Donc il se remit à la chance, dans cette guerre contre l'Espagne, guerre contre la Reine, guerre contre la Cour, contre tous

---

[1] AUBENAS, *Reprise des îles de Lérins sur les Espagnols*, p. 6.

[2] Au mois de juin 1635, l'effectif des troupes restant en Provence se composait des compagnies de chevau-légers de MM. de Vitry, de Valavoine et de Cabris ; des régiments d'infanterie du marquis de Vitry et de MM. de Montmeyan, de Maillane et de Courbon, de Vaillac, de la Tour et de Cornusson. (*Archives du Département des Bouches-du-Rhône,* C. 23.)

[3] MICHELET, *Histoire de France*, t. XII, p. 96 et 97.

ses ennemis. » Cette appréciation est fort juste ; elle nous permet de ne pas admirer sans réserves le génie de celui qui fut l'initiateur de cette centralisation à outrance dont nous souffrons encore aujourd'hui.

La guerre déclarée, les Espagnols ouvraient aussitôt les hostilités et, dans les premiers jours de mai, le comte Badat, de la ville de Nice, informait M. de Saint-Marc Chasteuil, seigneur de Châteauneuf-lez-Grasse, des armements faits à Naples en vue de l'attaque des îles de Lérins. De ces deux îles, l'une, Saint-Honorat, était presque sans défense ; l'autre, Sainte-Marguerite, défendue par une garnison insuffisante enfermée dans le Fort Royal construit par Richelieu deux ans auparavant [1].

---

[1] Malgré les ordres donnés par Richelieu, les défenses des îles de Lérins ne devaient pas être bien sérieuses ; en 1633, elles étaient presque nulles si on en juge par le rapport de M. de Séguiran : « Le 28 février 1633, étant parti du Cannet, serions passé à l'île Saint-Honorat, où le R. P. Dom d'Ubraye, abbé dudit monastère, nous auroit fait voir toute la place, et aurions trouvé dans icelle : une moyenne (pièce de canon), calibre de France, de huit pieds quatre pouces de longueur, ayant deux palmes, qui sont les armes de l'abbaye, trois petits vers en fonte, avec leurs doubles boîtes ; trois arquebuses à croc, de fonte ; une bombarde de fer et un pétard ; cent cinquante livres de grosse poudre et cinquante de la menue ; cinquante boulets de moyenne ; dix mousquets bien montés et quatre hallebardes, le tout appartenant au monastère.

« Et, de là, serions passé à l'île Sainte-Marguerite, où, en faisant la visite de la forteresse, aurions trouvé dans le donjon d'icelle : deux fauconneaux (couleuvrines), calibre de France, de vingt-cinq pieds de longueur, aux armes de Claude de Guise, abbé de Cluny ; deux pierriers en fer ; six arquebuses à croc ; quinze mousquets bien garnis et montés ; vingt-cinq piques ; cinquante livres de grosse poudre ; cinquante boulets à fauconneaux ; vingt-cinq livres de balles de plomb et dix livres de mèche ; le tout appartenant à M. de Guise, ainsi que nous l'a dit le sieur Ripert, qui commande ladite forteresse. (*Documents inédits de l'Histoire de France. Correspondance de M. de Sourdis, archevêque de Bordeaux,* t. III.)

Chasteuil, aussitôt cette nouvelle connue, en donnait avis
au maréchal de Vitry ; celui-ci rendait sur-le-champ une ordonnance portant que les villes de Grasse et de Saint-Paul, avec
leurs vigueries, fourniraient deux hommes par feu, s'il était
nécessaire, pour la défense des côtes et plaçait les milices sous
le commandement des sieurs de Mons et de Chasteuil. Aussi,

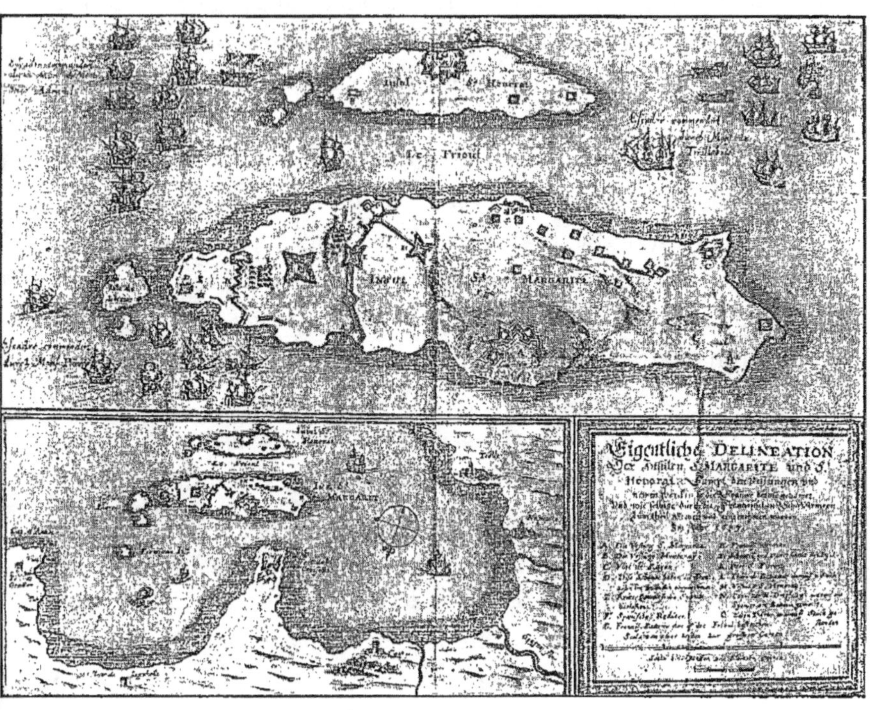

Cliché V de Buisson fils).

dès le premier moment, six cents hommes bien armés, divisés en six compagnies, étaient rassemblés à Cannes [1].

Le 20 mai, l'armée navale d'Espagne paraissait en vue des
côtes de Provence ; le mauvais temps faisait courir les galères
jusqu'au cap Corse, où onze de ces bâtiments faisaient nau-

---

[1] BOUCHE, *Chorographie de la Provence*, t. II, p. 899.

frage. Le 31 mai, le sieur Emeric Dusech, capitaine au régiment de Cornusson, recevait du maréchal de Vitry l'ordre de garder avec sa compagnie le château de Saint-Honorat et il assistait, le 3 août, au passage devant l'île du reste de la flotte ennemie qui voguait jusqu'aux îles d'Hyères [1].

Retardée dans ses opérations, ce n'est que le 13 septembre que l'armée espagnole, forte de vingt-deux galères et d'un brigantin, et commandée par le duc de Ferrandina, le marquis de Sainte-Croix et le chevalier de Brancassio, se présentait devant l'île Sainte-Marguerite. Un corps d'infanterie débarquait aussitôt et attaquait vigoureusement le Fort Royal. Convaincu de la faiblesse de la place, dont il avait le commandement, Jean de Bénévent, sieur de Marignac, capitaine au régiment de Cornusson, capitulait vingt-quatre heures après, sans attendre l'arrivée des secours promis par de Chasteuil, seul commandant des milices par suite de la mort du sieur de Mons.

Chasteuil, au courant des mouvements de la flotte espagnole, était accouru à Cannes et sa présence avait rendu le courage aux habitants qui quittaient la ville dans la crainte de son occupation par les ennemis. Sur ses conseils, on remplissait de terre des bateaux échoués sur le rivage et on en formait un retranchement pour la mousqueterie placée au-devant de la ville ; un autre retranchement, formé avec des tonneaux pleins de sable, était construit en face de la chapelle de Notre-Dame-du-Bord-de-Mer. L'effort principal de la résistance se portait à

---

[1] Relation de la prise des isles de Sainte-Marguerite et Saint-Honorat de Lérins par les Espagnols et de la reprise par les Français, *tirée d'un journal conservé à Lérins et fait par un religieux qui était alors dans ce monastère*. (*Archives du Département des Bouches-du-Rhône, fonds Nicolaï*, carton 139.)

la pointe de la Croisette, où Richelieu, deux ans avant, avait fait élever le fort de la Croix et des retranchements, défendus par une partie de la garnison d'Antibes et des milices rassemblées à Cannes. Dans la matinée du 14 septembre, deux cents hommes occupaient la ville et le lendemain leur nombre était porté à sept cents [1].

Ces précautions étaient bonnes : le jour même de la reddition du Fort Royal (14 septembre), les Espagnols faisaient une attaque furieuse contre le fort de la Croix et s'avançaient contre Cannes ; repoussés sur toute la ligne, ils se retiraient et, abandonnant leur projet, ils rassemblaient toutes leurs forces pour s'emparer de l'île Saint-Honorat. Le sieur d'Usech, ne pouvant songer à résister à des forces si importantes, capitulait le lendemain et n'obtenait pas des conditions aussi bonnes que celles accordées à la garnison de l'île Sainte-Marguerite.

Dès ce moment, 15 septembre, les troupes réunies pour s'opposer à l'invasion des Espagnols en Provence étaient campées à Cannes et aux environs ; elles se composaient, outre la milice provinciale, des régiments de Vitry et de Courbon à douze compagnies avec état-major, des régiments de Montmeyan et de Maillane à dix compagnies avec état-major, et de deux compagnies de chevau-légers du chevalier de Vitry [2].

Ce même jour, les Procureurs du Pays envoyaient d'Aix M. de Beaumont en poste à Cannes pour s'assurer s'il était vrai que les Espagnols se fussent emparés des îles de Lérins [3] ; c'est probablement sur sa réponse affirmative que le régiment de Montgaillard venait, au mois d'octobre, de Tarascon, prendre ses quartiers à Cannes [4] et que le 2 novembre les Pro-

---

1 Bouche, *Chorographie de la Provence*, t. II, p. 9oo.
2 *Archives du département des Bouches-du-Rhône*, C. 23.
3 *Ibid.*, C. 23.
4 *Ibid.*, C. 6o4.

cureurs du Pays décidaient de se rendre dans cette ville pour prendre avec le gouverneur des mesures relativement à l'armée qui y campait [1]. Pendant ce temps, le maréchal de Vitry ne restait pas inactif; il ordonnait aux « *poudriers* » de vendre les poudres au prix ordinaire et défendait à tous autres de la « *survandre* ». Il dressait un règlement concernant la milice de la Province et pourvoyait à la subsistance des troupes; il réquisitionnait des bois « *pour la construction de six cents gabions* » devant servir « *au fort de la Croix* »; il appelait de nombreuses compagnies à la garde du littoral et envoyait des hommes armés à Cagnes avec mission d'empêcher qu'on fît passer des vivres aux ennemis [2].

Tous ces préparatifs de résistance s'effectuaient sans que les troupes fussent inquiétées par les ennemis qui, redoutant l'arrivée d'une escadre française en armement dans les ports de l'Océan, mettaient le temps à profit pour mettre les îles en état de défense : « Les Espagnols, dit Papon [3], résolus de s'y maintenir, tirèrent un plus grand avantage de la position des lieux; ils creusèrent des fossés, firent des retranchements, élevèrent des forts et apprirent aux Français, par leur exemple, que le premier talent dans l'art de la guerre est de se précautionner contre les attaques de l'ennemi. » C'est dans ces conditions que s'ouvrait à Cannes, le 3o novembre 1635, l'Assemblée générale des communautés de Provence [4].

Dès l'ouverture de l'Assemblée, se manifestait cet esprit de jalousie qui devait influer de façon si fâcheuse sur la marche des événements; l'évêque de Sisteron et l'assesseur de Julian

---

[1] *Ibid.*, C. 23.

[2] *Ibid.*, C. 23.

[3] Papon, *Histoire de Provence*, t. IV, p. 477.

[4] *Archives du département des Bouches-du-Rhône*, C. 23.

se disputaient le droit de répondre au gouverneur et cette con_
testation, si peu opportune en présence des ennemis se fortifiant tranquillement dans leur conquête (*una joya incognita*,
comme ils l'appelaient), était tranchée en faveur du premier.
Aussitôt après, les députés des Communautés, considérant que
le pays était accablé par les lourdes charges qui pesaient sur lui
depuis si longtemps et estimant que l'armée régulière, rassem-
blée à Cannes, suffisait pour s'opposer aux attaques des Espagnols, demandaient le licenciement de la milice provinciale.
La question n'était pas solutionnée et, en attendant, il était décidé que, nonobstant les règlements municipaux de Tarascon
et de Pertuis, leurs premiers consuls et à défaut les seconds
assisteraient aux assemblées. Puis le gouverneur, revenant à
la question militaire, demandait à la province d'entretenir encore pendant deux mois l'armée et les milices ; mais le pays
ne consentait à supporter ces frais que jusqu'au 15 janvier 1636 et ne maintenait que pour ce temps l'imposition de
quatorze sous deux deniers par *feu* et par jour levée pour
cette destination. Cette délibération était suivie peu après de
l'ordonnance du maréchal de Vitry licenciant la milice.

Telles étaient les principales décisions d'ordre général prises
par les députés de l'Assemblée générale des Communautés
ayant siégé du 30 novembre 1635 au 5 décembre suivant.

La ville de Cannes ayant naturellement subi les conséquences fâcheuses de la situation, l'Assemblée eut à s'occuper de la
réparer dans la mesure du possible.

*Ledict sieur assesseur a représanté que la Communauté
de ce lieu de Cannes prezante requeste à l'assamblée pour luy
donner cognoissence des grandes et excessives pertes qu'elle
supporte à l'occasion de la descente de l'armée espagnolle aux
isles de Sainct-Honnoré et Saincte-Marguerite, qui a obligé
l'armée du roy de loger et camper dans ce lieu et son terroir,*

dez le quinziesme de septembre dernier, laquelle armée leur faict de sy grands ravages et degastz, que le pays est obligé d'y avoir esgard, puisqu'elle est arrestée en ce quartier pour sa conservation. N'y ayant pas de l'apparance que ce pauvre lieu perde non seulement ses fruits et arbres, qui est le seul moyen de sa subsistance et négoce, mays encore qu'il voye dépérir ses maisons, se commettre pleusieurs larcins et desordres, estant bien juste que le pays en prenne compassion et que l'assamblée y délibère.

Sur quoy l'assamblée a délibéré que Monseigneur le gouverneur sera très humblement supplié que par son aucthorité tous ces désordres et ravages cessent comme aussy de faire que par ses intercessions et faveur envers le roy, ceste pauvre communauté puisse avoir le rembourcement de tant de despenses qu'elle supporte [1].

Ledict sieur assesseur a remonstré qu'ayant Monseigneur le gouverneur expédié ordonnance portant que la Communauté de Cannes fournira la despense d'un patron et dix marinniers pour un brigantin qui s'en va la nuict pour prendre garde au dessain des ennemys. Et charge ladicte communauté de Cannes d'en supporter la despense dez le huictiesme novembre dernier pour en estre rembourcé par ordre du pays. Messieurs les procureurs dudict pays qui se treuvent ici n'y peuvent pas apporter leur consantement par beaucoup de raisons et attendu la conséquance que ceste ordonnance portoit au pays. Mays par leur attache auroient renvoyé ceste affaire à la prochaine assamblée pour y estre delibéré. C'est ce que ladicte communauté requier à présent.

Sur quoy l'Assamblée a délibéré que ladicte communauté de Cannes représentera le contenu de sa requeste aux prochains

---

[1] Voir à ce sujet les *Archives communales de Cannes*, CC. 43.

estatz pour y estre par eulx prouveu en procédant aux géné-
ralles esgalizations.

L'heureuse réussite du hardi coup de main tenté par les Espagnols sur les îles de Lérins avait profondément impressionné Richelieu et la Cour ; au début d'une guerre mal préparée, c'était un échec qu'il fallait réparer à tout prix. Aussi
une activité fébrile régnait partout et, dans l'attente de la reprise des îles, escomptée pour un avenir prochain, toutes les
mesures étaient prises dans le but de mettre la Provence à
l'abri de l'invasion. Des investigations dans les archives communales de nombre de cités provençales, notamment celles
que leur situation près de la côte intéressait plus particulièrement au succès de nos armes, fourniraient, à ce sujet, de très
nombreux documents [1]. Je dois me borner à signaler ceux
fournis par Aubenas [2] et à citer la lettre de Louis XIII, du
7 décembre 1635, prescrivant des armements pour chasser les
ennemis des îles de Lérins et donnant ordre de décharger les
lieux maritimes des impôts ordinaires. Voici donc cette lettre
qui, je le crois, n'a pas encore été publiée [3] :

A NOZ TRÈS CHERS ET BIEN AIMEZ LES PROCUREURS SINDICS
DE NOSTRE PAYS DE PROVENCE.

« De par le Roy, comte de Provence,
« Très chers et bien aimez. Nous avons esté informez, tant

---

[1] Les *Archives communales de Cannes*, dont la plus grande partie a
disparu, possèdent le compte trésoraire de 1635-1636 ; il contient des
renseignements curieux sur les dépenses faites par la Communauté en
raison de la prise des îles par les Espagnols. C'est tout ce qui reste des
documents intéressant cette époque si importante dans l'histoire de la
cité (*Archives communales de Cannes*, CC. 44).

[2] AUBENAS, *Reprise des îles de Lérins sur les Espagnols (1635-1637)*
p. 18 et suiv.

[3] *Archives du département des Bouches-du-Rhône*, C. 986.

par le s[r] de Vallavez, députe de nostre pays de Provence,
que de tous ceux qui sont particulièrement chargez de nostre
service par delà, avec quelle affection vous avez contribué à
tout ce qui vous a esté demandé de nostre part dans les occasions présentes, de quoy nous avons bien voullu vous tesmoi-
gner la satisfaction entière que nous avons et vous exhorter de
continuer à faire tout ce que nous pouvons attendre de vous
dans les charges que vous avez pour obliger noz subjects de
nostre dict pays à concourir avec nous à toutes les choses nécessaires pour s'opposer aux desseins de noz ennemis et les
chasser des isles qu'ils ont envahies par la lâcheté de ceux qui
les gardoyent, vous asseurant que de nostre part il n'y sera
rien obmis. Et parce que nous avons recognù beaucoup de
bonne vollonté dans les communautés des lieux voisins de la
mer pour fournir ce qui leur sera possible pour l'armement de
mer que nous avons résolu de faire faire, nous estimons qu'il
sera juste et nécessaire de les soulager autant qu'il se pourra
des autres charges du pays, attendu les fatigues et dépenses
qu'elles se trouvent obligées de supporter pour estre toujours
armées et en estat de se garantir des entreprises des ennemis.
Nous désirons donc que vous y ayez tout l'esgard qui se debvra
en justice. Et nous asseurants qu'en toutes occurences vous
continuerez de nous donner preuve de vostre affection à nostre
service nous ne vous en ferons celle-cy plus expresse. Donné
à Saint-Germain-en-Laye, le viie jour de décembre 1635.

« Louis « De Vair ».

Cependant, malgré tous les efforts, la situation ne s'amélio-
rait pas ; les Espagnols continuaient à se fortifier dans les îles
et le 15 décembre, le marquis de Sainte-Croix partait pour
l'Espagne, laissant le commandement à Don Carlos Doria. Le

temps passait, rien ne pouvait être tenté contre les ennemis et le 1ᵉʳ janvier 1636, MM. de Baumettes et Bouche étaient députés à Cannes auprès du maréchal de Vitry et de l'évêque de Nantes, que le Roi avait envoyé comme chef du Conseil de la Marine, pour aviser au moyen de repousser les ennemis [1]. Ce n'était pas cette démarche qui pouvait faire avancer les opérations militaires ; l'expectative continuait et il fallait entretenir les troupes, armer des galères pour la défense des côtes. Cette situation épuisait le pays de plus en plus et l'Assemblée Générale des Communautés, tenue à Fréjus, le 7 février 1636, était obligée de voter 1.200.000 livres pour faire face aux frais de la guerre [2].

Il n'y avait rien à faire : le premier acte du drame était joué ; le second allait commencer avec l'arrivée de l'escadre française qui, allant mouiller au golfe Juan et ensuite à Villefranche, passait en vue des îles le 10 août 1636. Mais, il ne devait pas se dénouer de sitôt ; la jalousie et la mésintelligence entre les chefs français se mettant de la partie, ce n'est que le 14 mai 1637, dix-neuf mois plus tard, que le drapeau de la France flottait de nouveau sur les îles de Lérins reconquises.

---

[1] *Archives du département des Bouches-du-Rhône*, C. 23.
[2] *Ibid.*, C. 23.

XI

OPPÈDE AU MOYEN=AGE

et ses Institutions

par **Lucien GAP**, instituteur public à Oppède,

Membre de l'Académie de Vaucluse et d'autres Sociétés savantes.

I — Sources.

Imprimés. — *Dictionnaire historique, biographique et bibliographique du département de Vaucluse,* par le docteur Barjavel (Carpentras, 1841-42, 2 vol. gr. in-8°).

Istoria dellà citta d'Avignone e del Comtado Venesino, par Sébastien Fantoni-Castrucci (Venise, 1878, 2 vol. in-4°).

Mémoire pour le Procureur général au Parlement de Provence servant à établir la souveraineté du Roi sur la ville d'Avignon et le Comté Venaissin [par J.-P. François de Ripert de Monclar] (1769, 2 vol. in-8°).

Correspondance administrative d'Alfonse de Poitiers, publiée par Auguste Molinier (Paris, 1894-1900, 2 vol. in-4°).

Notes historiques concernant les Recteurs du cy-devant Comté-Venaissin, par Charles Cottier (Carpentras, 1806, in-8° de 440 pages).

Oppède et ses environs, par Antonin Roussel (Avignon, 1901, gr. in-8° de 74 pages).

Les Gascons en Italie, études historiques, par Paul Durrieu : pages 107-171. Bernardon de la Salle (Auch, 1885, 1 vol. gr. in-8 de III-279 pages).

Saint Louis et Alphonse de Poitiers, par Edgard Boutaric (Paris, 1870, 1 vol. gr. in-8° de 552 pages).

La France et le grand Schisme d'Occident, par Noël Valois (Paris, 1896-1901, 4 vol. gr. in-8°).

Histoire générale du Languedoc, par dom Cl. Vaissette et dom de Vic, édit. Privas (Toulouse, 1866-1905, 16 vol. in-4°).

Dictionnaire géographique, historique et politique des Gaules et de la France, par Expilly (Paris, 1763-70, 6 vol. in-folio).

Manuscrits. — *Histoire ecclésiastique, civile et politique d'Avignon et du Comté-Venaissin*, par Joseph Fornéry (Bibl. d'Avignon et de Carpentras).

Polyptyque du Venaissin au Livre rouge du comte de Toulouse (Bibl. de Carpentras).

Repertorium camerale (Bibl. de Carpentras).

Recueil de pièces extraites de la tour du Trésor et archives de Provence (Bibl. d'Avignon, mst. 2807).

Recueil de Massillian, diocèse de Cavaillon (Bibl. d'Avignon, mst. 2385).

Recueil d'Esprit Requiem (Bibl. d'Avignon, mst. 2879).

Pièces d'archives. — Archives départementales de Vaucluse, série B.

Archives communales d'Oppède, séries AA 1, 2 ; DD 2 ; FF 1 ; GG 24, 28.

Archives hospitalières d'Oppède.

Archives communales de Cavaillon, série DD.

Archives communales de Châteauneuf-Calcernier, série AA.

II. — Oppède du XIᵉ au XIVᵉ siècle.

Oppède, commune de 1.076 habitants, canton de Bonnieux, arrondissement d'Apt, département de Vaucluse, ayant joué un rôle assez marquant au moyen âge, nous avons jugé utile de faire connaître, dans ce *Mémoire,* l'histoire de cette localité pendant cette période.

La première mention que nous ayons du nom d'Oppède se trouve dans une charte du Cartulaire de l'abbaye de Saint-Victor de Marseille [1] de l'an 1044, par laquelle Bertrand, comte de Forcalquier, fait une donation à cette abbaye. Dans cette charte, Wanthelme d'Oppède paraît comme témoin. Ce Wanthelme devait être un personnage important, puisqu'il figure dans cet acte avec d'autres personnes de distinction.

Un siècle et demi plus tard, en 1182, Imbert d'Agoult et Bérenger Raimond son frère, Guillaume Bermond et Bertrand son frère, font hommage de leurs fiefs à Guillaume, comte de Forcalquier, et parmi ces fiefs figure celui d'Oppède qui faisait alors partie du comté de Forcalquier.

Ce fut sans doute en vertu de la convention conclue en 1195 entre les comtes de Toulouse et de Forcalquier [2] qu'Oppède cessa de faire partie du comté de Forcalquier pour être du marquisat de Provence appartenant au comte de Toulouse. Nous savons qu'en 1209 cette localité, munie d'un château-fort, était un des domaines directs de Raimond VI qui, à cette date, le céda à l'Eglise romaine, avec quelques autres châteaux, en garantie de sa promesse de combattre l'hérésie albigeoise. La

---

[1] Tome II, page 3. Cette charte est aussi insérée dans le tome V de l'*Histoire générale du Languedoc,* édition Privas.

[2] *Mémoire pour le Procureur général,* etc., tome I, *pièces justificatives,* page 15.

garde du château d'Oppède fut alors confiée aux moines de Montmajour.

On sait que, par le traité de Paris de 1229, Raimond VII, fils de Raimond VI, dut céder au Saint-Siège le marquisat de Provence ou plutôt le Comté-Venaissin. C'est, contraint par la force, que Raimond VII avait fait cette cession, c'est par la force qu'il résolut de se remettre en possession de ce qu'il avait cédé à la Papauté. Mais avant, et pour donner une apparence de légalité à l'acte qu'il allait commettre, il se fit délivrer par l'empereur d'Allemagne Frédéric II deux bulles, toutes deux de 1235 : par l'une, l'Empereur lui donnait l'investiture du marquisat de Provence et, par l'autre, il commandait au seigneur du marquisat d'obéir au comte de Toulouse leur suzerain.

C'est alors que Barral des Baux et Taurellus de Strata entrèrent en campagne, s'emparèrent de plusieurs places fortifiées, entre autres de celle d'Oppède (dont l'évêque de Cavaillon avait alors la garde), sur l'église de laquelle le légat du Pape jeta l'interdit, ce qui n'empêcha pas les généraux de Raimond VII de faire rapidement la conquête de tout le marquisat.

Que se passa-t-il ensuite? Quelques historiens prétendent, mais sans citer aucune pièce diplomatique à l'appui, que le Pape rendit le marquisat au comte de Toulouse en 1243 ; d'autres pensent que le Pape, ne pouvant empêcher efficacement le Comte de récupérer le marquisat, ferma les yeux, en attendant une occasion propice de s'en rendre définitivement le maître.

Raimond VII jouissait paisiblement du marquisat de Provence, lorsque le 2 des ides de février (12 février) 1245, par acte reçu par Hugues Frankenlenii, notaire public à L'Isle [1], il ac-

---

[1] Cartulaire d'Oppède, n° 8. Nous appelons ainsi le gros registre AA 1 des archives communales d'Oppède que l'on forma vers 1860 par la réunion de 69 pièces, dont 68 sur parchemin, et que l'on munit d'une solide reliure. Nous désignerons ce registre par la mention Cart. d'Oppède.

corda aux habitants d'Oppède l'exemption du péage de la Tour de Sabran [1]. Deux ans après, il confirma aux mêmes habitants, le VII des ides d'octobre (9 octobre) 1248, l'acte par lequel Aimeric de Clermont, son sénéchal du Venaissin, leur avait accordé, le 6 des ides de septembre (8 septembre) 1246, les mêmes privilèges et affranchissements que le comte de Toulouse avait accordés aux habitants de L'Isle en 1237. Par cet acte, les habitants d'Oppède étaient déchargés de tout payement de la leyde non-seulement dans leur village et territoire, mais encore dans toutes les terres de la domination du Comte, et de tous péages, guestes, collectes et albergues. Le Comte se réservait seulement les chevauchées et la juridiction qu'il avait dans ce village. Mais ces privilèges ne furent pas admis par les Officiers de la Chambre apostolique du Comté Venaissin, et les habitants d'Oppède ne purent en jouir [2].

Raimond VII mourut le 27 septembre 1249, laissant ses États à sa fille Jeanne qui avait épousé, en 1237, Alfonse de Poitiers, frère de saint Louis. Alfonse, déjà comte de Poitou, devint alors comte de Toulouse et marquis de Provence.

Devenu possesseur de provinces étendues, Alfonse de Poitiers fit faire le relevé des droits et possessions qu'il avait dans chacune des provinces soumises à sa domination. Le polyptyque du Venaissin fut fait en 1253 ; il se trouve à Paris aux Archives nationales et à Carpentras à la Bibliothèque communale. On y constate qu'à Oppède le Comte possédait la juridiction, le château, le four, le droit de moudre son blé au moulin des Hermitants (moulin des Augustins de Sénanque), en payant une poignée de blé pour chaque charge, et de nombreuses pro-

---

[1] Cette exemption fut confirmée aux habitants d'Oppède par un décret du vice-légat en date du 19 août 1724 (Arch. comm. d'Oppède, AA2, folio 1).

[2] Bibl. d'Avignon, collect. Massillian, mss. 2385, folio 136 ; Fornéry, tome Ier, mst. 2770, pages 327-328 de la même bibliothèque.

priétés tenues par une soixantaine de censetaires ; une quarantaine de personnes y possédaient des biens francs de censes,
entre autres nobles Raymond de Aurafrigida, Gantelme Botin,
Guillaume de la Roche, Alfant Boniface, Bertrand de Trésémines.

Outre les censes qu'ils payaient pour les maisons qu'ils occupaient et les terres qu'ils cultivaient, les hommes d'Oppède
devaient encore chaque année un jour, à la Noël, pour couper
le bois et l'apporter à la maison du Comte ; ceux qui n'avaient
pas de bête de somme n'étaient tenus qu'à travailler un jour à
couper le bois. Ils devaient, en outre, une journée de travail en
carême pour la façon des vignes, une autre journée pour la récolte du foin, une autre au temps de la moisson, une autre au
temps des vendanges, une autre enfin au temps des semailles.
Les chevaliers et les feudataires du Comte étaient seuls exemptés de ces six journées de travail. Les droits et possessions du
Comte lui rapportaient annuellement 3o livres tournois et la
juridiction 20 livres tournois, au total 5o livres tournois.

A la mort d'Alfonse (21 août 1271), suivie, trois jours après,
de celle de son épouse, tous les États du Comte de Poitiers et de
Toulouse passèrent à Philippe le Hardi, roi de France, son
neveu. Le Pape réclama alors le Comté-Venaissin, mais le roi
de France fit la sourde oreille. Enfin, au commencement de
1274, le Venaissin fut remis au pape Grégoire X par Philippe
le Hardi, et les habitants d'Oppède, réunis au nombre de 209 [1]
dans l'église paroissiale dédiée à Notre-Dame, prêtèrent serment de fidélité à leur nouveau souverain le 11 des calendes de

---

[1] Parmi ces 209 personnes figurent noble Alfant Boniface, chevalier ;
Rostaing de Saumane, bayle d'Oppède ; Bertrand de Trésémines, Raimond
de Aurafrigida, Raymond de la Roque, chevalier ; Bertrand de Aurisilla,
chevalier ; Bertrand Raymond, damoiseau ; Jean Tribolati, châtelain
d'Oppède.

février (22 janvier) de la même année. Dans la même séance, Rolland de Ménerbes, Alfant de Ménerbes et Bertrand de Ménerbes firent aussi hommage et prêtèrent serment de fidélité pour tout ce qu'ils tenaient et possédaient à Oppède [1].

Oppède formait alors un des neuf bailliages du Venaissin. Par acte du 5 des ides de février (9 février) de la même année (1274), la garde du château fut confiée par le Saint-Siège à deux chevaliers de Saint-Jean-de-Jérusalem, frère Augier (ou Eugène) avec frère Foulques Rostaing pour compagnon [2].

La même année, le jour des nones d'avril (5 avril), noble Raymond de Maulsang, vicaire-général du Comtat, arbitre choisi par le parlement de Ménerbes et celui d'Oppède, fit une délimitation entre ces deux communes. Les seigneurs et d'autres habitants de Ménerbes, ainsi que quelques habitants d'Oppède, furent présents à cette opération. L'acte fut reçu par Hugues Frankenlenii, notaire à L'Isle [3]. Cette délimitation fut confirmée le 23 mars 1763 [4].

Le 4 septembre 1281, Raymond Alquiéry, chevalier, et Bertrand Vitalis, marchand, procureurs de la ville de Cavaillon, et Alfant Boniface, chevalier, et Pons Raymond, procureur de la communauté d'Oppède, donnèrent pouvoir à Raymond Maulsang, chevalier, Guillaume Olive, chevalier de Saint-Jean-de-Jérusalem, et Guillaume Aicard pour terminer les différends entre ces deux communautés au sujet de leurs limites dans le Luberon [5].

Huit ans après, le 4 des nones de décembre (2 décembre)

---

[1] *Mémoire pour le Procureur général*, etc. tome I, *pièces justificatives*, page LXXX.

[2] *Ibid.*, page CX.

[3] Cart. d'Oppède, n° 1, et DD 2.

[4] Arch. communales d'Oppède, DD 2.

[5] Arch. communales de Cavaillon, DD 1 n° 3.

1289, le parlement général d'Oppède, réuni au portail de la place au nombre de 121 personnes, sous la présidence de Guillaume de Réginal, docteur ès-lois, juge du Comté Venaissin, en présence de noble Giraud de Libra, vice-gérent du Comtat, nomma noble Raymond de la Roque, chevalier, et Raymond Uffred d'Oppède, syndics ou procureurs, à l'effet de traiter avec l'évêque de Cavaillon au sujet de la dîme. L'acte fut reçu par Guillaume Rodulphe, notaire du Venaissin [1].

Le 16 février 1302, Guy de Montealcino, sénéchal du Comté Venaissin, assisté de deux (et non douze) notables d'Oppède, Raymond de la Roque, chevalier, et Guigues Garnier, fit un règlement pour l'usage de la montagne d'Oppède, ensuite du partage fait en 1281 de la montagne du Luberon, dont ces deux communes avaient jusqu'à ce jour joui par indivis. Voici en substance ce que porte ce règlement : défense de faire des défrichements ou rompues dans la montagne d'Oppède; ceux qui en feront n'auront pas le droit d'en défendre l'entrée au bétail et il ne leur sera dû aucune indemnité si leurs récoltes sont mangées. Défense d'y couper du bois et d'y faire du charbon dans le but de les vendre, donner ou échanger hors du lieu. Défense d'y faire des cendres appelées claveladés et d'y cueillir des écorces. Tout habitant pourra construire une ramade (abri fait avec des branches et des feuilles) pour son troupeau et en jouir pendant trois ans complets sans que personne puisse l'empêcher. Les pasteurs de la montagne pourront couper des arbres pour leur usage et pour leurs chevreaux et agneaux qui, à cause de leur faiblesse, ne peuvent suivre le troupeau. Tout habitant d'Oppède pourra, pour son usage ou pour décoration de son habitation, couper du bois et cueillir des rameaux. Toute contravention aux dispositions qui précèdent sera punie d'une

____

[1] Cart. d'Oppède, n° 2.

amende de 20 sols au profit de la cour que le Pape tient à Oppède. Le parlement qui nomma les deux syndics fut composé
de 143 personnes, non compris les deux syndics. L'acte fut
reçu par le notaire Raymond Ripert [1].

Par sentence du 3 décembre 1314, Pierre Raynardi, jurisconsulte, procureur et avocat de la cour du Venaissin, commissaire
délégué par noble Bertrand Augier, juge majeur du Comtat,
reconnut le terme posé au lieu appelé la Fourche-du-Puy-
Méjean comme séparant, sur le Luberon, les territoires d'Oppède et de Maubec. L'acte passé à Pernes, dans la maison du
Juge, fut reçu par Guillaume Faraudi, notaire du Venaissin [2]. D'autres actes judiciaires eurent lieu les 1er, 4, 8, 9 et
15 avril 1315 sur le même sujet [3].

Par jugement du 2 mai 1324, Bertrand Nocendi, vice-juge
majeur du Comtat (en absence d'Etienne de Videlhac, juge majeur et vice-recteur), tenant ses assises à Oppède, prononça l'acquittement de Raymond Bollègue, Alexandre Catalan et Bertrand de Trésémines, poursuivis pour avoir chassé sur le territoire d'Oppède avec des chiens, des furets et des filets et avoir
pris deux lapins, contravention que les statuts du lieu punis-
saient d'une amende de cent sols. Cet acquittement fut prononcé sur ce que le lieu où le délit avait été commis était limitrophe du territoire de Ménerbes où la chasse au lapin était
permise. Le vice-juge majeur fut assisté dans ce jugement par
Arnaud de Trians, seigneur de Talard, Châteauneuf et Mont-
miral, maréchal de N. S. P. le Pape et procureur et avocat de
la cour du Venaissin, Pierre Raynardi, jurisconsulte, viguier
de la cour papale de Bonnieux, et noble Raymond de Suxiis,
damoiseau, bayle et châtelain de la cour papale d'Oppède. L'acte

---

[1] Cart. d'Oppède, n° 3.

[2] Ibid., n° 4.

[3] Arch. communales d'Oppède, FF 1, fol. 31 à 40.

fut passé « in hospicio domini nostri pape infra fortalicium »
par Jacques de Motha, notaire papal dans le Comtat. Furent
témoins Guillaume Bermond, seigneur en partie de Maubec,
Bertrand de Ginhac, Alfant Botin, damoiseau, Jacques Framaud, Jacques Hugon, Raymond de Flano, Pierre de Flano,
Alfant Vassol, Raybaud Uffred et plusieurs autres [1].

Le 8 mai 1328, Etienne de Videlhac, juge majeur et vice-recteur du comté Venaissin, en présence d'Arnaud de Saint-Privat
« vice-bajuli et castellani de Oppeda » prononça une sentence
arbitrale au sujet de l'échange d'une partie des patis communaux contre des prés appartenant à Pierre Raynardi, pour le
passage de l'eau des moulins que celui-ci voulait construire à
Oppède, en société avec Bertrand de Ginhac, damoiseau. L'acte
fut reçu par Guillaume Ripert, notaire [2].

Le 27 septembre 1332, le parlement d'Oppède, réuni « in platea de ulmo » sous la présidence de Guillaume Delienaris, châtelain et bayle, adopta des statuts de police dont voici la substance : les loyers des maisons, qu'il est d'usage de régler à la
Saint-Michel, le seront désormais à la mi août, afin que l'on
n'endommage pas les habitations par l'entrée et la sortie des
blés qui, à Oppède, sont toujours dans le grenier à la Saint-
Michel. La commune fera recueillir par ses délégués les tuiles
et les autres redevances qui lui sont dues pour être distribuées
aux nécessiteux de la localité et remises aux autres au taux de
l'expertise qui en sera faite. On ne pourra mener paître les brebis ni dans les vignes ni dans les vergers d'arbres fruitiers. On
ne pourra déposer du fumier, du bois ni d'autres embarras dans
la traverse de la grande fontaine des prés, ni dans d'autres endroits déterminés. Les statuts devront être observés à partir de

---

[1] Cart. d'Oppède, n° 5.
[2] Ibid., n° 6.

la prochaine fête de la Saint-Michel. L'acte fut passé à Oppède « in platea de ulmo » par le notaire Guillaume Ripert [1].

Le 11 avril 1339, le parlement général d'Oppède, réuni « in platea dicti castri subtus ulmum » en présence de Guillaume de Viainesio, bayle, et de Marc de Calma, clavaire, édicta de nouveaux statuts de police complémentaires des précédents et dont voici la substance : on ne chassera pas aux lapins sur le territoire de la commune pendant un an à partir de la Saint-André. Personne ne pourra, pendant ce temps, tenir à Oppède des furets, des chiens braques (entrants), des belettes, etc. Personne ne pourra, pendant le même temps, chasser les lièvres aux filets. Ceux qui voudront chasser les lièvres sans filets pourront le faire depuis le col de la Langue-de-l'âne jusqu'au col du Deffens, mais personne ne pourra les chasser dans la plaine, après la Saint-Michel. A partir de la même époque, il sera défendu de tendre des lacs dans les clapiers ou dans les vignes ou sur le passage du gibier. Défense de mener paître ou de vautrer les porcs dans les boues de la Riaille. On fera ce qui a été ordonné par l'Eglise. — A ce parlement assistèrent entre autres Geoffroi de la Roque, Guillaume de Ginhac, Gantelme Botin, damoiseau, Raylaud Uffred, Pierre de Flano et Rostaing de Sabran, seigneur de la Tour de Sabran. L'acte fut reçu par Pierre Canochi, notaire de L'Isle, et eut pour témoins Jacques Giraud, vicaire de l'église d'Oppède, Raymond Bollègue, du Thor, et plusieurs autres. Dans cet acte se trouve inséré tout au long celui du 2 des ides de février 1245, dont nous avons déjà parlé [2].

Le 2 juillet 1340, le parlement d'Oppède accorda à Guillaume Corrégati la permission de couper du bois à la montagne et dans les autres possessions communales pour les besoins de

---

[1] Cart. d'Oppède, n° 7.
[2] Ibid., n° 8.

la tuilerie que le dit Corrégati se proposait d'établir près de Saint-Jean, au territoire d'Oppède, sous l'obligation de fournir, moyennant 5 sols, 500 bonnes tuiles à la commune par fournée. Cet acte fut reçu par le notaire Jean Edin [1].

En 1359, une procédure fut dirigée contre les habitants d'Oppède par Jean du Grès et Astruc et Philili Caussin, frères, juifs et rentiers des revenus fiscaux de la Chambre apostolique, dans la Valmasque, à l'effet de les faire condamner à acquitter les droits de corvée, tenue et gerbage, pendant les douze dernières années. Les habitants d'Oppède se disaient francs de ces droits et produisirent à l'appui de leur prétention un acte du 9 février de l'an de l'Incarnation 1356, reçu par Bertrand Guillaume, notaire à Oppède. Le juge majeur, Laugier du Val, concluait en faveur des fermiers ; mais le recteur, Guillaume de Rossilhac, considérant que ceux-ci n'avaient nullement prouvé leur droit, décida que les habitants seraient maintenus dans la franchise par eux prétendue jusqu'à ce que des preuves plus concluantes eussent été produites devant la cour majeure. L'acte fut passé à Carpentras, le 7 septembre 1359, par Elzéar Bramebataille, secrétaire de la cour majeure, en présence de Laugier du Val, Guillaume Mille, juge des causes majeures du Comtat, Étienne Paucum et Jacques Ludi, de Pernes [2].

Le 29 décembre de l'année suivante (1360), par acte reçu à Oppède sur la place publique, par Bertrand Guillaume, notaire de cette localité, frère Jean-Ferdinand de Hérédia, de l'ordre de Saint-Jean de Jérusalem, châtelain d'Emposte, en Espagne, et capitaine général du Comté-Venaissin pour l'Église romaine, accorda, à la communauté d'Oppède, une charte de privilèges portant entre autres : défense aux étrangers de venir garder

---

[1] Cartul. d'Oppède, n° 9.
[2] Ibid., n° 10.

leurs bestiaux dans le territoire d'Oppède ; ordre de murer le portail de Valette et de mettre derrière six hommes de garde en temps de guerre ; permission aux habitants d'Oppède de chasser toutes sortes de gibier dans leurs propriétés ainsi que dans les domaines du Pape, et défense aux étrangers d'y venir chasser sans la permission de la cour ; injonction aux gens d'Église et aux nobles de contribuer, tout comme les autres habitants d'Oppède, à la garde du lieu ; pouvoir aux hommes d'Oppède de garder les clefs des portes du lieu. Cet acte, qui est inséré tout au long dans un autre acte du 15 août 1531 [1], eut pour témoin Bertrand Bodaud, damoiseau de Ménerbes, frère Guillaume de Lauris, chevalier de Saint-Jean de Jérusalem, précepteur de Roussillon, Raimond Eutrope, de Roussillon, Pierre Guison de Robion, et Jean Botin.

Le 18 août 1364, la communauté, réunie en parlement général, sous la présidence de noble Alfant Daurel, châtelain du lieu, transigea avec Gaucelin Botin, Bertrand Barbe et consorts, au sujet du curage du fossé dans lequel passait l'eau de la grande fontaine des prairies. Il fut convenu : 1° Que toutes les fois qu'il serait nécessaire d'opérer le curage de ce fossé, les déblais seraient jetés sur les fonds riverains, mais de manière à leur causer le moindre dommage possible ; 2° Que ce curage ne pourrait être fait depuis le premier jour de Carême jusqu'à la fête de la Nativité de Saint-Jean-Baptiste ; 3° Que les riverains ne pourraient mettre obstacle à l'écoulement des eaux en faisant dans ce fossé des barrages en pierres ; 4° Qu'ils pourraient les détourner pour l'arrosage de leurs prairies ; 5° Que tout propriétaire pourrait faire abattre les barrages qui lui seraient nuisibles, lorsqu'il voudrait prendre de l'eau

---

[1] Cart. d'Oppède, n° 53 2° feuille, et FF 1, fol. 40-43.

pour ses besoins ou pour l'arrosage de ses fonds. L'acte fut reçu par Bertrand Guillaume, notaire à Oppède [1].

Le 21 mars 1370, une enquête fut faite par Pons Jean, jurisconsulte, juge et viguier de L'Isle, assisté de Bertrand Guillaume, vice-châtelain d'Oppède, ensuite de l'incarcération à Oppède de Guillaume Martin, de Maubec, habitant de Lagnes, et Isnard Garnier, de Saint-Christophe, bergers qui avaient mené paître les brebis du Chapitre de Saint-Didier d'Avignon sur le territoire d'Oppède. Il résulte de cette enquête que le Chapitre de Saint-Didier, comme seigneur de Maubec, ne possédait aucun pâturage à Oppède et qu'il n'avait pas le droit d'y envoyer paître ses bestiaux. Défense fut faite, en conséquence, à ce Chapitre, de faire, à l'avenir, pâturer ses bestiaux dans le territoire d'Oppède. Cet acte fut reçu par le notaire Pierre Pranconi [2].

Le 28 août 1374, Pons Barthélemy et noble Bertrand Barbe, dit Michoni, donnèrent quittance du prix des terrains qu'ils avaient vendus à la communauté au quartier de Frigolet pour l'élargissement du chemin public. L'acte fut reçu par Bertrand Guillaume, notaire à Oppède [3].

III. — Troubles du Schisme d'Occident et XVᵉ siècle.

Le village d'Oppède fut mêlé aux troubles qui marquent la fin du XIVᵉ siècle et le commencement du XVᵉ dans le Comtat.

Il fut donné en fief au célèbre routier, Bernard de la Salle, natif non d'Agnani, comme le dit Barjavel [4], mais bien du

---

[1] Cart. d'Oppède, nº 11.
[2] Ibid., nº 12 ; et FF. 1, fol. 44-50.
[3] Ibid., nº 13.
[4] *Dictionnaire*, t. II, p. 390, art. Salle (Bernard de la).

diocèse d'Agen, comme l'a prouvé M. Paul Durrieu, d'après un document des archives du Vatican.

A quelle époque? Nous n'en savons rien, mais probablement à la fin de 1378, ou au commencement de 1379[1]. Cette inféodation n'a été connue ni par M. Paul Durrieu, ni par M. Noël Valois ; seul, M. Labande en a eu connaissance et a préparé sur Bernard de la Salle un travail important qu'il a présenté à l'Académie des Inscriptions et Belles-Lettres et qui paraîtra probablement bientôt, il faut l'espérer, dans les Mémoires de ce corps savant.

Bernard de la Salle, absorbé par la guerre contre les ennemis de Clément VII, ne pouvait s'occuper lui-même de ses nombreuses seigneuries. Par acte passé à Fondi, le 11 février 1379, par Pierre Gailhard, notaire d'Aix, il nomma pour son vicaire et procureur général Guillaume de Cornac, archidiacre d'Aix, auquel il donna pleins pouvoirs pour le représenter dans ses diverses seigneuries et faire tout ce qu'un seigneur peut faire. Cet acte très intéressant est inséré tout au long dans un autre acte du 9 mars 1383, dont nous parlerons bientôt.

Nous ne raconterons pas par le menu la vie de Bernard de la Salle depuis sa prise de possession de la seigneurie d'Oppède, jusqu'à sa mort dans les Alpes dauphinoises, avant le 28 mai 1391, lors de la défaite de sa troupe de 500 lances par Jean III, comte d'Armagnac ; cela nous entraînerait trop loin. Il nous suffira de dire que ce capitaine gascon avait de nouveau changé de conduite et emmenait sa troupe au service de Jean Galéas Visconti, duc de Milan, lorsqu'il périt. Nous renverrons donc ceux qui voudraient connaître les actions de Bernard de la Salle, étrangères à Oppède, aux ouvrages de MM. Paul Durrieu et Noël Valois, auxquels nous avons fait

---

[1] M. Labande pense que cette inféodation eut lieu en 1381.

de nombreux emprunts, nous bornant à faire connaître ici les documents relatifs à Oppède dans lesquels il paraît comme seigneur.

Le 27 février 1383, par acte reçu par Hugues Barbier, notaire de Ménerbes, le Parlement général d'Oppède réuni « in aula Marqueti de Flano » par devant Mathieu d'Abelhard, châtelain et bayle d'Oppède pour haut et puissant seigneur messire Bernard de la Salle, seigneur du dit lieu, nomma pour procureurs Marquet de Flano, Bertrand de Valréas, Pierre Plumel, Pierre Guillaume et Jacques Garnier, Isnard de Florencii, Raymond Uffred, Rostaing Framaud, Jean Etienne, Jacques Catalan, Vassol et Etienne Chabaud pour poursuivre, devant toutes cours laïques et ecclésiastiques, une décision sur la contestation qui s'était élevée entre la commune et les nobles qui y résidaient au sujet du refus que faisaient ceux-ci de concourir à la garde du lieu [1]. Dans cet acte se trouvent les pouvoirs de capitaine, châtelain, bayle et clavaire d'Oppède donnés à Avignon le 14 décembre 1382, par Guillaume de Cornac, vicaire et procureur général de Bernard de la Salle, à Mathieu d'Abelhard. Furent témoins de l'acte, Antoine Monier, de Robion ; Pierre Reynaud, savetier, de Maubec ; Jean Audoyn, de Sisteron ; Raimond Raynier, de Courthezon ; et Jean Andras, de Robion.

Par acte du 9 mars 1383, reçu par Hugues Barbier, notaire de Ménerbes et passé à Oppède « in curte fortalicii prefati magnifici domini Bernardi de La Salla », Guillaume de Cornac, lieutenant et procureur général de Bernard de la Salle, seigneur d'Oppède, assisté par Bertrand de Falgairal, châtelain de Pont-de-Sorgues, rendit une sentence par laquelle il condamnait les nobles, domiciliés à Oppède, à concourir,

---

[1] Cart. d'Oppède, n° 15.

comme les anciens et les autres habitants, à la garde des portes, murs et brèches du dit Oppède. Les témoins de l'acte furent noble Mathieu d'Abelhard, châtelain et bayle d'Oppède, noble Alfant Daurel, Aicard Guigon. Pierre Nogayrol et plusieurs autres habitants du lieu. Au bas de cet acte, se trouvent insérés *in-extenso,* comme nous l'avons dit, les pouvoirs conférés à Guillaume de Cornac par Bernard de la Salle [1].

D'après Barjavel [2], Bernard de la Salle accompagna la reine Marie de Blois à Apt en 1386 ; il est probable qu'il dut profiter de ce voyage pour venir à Oppède se montrer à ses vassaux et connaître cette localité.

Par délibération du 21 janvier 1390, le Parlement général d'Oppède, réuni dans le ravelin de Sainte-Cécile, vendit le quarantain de tous les grains et fruits à récolter et des gains à réaliser pendant un an dans le lieu d'Oppède, à Henri Agar, fustier, habitant d'Avignon, moyennant 140 florins d'or de 24 sols pièce dont 50 payables à la fête de la chandeleur, 45 le premier jour de Carême et 45 le jour de Pâques. Il est à remarquer que cet acte reçu par Hugues Barbier, notaire de Ménerbes, qui est le premier de ce genre se trouvant dans le Cartulaire d'Oppède, soumet au quarantain les gains et salaires réalisés par les cabaretiers, les hôteliers, les logeurs, les charretiers, les vendeurs de volaille et de gibier, les fabricants, les tailleurs, les cordonniers, les possesseurs de censes et services, de lods et trezains, etc. Furent seuls exemptés du quarantain le seigneur d'Oppède, le vicaire perpétuel du lieu, et Guy de Pestel, coseigneur de Maubec, pour ce qu'il possédait à Oppède [3]. Cette décision nous prouve que l'impôt sur le revenu, dont il est

---

[1] Cart. d'Oppède, n° 16.

[2] *Dictionnaire* cité, t. II, p. 390, art. SALLE (Bernard de la).

[3] Cart. d'Oppède, n° 17.

tant question de nos jours, était appliqué à Oppède plus de cinq siècles avant nous.

. Bernard de la Salle étant mort vers le 28 mai 1391, comme nous l'avons vu, le Saint-Siège reprit possession d'Oppède qui ne devait plus être inféodé jusqu'en 1501.

Peu de temps après la mort de Bernard de la Salle, le village d'Oppède fut pris par les troupes du vicomte Raymond de Turenne. On sait que ce personnage, qui avait à se plaindre du Pape, lui fit une guerre implacable et sema ruines sur ruines dans le Comtat-Venaissin. Voici comment M. Noël Valois [1], citant une bulle pontificale du 15 décembre 1393, parle des actes de ce vicomte :

« Fréquemment, le sang coulait, comme à la prise de Vaison qui fut l'œuvre de Raymond lui-même. Visan, Pierrelatte, Robion, Ménerbes, autres châteaux du Comtat, dont les gens de Raymond tentèrent de s'emparer, ne lui échappèrent que grâce à la vigilance de leurs gardiens. Les châteaux d'Oppède et de Beaumes tombèrent en son pouvoir : tous les habitants, hommes et femmes, furent emmenés prisonniers. De nombreuses habitations devinrent la proie des flammes ».

Raymond ne fit aucun cas de la bulle d'excommunication lancée contre lui et continua ses méfaits. Nous savons que ses troupes s'emparèrent encore, entre autres, de Lafare, dans le Comtat, et de Villars, près d'Apt.

Y a-t-il exagération, concernant Oppède, dans la bulle pontificale, ou bien les gens de Raymond attaquèrent-ils de nouveau ce village ? Quoiqu'il en soit, voici ce que nous apprend un document du 21 mai 1397.

Raymond Arnaud, Jacques Garnier, Guillaume Florent et d'autres ayant été arrêtés à Oppède et conduits en otage à Roquemartine, par Jean des Moulins, dit Gratusé, un des

---

[1] *La France et le grand Schisme d'Occident*, t. II, p. 339.

lieutenants de Raymond de Turenne, une convention fut faite à Cavaillon, par-devant Véran de Brieude, notaire de cette ville, entre la commune d'Oppède et Philippe Robert, Jean des Moulins, dit Gratuse, et André-Noë Montrond, qui faisaient partie des bandes de Raymond, au sujet de la marque que Gratuse prétendait avoir contre Oppède et ses habitants. Des difficultés s'élevèrent ensuite sur la question du paiement des 130 florins auxquels avait été évaluée l'indemnité due aux prisonniers. Ceux-ci, de leur côté, se refusaient au payement de leur cote-part dans le vingtain ou les vingtains, dont la commune avait voté l'impôt. Rostaing de Carniol, procureur de la commune, et Antoine Valréas, procureur des prisonniers, de la volonté et consentement de noble Alfant Daurel, Elzéar Arnoux, Hugues de Trésémines, Pierre Plumel, Garnier Garnier, Guillaume Florent et Elzéar Fabre, prirent pour arbitre de ce différend Thomas de la Merlie, archidiacre de Rodez (et non de Rouen), trésorier du Comtat-Venaissin. Celui-ci décida que la commune fournirait 110 florins de l'indemnité due aux prisonniers et que Gratuse et ses compagnons seraient tenus d'acquitter les 20 autres ; mais que, moyennant ce payement, les prisonniers acquitteraient, comme les autres habitants, leur part des vingtains imposés. Cet acte fut passé à Robion « in aula fortalicii dicti loci » en présence de Fornier Daniel, vicaire du dit lieu, noble Alfant Daurel et Jean Andras, du dit lieu, par Simon Sal, clerc du diocèse de Saint-Flour, notaire public, habitant à Robion [1].

Par acte du lendemain (22 mai 1397), passé à Robion « in fortalicii dicti domini » par Jacques Gilles, notaire à Joucas, en présence de maître Simon Sal, notaire, Raymond Terrat et Guillaume Bertrand, de Robion, Thomas de la Merlie, archi-

---

[1] Cart. d'Oppède, n° 18.

diacre de Rodez, souscrivit, au profit de la commune d'Oppède, représentée par Jean des Moulins, dit Gratuse, Étienne Chabaud et Rostaing de Carniol, une quittance : 1° de 200 florins ; 2° de 500 florins ; 3° de 22 florins ; 4° de 15 florins et enfin de 130 florins, exposés à la poursuite du recouvrement des précédentes sommes [1].

Cette affaire était à peine réglée qu'une autre surgissait. Réforciat d'Agoult, chevalier de Rhodes, seigneur de Vergons, nommé en 1398, par Benoît XIII, capitaine général du Comtat, se saisit des Taillades la même année, ce qui est rapporté, dit Fornéry [2], dans la sauvegarde que le roi de France accorda au Comtat le 30 décembre 1398.

Maître de cette localité, Réforciat d'Agoult la fortifia et en fit son quartier général. De là, il faisait des courses pour surprendre les localités voisines et rançonner leurs habitants, ne négligeant aucun moyen de remplir ses coffres pour faire subsister ses troupes. Oppède eut à souffrir de ce voisinage, ainsi qu'en fait foi un acte du 21 novembre 1399 dont voici la substance :

Un poste de gens de guerre, commandé par noble Perrinet du Four, capitaine de la Rogue d'Anthéron, connétable des troupes des Taillades, enleva dans une de ses courses Jacques Uffred d'Oppède et l'emmena prisonnier aux Taillades.

Celui-ci, voyant qu'on torturait les prisonniers, trouva moyen, une nuit, de s'évader du plus haut point du château où il était détenu. Il n'avait, disait-il dans sa requête, pas encore convenu de sa rançon avec celui qui l'avait capturé, et n'avait pas pris par serment l'engagement de ne pas s'enfuir.

En apprenant cela, Perrinet du Four écrivit aux capitaines et syndics d'Oppède, une lettre qu'il adressa à François de

---

[1] Cart. d'Oppède, n° 19.
[2] *Mst. n° 547 de la Bibl. de Carpentras*, page 425.

Conzié, archevêque de Narbonne et camérier du Pape, pour réclamer 3o écus d'or pour la rançon du fugitif, menaçant de prendre marque contre Oppède et de se payer au quadruple. Uffred écrivit de son côté pour demander protection, protestant contre l'illégalité de sa capture et contre ses concitoyens qui menaçaient de le livrer à Perrinet s'il ne payait pas. Le camérier commit cette affaire à Thomas de la Merlie, trésorier du Comtat-Venaissin, qui reconnut injuste la capture d'Uffred, mais qui, pour éviter des malheurs, décida qu'il serait payé à du Four 15 écus par Uffred et 15 par la commune, en réservant à celle-ci son recours contre Uffred pour être remboursée. L'acte fut passé à Robion, dans le ravelin du portail, par Simon Sal, notaire de ce village, en présence de noble Jean Botin, Bertrand Raffard et Guillaume Reynardi du dit lieu. Dans cet acte, est insérée la lettre de Perrinet du Four, qui est en français et dont voici la teneur :

« Chier e grant ami, je me recommande a vos et veullies savoir que je me donne grant mervelhe de ce que vous ne maves fait paier les xxx scus de quoy tant de foys vos ay script et saves que je en ay fait coure devant aupeda et ay fait randre la prise, excepté un cheval que je garde touiours pour cuider que vos maportassies mon argent et je vous euse randu le cheval et seray bon coursie que si il my convient coure autrefois, et je neuse pas tant attendu ce ne fut pour ce que meser le senescal men avoit scrit quil me seroit paier pour quoy je vos prie et requier que dedans quatre jours vous me ayes envoye mon argent ou le baylies au bourc de la melee et vous en feres quite ou autrement je vous promet que je feray en maniere que le denier vous coutera quatre et de cy en avant me teníes pour excuse, ce vous ne me fetes reson encontinent, diou soit garde de vous. Scrit au Puy-Sainte-Réparade, le xxiie jour de setembre, de par Perrinet du Four »[1].

---

[1] Cart. d'Oppède, n° 20.

Pour ne pas être foulés davantage par les troupes des Taillades, les gens d'Oppède firent probablement cause commune avec elles. Ceci ressort de deux documents qui nous apprennent que les Oppédois avaient fait des courses sur le territoire de Lauris.

Le premier de ces documents est un traité du 10 mars 1400, entre noble Jean de Cucuron, représentant le seigneur et la dame de Lauris, et noble Gaucelin Botin, représentant la commune d'Oppède, au sujet des dommages causés aux gens et à la commune de Lauris par ceux d'Oppède, pendant et depuis la guerre des Taillades. Il est convenu, par ce traité, que la commune d'Oppède comptera à celle de Lauris, avant Pâques, 55 florins d'or et qu'elle fera transporter à ses frais dans celle-ci sept tonneaux de bon vin. Les gens d'Oppède rendront également à ceux de Lauris tous les bestiaux qui leur ont été pris, ceux qu'ils détiennent encore et tous ceux ainsi pris qui seront trouvés vivants, en quelque lieu que ce soit. L'acte fut passé à Bonnieux par Jacques Ruffi, notaire de cette localité, en présence de noble Imbert Geoffroy et Gilibert, habitants de Bonnieux [1].

Le second de ces documents complète le premier, dans lequel il est question du dédommagement des habitants de Lauris ; c'est une sentence rendue le 9 avril de la même année 1400, par Réginal Pétri, docteur ès-lois, juge de L'Isle, délégué à cet effet par le Recteur du Comtat, contre la commune d'Oppède, dont les habitants avaient fait des courses sur le territoire de Lauris (et non Lagnes, comme le dit par erreur l'*Inventaire*), en faveur du seigneur de Lauris qui avait obtenu à ce sujet une marque contre Oppède. Par cette sentence, le Juge décida : 1° qu'Oppède serait tenu de payer 45 écus d'or au seigneur de

---

[1] Cart. d'Oppède, n° 22.

Lauris ; 2° qu'Alfant Garnier, Guillaume Florent, Pierre Plumel et leurs adhérents qui avaient fait dans ces derniers temps
des courses sur le territoire de Lauris, à l'occasion de la guerre
qui se faisait entre la place des Taillades et le Comtat-Venaissin, payeraient le restant de la marque du dit seigneur, se
montant cinq florins ; 3° que les gens de Lauris, qui, par l'intermédiaire des susnommés, avaient recouvré les bestiaux que
ceux des Taillades leur avaient pris, leur en rembourseraient
la valeur, afin de les aider à acquitter la somme mise à leur
charge ; 4° si la commune d'Oppède était obligée, pour se conformer à cette sentence, d'imposer une taille, elle serait répartie sur tous en proportion des biens possédés par chacun
L'acte fut passé par Jean Bonicosii, notaire, nous ne savons où,
la fin de la pièce manquant[1].

Reforciat d'Agoult, maître des Taillades, faisait la guerre,
disait-il, pour recouvrer les sommes que lui devait le Saint-
Siège. Il ne laissait passer aucune occasion de rançonner les
localités voisines. Un valet de sa maison ayant été tué par des
gens de Châteauneuf-du-Pape, cette commune, pour s'éviter
des malheurs, transigea avec Reforciat et consentit à lui donner en compensation 200 livres de 20 sols pièce, somme qui lui
fut, en effet, versée le 13 juillet 1399[2].

Il ne se faisait pas faute non plus de donner asile, dans la forteresse des Taillades, aux ennemis du pape de Rome. Ainsi,
Antoine de Luna, qui abandonnait la Rectorie, vint s'y réfugier en quittant Carpentras, en novembre 1398[3].

Comme on le voit, la place des Taillades incommodait fort
les localités voisines, et cette situation ne pouvait durer, d'au-

---

[1] Cart. d'Oppède, n° 23.
[2] Archives communales de Châteauneuf-Calcernier ou du Pape, AA 1.
[3] Charles COTTIER, ouvrage cité, p. 103.

tant plus que Reforciat d'Agoult ne se ravitaillait que difficilement.

Déjà, il y avait eu des pourparlers entre Reforciat et Benoît XIII ; enfin, une sentence arbitrale du 23 mai 1399, ratifiée le 26 par les deux frères d'Agoult et le 27 par le Pape, fixa à 6.000 florins l'indemnité qui serait allouée à Reforciat d'Agoult et qui serait payée, savoir : 5.000 florins par Benoît XIII et 1.000 florins par le Comtat, la ville d'Avignon et le Sacré-Collège, moyennant quoi la reddition de toutes ses places et l'évacuation de ses soldats étrangers auraient lieu dans quinze jours. Benoît s'exécuta sans retard, le Comtat, la ville d'Avignon et le Sacré-Collège s'exécutèrent sans doute aussi, de sorte que le village d'Oppède, par le départ de Forciat, départ qui n'eut toutefois pas lieu avant le 13 juillet, se trouva débarrassé des inconvénients résultant de son voisinage des Taillades [1].

La tranquillité et la sécurité étaient revenues à Oppède, mais ce ne fut malheureusement pas pour de longues années. Avant de retracer l'occupation d'Oppède par Rodrigue de Luna, nous allons faire connaître trois autres documents.

Le 4 août 1402, une enquête fut faite sur le droit qu'avaient les habitants d'Oppède, et notamment Jean de Flaux, Guillaume Isnard, Alfant Garnier, Guillaume Botin et consorts, de faire rouir leurs chanvres dans toute la longueur du fossé des Crozes, droit contesté par différents particuliers qui prétendaient que ce fossé devait être réservé pour l'abreuvage des bœufs et vaches.

Par sa sentence du 8 août 1402 (et non 8 mars 1403), Réginal Pétri, juge de L'Isle, décida que la commune serait maintenue dans la possession de ce fossé et dans le droit d'y faire rouir le chanvre. Le 11 du même mois, noble Alfant Daurel,

---

[1] Noël VALOIS, ouvrage cité, t. III, pages 217-218.

vice-bayle de la cour d'Oppède, donna connaissance aux intéressés de la décision du Juge. L'acte fut passé à Oppède, sur la place publique, par Jacques Gilles, notaire de Joucas [1].

Le 20 juin 1404, Aimon Dalhe, vice-recteur du Comtat, rendit une sentence arbitrale sur une contestation survenue entre la commune d'Oppède et l'abbé de la Chaise-Dieu, comme seigneur de la Tour de Sabran, lequel, contrairement aux statuts d'Oppède, y avait envoyé paître des bestiaux dont les habitants s'étaient emparés et qu'ils n'avaient voulu rendre, malgré l'ordre que le recteur, Antoine de Luna, leur en avait donné par sa lettre du 28 mai 1404. Il fut décidé que Jean de Gardelle, bayle d'Oppède, ferait rendre les cinq moutons, l'ânesse et l'ânon saisis par Rostaing de Carniol, ancien bayle, et ses justiciables à Guigue Marssati, prieur de Saint-Palais (Sancti Paladii), diocèse de Bourges, procureur de la Chaise-Dieu pour le domaine de la bastide de Sabran, et que celui-ci paierait les frais et s'abstiendrait à l'avenir d'envoyer paître sur le territoire d'Oppède des brebis ou autres animaux. L'acte fut passé à Carpentras « in plano rectoriatus », par Jean Aulanheri, clerc du diocèse de Viviers, notaire à Carpentras, en présence de Jean Barthélemi, aussi notaire à Carpentras, Guillaume de Prunis, de Mormoiron, et noble Antoine Burgondion, de L'Isle, châtelain d'Oppède et procureur de Rostaing de Carniol [2].

Le 7 février 1408, par devant Étienne Chabaud, vice-bayle de la cour d'Oppède, Rostaing de Carniol et Pierre et Guillaume Ayceline se désistèrent de l'instance qu'ils avaient introduite contre la commune d'Oppède pour la possession d'un hermas servant de pâturage et de passage pour le bétail qu'on allait abreuver à la fontaine de Codolozan et confrontant le

____

[1] Cart. d'Oppède, n° 24.
[2] Ibid., n° 25.

fossé et le chemin de Saint-Antoine et le chemin qui, de Cavaillon, Robion et Maubec, s'en va à Ménerbes. L'acte fut passé sur
la place publique d'Oppède par Jacques Gilles, notaire de Joucas, en présence de Rostaing Chabert, de Faucon, diocèse de
Gap, Arnaud Petit, de Sainte-Jalle, même diocèse, et Bertrand
Catalan [1].

IV. — Occupation d'Oppède par Rodrigue de Luna.

Il y avait à peine dix ans que, Reforciat d'Agoult ayant éva-
cué les Taillades, la tranquillité était revenue à Oppède, quand
de nouveaux malheurs fondirent sur ce village.

« Lorsque le pape Benoît XIII étoit parti pour Savone, il
avoit ordonné à Rodrigue de Luna, son neveu, de s'assurer de
la ville d'Avignon, en fortifiant le Palais et les autres postes propres à lui conserver la ville. Il lui avoit associé un excellent
homme de guerre, Bernard de Sos, vicomte d'Evoli. Les commandants ayant encore introduit à Avignon de nouveaux renforts catalans, ils furent en état d'occuper le Palais avec les
deux autres forts qui étoient sur la roche des Doms, la tour qui
est à la tête du pont, le petit Palais et l'église cathédrale [2].

« Rodrigue de Luna, en introduisant une forte garnison dans
le palais d'Avignon, s'étoit saisi en même temps du château
d'Oppède (1409), qui étoit alors regardé comme une des plus
fortes places de la province, il y avoit laissé une forte garnison
de Catalans, disent les actes de ce temps-là. Son dessein étoit,
avec ces troupes, de faire contribuer tout le Comtat et, par leur
moyen, favoriser le passage de nouvelles troupes qu'il attendoit
de Catalogne.

---

[1] Cart. d'Oppède, n° 26.
[1] FORNÉRY, inst. 547 de la Bibl. de Carpentras, page 547.

« Pour mettre à couvert le Comtat-Venaissin des courses de
cette garnison, Jean de Poitiers, Recteur du Comtat, en vertu
des ordres qu'il avoit reçus du cardinal légat, disposa toute
chose pour bloquer Oppède, et pour disputer le passage aux
nouvelles troupes que les ennemis attendoient, il fit des levées
de soldats aux dépens du pays et forma bientôt un corps considérable, tant d'infanterie que de cavalerie, qui fut posté si
avantageusement que l'ennemi n'osa pas l'attaquer ni pénétrer
dans le Comtat comme il faisoit auparavant. Ses soins s'étendirent aussi sur les autres places exposées ; par son ordre du
13 octobre 1410, il commit à noble François du Barroux la
garde du Barroux, Saint-Jean et Saint-Pierre de Vassols, le
cloître de Modêne, de la bourgade du Barroux, de l'hospice du
Groseau, de Serres et de Travaillan.

« Les châteaux de la judicature de Valréas furent confiés à
la garde de Jacques Gay, Pierre Delphini et d'Albert Abellari :
c'étoient les châteaux de Boson, d'Asta (?), de Pierrelatte, de Richerenches, de Bolboton, de Boisset, de Sainte-Cécile, de Saint-
Pantaléon et de Saint-Roman de Malegarde.

« Et celles de la judicature de L'Isle, où sont nommées Cabrières, Vaucluse, la Bastie (bastide ou Tour de Salsan), et Ménerbes, furent confiées à la garde de noble Antoine Burgondion
et de Raimondon de Paceas. Cet ordre est adressé à Astoaudus
Astoaudi, conseigneur de Mazan, qui y est qualifié de « nobilis et potens vir » et de « domicellus »[1].

Les sages précautions prises par Jean de Poitiers ne furent
pas inutiles ; la garnison d'Oppède continua bien à faire quelques courses, mais elle ne put recevoir des secours.

« Je ne parle pas, dit M. Noël Valois[2], d'une petite troupe

---

[1] Fornéry, mst. 547 de la Bibl. de Carpentras, pages 549-550.
[2] Ouvrage cité, t. IV, page 166.

de vingt à vingt-cinq cavaliers, conduite par les seigneurs
Étienne de Bacin et Guichard de la Tour qui s'en vint de Savoie, au mois d'avril 1411, pour tâcher de porter secours aux
Espagnols de la garnison d'Oppède. Ils furent faits prisonniers
à Caromb (Vaucluse), par Eudes de Villars, et emmenés à Carpentras, d'où ils ne s'évadèrent qu'au bout de quatorze mois,
dans la nuit du 10 juin 1412 ».

Cependant, les frontières du Comtat n'étaient point tranquilles. « Du côté du Dauphiné, on craignoit toujours une invasion des troupes du capitaine d'Entremonts et autres associés.
Il falloit entretenir à grands frais des garnisons dans tous les
châteaux et autres places sur la frontière ; mais les principaux
officiers des troupes du Comtat ayant représenté au vicaire du
Pape que les troupes qu'on avoit mises dans quelques-uns de
ces lieux n'y étoient point en sûreté, comme à Richerenches, à
Saint-Pantaléon et à Bolboton, on démolit ces lieux après en
avoir retiré les garnisons, dont on renforça celles des autres
places ; du côté de la Provence on démolit Cabrières et la garnison se mit à renforcer les autres postes et surtout les bords du
Rhône pour en défendre le passage aux troupes des capitaines
Sallemone et d'Entremonts, et comme, malgré le blocus d'Oppède, la garnison ne laissait pas que de faire des courses, le
gouverneur (du Palais ?), au commencement de 1411, ayant
proposé une trêve, elle fut acceptée pour le repos des lieux circonvoisins » [1].

Pendant cette trêve, le roi de France intervint et il y eut des
conférences de part et d'autre, en vue de la conclusion d'un
traité. « Enfin, ce fut par l'entremise de Pierre d'Acigné, sénéchal de Provence, et de Philippe de Poitiers qui avoit amené
du secours aux Avignonnais, que le traité fut conclu le 30 sep-

---

[1] FORNÉRY, mst. 2770 d'Avignon, pages 697-698.

tembre de l'an 1411, entre François de Conzié, archevêque de Narbonne, camérier du pape Jean XXIII et son vicaire général en cet État ; Jean de Poitiers, évêque et comte de Valence et de Die, recteur du Comtat-Venaissin, et Constantin de Pergula, secrétaire du Pape. Du côté des assiégés, parurent Bernard de Sos, vicomte d'Évoli, et Rodrigue de Luna. Par le premier article, il fut stipulé que les assiégés pourroient envoyer trois personnes, avec chacune un valet, pour aller en Catalogne informer Benoît XIII de l'état du Palais et du château d'Oppède et pour demander du secours. Il fut accordé que si dans cinquante jours, il n'arrivait aux assiégés un secours suffisant pour faire lever le siège, ils seroient tenus de rendre le Palais avec tous les autres postes aussi bien que le château d'Oppède, et de vuider entièrement cet État, leur étant permis d'emporter armes et bagages.

« Plus que durant ces cinquante jours, il y auroit trêve entre les assiégés et les Avignonnais et entre la garnison d'Oppède et les gens du Comtat, durant laquelle il seroit fourni en payant aux ennemis des vivres et médicaments tous les deux jours »[1].

Tels sont les principaux articles de ce traité que l'on peut voir dans Fantoni, t. I, page 298, et dont plusieurs étaient relatifs à Oppède.

. Ce traité fut fidèlement exécuté de part et d'autre. La garnison d'Oppède, n'ayant pu être secourue, se décida à capituler. « Le 22 novembre 1411, les gens de Benoît XIII évacuèrent le Palais des Papes et le château d'Oppède ; les uns retournèrent dans leur pays avec un sauf-conduit du Roi ; les autres s'engagèrent au service du duc Louis d'Anjou[2].

---

[1] FORNÉRY, mst. 2770 d'Avignon, page 699.

[2] Noël VALOIS, ouvrage cité, t. IV, page 170. Dans la note 4 de la même page, cet auteur dit : « J'ai relevé plusieurs paiements faits par Benoît XIII,

En évacuant Oppède, les gens d'armes de Benoît XIII dévas-tèrent et ruinèrent le château, qui fut ensuite remis en état par les soins de Guillaume de Baux et de Jean de Cadard, comme on le verra plus loin.

Après la reddition d'Oppède par Rodrigue de Luna et ses Catalans, l'histoire de cette localité perdant beaucoup de son intérêt, nous allons raconter brièvement les faits qui s'y sont passés jusqu'à l'extinction du Schisme d'Occident (1449), ou plutôt jusqu'à l'inféodation aux Meynier, en 1501.

De 1412 à 1436, la commune d'Oppède soutint un procès contre les coseigneurs de Maubec qui prétendaient avoir le droit de faire paître sur son territoire leurs bêtes bovines et ovi-nes. Le procès, engagé en 1412 devant la cour d'Oppède, fut perdu par les coseigneurs de Maubec. Guy de Pestello, cheva-lier, seigneur de Baransac, l'un d'eux, se pourvut en appel devant la cour de la rectorie du Comtat-Venaissin, en 1414. La procédure, suspendue en 1416, fut reprise en 1418, puis en 1433 et enfin en 1436. Les intérêts de la commune furent d'abord confiés à Pons Chapelli et plus tard à Pierre Valrii, ceux des co-seigneurs de Maubec à Jean Mostérii et, plus tard, à Bertrand Botini. Étienne et Jean de Bompuy, père et fils, de Maubec, ayant succédé aux droits de Guy de Pestello, poursui-virent l'affaire en dernier lieu. Jean de Chalmeti, procureur fiscal du Comtat-Venaissin, défendait les intérêts de la Cham-bre apostolique et déposa des conclusions favorables aux inté-rêts de la commune. Il produisit à leur appui : 1° une sentence arbitrale des 1er, 4, 8, 9 et 15 avril 1315, de laquelle il ressortait que la commune d'Oppède était en possession du droit de ban

durant les mois suivants, aux défenseurs d'Oppède ou du château des Pa-pes (Arch. du Val reg. Aven. LXII, fol. 287 r°, 290 v°, 308 v°, 319 r°; 320 v°, 321 r°, 356 v°). Je signalerai particulièrement un don gracieux de 4.000 flo-rins d'or qu'il fit, le 4 mars 1412, au vicomte d'Évoli (Ibid., fol. 88 v°) »

et que quelques-uns des coseigneurs de Maubec avaient seulement droit d'envoyer paître leurs bêtes à laine sur le territoire d'Oppède ; 2° la charte du châtelain d'Emposte, du 29 décembre 1360 ; 3° l'enquête du 21 mars 1370, de laquelle il ressortait que la commune avait obtenu une sentence favorable contre le chapitre Saint-Didier d'Avignon, alors coseigneur de Maubec, et dont les droits avaient été transmis successivement à Pestello et à Bompuy. Le commencement du registre [1] manquant, on ne peut savoir quelle solution définitive eut cette affaire. Toutefois, comme les documents produits par le procureur fiscal étaient favorables à la commune d'Oppède, il est très probable qu'elle obtint gain de cause [2].

Le 2 février 1420, le parlement général des-chefs de famille d'Oppède, réuni sous la porte du lieu, sous la présidence de Siffrein Uffred, vice-bayle, donna procuration à Jacques Uffred et Pierre Chabaud, pour souscrire, moyennant 742 florins d'or, la vente passée par la commune à Jacquemin Tullia, marchand d'Avignon, de la dîme des blés, raisins et autres produits du territoire d'Oppède, à percevoir pendant six années. Cette aliénation eut lieu pour acquitter la cotisation imposée à la commune dans la répartition des dettes du pays, savoir : 300 florins d'or à Guillaume Barthélemy, marchand d'Avignon, et 242 florins 8 gros à divers. L'acte fut passé par Jean Scanti, notaire à Bonnieux [3].

Le 5 juin 1420, Jacques Uffred et Pierre Chabaud souscrivirent, au nom de la commune, une obligation de 6 salmées d'avoine, au profit de Pierre Alphant, licencié aux droits, de

---

[1] Archives communales d'Oppède, FF 1, petit in-folio de 158 feuillets, dont plusieurs en blanc.

[2] Nous avons analysé ci-devant les pièces des 29 décembre 1360 et 21 mars 1370.

[3] Cart. d'Oppède, n° 27.

L'Isle. L'acte fut passé à L'Isle par Jean Prépositi, notaire de cette ville[1].

Le 31 mars 1433, le parlement général d'Oppède, réuni par devant Jean Vallerii, capitaine et bayle d'Oppède, donna procuration à Siffrein Uffred et à Monet Plumel, d'Oppède, pour gérer et défendre les intérêts de la commune. L'acte fut passé sous le portail d'Oppède et reçu par Antoine Milo, notaire de cette localité[2].

Le 16 juin 1436, le parlement général, réuni sous le grand portail d'Oppède par devant le bayle Jean des Moulins, donna procuration à Monet Catalan et à Antoine Trésémines pour représenter la commune dans toutes les affaires qu'elle avait et celles qu'elle pouvait avoir. L'acte fut reçu par Antoine Milo, en présence de Jean Valléry, vicaire perpétuel d'Oppède, et Raymond Étienne[3].

Le 14 septembre 1439, le parlement général, réuni par un mandement de noble Jean de Cadard, seigneur de Beauvezet, châtelain d'Oppède, donna procuration générale à Jean Étienne et à Jean Morinas, dit Médicis. L'acte fut passé dans le château d'Oppède par Antoine Milo, notaire de village, en présence de Mathieu de Villebrame, châtelain d'Oppède, et de Nicolas Joubert[4].

Le 26 octobre 1444, Antoine Trésémines et Elzéar Féraud, agissant comme syndics et procureurs d'Oppède, vendirent à Pélegrin de Bunellis, marchand et citoyen de Carpentras, 26 quintaux de laine bonne et marchande, pour le prix de 32 florins, payé comptant. L'acte fut passé à Carpentras par Pierre Valendi, notaire de cette ville[5].

---

[1] Cart. d'Oppède, n° 28.
[2] Ibid., n° 30.
[3] Ibid., n° 31.
[4] Ibid., n° 32.
[5] Ibid., n° 33.

Le 16 mai 1453, Jean Bouier de Maubec vendit à la commune d'Oppède, pour le prix de 4 florins d'or, une cave et un cellier contigus, situés sous les murs d'Oppède, joignant le logis de Monet Pomard et au-dessus du grenier d'Étienne Grivolat et de la chambre de la Charité. L'acte fut passé sur la place publique d'Oppède par Barthélemi Raymond, notaire de Robion, en présence de Mathieu de Villebrame, capitaine d'Oppède, et Guillaume Gilles, Jean de Flaux et Jacques Athenoux, du même lieu. Le 28 janvier de l'année suivante, la commune fut investie de cette cave et de ce cellier par la Chambre apostolique [1].

Par acte passé à Oppède sur la place publique par le même notaire, en présence de plusieurs témoins, entr'autres de noble Geoffroy Botin, le 10 décembre 1459, la commune d'Oppède, représentée par ses syndics Jean Morinat, dit Médicis, et Juillan Gilles, fit un échange de maison de l'hôpital d'Oppède avec Hugues de Trésémines [2].

Le 23 décembre 1473, il fut passé une transaction entre Jacques Perrin, clerc du diocèse de Bourges, vicaire perpétuel de l'église paroissiale d'Oppède dédiée à la bienheureuse Vierge Marie, et la commune d'Oppède représentée par Elzéar Cuniculi, un des syndics, Gaspard de Carniol et Guillaume Ager, sur la dîme de tous les fruits du territoire et la part que devait prendre le vicaire perpétuel à l'entretien et réparation des ornements de l'église. L'acte fut passé à Oppède, dans l'église même, derrière le grand autel, par Mathurin Peyron, notaire d'Oppède, en présence de Michel Chambon, Pierre Bonoceti et Simon de Brina, prêtres habitant le lieu d'Oppède [3].

---

[1] Cart. d'Oppède, n° 34.
[2] Papiers de la Charité, parchemin non numéroté.
[3] Archives communales d'Oppède, GG 24.

Le 11 mars 1476, la commune transigea avec Pascal Garnier des Taillades au sujet des bornes qui devaient séparer les hermas communaux d'avec les terres et vignes du dit Garnier du côté de la combe de Caveirane et de la fontaine des Fermiers. L'acte fut passé à Oppède, sur le terrain contesté, par Mathurin Peyron, notaire à Oppède, en présence de Jean Redortier, bachelier aux lois, juge de la cour majeure de L'Isle, Jean Costin et Jean Parent [1].

Le 24 mai 1483, la commune constitua au profit de noble Thomas Busoffi, bourgeois d'Avignon, une pension de 10 florins pour son capital de 100 florins. Cet acte fut reçu par Boniface de Blengeriis, notaire à Avignon. Le capital fut remboursé le 28 mai 1486 [2].

V. — Les institutions.

Administration municipale — D'après les comptes conservés à Paris aux Archives nationales [3] et reproduits dans l'Histoire générale de Languedoc [4], Oppède formait au milieu du XIIIe siècle un des bailliages du Comtat-Venaissin, bailliage qui, de 1257 à 1258, produisit au comte Alfonse 70 livres tournois.

A la même époque, Oppède avait aussi un châtelain et nous trouvons en mai 1269 l'ordre donné par Alfonse de Poitiers à son châtelain d'Oppède d'aller faire ferrer ses chevaux à Avignon ou à Tarascon [5].

Sous le gouvernement du Saint-Siège, le lieutenant des papes,

---

[1] Cart. d'Oppède, n° 36.

[2] Ibid., n° 37.

[3] J. 357, n° 61, comptes de l'année 1257.

[4] Edition Privat, tome VIII, p.

[5] Correspond. administ. d'Alfonse de Poitiers, publiée par Aug. Molinier, n° 1743.

chef de toute l'administration d'Oppède, porta le titre de capitaine châtelain et bayle [1].

Mais ce fonctionnaire pouvait nommer lui-même un châtelain pour la garde du château et un bayle pour présider l'administration municipale et rendre la justice ; il gardait pour lui le contrôle de toute l'administration et rendait la justice quand il ne se nommait point de bayle ou qu'il s'agissait de causes importantes. Représentant du Pape, il était chargé de la conservation et de la défense des droits et des intérêts du Saint-Siège et assurait, en outre, le maintien de l'ordre et de la sécurité dans la commune.

Lorsque quelque intérêt communal était en jeu, le bayle donnait l'ordre au sergent de la cour, qui était en même temps crieur public, de convoquer le parlement des habitants du lieu. Il était, nous l'avons vu, lieutenant du capitaine-châtelain et pouvait nommer lui-même un lieutenant ou vice-bayle pour le remplacer en cas d'empêchement.

Faute de documents plus anciens, ce n'est qu'en 1274, lors de la délimitation entre Ménerbes et Oppède, que nous voyons le parlement de cette dernière localité apparaître pour la première fois.

Le parlement général qui devait se composer, comme plus tard, de tous les chefs de famille, n'avait pas de lieu fixe pour ses réunions : il s'assemblait tantôt sous la grande porte du lieu, tantôt sous l'orme, tantôt dans le château, tantôt ailleurs. Il décidait lui-même sur les questions qui lui étaient soumises et nommait, s'il y avait lieu, des syndics, acteurs ou procureurs. Pour que les décisions prises par le parlement fussent valables, il fallait que les réunions se composassent au moins des deux tiers de ceux qui avaient le droit d'y assister.

---

[1] Ce fonctionnaire recevait de la Chambre apostolique un salaire annuel de 100 flor., dont 80 pour lui et 20 pour ses lieutenants.

Lorsqu'il y avait à faire une transaction ou un compromis, à opérer une délimitation de territoire ou un bornage de terrains, à intenter ou à défendre un procès, à soutenir enfin une cause quelconque où l'intérêt de la commune était en jeu, le parlement général élisait deux et quelquefois plusieurs syndics, acteurs ou procureurs.

Les syndics, acteurs ou procureurs, ainsi nommés pour une cause quelconque, étaient investis de tous les pouvoirs nécessaires pour mener à bien cette cause, et ces pouvoirs finissaient avec la cause elle-même, c'est-à-dire que, la cause finie, leurs fonctions cessaient.

Plus tard, les attributions des syndics devinrent plus stables et s'étendirent à tout ce qui intéressait la commune, et, vers le milieu du xvᵉ siècle, leurs fonctions devinrent annuelles. Ce furent alors les syndics, au nombre de deux, qui faisaient convoquer le parlement général lorsqu'il y avait lieu de le réunir.

Parfois aussi les syndics ou procureurs s'adjoignaient d'autres personnes pouvant les aider dans leur tâche. Les personnes ainsi choisies par les syndics ou procureurs prenaient le titre de conseillers. C'est ainsi que, dans l'acte du 4 des nones de décembre 1289, nobles Raymond Rainoardi et Alfant Boniface, chevaliers, Pierre Raimbaud et Pierre Raimond « bonos viros » figurent comme conseillers choisis par les deux syndics ou procureurs.

Nous n'avons pas trouvé trace de trésorier municipal pendant l'époque dont nous nous occupons ; cependant, il devait y en avoir un pour percevoir les recettes et payer les dépenses. Or, comme dans ces temps reculés les pouvoirs n'étaient pas encore nettement séparés, le clavaire ou trésorier de la cour papale d'abord, les syndics ensuite durent remplir cette fonction.

Nous avons fait connaître quelques procureurs au cours de notre récit. Voici les noms de quelques autres :

1314. Bertrand de Ginhac et Guillaume Uffred.

1356. Pierre Framaud, Michel Capus et Jacques Dassol.

1356. Bertrand Garnier, Guillaume Garnier, Antoine Hugues et Pierre Framaud.

1359. Pierre Chabaud, Pons Plumel et Hugues Aldebert.

1360. Guillaume de Ginhac et Raymond Uffred.

1374. Guillaume Garnier, Hugues Raymond et Hugues de Trésémines.

1399. Rostaing de Carniol et Étienne Chabaud.

Administration judiciaire. — Nous avons vu que le capitaine châtelain et bayle, lieutenant des Papes, était le chef de l'administration du pays et spécialement de la justice. Il était assisté dans ses fonctions judiciaires par un clavaire, un substitut fiscal et un sergent ordinaire. Lorsque, au lieu de rendre la justice lui-même, il la faisait rendre par le bayle, celui-ci était assisté des mêmes fonctionnaires. Cet état de choses dura jusqu'à l'inféodation à Accurse de Maynier, en 1501.

Quant au clavaire ou trésorier, il percevait les amendes infligées par la cour et avait la garde des clefs du coffre où l'on enfermait leur produit. Nous n'en connaissons qu'un seul, Marc de Calma, qui paraît dans l'acte de 1339.

Voici la liste de quelques capitaines :

1420. Guillaume de Baux.

1425. Jean de Cadard.

1433. Jean Vallerii.

1436. Jean de Cadard.

1453. Mathieu de Villebrame.

1460. Pierre de Cadard.

1479. Louis de Vassadel.

Voici les noms de quelques bayles :

1274. Raimond de Saumane.
1302. Alfant Radel.
1397. Siffrein Uffred.
1404. Rostaing de Carniol.
1404. Jean de Gardelle.
1436. Jean des Moulins.

Voici les noms de quelques vice-bayles :

1403. Noble Alfant Dorel.
1408. Étienne Chabaud.
1420. Siffrein Uffred.

Les causes jugées par la cour papale d'Oppède pouvaient être portées en appel devant la cour majeure de l'Isle, de celle-ci au vice-légat à Avignon, et du vice-légat à Rome.

Administration militaire. — Le châtelain avait la garde du château et devait veiller à sa sûreté et à sa défense. C'était lui qui commandait la garnison entretenue dans le château même et les postes placés aux portes du village, postes dont celui du portail de Valette, d'après la charte de Jean-Ferdinand de Hérédia, châtelain d'Emposte, devait être de six hommes. Le châtelain était donc ce que l'on appellera plus tard un gouverneur militaire.

Nous avons vu que, dès 1269, il y avait un châtelain à Oppède. Au début de la domination pontificale, il y en eut un aussi, mais nous ne voyons pas que le château fût gardé par des hommes d'armes ; probablement, comme le conjecture Fornéry, les habitants du pays en faisaient la garde à tour de rôle.

Nous voyons que, plus tard, en 1360, en vertu de la charte du châtelain d'Emposte, le portail de Valette doit être muré, gardé à l'intérieur par six hommes en temps de guerre, et que tous les hommes d'Oppède, tant roturiers que nobles et gens d'église, doivent contribuer à la garde du lieu. Nous avons vu aussi que les nobles d'Oppède qui avaient voulu s'affranchir de cette obligation, furent condamnés, en vertu du jugement du 9 mars 1383 rendu par Guillaume de Cornac, vicaire général de Bernard de la Salle, à concourir, comme les autres habitants, à la garde des portes, brèches et murs d'Oppède.

Le château d'Oppède existait déjà en 1209, mais nous ne savons, faute de documents, à quelle époque il avait été construit. Lorsque Rodrigue de Luna s'en empara en 1409, il dut sans doute augmenter ses défenses. En évacuant le château, en 1411, Rodrigue de Luna et ses Catalans le dévastèrent. Guillaume de Baux, nommé capitaine châtelain par Martin V en 1420, dépensa, pour y faire les premières réparations, 874 florins d'or (environ 10.800 francs) qui lui furent remboursés par son successeur, Jean de Cadard, nommé en 1425. Celui-ci continua les réparations et y dépensa encore 2.800 florins (environ 35.000 francs). Ces dépenses furent constatées par un procès-verbal d'expertise, dressé, le 26 novembre 1460, à la demande de Pierre de Cadard, seigneur du Thor, fils et héritier de feu Jean de Cadard, et les sommes dépensées furent remboursées par le Saint-Siège au dit Pierre de Cadard [1].

Pendant l'occupation d'Oppède par les Catalans, il y eut une forte garnison au château. A partir de cette époque et jusqu'à la Révolution, il y eut toujours un gouverneur et une garnison, comme nous le prouvent plusieurs documents des archives communales.

Voici les noms de quelques châtelains pendant l'époque qui nous occupe :

1274. Jean Tribolati.

---

[1] Bibl. d'Avignon, mst 2879, folio 65. Ce folio est composé de quatre feuilles de parchemin cousues bout à bout.

1274. Frère Augier (ou Eugène) avec frère Foulques Rostaing pour compagnon.

1302. Bertrand de Barras.

1324. Noble Raymond de Suxiis.

1332. Guillaume Delienaris.

1356. Alfant Botin, damoiseau.

1364. Noble Alfant Daurel.

1383. Noble Mathieu d'Abelhard.

1404. Antoine Burgondion.

1409. Rodrigue de Luna.

1439. Mathieu de Villebrame.

Voici les noms de deux vice-châtelains :

1328. Arnaud de Saint-Privat.

1370. Bertrand Guillaume.

Administration religieuse. — Pendant la période dont nous nous occupons, Oppède était, au point de vue religieux, une paroisse du diocèse de Cavaillon. Cette paroisse, dont l'église devait être, plus tard, au milieu du xviᵉ siècle, érigée en collégiale, était alors un prieuré administré par un vicaire perpétuel ou prieur « priore seu vicarii », lisons-nous dans le document de 1289. Ce prieur ou curé, vu l'importance de la paroisse, devait avoir un ou deux vicaires amovibles ou secondaires.

L'église paroissiale, sous le titre de Notre-Dame, existait déjà en 1235, mais nous ne savons ni quand ni par qui elle avait été édifiée, Massillian [1], Fornéry [2] et Lapilly [3] ne donnant pas la

----

[1] Bibl. d'Avignon, mst 2385, folio 136.

[2] Bibl. de Carpentras, msts nᵒˢ 549-550.

[3] *Dictionnaire géographique, historique et politique des Gaules et de la France,* article Oppède ; — Manuscrit du même auteur sur Avignon et le Comtat-Venaissin, à la Bibl. d'Avignon.

date de sa construction. Au commencement du xvie siècle, plus exactement en 1511, cette église est désignée sous le nom de Notre-Dame de Dolidon « beate Marie de Dolidonis ». Nous avouons ne savoir nullement d'où vient ce nom de Dolidon maladroitement transformé en d'Alydon.

Cette église fut restaurée en 1547. De nouvelles réparations furent faites en 1815, et en 1869, elle fut mise en l'état où elle se trouve aujourd'hui.

Voici la liste des prieurs dont nous avons pu trouver les noms pour la période antérieure à 1501 :

1274. Pierre Raymond.
1339. Jacques Giraud.
1390. Pierre Siger.
1436. Jean Vallery.
1473. Jacques Perrin.

Outre l'église paroissiale, il y avait de nombreuses chapelles rurales dans le territoire. Le polyptyque du Venaissin au livre rouge du comte de Toulouse, dressé en 1253, fait mention, article Oppède, de celles de Sainte-Cécile, Saint-Sébastien, Saint-Martin, Saint-Cassien, Saint-Antonin et Saint-Jean. Cette dernière est signalée dans un acte du 2 juillet 1340 [1] et celle de Sainte-Cécile figure dans des actes des 1er avril 1315, 26 avril 1348, 28 janvier et 3 novembre 1390. Celle de Saint-Laurent appartenait jadis au prieur de Saint-Étienne de Ménerbes et figure dans deux actes, l'un du 28 août 1487 et l'autre du 13 octobre 1500.

A ces sept chapelles, il faut ajouter celle de Saint-Joseph (à côté de la mairie, reconstruite et agrandie en 1757), celle de l'Hôpital et celle des Pénitents blancs. De ces dix chapelles, il

---

[1] Cart. d'Oppède. n° 9.

ne subsiste plus, aujourd'hui, que celles de Saint-Antonin, de Saint-Laurent, de l'Hôpital et des Pénitents blancs [1].

Dans la période dont nous retraçons l'histoire, il y avait deux cimetières à Oppède, celui de l'église paroissiale et celui de la chapelle de Sainte-Cécile. En effet, dans le testament de Raymonde, épouse de Marc de Calvia, notaire à Oppède, du 22 mai 1347, on lit : « Et eligo in sepulturam corpori meo in ecclesie beate Marie de Oppida in tumulo seu monimentum suum meorum ». Dans celui de Jean Barbier, du 26 avril 1348, on lit : « Et eligo sepulturam corpori meo in cimenterio ecclesie sancte Cecilie dicti loci in tumulo sive sepulturis domini patris mei ».

Institutions charitables. — L'Hôpital existait déjà au milieu du XIIIe siècle; il en est plusieurs fois question dans le Livre rouge, article Oppède. En suite d'un échange conclu le 10 décembre 1459 entre la commune et Hugues de Trésémines, l'Hôpital d'Oppède fut changé de place. Enfin, en 1776, il fut encore déplacé et installé dans l'immeuble qu'il occupe encore aujourd'hui.

Quant à l'œuvre de la Charité, elle n'est guère moins ancienne que l'hôpital, ainsi que le prouve un vieil inventaire de ses archives. Cet inventaire, dressé en 1778, signale 28 documents sur parchemin, auxquels il faut en ajouter 2 qui, pour un motif quelconque, ne furent pas inventoriés. De ces 30 documents, dont le plus ancien était de 1329, 13 seulement existent encore aujourd'hui et vont du 22 mai 1347 au 28 août 1553; ce sont les numéros 2, 3, 11, 13, 14, 15, 16, 24, 25, 26, 28 et ceux des 10 décembre 1459 et 17 septembre 1548.

La Charité, qui était alors pour les pauvres ce qu'est

---

[1] La confrérie des Pénitents blancs est abolie depuis plus de 50 ans.

aujourd'hui pour eux le bureau de bienfaisance, possédait déjà des propriétés assez considérables en 1329, et, à partir de cette date, elle reçut de nombreux legs, tant jusqu'à la fin du xiv° siècle que dans le courant du xv° et des suivants. Elle était administrée par un bayle et 2 ou 3 recteurs, dont les fonctions étaient annuelles.

Furent recteurs de la Charité :

> 1387. Hugues de Trésémines, Jean Étienne et Monet Vassol.
>
> 1390. Noble Alfant Daurel et Pierre Plumel.

Fut bayle :

> 1399. Guillaume Uffred.

Autres institutions : Institutions financières. — Les seules ressources de la commune étaient ses forêts et ses pâturages. Lorsqu'elles étaient insuffisantes, ce qui arrivait souvent, on établissait le souquet (impôt sur le vin), la rêve (impôt sur la viande) et le capage sur les bestiaux. Lorsque les dépenses à faire étaient trop considérables pour que ces ressources pussent suffire, on votait l'imposition, soit d'un quarantin, soit d'un vingtain, soit d'un dizain. C'est ainsi qu'il fut voté la levée d'un quarantain en 1390, d'un vingtain en 1397, d'un autre vingtain en 1399 et d'un dizain en 1420.

Le notariat. — Le notariat existait à Oppède aux xiv° et xv° siècle. Voici la liste des notaires d'Oppède dont nous avons trouvé les noms pendant la période dont nous nous occupons :

> 1347. Marc de Calvia.
>
> 1356. Bertrand Guillaume.
>
> 1413. Jacques Gilles, clerc de Joucas (diocèse d'Apt).
>
> 1433. Antoine Milo, clerc de Pontvellin (diocèse de Vélétri).

1473. Mathurin Peyron.
1499. Léonard Peyron.

Institutions scolaires. — Il y avait des écoles dans diverses communes du Comtat, dès le milieu du xIV[e] siècle. Les délibérations et les comptes d'Oppède ne remontant pas à l'époque du grand Schisme d'Occident, nous ne saurions dire, faute de document, si les écoles que nous voyons fonctionner en 1580 dans cette localité existaient pendant la période dont nous nous sommes occupés.

Institutions joyeuses. — Dans chaque localité du Comtat, il y avait, avant la Révolution, les chefs des plaisirs qui dirigeaient les danses et autres divertissements de la jeunesse lors des fêtes publiques. Les chefs des plaisirs portaient des noms divers variant avec les localités : abbés de la jeunesse, abbés de Malgouvert, abbés de Bongouvert, abbés de la Basoche, princes d'amour, rois des bouviers, roi des vignerons, rois des arbalétriers, rois des arquebusiers. Nous ne saurions dire non plus, faute de documents plus anciens, si la compagnie des arbalétriers et celle des arquebusiers, que nous voyons fonctionner à Oppède en 1549 et même en 1536, existaient pendant la période dont nous venons de retracer l'histoire.

VI — Appendice.

Toponymie. — Le polyptique du Venaissin, dressé en 1253, renferme, article Oppède, de nombreux noms de lieux-dits, dont beaucoup portent encore les mêmes désignations dans le cadastre actuel. Nous citons tous ces quartiers en mettant entre parenthèse, à côté des noms anciens, les noms donnés par le cadastre actuel :

Marquier, Acha, Gaviac, Furnis, Putheum novum, Crucem, retro Castellum, Thorale (Tourail), Causalonem (le Caulon), Geneirac (Geneiras), Combrès (Combrès), Prata, Briquna (Brécugne), Alrico, Sainte-Cécilie (Sainte-Cécile), Fontainillas (Fontanille), Tombarel (Tombereau), Casanovam (Caseneuve), Fontem Hugonis, Codalet (Coudouret), Fontem coopertum (Font couverte), Poaracam, Tailhadas, Boisson redon, Agastum, valle Berme, Saussum, Périssol (Pérussol), Barail (Barrail), Cantaperdrix (Canteperdrix), Conquas (les Conques), Malpertus (Malpertuis), Condamina (la Condamine), Jaubert, S^{tum} Cassianum (Saint-Cassien), Garrigam (la Garrigue), Fontem Corium, Ripam fractam (Ribefache), S^{tum} Martinum (Saint-Martin), Auream Vacam, Périer de Casauc, S^{tum} Sébastianum (Saint-Sébastien), Rascassac, Chabergam, valle de Fors, Corrososa (Courroussoude), Podio rotundo (Pierredon), Fontem pratum, Fontem de Auriolo, Vaicarolus, Rigaut (Rigouau), S^{tum} Antoninum (Saint-Antonin), Carnave (Carnavet), Podio Guererio, Boisseriam (les Bouisserettes), Chaberta, Olivarium, S^{tum} Johannem (Saint-Jean).

Les anciennes familles. — Plus de 150 familles différentes habitèrent Oppède pendant les xiiie, xive et xve siècles. Les principales de ces familles étaient celles de : de Boniface, de Botin, d'Aurafrigida, de Flaux, de Guigon, de Bompuy, d'Aurel, de la Roque, Framaud, Valréas, Plumel, Catalan, Silvestre, Gavaudan, Garnier, Pélissier, Gautier, Joubert, Corregati, Morinati, Hugon, Guillaume, Trésémines, Florencii, Bonnet.

De toutes ces nombreuses et anciennes familles, seules celles de : Pélissier, Silvestre, Garnier, Molinas, Deflaux, Bonnet, Bompuy, Gévaudan résident encore dans la commune.

Toutes les autres familles habitant aujourd'hui Oppède sont relativement nouvelles, et les plus anciennes d'entre elles, comme les Bruneau et les Piquet, ne remontent pas au delà du commencement du xvi⁰ siècle.

Biographie. — Outre Wanthelme d'Oppède, dont nous avons déjà parlé, nous devons citer encore, comme ayant vécu pendant l'époque dont nous nous occupons :

Pierre Garin qui fut témoin, à Cavaillon, avec d'autres personnages de marque, à l'acte du 3 juin 1265, par lequel Raymond Boslygon, juge du Venaissin, fit une délimitation entre Cavaillon et L'Isle [1].

Raymond d'Oppède qui fut évêque de Sisteron, de 1310 à 1326.

Bertrand Guillaume, notaire à Oppède, qui passa les actes de 1356, 1360, 1364 et 1374 et fut vice-châtelain d'Oppède en 1370. Par son testament du 7 juin 1387, il fonda une chapellenie dans l'église d'Oppède.

Noble Alfant Daurel qui fut capitaine d'Oppède en 1364, vice-baylé en 1403 et fit donation d'une chambre et d'une vigne à la Charité d'Oppède, par acte du 17 novembre 1398. Il appartenait à la famille d'Aurel qui existe encore aujourd'hui.

Population. — En 1269, lors de la levée d'un fouage dans le Venaissin, Oppède fut taxé 380 livres pour 168 feux [2]. En comptant en moyenne 4 personnes et demie par feu, la population de cette localité aurait été alors de 756 personnes environ. En 1274, lors de la désemparation du Comtat en faveur du Saint-Siège, 209 personnes prêtèrent serment de fidélité. En comptant deux fois et demie autant de femmes et d'enfants

---

[1] Archives communales de Cavaillon, DD 1, n° 1.
[2] Boutaric, *Saint Louis et Alfonse de Poitiers*, page 311.

que d'hommes, la population d'Oppède aurait été alors d'environ 731 habitants. Vers la fin du xıııᵉ siècle, Oppède devait donc avoir de 7 à 800 âmes.

En terminant ce Mémoire, nous nous faisons un plaisir et un devoir de remercier publiquement M. Bruneau, maire d'Oppède, et M. Piquet, secrétaire de la Mairie, qui nous ont facilité notre tâche : le premier, en nous permettant de puiser dans les archives de la Mairie les matériaux de notre travail ; le second, en nous aidant à identifier les noms de lieux.

Lucien GAP.

XII

L'Administration d'une commune de Provence
SOUS L'ANCIEN RÉGIME

SAINT-JEANNET (Alpes-Maritimes)

Par M. **Joseph-Étienne MALAUSSÈNE,**
Juge au Tribunal civil de Semur.

La commune de Saint-Jeannet (Alpes-Maritimes), que nous avons prise pour base de cette étude, dut obtenir les franchises municipales vers la fin du xivᵉ siècle, probablement de la Reine Jeanne qui octroya beaucoup de privilèges aux communes avoisinantes. Nos recherches dans les archives locales n'ont pu aboutir à la découverte de la date précise de cette création, pas plus que nous procurer des renseignements détaillés sur la situation administrative de la période antérieure au règlement de 1631. Les quelques documents retrouvés nous ont toutefois permis d'établir qu'à l'origine le Corps municipal de Saint-Jeannet se composait de deux Syndics (scindici) chefs de la communauté, d'un Clavaire (clavarius) remplissant les fonctions de trésorier, de quatre Estimadous, de trois Regardadous, de trois Auditours des comptes trésoraires, de deux Lumeiniers ou Recteurs des « luminaires » de l'église. Ces officiers, avec l'adjonction des « plus apparans » du lieu, formaient le Conseil ordinaire. Le Conseil général, en outre des officiers susnommés, comprenait « tous chefs de famille ».

Jusqu'en 1630, les réunions se tinrent en plein air, à la « placette du Saint-Esprit », patecq rocailleux, situé jadis au nord du petit jardin contigu à l'ancienne église paroissiale, aujourd'hui espèce de parvis donnant accès au cimetière.

A cette date, la communauté, désireuse de plus de confortable et de posséder un local qui lui permît de braver les intempéries, fit l'acquisition d'un immeuble qu'elle affecta au service d'Hôtel-de-ville, celui-là même où les édiles modernes tiennent leurs doctes assemblées. Dès lors, le Conseil déserta la place du Saint-Esprit pour se réunir dorénavant dans la « maison commune ». — « Congrégé à son de cloche et à cry public », il s'assemblait sous la présidence du sieur « bayle » qui changea au début du xvii⁰ siècle son appellation provençale en celle de « lieutenant de juge ».

Dans la seconde moitié du xvi⁰ siècle, les syndics prirent le nom de « consuls » (consoulz), expression formelle de plus d'indépendance. Le clavaire fut appelé le trésorier ; les estimadous, les regardadous, les auditours devinrent respectivement les estimateurs, les regardateurs et les auditeurs. Mais si les désignations se modifiaient, les anciens errements subsistaient.

Premier règlement municipal, 7 décembre 1631.

Ce fut le 7 décembre 1631 que les pratiques de l' « accoustumée » firent place à un règlement municipal, dressé par M⁰ Pugnaire, avocat à Grasse. Cet acte, homologué par le Parlement, après adoption par le Conseil, constitua, désormais, la charte locale.

En vertu de ce règlement, le Conseil prenait, suivant les circonstances, le nom de *Conseil ordinaire* ou de *Conseil général*.

Le Conseil ordinaire était composé de deux consuls, du trésorier, des auditeurs des comptes, des regardateurs et des estimateurs, formant le nombre de douze, auxquels était adjoint le greffier qui n'avait pas voix délibérative. Le Conseil ordinaire « peut delliberer, disait le règlement, sur les affaires ordinaires et accoustumées sans y appeler aucuns autres et pour les extraordinaires n'excédant pas dix livres ». Le Conseil général comprenait les membres du Conseil ordinaire de l'année courante, ceux de l'année précédente et, en outre, « vingt des plus apparans intéressés » choisis par le Conseil ordinaire en exercice. Ainsi composé, il pouvait compter quarante-quatre membres, mais le règlement lui permettait de délibérer valablement avec un minimum de vingt-quatre. C'est cette assemblée qui décidait sur toutes les affaires importantes, telles que : impositions, emprunts, litiges, etc., et qui procédait annuellement à l'élection des officiers municipaux, dénommée à l'époque « la création du nouvel Estat ».

Règlement du 16 juillet 1671.

Ce règlement de 1631 fut en usage jusqu'en 1671, bien que déjà, en 1647, le conseil eût manifesté le besoin de le modifier à raison des grosses difficultés d'application résultant « de la petitesse du lieu et des grandes alliances et *parantages* qui sont entre les familles ».

Le nouveau projet ne fut homologué que le 16 juillet 1671. Il instituait les conseillers titulaires et suppléants et supprimait un auditeur. Il demeura en vigueur jusqu'à la Révolution sans subir d'autres modifications que celles apportées par la création et la vente des offices municipaux.

Création du Nouvel État.

L'élection du Corps municipal, appelée la création du Nouvel État, avait lieu le 26 décembre de chaque année. Le Conseil général, « après avoir ouy la Saincte-Messe », se réunissait à la Maison commune « de l'authorité et présence du lieutenant de juge et à la requeste des sieurs consuls ». Ces officiers, jusqu'en 1631, proposèrent leurs successeurs et les autres membres du Conseil à l'assemblée générale qui les agréait par voie d'acclamation, le plus souvent sans la moindre observation. Mais dans la suite, les consuls présentèrent trois candidats pour chaque emploi et l'élection se fit « à pluralité de voix », c'est-à-dire à la majorité relative et au moyen de « ballottes ».

Après l'élection du Corps municipal, venait celle des « Syndics des forains possédants bien en La Gaude, résidants à Saint-Jeannet, pour assister aux comptes et delliberations du Conseil dudit La Gaude ».

1º **Consuls.** — Les consuls, appelés respectivement le premier et le second consul, étaient les plus hauts magistrats de la communauté. Leurs fonctions équivalaient, à l'époque, à celles de nos maires et adjoints actuels. Ils convoquaient le Conseil aux assemblées, représentaient la communauté en toutes les occasions et prenaient rang dans les cérémonies civiles et religieuses après les officiers seigneuriaux. Leur choix devait s'effectuer parmi « les plus apparans », possesseurs d'au moins 10 florins cadastraux au lieu ou son terroir. Les consuls sortants ne pouvaient plus être nommés à une charge inférieure, ni être réélus consuls que trois ans après leur administration.

Lors de la constitution des communes dans la société féodale, on donna, d'une façon assez générale, le nom de *Maire* ou *Mayeur* (major) à celui des membres du Corps municipal qui le présidait. Mais à Saint-Jeannet, cette innovation n'intervint qu'en 1757. Le second consul garda son titre originel. Dès lors, les deux consuls furent désignés sous le nom collectif de *Maire-consuls*.

C'est aussi sur le tard que les chefs de la municipalité Saint-Jeannoise furent revêtus d'insignes. Le 2 janvier 1780, le seigneur profita de leur présence dans son château de Tourrettes, où ils étaient venus lui apporter leurs souhaits de nouvel an, pour leur faire part « qu'il désirait que la communauté se déterminât à donner des chaperons aux sieurs consuls, tant pour en rendre la qualité plus apparente que pour prévenir, en temps de guerre, des insultes et des mauvais traitemens, étant d'ailleurs notoire que le lieu de Saint-Jeannet est aussi considérable que plusieurs de ceux qui en ont déjà décoré leurs consuls. » Le Conseil accepta la proposition « avec reconnaissance » et s'empressa de voter la somme de 200 livres pour l'achat de deux chaperons en velours aux couleurs du seigneur marquis.

2° **Trésorier.** — Bien que le règlement fût muet sur le choix du trésorier, cet officier n'en était pas moins élu de la même manière que ses collègues. Comme son nom l'indique, il était chargé de faire « l'exaction de la tailhe et autres impositions ». En 1647, ses honoraires consistaient en quatre deniers et demi par florin cadastral pour le droit de collecte des impositions communales, et neuf deniers par florin pour l'imposition particulière des forains possédant biens en La Gaude. Faisons remarquer, en passant, que les habitants de Saint-Jeannet détinrent presque de tout temps les deux tiers du terroir de La Gaude. L'imposition particulière ayant été supprimée en 1666, le droit de collecte fut successivement élevé à cinq deniers, en 1685, et à six deniers, en 1710. Mais déjà, à cette époque, les trésoriers élus annuellement, quelquefois illettrés, abandonnaient leurs fonctions à des « exacteurs » qui, moyennant leurs émoluments, se chargeaient de la besogne sous l'entière responsabilité du Trésorier nominal. Cet état de choses persista jusqu'en 1713, date à laquelle, devant le refus catégorique du trésorier élu d'accepter l'emploi, on se décida à mettre l'exaction de la taille aux enchères au rabais. Dès lors, la charge de trésorier eut un caractère purement honorifique. Elle fut supprimée d'une façon définitive quelques années après en tant qu'inutile. Ce rôle échut à l'avenir à l'exacteur adjudicataire.

3° Auditeurs des comptes. — Ces officiers avaient mission de contrôler la comptabilité communale. Ils étaient tenus, moyennant une légère rétribution, d'assister à la reddition des comptes du Trésorier ou Exacteur, après en avoir fait eux-mêmes l'apuration, le tout en présence et avec l'assistance des consuls ; à la suite de quoi, ils signaient « la sentence de clôture » qui fixait le reliquat. Au nombre de trois sous le régime du règlement de 1631, ils furent réduits à deux par celui du 16 juillet 1671, qui, en revanche, prescrivit d'élire chaque année au mois de mai un « adjoint », homme compétent pour la vérification des comptes, chargé d'assister les auditeurs dans l'exercice de leurs fonctions.

4° Regardateurs. — Les Regardateurs étaient chargés de la police et particulièrement de la surveillance de la panaterie ou boulangerie et de la boucherie. Ils vérifiaient et « légalisaient » les poids et mesures des débitants et des particuliers. Ils tenaient la main à ce que les adjudicataires communaux observassent leurs engagements de toute nature et, au cas de contravention, en dressaient procès-verbal.

5° Estimateurs. — Les Estimateurs constituaient les experts agricoles de l'ancien régime. Ils devaient évaluer les dommages causés aux propriétés par les bestiaux ou autrement et dénoncés par les « campiers » et « gardes-terres ». Ils vaquaient aussi à l'estimation et au partage des biens particuliers, soit à l'amiable, soit par autorité de justice.

6° Conseillers. — Les Conseillers ne furent institués qu'en vertu du règlement de 1671. Ils étaient au nombre de six et choisis parmi les « plus apparans et inthéressés ». Leur rôle se bornait à assister aux assemblées pour y « porter leurs opinions delliberatives ». Ils prenaient rang immédiatement après les auditeurs. En cas d'absence, ils étaient remplacés par des conseillers suppléants élus au nombre de huit.

Vente des offices municipaux.

Un édit de Louis XIV d'août 1692 et un arrêt du Conseil du 7 octobre suivant érigèrent « en titre d'office un maire et des assesseurs dans chacune ville et communauté du Royaume, y ayant hôtel ou maison commune », avec réserve pour le Roi de la faculté de nommer lui-même aux emplois qui ne seraient pas acquis en échange de deniers sonnants. L'édit bursal précité maintint en exercice, à la tête de la municipalité de Saint-Jeannet, les consuls de l'année courante, jusqu'à ce que la Communauté, ne voulant point d'administrateurs imposés, et désireuse de maintenir ses anciens privilèges, fut à même d'acheter l'office de Premier consul, au prix de cinq cent cinquante livres, soit jusqu'en 1695.

Le Conseil n'avait guère hésité à voter cette dépense, ne pouvant soupçonner qu'il fût appelé à la répéter. Mais hélas ! ces offices devaient être, avant 1757, supprimés, rétablis et rachetés à quatre reprises, toujours dans le même but fiscal de faire face aux embarras continuels du Trésor royal.

Par son arrêt d'août 1722, Louis XV rétablit la création et la vénalité des offices supprimés en 1715. Saint-Jeannet fut taxé pour sa part dans ces rachats à la somme de huit mille deux cent cinquante livres, y compris les deux sols pour livre. La commune put se libérer par la production des titres d'acquisition des divers offices créés depuis 1686, au moyen de certificats de liquidation délivrés par l'Intendant. Ce rachat entraîna une dépense de mille huit cent six livres.

Après avoir de nouveau anéanti, dès 1724, les offices municipaux, Louis XV les ressuscita une troisième fois par son édit de novembre 1733. Une lettre du 12 novembre de l'année suivante, signée : comte de Muy, commandant en Provence, prévint les consuls que « l'intention du Roy est qu'il ne soit procédé à aucune élection d'officiers municipaux, jusqu'à ce que les offices que Sa Majesté a créés par son édit de 1733 soient remplis » et, à cet effet, enjoignit de surseoir à la nouvelle élection. Subséquemment, les consuls de 1734 furent maintenus par commission royale jusqu'à la fin de 1737, époque à laquelle un arrêt du Conseil d'État ordonna qu'à partir du 1er janvier 1738, l'exécution de l'édit du Roi de 1733, portant rétablissement des offices municipaux, demeurerait suspendu tant qu'il n'en serait pas autrement décidé par Sa Majesté. Cet arrêt permit, en conséquence, aux communautés des villes du Royaume de procéder, suivant les anciens règlements, à l'élection des officiers municipaux, dont les charges n'avaient pas été levées.

L'édit précité fut remis en vigueur en 1742. Le Roi nomma de son plein gré et pour une durée illimitée les consuls et le greffier qui furent solennellement installés par le subdélégué de l'Intendant.

Durant la période de 1742 à 1757, la création du Nouvel État se borna à l'élection des auditeurs, regardateurs et estimateurs, celle des conseillers ayant été interdite, et les consuls comme le greffier exerçant leurs fonctions en vertu de commissions royales et pour « tant qu'il plaira à Sa Majesté ».

L'arrêt du Grand Conseil du 21 mars 1757 mit fin à cette situation irrégulière, en fusionnant les offices municipaux avec le Corps de la Province, moyennant la somme de 1.798.459 li-

vres, que les procureurs du pays s'empressèrent de verser au
sieur Leclercq, chargé de la vente desdits offices. Dans la répartition de la somme globale, notre commune fut taxée à 850 livres.

Le 26 décembre 1757, la convocation au Conseil général pour
la création du Nouvel État eut lieu à cri public et par « billets
de la part de M. le Maire ». L'élection s'effectua sous la présidence du Maire-premier consul sortant, en conformité de l'arrêt du 21 mars qui avait ordonné l'exclusion des officiers royaux
définitivement et des officiers seigneuriaux provisoirement. Mais
l'assemblée de la Province ayant décidé, l'année suivante, de
maintenir les prérogatives des officiers seigneuriaux, le lieutenant de juge reprit son droit à la présidence de toutes les assemblées. De 1757 à 1790, aucun changement n'intervint dans
l'organisation municipale de Saint-Jeannet.

Prestation de serment du Corps municipal.

Le Nouvel État, avons-nous dit plus haut, était organisé, élu
le 26 décembre. Son entrée en fonctions s'opérait le 1ᵉʳ janvier
suivant. Mais avant de procéder à tout acte d'administration,
il devait se soumettre à la prestation de serment. Au début de
la première séance, le premier-consul sortant, « suivant les ordonnances de Sa Majesté, arrests et reglemans de la Cour », re-
quérait le lieutenant de juge de recevoir le serment des nouveaux élus « pour procurer l'advantage de cette communauté,
éviter leur domage, et user bien et duemant chacun en leur
fonction ». Faisant droit à la réquisition susdite, le Lieutenant
de Juge donnait « sermant à toute l'assamblée de bien et duemant chacun user à la fonction de leur charge, soit pour le
service du Roy, interests de cette Communauté et du public ».

Nomination et attributions des employés municipaux.

Cette solennelle opération exécutée, le Corps municipal procédait à la nomination des employés municipaux : greffier, — valet de ville, — enterreurs des morts, — sages-femmes, — conducteur de l'horloge, — ainsi qu'à la nomination des recteurs du « Corpus Domini », et des autres confréries de l'église paroissiale et de l'hôpital.

1° **Greffier**. — Le greffier était ordinairement un notaire du lieu. Ainsi, en 1634, Mᵉ Antoine Artaud, notaire, fut nommé aux gages ordinaires de 12 livres payés par la communauté et 4 livres 10 sols versés par les forains possédant bien en La Gaude. Le greffier de l'année 1649 reçut six écus, « à la charge de faire tout ce qui est accoustumé, qui est de prandre tous les actes consernant à la communauté et les mettre par abrégé dans l'ordonnance de ladicte communauté, prandre les delliberations, adcister à la cuillette du servisse, redition des comptes du tresaurier, lever et mettre du cadastre terrier et donner extraicts de tous les actes et autres certificats qui consernent à ladicte communauté, tout ce que le cas requiert ».

Lorsque les postulants étaient nombreux, le Conseil mettait la fonction aux enchères au rabais, ce qui écartait toute partialité. De cette façon fut accordée la charge, le 1ᵉʳ janvier 1704, à Jacques Ranchier, aux honoraires de 5 livres « avec les amoullumens du greffe de l'écritoire et obligation d'assister à la collecte du service du bled et des figues, et de faire les rolles des personnes et bestes que cette communauté est obligée aux fortifications d'Antibes, moyennant lesdits gages ».

A la suite de l'arrêt du Conseil d'Etat du 30 avril 1709, mettant en vente les offices de « sécrétaires-greffiers des hostels de ville et maisons communes » créés héréditaires par édit du mois de mars précédent, J.-B. Martin, sieur de la Vallette, acquit l'office de Saint-Jeannet, mais en 1711, la communauté dut racheter celui-ci pour la somme de 75 livres 10 sols.

L'arrêt de vérification des dettes de la communauté du 2 avril 1718 fixa définitivement les honoraires du greffier à 12 livres.

Après l'édit de novembre 1733 et pendant toute la période de 1742 à 1757, le greffier fut nommé comme les consuls par commission royale. Dans la suite, on l'élut après les auditeurs des comptes.

Un édit royal de janvier 1704 avait inventé l'office de « conseiller-contrôleur des greffes de hostels de ville et maisons communes, des greffes de l'escritoire et des commissaires aux reveües et logemans des gens de guerre », Mᵉ J -B. Laugier, notaire, acquit l'office de Saint-Jeannet par commission royale du 14 mai 1704, après que la communauté en eut fait la finance. Cet emploi fut d'une durée éphémère, comme la plupart des autres sinécures honorifiques créées, à l'époque, dans un but essentiellement mercantile.

2⁰ **Valet de ville.** — Le valet de ville, dénommé aussi « sergent de ville » ou « valet consulaire » était le fidèle serviteur des consuls pour les affaires communales. Chargé de faire les publications municipales et particulières « à cry public par tous les lieux et carrefours du lieu », il était l'auxiliaire indispensable dans les adjudications si nombreuses avant la Révolution.

Jusqu'en 1715, le valet de ville fut l'un des quatre enterreurs de morts ; mais à cette date, on le déchargea de ce cumul qu'on ne trouvait plus compatible avec sa dignité.

Son salaire a subi de grandes fluctuations. Ainsi, nous voyons, en 1636, Jaume Martel, confirmé dans ses fonctions, aux gages de 5 livres 8 sols ; — en 1660, Sauvadour Bregon, nommé aux appointements de 9 florins. L'arrêt de vérification de 1718 établit le taux de 9 livres.

Le Corps municipal de l'année 1780, faisant preuve de générosité, offrit au valet de ville, Jean Clary, huit pans d'étoffe en sus de ses modestes gages. Ce serviteur modèle « attendu son âge et ses infirmités » résigna son emploi en novembre 1790. Le 18 du même mois, le Conseil accepta pour son successeur, François Rodrigues, fils, aux conditions suivantes : « il fera la fonction de valet de ville de cette commune, il publiera dans tous les lieux accoustumés et notamment au quartier de la Lave et celui du Verger pour une durée de trois années, aux gages de 12 livres par an en deux payements et non par avance ; il sera habillé, lequel habillement consistera en un chapeau, habit, veste et culottes, une fois seulement pendant le susdit temps, et venant à discontinuer ses fonctions dans l'intervalle, soit pour raisons de maladie qu'autrement, il devra rembourser à la commune le prorata du montant dudit habillement. »

3° **Enterreurs de morts.** — Au nombre de quatre jusque vers 1740, les enterreurs de morts recevaient, en 1635, un salaire annuel de 5 livres 8 sols chacun. Réduits à deux par la suite, ils touchaient, en 1657, 7 livres 16 sols. Le 24 janvier 1660, le Conseil nomma les enterreurs « pour servir la Miséricorde et enterrer les cors mors », aux gages de 8 florins. Ceux-ci furent fixés à 32 livres par l'arrêt de vérification. En 1780, J.-B. Clary à feu Louis et Joseph Tourdon furent accordés aux gages ordinaires, plus « trois cannes d'étoffe, non compris d'autres considérations que les sieurs administrateurs auront égard, sous la condition expresse que la communauté sera obligée de faire faire une bierre neuve servant à y porter les cadavres dedans ». Cette bière, dénommée dans la langue du pays

« *attoïc* », servait spécialement au transport des cadavres des indigents fort nombreux à cette époque. Leurs restes, comme des carcasses d'animaux, étaient jetés dans la fosse, tout au plus entourés d'un vulgaire linceul. .

4° **Sages-femmes.** — Jusqu'à la Révolution, la commune de Saint-Jeannet subventionna deux sages-femmes. Leurs honoraires étaient plus que modestes. Pour preuve, il nous suffira de dire qu'en 1635 « Catharinette Ranchière et Jeanne Malamaire furent confirmées sages-femmes aux gages de 3 livres chascune ». En 1665, Louisette Audiberte et Jeannette Roustagne reçurent 6 livres. En 1780, le Conseil accorda pour « matrônes » Jeanne-Marie Audibert, veuve Meiffret, et Claire Colmars, aux honoraires de 12 livres chacune. Si ces bonnes « commères » d'antan ne possédaient point un talent obstétrical développé, en revanche, appliquaient-elles fort à propos les secours de la religion dans les cas désespérés. Témoin cet acte de baptême : L'an 1699 et le 29ᵉ décembre a esté ondoyé Trastour, fils de Jean et de Marie Trastoure, dans l'extrême nécessité et dans sa maison, par Antonettone Euzière, sage-femme, sçavoir sur les fesses n'estant pas encore sorti du ventre de la mère, pourtant encore vivant. Signé : J. FABRY, *vicaire.* »

5° **Huissier-audiencier d'hôtel-de-ville.** — La commune de Saint-Jeannet, conjointement avec celle de La Gaude, acquit, en 1694, l'office d'huissier-audiencier d'hôtel-de-ville. Un sieur Pierre Fouques, maître-tailleur d'habit, en fut pourvu moyennant le payement au trésorier des intérêts du prix d'acquisition. Point du tout satisfait de son emploi pour juste cause, — les trésoriers ne lui avaient fait dresser aucun exploit, — il résigna ses fonctions en 1703. L'abandon de cet office obtenu par le versement à l'Intendance de la somme de 100 livres n'empêcha pas l'intendant de réclamer « un augment de finance » au cours de 1704 et de faire même gager les Consuls de La Gaude pour le même objet. Le Conseil de 1706 protesta, mais finalement il consentit, non sans regret, à payer la taxe.

Comme le transport des huissiers étrangers occasionnait aux habitants des frais considérables, la municipalité nomma, le 29 juillet 1708, à la fonction, le sieur Paul Roustan, sur son offre de payer annuellement à la communauté la somme de 11 livres 12 sols et de signifier gratuitement les exploits de cette dernière. Cet employé ne tarda pas à délaisser à son tour la charge qui s'éteignit avec son titulaire.

6° **Conducteur de l'horloge.** — Cet emploi était confié d'ordinaire à un artisan : menuisier, maréchal-ferrant. Le salaire du conducteur fut toujours de 12 livres.

7° **Recteurs des confréries.** — Le Conseil désignait aussi tous les ans les recteurs de la confrérie ou luminaire du « Corpus Domini », et à mesure des vacances produites par décès ou démission, les recteurs des autres luminaires de l'église paroissiale, ainsi que ceux de l'hôpital et du mont-de-piété. Les Consuls étaient « juspatrons » de la chapelle Sainte-Barbe. Le Conseil choisissait le prêtre qui devait la desservir. Celui-ci touchait de ce chef la cense annuelle de 3 livres.

8° **Procureur et agent de la communauté près le Parlement.** — La communauté ayant une multitude de procès à soutenir, le Conseil de Saint-Jeannet décida, le 7 janvier 1637, de nommer un procureur au siège de Grasse, aux gages de 4 escus par an. Le 26 juillet 1711, le sieur Joseph-Noël Roux, de la ville d'Aix, fut choisi pour agent chargé des affaires de la communauté au greffe de la Province, à celui de l'Intendance et autres bureaux, aux honoraires de 25 livres par an. La charge fut retirée en 1780 au sieur Isnard, fils, avocat, « attendu que la communauté n'a aucune affaire en procès ».

9° **Campiers et régents des écoles.** — Le choix des campiers ou gardes-terres était déterminé par des enchères qui avaient lieu au printemps. Quant au régent des écoles, il était agréé dans le courant du mois de septembre.

Poids et Mesures.

Après la nomination aux emplois municipaux, les Regarda-teurs vieux remettaient aux Regardateurs modernes les poids et mesures de la communauté dont ils étaient dépositaires et qui servaient à leurs vérifications et inspections. C'est ainsi que le 6 janvier 1676, les regardateurs passèrent aux modernes : « un gros escandaill; trois petites ballances ; une livre et demy livre de cuivre ; deux mesures d'estain pour l'huille, avec une cassette; une peinte pour mesurer le vin, d'estain ; un panal ; une emine ponchude, pour mesurer l'avoine ; un moutural ; deux marcs, pour marquer les mesures ; une demy-canne de fer ; une couppe pour mesurer le vin ».

Police des Séances.

Le lieutenant de Juge était chargé de maintenir l'ordre et la bienséance pendant les délibérations du Conseil. Nous citerons deux cas originaux de pénalités infligées sur-le-champ aux perturbateurs intervenus en l'année 1665.

8 janvier 1665.— « Attendu l'irreverance d'Anthoine Barrière, estant venu au Conseil, aiant esté appellé par le valet de

ville, et faict plainte de ce que nous l'avions condamné en 3 sols envers les regardateurs pour lui avoir changé l'istence du vin et faict des mesures que cela estoit de la cognoissance du Conseil et non pas de Nous, sans avoir tiré le chapeau ny s'être mis en devoir, Nous, Lieutenant de Juge, l'avons condamné en 3 livres d'amende, envers le Procureur juridictionnel, attendu son irreverance ».

7 juin 1665. — « Et de ce que Pierre Euzière, dit Louidol, est entré dans le Conseil en collère et en jurant Dieu, auroit pris un pot estain que Jully Euzière, valet de ville quy estoit assis dans le Conseil lui avait gagé pour n'estre venu au Conseil, que aprés ladicte gagerie, et le lui vouloir octer par force, à cause de quoi avons condamné iceluy Euzière en 6 livres d'amende envers le Procureur juridictionnel qui seront employées, sçavoir : 1 livre 10 sols à la Luminaire du « Corpus Domini », 1 livre 10 sols à la Luminaire de Nostre-Dame du Rosaire, et les 3 livres restantes à la disposition du Procureur juridictionnel, avec inhibition et deffance audict Euzière de jurer Dieu à l'avenir dans le Conseil ny autres parts, ny huzer de semblables violances à peine de 50 livres ».

L'ancien Conseil clôtura ses séances, le 29 novembre 1789, sous la présidence du Lieutenant de juge, Claude Laugier, et à la requête des sieurs Louis Béranger, maire, et Jacques Allouch, consul.

Comme on vient de le voir, l'administration municipale de Saint-Jeannet à travers l'espace de quatre siècles, n'avait subi que quelques modifications de détail qui ne lui avaient ôté aucun des caractères de son origine. Sans nullement penser à méconnaître les grands principes et les réels bienfaits de la Révolution, il y a lieu de constater que l'adoption par l'Assemblée Nationale Constituante du système de centralisation et d'uniformité dans toute l'étendue du territoire français, anéantit l'autonomie communale en faisant disparaître les statuts particuliers, privilèges et franchises qui, sous l'ancien régime, donnaient à nos communes provençales une certaine indépendance, dernier reflet du municipe romain.

J. Malaussène.

Saint-Jeannet, le 28 juin 1906.

XIII

L'ADMINISTRATION COMMUNALE

SOUS L'ANCIEN RÉGIME

à *RIANS* *(Var)*,

par M. **Edmond POUPÉ**, professeur au collège de Draguignan,
Correspondant du Ministère de l'Instruction publique,
*Membre de la Société d'études scientifiques et archéologiques
de Draguignan.*

L'établissement à Rians [1] d'un Conseil communal permanent remonte très probablement au XIVe siècle, peut-être même

---

[1] Var, arrondissement de Brignoles, chef-lieu de canton. Sous l'ancien
régime, Rians dépendait de la viguerie d'Aix, était « chef de vallée » avec
Artigues et Amirat. Ce dernier village ayant été détruit pendant les guer
res civiles du commencement du XVe siècle, ses habitants vinrent habiter
Rians qui était aussi l'une des communautés de Provence ayant droit
de députer aux États de la province. Elle fut chef-lieu de subdélégation
depuis l'établissement de ces circonscriptions jusqu'en 1761, puis ratta-
chée à celle de Pourrières de 1761 à 1766, puis à celle de Trets. Affoua-
gement : 12 feux, de 1471 à 1665 ; 16 feux 1/2, de 1665 à 1698 ; 18 feux, de
1698 à 1731 ; 18 feux 3/4, de 1731 à la Révolution. — Population : 3.292
habitants (1670) ; 2.777 h. (1733) ; 2.098 h. (1776) ; 3.204 h. (1790) ; 1.811 h.
(1901). — Armoiries : D'or à un lion de sable surmonté d'un lambel à
trois pendants de gueules. Ce sont les armes des Fabri qui furent seigneurs de Rians. La commune les adopta en 1631. Auparavant, elle usait
des armes des d'Agoult, précédents seigneurs : d'or à un loup ravissant
d'azur armé, lampassé et vilainé de gueules. — En 1630, le Conseil communal voulut faire usage d'armoiries particulières, où auraient figuré
« deux tours et à l'entour Rians avec un cordon ».

exactement à l'année 1379 [1]. Auparavant, ainsi que dans de nombreuses localités de Provence, les affaires municipales étaient réglées par le « parlament », c'est-à-dire par l'Assemblée générale de tous les chefs de maison, se réunissant seulement en cas de nécessité et déléguant à des syndics temporaires le soin de poursuivre les affaires qui leur avaient été confiées. Comme parmi les rares documents antérieurs au XVI⁰ siècle qui ont été conservés, aucun n'a trait à l'organisation municipale, comme la collection des délibérations du Conseil ne commence qu'en 1560, c'est donc seulement à partir de cette date que l'on peut suivre avec certitude l'administration communale de Rians dans son développement et son évolution.

Le 1er janvier 1560, l'Assemblée générale des chefs de famille se réunit sous la présidence du juge seigneurial. Elle avait été convoquée.à son de trompe et par cent coups de la grosse cloche de l'église. Il fut d'abord procédé à l'élection de trois Consuls, dont le premier devait remplir aussi les fonctions de trésorier et le second celles de « scripteur », c'est-à-dire de greffier. Ensuite furent élus treize conseillers « nouveaux », y compris les trois Consuls sortants qui, réunis aux treize Conseillers « vieux », formèrent le Conseil ordinaire de la communauté. La séance se termina par la nomination de trois « tracteurs de paix » en même temps recteurs de l'hôpital, de quatre estimateurs et d'un « taillier ». Le procès-verbal ne donne aucun détail sur la manière dont s'effectuèrent les opérations.

A partir de 1564, quatorze conseillers nouveaux furent nommés annuellement en comprenant toujours les consuls sortants [2].

---

[1] Dans la séance du Conseil communal du 24 avril 1583, il est question de l'extraction d'un acte du 14 janvier 1379 chez Durand Robaud, notaire à Valensolle, portant concession de « libertés » par les seigneurs en faveur de la communauté.

[2] Séance du Conseil du 1er janvier 1564.

En 1566, il ressort de la délibération que le Conseil ordinaire dressa une liste de candidats qui fut soumise à la ratification de l'Assemblée générale [1].

En 1567, chaque Consul proposa deux candidats pour lui succéder et le choix de l'assemblée dut se porter sur l'un d'eux [2].

. Tels sont les seuls renseignements que fournissent les documents sur le renouvellement de la municipalité dans la seconde moitié du xvie siècle. Les élections eurent lieu régulièrement, chaque année, le 1er janvier, mais en suivant une tradition plutôt qu'un règlement écrit [3].

Cet état de choses dura jusqu'en 1616. Au mois de décembre de l'année précédente, certains particuliers de Rians avaient présenté une requête au Parlement d'Aix en nomination de commissaire pour élaborer un règlement communal et obvier ainsi aux « malversations » qui se commettaient « en la creation du nouveau estat et administration des afayres de la maison commune ». Malgré l'opposition du Conseil municipal, le Parlement avait fait droit à cette demande [4], et le 9 janvier 1616, le conseiller du Périer arriva à Rians pour présider au renouvellement de la municipalité et faire ratifier par l'assemblée générale des chefs de famille un projet de règlement qu'il apportait [5]. Le lendemain, dimanche 9 janvier, après avoir assisté à une messe du Saint-Esprit, le conseiller-commissaire se rendit dans la maison commune, où l'assemblée générale avait été convoquée. Avant de donner lecture des articles du règlement proposé, il fit remarquer que ce que l'on demandait n'était pas

---

[1] Séance du Conseil du 1er janvier 1566.

[2] Séance du 1er janvier 1567.

[3] Avant 1616, il n'y avait « aulcung ordre ny reglement », dit Julien du Périer dans son procès-verbal du 7 janvier 1616.

[4] Cf. séances du Conseil du 14 décembre 1615, 3, 12 janvier 1616.

[5] Il descendit à l'auberge de *la Masse*.

une « nouveautté ains une poursuyte tres juste et raisonable pour mettre ung ordre et une police dans la maison comune..., pour imiter en cella non ceulement les bonnes et grosses villes voyre les plus moindres vilages » de la province.

Il fut décidé que le Conseil général ne comprendrait plus désormais que soixante membres « des plus aparentz, plus gens de bien et plus aliévres », et que ces membres feraient choix annuellement de vingt-quatre d'entre eux, y compris les trois consuls sortants pour constituer le conseil ordinaire ou « particulier ».

Le règlement ne spécifie pas de quelle manière seraient choisis les soixante membres du Conseil général. Il est probable que les consuls en exercice dressèrent la liste des soixante citoyens les plus « allivrés », et constituèrent ainsi ce conseil qui, dans la suite, se renouvela par cooptation.

Quant à l'élection consulaire, elle devait s'effectuer de la manière suivante : Les consuls sortants dresseraient une liste de neuf personnes, avec l'assistance des six « plus anciens conseillers », trois du premier rang, trois du second, trois du troisième. Le premier consul désignerait au Conseil général les trois candidats du premier rang proposés pour lui succéder. Trois boîtes, portant chacune le nom de l'un d'eux, seraient alors disposées sur le bureau [1]. Les conseillers viendraient déposer successivement dans chacune d'elles un « fayol » blanc en cas d'acceptation, noir en cas de rejet. Le candidat qui réunirait le plus grand nombre de haricots blancs serait élu. La même opération se répéterait pour chacun des deux derniers consuls et des quatre estimateurs.

Ce règlement fut appliqué pour la première fois, le 1er jan-

----

[1] Le projet de règlement ne prévoyait que l'usage d'un chapeau.

vier 1617. L'assemblée procéda aux nominations prescrites et de plus fit choix d'un greffier.

Il ne semble pas que ce règlement ait contenté tout le monde. A deux reprises, en 1621 et en 1622, le Parlement d'Aix dut déléguer l'un de ses membres pour présider à l'élection des consuls par le Conseil général [1]. Le nombre des membres de ce dernier fut réduit à trente, par arrêt du 1er mars de cette seconde année.

A part cette légère modification, le règlement de 1616 resta en vigueur jusqu'en 1655.

Le 30 octobre de cette année, l'assemblée générale des habitants se réunit sous la présidence de Louis d'Antelmy, conseiller au Parlement d'Aix, commissaire-député [2], pour élaborer et voter un règlement nouveau. Homologué par arrêt du 11 décembre, ce règlement, dans ses lignes générales, subsista jusqu'en 1789. Modifié à plusieurs reprises au cours du XVIIe et du XVIIIe siècle, il fut complètement et pour la dernière fois remanié en 1772 [3].

Le règlement de 1655 ne fit, d'ailleurs, que rendre plus explicite le règlement de 1616, qui avait établi un Conseil général composé de membres inamovibles.

D'après le règlement de 1655, ce Conseil comprit soixante-trois membres, y compris les consuls. Leur nombre fut porté à soixante-douze par le règlement du 6 janvier 1656 [4], réduit à 56 en 1668 [5], puis définitivement à cinquante en 1685 [6].

---

[1] Présidence de Jean Venel du 1er janvier 1621 ; de Palamède de Suffren, seigneur d'Aubes, du 6 mars 1622.

[2] Par arrêt du Parlement du 21 octobre 1655.

[3] Autorisé par arrêt du Parlement du 11 février.

[4] Elaboré par de Pourcieux, conseiller au Parlement.

[5] Par arrêt d'expédient du 1er mars.

[6] Par délibération du conseil du 18 février homologué par arrêt du Parlement du 25 mars.

Ce Conseil général complétait le nombre de ses membres, par cooptation, le dernier dimanche de chaque année.

Le règlement de 1655, comme celui de 1616, prévoyait l'établissement d'un Conseil « particulier ».

Pour le constituer, après l'élection des consuls, on tirait au sort dix-sept membres du Conseil général qui, ajoutés aux trois consuls sortants et aux trois consuls nouveaux, formaient un total de vingt-trois personnes. La présence de dix-huit de ces conseillers suffisait pour rendre les délibérations valables. Les membres sortants n'étaient pas rééligibles.

Ce Conseil « particulier » n'avait pas qualité pour résoudre les questions de grande importance, comme la poursuite des procès, le vote d'emprunts dépassant 300 livres ou d'impositions extraordinaires. Dans ces cas, la réunion du Conseil général était nécessaire. La présence de trente conseillers était exigée pour la validité des délibérations.

Conseil particulier et Conseil général administrèrent de concert la commune jusqu'en 1668. A cette date, le Parlement d'Aix, par arrêt du 1ᵉʳ mars, décida que vingt-six conseillers suffiraient pour délibérer sur toutes les affaires de la communauté et supprima le Conseil particulier.

Ce nombre de vingt-six délibérants fut, à son tour, réduit à vingt en 1714 [1] et à quatorze en 1756 [2].

Aux réunions du Conseil, avait droit d'assister, au moins depuis 1616, le syndic des forains ou son substitut. Si le syndic siégeait en personne, il opinait après les consuls; son substitut ne pouvait le faire qu'après les consuls et les trois premiers conseillers [3].

---

[1] Par délibération du Conseil du 17 juin, homologuée par arrêt du Parlement du 10 juillet.

[2] Par délibération du Conseil du 24 août 1755, homologuée par arrêt du Parlement du 21 février 1756.

[3] D'après le règlement de 1616, le syndic ne pouvait opiner qu'après les

L'élection des consuls et des autres officiers municipaux continua à s'effectuer le 1er janvier [1]. De 1655 à 1789, elle eu lieu de la manière suivante :

Après l'audition d'une messe du Saint-Esprit, les membres du Conseil général se rendaient dans la maison commune, accompagnés du juge seigneurial et de son lieutenant. Les portes restaient ouvertes de dix heures à midi. Elles étaient alors fermées. D'après le règlement de 1655, la présence de trente conseillers était nécessaire ; à partir de 1772, celle de vingt-cinq conseillers suffit. Après la prestation des serments accoutumés, les noms des assistants étaient inscrits sur des billets séparés, roulés et introduits à l'intérieur d'une petite boule creuse, spéciale à cet usage. Chaque boule était mise successivement dans le « vase du sort », en présence du conseiller dont le nom venait d'être inscrit. Cette opération préliminaire terminée, les boules étaient extraites du vase, comptées, puis y étaient remises. Un enfant de sept ans au plus, « casuellement rencontré », était introduit, et, le bras nu ou avec une « cuillère » spéciale, tirait sept boules pour nommer les « surveillants approbateurs ». Ceux-ci prenaient place autour d'une table séparée de deux « cannes » du bureau. Si, dans la suite, l'un d'eux venait à être nommé consul, il était de suite remplacé par un nouveau tirage au sort.

Après la désignation des sept « approbateurs », l'enfant tirait trois nouvelles boules qui désignaient les « nominateurs ».

---

consuls et les trois premiers conseillers. En 1685, les forains émirent la prétention d'assister tous aux séances du Conseil et non seulement leur syndic. Cf. Séance du Conseil du 30 décembre.

[1] Un arrêt du Parlement, du 2 janvier 1731, avait prescrit que les élections communales auraient lieu en décembre pour que tous les Conseils fussent installés le 1er janvier. Le Conseil communal de Rians resta fidèle à l'ancienne coutume. Cf. Séance du Conseil du 30 décembre 1731.

Nominateurs et approbateurs ne pouvaient entre eux être beaux-pères, beaux-fils, beaux-frères.

Le premier nominateur désignait ensuite un candidat aux fonctions de premier consul. Les « approbateurs » jetaient une « balotte » dans l'un des deux vases placés devant eux, suivant qu'ils approuvaient ou désapprouvaient la proposition. En cas de rejet, le « nominateur » faisait une nouvelle proposition. Si son choix était ratifié, le second et le troisième « nominateur » désignaient successivement un autre candidat aux mêmes fonctions, soumis également à la ratification des « approbateurs ».

Les noms des trois candidats approuvés étaient inscrits sur trois billets, introduits dans trois boules, jetés dans le vase et le même enfant tirait au sort le premier consul définitif.

Les mêmes opérations se répétaient pour le second et le troisième consul. Les trois consuls étaient installés séance tenante et prêtaient serment. Après l'élection des consuls, le Conseil procédait à celle du greffier, des auditeurs des comptes, des deux « allivrateurs », des « peseurs », d'un estimateur qui exerçait concurremment avec les consuls sortant de charge, de six « arbitres », des recteurs de l'hôpital. Quant au trésorier, il n'était plus fonctionnaire municipal. Ce poste était délivré aux enchères au particulier qui faisait à la communauté les propositions les plus avantageuses.

Le règlement de 1772 resta en vigueur jusqu'à la Révolution. A plusieurs reprises, en 1778, 1783, 1784, 1785, il fut question de le modifier, mais sans succès [1].

Les consuls élus le 1er janvier 1789 restèrent en fonctions jusqu'à l'établissement des nouvelles municipalités organisées

---

[1] Séances du Conseil des 29 novembre, 8 décembre 1778 ; 23 mars 1783 ; 26 décembre 1784 ; 18 décembre 1785 ; 19 mars 1786.

par l'Assemblée constituante. Ce fut le 14 février 1790 que les citoyens actifs de Rians se réunirent pour procéder aux élections. La nouvelle municipalité fut installée le 7 mars [1]. L'ancienne organisation communale avait vécu.

Séances du Conseil des 2 février, 7 mars 1790.

XIV

UN OUVRAGE ANONYME DE DURAND DE MAILLANE

Par M. **G. ARNAUD**,

Docteur ès-lettres, Professeur au lycée Mignet, Membre de la Société d'Histoire de la Révolution française.

———

Un heureux hasard m'a fait trouver une brochure anonyme de 60 pages qui est, incontestablement, de Durand de Maillane et que je recommande à l'attention de ses futurs biographes. Elle est intitulée : « *Epître ou tableau mis en rimes des causes et effets de la Révolution, dans ses rapports avec l'Assemblée Constituante, avec des notes, en germinal de l'an X, par un constituant, député des communes* » [1]. Je crois que ce petit ouvrage du représentant de la sénéchaussée d'Arles est absolument inconnu : en effet, il n'est mentionné ni dans les encyclopédies (Didot, Michaud, *Dictionnaire des parlementaires, Dictionnaires de la Révolution,* etc.), ni dans la notice placée en tête de l'*Histoire de la Convention*, ni dans l'article de Mathiez [2], ni dans le *Dictionnaire des anonymes* de Barbier.

Cet opuscule contient 5o pages de vers de huit syllabes sur l'œuvre de l'Assemblée constituante, 3 pages d'introduction et

———

[1] Mon exemplaire, déchiré à la 1ʳᵉ page, ne contient pas le nom de l'imprimeur. Cet ouvrage n'est pas à la Bibliothèque Nationale.

[2] *La Révolution française,* t. XXXIX.

40 pages de notes. Les vers sont plats et pauvrement rimés [1], mais l'introduction et les notes ne sont pas sans intérêt ; ce sont comme des fragments de mémoires écrits par un témoin oculaire peu après les événements ; elles nous donnent aussi quelques éclaircissements sur la question de l'authenticité de l'*Histoire de la Convention*.

Je dois d'abord prouver que cet ouvrage est bien de Durand de Maillane. J'ai été mis sur la voie par cette mention manuscrite qu'on lit à la dernière page de mon exemplaire : « par Durand-Maillane, député de la Constituante ». Ce n'est certes pas là une preuve suffisante. Voici qui est plus convaincant.

L'auteur connaît particulièrement la situation de la Provence à la veille de la Révolution (p. 62), il a été le condisciple de Pascalis (p. 63), sa circonscription électorale touchait au Comtat Venaissin (p. 84), il a fait partie du comité ecclésiastique de l'Assemblée nationale (p. 52), il a « coopéré » à la constitution civile du clergé (p. 53), il a proposé de soustraire le mariage à l'autorité ecclésiastique (p. 79 et 80), il a été « conventionnel du côté droit », après avoir été « constituant du côté gauche » (p. 77). Enfin, ce qui est caractéristique encore, on trouve à toutes les pages le savant canoniste, l'ennemi acharné des Jacobins, le catholique convaincu et le mauvais écrivain au style embarrassé et incorrect.

[**Introduction**] [2]. — « Le principal objet de cette esquisse, touchant les actes de la première Assemblée Constituante, est

---

[1] M. Mathiez a publié des fragments d'un autre ouvrage en vers de huit syllabes de Durand de Maillane, intitulé *La prose rimée*. Ce petit poème était aussi accompagné de notes, aujourd'hui perdues. (*Ibid.*, p. 315).

[2] Les titres entre crochets ne sont pas de Durand de Maillane ; les points indiquent les coupures.

de bien fixer l'opinion sur les principes et sur les vraies causes
de la Révolution, attestées par de *(sic)* faits dont on rend compte
comme témoin oculaire.....

« Il ne s'agit proprement ici que du grand |procès entre les
ci-devant ordres de l'État ; ce sont les voies extraordinaires,
mais justes dans leur principe, qui ont conduit comme d'elles-
mêmes le Tiers-État à la plus complète victoire sur les deux
autres ordres beaucoup trop privilégiés.

« Je n'ai point à prévenir ici le jugement de mes lecteurs ;
mais je leur observe que rien peut-être n'était plus nécessaire
que cette instruction, pour la défense non seulement de tout le
ci-devant Tiers-État, mais encore des députés des communes
dans l'Assemblée Constituante, sur qui l'on entend tous les
jours les mécontents faire tomber les excès ou les malheurs de
la Révolution.

« Ces excès et ces malheurs sont comme étrangers à l'Assemblée Constituante, et ils ne détruisent pas d'ailleurs les principes fondamentaux sur lesquels elle éleva son édifice ; ils sont
tels, ces principes, que rien ne saurait prescrire contre eux.
S'ils sont nouveaux dans leur usage, ils sont de toute ancien-
neté par leur nature et leur justice ; ce que j'ai cru nécessaire
d'établir et de prouver dans les notes, où l'on trouvera aussi
des faits et des éclaircissements utiles au public.

« Je serais dans le cas de tracer un pareil tableau des actes
de la Convention dont j'ai été membre, comme de la première
Assemblée nationale ; mais je n'en ai ni le goût ni le courage,
sans cependant y renoncer, d'autant moins que ce sera pour la
postérité la partie la plus piquante dans l'histoire de notre
Révolution..... » [1].

---

[1] Cf. *Histoire de la Convention nationale* ou *Mémoires de Durand
de Maillane* (Paris, Baudoin, 1825). Notice biographique, p. x et xi :
« Ici se termine la carrière politique de Durand de Maillane (21 fév. 1798),

[**Procession des États Généraux**]. — « C'est un fait très remarquable et qui fut très bien remarqué qu'à la procession de l'ouverture des États Généraux, le 5 mai 1789, le peuple qui bordait la haie, qui remplissait les fenêtres, qui était sur les toits, tout le long des rues, à partir de l'église Notre-Dame pour aller à l'église de Saint-Louis, ne fit qu'applaudir, battre des mains aux éclats, tant qu'il vit les députés du Tiers-État défiler deux à deux devant les députés de la noblesse ; dès que ceux-ci paraissaient, grand silence.

« Ce sentiment du peuple à cette époque ne fut point manœuvré, il ne pouvait l'être, car les spectateurs étaient innombrables, leur vœu ne pouvait donc qu'être naturel, étant ainsi spontané et unanime. C'est vraiment un sujet de profonde méditation. Au premier instant des États Généraux, la nation se montre, pour ainsi dire, telle qu'elle n'a cessé d'être dans tout le cours de la Révolution.....

« Dans la disposition où étaient les esprits à la même époque, ils s'offensèrent d'abord de nos costumes, du faste insultant qu'on mit dans celui des nobles ; ensuite, parce que ces nobles ne voulurent pas se réunir à nous, ils s'en irritèrent, s'en aigrirent de manière à intéresser à notre injure ou à notre vengeance tout ce qui tenait au Tiers-État, jusqu'aux gardes françaises, d'ailleurs mal disposées, depuis la mort de M. de Biron, contre leur nouveau commandant, ce qui est encore une de ces circonstances inopinées qui ont comme décidé la Révo-

---

qui fut, dès ce moment, rendu à ses travaux de jurisconsulte, à ses devoirs de magistrat. Il commença, dès lors, à rassembler aussi les matériaux de ses *Mémoires sur la Convention nationale...* » On sait que M. Aulard (*La Révolution française*, n° du 14 fév. 1900) a contesté l'authenticité de ces *Mémoires*. Ce passage prouve que Crivelli, qui « les a revus et mis en ordre », a réellement travaillé sur des notes de Durand de Maillane. Voir aussi MATHIEZ, *l. c.*, p. 324 et suiv.

lution ou ses succès ; car l'indiscipline de cette première troupe fut imitée par les artilleurs qui refusèrent le service contre les députés, aux critiques journées des 13 et 14 juillet ; bientôt l'armée fut contaminée par ces exemples, et tout ce qui d'ailleurs n'était pas noble, ne fit aussitôt qu'une voix, qu'un cri pour la liberté... Dès ce moment, le Tiers-État fut vainqueur, parce qu'il n'est pas de force comme celle du peuple quand il s'accorde pour l'employer ».

[**Séance royale du 23 juin 1789**]. — « Par la disposition des esprits parmi les députés des communes que je voyais, par l'intérêt personnel que j'avais à la chose, j'ai toujours pensé que si, dans la séance royale du 23 juin 1789, on eût entendu, à la lecture qui se fit de la déclaration du roi, un article qui admettait tous les sujets du roi, indistinctement, à tous les emplois civils et militaires, selon leurs vertus et leurs talents, les représentants du Tiers-État n'auraient pas été bien loin de se rendre.

« Mais parce que cet article n'y fut pas, ils se seraient laissé tuer dans la salle plutôt que de retourner vivre dans leurs provinces, eux et leurs représentés, dans le même avilissement.

« M. de Brézé vint donc vainement nous en donner l'ordre de la part du roi. Mirabeau qui, pour s'accréditer, pour se faire acheter..., prenait toujours la parole dans les causes majeures, se hâta de la prendre ici pour exprimer un vœu qu'il voyait écrit sur tous les fronts, qu'il entendait même de tous les coins... »

[**Mirabeau**]. — « Un seul député de l'Assemblée Constituante a été convaincu, après sa mort, du trafic non pas seulement de ses talents ou de sa parole, ce qui est toujours un grand tort, mais de la liberté même de la nation.

« Ce député est Mirabeau qui, lorsque le peuple l'idolâtrait pour son patriotisme, lui, le vendait, et ses droits et sa liberté, par des marchés avec la cour dont on découvrit la preuve dans l'armoire de fer.

« J'ai entendu la première lecture des pièces, où l'on voyait un débat, tant sur le prix de la trahison, que sur la forme de son paiement [1].

« Qui n'aime pas la Révolution est pardonnable de ne pas la servir ; mais se faire honneur de la servir, en la trahissant, c'est un crime qui n'a pas de nom. Mirabeau n'en a été puni que dans sa cendre que la Convention ordonna de faire exhumer du Panthéon pour la jeter au vent.

« J'observerai ici que cet orateur, dont on ne pouvait s'empêcher d'admirer les talents, était si décrié par sa moralité que le côté gauche de l'Assemblée était sans cesse en garde contre lui ; il est arrivé plusieurs fois que ce côté l'a ramené à des principes dont Mirabeau s'écartait, sans doute à mauvais dessein. L'événement nous autorise maintenant à le croire ».

[La fuite du roi. Révision de la Constitution. La République]. — « Quand on revisa la première Constitution qui se fit, non comme on l'aurait désiré, mais comme les circonstances et les préjugés, que l'on avait alors beaucoup à ménager, permirent de la faire, plusieurs parlaient de République, et Louis XVI semblait y inviter à l'époque de sa fuite, par le *Mémoire* qu'on lut de sa part à la barre de l'Assemblée, et où il déclarait nettement son aversion pour tout ce que nous faisions de contraire à son autorité et à ses droits, qu'il entendait, disait-il, conserver tels qu'il les avait reçus de ses pères.

---

[1] Cf. *Hist. de la Convent.* : « On y découvrit (dans l'armoire de fer) des pièces dont on se servit contre lui (Louis XVI) dans son jugement ; d'autres qui décelèrent le faux patriotisme de députés qui, lorsqu'ils montraient le plus de zèle pour la liberté de la nation, travaillaient pour de l'or à son esclavage », p. 51.

« Mais le fruit n'était pas mûr, c'est-à-dire qu'alors les Français, en général, n'étant pas préparés à la forme républicaine, n'auraient pu sitôt l'adopter, sitôt oublier et monarque et monarchie. On aurait ainsi manqué son coup pour le précipiter... »

[**Influence pernicieuse de Montesquieu**]. — « *L'esprit des lois* parut vers l'an 1748. Dès cette époque, les Parlements qui, jusque-là, avaient solennellement avoué, et plus d'une fois, ne tenir absolument leur état et leur pouvoir que du roi, s'estimèrent bientôt les représentants du peuple et les organes nécessaires auprès du législateur, dont ils arrêtaient les lois comme à leur gré, par le moyen de leur enregistrement, tandis que, d'autre part, le roi qui n'était entouré que de nobles, *pour qui*, dit Montesquieu, *c'est une infamie de partager le commandement avec un roturier*, n'a, depuis, cessé de faire tout pour eux, au détriment, je dirai même, à l'anéantissement de tout le peuple.

« La première de ces lois, dont les autres n'ont été que la conséquence, sont *(sic)* celles qui, après avoir réglé la noblesse militaire, établirent successivement des écoles, des collèges, des chapitres pour tous les nobles, en les dotant largement de gros bénéfices, tous composés du bien des pauvres.

« Dans ces chapitres, les nobles chanoines, pour n'être pas confondus avec des curés et des vicaires dans l'uniformité de leur robe noire, portaient des croix avec des rubans de couleur. Les choses en étaient venues au point que le mérite le plus distingué, la science la plus étendue, la plus profonde, n'étaient pour aucun roturier un titre pour obtenir le plus petit bénéfice consistorial, que dis-je ? la plus petite pension sur ces bénéfices possédés en commende. J'aurais, à ce sujet, des épisodes à faire en preuve qui, tout à la fois, amuseraient et scandaliseraient le lecteur ; mais Dieu y a pourvu, et désormais tous les ministres de son Église, indistinctement, débarrassés de leurs anciennes et dangereuses possessions, n'auront plus à se faire honneur que de leur mérite et de leurs vertus...

« Enfin, ce qui avait mis le comble à l'injustice impolitique du Gouvernement envers le ci-devant Tiers-État, c'est la loi par laquelle on exigeait des preuves de noblesse pour être officier dans les troupes du roi, sur terre comme sur mer.

« C'était là tout ce qui restait au Tiers-État de l'ancienne Constitution, échappé au ravage des fiefs. « La Constitution du Gouvernement français, disait Matharel, est si excellente qu'elle n'a jamais exclu ni n'exclura jamais les citoyens nés dans le plus bas étage des dignités les plus relevées ». Voilà donc la dernière porte qu'on avait fermée aux ci-devant roturiers pour leur ouvrir, dans le service militaire, celle d'un injurieux *médaillon,* ou d'un grade sous le nom plus injurieux encore d'*officiers de fortune !*...

« Tout cela, je le répète, est l'effet insensible, indirect, mais réel des principes établis par Montesquieu dans son *Esprit des lois* en faveur de la noblesse, au préjudice du Tiers-État... » [1].

---

[1] Il dit plus loin : « L'auteur de *l'Esprit des Lois,* partisan des droits seigneuriaux, comme des prérogatives de la noblesse... ». Il y aurait encore à glaner dans ce petit livre. Durand de Maillane dit par exemple : « Plusieurs cahiers d'assemblées bailliagères, dont la mienne était du nombre, avaient chargé les députés de demander la vente des biens immeubles du clergé ». Les cahiers du tiers de la sénéchaussée d'Arles étant perdus, ces lignes ont une importance documentaire. D'après l'auteur de la notice biographique placée en tête de *l'Histoire de la Convention,* Durand de Maillane aurait été, avec M. Servan, son compatriote, un des principaux rédacteurs du cahier de la sénéchaussée d'Arles (p. v). — On trouve, p. 69 et 70, une autre allusion aux cahiers.

XV

LA MUNICIPALITÉ CANTONALE DE CASSIS

Sous la Constitution de l'an III,

par M. **H. BARRÉ**,

Bibliothécaire de la ville et de la Société de Géographie de Marseille.

Nous ne ferons pas ici l'éloge de la Constitution de l'an III. Bien que ce fût un instrument trop délicat pour un peuple à peine émancipé du joug de la Monarchie absolue et de la Terreur, et encore plongé dans les ténèbres de l'ignorance, elle a trouvé trop d'illustres apologistes pour que nous osions, après eux, apporter à ses auteurs le modeste tribut de notre admiration. Nous demandons, au contraire, en exposant la section relative à l'organisation municipale des petits centres, à formuler quelques réserves le cas échéant.

Le département des Bouches-du-Rhône comptait, quand fut promulguée cette Constitution, cinquante-cinq cantons. Parmi ceux dont les chefs-lieux avaient moins de cinq mille âmes, les procès-verbaux des municipalités n'ont été conservés que pour la circonscription de Cassis : notre choix ne nous a donc pas fait perdre de temps. Avant de donner un bref résumé des travaux de la minuscule assemblée, nous tenons à remercier vivement M. Fournier, l'aimable et savant archiviste auquel nous devons et l'indication et la communication des documents utilisés. Ces documents, comprenant deux volumes, nous montrent ce canton formé des quatre communes de Cassis, Ceyreste, La Penne et Roquefort, avec une population de trois mille six cent trente-huit habitants.

Les administrateurs municipaux ne se réunissaient pas très souvent, surtout au début. Du 5 fructidor an III au 22 brumaire an VIII (22 août 1795-17 décembre 1799), date où Cassis apprit officiellement le renversement de la République, on ne trouve que soixante-treize séances ainsi réparties :

<pre>
An III (5-30 fructidor et complémentaires) .   .   .   0
An IV   6
An V.   11
An VI   20
An VII .   .   .   .   :   32
An VIII (1er vendémiaire, 22 brumaire).   .   .   .   4
</pre>

L'organisation municipale de l'an VIII ne fut appliquée, à Cassis, qu'au bout de plusieurs mois. Après le coup d'État, il y eut encore quatorze réunions, la dernière à la date du 14 prairial.

Pas un des noms qu'on relève année par année dans les procès-verbaux ne rappelle un souvenir historique même local : à peine peut-on citer Jean-Joseph Tricon qui, plus tard, devenu maire de Roquefort sous le Consulat, fut révoqué pour abus de pouvoir et malversations (FOURNIER et SAINT-YVES, *Le département des Bouches-du-Rhône de 1800 à 1810*). A juger de l'instruction des élus d'après leur signature, seul indice que nous possédions, il semble qu'on se trouve presque toujours en face de cultivateurs à peu près illettrés. Le fait est d'autant plus probable que la commune de La Penne ne put trouver un secrétaire parmi ses habitants, aucun d'eux ne sachant lire et écrire.

Les premières élections faites par les assemblées primaires, en l'an III, donnèrent les résultats ci-dessous pour l'an IV : Président du canton : Fontblanche (Louis-César Garnier), qui fut obligé de démissionner comme parent d'émigré et ne fut pas remplacé de l'année. Agents municipaux (maires) : Gervais (Joachim-Jean-Baptiste), à Cassis ; Azan (Jean-François), à Ceyreste.

Ceux de La Penne et de Roquefort n'ont pas paru à l'Assemblée, où les remplacèrent leurs adjoints : nous n'avons donc pas leurs noms. Les agents municipaux adjoints étaient les citoyens Darcy, pour Cassis ; Senez (La Penne) ; Silvy (Ceyreste), et Jacques Liautaud (Roquefort).

En l'an V, les élections se font régulièrement le 1er germinal. Le président est le citoyen Orange. Les agents municipaux : Chouquet (Cassis) ; Bruno Nalin (La Penne) ; Azan (Ceyreste) ; Jacques Liautaud (Roquefort). On ne trouve qu'un adjoint ayant participé aux délibérations : Matheron, de Cassis.

A l'exception d'Azan et de Jacques Liautaud, les élus appartenaient à l'élément réactionnaire, et tombèrent sous le coup de la loi du 19 fructidor an V ; ce n'étaient pas des personnages d'une telle importance qu'un séjour à Sinnamari fût indiqué en l'espèce : ils furent simplement remplacés. Le président Orange fit place au citoyen Garaudy ; Bonifay devint agent municipal à Cassis avec Allemand pour adjoint, Nicolas remplaça Bruno Nalin à La Penne ; enfin les trois adjoints suivants remplacèrent ceux dont on n'a pas les noms : Michel fils (à La Penne), Daniel (Ceyreste) ; Lazare Julien (Roquefort).

Sauf à Cassis, le corps électoral, en germinal an VI, tint à donner une leçon au pouvoir. Si le citoyen Reynoard, élu président du canton, Bonifay, agent municipal à Cassis pour la deuxième fois, et son nouvel adjoint Rigaud (J.-J.-A.) trouvèrent grâce aux yeux du Directoire, les représentants de La Penne, de Ceyreste et de Roquefort tombaient sous l'application de la loi du 19 fructidor et furent d'abord cassés, puis remplacés purement et simplement par les administrateurs sortants. Lazare Julien, adjoint de Roquefort, fut cependant, par suite de la démission de son chef de file, nommé agent municipal de cette commune, et remplacé par Honoré Julien.

Enfin, en l'an VII, Reynoard laisse la présidence à Coulin, Rigaud devient agent municipal à Cassis, avec Vidal pour adjoint, et ses trois collègues sont Nicolas, pour La Penne, Joseph Julien, pour Ceyreste, et Tricon, pour Roquefort. Ils restèrent en fonction, après le coup d'État, jusqu'en prairial, à l'exception de Rigaud et de son adjoint, révoqués par le préfet Delacroix pour violences sur la personne du lieutenant commandant le détachement de canonniers en garnison à Cassis.

Le Commissaire du Directoire de l'origine à la suppression fut toujours le citoyen Roux, qui, d'ailleurs, n'assistait que rarement aux réunions. Le Consulat le nomma maire de Cassis, mais il n'accepta pas, s'excusant sur le délabrement de sa santé et de sa fortune, seuls résultats, disait-il, que lui eût rapportés son dévouement à la chose publique.

Les attributions des municipalités cantonales, comme sous la Constitution de 1791, étaient beaucoup plus étendues que celles des conseils actuels. En dépouillant les comptes-rendus de l'Assemblée, nous mettrons donc à part, d'un côté, les actes qui seraient encore du ressort des corps électifs réorganisés par la loi de 1884, et de l'autre, ceux qui sont aujourd'hui de la compétence des agents directs et salariés du Pouvoir Central.

Questions d'ordre municipal. — A diverses reprises dans sa courte existence, l'Administration du canton de Cassis dresse son budget et celui des communes, sous le contrôle de l'Administration départementale, convoque les assemblées primaires pour l'ensemble du canton ou par communes, autorise des dépenses communales, nomme les employés cantonaux (secrétaire général) et communaux et fixe leurs appointements, administre tous les établissements publics, hospices, moulins et fours banaux, etc., requiert la force armée le cas échéant.

Ajoutons qu'elle nommait elle-même les agents municipaux pour se compléter en cas de démission, cassation ou autres ; les pouvoirs des citoyens ainsi désignés expirant le 1ᵉʳ germinal suivant. En dehors de cette besogne pour ainsi dire courante, nous relèverons les faits les plus importants dans leur succession chronologique.

L'an IV, une caisse des subsistances fut organisée à Cassis et à La Penne. Il fallut dresser pour le Directoire départemental un état du passif et de l'actif des communes, un tableau des domaines nationaux invendus, et un autre des biens réputés nationaux. Une protestation fut adressée au Ministre de l'Intérieur qui proposait de fusionner l'hospice de Cassis avec une autre fondation.

Au début de l'an V, on nomme cinq commissaires de surveillance pour chacun des hospices de Cassis et de Ceyreste.

Le citoyen Orange, président du canton, en était auparavant le receveur ; il rendit ses comptes, se réglant par 902 fr. de recettes, provenant des centimes communaux ; et 839 fr. de dépenses, relatives, pour la presque totalité, au traitement des employés et aux frais de bureau.

Le budget municipal des quatre communes fut établi comme suit :

Cassis	3.210 livres
Roquefort	652 »
La Penne	949 »
Ceyreste	1.629 »

Divers propriétaires furent autorisés à élever des chèvres sous la réserve expresse de les tenir soit dans leurs propres héritages, soit dans des « terres gastes » ne contenant aucun bois « de construction ou de fabrication ».

En l'an VI, le nouveau président Garaudy ne fut installé que le 10 frimaire ; ce jour-là, il prêta serment, jurant haine à la royauté et à l'anarchie, attachement et fidélité à la République et à la Constitution de l'an III.

La commune de Roquefort fut autorisée à poursuivre un débiteur, usager des « *bois bas des terres gastes* » depuis 1788 : les régimes s'étaient succédé, Terreur comprise, sans qu'il versât un sol à la municipalité.

Cinq répartiteurs sont nommés pour vérifier les matrices des rôles, conjointement avec les agents municipaux et leurs adjoints. A Cassis, les nouveaux agents Bonifay et Allemand prêtèrent serment le 9 frimaire.

Le 1er pluviôse, le Conseil arrêta son budget pour l'exercice, s'élevant à 2.850 l., dont 600 pour le juge de paix et 200 pour son greffier, 600 pour le secrétaire en chef, 300 pour le commis cantonal, 200 pour l'homme de peine, 100 pour les fournitures de bureau, 250 pour le bois et la lumière, 600 pour les registres de l'État-Civil, les ports de lettres et l'imprévu.

Il établit aussi les budgets communaux ; voici, à titre de spécimen, celui de Cassis, s'élevant à 2.600 livres.

Secrétaire communal . . . . 3oo l.
Entretien des conduites d'eau. 5oo
Réparations et pavage 15o
Enlèvement des graviers et boues de la Grand'Rue. . 200
Gages du sergent de ville 400
Horloge : entretien 100
Gages de l'Horloger. 5o
Entretien de la bergerie. 100
Réparations de la Maison Commune. 15o
Ports de lettres et exprès. 15o
Fournitures de bureau 15o
Sage-femme 5o
Imprévu 3oo

La ville comptait alors 2.o3o habitants, à peu près le chiffre
actuel. Les trois autres communes furent autorisées à disposer
des sommes qui suivent :

Ceyreste (638 habitants), 1.516 l. 15 s. ; La Penne (67o h.),
979 l. ; Roquefort (3oo h.), 652 l.

Les nouveaux administrateurs venaient d'être installés
(6 germinal), lorsqu'ils reçurent l'ordre de faire cerner les communes pour arrêter tous les marins qui s'y trouveraient et les
mettre à la disposition du gouvernement. Le 4 messidor, l'autorité militaire défendit de célébrer la Saint-Jean à Cassis, et
le commandant d'Aubagne, Bœuf, y tint la main ; quelques
jours après, il reparut pour faire embarquer de force les marins
retardataires.

La situation du canton était d'ailleurs fort triste ; les impôts
ne rentrant pas, l'Assemblée, lors de sa réunion du 14 thermidor, fut obligée de reconnaître qu'on ne pouvait payer les employés et les fournisseurs. Après mûre délibération, il fut
décidé qu'on solliciterait du Directoire départemental le rétablissement d'anciennes taxes, et plus spécialement l'imposi-

tion sur la sortie des vins pour permettre de faire face aux premières exigences. Il n'y a pas trace de la réponse des administrateurs supérieurs.

Pour la première fois en l'an VII, la conscription ayant succédé à la réquisition, le Directoire demande quatorze jeunes soldats au canton. L'Assemblée répartit ainsi ce total entre les communes : Cassis, cinq ; Ceyreste, quatre ; La Penne, quatre ; Roquefort, un. Le 8 prairial, elle avisa les hommes désignés par le sort pour passer de la deuxième et de la troisième classe dans la première, c'est-à-dire dans l'armée active, d'avoir à se présenter dans les vingt-quatre heures devant elle, afin de recevoir leur ordre de route pour le chef-lieu du département. La suite du procès-verbal nous apprend, dans le langage fleuri de l'époque, que les conscrits « restèrent sourds à la voix de la Patrie ». Il fallut mettre des garnisaires pendant trois jours chez les réfractaires, et ceux qui ne se rendirent pas à l'appel à l'expiration de ce délai furent signalés au général commandant la huitième division militaire pour être jugés par contumace. C'était pourtant au moment où les Austro-Russes avaient reconquis l'Italie et menaçaient Masséna, en Suisse, tandis que les Anglais et leurs auxiliaires envahissaient la Hollande.

Le 16 brumaire an VIII, l'Assemblée vota le dernier budget cantonal : il s'élevait à 2.750 livres dont voici le détail :

Juge de paix et greffier, traitement. . . .	1.000 l.
Secrétaire en chef.	600
Quatre commis communaux à 125 l. . . .	500
Frais de bureau	300
Frais de poste	100
Fêtes publiques	100
Garde Nationale sédentaire	150

Questions diverses. — Impôts généraux. — L'ar-

ticle 190 de la Constitution chargeait les administrateurs cantonaux de la répartition des contributions directes et de la surveillance des deniers levés sur leur territoire : à cet effet, ils nommaient un receveur cantonal, représentant nos percepteurs actuels, et des receveurs municipaux. Ce n'était pas au choix, ni à la suite d'un examen, mais par voie d'adjudication, comme cela se pratique encore pour l'octroi dans beaucoup de petits centres. En l'an VII, seule donnée fournie, le quantum fut d'un sol par livre, après deux épreuves sans résultats.

En l'an V, l'Administration départementale demanda au canton, à titre de contribution foncière, 17.029 l. en principal, plus 15 centimes additionnels, soit au total 19.583 l. ; la contribution personnelle, mobilière et somptuaire, comme on disait alors, y compris 25 centimes additionnels, ne se montait qu'à 5.849 l., soit en tout 25.432 l. ou 7 l. par tête en moyenne. L'impôt sur les portes et fenêtres n'existait pas encore.

La répartition s'effectua comme suit :

	Taxe foncière	Taxe personnelle et mobilière	TOTAL
Cassis.....	5.882 l. 7 s.	2.924 l. 16 s.	8.807 l. 3 s.
Roquefort..	4.647	811 14	5.458 14
La Penne..	5.454	1.208 10	6.662 10
Ceyreste....	3.600	904 13	4.504 13

Les administrateurs s'étaient adjoint un habitant dans chaque commune comme auxiliaire et contrôleur.

Les registres ne donnent pas de détails pour l'an VI, probablement n'y eut-il aucune modification.

L'année suivante, bien que les centimes se fussent élevés de 15 à 17 1/2, le total de la foncière ne dépassait pas 16.920 l. Roquefort subit une légère augmentation et les autres communes bénéficièrent d'un dégrèvement, très fort à La Penne.

La taxe personnelle, mobilière et somptuaire avait été encore plus réduite, elle n'était que de 3.401 l. Cassis prit 2.025 l. à son compte.

Cette année-là apparut le funeste impôt sur les portes et fenêtres. Nous ne savons quelle fut la somme demandée au canton; mais on voit, le 16 nivôse, le Conseil nommer quatre commissaires pour Cassis et deux pour chacune des autres communes, à l'effet de préparer l'établissement de la taxe.

Le 20 messidor, le Conseil vota une réquisition de trois cents quintaux, poids de marc, de paille pour l'armée d'Italie, sous réserve d'une indemnité fixée par l'Administration du département. Sur cent trente-quatre contribuables nominativement désignés, le plus fort imposé dut fournir vingt quintaux ; puis viennent des quote-parts de seize, quatorze, douze et dix ; la très grande majorité ne devant que de un à quatre quintaux. Il fallut livrer cent quintaux de blé, par fractions variant de six quintaux, pour le plus imposé, à 1/4, pour le plus grand nombre des détenteurs de grains. Le tout fut versé au magasin communal de chaque localité, reconnu par l'agent municipal et dirigé sur Marseille par voie de terre.

Le 9 fructidor, une circulaire rappela les receveurs à leur devoir ; il paraît que la plus grande partie des impôts des deux exercices précédents n'étaient pas rentrés, sans préjudice, bien entendu, du courant.

A la veille de disparaître, dans la séance du 14 prairial an VIII, le Conseil établit le déficit définitif s'élevant à peu près à la valeur d'un budget annuel ou 2.513 l. ; il y avait, en chiffres ronds, 3.892 l. de dettes à payer sur les exercices des ans V, VI, VII et VIII et 1.379 l. non encore versées par les percepteurs sur les deux derniers seulement.

On peut encore rattacher à cette section divers actes administratifs qui rentraient à l'époque dans les attributions des

municipalités cantonales. C'est ainsi que nous voyons celle
de Cassis mettre les madragues en adjudication, procéder à la
levée des chevaux pour l'armée, nommer les titulaires des dépôts de poudres et salpêtres et recevoir les demandes en dégrèvement d'impôt.

Questions diverses, justice, police, etc.. — Nous
relèverons et réunirons sous cette rubrique des actes divers
dont les uns se présentent trop fréquemment pour qu'on
puisse les spécifier à leur date, et les autres, au contraire, vu
leur importance ou leur rareté, méritent d'être énumérés dans
l'ordre chronologique.

L'Administration cantonale recevait les pétitions relatives à
la radiation de la liste des émigrés, délivrait des certificats de
résidence, faisait interner les aliénés et prenaient des mesures
pour empêcher l'élévation exagérée du prix des grains. Ce
sont là les faits les plus importants parmi ceux de la première
catégorie.

En abordant l'étude des actes de la seconde, nous voyons, en
l'an IV, l'Assemblée cantonale intervenir auprès du Directoire
départemental pour le prier de remédier au désordre qui résultait de la démission du juge de paix et de ses assesseurs.

L'année d'après, elle intente un procès au canton de La
Ciotat, par devant le Tribunal civil du département, au sujet
des droits de compascuité, parcours et vaine pâture que les
vieux usages avaient maintenus aux gens de Cassis dans les
« terres gastes » de la grande commune voisine. Elle eut gain
de cause et les frais ne s'élevèrent qu'à 176 l., dont 60 l., pour
deux plaidoyers. Peu après, elle procéda à la nomination d'un
capitaine des ports.

Les adversaires du nouveau régime avaient arraché et fait
disparaître pendant la nuit l'arbre de la liberté planté en 1793 ;

l'Assemblée qui leur était alors, sinon acquise, du moins fort peu hostile, décida d'en rétablir un autre, quand elle disposerait des fonds nécessaires à ce sujet. Elle ne se composait pas, du reste, de contre-révolutionnaires bien redoutables, puisque le 29 ventôse, le général Merle l'avisait de la levée de l'état de siège dans le canton. La lettre contient cette phrase bien caractéristique : « Désormais le doux régime constitutionnel poli-« cera les habitants de Cassis qui s'en sont rendus dignes par « leur entière soumission aux lois de la République. »

La Municipalité commande désormais aux troupes réglées. Le 8 thermidor, elle ordonne au lieutenant Fellen, chef du détachement de Cassis, de fournir tous les canonniers disponibles pour tenir garnison chez les contribuables qui n'ont pas réglé le solde des exercices antérieurs à l'an IV. Il en est de même le 29 du mois pour le commandant de la place d'Aubagne : il s'agit spécialement des contribuables de La Penne qui n'ont pas versé leur quote-part pour 1793 et 1794.

Le 17 fructidor, elle organise la Garde Nationale sédentaire du canton, sur le pied d'un bataillon de dix compagnies. Cassis devait fournir une compagnie de grenadiers, une de chasseurs, trois de fusiliers ; La Penne, deux compagnies de fusiliers ; Ceyreste et Roquefort, une compagnie et demie chacune. L'élection des officiers fut fixée au 22 dudit mois.

Aucun document n'indique l'effectif des compagnies, mais il devait être bien faible, car en admettant celui des unités de l'ancien régime, soit quarante à cinquante hommes, on arrive à un chiffre de quatre cent cinquante hommes en moyenne, peu compatible avec une population totale de trois mille six cent trente-huit habitants.

Nous sommes en l'an VI. Le 15 brumaire, l'adjoint Matheron qui n'est pas encore révoqué et remplacé par Allemand, fait, à la place de son maire, les perquisitions ordonnées par la loi du 19 fructidor chez les citoyens « non radiés de la liste des émigrés ». Il est escorté par des canonniers réquisitionnés, mais on comprend aisément que cette visite se termine par un procès-verbal de carence.

Le 2 pluviôse (21 janvier, v. s.), la nouvelle municipalité, gouvernementale cette fois, célèbre l'anniversaire « de la juste punition du dernier Roi des Français ». Fonctionnaires, officiers et soldats jurent « Haine à la Royauté et à l'Anarchie, fidélité à la Constitution de l'an III ». On relève trente-deux signatures, y compris les caporaux canonniers ; parmi les principaux personnages, en dehors des administrateurs, se trouvent le capitaine commandant la garnison, le lieutenant de port, le receveur et le lieutenant des douanes, le directeur des postes, un officier ministériel, etc.

Le 4 pluviôse, le Conseil dresse procès-verbal de la déclaration d'un cultivateur d'Aubagne dénonçant comme déserteurs et assassins les deux frères Caya (*sic*) et les deux frères Barry.

Dans le reste de l'exercice, nous les voyons nommer un Conservateur de la Santé, puis procéder, sur l'ordre du Directoire départemental, aux visites domiciliaires exigées par la loi du 18 messidor.

Le 4 brumaire an VII, on désigne, pour examiner les conscrits, cinq pères de famille ayant des enfants sous les drapeaux : ils sont assistés du Commissaire directorial et d'un officier de santé, n'ayant tous les deux que voix consultative.

Le 2 pluviôse, nouvelle célébration de l'anniversaire de la mort de Louis XVI. Le procès-verbal comporte cette fois quarante-une signatures.

Quelques jours après, passe une colonne mobile de cent vingt-cinq hommes pour capturer les « brigands ». Les exigences du commandant, surtout en matière de confiscation des armes à feu, amènent une protestation du Conseil qui fait valoir que le canton compte cent cinquante de ses enfants à l'armée d'Égypte. Ce serait une proportion vraiment extraordinaire, si elle est exacte.

Cela n'empêcha pas l'esprit de révolte de gagner du terrain :
bandits et insoumis devinrent si redoutables, surtout aux
acquéreurs de biens nationaux, qu'il fallüt rétablir l'état
de siège le 19 prairial. Une seconde colonne mobile parcourut le canton sous la direction du chef de bataillon Miguel :
elle comptait trente fantassins, autant de dragons et de hussards et trois gendarmes.

Peut-être agit-elle avec trop de zèle, car le 20 fructidor, le
Conseil charge l'agent de Roquefort, sur la demande d'un habitant de cette commune, d'aller demander aux administrateurs
d'Aubagne la mise en liberté de deux inculpés de brigandage,
sur le compte desquels on n'avait jamais reçu de plainte.

Dans la nuit du 26 au 27 fructidor, sur l'ordre du directoire
départemental, les visites domiciliaires recommencèrent : les
agents municipaux, escortés par la Garde nationale et, au besoin,
par les troupes réglées, devaient arrêter les prêtres réfractaires,
les émigrés, les embaucheurs, égorgeurs et brigands. La circulaire indiquait qu'elles pourraient être renouvelées dans le
courant de la quinzaine, mais rien ne dit dans les procès-verbaux que le fait se soit produit.

Le 22 brumaire an VIII, les administrateurs se déclarèrent
en permanence, à l'exemple et sur l'invitation du directoire
départemental, pour faire rentrer l'arriéré des contributions des
ans V, VI et VII, vu la détresse de l'armée d'Italie.

Enfin, le 15 frimaire, les administrateurs prêtèrent à la Constitution de l'an VIII, qui allait les supprimer, le serment exigé
par la loi du 25 brumaire. La formule était, au début, ainsi
rédigée : « Je jure d'être fidèle à la République une et indivisible,
fondée sur la liberté, l'égalité et le système représentatif. » Elle

fut bientôt modifiée radicalement, mais cela sort de notre cadre. Tous les fonctionnaires, civils et militaires, salariés ou non, ainsi que les officiers ministériels, durent se joindre aux membres du Conseil et l'on relève sur le procès-verbal plus de cinquante signatures.

Ici s'arrête notre tâche. Nous le répétons, l'organisation municipale d'alors était bien avancée pour nos arrière-grands-pères, mais ils n'en eurent que plus de mérite à s'acquitter de leur lourde tâche au milieu des horreurs de la guerre civile et de la lutte contre les deux premières coalitions. Adressons donc un souvenir ému à ces braves gens qui, sans aucune rétribution, consacrèrent à la chose publique un temps d'autant plus précieux que leur vie était bien dure à gagner à une époque de troubles sans cesse renouvelés.

XVI

La Grande Peur et l'organisation de la Garde Nationale

à Manosque en 1789,

Par M. **P.-H. BIGOT**,

Professeur au Collège, Membre de la Société scientifique et littéraire des Basses-Alpes,
Secrétaire-correspondant de la Société d'Études provençales,
Officier d'Académie.

I. — Les Brigands et la Grande Peur.

Le 31 juillet 1789, à la séance du Conseil des 72, les Maires-Consuls annoncèrent qu'ils avaient reçu, par un exprès arrivé à six heures du matin, une lettre des Consuls de Beaumont. Par cette lettre, ceux-ci leur donnaient avis « qu'une troupe de brigands avait dévasté le lieu de Cadenet et menacé d'en faire autant aux lieux des environs », et ils demandaient des renforts pour le secours commun.

Environ une heure après, ils avaient reçu des Consuls de Sisteron, par un exprès que ceux-ci avaient dépêché à M. le Comte de Caraman, une lettre par laquelle ils les informaient qu'ils avaient eux-mêmes reçu des Consuls de Serres un avis que la ville de Romans en Dauphiné avait été mise à feu et à sang par une troupe de brigands.

Depuis le 27 juillet, en effet, le Dauphiné était en ébullition. Les nouvelles les plus contradictoires circulaient dans la population et l'énervaient. On savait que, successivement, la Bresse et le Bugey s'étaient émus. On craignait que ces masses soulevées ne s'étendissent au-dehors de ces régions et ne vinssent porter le désordre et la désolation dans le Dauphiné. Aussi, pour parer à un semblable péril, « les paysans s'arment, se groupent, se concertent » [1]. Cette émotion s'apaise assez vite dans le Graisivaudan et le Valentinois, mais elle continue à se propager dans les parties basses du nord de la province, entre Bourgoin et la Tour-du-Pin. Là, les paysans, dérangés de leurs travaux par l'appel des privilégiés et furieux de voir s'écouler en pure perte un temps précieux pour eux, écoutent complaisamment les insinuations des meneurs qui se mêlent à eux et crient à la trahison. Ils se précipitent vers les châteaux, en brûlent quelques-uns et anéantissent quelques livres terriers. La milice bourgeoise et la maréchaussée de Lyon dispersent assez vite ces bandes désordonnées.

Mais la nouvelle de ces désordres était déjà parvenue en Provence. Successivement, Gap, Bellaffaire, Turriers, Sisteron étaient informées que 5 à 6.000 brigands ravageaient le Dauphiné et mettaient tout à feu et à sang sur leur passage. Elle parvint à Seyne le même jour qu'à Manosque. Devant l'imminence du danger, ces deux villes prirent les mêmes mesures : « Il faut s'armer en diligence, envoyer le plus d'hommes possible sur les bords de la Durance pour tâcher de s'opposer au passage de ces bandits. Expédiez vite des armes, des munitions, des secours ». Telles furent les dispositions que prit le Conseil général de Seyne [2]. Ne comptant que sur elle-même, Manosque prit aussitôt les mesures nécessaires. Ses Conseils perpétuel et annuel, après la lecture des lettres des consuls de Beaumont et de Sisteron, décidèrent « de former une troupe bourgeoise pour la défense de la ville, et pour se porter partout

---

[1] C. CAUVIN, *La Grande Peur*, page 8.

[2] Arch. munic. de Seyne, rég. des délibér., 4ᵉ cahier, nº 25, Conseil général du 9 août 1789.

où besoin sera ». Dans cette intention, les consuls sont chargés de faire publier, par toute la ville, à toutes les personnes en état de porter les armes, de se rendre au lieu qui leur sera indiqué avec leurs armes pour y prendre les ordres nécessaires.

Le Conseil nomme ensuite M. de Brunet, lieutenant-colonel d'infanterie, chevalier de Saint-Louis, pour commander la troupe bourgeoise du consentement de M. de Sauteiron, ancien maire et premier consul, à qui le droit en appartenait en qualité de capitaine du guet. Puis, pour commander les différentes compagnies qui seront formées, en qualité de capitaines, le Conseil a nommé « ledit sieur de Sauteiron, ancien officier d'infanterie, capitaine du guet pour la présente année ; M. le chevalier de Villemus, chevalier de Saint-Louis ; M. de Champclos, ancien lieutenant des vaisseaux, chevalier de Saint-Louis ; M. de Loth, chevalier de Saint-Louis, ancien capitaine d'infanterie ; M. de Raffin, ancien officier de cavalerie ; M. de Gassaud, ancien officier d'infanterie ; M. le chevalier d'Audiffret, ancien officier de cavalerie ; M. le chevalier de Gassaud, ancien officier d'infanterie ; M. de Gassaud, fils, pour aide-major ».

MM. les Maires-Consuls et lesdits officiers étaient chargés de composer la troupe et d'en nommer les officiers et les sous-officiers.

Enfin, le Conseil chargeait le Maire d'écrire au comte de Caraman, commandant en Provence, pour l'informer de ladite délibération et lui demander son autorisation.

Ces mesures de prudence furent régularisées par une lettre imprimée des commissaires des communes de Provence et datée d'Aix, 31 juillet 1789. Par celle-ci, ils les informaient que les brigands répandus dans le Dauphiné et le Comtat-Venaissin étaient peu nombreux. Mais il était prudent de hâter l'armement des compagnies bourgeoises. Pour cela, il suffisait d'enrôler les citoyens et d'en nommer les officiers, sans qu'ils quittent les travaux de la campagne. Ils les avertissaient en même temps que, sur les demandes de différentes communautés ainsi que sur les ordres des commandants des troupes, il allait être formé à Aix un dépôt d'armes et de munitions pour les communautés qui en manquaient.

Le Conseil chargea les Consuls d'écrire au comte de Caraman pour lui demander six cents fusils avec leurs baïonnettes, quatre quintaux de poudre et des balles en proportion. Il les chargea également de répondre aux commissaires des communes pour les prier de les aider à obtenir ces munitions [1].

Et, le 19 août suivant, le Conseil décidait de demander à M. le comte de Caraman « d'accorder à la communauté un détachement de deux compagnies d'infanterie pour demeurer en cette ville, tant qu'elle pourra avoir quelque crainte des entreprises des brigands, à condition que le séjour de cette troupe ne sera point à la charge de la communauté » [2].

II. — La troupe bourgeoise et le Conseil permanent.

Le 31 juillet 1789, le Conseil des 60 conseillers perpétuels et des 12 prud'hommes avait désigné le Corps des officiers de la troupe bourgeoise. Mais celle-ci ne fonctionna point avec l'ordre et l'exactitude désirable. C'est ce que le Maire-Consul déclare à la séance du 19 août :

« Sur les bruits qui s'étaient répandus dans la province des dévastations faites par des troupes de brigands, le Conseil avait nommé des officiers pour former et commander une troupe bourgeoise pour la défense de la ville en cas de besoin ; la formation de cette troupe s'est ressentie de la précipitation avec

---

[1] Arch. comm. de Man. Ba. 25, n° 182, Délib. du Conseil extraordinaire, 1er août 1789, pp. 249-51.
[2] Ibid., Séance du 19 août, p. 265.

laquelle elle fut faite ; depuis lors, le service de la garde bourgeoise n'a pu se faire avec l'ordre et l'exactitude convenable ;
en conséquence, il serait nécessaire que le Conseil prît des
moyens pour remédier à cet inconvénient et pour établir une
règle pour sa formation et le service de troupe bourgeoise.

« Sur quoi, le Conseil, reconnaissant l'importance d'établir
une règle pour la formation de la troupe bourgeoise, a unanimement délibéré d'établir un Comité composé de vingt-quatre
personnes prises dans tous les états des citoyens de cette ville,
lequel sera chargé et autorisé de dresser, conjointement avec
MM. les Maires-Consuls et M. de Brunet qui a été nommé
ci-devant commandant de la troupe bourgeoise, un règlement
pour la formation, le service, la police et la discipline de la
troupe bourgeoise, lequel Comité sera également chargé et autorisé de faire exécuter ledit règlement, lorsqu'il aura été approuvé et autorisé par le Conseil et de décider des contestations qui pourraient s'élever sur ladite exécution. Il a été
décidé encore que ledit Conseil sera amovible, de façon que
la moitié sera remplacée tous les quinze jours et, au premier
remplacement, les douze qui devront sortir seront pris, moitié
dans chaque état et tirés au sort, et, aux remplacements subsé-
quents, les plus anciens sortiront et seront remplacés par douze
nouveaux également pris dans tous les états ».

Suivent les noms des vingt-quatre membres du Comité auxquels « le Conseil a donné tous les pouvoirs nécessaires pour
l'exécution de la présente délibération (du 19 août 1789), il a
été encore délibéré que sur ledit nombre de vingt-quatre membres du Comité, il sera pris journellement et à tour de rôle,
quatre membres également pris dans tous les états pour assister
MM. les Maires-Consuls dans les affaires relatives au service
de la troupe bourgeoise » [1].

---

[1] Séance du Cons. municip., 19 août 1789, pp. 263 et suiv.

Trois jours après, les membres du Conseil permanent déclaraient avoir travaillé à la formation des huit compagnies de la milice bourgeoise et à un règlement pour l'ordre, la police et la discipline de ladite milice. Afin de parvenir à la formation de ces compagnies, ils ont dressé l'état de tous les citoyens propriétaires et domiciliés de cette ville et de tous les corps d'états indistinctement. Ils ont fait la division de tous les citoyens en huit compagnies qui peuvent être composées de 86 hommes, y compris les officiers. Ils ont compris dans chaque compagnie un nombre égal de tous les états de la ville pour marcher tous ensemble, et sans distinction. Ils remettent sur le bureau le règlement qu'ils ont dressé pour la formation et la discipline de la troupe, ainsi que les huit états ou rôles de tous ceux qui composent lesdites compagnies, afin que le Conseil veuille bien examiner le tout et approuver ou blâmer ce qui a été fait. Dans le cas où il sera approuvé, le Conseil voudra bien délibérer et consigner ledit règlement dans le registre de ses délibérations pour pouvoir y recourir au besoin et en ordonner l'exécution dans tous ses articles, sauf de corriger, modifier et reformer tout ce que le Conseil trouvera d'inutile ou de superflu.

En agissant ainsi, la communauté opérait elle-même la Révolution communale qui se fit ailleurs par la violence. Car le Conseil permanent amovible de vingt-quatre membres, établi dans la séance du 19 août 1789, reçut des Consuls et de l'Assemblée municipale des pouvoirs assez étendus qui ne se limitaient point à la milice bourgeoise. En effet, le Conseil, après avoir vérifié l'état des Compagnies et après avoir entendu la lecture du règlement, de fixer la peine des contrevenants, de corriger les abus, et de prononcer les peines et amendes qui seraient infligées par eux, et, ce qui peut nous paraître plus grave, « de connaître tout ce qui peut intéresser le bien, l'ordre et la tranquillité publique, de vérifier les passeports et papiers des personnes étrangères qui pourront arriver ou partir de cette ville, de les faire arrêter et emprisonner, si besoin est, et de prononcer sur leur détention et leur élargissement et généralement de faire tout ce que le cas exigera pour la sûreté et la tranquillité des citoyens de cette ville ; de correspondre avec les communautés voisines et autres de la province, à raison de troubles qui peuvent survenir, et agir de concert avec le commandant de la milice bourgeoise pour tout ce qui intéresse le bon ordre de la ville, et la garde à établir, soit le jour, soit la nuit, pour la sûreté des citoyens, et a délibéré enfin que le susdit règlement sera enregistré dans le présent cahier des délibérations à la suite de la présente et que connaissance en sera donnée à la troupe qui doit être formée et qu'il sera même publié par la ville ».

REGLEMENT fait par le Comité des vingt-quatre personnes pour raison de la formation d'une troupe bourgeoise, service, police et discipline d'icelle en vertu de la délibération de la communauté de Manosque du 19 août 1789.

ARTICLE 1ᵉʳ. — Il sera formé huit compagnies de milice bourgeoise, composées indistinctement des personnes de tous les états et citoyens propriétaires connus et domiciliés de la ville.

ART. 2. — Chaque compagnie sera composée de 86 hommes, y compris un capitaine en premier, un capitaine en second, un lieutenant en premier, un lieutenant en second, deux sous-lieutenants, quatre sergents et huit caporaux.

ART. 3. — Ladite troupe sera encore formée d'un commandant général, d'un major, aide-major, un porte-drapeau, qui sera aux armes de la ville, des musiciens, si le cas y échoit, deux fifres et quatre tambours.

Art. 4. — Chaque compagnie, en particulier, nommera ses capitaines, lieutenants, sous-lieutenants, sergents, caporaux qui seront choisis dans ladite compagnie au gré des fusiliers, et dans telle classe ou état qu'ils trouveront bon, sans distinction et à la pluralité des voix.

Art. 5. — Tous lesdits capitaines, lieutenants et sous-lieutenants, sergents et caporaux, après leur nomination, s'assembleront à l'Hôtel-de-Ville et procéderont, eux seuls, à la nomination du commandant général, du major, de l'aide-major et porte-drapeau.

Art. 6. — Chaque officier, sergent, caporal et fusilier sera tenu et obligé de se rendre en corps ou en particulier à l'ordre du commandant et de l'état-major, sur l'avis qui leur en sera donné et au lieu qui leur sera indiqué, à peine de désobéissance et de telle amende qui sera prononcée par le Conseil permanent établi par la communauté et à défaut par le commandant, les officiers majors, capitaines et lieutenants assemblés.

Art. 7. — Chaque fusilier sera tenu et obligé de se rendre, ainsi que les officiers, sur la place publique avec leurs armes, toutes les fois que les tambours battront la générale par la ville.

Art. 8. — La cloche ne sonnera jamais en forme de tocsin, que dans le cas où la ville serait menacée d'incursion de la part des ennemis ou des brigands qui voudraient troubler les citoyens, le bon ordre et la tranquillité publique, et s'emparer, par des actes de violence, de la vie, des personnes et des biens des habitants, auquel cas tous les bons citoyens sont invités à se joindre à la troupe pour la défense générale.

Art. 9. — Tous les fusiliers seront tenus et obligés d'obéir aux officiers de leur compagnie, sergents et caporaux, lorsqu'ils seront commandés relativement à ce qui concerne le bien du service, sans pouvoir s'en dispenser sous quelque prétexte que ce puisse être, excepté pour cause légitime dûment justifiée, à peine de désobéissance, d'amende ou autres peines, suivant l'article 6 ci-dessus.

Art. 10. — Nul des dits fusilers, excepté ceux au-dessus de cinquante ans, ne pourra se dispenser de la garde pour le jour et la nuit, quand besoin sera, et toutes les fois qu'il sera commandé, sous les mêmes peines, en observant pourtant pour les officiers que chacun doit commander à son tour, pour raison de ce, il sera permis néanmoins à ceux desdits fusiliers qui voudront se dispenser de la garde, de se faire remplacer par tout autre de la troupe.

Art. 11. — Tout fusillier, depuis l'âge de 18 ans jusqu'à 40, sera tenu de s'assembler au lieu qui lui sera indiqué, et toutes les fois que le cas exigera, pour s'exercer au maniement des armes et aux évolutions nécessaires au bien du service et de la troupe pour, en cas de nécessité, en faire usage pour la défense du pays, sous les mêmes peines.

Art. 12. — Chaque compagnie ne sera distinguée que par un ruban uniforme qu'on mettra à la boutonnière de l'habit ou de la veste et chaque fusilier, en cas d'appel, sera obligé de se ranger dans sa compagnie sans pouvoir changer ni intervertir l'ordre.

Art. 13. — Nul officier ni fusilier ne pourra quitter son poste pendant tout le temps qu'il sera de garde et sous les armes, à peine d'amende ou autre peine suivant l'art. 6 ci-dessus.

Art. 14. — Dans le cas où l'on serait obligé d'envoyer des détachements de la troupe aux villes et lieux circonvoisins pour leur prêter secours, lesdits détachements seront pris dans le nombre de ceux exercés au maniement des armes et parmi ceux désignés en l'article dixième ci-dessus, en en prenant un nombre égal dans chaque compagnie.

Art. 15. — Tous les officiers, après leur élection, seront tenus de prêter serment en présence de MM. les Maires-Consuls, relativement, et sur les objets mentionnés dans l'arrêté de l'Assemblée nationale du 10 août courant, et les fusiliers prêteront également serment en conformité dudit arrêté.

Tel fut le règlement qui présida à l'organisation des huit compagnies de la troupe bourgeoise et chacune à son tour prêta serment selon le cérémonial prescrit.

III. — Le Serment.

Nous allons indiquer cet usage, ainsi que la composition des susdites huit compagnies, d'après le procès-verbal conservé aux archives :

« L'an mil sept cent quatre-vingt-neuf et le 23 août, dans la salle de l'Hôtel-de-Ville de Manosque, en présence de MM. les Maires-Consuls soussignés,

« MM. de Loth[1], chevalier de Saint-Louis, et Joseph Rochon, capitaines en premier et en second ;

« Brémond et Richard, notaire, lieutenants ;

« Tassy et Honoré Arnoux, sous-lieutenants ;

« Jacques Rogon, Jacques Pausin, Jean-François Topin et Jean-Baptiste Alic, sergents ;

« Jean Turin, Joseph Rey. Jean Baile, Louis Avril, caporaux ;

---

[1] Balthazar-Augustin de Loth, fils de Pompée de Loth et d'Élisabeth Besson, capitaine au régiment d'Auvergne, chevalier de Saint-Louis, fut marié à Marie-Gabrielle-Félicité-Donodéi, de l'Isle-sur-Sorgue, mourut en 1803 ou 1804.

« Joseph Pic, Honoré Artaud, Reymond Nicolas, maçon, et André Boyer, caporaux surnuméraires ;

« Tous lesquels viennent d'être tout présentement nommés par leur compagnie, ont juré, la main levée, en présence desdits sieurs Maires-Consuls et de ladite compagnie assemblée, de rester fidèles à la Nation, au Roi et à la Loi, et de ne jamais employer ceux qui seront sous leurs ordres contre les citoyens, si ce n'est sur la réquisition des officiers civils et municipaux, laquelle réquisition sera toujours lue aux troupes assemblées en conformité du décret de l'Assemblée nationale pour le rétablissement de la tranquillité publique du 10 du courant et lesdits sieurs Maires-Consuls ont signé avec messieurs les officiers qui ont souscrit »[1].

Puis, ce fut le tour de la seconde compagnie qui comprenait deux capitaines, autant de lieutenants et de sous-lieutenants, quatre sergents, autant de caporaux et de caporaux surnuméraires.

Les autres compagnies, de la troisième à la huitième, avaient un pareil nombre d'officiers et de sous-officiers.

Tous ces gradés de la troupe bourgeoise se réunirent à l'Hôtel-de-Ville, le 2 septembre 1789, en présence et sous l'autorisation des Maires-Consuls, pour procéder à la nomination d'un commandant, major, aide-major et porte-drapeau.

Au grade de commandant fut ainsi élevé par voie de scrutin : Jean-Baptiste de Brunet, lieutenant-colonel, chevalier de l'ordre royal et militaire de Saint-Louis ; Balthazard de Loth, ancien capitaine d'infanterie, chevalier de l'ordre royal et militaire de Saint-Louis, à celui de major ; Pierre Tassy-Arbaud, bourgeois, à celui d'aide-major ; Joseph Nicolay, fils, bourgeois, à celui de porte-drapeau.

---

[1] Manosque, Arch. munic., séances : p. 273.

A la suite de ce vote, on dut procéder au remplacement de ces officiers à la tête de leur compagnie. C'est ce qu'on fit le 6 septembre.

IV. — La discipline. L'organisation.

Telle fut la composition de la troupe bourgeoise qui devait veiller à la sécurité de la ville, ainsi qu'elle en avait prêté serment à l'Assemblée municipale.

Aux mains des consuls, prêtèrent également serment les membres du Conseil permanent (le 24 août 1789). Ils s'engageaient « à vaquer aux fonctions qui leur étaient confiées suivant le dû de leur conscience, et à se conformer à ce qui est porté par les délibérations du Conseil des 19 et 22 du courant ».

Le capitaine de Loth étant venu déclarer au Conseil permanent que deux de ses hommes, Pierre Crest, revendeur, et Paul Constant, serrurier, ne s'étaient pas rendus à l'invitation qui leur avait été faite de monter la garde la nuit précédente, le Conseil fit appeler les réfractaires et les condamna chacun à une amende de vingt sous « applicable aux soldats qui composent la troupe qui a monté la garde, la nuit dernière ».

L'Assemblée profita de l'occasion pour fixer le taux de l'amende ordonnée par les articles six et dix du règlement. Elle arrêta qu'à l'avenir les amendes seraient fixées à trois livres pour les officiers, à vingt-quatre sols pour les sergents et vingt sols pour les caporaux et soldats. Au cas où ces derniers refuseraient de payer l'amende qu'ils auraient encourue, ils seraient mis au corps de garde ou en prison pendant vingt-quatre heures.

La troupe bourgeoise n'était pas moins sévère que le Conseil permanent, puisque le sous-lieutenant de la première compagnie, le sieur Arnoux, officier de garde pendant cette même nuit (du 23 au 24 août 1789), vient déclarer « qu'en faisant la patrouille avec quelques fusiliers de sa garde, il a trouvé dans une vieille masure appartenant à Joseph Dupieds, dit Rescas, près le ruisseau de Saint-Martin, une troupe de gens qui jouaient aux cartes, ledit sieur Arnoux est entré, a saisi les cartes et a fait prendre par les fusiliers un tapis et une chandelle de suif. Ils ont reconnu le sieur Nevière, teinturier, et Louis Donadie et n'ont pu reconnaître les autres qui se sont évadés et qui pouvaient être au nombre de vingt à vingt-cinq ». Ledit sieur Arnoux remit sur le bureau le tapis et les cartes.

« L'Assemblée, en approuvant le zèle de la troupe bourgeoise, a de nouveau invité MM. les officiers de continuer leurs soins pour découvrir les joueurs, afin d'entretenir le bon ordre et prévenir les inconvénients qui résultent de ces sortes d'assemblées ».

Enfin, pour se conformer à la délibération du 19 août, le Conseil permanent de Manosque, dans sa séance du 3 septembre 1789, décida de procéder au tirage au sort des douze membres sortants. Le procès-verbal de cette séance indique comment on procéda : « Il a été fait des billets dans lesquels ont été écrits les noms de tous les membres dudit bureau, lesquels billets ayant été mis dans une boîte, il a été arrêté et déterminé que desdits billets il en sera tiré douze par un enfant, lesquels cesseront d'être dudit Conseil permanent et qu'il sera nommé ensuite douze nouveaux membres, lesquels composeront ledit Conseil permanent conjointement avec les personnes dont les noms resteront dans la boîte.

« Tout de suite, il a été tiré douze billets dans lesquels se sont trouvés les noms de MM. de Gassaud ; Leth, notaire ; Jaume ; Sauveur Mile ; de Loth ; Barthélemy Girard, ciergier ; Joseph Honde ; d'Audiffret de Beauchamp ; Pourcin, chirurgien, Dupied et Jean-Baptiste Alic.

« Dans les billets qui sont restés dans la boîte, il s'est trouvé les noms de MM. Rochon; Bosonier; Robert; Pierre Girard; Giraudon; Duteil; Dray; Magnan, boulanger; Claude Magnan; Bouteille, médecin; Chabrier; Chabran et François Rey, lesquels composeront le Conseil permanent conjointement avec les douze personnes qui seront incessamment nommées pour remplacer ceux qui sont sortis.

« Tout de suite, le Conseil permanent a nommé : MM. de Champclos, Richard, aîné, Augustin Pierisnard, boulanger, Joseph Rey, père; Félix Bouteille; Serraire; Jacques Chaudony, tailleur; Joseph Alic; le chevalier d'Audiffret; Honnoré Paul, négociant; Nicolas Olivier, tailleur, et Mathieu Agnel ».

L'Assemblée décida également de procéder à ce renouvellement le 15 et le dernier de chaque mois pour entrer en exercice le lendemain. Cette décision aurait son effet à partir du 15 septembre.

Le 7 septembre, on procéda par voie du tirage au sort au classement des huit compagnies. On inscrivit sur huit billets les noms des capitaines, on les plaça dans un chapeau, on fit tirer au sort par un petit enfant et on obtint l'ordre suivant : 1° Chevalier Dupin ; 2° M. de Raffin ; 3° M. de Gassaud, aîné ; 4° M. de Sauteiron ; 5° M. le chevalier de Gassaud ; 6° M. de Champclos ; 7° M. Rochon ; 8° M. le chevalier d'Audiffret. C'est dans cet ordre que marchèrent désormais les compagnies.

Le lendemain, 8 septembre, le maire fit procéder à la prestation du serment de la troupe bourgeoise et en dressa le présent procès verbal :

« Savoir faisons, nous, Jean-Joseph Issautier, avocat en Parlement, Joseph Nicolay, bourgeois et Jean-Louis Lautier, marchand-drapier, maires-consuls de Manosque, lieutenants-généraux de police, qu'en exécution de différents arrêtés de l'Assemblée Nationale, ayant été formée en cette ville une Milice Bourgeoise divisée en huit compagnies et tous les officiers en ayant été nommés par leurs compagnies respectives ; en conformité du règlement dressé et rédigé par le Comité ou Conseil permanent, approuvé par le Conseil municipal, le 19 du mois d'août dernier et enregistré dans le registre des délibérations, nous indiquâmes l'Assemblée de la troupe pour ce jourd'hui, 8 septembre 1789, à deux heures après-midi, sur la partie des Lices de la ville appelée la Plaine, près la porte de la Saunerie, pour faire prêter serment à ladite Milice et assister ensuite au *Te Deum* qui devait être chanté, suivant le décret de l'Assemblée nationale du 4 août, ce qui fut annoncé, la veille et le jour, au son du tambour, de la trompette et à cri public ; ensuite de quoi, la troupe ayant été assemblée audit endroit et rangée par compagnies ayant en tête leurs officiers. un détachement de six hommes par compagnie, faisant ensemble quarante-huit hommes, commandés par un capitaine, un capitaine en second, un lieutenant et un sous-lieutenant, s'est mis en marche vers l'Hôtel-de-Ville pour venir prendre le drapeau.

« Le détachement étant arrivé à l'Hôtel-de-Ville, nous lui avons remis le drapeau, nous nous sommes mis à la tête du détachement, revêtus de nos chaperons et nous nous sommes rendus ensemble aux dites Lices, où la troupe était assemblée.

« Etant arrivés audit lieu, nous avons fait faire lecture à la troupe de la formule du serment insérée dans le décret de l'Assemblée Nationale du dix août et nous lui avons fait connaître l'esprit et l'objet dudit serment. Après quoi, tous les officiers, sergents, caporaux et fusiliers ont prêté serment, la main levée en notre présence et à celle d'un grand nombre d'autres personnes de bien et fidèlement servir pour le maintien de la paix, pour la défense des citoyens et contre les perturbateurs du repos public ; les boîtes de la ville ont été tirées au même instant.

« Après cette cérémonie, nous nous sommes mis à la tête de la troupe rangée par compagnies qui ont marché suivant l'ordre et le rang qui leur avait été assigné par le sort, la veille, et nous nous sommes rendus à la paroisse Notre-Dame de Romigier, où, après avoir prononcé un discours analogue à la cérémonie, M. le Curé [1] a fait la bénédiction du drapeau et il a été ensuite chanté un *Te Deum* en musique, après lequel on a donné la bénédiction du Saint-Sacrement.

« La cérémonie faite, nous nous sommes rendus à l'Hôtel-de-Ville, dans le même ordre de marche et MM. les officiers du détachement y ayant déposé le drapeau, nous avons congédié la troupe et nous avons du tout dressé notre présent procès-verbal à Manosque, dans la salle de l'Hôtel-de-Ville, ledit jour 8 septembre 1789. »

La *grande peur* avait doté Manosque d'une Milice bourgeoise et d'un Conseil amovible permanent qui constituait un pouvoir essentiellement révolutionnaire.

P.-H. Bigot.

---

[1] M. Lambert.

XVII

LE CLUB RÉVOLUTIONNAIRE

De CARCÈS (Var)

Par M. **L.-G. DAUPHIN**.

Pharmacien naturaliste à Carcès, Membre de la Société d'Études
provençales, Officier d'Académie.

La Société qui devait plus tard prendre le titre de *Club révo-lutionnaire de Carcès* fut, à ce qu'il semble, lente à se consti-tuer et n'eut jamais une grande influence sur la marche des affaires du pays.

Dès le 31 janvier 1791, une démarche est faite auprès des officiers municipaux de Carcès assemblés à l'Hôtel-de-Ville par Joseph Aubert, Gassier, fils du juge, Joseph Roumey, Jacques Foussenq, Victor Perrin, Pierre Foussenq, Pierre Arbaud, Jean-François-Grégoire Ambard, Antoine Rouvier, Mᵉ en chirurgie[1]. Ils exposent qu'une société patriotique vient de se créer dans cette ville sous le nom d'*Amis du peuple et des Lois,* avertissent les officiers municipaux qu'ils doivent tenir séance dans la maison de M. Gassier, spécialement le jour

---

[1] Archives communales de Carcès : *Registre des délibérations, 1790-1793,* 2ᵉ cahier, p. 66.

du dimanche et autres qu'ils pourront régler parmi eux, enfin ils réclament la protection et la sauvegarde de la municipalité et lui offrent de concourir de tous leurs pouvoirs dans tous les actes de patriotisme. Ils signent avec les officiers municipaux sur le registre des délibérations.

Nous relevons parmi ces noms ceux de deux des principaux notables, MM. Gassier, fils du Juge, et Jean-François-Grégoire Ambard, ainsi que celui d'Antoine Rouvier, M⁰ en chirurgie. Ceci montre, et les faits le confirmeront dans la suite, qu'à Carcès les Corps élus et les notables du pays furent les premiers à adopter les idées nouvelles. Cela ressort aussi de ce fait que les meilleures familles du pays, telles que les Lambot, les Perrin, les Ambard, les Fournery, etc., souscrivirent spontanément diverses sommes, à la séance du Conseil municipal du 11 novembre 1790, où le Procureur de la Commune, Honoré Ambard, prêtre, desservant la commune de Vins, fit, avec une chaleur toute patriotique, l'éloge des lois votées par l'Assemblée nationale pour l'abolition des privilèges.

Il faut croire que ce premier essai de *Société patriotique* n'eut pas une longue durée, puisque nous trouvons encore, en date du 4 août 1792 [1], une nouvelle démarche faite auprès du maire et des officiers municipaux par Jean-François Mireur, Guillaume Baraton, Antoine Rouvier, M⁰ en chirurgie, et Honoré Ambard, « déclarant qu'ils sont bien aises de remplir les devoirs « que la Constitution et les lois réglementaires imposent aux « citoyens qui s'assemblent et se réunissent en société patrio- « tique. A cet effet, ils préviennent MM. le maire et officiers « municipaux qu'ils en ont formé une sous le nom des *Amis* « *de la Liberté et la Légalité*, qu'ils s'assembleront régu-

---

[1] Arch. com. de Carcès : *Registre des délibérations, 1790-1793*, 4⁰ cahier, p. 6.

« lièrement dimanche .à un heure après midy chez le sieur
« Pierre Armieu. Ils prient les susdits maire et officiers muni-
« cipaux de vouloir bien leur accorder la cy-devant Chapéle
« des pénitents blancs pour servir à leurs séances, en se char-
« geant de l'entretien et ont signé ».

Cette demande est accordée à l'unanimité.

Cette fois est réellement fondée cette Société qui devait tenir
pendant un certain temps ses réunions dans la chapelle des
pénitents blancs. Le quartier où était située cette chapelle a
gardé jusqu'à nos jours le nom de « quartier de l'Assemblée ».

La *Société patriotique* ne s'occupait pas toujours, à son début,
de questions politiques, elle défendait aussi les intérêts généraux de la commune. Nous en voyons un exemple dans la délibération du Conseil municipal en date du 26 octobre 1792 [1].
Les citoyens Fournery et Gazan, en qualité de députés de la
Société patriotique, demandent au Conseil municipal la nomination d'un garde-champêtre supplémentaire, afin de garantir
les récoltes contre le sans-gêne des bergers, qui ne respectent
plus les propriétés.

Mais quand les plus mauvais jours de la Révolution arrivèrent, la *Société patriotique* prit le nom de *Club révolutionnaire*. L'arrivée à la tête de la municipalité pour l'année 1793
de Jean-Joseph Lambot, juge de ce lieu de Carcès, sous la féodalité, n'est pas du goût des patriotes, aussi est-il question
d'abandonner la chapelle des pénitents blancs qu'ils tiennent
de la bienveillance de la municipalité. Ils décident de s'établir
au quartier de Sous-Ville, au premier étage de la Presse Publique, appartenant au citoyen Joseph Sauve. Cette salle, fort
grande et bien éclairée par de larges ouvertures, simplement
blanchie à la chaux, devint le lieu de toutes les grandes réu-

---

[1] Arch. com. de Carcès : *Reg. des délib.*, *1790-1793*, 4ᵉ cahier, p. 46.

nions publiques pendant la tourmente révolutionnaire. Sur le mur du fond, on lit encore actuellement le Décalogue républicain suivant :

COMMANDEMENTS RÉVOLUTIONNAIRES DE LA MONTAGNE.

Au peuple seul tu jureras
D'obéir religieusement.

Les Lois qu'il sanctionnera,
Observe-les fidèlement.

A tout roi tu déclareras
Haine et guerre éternellement.

Ta liberté maintiendras
Jusqu'à ton dernier moment.

L'Égalité tu chériras
En la pratiquant constamment.

Egoïste point ne seras,
De fait ni volontairement.

Les places ne brigueras
Pour les remplir indignement.

La raison seule écouteras
Pour te guider dorénavant.

Le dix août sanctifieras,
Pour l'aimer éternellement.

En républicain tu vivras,
Afin de mourir dignement.

Jusqu'à la paix tu agiras
Révolutionnairement.

Tous les suspects tu fermeras,
Sans le moindre ménagement.

Tout émigré qui rentrera,
Raccourcis-le moi promptement.

Les prêtres tu déporteras,
Loin de ton sol incessamment.

Dans les clubs tu ne recevras
Aucun moine, ni feuillant.

L'acquéreur tu poursuivras
Et le fripon pareillement.

Nulle foi tu n'ajouteras
Au serment d'aucun ci-devant.

Chaque jour au club te rendras,
Pour t'instruire solidement.

Homme libre ? un des belles causes tu defends
Si tu observe ces commandemens.

Plusieurs patriotes des environs vinrent visiter les membres du *Club révolutionnaire* et le conventionnel Barras y donna des conférences à deux reprises différentes. Lors du passage de la phalange marseillaise, des fêtes furent organisées par les membres du Club. Excités par les discours des orateurs marseillais qui trouvaient que les patriotes Carçois n'avaient pas d'énergie, ils sortirent en foule du Club et se rendirent à la maison de Jean-Joseph Lambot, ancien maire et ancien juge de ce lieu, avec des haches pour enfoncer la porte et se saisir de ce citoyen. Lambot, averti, eut le temps de s'enfuir et se réfugia au Bessillon, où un ancien serviteur de la famille, dit Tite le bouilleur, lui portait des vivres.

Les vengeances des sans-culottes s'arrêtent à désigner au Tribunal du Salut public deux citoyens, Jean Lambot et Victor Perrin, qui, emprisonnés à Toulon, furent bientôt relaxés.

Tels sont les renseignements que nous avons pu recueillir

dans les archives communales sur le *Club révolutionnaire* de Carcès. Il est très regrettable que le registre des délibérations de cette Société n'ait pas été conservé, car on y aurait trouvé des renseignements bien plus détaillés et plus complets sur son organisation et son fonctionnement.

L.-C. Dauphin.

Carcès, le 20 juillet 1906.

XVIII

La Grande Peur et la création de la Garde Nationale

A CHATEAURENARD-DE-PROVENCE

(30 juillet 1789),

par M. Eugène DUPRAT,

Professeur adjoint au lycée d'Avignon, Membre de l'Académie de Vaucluse.

Les événements qui eurent lieu à Paris, à la suite du renvoi de Necker, aboutirent, le 13 juillet 1789, à une révolution municipale et à l'institution d'une garde nationale. Après la prise de la Bastille, les villes de province suivirent l'exemple de la capitale. Mais ce fut surtout dans les campagnes et les communautés rurales que les troubles de Juillet eurent le plus de retentissement. Une terreur soudaine, mystérieuse, inexplicable, et dont le souvenir a persisté longtemps, se répandit à travers la France, pendant la dernière semaine de ce mois. Partout, on annonça l'arrivée de bandits qui s'attaquaient aux personnes et aux propriétés. Villageois et paysans s'armèrent pour repousser ces brigands, qui, le plus souvent, demeurèrent invisibles. Seules, quelques bandes de vagabonds, vite dispersés, apparurent çà et là. Les communautés effrayées n'en restèrent pas moins sur la défensive. La plupart se donnèrent une milice pour combattre et une municipalité pour administrer. Puis, énervées par l'attente prolongée de la solution que devaient leur apporter les États Généraux, elles tournèrent leurs armes contre l'ennemi séculaire, la féodalité. Dans beaucoup de villages, on brûla les titres, les châteaux seigneuriaux, on dévasta les propriétés des nobles. Ce fut une révolution paysanne d'une spontanéité et d'une force telle que l'Assemblée Nationale, dans la nuit du 4 août, dut consacrer la destruction d'un régime que la Grande Peur venait d'ébranler si violemment.

En Provence [1] et surtout sur les bords de la Durance [2], la frayeur fut des plus intenses. Ce sont les événements auxquels elle donna lieu à Châteaurenard-de-Provence que nous nous proposons de faire connaître [3].

Dans la nuit du mercredi 29 au jeudi 30 juillet, à trois heures du matin, Marc-Antoine Bernard, maître en chirurgie, maire et premier consul de Châteaurenard, était avisé par une lettre de la marquise Varadier de Saint-Andiol, que des brigands ravageaient Orange et se préparaient à envahir la Provence par les bacs de la Durance. Le marquis de Valori [4], beau-frère de

------

[1] Il est curieux de constater que, malgré l'abondance de documents dans les Archives départementales et communales, la Grande Peur et ses conséquences aient complètement échappé à M. Viguier, auteur des *Débuts de la Révolution en Provence*. Paris-Marseille, 1895, in-8°.

[2] Une lettre des Commissaires des Communes aux députés aux États Généraux *(sic)*, en date du 31 juillet 1789, parle de villages entiers qui s'enfuyaient. (*Archives départementales des Bouches-du-Rhône :* C. 1380, f° 207.)

[3] Les renseignements qui suivent sont extraits surtout de la délibération du Conseil de la communauté du 30 juillet 1789. (*Archives de Châteaurenard,* BB. 37; *Conseils de 1781 à 1789.* Registre non folioté.)

[4] Louis-Marc-Antoine de Valori, marquis d'Estilly et de Lécé, mestre de camp du régiment de Bourbon et chevalier de l'Ordre de Saint-Louis, avait épousé, en 1781, Joséphine-Henriette de Thomassin, fille aînée de Joseph-Étienne de Thomassin et sœur aînée de Joseph-Auguste de Thomassin, marquis de Saint-Paul et baron de Châteaurenard.

Joseph de Thomassin, marquis de Saint-Paul et baron de Châteaurenard, recevait un avis pareil de Gaimard, juge de Noves, par lettre « écrite le mercredi, à onze heures du soir ». Aussitôt, le maire fit sonner le tocsin et battre le tambour par les rues du village. Il y eut, parmi les habitants réveillés en sursaut, un moment de trouble et de confusion. Tout le monde s'arma, cependant, et chacun « comme il le put » [1]. On leva, au milieu du « tumulte » [2], une troupe d'environ deux cents volontaires, sous le commandement de Florent-Agricol Rippert, conseiller, notaire royal, ancien soldat et sergent d'infanterie [3]. Puis, ces volontaires furent envoyés sur les bords de la Durance pour défendre les approches du bac de Châteaurenard [4].

L'expédition partie, les Consuls, assistés de Denis Vicary, lieutenant de juge de la baronnie et du marquis de Valori, se hâtèrent de prévenir les communautés voisines [5]. Ils avertirent,

----

[1] Le nombre de ceux qui s'armèrent de fusils dut être peu considérable ; les Consuls avouent, en effet, dans une lettre aux Commissaires des Communes qu'il « ne se trouve point d'armes pour armer la milice » parce que « dans ce pays le seigneur a toujours été fort jaloux de la chasse ». (*Archives des Bouches-du-Rhône*, C. 1.073, liasse 81. *Lettre des consuls de Châteaurenard du 5 août 1789.*) — De même à Graveson, les habitants s'armèrent de « bâtons, de fourches et de quelques fusils en mauvais état ». (*Archives de Graveson*, BB. 14. *Conseil du 30 juillet 1789.*)

[2] Aveu du maire au Conseil du 15 août. (*Archives de Châteaurenard,* BB. 37, etc.)

[3] Renseignements fournis sur ce Rippert par une lettre du marquis de Valori du 19 janvier 1790 aux Commissaires des Communes. (*Archives des Bouches-du-Rhône*, C. 1382, f° 87.)

[4] Un arrêt du Parlement de Grenoble du 23 août 1681 avait établi ce bac « depuis le terme faisant séparation du terrain de Châteaurenard d'avec celui de l'Isle de Barban, jusques en droiture du mas de Vinay dit Tapaillon ». (*Archives de Chât.* FF. 8, liasse.)

[5] Les termes employés dans la délibération du 30 juillet donnent à penser que les consuls de Graveson furent avertis par ceux de Château-

notamment, les Consuls de Tarascon, chefs de viguerie, le commandant des troupes royales stationnées dans cette ville et le comte de Caraman, gouverneur de Provence. Le maire de Maillane reçut leur avis le jeudi de grand matin [1] et cela démontre avec quelle rapidité se propageaient les faux bruits [2]. La lettre aux Consuls et au commandant des troupes de Tarascon fut portée, sans doute, par le domestique que le marquis de Valori envoya dans cette ville pour acheter de la poudre [3].

Cependant, les volontaires ayant atteint la Durance, firent halte près du bac. Ceux de Rognonas et de Graveson vinrent les y rejoindre [4]. Comme on manquait d'informations précises, on décida d'envoyer des éclaireurs auprès des consuls d'Avignon. Les renseignements fournis par les Avignonnais ne con-

---

renard, bien qu'il ne soit pas resté trace de cet avis et que la chose ne soit pas dite expressément. (*Archives de Graveson*, BB. 14, *Conseil du 3o juillet 1789.*)

[1] *Archives de Maillane*, BB. 12, *Conseils :* Conseil du 9 août 1789.

[2] A Noves, à Barbentane, à Graveson, à Maillane, la même panique se produisit. A Noves, les volontaires occupèrent les bords de la Durance. (*Archives de Noves (non classées) : Extraits de la délibération du Conseil de la communauté du 16 août 1789.*) — A Barbentane, les habitants se portèrent en armes sur les rives de la Durance et du Rhône. (*Archives de Barbentane: Conseils 1757-1789 :* Conseil du 2 août.) A Graveson, ils vinrent en armes sur les bords de la Durance. (*Archives de Graveson,* BB. 14, conseil du 3o juillet 1789.)

[3] Les administrateurs tarasconais firent saisir la poudre que ce domestique s'était procurée pour « satisfaire les habitants qui en manquaient ». (*Lettre des consuls de Tarascon à ceux de Châteaurenard du 1er août 1789, Arch. de Chât.* D. 18, *correspondanc. reçue 1789-1794.*) Heureusement, Jean-Pierre Robin, deuxième consul, fournit, ce jour-là, à ses concitoyens, pour 11 livres 9 sols et 3 deniers de poudre qui, le cas échéant, eût permis aux Châteaurenardais de se défendre. (*Comptes de Jean Duprat, trésorier en 1789. Arch. de Chât.,* CC. 4. *Comptes trésoraires 1789.*)

[4] Cela paraît résulter des termes de la délibération du Conseil de Graveson du 2 août (*Archives de Graveson id. qui supra*).

cordaient pas absolument avec ceux de la marquise de Saint-Andiòl. D'après eux, trois ou quatre mille bandits tenaient la campagne du côté du Gard et un régiment d'Irlandais déserteurs parcouraient le pays, mettant les habitants à contribution. Ces nouvelles, peu rassurantes, laissaient cependant espérer qu'aucun danger immédiat ne menaçait Châteaurenard. D'autre part, les consuls d'Avignon, tout en conseillant à leurs voisins de rester sur la défensive, s'étaient engagés à les avertir à la première alerte. Il devenait, dès lors, inutile de rester en observation sur les bords de la Durance. Les volontaires retournèrent dans leurs communautés après avoir laissé une garde pour veiller sur le bac[1]. Ceux de Châteaurenard durent être de retour assez tôt, puisque leur chef Rippert et les principaux d'entre eux assistèrent à une assemblée tenue à l'Hôtel-de-ville, à deux heures de l'après-midi. En effet, l'émotion ne s'était pas calmée. Un conseil extraordinaire, présidé par Vicary, lieutenant du juge, se réunit pour organiser la défense. Outre les éléments qui composaient ordinairement le Conseil de la Communauté, c'est-à-dire les deux Consuls, les dix conseillers et les « hauts allivrés », on y invita le marquis de Valori, le curé Mercier et d'autres notables. Le maire Bernard rendit compte des mesures prises et proposa d'établir une « milice bourgeoise », afin de « rassurer les habitants, de veiller au maintien du bon ordre et à la défense de *leurs* foyers et de *leurs* compagnes ». L'assem-

---

[1] La chose est certaine en ce qui concerne les volontaires de Graveson. Le Conseil vota le 2 août le paiement « de trente journées employées pour monter la garde au bac de Châteaurenard au sujet des brigands, à raison de vingt sols chaque » plus quatre barrauds de vin. (*Archives de Graveson*, BB. 14, *Conseil du 2 août.*) — A Châteaurenard, il est séulement question « du pain et du vin qui fut porté au bâteau pour le déjeuner des soldats armés qui s'y rendirent pour garder le passage de la rivière. » *(Conseil du 3o juillet.)*

blée, approuvant la conduite du maire, décida de créer sur-le-champ une garde formée des « principaux habitants, au nombre de deux cents ». M. Jaurès, dans son *Histoire socialiste*, a souligné le caractère bourgeois des milices issues de la Grande Peur [1]. L'observation est certainement juste pour les villes. Dans les Communautés, au contraire, il semble bien que, même qualifiées de « bourgeoises », ces compagnies — avant l'institution des *citoyens actifs* — aient groupé des éléments appartenant à toutes les conditions sociales [2]. Les Bourgeois, il est vrai, s'emparèrent des grades, mais à Châteaurenard et ailleurs, les nécessités du service firent entrer dans ces corps « tous les habitants du village et de la campagne » sous une seule condition d'âge [3]. En parlant des « principaux habitants », le Conseil n'entendait pas dire les plus riches, mais les plus populaires. La preuve en est que, parmi les sous-officiers, se trouvent des travailleurs et des gens qui ne possèdent rien. D'ailleurs, plus que la richesse, les antécédents militaires furent pris en considération. La liste des gradés en fait foi [4].

L'idée de créer une garde armée dans la Communauté appartient-elle aux Consuls de Châteaurenard ou leur fut-elle suggérée ? En d'autres termes, la milice fut-elle à Châteaurenard une *institution spontanée* (comme on disait alors) provoquée par la Grande Peur et due à l'initiative des Consuls ou bien ceux-ci ne firent-ils qu'obéir à des ordres supérieurs ? La

---

[1] Jaurès, *Histoire socialiste, 1789-1791*, p. 274 et ss.

[2] La circulaire adressée le 5 août aux Communautés par les Commissaires des Communes de Provence, dit seulement que les gardes bourgeoises ne « seront composées que des citoyens les plus sages et les plus prudents ». (*Archives des B.-du-Rh.*, C. 1383, f⁰ 269-270.)

[3] A Châteaurenard, de 18 à 55 ans (*Conseil du 9 août*) ; à Maillane, de 18 à 60 ans (*Conseil du 16 août*).

[4] Ainsi les deux chefs, le major, Conil le Vétéran, André l'Invalide, Bertrand le Grenadier, etc.

correspondance des Commissaires des Communautés de Provence permet de résoudre cette question qui n'intéresse pas seulement Châteaurenard, mais vise la formation de presque toutes les milices de Provence.

Le 25 juillet 1789, les Commissaires adressèrent aux villes et Communautés du Comté une lettre circulaire recommandant la levée d'une force armée [1]. « Il serait prudent, disaient-ils, « que les Communautés qui avaient armé une « garde natio- « nale » [2] la continuassent jusques après la séparation de l'As- « semblée nationale... et que, dans les Communautés qui « n'avaient point levé de Compagnies et qui peuvent en mettre « sur pied, on en formât, si on le croyait nécessaire. » Il semblerait résulter de cette lettre imprimée que l'initiative émana des Commissaires des Communes, si nous n'étions instruits, par les Commissaires eux-mêmes, que leur circulaire du 25 fut imprimée sur « *l'invitation des Députés de Provence aux États Généraux* [3] ». Ces deux documents permettent donc d'établir facilement la genèse de la majorité des milices provençales. Les Députés de Provence avaient assisté à la formation de la garde parisienne. Frappés des avantages qu'elle pouvait procurer, ils invitèrent les Commissaires, avec lesquels ils entretenaient des relations presque journalières [4], à provoquer

---

[1] *Recueil des Circulaires écrites par la Commission des Commissaires de Provence, composée de Baux, Philibert et Juglar.* Circulaire du 25 juillet. (*Archives du B.-d.-Rh.*, C. 1383, f° 267-269.)

[2] De ce nombre était Marseille, qui avait eu sa garde avant Paris. (Voir VIGUIER : *Les Débuts de la Révolution en Provence*, ch. v, p. 104 et ss.) Evidemment pour les villes et les Communautés qui avaient une garde avant le 25 juillet, la question ne se pose pas.

[3] *Lettres des Commissaires de Provence aux Députés aux États Généraux.* Lettre du 28 juillet 1789. (*Archives des B.-du-Rh.*, C. 1380, f° 203.)

[4] A ce moment, c'était Bouche qui était leur correspondant et les tenait au courant de ce qui se passait à Paris. (Voir VIGUIER : *Les Débuts de la Révolution, etc.*, chap. ii, p. 34.)

l'établissement de gardes pareilles dans les villes et Communautés de leur ressort. Les Commissaires répondirent assez mollement à leurs désirs par leur circulaire du 25. Mais brusquement survint la Grande Peur, montrant la nécessité d'être armés. Dès lors, les Commissaires se firent plus pressants et lancèrent leurs lettres imprimées du 31 juillet et du 5 août [1]. Que firent les Communautés ? En général, elles adoptèrent les propositions des Commissaires, mais, sauf de rares exceptions, ne les devancèrent pas [2]. Malgré la panique de la fin juillet, beaucoup attendirent, pour créer leur milice, non seulement les circulaires du 25 et du 31 juillet, mais encore celle du 5 août [3]. D'autres même n'y songèrent qu'en septembre [4], après l'apparition du *Règlement général pour la formation et la discipline des milices nationales*, édicté le 25 août par les Commissaires des Communes. En règle générale, les Compagnies provençales ne furent donc pas l'œuvre *spontanée* des Communautés. La Grande Peur ne les fit pas naître, elle hâta seulement leur établissement. Mais il y eut des exceptions [5], et Châteaurenard

---

[1] *Recueil des Circulaires*, etc. (*Archives des B.-du-Rh.*, C. 1383, f° 269 et 270.)

[2] A Aix, où siégaient les Commissaires des Communes, la garde fut « discutée » dans le Conseil du 28 juillet. *(Lettre des Commissaires... aux Députés... du 29 juillet. (Archives des B.-du-Rh., C. 1380, f° 204.)*

[3] A Noves, la milice ne fut constituée que dans le Conseil du 9 août ; à Cabannes, dans celui du 4 août ; à Maillane, la proposition en fut faite au Conseil du 9 août et renvoyée à celui du 16.

[4] Tel est le cas de Rognonas qui ne s'occupa de sa garde que le 27 septembre. *(Archives de Rognonas (non classées). Cahier des registres des délibérations de la Communauté de Rognonas de 1788 au 27 septembre 1789.)* A Tarascon, on attendit aussi le mois de septembre. (*Archives de Tarascon. Conseils 1785-1790 BB. 52. Conseils de septembre 1789.)*

[5] Montdragon, où la garde fut créée le 29 juillet, est une de ces exceptions, car il n'est guère possible que la Circulaire du 25 juillet y fut arrivée le 29. Barbentane semble avoir imité Châteaurenard. Une troupe d'habitants fut dressée le 30 et fit des patrouilles les jours suivants, mais

paraît en être une. Les Consuls semblent avoir prévenu les vœux des Commissaires en organisant leur milice avant même d'avoir connu la circulaire du 25 juillet.

En effet, le procès-verbal de la délibération du Conseil, tenu le 30 du même mois, ne fait aucune allusion à son contenu. C'est que, vraisemblablement, les Consuls ne l'avaient pas encore reçue. Il ne faut pas oublier que ces sortes de missives étaient adressées d'Aix aux chefs-lieux de la viguerie. Ceux-ci les faisaient parvenir aux Communautés de leur ressort. Or, il est difficile d'admettre, étant données les difficultés de communication et les habitudes administratives de cette époque, que la circulaire du 25 juillet soit parvenue en quatre jours seulement d'Aix à Châteaurenard en passant par Tarascon [1]. Elle n'avait d'ailleurs aucun caractère d'urgence : son utilité n'apparut bien démontrée et *expresse recommandation de faire diligence pour son envoi* [2] ne fut faite qu'après les événements du 30 juillet. Alors, les vigueries précipitent leurs expéditions. Ainsi, à Cabannes, on reçut, en même temps, dans la journée du 3 août, trois lettres imprimées : une du 6 juillet, celles du 25 et du 31 juillet [3]. A Châteaurenard [4], ces deux dernières parais-

---

ce n'est que le 2 août qu'on créa la garde. (*Archives de Barbentane* (non classées), *Main des Conseils 1789 :* Conseil du 2 août.) A Graveson, la milice fut créée le 30 dans un Conseil tenu à 4 h. du soir. (*Archives de Graveson*, BB. 14. Conseil du 30 juillet.)

[1] En admettant que les Commissaires aient fait effectuer les envois sitôt après l'impression.

[2] « Vous aurez la bonté, dit la Circulaire du 31 juillet, de faire parvenir sans délai aux Communautés de votre viguerie, un exemplaire ou une copie de cette lettre et les exemplaires de celle du 25 juillet que nous vous avons adressés. » (*Archives des B.-du-Rh. Recueil, etc.* C. 1383, f° 269.)

[3] *Archives de Cabannes* (non classées). *Cahier des délibérations commencé le 21 juin 1789 et finissant le 1ᵉʳ septembre suivant. Conseil du 4 août.*

[4] Elles ne durent pas être envoyées de Tarascon avec la lettre que les

sent être arrivées ensemble et dans les premiers jours d'août [1]. Leur réception à ce moment explique la lettre que le maire Bernard écrivit le 5 août [2] aux Commissaires pour leur demander des armes et à laquelle ceux-ci répondirent par l'envoi de leur troisième circulaire datée, elle aussi, du 5 août. Enfin, à toutes ces présomptions s'ajoute un argument qui nous paraît décisif. La délibération au sujet de la milice fut prise le 30 en attendant « l'ordre des supérieurs ». On comprend mieux, dès lors, les modifications qu'on lui fit subir le 9 et le 15 août pour l'établir conformément aux instructions reçues. N'est-il donc pas légitime de dire que, à Châteaurenard, l'institution des Compagnies bourgeoises fut due à l'initiative de ses administrateurs ? Poussés par les événements de la Grande Peur et sans doute aussi par l'exemple de Marseille, ils prirent sur eux et sans attendre ni ordres, ni conseils, de se donner un corps de troupe qui n'était, à vrai dire, qu'une force de police municipale.

L'Assemblée, après avoir voté la formation de la milice, se mit incontinent à l'organiser ; elle y apporta quelque inexpérience. Elle décida qu'elle serait subordonnée au « Conseil municipal » qui seul réglerait le service. Les Consuls et les Conseillers n'entendaient pas abandonner une parcelle de leur autorité. Les grades furent confiés à l'élection. Noble Denis de Villèle et noble Pierre Deleutre [3], tous deux anciens

---

Consuls de cette ville adressèrent le 1ᵉʳ août à ceux de Châteaurenard, car il n'y est fait mention d'aucun envoi de ce genre.

[1] A Noves, les circulaires, dont les Consuls annoncent la réception au Conseil du 16 août, paraissent être celles du 31 juillet et du 5 août.

[2] L'original de cette lettre se trouve aux *Archives des B.-du-Rh.*, C. 1073, liasse 81. Elle porte en marge : « répondu par l'envoi de la circulaire du 5 août ».

[3] Pierre Deleutre, ancien capitaine d'infanterie, chevalier de l'ordre royal et militaire de Saint-Louis.

officiers et « hauts allivrés » furent nommés « chefs de corps »,
ce qui introduisait une fâcheuse dualité dans le commandement. Florent-Agricol Rippert qui, le matin, avait conduit
l'expédition des volontaires, fut choisi comme major. Il y eut
huit lieutenants : Guillaume-Baudile Rousset, maître en
chirurgie ; Dominique Rollande, maître en chirurgie ; François
Giraud, propriétaire ; Jean-Claude Robert, propriétaire « haut
allivré » ; Honoré-Joseph Mercurin, bourgeois ; François
Bruno Croze, notaire royal ; François-Xavier Darbaud, propriétaire, et Joseph Delorme, négociant « haut allivré ». Huit
sous-lieutenants : Loyaud, fils [1] ; Maxime Deleuze, marchand ;
Jean-Denis Bontoux, négociant ; Louis-Alexis Deschamps, propriétaire « haut allivré » ; Claude Marseille, marchand ; Charles
Autard, chirurgien ; Rollande, fils de Dominique, et François
Chaix, marchand ; puis, deux porte-enseignes : Auguste Man-
tonet et Michel-Honoré Croze ; quatre officiers majors : Joseph
Michel ; Nicolas Gay, ménager ; Michel-Florent Gontier et Jo-
seph Chaix, fils de Joseph. Les huit sergents furent : François
Blanchin, cordonnier ; Pierre Aubert, charron ; Antoine Ber-
trand, dit le Grenadier ; Jean-Pierre Fournier, maître maçon ;
Véran Ramasse ; Jacques Conil, dit le Vétéran ; Bon, fils aîné,
et Robert, fils aîné. — Valérian Ourscière, travailleur ; le chapelier du faubourg [2] ; Paul Bouscarle ; André, dit l'Invalide, de
Graveson ; François Mistral ; Antoine Gaillard, cordonnier ;
Pierre Escombard et Roux, fils, serrurier, furent nommés caporaux. Enfin, Joseph Abeille, maçon, fut pris comme tambour-

---

[1] Sans doute, Charles-Antoine Loyaud, maître en chirurgie.

[2] C'est peut-être Amy Alexis, chapelier, ou, plus probablement encore,
Jean Girard, aussi chapelier, qui assista comme soldat à une réunion de
la garde nationale tenue le 3 février 1790. (*Archives de Châteaurenard.
Conseils 1790-1791*, série D, n° 1 *bis*. *Main courante des délibérations
commencée le 2 février 1790, finissant le 20 du dit.)*

major. Pour les soldats, l'Assemblée, pensant qu'ils viendraient s'enrôler en grand nombre, confia le soin de les choisir à un Comité présidé par Vicary et comprenant les deux Consuls, les deux chefs de corps et deux lieutenants [1]. Elle ne fixa pas expressément un terme à l'engagement des volontaires, mais, du compte-rendu obscur de la délibération, il semble résulter que les soldats, comme les officiers, pouvaient se retirer après trois mois de service. En vérité, ce service n'était pas compliqué et nous savons par la lettre du maire du 5 août qu'il consistait en inspections, le dimanche et jours de fête, et en patrouilles la nuit. La salle basse de l'hôtel-de-ville, qui servait ordinairement aux écoles, fut affectée au corps de garde [2] et aux réunions des officiers et des soldats. Aucun insigne, aucun uniforme ne fut adopté. L'Assemblée décida seulement de faire confectionner un drapeau « léger », aux frais de la Communauté, qui devait fournir aussi la poudre et les balles. Mais si l'on songea aux munitions, on oublia les armes, bien que la Communauté n'en possédât que quelques-unes en mauvais état. Ce ne fut que le 5 août que les Consuls, interprétant mal la circulaire du 31 qu'ils venaient de recevoir, demandèrent aux Commissaires des Communes de leur faire parvenir du dépôt d'Aix environ 200 fusils. Ils souscrivaient d'avance à tous les arrangements faits pour en rembourser la valeur.

Restait à régler la question de discipline, l'Assemblée ne s'embarrassa pas d'un code minutieux et rigoureux. Elle édicta tout d'abord la prison pour les soldats désobéissants, puis elle

---

[1] Ces deux lieutenants étaient Rousset et Robert oncle *(sic)*.

[2] L'Assemblée décida d'y faire placer un fauteuil pour l'officier de garde et un lit de camp pour les soldats. Il fut payé, le 13 janvier 1790, à Imbert, tourneur, 16 livres 5 sols 3 deniers pour 12 chaises et un fauteuil destiné à ce corps de garde. *(Archives de Châteaurenard, CC. 4: Comptes trésoraires : Comptes de Jean Duprat, trésorier en 1789.)*

oublia cette pénalité et y substitua une amende de 6 livres pour les soldats et 12 livres pour les officiers qui refuseraient de faire leur service. Le produit de ces amendes devait être consacré à des achats de munitions.

Dans le but d'obtenir les autorisations nécessaires, l'Assemblée vota l'envoi d'un extrait de la délibération au comte de Caraman et clôtura ensuite la séance par la prestation du serment des officiers présents qui jurèrent d'être « fidèles au roi, à la nation et à la patrie ».

La Communauté de Châteaurenard pouvait désormais se défendre, elle avait sa milice. Aux yeux des habitants, ce fut suffisant. Ils ne songèrent pas à restreindre les pouvoirs de leur Conseil par la création d'un Comité de surveillance comme le firent la plupart des villes. Ils ne cherchèrent pas non plus à se soustraire à l'autorité supérieure, subdélégué ou intendant.

Si le Conseil du 30 juillet fut composé au dehors des règles habituelles, cela tient seulement à la gravité des événements, à la nécessité pour le Conseil incompétent de prendre l'avis d'anciens militaires et à la procédure suivie pour la nomination des officiers. Mais l'administration communale ne se laissa pas absorber ni contrôler par une Commission quelconque comme à Tarascon [1] et dans d'autres Communautés de Provence [2].

---

[1] A Tarascon, il n'y a pas trace dans les délibérations du Conseil des événements de la Grande Peur. Mais, par contre, au Conseil du 3 août, on forma un *Comité permanent* « pour aider les Consuls dans tous les objets d'administration dont ils sont chargés, entendre les différentes plaintes des habitants ». (*Archives de Tarascon.* BB. 52 1785-1790. Conseil du 3 août.)

[2] Lettre des Commissaires des Communes au comte de Caraman du 9 septembre 1789 pour protester contre les Comités permanents établis par certaines Communautés. (*Archives des B.-du-Rh.*, C. 1381, f° 53.)

Les « tranquilles habitants » [1] de Châteaurenard, pleins de soumission envers l'autorité, montrèrent un égal respect pour la propriété. Ils ne se portèrent ni à des violences contre les personnes, ni à des attentats contre les biens [2]. Les Consuls, dans leur lettre du 5 août, mentionnent « la commotion que le bon ordre et la tranquillité ont reçue », mais c'est là une façon d'exprimer la frayeur de leurs administrés. Personne ne se plaignait de troubles, pas plus dans la séance du 30 juillet que dans celles des 9 et 15 août. Plus tard, le marquis de Valori, agissant comme représentant de son beau-frère, Thomassin de Saint-Paul, signalera [3] aux Commissaires des Communes les vexations des Consuls, les arbres abattus, 48.000 livres d'arrérages de droits seigneuriaux non payés; mais ces faits sont bien postérieurs aux événements du 30 juillet. Ils datent des derniers mois de l'année 1789. La déférence qu'on témoigna ce jour-là au marquis en l'invitant à assister au Conseil ne prouve-t-elle pas qu'à ce moment ses concitoyens entretenaient avec sa famille des rapports cordiaux ?

En résumé donc, une courte panique, une expédition sans résultat et la création d'une garde bourgeoise, telles furent à Châteaurenard les conséquences de la Grande Peur.

L'émotion des habitants ne fut peut-être pas sans excuse. Par leur situation sur les frontières du Comtat, dont la rumeur publique faisait le quartier général des brigands [4], ils

------

[1] A Maillane, s'il faut en croire une lettre du marquis de Mirau, commandant en second la Provence, il y aurait eu des troubles et des « entreprises, notamment sur les propriétés de M. de Maillane ». Les Consuls nient le fait : (*Archives de Maillane. Conseils* BB. 12 : Conseil du 16 août.)

[2] Lettres des 19 et 21 janvier 1790. (*Archives des B.-du-Rh.*, C. 1382, fos 87 et 88)

[3] Ibid.

[4] Lettre des Commissaires des Communes aux Députés aux États Généraux du 31 juillet. (*Archives des B.-du-Rh.*, C. 1380, fo 207. Voir aussi leur Circulaire du 31 juillet.)

devaient être plus que tout autres accessibles à la crainte. Sans doute, il n'y eut ni bandits savoyards, ni irlandais déserteurs ; mais, n'était-ce pas suffisant que des vagabonds fussent en nombre dans la contrée pour avoir tout à craindre de leurs entreprises? Or, cette action des miséreux est indéniable, puisqu'à Maillane et à Barbentane [1], ils furent l'objet des préoccupations du Conseil. La fertilité du terroir de Châteaurenard et l'aisance des habitants devaient les attirer. Enfin, dans un pays où les produits agricoles constituaient la principale richesse et où la propriété morcelée n'était pas exclusivement concentrée comme ailleurs entre les mains de quelques familles nobles, les menaces — si vagues fussent-elles — d'attentat contre les biens et les récoltes ne pouvaient laisser personne indifférent. La condition des Châteaurenardais les portait donc naturellement au respect de la propriété et à des mesures de conservation, de protection et de défense auxquelles la création d'une garde nationale donna complètement satisfaction.

Eugène Duprat.

---

[1] A Maillane (Conseil du 9 août). A rapprocher de la lettre de M. de Miran signalant des troubles (page 450, note 1). A Barbentane (Conseil du 2 août).

XIX

UNE PAGE D'HISTOIRE DES BAUX

en 1790

par M. **DESTANDAU**, pasteur de l'Eglise réformée, à Mouriès,

Correspondant du Ministère de l'Instruction publique,

Membre de la Société des Amis du Vieil Arles.

Qu'il nous soit permis, avant d'aller plus avant, d'exposer la situation historique du pays, au moyen de quelques détails préliminaires.

Pierre Enavant et Charles-Joseph Manson sont de retour de Paris, où ils ont représenté la municipalité des Baux auprès de l'Assemblée Nationale, dans ses revendications contre le prince de Monaco.

Les habitants du marquisat des Baux sont malheureux, profondément troublés et divisés.

Un vent violent, d'une durée de treize mois consécutifs, ayant rendu les semailles impossibles, occasionne une grande disette. Il faut remonter aux sombres années de 1709 et 1710 pour se trouver en présence d'une semblable calamité.

L'hiver de 1789 a tué presque tous les oliviers et cette source féconde de revenus est tarie pour plus de vingt ans.

L'ancienne église de Mouriès étant tombée de vétusté, les marguilliers de cette paroisse en ont fait construire une nouvelle, inaugurée et livrée au culte en 1782. On avait compté pour payer l'édifice en question sur l'apport de récoltes abondantes, mais l'inverse s'étant produit, la misère publique et particulière en ont été aggravées.

On continue à payer les dîmes au clergé et les redevances féodales de toute nature à la maison étrangère de Monaco, dont les princes sont marquis des Baux depuis cent cinquante ans de par la volonté de Louis XIII. Et le procureur fondé du prince qui est aussi marguillier de la paroisse, c'est le sieur Manson, notaire, résident à Mouriès. L'exercice de ses fonctions impitoyables le met journellement en contact avec quelques malheureux, ce qui contribue à rendre plus odieux et insupportable à tous le pouvoir despotique et suranné qu'il représente.

Commandant de la Garde Nationale, Jean-Baptiste-Benoît Le Blanc, sieur de Servanes, adversaire de Manson, est élu maire le 15 novembre 1790, par l'Assemblée électorale réunie dans l'église Sainte-Croix de Maussane. Il a obtenu 100 suffrages sur 194 votes exprimés, malgré la violente opposition qui lui est faite par le parti du sieur de Bournissac, grand prévôt de Provence, dont les complices répandent les bruits les plus alarmants dans le but d'intimider le peuple et d'étouffer en lui le goût de la liberté encore à son aurore.

Ce premier maire, véritablement républicain, entre dans la mêlée des événements successifs qui se produisent avec toute la fougue de son caractère méridional. Désormais, il fait siennes les souffrances de tous les opprimés et consacre à la défense de leurs droits et de leurs personnes, dans un langage enflammé et énergique, toutes les ressources et les forces vitales d'un cœur compatissant et patriote.

Ceci exposé, le procès-verbal dont il sera donné plus loin un long extrait, rapporte que la municipalité et les habitants des quatre paroisses des Baux firent à leurs députés un accueil des plus sympathiques et des plus enthousiastes.

Après les vêpres, les sieurs maire et conseillers qui avaient été convoqués dans la vieille chapelle de Maussane, pour prendre les dernières dispositions au sujet de cette fête civique, se dirigent vers l'église Sainte-Croix, chacun ceint de son écharpe, drapeau et tambour en tête, avec la Garde Nationale, au son des cloches émues, lancées à toute volée et au bruit des boîtes d'artillerie. Pendant ce temps, les deux députés, partant de Lescampadour, vont, eux aussi, à l'église, accompagnés d'un détachement de la même garde. Maire et conseillers les attendent sur le pas de la porte ouverte à deux battants et, où arrivés, ils sont conduits à travers les rangs d'une foule compacte, aux sièges d'honneur qui leur sont destinés au-devant du maître-autel. Puis, chacun s'étant assis et l'allégresse des spectateurs apaisée, le sieur Manson de Saint Roman, sur l'invitation du maire, prend la parole et s'exprime ainsi, d'après le procès-verbal de cette remarquable journée :

« Messieurs, Vos députés extraordinaires auprès de l'au-
« guste Assemblée nationale, arrivés enfin au terme de l'hono-
« rable mission dont vous avez bien voulu les charger, vien-
« nent vous rendre un compte fidèle. Des circonstances impré-
« vues ont contrarié jusqu'à ce moment le vif empressement
« qu'ils avaient de s'acquitter d'un devoir aussi agréable pour
« eux qu'il est cher et précieux à leurs cœurs. Les délais longs
« et imprévus qu'a éprouvés l'affaire des Baux ont pu vous sur-
« prendre. La plupart des honorables membres de l'Assemblée
« Nationale ont trouvé eux-mêmes plus qu'extraordinaire le
« retardement du rapport de cette affaire qui était depuis deux
« mois à l'ordre du jour.

« Ce n'a pas été toujours la surcharge des affaires pendantes
« au Comité des rapports, ni la fatalité des circonstances qui
« ont retardé la mission du décret de l'Assemblée Nationale, ce
« sont plutôt les moyens cachés, les ruses toujours actives et

« constantes. Toutes les astuces imaginables ont été mises en
« œuvre pour éloigner le jugement de cette affaire. Nous nous
« faisons un devoir de vous instruire que les ennemis de notre
« députation ont trouvé dans la personne d'un représentant de
« la nation un partisan zélé et un aveugle défenseur. Ce per-
« sonnage a joué un rôle odieux dans cette affaire. Votre
« sagesse et votre prudence prendront sa conduite en considé-
« ration et vous jugerez avec équité s'il ne doit pas jouer un
« rôle plus pénible et plus dangereux que le premier, devant le
« tribunal auquel la procédure prévôtale a été renvoyée.

« Nos ennemis ont affecté de dire et de publier que l'affaire
« des Baux ne serait jamais rapportée. Leurs vues étaient de
« consterner et d'alarmer tous nos bons citoyens. Mais, malgré
« tous ces bruits inquiétants, nous avons toujours compté sur la
« justice du Comité des rapports et sur celle de l'auguste
« Assemblée Nationale. Nous avons supporté, j'ose le dire,
« des dégoûts multiples ; mais nous défendions d'hon-
« nêtes gens, des innocents malheureux et désastreusement
« maltraités, et cette considération n'a cessé de ranimer notre
« courage.

« Vos députés extraordinaires ont partagé avec la plus vive
« sensibilité les maux, les horribles vexations, les étonnantes
« indignités que la plupart de nos concitoyens ont éprouvés.
« Ils ont donné des justes tributs d'éloge et d'admiration à la
« conduite ferme et modérée du digne et zélé pasteur qui a si
« bien justifié votre choix et votre confiance comme il a jus-
« tifié dans tous les temps le choix qui l'a établi pasteur du
« peuple[1].

« La joie de vos députés a été vive lorsqu'ils ont appris la
« formation de la nouvelle municipalité et que le peuple des

---

[1] Probablement le sieur Vincent, curé.

« Baux, ce peuple si sage, si honnête, que ses ennemis ne ces-
« saient de provoquer en le maltraitant, n'a pas laissé de don-
« ner des marques d'estime et de confiance à ceux d'entre eux
« qui avaient souffert pour la bonne cause en les nommant
« aux places d'officiers municipaux. Nous avons appris, avec
« une égale douleur, les excès et les violences commises dans
« les assemblées primaires. Les plus grands dangers ont me-
« nacé notre patrie par d'indignes manœuvres. Votre sagesse
« et votre prudence, très chers et honnêtes concitoyens, vous
« ont, elles seules, sauvé la vie dans ces journées périlleuses.
« Vos ennemis, après avoir obtenu les décrets les plus iniques
« contre plusieurs de vos honorables concitoyens dans la vue
« de les écraser sous le glaive prévôtal, n'ont pas borné là leur
« malice. Ils ont fait toutes les tentatives imaginables pour
« occasionner par leurs mauvais traitements une insurrection
« populaire, afin de pouvoir justifier l'iniquité de la procédure
« prévôtale. Pour se donner un maire et des officiers munici-
« paux de leur choix, ils ont jeté le trouble dans les famil-
« les ; ils ont calomnié les partisans du bien public ; ils ont
« répandu partout une vaine terreur. Mais ces coupables et
« extravagantes manœuvres ont échoué devant votre probité.
« Votre sagesse, votre modération, votre patience courageuse
« ont triomphé de tout, et vos lâches persécuteurs, chargés de
« la malédiction publique, n'ont eu en partage que la rage et la
« honte du désespoir. Vous connaissez tous, Messieurs, la
« délibération étudiée et odieuse, en date du 30 janvier, prise
« par un Conseil renforcé de quelques citoyens antipatriotes.
« Elle respire une joie barbare, elle est fondée sur une foule
« de motions et d'arrêtés qui annoncent le despotisme et la
« vengeance. On y voit cette cohorte des décrets prévôtaux
« contre les meilleurs citoyens. Cette pièce n'a pas peu servi
« au succès de notre députation. Après tant de souffrances et

« de calamités, il était trop juste qu'un Décret favorable rani-
« mât vos cœurs flétris par l'infortune et par l'injustice et y
« répandît la joie et une douce consolation : voilà une pre-
« mière victoire. Il en reste une seconde à remplir, laquelle,
« malgré l'assurance du succès, demande votre vigilance et vos
« soins. Il s'agit de confondre d'infâmes calomniateurs, de vils
« dénonciateurs, des cœurs haineux, vindicatifs, profanateurs
« de la vérité, lâchement conspirateurs contre votre repos,
« votre honneur, vos biens. Cette seconde victoire vous inté-
« resse en quelque sorte plus personnellement. Vos ennemis
« n'ont pas cherché seulement à plaire au parti de l'aristo-
« cratie. C'était le moindre de leurs soucis. Ils ont agi, les uns
« par les vues d'une petite ambition d'un intérêt personnel ; les
« autres pour satisfaire leur malice, leur rage forcenée. D'après
« leur plan de conjuration et le calcul qu'ils avaient fait à leur
« gré des événements, un arrêt prévôtal devait déshonorer et
« perdre le digne et honorable citoyen que vos suffrages vien-
« nent d'élever à la place de maire. Ses compagnons d'in-
« fortune doivent être séquestrés, persécutés, privés de tout
« honneur et leur réputation flétrie, leurs biens dilapidés,
« les vains projets de contre-révolution dont on était
« menacé, lorsque vos prisonniers étaient détenus dans les
« forts de Marseille, ont fortifié les criminelles espérances
« de vos ennemis. Ils comptaient de consommer leur exécra-
« ble projet, mais heureusement leur joie barbare n'a pas été
« durable et a fait place aux inquiétudes et aux remords dans
« des âmes qui n'en paraissaient pas susceptibles. La justice
« vous tend aujourd'hui les bras, et va vous venger également
« des maux qu'on vous a faits et de ceux qu'on voulait vous
« faire.

« Nous ne devons pas passer sous silence que l'Assem-
« blée Nationale a fait publiquement l'apologie de la conduite

« sage et honnête qu'a tenue constamment le peuple des Baux.
« Cette apologie fait la flétrissure de vos ennemis, autorise les
« conseils généraux et particuliers tenus dans l'intervalle du
« 26 décembre dernier jusqu'au 24 janvier dernier, lesquels
« étaient injustement traités d'attroupements séditieux. Elle a
« fait l'éloge des sages et utiles délibérations qui y ont été
« prises.

« Il nous reste à remplir un devoir de reconnaissance de
« concert avec vous. Le décret sur l'affaire des Baux, si long-
« temps attendu, si vainement sollicité, a été prononcé sous la
« présidence de M. Barnave. C'est sans doute au patriotisme
« distingué, à la justice, à la justice héroïque de ce jeune dé-
« fenseur de la liberté française et de la constitution nouvelle
« que toute la France admire avec nous et que protège le
« meilleur des Rois que nous sommes redevables de ce bien-
« fait dont nos ennemis voulaient nous priver et dont leurs
« succès évidents à cet égard vous ont si longtemps affligés, et
« ont paru étonnants à votre justice. Vos députés extraordi-
« naires vous invitent à témoigner vos sentiments de recon-
« naissance à ce digne représentant de la nation française,
« M. Durand, de Maillane, dont vous connaissez tous les
« bons offices qu'il a rendus constamment dans cette affaire,
« mérite à juste titre vos remerciements les plus affectueux ;
« nous nous sommes toujours félicités d'avoir pour rapporteur
« de notre affaire, M. Prieur, citoyen distingué par son pa-
« triotisme, par son caractère de justice et d'humanité. Vos
« députés extraordinaires vous invitent avec instance à lui
« témoigner de la manière la plus expressive votre reconnais-
« sance pour les peines extraordinaires qu'il a prises et les mo-
« ments précieux qu'il a dérobés à la multitude des affaires et
« au sommeil pour les consacrer au rapport de cette affaire, dans
« lequel il a mis tout le zèle, toute l'affection qu'on peut

« mettre dans une affaire personnelle ; Messieurs Populus et
« la Poule, auxquels leur probité, leurs talents, leur patrio-
« tisme ont acquis l'estime de la nation, se sont montrés hau_
« tement vos défenseurs. Ils méritent de votre part des témoi-
« gnages distingués de gratitude. Nous avons l'honneur de
« vous proposer d'écrire encore incessamment aux municipa-
« lités de Valence, Montélimar et Vienne qui ont le même intérêt
« que nous relativement aux biens dont le prince de Monaco
« jouit en France. Elles ont la même prétention que nous, le
« même droit à exercer, la même disposition à réclamer contre
« ce prince étranger ; de leur proposer à se joindre à elles et
« de supporter les frais que cette opération pourra occasionner
« au prorata des revenus féodaux qui se perçoivent dans cha-
« cune de ses diverses municipalités. Plusieurs députés, entr'au-
« tres ceux de Montélimar, poursuivront vivement le jugement
« de cette affaire au Comité des domaines. Elle intéresse la
« nation et, en particulier, un grand nombre de municipalités
« comme celle des Baux. L'harmonie, l'union, la concorde
« qui règnent aujourd'hui parmi tous les bons citoyens du
« pays des Baux ont été fondées sur les principes sacrés de la
« raison, de la justice. C'est le plus sûr garant, l'assurance la
« plus parfaite qu'elles règneront toujours parmi nous et c'est
« ce qui fera toujours la joie des bons citoyens et la douleur
« de vos lâches ennemis. Le désir le plus ardent qu'il nous
« reste à vous témoigner, c'est de continuer à être toujours
« utiles à la patrie et de coopérer au bien public, c'est le sen-
« timent qui règne dans nos cœurs, comme le vœu d'être du
« nombre de vos citoyens. Nous vous prions d'en accepter
« les sincères hommages ».

« De vifs applaudissements réitérés dans toute l'assemblée
ont succédé à ce rapport de M. de Saint-Roman. Lorsqu'ils
ont discontinué, M. Enavant, portant la parole, a dit :

« Messieurs, Il est doux et consolant pour nous de nous
« retrouver, après dix mois d'absence, au milieu de nos frères
« et entourés d'amis que nous portons dans notre cœur. Jus-
« tement sensibles aux témoignages éclatants de votre con-
« fiance, au choix honorable que vous avez fait de nous, pour
« défendre auprès de l'Assemblée Nationale la cause de nos
« concitoyens apôtres et martyrs de la Constitution. Je n'ajou-
« terai rien au compte que M. de Saint-Roman vient de vous
« rendre de notre mission. Mais permettez-moi, Messieurs, de
« vous offrir ici un hommage public de nos sentiments. Les
« souffrances, les humiliations, les indignes traitements que
« des ennemis vous ont fait éprouver, nous ont rendus, pour
« ainsi dire, présents à vos assemblées. Nous avons partagé
« vos peines et votre juste indignation. Nous avons admiré
« votre invincible et miraculeuse patience. Nous n'avons eu
« de consolations que dans l'espoir de vous être utile. Si le
« succès de nos soins n'a pas répondu aussitôt à nos vues, c'est
« uniquement la fatalité des circonstances qui l'a retardé. Il a
« fallu de la patience, de la douceur, de la modération, de la
« fermeté, pour surmonter enfin les obstacles qu'on nous op-
« posait de toute part. Vous nous avez donné un exemple ad-
« mirable de toutes ces vertus parmi les calomnies et les excès
« où l'on s'est porté contre vous dans vos assemblées. Vos en-
« nemis, tout abattus qu'ils sont, n'écouteront pas peut-être si
« tôt la raison qui les condamne, mais il suffit pour les vain-
« cre de l'entière réunion de vos âmes, de vos volontés et du
« concert de vos efforts. C'est le dernier vœu qu'il me reste à
« former pour le bonheur public. Agréez, Messieurs, que je
« vous offre celui que je fais pour moi : c'est de vivre et de
« mourir citoyen actif de la municipalité des Baux, fidèle à
« votre exemple, à la Constitution dont la France attend son
« bonheur ».

« Le discours fini, de nouveaux applaudissements réitérés
se sont fait entendre pour la seconde fois de toutes les parties
de la salle. Lorsqu'ils ont discontinué, M. Jean-Baptiste-Benoît
Le Blanc, Maire, a répondu aux deux députés en ces termes :

« Messieurs,

« Quel bonheur pour moy d'être aujourd'hui l'organe de mes
« concitoyens! Si la place à laquelle ils ont daigné m'élever en
« m'honorant de leur confiance me flatte infiniment, c'est en ce
« jour surtout, où je suis chargé de vous assurer de leur recon-
« naissance et de ce que je vous dois moi-même. Dès l'instant
« où vous apprîtes et nos malheurs et l'injustice de nos infâmes
« persécuteurs, vous volâtes au devant de cette commune qui
« vient se jeter dans vos bras pour vous prier de prendre la
« défense de l'innocence opprimée et d'aller porter ses justes
« réclamations devant les augustes représentants de la nation.
« Nulle considération particulière ne fut capable de vous arrê-
« ter. Vous sacrifiâtes vos propres affaires ; vous vous arrachâ-
« tes à ce que vous aviez de plus cher. Rien ne vous parut im-
« possible, et vous n'envisageâtes que nos malheurs et la gloire
« de voler au secours de vos concitoyens. Dans ce long séjour à
« Paris que vous a occasionné une affaire dont la poursuite
« vous donnait sans cesse l'espérance d'une expédition prompte
« et juste et qui tout à coup s'évanouissait comme l'ombre de
« ces fantômes qui semblent s'abaisser et disparaître devant
« une imagination vivement frappée, vous croyiez toujours
« toucher au terme de vos travaux et des peines que votre
« situation et la sensibilité de votre cœur vous faisait éprou-
« ver, cette douce idée se perdait tout à coup, et il ne vous res-
« tait plus que l'amertume et les regrets.

« Pouvons-nous douter un instant que la vive image de nos

« malheurs, des cruautés exercées contre nous, n'ajoutât infi-
« niment aux peines que doit vous donner une affaire aussi
« majeure et dont la discussion renfermerait de si grands inté-
« rêts ?

« Nous gémissions dans les cachots, vous étiez notre unique
« espérance. C'était à vous seuls à qui intérieurement nous
« adressions nos vœux. C'était vers vous que nous élevions
« nos mains appesanties par les fers de la servitude, mais
« dans nos situations les plus douloureuses, rien n'a jamais
« pu abattre la fermeté de notre âme soutenue par les princi-
« pes et la cause que nous défendions.

« Votre constance à ne pas désespérer du salut de vos con-
« citoyens faussement accusés, à poursuivre la vengeance d'un
« peuple cruellement outragé nous donnait chaque jour de
« nouvelles forces pour supporter nos malheurs. Et, en effet,
« comment aurions-nous pu désespérer de voir triompher un
« jour une cause aussi juste, défendue par deux concitoyens
« également recommandables par les qualités du cœur et par
« cette générosité rare qui est le caractère des grandes âmes ?

« Vous n'avez rien oublié, Messieurs, vous avez porté vos
« soins sur tous les objets qui pouvaient donner de la recom-
« mandation à une affaire qui devait manifester, aux yeux de
« toute la France, l'innocence des accusés et la perfidie des
« accusateurs. Vous avez su jeter les yeux, pour en faire le rap-
« port, sur un membre distingué de l'auguste Assemblée Natio-
« nale (Monsieur Prieur), dont les qualités de cœur vous assu-
« rassent autant du succès que vous en étiez vivement persua-
« dés par la justice même de la cause.

« Que de difficultés n'avez-vous pas eu à combattre ! Que de
« lenteurs inséparables lorsqu'on est à une distance éloignée
« pour vous procurer les pièces essentielles qui constataient les
« outrages, les atrocités, les fureurs effrénées de ces infâmes

« suppôts du plus cruel despotisme vis-à-vis d'un grand peuple,
« pièces qui étaient la preuve authentique de la violation de
« toutes les lois qui ont, en effet, excité l'indignation de cette
« auguste assemblée et provoqué la juste vengeance qui nous
« était due. Excuserai-je les lenteurs apparentes de la munici-
« palité à la tête de laquelle j'ai l'honneur d'être aujourd'hui ?
« Je les excuserai sans doute ; je rendrai même hommage au
« courage de ces citoyens actifs que rien n'a pu abattre pen-
« dant les longues séances de ces assemblées élémentaires que
« la mort même, continuellement portée devant leurs yeux
« dans ce sanctuaire qui devait être l'asile respectée de la loi et
« où à chaque instant elle était violée et outragée, de ces ci-
« toyens que la mort, dis-je, et l'appareil menaçant des armes
« n'ont pu abattre ni décourager. Vous cesserez d'être surpris,
« Messieurs, si après de si rudes coups la municipalité a resté
« quelque temps immobile, suspendue entre la crainte et la
« terreur que lui avaient inspirées de pareilles atrocités.

« C'était donc en vous seuls, Messieurs, que la municipalité
« et nous mettions toutes nos espérances. Elles n'ont point été
« trompées. Porteur du décret le plus consolant et le plus juste,
« le moment n'est pas éloigné où le glaive, trop longtemps sus-
« pendu sur la tête de nos persécuteurs, est prêt à frapper les
« coupables.

« Recevez donc, Messieurs, les témoignages de reconnais-
« sance qui vous sont dus à si juste titre. Vous voyez tous les
« regards de vos concitoyens réunis dans cette auguste assem-
« blée fixés sur vous. Vous lisez aisément dans le fond de leurs
« cœurs les sentiments qui les animent. Ils n'oublieront jamais
« ce qu'ils vous doivent. Vos peines, vos soins seront sans
« cesse présents à leurs esprits et leur reconnaissance éternelle,
« en rappelant à leurs enfants la grandeur de vos bienfaits,
« sera un monument plus durable que ces statues et ces bron-

« zes que le faste et l'orgueil élèvent, que les temps détruisent
« et dont, après quelques siècles, il ne reste plus de vestiges ».

« Des couronnes civiques étaient dues aux défenseurs de la
patrie. La reconnaissance les avait préparées, et elles étaient
déposées sur le bureau qui était placé au bas de l'estrade de
l'autel. M. le Maire, les ayant prises sous une nappe qui les
couvrait, en a présenté une à chaque député en leur adressant les quatre vers suivants :

> « Des mains de la reconnaissance
> « Recevez le laurier mérité.
> « De vos vertus trop faible récompense,
> « Mais de nos cœurs gage bien assuré.

« MM. Enavant et Saint-Roman ont reçu ces couronnes
avec la sensibilité et la modestie qui caractérisent et qui accom-
pagnent toujours le vrai mérite, et au milieu des acclamations
publiques et de l'allégresse de tous les spectateurs vivement
manifestée soit en élevant leurs chapeaux, soit en criant : *Vive
nos députés*.

« M. Jacques Blanc, procureur de la commune, portant ensuite la parole, a dit :

« Deux citoyens estimables et estimés par leur patriotisme et
« par leurs vertus ont sacrifié pendant neuf mois leur santé et
« leurs plus douces habitudes pour aller, à cent cinquante lieues
« de leurs foyers, remplir la mission dont vous les aviez char-
« gés par votre délibération prise en conseil général de tout
« chef de famille le vingt-cinq janvier de cette présente année.
« Le succès qu'ils ont obtenu, par le décret de l'Assemblée Na-
« tionale rendu le vingt-six octobre dernier, doit ajouter encore
« aux sentiments de gratitude dont vous devez être pénétrés
« pour eux. En conséquence, je vous propose de délibérer,
« que très reconnaissants du zèle et de la persévérance que

« MM. Enavant et Saint-Roman, députés extraordinaires de
« cette commune auprès de l'Assemblée Nationale, ont mis pour
« obtenir le décret du vingt-six octobre derniers ; sensibles aux
« peines et soins qu'ils se sont donnés, aux fatigues qu'ils ont
« souffertes et aux privations auxquelles ils se sont assujettis,
« non contents de la couronne civique que vous venez de leur
« décerner, vous leur votez de sincères remerciements ; vous
« leur donnez l'assurance la plus positive de l'estime et de
« l'amitié de tous les citoyens patriotes de cette commune ;
« vous acceptez avec transport leur déclaration de vouloir être
« citoyens actifs d'icelle et de n'exercer le droit de citoyen
« dans aucun autre endroit. »

« Le Conseil, délibérant sur la réquisition ci-dessus du procureur de la Commune, l'a unanimement adoptée et a concédé
acte à MM. Enavant et Saint-Roman de la déclaration par eux
faite de vouloir être citoyens actifs de cette commune et de
n'exercer le droit de citoyen dans aucun autre endroit, a applaudi et partagé les remerciements sincères que M. le Maire,
au nom du Conseil, a votés à ces deux députés sur la manière
distinguée dont ils se sont acquittés de leur mission qui leur a, à
si juste titre, mérité le laurier qui vient de leur être décerné et
les a priés de vouloir bien revêtir le présent procès-verbal de
leur signature ; à quoi ils ont satisfait, après avoir remercié le
Conseil et toute la commune des honneurs qu'ils viennent de
recevoir et qu'ils ne peuvent attribuer qu'à leur zèle.

« (Signé) :   MANSON SAINT-ROMAN   ENAVANT.

« Ce fait, l'heure tarde ne permettant pas de continuer les
délibérations, tous les membres du Conseil ont été accompagner MM. les députés jusqu'à la maison de campagne dite
Lescampadou, où ils étaient logés, au milieu de toute la Garde
Nationale qui était précédée comme auparavant de la musique

et au milieu encore des acclamations du peuple. Après quoi, les membres du Conseil ayant été reconduits à l'église paroissiale Sainte-Croix, ils ont signé le présent procès-verbal avec le secrétaire de la municipalité.

  (Signé) : Jean-Baptiste BENOIT LE BLANC, maire ;

    DERRES, officier municipal ;

    B. BARTAGNON, officier municipal ;

    B. MOUACDEL, officier municipal ;

    A. PAULET, officier municipal ;

    Jean CLAPIERS, officier municipal ;

    GILLES, officier municipal.

          BLANC,

        p^r de la commune.

  G. FLECHON, notable ;

  Pierre VERPIAN, notable ;

  André GIRAUD ; Calixte DURAND nau.

  André BONNET, notable ; J. LAUGIER ;

  Jean HONORAT ; Jean GRIFFE ; Jean

  VACHIER ; Joseph PAULET ; Nicolas MIN-

  GEAUD ; I. ICARD ; ISOARD, secrétaire.

Dans la réunion préparatoire à cette fête civique, le Conseil général des paroisses des Baux avait décidé que les détails de la cérémonie et les discours prononcés seraient insérés au procès-verbal pour en perpétuer le souvenir. C'est pour répondre à ce pieux désir et mieux faire connaître ces héros patriotes que la relation complète des événements de ce jour a été donnée ici.

Encore quelques mots qui serviront d'épilogue.

Charles Joseph Manson de Saint-Roman, maire de Maussane en 1793, est assassiné dans sa maison de Lescampadour dans la nuit du samedi au dimanche, 2 et 3 mars.

Pierre Enavant fut enfermé pendant 7 à 8 mois dans le château de Tarascon. Il finit ses jours à Aix vers 1814.

Jean-Baptiste-Benoit Le Blanc de l'Uveaune, sieur de Servanes, est emprisonné au fort Saint-Jean à Marseille, où il écrivit un très remarquable plaidoyer *pro domo sua*, qui a été publié. Il mourut à Paris le 29 juin 1822, rue Miromesnil, n° 2, vivant obscurément d'une pension viagère que lui servait son gendre, Antoine-Fleury Révoil, maître des postes à Aix. Dix jours auparavant, sa petite-fille, qui avait épousé Pierre Révoil, peintre et fondateur de l'école de Lyon, donnait le jour, dans la ville d'Aix, à Henri Révoil, architecte bien connu, correspondant de l'Institut, commandeur de la Légion d'honneur, qui a doté le midi de la France, et, en particulier, la ville de Marseille, des munificences de son génie par ses travaux à la Cathédrale et à Notre-Dame de la Garde.

Cet artiste éminent s'est éteint le jeudi, 13 décembre 1900, au château de Servanes, ayant survécu de quelques années à son fils Georges, l'intrépide explorateur au pays des Somalis et consul à Bahia. Son autre fils, Paul, commandeur de la Légion d'honneur, tour à tour résident à Tunis, Ministre au Maroc, Gouverneur général de l'Algérie et représentant de la France aux célèbres conférences d'Algésiras, est actuellement ambassadeur à Berne. Quant à M. Morel-Révoil, son gendre, architecte fort distingué, domicilié à Marseille, il a contribué à rendre possibles ces fêtes littéraires en faisant partie du Comité organisateur de cette belle Exposition Coloniale.

Destandau.

XX

Quelques pages de l'histoire de la Marine Arlésienne

Les Marins d'Arles pendant la tourmente révolutionnaire

Par M. **FASSIN**, conseiller à la Cour, membre de l'Académie d'Aix,

Président d'honneur de la Société des Amis du Vieil-Arles.

I

Au début de la Révolution, la marine arlésienne vivait dans une situation relativement florissante. Elle ne se ressentait que faiblement du malaise général ; elle ne tarda point à bénéficier des nouvelles dispositions législatives édictées pour favoriser l'industrie nationale : l'abolition des maîtrises et des jurandes, la suppression des douanes intérieures, l'abaissement des barrières qui arrêtaient les transits internationaux donnèrent de l'impulsion au trafic et aux industries maritimes. En vérité, les troubles révolutionnaires vinrent bientôt comprimer cet élan commercial ; la guerre maritime, en amenant le blocus de nos ports de mer, ruina la marine française ; mais souvent, dédaignés de l'ennemi à cause de leur faible tonnage et de la minimité de leur équipage réduit à 3 ou 4 hommes, nos petits navires d'Arles échappaient assez facilement aux croisières anglaises et continuaient leur cabotage sans grand danger et avec profit, vu l'élévation des nolis. Il semble même que, malgré les réquisitions et les levées de marins, l'état de guerre ait, sous certains rapports, développé ce trafic. En effet, par sa situation géographique et ses facilités com-

merciales, la ville d'Arles était naturellement désignée pour
servir d'entrepôt aux immenses approvisionnements nécessaires aux armées du Midi. Depuis longtemps la prévoyance du
grand ministre Colbert lui avait assigné ce rôle.

Par sa magnifique voie fluviale, Arles recevait en dépôt,
dans ses vastes magasins du *Parc du Roy*, les bois de la marine et de l'artillerie, les munitions de guerre et de bouche,
les objets d'armement et d'équipement, les fourrages, les
grains et même les chevaux, dont le rassemblement, organisé
par le représentant *Goupilleau* [1], se trouvait facilité par l'abondance des pâturages. Tous ces approvisionnements étaient
chargés, avec une fiévreuse activité commandée par les circonstances, sur les « barques d'Arles », et dirigés sur Marseille, Port-La-Montagne [Toulon] ou d'autres ports de la côte
méditerranéenne, suivant les mouvements des armées et les
besoins du service. Ce trafic donnait à la marine arlésienne et
à notre modeste port d'Arles une impulsion, une animation,
un souffle de vie bruyant dans lequel s'éteignaient en quelque
sorte le grondement du minotaure révolutionnaire et, par moments, les cris de la faim, les plaintes des opprimés et les san-
glots des victimes...

C'est un coin de ce tableau qui se déroule sous nos yeux, à
la lecture de quelques manuscrits inédits tombés en notre possession, manuscrits contemporains des événements qu'ils relatent et émanant de témoins oculaires et même, pour l'un d'entre eux, d'un personnage officiel. Nous sommes en mesure d'en
garantir la parfaite authenticité.

L'un de ces manuscrits a pour titre : *Cahier pour l'estima-*

---

[1] Voir le *Carnet de Route du Conventionnel Philippe-Charles-Aimé
Goupilleau*, publié d'après le manuscrit inédit par MM. *Michel Jouve* et
Giraud-Mangin, Nîmes, Debroas, 1905, in-8.

tïon des bâtiments chargés pour les armées du Midy. Il débute par le protocole suivant :

« Nous Dominique Bontoux et Jean Avignon, capitaines de bâtiments de mer, Jean Bion et Antoine Magnan, constructeurs de bâtiments, experts commis, nommés d'office par ordonnance du Tribunal de commerce rendue le 17 avril 1793, à nous signifiée le dit jour, pour procéder à l'estimation des bâtiments et agrès et apparaux des capitaines marins du port de cette ville d'Arles, destinés aux transports des vivres et fourrages pour l'armée du Midy, et chargés par le citoyen Destecque, fournisseur des vivres nationaux, après avoir prêté le serment en pareil cas requis pardevant les juges du Tribunal de commerce, nous nous serions réunis pour procéder conformément à la susdite ordonnance aux faits de notre commission, et nous serions transportés à bord de l'allège l'*Actionnaire*, commandé par le capitaine *Blaise Bonafoux*, où étant nous aurions procédé ainsi qu'il suit, pour lui servir aller et revenir de son voyage. En foi de quoi nous avons fait le présent rapport pour lui servir et valoir ce que de raison ».

Suit une estimation détaillée de tous les navires expertisés par cette Commission.

Les rapports d'expertise sont au nombre de 105 ; ils concernent 81 navires d'Arles ; les autres bâtiments qui en font l'objet appartiennent à des localités voisines, [Saint-Chamas, Berre, Martigues, Marseille, La Ciotat] ; quatre ou cinq seulement viennent de ports éloignés. La flotte arlésienne est représentée par 65 allèges, 15 tartanes et 1 autre bâtiment non spécifié ; il ne faut pas croire qu'elle soit là tout entière ; d'autres documents en notre pouvoir, notamment le manuscrit de *Pierre Giot*, dont il sera parlé ci-après, attestent l'existence d'autres navires momentanément absents. On sait d'ailleurs qu'à partir de 1792, la flotte attachée au port d'Arles est allée sans cesse en décroissant, et cependant, le 6 floréal an XII, elle comptait encore 92 bâtiments, suivant une déclaration officielle délivrée à cette date par le sous-commissaire de marine Roubin.

Si l'on observe qu'à la même époque, 600 matelots d'Arles servaient sur les vaisseaux de l'État, que plusieurs centaines d'autres assuraient le recrutement des équipages pour les bateaux de charge et de transports et la navigation fluviale, on peut apprécier l'importance de la marine arlésienne aux moments les plus agités de la tourmente révolutionnaire.

Il est vrai que le tonnage de ces navires était généralement très faible ; il n'excédait guère, en moyenne, 115 tonneaux ; j'en trouve quelques-uns cependant qui atteignent 160 tonneaux et même 166.

Parmi les capitaines ou patrons qui commandent ces « barques d'Arles », plusieurs sont brevetés pour la navigation au grand cabotage et au long cours ; la plupart portent des noms honorablement connus dans la marine locale depuis plusieurs siècles ; il en est qui vont jouer ou jouent déjà un rôle important dans les événements politiques de la région. Quelques-uns ont servi sur les escadres dans les combats pour l'indépendance américaine ; nous pouvons citer, parmi ces derniers, Jean Reynaud, Honoré Pignard, Honoré Aubert, Ambroise Reynaud, Pierre Giot.

Si nous voyons plus tard la désertion sévir, comme une sorte d'épidémie morale, parmi les matelots d'Arles attachés au service de l'État, c'est à des influences politiques et à la désorganisation générale plutôt qu'à un mauvais esprit qu'il faudra en attribuer les causes.

Un fait curieux à noter, comme indice de l'esprit public à cette époque, c'est que, dans cette fameuse année 1793, de si tragique mémoire, 48 barques d'Arles, sur les 81 mentionnées plus haut, portent encore des noms empruntés au calendrier catholique : la Vierge, sous ses multiples dénominations, et la plupart des saints particulièrement vénérés dans les églises d'Arles ont fourni leurs vocables à ces navires. Ces vocables se maintiennent en plein règne de la Terreur, après l'abolition du culte ; c'est seulement en floréal an II (avril-mai 1794) que nous voyons apparaître quelques changements de noms.

L'allège *Saint-Agricol* devient alors, par une substitution facile, l'*Agricole* ; la *Sainte-Anne* va s'appeler désormais l'*Anne* tout court ; le *Saint-Honoré*, abdiquant un titre qui n'est plus de mise, et considérant sans doute qu'il serait excessif, après avoir ainsi mutilé son nom, de se dire l'*Honoré*, abrite son changement sous un double vocable : *Jacques-et-Honoré*. La *Vierge de Cadero*, changeant à la fois et de nom et de capitaine, est devenue tout uniment le *Cadero*, et navigue désormais sous cette dénomination élégante... Passons.

On a dit que souvent un nom bien choisi fait valoir les choses ; les rapports d'expertise que nous parcourons en ce moment pourraient le faire croire. En effet, ce *Cadero*, qu'on n'estimait, peu de temps auparavant, que 5.526 livres, en vaut maintenant 7.522 ; l'*Anne* est évaluée 11.996 livres au lieu des 8.848 seulement qu'elle avait peine à atteindre avant sa laïcisation ; le *Jacques-et-Honoré* passe de 8.507 livres 10 sols à 11.694 livres et l'*Agricole*, plus heureux encore. saute de 8.418 livres à 12.945... et ainsi de suite.

On pourrait croire aussi que la personnalité du capitaine n'était pas étrangère aux éléments d'appréciation ; certains papiers de l'époque, qui ont passé sous nos yeux, mais dont l'examen et la discussion nous entraîneraient trop loin, autoriseraient peut-être certains soupçons. Mais nous restons inaccessibles à de pareilles suppositions, car nous ne saurions oublier que c'était le moment où la vertu était «mise à l'ordre du jour », sous le régime de l'incorruptibilité.

Il est probable, quoique les rapports d'estime ne le disent point, que les évaluations étaient faites en valeurs d'assignats, et que la dépréciation toujours croissante du papier-monnaie amenait par contre-coup une hausse relative dans l'appréciation des navires. Il n'en reste pas moins, cependant, que la « saute » d'un prix à l'autre, entre deux expertises, peut sembler un peu forte et un peu brusque.

Le cadre nécessairement restreint que nous avons dû nous tracer nous oblige à limiter là l'examen de ce premier manuscrit.

II

Le second des manuscrits que j'ai sous les yeux au moment où j'écris est une sorte de livre de raison à l'usage de l'armateur d'une barque d'Arles dénommée l'*Aimable-Colombe*. Il débute par un chapitre ainsi conçu : *Etat des dépenses faites pour construire l'allège appelée l'aimable Colombe, du port de 102 tx 30/94, avec tous ses agrès et apparaux, construite à Arles par Blanc fils aîné, commencée le 1er juin 1797 et lancée à l'eau le 18 novembre même année ou le 28 brumaire an VIe Républicain, commandée par André Favatier, capitaine, d'Arles.*

On y voit que le corps du bâtiment a coûté 6.200 livres, que la dépense totale s'est élevée à 13.171 livres 14 sols 6 deniers, y compris « le montant d'un dîner payé au charpentier et ouvriers, suivant l'usage », [soit 33 livres 10 s.], et la rétribution de 200 livres « pour les peines et soins du capitaine ».

La propriété du navire est divisée en 24 parts ou *queirats*, ce qui met la valeur d'un queirat à 548 livres 16 sols 4 deniers. Huit parts sont attribuées au citoyen *Mathieu Londès ;* les

citoyens A. Guindon, P. Servel, J. David et F. Capdeville ont
chacun une part ; les douze queirats restants appartiennent au
capitaine. Mais à partir du 6ᵉ voyage, commencé le 16 thermidor an VI, un changement survient dans la répartition de la
propriété ; Londès cède deux queirats au capitaine. Nouvelles
mutations en l'an X : le citoyen Abraham Alphandéry acquiert
les six parts que possède encore Mathieu Londès et les revend
immédiatement à la dame Peyras, qui les rétrocède à son tour,
l'année suivante, à Jacob Alphandéry, frère d'Abraham. Puis
nous voyons, au cours des années suivantes, surgir de nouveaux actionnaires, parmi lesquels réapparaît Abraham Alphandéry ; la signature « David père et fils » remplace, sur notre
manuscrit, la signature « Joseph David » ; Louis Servel prend
la place de P. Servel ; la dame Capdeville, née Triboulon,
succède à un Capdeville jeune, et finalement le capitaine Favatier acquiert par fractions l'entière propriété du bâtiment.

Nous avons vu que le queirat a été évalué, au début, 548 livres 16 sols ; c'est à ce prix que Mathieu Londès, le 16 thermidor an VI, vend deux queirats au capitaine. L'*Aimable-
Colombe* a fait cinq voyages à ce moment-là ; sept mois et demi
se sont écoulés depuis le début de son premier voyage ; le bénéfice net réalisé par les actionnaires, durant cette période, a
été de 84 livres 22 sols 8 deniers à la part ; à la fin du neuvième voyage, 14 jours avant l'expiration d'une année complète de navigation, les co-partageants ont touché 124 liv. 2 sols
2 deniers par queirat, et le voyage en cours va leur donner, peu
de jours après, un nouveau revenant-bon de 12 livres : beaux
résultats, en vérité, qui font le plus grand honneur au navire
et au capitaine !

La seconde année de navigation se règle par un bénéfice net
de 131 livres 18 sols 3 deniers pour chaque queirat ; il n'y a eu
cependant que six voyages, et l'on a dû faire quelques réparations au navire et augmenter ou améliorer le matériel.

Au cours de sa troisième année, le bâtiment n'a effectué que quatre voyages ; mais le résultat global n'en a pas moins été très fructueux ; il se chiffre par un produit net de 255 francs 7 sous 2 deniers. Le calcul se fait désormais en francs et non en livres ; le franc vaut une livre trois deniers, soit 20 sous et un quart de sou.

L'avant-dernier voyage a été particulièrement heureux ; un fort chargement de « bleds et farines » pour Marseille a donné lieu à un nolis de 9.125 fr. 10 s. ; il faut évidemment ramener ce chiffre à une moindre valeur, en tenant compte de la dépréciation des assignats, qui sont alors la monnaie courante ; mais il faut remarquer en même temps que le fret afférent au précédent voyage n'excédait guère 5.000 francs, celui d'auparavant 2.800 francs, et que, par la suite, alors que les assignats se déprécient de plus en plus, les frets vont également en diminuant brusquement dans des proportions énormes, comme on le verra ci-après. Si, d'autre part, l'on considère que, pour ce voyage exceptionnel, on a, exceptionnellement aussi, assuré le navire moyennant une prime de 277 fr. 10 s. (pour un trajet d'Arles à Marseille seulement, c'est un peu cher), on est amené à penser que les risques de la guerre ou ceux de la navigation (vu le mauvais état des embouchures du Rhône) avaient dû influer considérablement sur l'élévation du nolis.

La quatrième année d'existence de l'*Aimable-Colombe* est peu laborieuse et surtout peu productive. Quatre voyages, dont un aux embouchures du Rhône seulement, avec un produit total de 46 fr. 13 sols 4 deniers pour chaque part ou 24ᵉ de la propriété, tel est le bilan de cette année. Mais à ce moment, le navire a donné déjà un bénéfice net supérieur à ce qu'il a coûté.

Les deux années suivantes (1802 et 1803) donnent les résultats ci-après :

1802 = 6 voyages, 95 fr. 4 sous 11 deniers par queirat.

1803 = 3 voyages, dont l'un, par suite d'avaries, n'a donné au navire que des pertes. Le résultat final se chiffre cependant par un bénéfice de 33 fr. 6 sols 10 deniers à chaque part de propriété : soit un peu plus du 6 o/o du capital engagé.

Nous nous arrêterons à cette date ; aller au-delà serait sortir du cadre que nous nous sommes imposé.

Je n'ai noté, jusqu'ici, que le revenu de la propriété ; voici maintenant le gain de l'équipage dans les 32 voyages effectués :

La première année, chaque part entière de matelot a été de . . . . 876 livres 10 s.

La seconde année. . . . . 1.028 livres 12 s.

La troisième année . . . . 1.768 fr.   9 s. malheureusement, pour les parties prenantes, en assignats dépréciés.

La quatrième année = 375 fr. 10 sous seulement.

La cinquième année (1802) = 699 fr. 4 sous.

La sixième année (1803) = 410 fr. 3 sous.

Si nous comparons maintenant la rémunération du travail avec celle du capital, nous voyons que tout matelot naviguant à part entière a touché, en moyenne, un salaire égal au produit de huit queirats, soit au tiers du revenu global du navire. Nous laissons à des observateurs plus compétents que nous ne pouvons l'être le soin d'apprécier ces résultats.

III

Le volumineux document que nous venons de parcourir et d'analyser n'embrasse que les dernières années de la période révolutionnaire. Un « *Livre de compte de dépances et proffits de l'allège Saint Jean... comancées* (sic) *le 20 septembre 1772* » va nous fournir des renseignements analogues sur les premiers temps de la Révolution.

Notre livre débute par le compte de la construction et des dépenses de premier établissement :

Le maître charpentier a reçu. . . . . 3.900 livres »

On a dépensé pour trois repas donnés aux maîtres, selon l'usage. . . . . . . 30 liv 18 s.

On a donné à M. le prieur qui a béni l'allège un honoraire de. . . . . . 3 liv. »

On a payé pour la déclaration à l'amirauté . . . . 9 liv. »

Et à divers fournisseurs . . . . . 1.292 liv. 11 s. 6 deniers.

D'autre part, on a acheté, au prix de 1.282 liv. 15 s., les agrès et apparaux d'un vieux bâtiment appelé *Notre-Dame de Bon-Voyage*, ce qui porte le revient de l'allège *Saint-Jean* au prix total de 6.524 liv. 4 s. 6 d., et le queirat à 271 liv. 17 sols.

Le navire entreprend son premier voyage, avec un chargement de blé et légumes pour Toulon, le 15 octobre 1772. Ce voyage rapporte à la propriété 3 liv. 12 s. par queirat et 47 liv. 18 sols à chaque matelot naviguant à part entière.

L'année 1773 voit s'accomplir six voyages qui donnent un profit de 30 liv. 9 sols 8 deniers par queirat ; chaque matelot a touché 234 livres.

En 1774, le *Saint-Jean* n'effectue que trois voyages ; le bénéfice est de 18 livres 1 sol 4 deniers par queirat, et de 184 liv. 5 sols pour chaque matelot.

De 1775 à 1788 inclus, nous comptons 70 voyages, soit en moyenne 5 voyages par an. Pour toute cette période, les actionnaires du navire n'ont touché net, par queirat, que 385 liv. 7 sols 11 deniers ; la part entière d'un matelot a été de 4.410 liv. 11 sols 8 deniers, de sorte qu'un matelot a gagné, à lui seul, presque autant que la moitié des actionnaires ; en d'autres termes, deux parts de matelot ont équivalu, très approximativement, à l'entier rendement *net* de la propriété du bâtiment.

Nous arrivons à la Révolution. L'année 1789 paraît s'ouvrir sous de meilleurs auspices : les six voyages effectués au cours de cette année mémorable donnent aux actionnaires un profit total de 28 liv. 19 sols 4 deniers par queirat, et à chaque matelot un salaire de 310 liv. 6 sols 6 deniers.

1790. — 3 voyages seulement = 20 liv. 16 sols 15 deniers au queirat, 210 liv. 4 deniers à la part de matelot.

1791. — 2 voyages seulement, dans les quatre premiers mois de l'année = 17 liv. 5 sols 4 deniers par queirat, 171 liv. 10 sols 9 deniers à la part de matelot, tels sont les profits de ces deux derniers voyages, terminés le 14 avril, après quoi le navire est désarmé, inventorié, expertisé et vendu ; les quittances qui clôturent le manuscrit constatent que chaque actionnaire a reçu 102 liv. 4 sols 8 deniers par queirat « pour son contingent sur la *vieille barque* ».

Nous avons vu que cette allège avait coûté 6.524 liv. 4 sols 6 deniers, ce qui mettait le queirat à 271 liv. 17 sols. Au cours de sa navigation, qui a duré 18 ans et 6 mois, le queirat a produit 504 l. 12 sols 10 deniers ; après le désarmement et à la vente du navire, il a reçu encore, comme remboursement intégral de sa valeur, 102 liv. 4 sols 8 deniers. Le capital de 271 liv. 17 sols a donc été amorti et a donné comme rendement net 335 l. 6 deniers, c'est-à-dire, annuellement, près du 7 °/₀ du capital engagé.

C'est le 14 avril 1791 que « la vieille barque », le *Saint-Jean,* a accompli son dernier voyage ; c'est le 18 novembre 1797 que l'allège l'*Aimable Colombe,* dont il a été parlé ci-devant, a été mise à l'eau ; nos documents précités sont muets sur la période de l'époque révolutionnaire qui s'est écoulée entre ces deux dates ; c'est une lacune regrettable que ne comble point le premier manuscrit analysé par nous, et ce n'est point la seule, malheureusement, que l'on ait à relever dans la présente notice. Je ne puis me dissimuler ce qu'il y a d'incomplet dans mon travail, en dehors même de ce vide que je viens de signaler. Je donne ce que je peux ; j'ai annoncé « quelques pages » et non une histoire. Je n'ignore point qu'une statistique, pour donner des résultats sérieux, exige le concours de multiples éléments de comparaison ; mon rapport se réduit en réalité à un élément unique ; cependant, même réduit à ce rôle modeste, il n'est pas dénué d'intérêt ; du moins, il m'a paru tel et un conseil autorisé m'a confirmé dans cette opinion.

IV

Un quatrième manuscrit, rédigé, à la vérité, dans un autre but et à un autre point de vue, va nous fournir des détails curieux sur les vicissitudes de la marine arlésienne aux moments les plus agités de la tourmente révolutionnaire. C'est le « *Journal des événements que le capitaine Pierre Giot, de la Commune d'Arles, a essuyés dans la Révolution* ». Il est en forme de récit.

Au moment où s'ouvre la narration — c'est le 26 mars 1792 — l'armée marseillaise, conduite par Rebecqui et Bertin, arrive à Arles pour y comprimer « la rébellion chiffoniste ». Giot est noté parmi les rebelles, il va, l'un des premiers, être victime de l'impitoyable répression :

« Lundi, 26 mars 1792, sur les dix heures du matin », nous dit-il, — « une troupe de brigands qui étaient embarqués sur les six allèges venues de Marseille... et autres de cette ville d'Arles, sitôt être venus à bord de ma tartane, la *Marie-Françoise*, amarrée à Trinquetaille vis-à-vis la maison de M. Datty, ont commencé à piller, dévaster, jeter à la mer *(sic)*, tous les agrès, apparaux, ustensiles et généralement tout ce qui se trouvait dans la dite tartane et puis l'ont faite couler au fond... »

Suit le détail des pertes : « *État de ce qui m'a été volé à cette époque...* », etc...

Le total se chiffre par 17.148 liv. Nous croyons que Giot a noté ses pertes un peu haut ; mais il n'est peut-être pas sans excuses. Grâce à d'autres ressources et au crédit dont il jouit, il parvient à se procurer un autre navire, « construit à neuf ici à Trinquetaille », dit-il, et dans le courant de décembre 1792, il reprend sa navigation, on pourrait dire son *odyssée*, avec un chargement pour Martigues. A peine arrivé aux embouchures du Rhône, il rencontre une flottille de cinq bateaux d'Arles, dont les équipages comprennent ses plus mortels ennemis. Il manœuvre pour les éviter, mais en voulant serrer la côte, il échoue sur une plage. Il a été reconnu ; au lieu de secours, il reçoit des injures et des coups de feu, qui, heureusement, n'atteignent personne.

— « Nous entendîmes ronfler les balles, dit-il ; je vous laisse à penser si nous étions à notre aise ; cependant, nous continuâmes toujours à travailler pour se désachouer *(sic)*. Heureusement, avec l'aide de Dieu, nous parvînmes à sauter cette barre... Nous forçâmes de voiles ; sur les trois heures de l'après-midi, nous arrivâmes au Martigues [avec le matelot Honoré Garcin], comme deux fantômes, d'avoir échappé de ces maudits scélérats... »

A Martigues, où il séjourne faute d'affrètement, il a vent d'un complot formé contre lui au café Frégier par des matelots jacobins formant les équipages d'un convoi d'allèges qui va mettre à la voile. Renonçant au projet qu'il avait formé de se joindre à ce convoi, il remet son départ au lendemain, rencontre en mer une bourrasque épouvantable, est contraint d'abandonner son navire qui s'entr'ouvre et s'engloutit, perd une partie de ses hardes et toute la cargaison, gagne la côte à grand'peine avec son unique matelot (le fidèle Honoré Garcin), trouve un refuge dans une cabane déserte au bord de l'étang du Gloria, et y passe deux jours sans pain, transi de faim, d'émotion et de froid. C'était en février 1793.

Il suppute sa perte, en donne le détail ; calculée en numéraire [les assignats subissant à ce moment-là une dépréciation de moitié], elle s'élève à 10.926 liv. 10 sols. Elle est énorme pour lui ; mais elle n'abat point son courage : il faut vivre, il a femme et enfants ; il est actif, industrieux, et bien que signalé partout pour son incivisme, partout dénoncé, en quelque sorte proscrit, il lui reste des amis, quelque crédit, et il trouve encore à s'employer.

Passons-lui la parole :

« Le vendredi, 12 juillet 1793, à dix heures du matin, moi et mon frère avons parti d'Arles avec une bette, [sorte d'embarcation], chargée des agrès pour un bateau que je faisois construire pour maître Calaman, au Martigues. Ce même jour, nous sommes venus au Chapon. Le lendemain, samedi 13, nous sommes venus à la Tour-Vieille pour venir prendre la mâture du pinque catalan naufragé. Le jeudi, 18, dans la matinée, avons parti du Chapon pour venir au Martigues. Sur les huit heures, avons été par le travers de la Tour de Saint-Louis. On nous a crié d'aller à terre ; nous avons obéi tout de suite.

« Sitôt être à terre, une troupe de brigands nous ont fait la visite... et m'ont conduit à bord du commandant des cinq escortes qui étoient venues à Arles pour canonner la ville dans le temps des *Sections*... Il commença à m'interroger en me disant si je n'étois pas un des coquins de *chiffonniers*[1] qui

---

[1] Nom qu'on donnait aux royalistes et aux contre-révolutionnaires.

avoient tiré le canon à ses confrères. Je lui réponds que non, que je n'avois jamais porté les armes envers personne, et que, si j'avois eu l'audace d'avoir fait quelque mal à quelqu'un, je ne serois pas si imprudent de venir passer en plein jour ici.

« Comme j'étois presque licencié, malheureusement pour moi il vient le vieux scélérat de François M**** et autres brigands, pour dire à Pascal : « Commandant, nous en tenons un bon, de ces coquins, il ne faut pas qu'il nous échappe ». Tout de suite on me mit en arrestation.

« Je vous laisse à penser quelle fut ma situation de me voir entouré de quatre-vingts des plus scélérats d'Arles. L'un disoit qu'il m'avoit vu au canon ; chacun disoit la sienne. Voyant que j'aurois bien de la peine à me pouvoir sauver, je commençoi pour lors par dire à ces scélérats que puisqu'on m'inculpoit d'avoir été au canon et qu'on m'accusoit d'être coupable, du moins je les priois de vouloir [bien] laisser partir mon frère. M. de Servane me répond que dans le moment il alloit être licencié, mais que, pour moi, si je voulois avoir mon élargissement, d'écrire à mes coquins à Arles pour faire sortir leurs prisonniers. Je lui réponds que je n'avois aucun pouvoir dans Arles et qu'il falloit être chef de parti pour obtenir une pareille demande.

« Au même instant, on dit à mon frère de partir avec la bette et qu'on alloit écrire à Arles pour prendre des renseignements de ma conduite, et que si je n'avois jamais porté les armes contre ses collègues, je serois regardé comme frère.

« Pour lors, M. de Servane me dit qu'il répondoit de moi corps pour corps.

« Sur le midi, Cadet Pascal vient m'offrir d'aller dîner avec lui et son beau-frère Inginat ; j'accepte l'offre. Heureusement pour moi que le temps étoit calme ; il faisoit extrêmement chaud. Tous ces brigands sortent de manger, le gros soleil les endormoit. Je profita de cette occasion pour me sauver, dans cet intervalle que tous étoient endormis, jusque le gardien qu'on m'avoit mis.

« J'étois pour lors dans la cabane de patron Girard, qui faisoit fonction d'intendant de santé, avec Cadet Pascal et son beau-frère Inginat ; c'est ce qui fit que mon gardien, me voyant avec eux, se pensoit qu'ils ne me laisseroient pas échapper. Comme nous étions pour nous mettre à table pour dîner, Cadet Pascal étoit par derrière la cabane. Je fais semblant d'aller verser de l'eau. Je vois Cadet Pascal, il me dit : « Allons manger la soupe ». — Je lui dis que je n'avois pas trop faim, que le meilleur dîner seroit de me sauver, puisque je voyois que tout le monde dormoit. Pour lors, il me dit de partir tout de suite.

« Je pars bien lentement, crainte que quelqu'un s'en aperçût. Sitôt être un peu éloigné, je double le chemin. Me voyant à peu près à demi-lieue de distance, je me mis à courir ; je traversa le Galéjon à la nage ; je me mis à courir derechef jusqu'à Fos. Sur les quatre heures du soir, j'arriva au Martigues, ayant trouvé mon frère qui prenoit l'entrée... »

A Martigues, Giot est dans une perpétuelle agitation ; mille craintes l'assiègent. Des avertissements terrifiants, parfois erronés, prématurés tout au moins, viennent traverser toutes ses démarches. C'est l'armée de Carteaux qui approche, les Allobroges arrivent à Saint-Chamas, etc. L'armée départementale a subi un grave échec près de Lambesc, elle se débande... Mais Marseille tiendra bon, on peut s'y croire en sûreté... — Vite, Giot prend un chargement de bois d'olivier pour cette destination et s'empresse de faire voile pour Marseille.

Ici encore, il va être intéressant de l'entendre lui-même raconter les péripéties de ce voyage :

« Le vendredi 23 aoust, dans la matinée, je débarqua mon

bois et je vins placer mon bateau à la palissade du juge du Palais. Sur les deux heures après-midi, je me suis affrété pour aller à Cette, pour porter M. Grellin et sa famille avec le fils de M. Rey, négociant de Montpellier.

« Du moment que je travaillois à faire mes expéditions, j'entends ronfler les canons des Sections de Saint-Jaume et ceux des Dominicains. Sur le port. grande fusillade du côté des Grands Augustins. Tous les petits bâtiments qui étoient par ce parage s'étoient tous tirés au large. Dans ce moment, me trouvant sur le quai, ne voyant plus mon bateau, je ne savois plus où passer, attendu que de toutes parts on crioit : « Qui vive ? » — Mon frère s'aperçut que j'étois là tout près la font des Augustins ; au même instant, il m'envoyoit la chaloupe pour me prendre.

« Toujours les balles ronfloient de chaque côté ; heureusement, je viens à bord de mon bateau.

« Toute cette journée et la nuit, les canons et les fusils ont tiré.

« Le samedi 24 dudit, toute la journée, on a tiré des bombes à la Section des Dominicains. — J'ai oublié que le vendredi, du moment de la canonnade, la chaîne du port a été fermée, sans laisser sortir aucun bâtiment ni bateau ; le samedi, on a laissé tous les bâtiments étrangers qui ont voulu sortir, sans autres.

« Dimanche 25 aoust 1793, sur les dix heures du matin, Carteaux est entré avec son armée dans Marseille. Il a fallu se cacher pendant quelques jours, crainte de voir de nos scélérats d'Arles.

« Au bout d'une dizaine de jours, voyant qu'il n'y avoit nul espoir de pouvoir sortir du port avec le bateau, la chaîne étant toujours fermée. je suis venu au Martigues pour me mettre en sûreté.

« Après avoir resté huit jours au Martigues, on me dit que

la chaîne étoit ouverte ; je viens à Marseille. Ayant trouvé que la chaîne étoit toujours fermée, qu'on ne laissoit pas sortir seulement les bateaux ramiers ni aucun bateau pêcheur, crainte qu'on portât du monde à bord de la frégate anglaise qui, depuis vingt-cinq jours, se tenoit aux approches de Marseille, le lundi 23 septembre 1793, après plusieurs pétitions que nous avions présentées au représentant Duras et à son secrétaire Albitte, tous les bateaux ramiers et autres petits obtinrent la permission de sortir du port.

« Ce même jour, je fus content. Sur le soir, je sortis dehors de la chaîne, de même que les autres bateaux. Ce même jour, il est arrivé plusieurs chaloupes d'Arles chargées de blé. En arrivant à la consigne, crient de toutes ses forces que Dieu étoit patriote, et plusieurs cris de *Ça ira* .

« Dans cet intervalle, je travaillois à me touer pour sortir hors de la chaîne. Une des chaloupes d'Arles chargées de blé vient s'engager avec son gouvernail ; elle avoit pris la maillette qui me servoit à me touer. Je n'osois pas lui crier de faire sauter son gouvernail, crainte d'être reconnu ; je n'osois pas seulement paroître ; je m'aperçus que c'étoit *Nicolas Giraud* dit *le Sabre*; pour lors, je lui crie doucement, de peur d'être entendu des autres chaloupes, de faire sauter la maille qui étoit prise à son gouvernail. Il me répond : « O (oui), mon ami, je vais la faire sauter ». —Je fus très content de sa réponse ; si malheureusement il se trouve une autre chaloupe qui fût engagée, j'étois perdu, attendu qui auroit crié « au coquin de *chiffonnier !* » il n'en falloit pas davantage pour être guillotiné.

« Sitôt être dehors de la chaîne, il étoit presque nuit ; je me mis à bord des autres bateaux, attendu que le vent étoit à la partie de l'Ouest petit frais. Je pria les patrons des bateaux de ne me pas crier par mon nom, attendu qu'ils me crioient à tout moment, de ce qu'ils étoient contents d'être dehors de la chaîne.

«Comme je leur avois dressé toutes les pétitions, ils me regardoient [comme] un dieu.

«Il est un de ces patrons qui me demanda par quelle raison je ne voulois pas qu'on me criât pour mon nom ; je lui réponds qu'à tout moment il nous passoit des chaloupes d'Arles tout près du bord et que, malheureusement pour moi, s'ils entendoient me nommer par [mon] nom, ils pourroient crier la force armée pour me faire mettre en arrestation, attendu que je n'étois pas bienvenu d'eux. Pour lors, ce patron me répond qu'il étoit bien fâché de m'avoir crié, de même que ses collègues, que j'avois bien fait de les prévenir, et que je pouvois être tranquille, que si malheureusement quelqu'un s'asardoit de me faire la moindre injure, « nous sommes une trentaine tout dans le cas de les esterminer ». Moi je fus très content et nous soupâmes tous ensemble. »

« Le mardi 24 septembre 1793, à minuit, s'étant mis un peu de vent au Nord-Est, je partis tout de suite... »

Le surlendemain 26 septembre, Giot se trouve à Martigues ; on lui propose de transporter à Toulon quelques émigrants : « M. l'avocat Caudière, dit-il, me fit aller à sa maison ; il me fit part de ses intentions, me disant qu'il seroit bien aise d'aller à Toulon avec moi ; qu'il s'embarqueroit aussi plusieurs de ses amis dont je connaissois la majeure partie, savoir M. l'avocat Bourdin, Antoine le Poulit »... [il donne le nom de sept d'entre eux]. « Nous fîmes notre plan qui fut d'acheter 60 poid *(sic)* de bois de pin que Sibille, cafetier, avoit en magasin, et laisser à la cale du bateau une large masqué pour pouvoir mettre les provisions et les passagers. Je fis part de cette expédition à mon frère, il consent tout de même. Je fus tout de suite trouver Sibille pour traiter du prix du bois dont nous fumes d'accord, je lui donne les arrhes et le lendemain matin nous travaillâmes à aller placer le bateau tout près [de] son magasin. Ce même jour, M. l'avocat me dit qu'il avoit changé d'avis de même que ses collègues. Je lui réponds qu'il falloit réfléchir plus tôt, que c'étoit me compromettre, après toutes les démarches que j'avois fait, d'avoir acheté du bois à un patriote, cela pourroit bien le faire soupçonner. Il me répond que jusques à présent tout lui paraissoit tranquille dans la ville, et que même il n'étoit pas mal venu du peuple... » etc.

Giot renonce donc à cette expédition et se rend à Saint-Chamas, où l'attend un chargement de bois pour Marseille. C'est là qu'il apprend, le 3 octobre, que deux de ses collègues, le patron *Pierre Rassis* et le patron *Favatier*, tous deux arlésiens comme lui, se sont « perdus dans le golfe de Marseille ».

Il revient à Martigues, « sans savoir, dit-il, ce qui s'y préparoit » :

« Le lundi 7 octobre 1793, dans la matinée, nous nous assemblions une vingtaine d'amis pour aller dîner aux Capucins, à Ferrière. Sur les 10 heures du matin, la ville a été cernée de toutes parts par 600 brigands ramassés. J'ai travaillé à me sauver, de même que tous les autres. Je suis venu à Pontel à la bastide de Jean-Pierre Fouque. A chaque instant, je voyois passer de pauvres fuyards qui cherchoient quelque gîte. Sur les 4 heures du soir, je me suis venu promener au château de M. Guion, ayant trouvé son épouse tout éplorée craignant pour son fils Agnel. Nous causâmes ensemble... elle m'offrit d'aller souper au château et coucher ; son mari avec son fils s'étant laissé surprendre au Martigues, attendoient la nuit pour se retirer au château. Je remercie Mme Agnel des honnêtetés qu'elle me faisoit sans me connaître ; je lui dis que puisqu'elle m'avoit offert un lit je l'acceptois avec plaisir, et que Jean-Pierre m'attendoit pour souper... Je vins chez Jean-Pierre ; nous soupâmes ; dans le temps que je soupais, Mme m'envoyoit son domestique pour me dire qu'il y avoit plusieurs patrouilles dans le quartier de Saint-Pierre [et que] crainte de se compromettre, elle ne pouvoit pas me recevoir... qu'elle en étoit bien fâchée. Je lui réponds [que] je la remercie bien, que son ami Jean-Pierre avoit des lits pour me faire coucher. Le domestique s'en va au château, la dame le fit retourner tout de suite et lui dit de me dire qu'elle m'attendoit, que je pourrois entrer par la petite porte. Sitôt avoir soupé, je viens au château pour m'aller coucher; j'entends des bruits des chiens et des chevaux; c'étoit son mari avec son fils qui se retiroient au château; moi, croyant que c'étoit une patrouille, l'épouvante me prit, je vins me mettre au bord de la mer, dont je passa *(sic)* une mauvaise nuit... »

A la pointe du jour, rôdant autour du château, Giot aperçut M. Guion, s'en fit reconnaître et recueillit de sa bouche quelques détails sur les événements de la veille; très impressionné par l'arrestation de quelques amis, il passe une partie du jour, avec Agnel, « dans un souterrain, crainte de quelque patrouille »; puis, à la nuit, « du moment que tout étoit au club, qui crioit, chantoit », il rentre dans la ville. Mais là, de nouvelles tribulations l'attendent, il a peine à trouver un gîte hospitalier; il parvient cependant, à force de sollicitations, à attendrir une bonne femme, la dame *Deflaud*, qui consent à lui donner un abri; le lendemain, dans la soirée, il vient coucher chez un ami, *Callamand*, dont il prend congé avant le jour pour se rendre à Port de Bouc ou à Fos.

Ce trajet ne se fait point sans nouveaux incidents ni de nouvelles aventures : transes continuelles, journée passée à l'abri d'un rocher, rencontre d'un fugitif comme lui, avec lequel, par mutuelle défiance, il joue en quelque sorte à cache-cache; dîner dans une auberge à Fos, en compagnie de onze volontaires nationaux qui soumettent son royalisme à une rude épreuve [« à tout moment on me présentoit à boire à la santé des sans-culottes ; je faisois ce que je pouvois pour les dispenser à me faire boire, cependant je soupa *(sic)* bien ou mal... »] —... puis, rencontre d'un bon gendarme à cheval, qui, devinant à ses allures que Giot n'est pas un vagabond, mais un malheureux fugitif, s'attache à le rassurer en affectant de ne pas le voir ; enfin, en longeant le bord de la mer, découverte d'une embarcation montée par des amis qui, surpris et effrayés, cherchent d'abord à gagner le large, puis ramenés par ses appels réitérés, s'empressent de venir le prendre à leur bord, au momentoù paraissait, en compagnie du gendarme, un attroupement d'une soixantaine de personnes que notre héros n'hésite point à reconnaître immédiatement pour des brigands. Jugez de son soulagement et de ses actions de grâces !

Mais Giot ne sait où aller : partout il se croit menacé dans sa liberté et même dans sa vie. Au milieu de ses perplexités, il fait réflexion que le parti le moins dangereux pour lui est encore de revenir à Martigues, chez son ami Castellan ; c'est à quoi il se décide. Arrivé, sur le soir, en vue de Ferrière, l'approche d'une bande joyeuse et chantante le glace d'effroi ; il se dissimule dans un coin. Il passe la nuit dans la même chambre que le bon gendarme, qui le reconnaît et lui témoigne sa sympathie et le plaisir qu'il a éprouvé en le voyant échapper à ses ennemis. La gendarmerie révolutionnaire, si l'on en juge par celle de notre région, valait mieux que le renom qu'on lui a fait.

Nous ne suivrons point ce malheureux Giot dans son exposé circonstancié de ses pérégrinations si inquiètes et si tourmentées, pérégrinations dont chaque pas est marqué pàr des incidents de toute nature, parfois romanesques, presque toujours dramatiques. Un volume y suffirait à peine et notre cadre est restreint. Nous devons nous borner à un simple aperçu ; la

narration y perdra sans doute quelque intérêt, avec le charme
et l'intensité d'impression des choses vues et vécues, quand le
narrateur en a été lui-même l'acteur ou le témoin ; mais nous
nous efforcerons de racheter cette perte par un coloris moins
violent et plus exact, une peinture plus sincère des événements,
dégagée des grossissements, des exagérations et des passions
inhérentes à ces sortes d'autobiographies.

Franchissons quelques jours passés à Martigues ou aux environs dans des transes continuelles. Giot a formé le projet
de se rendre à Toulon, puis il hésite entre Toulon, Mahon et
les côtes d'Espagne. Cependant, et à tout événement, « bien
aise, dit-il, de profiter du *maximum* », il se ravitaille ample-
ment. Sur ces entrefaites, on lui propose de transporter à Toulon, clandestinement, deux émigrants qui paieront bien ; Giot
accepte, attend durant quelques jours le moment propice, puis,
fatigué des hésitations et des lenteurs de ces futurs passagers,
se sentant surveillé, dénoncé peut-être, il met à la voile brusquement et se sauve, non sans courir de nouveaux dangers
auxquels il échappe par stratagème.

Il erre, à l'aventure et sans but, le long du littoral, et arrive
devant le grau d'Aigues-Mortes, où il se décide à aborder et où
de nouveaux sujets d'inquiétude l'attendent. Il endort, par
quelques menus dons, la surveillance soupçonneuse des gardiens de la redoute, parvient même, en les régalant, à se faire
proclamer bon patriote ; mais, tremblant alors pour ses provisions mises en danger par le robuste appétit de ces amis d'occasion, il se hâte de déguerpir, vient à la tour de Constance,
où il rencontre un collègue, Pierre Naud, qui lui procure un
chargement. Le sous-chef des classes, M. Vaudricourt, à qui il
n'hésite point à confier le secret de sa véritable situation, lui
témoigne de l'intérêt, s'attache à le rassurer et consent à viser
son rôle ; mais, le lendemain, un embargo général empêche le
départ du navire.

Giot met à profit ce temps d'arrêt pour venir voir sa femme en Camargue, au mas de *Borel*, puis revient à Aigues-Mortes, où il trouve des compagnons d'infortune, dont la présence atténue ses ennuis. Mais il n'est point encore « au bout de ses peines ». Des marins d'Arles, de vrais sans-culottes ceux-là, qui se trouvent également à Aigues-Mortes, forment, après boire, un noir complot contre lui. A 9 heures du soir, un brave homme, patron *Julien*, de Beaucaire, vient le trouver couché et l'aviser du nouveau péril qui le menace : on va venir le pendre à l'antenne de son navire ! Giot saute à bas du lit, se vêt à la hâte, et, laissant son frère à bord, court passer la nuit « en rase campagne ». Au petit jour, rôdant autour d'un moulin, il lie conversation avec le meunier, lui donne la main pour radouber des toiles et finit par lui confier ses terreurs. La confidence n'était pas sans danger ; mais Giot a cette bonne fortune de rencontrer partout « de braves gens qui pensent comme lui ». Tels sont le meunier et les habitants des cabanes voisines. Il peut donc se rassurer, d'autant que son frère accourt avec des provisions et lui apprend que la nuit a été calme, et que, à bord du bateau, on n'a « rien vu ni entendu » d'inquiétant.

Décidément, il est permis de croire que notre héros est un peu prompt à s'effaroucher ; mais il se reprend vite, et le revoici de suite à son bord. Il y demeure, bloqué par l'embargo et toujours sur le qui-vive, du 25 octobre 1793 au 6 janvier 1794.

A ce moment, « voyant que le pays commence à se gâter », et ne voulant pas s'immobiliser plus longtemps, Giot se décide à démâter son navire, débarque ses agrès et ses apparaux momentanément inutiles, réduit son bâtiment à l'état de *penelle*, et entreprend les transports par canal. Durant toute cette année 1794, nous le voyons promener son bateau chargé tantôt de sel, tantôt de vin, de grains ou autres denrées, sur toutes

les voies navigables du Languedoc, depuis Beaucaire jusqu'à
Toulouse, toujours inquiet, toujours agité, toujours tremblant,
partout poursuivi par la haine des marins sans-culottes ses
anciens collègues, qui fréquentent les mêmes parages, — réduits qu'ils sont, comme lui, par suite de l'embargo, à se rési-
gner à ce maigre trafic. Il est possible que parfois, au terrifiant
spectacle du règne de la Terreur, son imagination se surexcite
et s'exalte, qu'elle l'expose sans défense à des plaisanteries de
mauvais goût ; mais quand on suit dans tous ses détails sa
lamentable odyssée, on se sent pris d'intérêt et de confiance à
l'impression de sincérité qui anime et colore son récit.

Les événements du 9 thermidor le trouvent à Toulouse, où
il est inactif depuis plus d'un mois ; la chute de Robespierre et
la réaction thermidorienne auraient dû, semble-t-il, le rassurer
et le ramener dans sa ville natale ; il n'en est rien. Mis en état
d'arrestation, à Agde, le 5 novembre, parce qu'il ne peut produire un certificat de civisme, il subit trente-neuf jours de détention ; une lettre officielle, venue d'Arles, le fait mettre en
liberté ; mais les frais d'emprisonnement, ceux d'apposition
des scellés (sur son bateau) et de gardiennage, la perte d'une
partie de ses hardes, pillées ou détruites, de ses provisions disparues, de son fret impayé, etc., etc., le jettent dans une véritable détresse.

Le mardi 23 décembre, il passe « toute la journée à Fronti-
gnan pour avoir un peu de pain ». Le lendemain de la Noël,
il arrive à Lunel, mais « il n'a pas été sans beaucoup de travail pour un homme seul ». La neige est tombée avec abondance durant la nuit.

Le 7 janvier 1795, Giot peut enfin revoir sa famille et sa
chère ville d'Arles, où il n'avait plus remis les pieds depuis le
12 juillet 1793.

Il revient ensuite à Lunel reprendre son bateau, le ramène à

Aigues-Mortes pour le faire mâter et gréer à nouveau, puis retourne à Arles, où les réquisitions de transport pour l'administration de la Marine, trop peu rémunératrices et trop exigeantes, selon lui, le jettent dans de fréquentes colères et lui attirent de méchantes affaires avec les agents de l'autorité. Passons rapidement sur les longs détails de ses démêlés avec le commissaire des classes *Varèse* et le sous-chef *Gallois*, qui obtiennent de l'Ordonnateur de Toulon des instructions sévères contre lui. On met « garnison » chez lui en son absence; l'intervention d'un piquet de garde nationale « chiffoniste » contraint le commissaire des classes à retirer le garnisaire. Mais Varèse ne désarme point; il fait rapport de l'incident à son chef; l'ordonnateur de la Marine *(Najac)* prescrit aussitôt de lui amener à Toulon, sous bonne escorte de gendarmerie, ce marin récalcitrant, pour le faire servir, par mesure disciplinaire, sur les vaisseaux de l'Etat. Giot se cache; il échappe aux perquisitions et aux recherches, mais il passe une terrible nuit de Noël, dissimulé dans une paillasse, sur laquelle est couché l'un de ses enfants, tandis qu'une foule hostile assiège sa maison et tente même d'enfoncer la porte... Une voisine obligeante facilite son évasion. Il court se réfugier au mas de Saxy, d'où, quelques heures auparavant, le fermier Lamouroux, secondé par ses domestiques qu'il avait armés, venait de repousser une bande de pillards.

Il faut lire *in extenso* ce récit impressionnant, animé, à travers lequel on sent frissonner encore le vibrant souvenir des dangers courus; nous regrettons de ne pouvoir le reproduire avec son ampleur et son abondance de détails; le froid et pâle résumé auquel nous sommes obligés de nous restreindre ne peut donner qu'une idée bien imparfaite de ce tableau saisissant, tracé, il est vrai, par une plume peu habile, mais vigoureuse et singulièrement empoignante....

Après quelques jours passés à l'*Ilon de Saxy*, Giot se rend à Tarascon, puis à Marseille, où il trouve de l'emploi chez un commerçant. Envoyé pour affaires à Cavaillon, il trouve en route « trois pans de neige », et comme il n'est pas « bien habillé », il « pense mourir de la grosse froid ». Il revient à Marseille, où sa femme l'attend, retourne à Arles avec elle et passe les fêtes de Pâques fort tranquillement. Malheureusement, il n'a « pas un sou »; il ne lui reste rien de trente livres empruntées à son patron à Marseille; un assignat de dix mille, que son frère lui envoie d'Antibes fort à propos, le tire d'embarras pour un moment; Giot s'empresse de l'échanger contre « deux louis en numéraire ». C'est tout ce qu'il tire de ce papier ! Les temps sont durs : son beau-frère *Barrallier*, fermier du *Petit Beaumont*, chez qui il croit trouver un abri pour quelques jours, le lui fait sentir par la mauvaise grâce de son accueil. Il se hâte de déguerpir de ce toit inhospitalier, est mieux reçu en Camargue, à *Chartrouse*, où le fermier, « maître *Vachier* », accepte ses services et lui procure la place de peseur au *Moulin de Boisverdun*. C'est là que, durant quatorze mois, Giot va vivre désormais, avec sa famille, dans une tranquillité et une sécurité relatives.

Cependant le calme s'est fait dans les esprits, les affaires reprennent. Un négociant de Tarascon, M. Gilles, « chef de la maison des Radoubs », charge Pierre Giot de surveiller la construction d'une allège qui s'appellera la *Marie-Thérèse* et dont notre marin aura le commandement.

C'est avec ce bateau que Giot va se remettre à naviguer à partir du mois de mars 1799 jusqu'en avril 1801. A ce moment, la déconfiture de la Compagnie des Radoubs et la vente forcée de la *Marie-Thérèse* lui font perdre son emploi.

Forcé de s'ingénier pour gagner sa vie et subvenir aux besoins de sa famille, il achète à Martigues « un petit bisque »,

construit avec les débris d'un bâtiment génois naufragé, et
« gréé bien mesquinement », si mesquinement, que pour arriver
à « l'armer en plein, tous les voyages que je faisois, dit Giot,
je mettois dessus ce qu'il gagnoit ». — Aussi ne tarde-t-il pas à
le revendre, « croyant bien faire ».

« Quelques mois après, ajoute-t-il mélancoliquement, la
guerre reprit, le travail commença d'aller, je fus sans bâtiment. »

Ce rétablissement du trafic maritime par l'état de guerre
pourrait fournir, si l'on voulait épiloguer, un ample sujet de réflexions. Giot ne s'y arrête guère ; ce qui le préoccupe, c'est
l'impossibilité dans laquelle il se voit d'acquérir une autre barque. « Ayant, dit-il, mes fonds placés d'une manière à ne pas
pouvoir les retirer…, cette coquine qui avoit notre argent en
mains a fini par nous emporter environ 1.800 fr… Depuis 1803,
je travaille à commander des bâtiments de l'un et de l'autre,
avec un bénéfice pécuniaire… »

Ainsi finit le *Journal de Pierre Giot*. On lui a joint, sous la
même reliure, un registre de bord, incomplet, en mauvais état,
détérioré par une forte mouillure. Ce registre commence au
12 août 1799 ; il s'arrête, par suppression de la dernière page,
trop abîmée sans doute, au 14 juin 1802 ; c'est d'ailleurs à cette
date que Giot cesse de commander un navire pour son propre
compte :

« Le mercredi, 9 juin 1802, dit ce livre de bord, nous sommes allés chez Mᵉ Senez, notaire [à Toulon], passer l'acte de
vente. Le bateau s'est vendu à raison de 4.900 fr. Ce même
jour, j'ai débarqué mes effets et j'ai congédié mon matelot
Chabert. Jeudi 10, dans la matinée, je suis allé porter mes effets
à bord de *François Burle*… Dimanche 12, à dix heures du
matin, nous sommes arrivés à Marseille. Mardi, 14 juin… »
— La suite manque ; [elle relatait probablement le retour à Ar-

les] ; le feuillet a été déchiré ; il n'est resté qu'un onglet pour témoin.

A la différence des autres livres de bord que nous avons précédemment analysés, ce registre de Pierre Giot ne nous fournit aucun renseignement sur le résultat financier de ses voyages : les dépenses, les recettes, les parts et profits du navire et de l'équipage, souvent même la nature du chargement ne s'y trouvent point indiqués ; ils formaient sans doute la matière d'un registre spécial que nous n'avons point ; celui que nous possédons n'est qu'une relation de voyages avec indication du temps, de la route suivie, des manœuvres effectuées et des incidents du trajet.

Mais ces incidents sortent un peu de la banalité ordinaire de la navigation au petit cabotage. On est en état de guerre ; une frégate anglaise croise en vue des côtes : fâcheuse rencontre dont Giot va nous faire le récit :

« Mardi, 31 décembre 1799. Départ de Marseille sur les neuf heures du matin... pour venir à Arles..; à onze heures et demie, avons doublé le cap Couronne... Sur les quatre heures et demie, avons été par le travers de l'île Maire, à cinquante toises [de] distance. Le vent a resté calme. Peu après, avons reconnu la frégate anglaise qui venoit du bord à terre avec le vent au sud-ouest frais, bâbord amures, elle pouvoit être à deux lieues [de] distance de nous. Au même instant, avons mis la chaloupe devant et avons ramé de toutes nos forces pour doubler l'île. Peu après, s'est mis un peu de vent à l'O. N.-O. ; avons changé notre coutelas et avons cinglé la terre à cinquante toises [de] distance. Le vent couloit tout le long de la côte, ce qui nous donnoit plus d'espoir. Sitôt avoir doublé l'île de Riou, avons vu la frégate à un mille [de] distance dans le sud des isles ayant toute sa voilure ; [elle] nous avoit déjà plus que [1]... le

---

[1] Une légère déchirure du manuscrit a fait disparaître le mot qui manque.

chemin. Pour lors, je m'étois décidé de concert avec l'équipage d'entrer dans la calanque de Morgiou qui nous étoit la plus à portée. Heureusement, se sommes aperçus que ladite [frégate] avoit resté en calme, avoit cargué sa grand'voile pour mettre son embarcation à la mer. Le vent couloit toujours le long de terre, avons continué notre route... Sur les huit heures et demie, sommes entrés dans le port de Cassis. »

« Ce même jour nous avons [appris]... que, dans la matinée, la frégate et la corvette anglaises étoient allées tout près de ladite calanque [de Morgiou]; [elles] s'étoient aperçues qu'il y avoit un convoi gênois de huit pinques chargées de bled, lui ont envoyé sept embarcations que la frégate et la corvette avoient bien armées. Les gênois sont tous descendus à terre avec des mousquets et autres armes [et] se sont défendus, puisque on prétend qu'ils lui ont tué une douzaine d'hommes sans compter plusieurs blessés. La frégate s'étant aperçue de cette manœuvre s'est approchée de la calanque, lui a lâché sa bordée dont il y a coulé un des bâtiments à fond, chargé de bled; peu après, a fait courir au large de même que la corvette. »

« Du dimanche 4 mai au dimanche 18, tous les jours, nous avons vu la frégate qui nous faisoit la pirouette. Dans cet intervalle, il y avoit dans le port cinq bâtiments de l'État. J'avois prié Garély de m'escorter jusque sur le cap Sicié ; il me dit qu'il le feroit toutefois que la frégate n'y seroit plus par ce parage : ce qui me décida de partir ce même jour, en voyant que ces escorteurs avoient plus de peur que moi. »

« Sur les deux heures après-midi, se sommes aperçus que la frégate étoit à trois lieues à larguer ; le vent étoit à l'O. grand frais, j'ai parti tout de suite. Sitôt que la frégate s'est aperçue qu'il sortoit des bâtiments du port, tout de suite a viré de bord à terre. Sitôt avoir eu doublé le cap Canaille, nous avons cinglé [vers] la terre ; à trois heures et demie, nous [sommes] entrés dans la Ciotat... »

Nous ne suivrons pas le capitaine Giot jusqu'au bout de l'interminable récit de ses tribulations ; elles varient peu d'ailleurs. A noter cependant ses démêlés avec l'administration de la marine à Toulon, administration peuplée, d'après lui, de « coquins ». Son bateau, portant un lourd chargement de canons pour le compte de l'État, a échoué sur la côte ; à la demande en indemnité qu'il présente à cette occasion, on répond par une réclamation de même nature pour un préjudice subi par l'État et dont on veut le tenir responsable. « Un coquin d'ivrogne » le rudoie, prétendant que tous les frais de sauvetage et d'avarie doivent lui rester pour compte, et qu'il est déjà trop payé par un fret de 18 livres par tonne. « Il a été mon plus court de ne plus rien dire », conclut mélancoliquement le pauvre Giot. « Ils m'ont fait courir encore sept jours pour avoir mes ordonnances pour mon paiement en papier. Pour me faire signer ces ordonnances à Bertin l'ordonnateur, [il] m'a fallu faire comme un voleur pour entrer à la conférence ; [avec] ces coquins de gardiens, il n'étoit jamais possible de pouvoir entrer... »

On n'en finirait plus à écouter les jérémiades du malheureux Giot. Elles commencent à la première page du registre, à la date du 26 mars 1792 ; elles ne s'arrêtent qu'au bout du papier, vers le milieu de juin 1802. Giot est manifestement un esprit inquiet, un homme aigri par des tracasseries et des malheurs ; il a été molesté, traqué, ruiné par des adversaires politiques ; il a couru certainement de grands dangers... On lui doit cette justice qu'il a tenu tête aux orages, et qu'au milieu de ses larmoyantes lamentations, son courage n'a point faibli, son caractère est de bonne trempe. C'est bien le type historique de l'ancien marin d'Arles, et c'est par là surtout qu'il nous intéresse. Ses aventures elles-mêmes ressemblent singulièrement à bon nombre de récits recueillis de la bouche de marins de la même époque. On peut y voir le tableau sincère de l'existence mouvementée fait à la marine arlésienne durant la tourmente révolutionnaire.

Émile FASSIN.

XXII[1]

LA SOCIÉTÉ POPULAIRE DE TRETS

(Bouches-du-Rhône)

(12 juin 1791-2 germinal an III).

Par M. **V. TEISSÈRE**, Instituteur public à Trets,

Membre de la Société d'Études provençales.

———

La source essentielle des renseignements qui nous ont permis d'établir la présente monographie est le *Registre des délibérations* de la *Société populaire* qui se trouve aux Archives de la commune de Trets.

Ce registre, recouvert en parchemin, mesure 0^m35 sur 0^m225 et 0^m045 d'épaisseur. La couverture porte au crayon bleu la mention suivante : *Registre du Club des Amis de la Constitution, 1791-13 germinal an III.*

Il comprend 452 pages. Les 270 premières sont consacrées aux procès-verbaux des séances au nombre de 237, et les 27 dernières sont utilisées, en partant de la fin du volume, pour les comptes et l'inscription des membres de la Société ; 155 pages sont en blanc.

Les deux premières pages renferment les 101 noms des pétitionnaires réclamant l'autorisation de fonder un club dans la commune ; les deux suivantes, la transcription de la délibération municipale qui accorde l'autorisation sollicitée ; à la page 5 commencent les procès-verbaux des séances du club. Les

———

[1] Par suite d'erreur dans le classement des mémoires, il n'y a pas de n° XXI.

pages 8 et 9, à la suite du projet de règlement non transcrit, ont servi à l'insertion de l'acte d'affiliation délivré par le club de Marseille, le 24 mars 1792, et d'un procès-verbal du 12 septembre 1792 ; les pages 10 à 16 sont restées en blanc, mais raturées. Quelques feuillets sont détachés (pp. 17-18, 124-125 à 130-131) ; d'autres manquent (pp. 117-118 à 123-124).

La première séance du club a lieu le 12 juin 1791 ; la dernière, le 2 germinal an III. Après celle du 2 juin 1793, il y a arrêt dans les réunions, le local de la Société est occupé par la section tretsoise d'essence fédéraliste [1]. Mais le 14 septembre suivant, le club reprend ses séances en son lieu habituel qui lui est rendu par la municipalité ; ce jour-là, il se réorganise pour marcher résolument avec la Montagne et il exige de la municipalité d'être ferme dans l'exécution des lois.

I. — Fondation. Durée. Dissolution.

Le 5 juin 1791, sur une pétition renfermant 101 noms de « bons patriotes », demandant la permission de se réunir en un club à l'endroit qui sera jugé bon et à l'heure la plus convenable — pétition adressée au maire et aux officiers municipaux — le Conseil général de la commune de Trets accorde l'autorisation sollicitée, et, pour montrer combien une pareille démarche lui est agréable, décide de s'unir aux pétitionnaires et de faire partie de la Société.

Le 12 juin suivant, à 6 heures du soir, dans la chapelle des Frères pénitents blancs [2], a lieu la première réunion des adhé-

---

[1] Le mouvement fédéraliste à Trets fait l'objet d'une étude spéciale présentée au Congrès des Sociétés savantes (Montpellier, 1907).

[2] Cette chapelle se trouvait près de la mairie actuelle. — Le 21 mars 1792, la Société décide de tenir ses réunions dans la chapelle de la Trinité, mais aucune suite n'est donnée à cette délibération.

rents pour constituer la Société. Chaque membre prête le serment civique dont la formule est la suivante : *Je jure de maintenir en son pouvoir la Constitution décrétée par l'Assemblée Nationale, sanctionnée par le Roi, d'être fidèle à la Nation, à la Loi et au Roi jusqu'à la mort.* On procède ensuite à l'élection du bureau ; puis deux commissaires sont désignés pour se transporter à Marseille, afin d'unir la Société tretsoise avec la Société marseillaise, *Les Amis et patriotes de la Constitution nouvelle de France*, siégeant au Jeu de Paume ; deux autres commissaires sont chargés de rédiger une lettre aux Jacobins de Paris, *Amis de la Constitution*, pour contracter avec eux, au nom du « cercle patriotique », amitié et civisme.

Après le 2 juin 1793, lors de la grande insurrection girondine, utilisée bientôt par les royalistes, les sociétés populaires disparurent momentanément ; mais la reprise de Marseille par Carteaux, par la défaite du fédéralisme, amena leur retour à la vie. Le club de Trets, muet depuis sa dernière séance du 2 juin, reprend le cours de ses réunions à la chapelle des Pénitents, occupée par la section de la commune pendant deux mois et demi. Le 14 septembre, il se réorganise sous l'impulsion des partisans de la Montagne, un moment tenus à l'écart, pour continuer son œuvre avec une ardeur et une foi qu'avivent encore plus les mauvais souvenirs de la contre-révolution.

La chute de Robespierre, au 9 thermidor, un peu plus tard la loi du 25 vendémiaire an III, provoqueront la fin des sociétés populaires.

A Trets, le tableau [1] des membres du club, exigé par la loi, n'est jamais dressé, bien que les trois secrétaires aient été chargés de faire ce travail ; la société dure près de six mois encore,

----

[1] Ce tableau sera dressé à deux exemplaires, l'un pour l'agent national du district, l'autre pour l'agent national de la commune.

mais, le 13 germinal an III (2 avril 1795), arrive l'arrêté du district d'Aix qui la dissout.

La demande d'autorisation, adressée à la municipalité le 5 juin 1791, porte formation d'un club patriotique dénommé les *Amis de la Constitution*. Ce même nom sera repris par le club après le vote de la Constitution de 1793 (séance du 27 ventôse an II). D'ailleurs, c'est le titre de la plupart des sociétés populaires, ainsi que de celle des Jacobins, la grande inspiratrice.

Après la proclamation de la République, la Société prend le titre de *Amis de la liberté et de l'égalité* (8 oct. 1792 an I) [1], qu'elle conserve jusqu'au 21 mars 1793, où elle le remplace par celui de *Société républicaine* et plus ordinairement, après le 14 septembre suivant, *Société populaire*.

Dans la lettre de remercîments, insérée dans le Registre le 28 fructidor an II et adressée par la Société de Marseille au club tretsois au sujet du don de 291 livres pour la construction d'un navire de guerre à offrir à la patrie, il est parlé de la *Société montagnarde de Trets*.

Le calendrier républicain n'est employé qu'à partir du 28 brumaire an II.

Les procès-verbaux portent, en outre, dès le 24 sept. 1793 « l'an second de la République française une et indivisible » ; après le 28 pluviôse, on ajoute « impérissable », et au 19 floréal « démocratique ».

II. — Organisation de la Société.

A la suite du procès-verbal de la première séance, se trouve inséré le *Règlement pour l'Assemblée patriotique de Trets ;*

---

[1] Ce titre est consigné dans l'acte d'affiliation que le club tretsois adresse à la Société patriotique de Roquevaire.

malheureusement, il ne renferme que l'art. 1, qui définit le but de la société : défense de la constitution, maintien de la liberté, propagation des vertus civiques ; — et indique que quatre commissaires seront chargés par la société de dresser, pour être discuté en séance de l'assemblée. un plan de constitution, d'organisation et de police.

Le règlement a-t-il été élaboré et adopté ? Cela est certain, puisque, pour obtenir l'affiliation des Jacobins, il faudra le leur envoyer. Mais, bien que, dans toutes les réunions, les membres se conforment à certaines règles, il n'y a jamais trace du moindre article statutaire. Cependant, les neuf pages blanches du registre laissées à la suite de l'insertion de l'art. 1 étaient sans nul doute destinées à l'inscription de ce document qu'il aurait été intéressant de posséder. Une délibération dira, plus tard, qu'il a été fait lecture d'un règlement et que même on y a ajouté quelques observations nécessaires (12 juillet 1792).

Dès lors, pour avoir une idée de l'organisation de la Société, pour fixer un certain nombre de règles admises et pratiquées par l'assemblée, on ne peut que se reporter aux procès-verbaux des réunions.

Un portier (on l'appelle aussi concierge) est élu à la séance du 7 août 1791. Il est chargé de vérifier les cartes de tous les citoyens, membres, qui pénètrent dans la salle, « d'ouvrir et de fermer les portes, de faire les proclamations requises et nécessaires et d'obéir à tout ce qui pourra être commandé relativement à ce qui intéresse le club ». C'est Jean-Baptiste Ouvière qui est choisi et nous constatons qu'il occupe cette place pendant toute la durée de la société ; ses émoluments sont fixés à 6 livres par trimestre que le trésorier doit payer à la fin des 3 mois sur mandat délivré par le président ; cependant, à la dernière réunion du club (2 germinal an III), Ouvière demande 15 livres pour trois mois de salaire, soit 5 livres par mois, et la

Société ordonne que mandat de cette somme lui sera délivré.

Notre portier est en même temps fournisseur pour tout ce qui est nécessaire à la Société, mais surtout pour la cire et la chandelle. De plus, le 15 mai 1793, il est désigné comme clochetier, afin de prévenir les habitants des orages qui pourraient emporter les récoltes. Il s'engage à remplir sa mission le jour et la nuit, quand le temps le demandera, et, pour tout salaire, il se contentera « d'une quête volontaire au temps des aires ».

Les délégations sont aux frais du club. On trouve sur le registre qu'à Jean-Joseph Remusat et Pierre Mille, envoyés à Marseille pour demander l'affiliation et qui ont employé quatre jours et quatre nuits à leur voyage, il est ordonné le payement de la somme de 12 livres à chacun, à raison de 3 livres par jour. Le mandat est délivré par le président Gasquet et payé par Bernardy, trésorier.

Les femmes et les enfants assistaient aux séances du club en 1793 et y occasionnaient des troubles, du tumulte. Dorénavant, comme chez les Marseillais, les femmes seules seront reçues et le dimanche seulement (31 mars 1793). Mais le bruit n'en cesse pas pour cela. La Société décide alors, le 7 pluviôse an II, de leur donner un « quartier au cœur de la salle » et celles qui ne voudront pas s'y placer seront exclues. — Plus d'une fois le président réclame le silence pour la lecture de lettres reçues, de papiers divers à communiquer. On ne peut s'entendre, est-il dit dans un procès-verbal ; les femmes ne font que causer et les citoyens sont inquiets de ne pouvoir entendre les motions : on délibère de ne pas les admettre à cette séance (30 pluviôse an II). Car il est nécessaire que la tranquillité règne dans la salle des réunions, où nul ne peut pénétrer sans avoir présenté sa carte, sauf les volontaires de passage qui y reçoivent bon accueil et même l'accolade du président (14 germinal an II) et les femmes et les filles qui ont libre accès, mais en gardant le plus profond silence (23 nivôse an II).

On n'inscrira pas le nom de celui qui présente une motion, à moins que l'auteur lui-même ne l'exige ou que la Société en forme le vœu ; quant à la motion, il y sera délibéré de suite, car le motionnaire pourrait être pris à partie et alors plus d'un, peut-être, n'oserait en présenter (30 décembre 1792).

Une plainte, un jour, est déposée sur le bureau. La Société rappelle qu'elle n'est pas un tribunal et que toutes les plaintes doivent être portées devant le Comité de surveillance (17 ventôse an II). Auparavant, cependant, elle devait régler certains différends : le 23 novembre 1792, elle avait établi dans son sein un *Comité de conciliation* chargé de «faire rentrer dans l'ordre tout citoyen qui, au mépris du décret qui a établi la liberté et l'égalité, oserait y porter atteinte »; les opérations de ce comité produisirent une salutaire influence dans la cité, comme il est dit dans le procès-verbal, mais elle le supprima le 9 décembre suivant, décidant que « toutes les causes seront portées devant l'assemblée entière qui maintiendra de tout son pouvoir les droits de la liberté et de l'égalité, droits qui sont le plus précieux apanage dont puisse jouir l'homme ».

La Société a fait faire des diplômes donnant droit à prendre part aux délibérations. Elle les distribue à ses membres et aux citoyens connus comme de zélés défenseurs de la Révolution (17 ventôse an II). Ce sont les certificats de civisme des sans-culottes ; ceux qui en sollicitent la délivrance doivent, au préalable, dire à la tribune ce qu'ils ont fait pour la République (2 floréal an II). Du 30 germinal an II au 5 vendémiaire an III, la Société a délivré 356 diplômes et les noms des possesseurs sont tous inscrits dans les procès-verbaux rédigés entre ces deux dates.

Mais les séances ne sont pas toujours suivies avec assiduité. Des membres font la remarque que certains citoyens ne sont venus à la Société que pour avoir un certificat. Une délibération est prise, le 6 prairial an II, pour ôter le diplôme à ceux qui auront manqué trois séances et des commissaires sont nommés sur-le-champ pour relever à chaque réunion les noms des absents. — Les membres qui, au sein du club, se seront querellés, encourront une amende que fixera l'assemblée (27 juillet 1792). De plus, « à tout malveillant trouvé coupable d'un vol, il sera ôté le diplôme et la carte » et « tout citoyen troublant la séance sera exclu pendant trois mois » (10 prairial an II). Aucune indication, cependant, ne permet d'établir que ces règles aient été enfreintes : le registre est muet sur l'application à des membres des peines sus-énoncées.

Le 31 mars 1793, l'assemblée décide que l'ouverture de la séance aura toujours lieu au cri de *Vive la République !* Tout citoyen convaincu de n'avoir point prononcé cela, sera admonesté à la première fois, exclu à la seconde.

A partir du 14 prairial an II, le président prononce *Vive la République ! Vive la Montagne !* et fait répéter à haute voix le cri par toute l'assemblée. Au 16 messidor suivant, c'est *Vive la République ! Vive la Montagne ! Vivent les armées de la République !* au 23 thermidor, *Vive la République ! Vive la Montagne ! Vivent les Sans-Culottes !* et au 17 vendémiaire, *Vive la République ! Vive la Convention !*

Le 21 mars 1791, le Club vote la construction d'une tribune à placer au centre de l'auditoire, de manière, est-il dit, à se faire mieux entendre : Pierre Mille est chargé du travail. Elle est remplacée par une autre, dont la construction est mise aux enchères, en décembre 1793, et que l'on pose contre un des murs de la salle.

A la première séance, les adhérents à la Société ont prêté le serment de soutenir de tout leur pouvoir la Constitution décrétée par l'Assemblée nationale, d'être fidèle à la nation, à la loi et au roi, jusqu'à la mort. Tous les nouveaux membres, par la

suite, sont tenus, à leur admission, de prêter ce même serment
civique, ainsi que les membres élus à chaque renouvellement
de bureau. Ce n'est que le 6 mai 1793 qu'une modification
apportée au serment apparaît. A partir de ce jour, les membres
du bureau jurent de vivre et de mourir en républicains ; le
8 ventôse an II, ils jurent de maintenir la liberté et l'égalité, la
République française une et indivisible jusqu'à la mort et de
remplir avec exactitude leurs fonctions. Enfin, le 9 germinal de
la même année, le serment prend la forme suivante : « Nous
jurons de maintenir la liberté et l'égalité et de mourir à notre
poste en les défendant ».

Le Club se réunissait généralement le dimanche, dans l'après-
midi ; mais, quelquefois, on trouve des séances à différents
jours de la semaine et accidentellement il y a trace de deux
réunions dans la même journée.

D'après les rôles des citoyens faisant partie de la Société, du
12 juin 1791 au 4 mars 1792, 267 inscriptions à 12 livres chacune sont enregistrées. Le 11 novembre 1792, il y a un renouvellement de cartes à 6 sols l'une ; le 17 février 1793, on compte
116 inscriptions nouvelles.

Lorsque, en septembre 1793, a lieu la réorganisation de la
Société, les cotisations sont à 15 sols par membre et l'on enregistre d'abord 57 inscriptions, puis 75 sous la présidence de Signoret, 140 sous celle de Roux, 14 au 3 germinal an II, 23 sous
la présidence de Bourges, 32 sous celle de Pourchier et 13 sous
celle de Roumieux. La liste d'inscription s'arrête là ; mais jamais ne se trouve un tableau donnant pour un exercice les
noms des membres composant le Club, afin de rendre plus
claire la comptabilité insérée par les divers trésoriers dans les
dernières pages du registre.

La mort tragique de Le Peletier de Saint-Fargeau attriste les
patriotes de Trets. Dans un vibrant discours, le président Rey

glorifie le « martyr », « l'apôtre de la liberté » ; l'assemblée décide que les dernières paroles de ce « généreux évangéliste » seront gravées sur la porte du local de la Société pour les rappeler à tous les républicains, et qu'une messe de *Requiem*, à laquelle on invitera la municipalité, sera célébrée sur le cours le mardi, 4 février 1793.

Le 29 avril suivant, Mille, président, en son nom et au nom de Courtot, de Marseille, offre le portrait du conventionnel qui sera placé à la tribune de la Société.

Le 1 floréal an II, il est décidé l'achat d'un tableau avec cadre renfermant la Déclaration des droits de l'homme et du citoyen, ainsi que de quatre statues de martyrs de la liberté. Bouisson qui doit aller à Marseille, se charge de cet achat, mais n'apporte que les bustes de Marat et de Le Peletier, dont le coût est de quarante livres.

Le 7 pluviôse an II, l'assemblée demande la confection de « deux bâtons aux trois couleurs » pour les commissaires chargés du bon ordre de la salle.

Le 5 floréal suivant, est adoptée la dépense d'un « bonnet de la nation » pour le président.

III. — Bureaux : Composition. Élection. Durée.

Les dix-neuf bureaux qui ont été constitués par la Société et se sont succédé durant les quatre années de son existence, comprenaient : un président, un vice-président, deux ou trois secrétaires et un trésorier. Bien souvent, au début de la réunion, devant l'absence des membres élus, on nommait soit un président provisoire, soit un secrétaire provisoire ; quelquefois, pendant un certain laps de temps, le président de la réunion, toujours le même, prend le titre de *président d'office*. A une séance, aucun membre du bureau n'étant présent, Gasquet est élu président de l'assemblée.

Ordinairement, et suivant le règlement, le bureau est élu par l'assemblée à la pluralité des voix. Dans quelques renouvellements, à partir du 5 mai 1793, on remarque que le président sortant propose son successeur et le vice-président; que ceux-ci, le choix ratifié par les citoyens présents, prennent place au fauteuil et que le nouveau président indique à l'assemblée les secrétaires et le trésorier.

Une seule fois, le bureau élu, conformément au règlement, n'entre pas en fonction et son remplacement a lieu à la séance du lendemain. Voici dans quelles circonstances :

Le bureau, présidé par François Bourges, a terminé son mandat. L'assemblée, le 3o germinal an II, nomme par scrutin à la pluralité absolue des voix, J.-B^te Durand, président, et Pierre Pourchier, vice-président. Ce dernier n'accepte pas, alléguant que ses affaires ne lui permettent point de remplir utilement les fonctions dont on vient de l'investir, et, par un nouveau scrutin, Joseph Feissat est élu vice-président ; Benoît Ferry et Joseph Amalbert, le peintre, sont élus ensuite secrétaires ; François Amalbert, trésorier. Mais c'est un bureau dont quelques membres, comme Ferry et F. Amalbert, ont été entachés d'incivisme à une certaine époque. A la séance du lendemain, 1 floréal, le citoyen Durand remercie l'assemblée, l'assure de tout son dévouement à la République, mais ses affaires et celles que la Société lui a confiées, le 20 du mois dernier, ne lui laissant guère la liberté de remplir efficacement les nouvelles fonctions auxquelles il est appelé, il demande à être dispensé de les occuper. Un bureau, entièrement nouveau, est élu alors, avec Pierre Pourchier comme président, et Tassy comme vice-président.

La durée des fonctions est variable. Elle doit être en principe de deux mois. Mais ce délai n'est point respecté, puisque Gasquet, le premier président, occupe les fonctions pendant cinq mois ; Mille, son successeur, pendant près de six mois, et Rey, le cinquième, qui, au bout de quatre mois de présidence, demandant à être remplacé, est réélu, garde le fauteuil pendant sept mois. Mille (2ᵉ fois), Fanton, François Bourges exercent chacun une présidence d'un mois.

Arrive, le 14 septembre 1793, la réorganisation de la Société. C'est Rey qui est élu président et qui occupe ce poste pendant trois mois. Du 1 nivôse au 6 messidor an II, les présidences suivantes se renouvellent tous les mois : Estienne, Signoret, Jⁿ Roux, F. Bourges, P. Pourchier, H. Roumieux. Ce dernier, devant la faible assistance des réunions, accepte de garder son poste plus longtemps. Ce n'est que le 4 vendémiaire an III qu'il est remplacé et chaque mois on élit un bureau, dont les présidents successifs sont Gieloux, François Baux, Jⁿ Roux et François Bourges, qui exercera pendant pluviôse, ventôse, jusqu'à la dernière séance du Club, le 2 germinal an III.

IV. — Occupations.

Une des principales occupations de la Société est la présentation à la municipalité, par des commissaires délégués, de pétitions pour la solution d'affaires aussi bien d'ordre communal que d'ordre national.

Le 23 septembre 1792, la Société invite la municipalité à choisir pour marché, un jour par semaine comme c'était l'usage autrefois, un emplacement autre que la place de la chapelle de la Trinité, car elle est trop humide.

Une deuxième pétition est présentée, le même jour, demandant que la forêt de Roquefeuil revienne à la commune. La municipalité, en s'occupant activement de la chose, y est-il dit, méritera ainsi l'estime et la reconnaissance de tous les habitants. Car c'est une affaire importante et qui revient souvent dans les délibérations du club. Trets a le droit d'aller prendre du bois dans cette forêt ; le district de Marathon (Saint-Maximin) veut vendre cette propriété ; la Société tient la main à ce que la municipalité ne se laisse pas ravir ce droit, et même elle lui demande d'obtenir en faveur de la Commune la cession d'un petit coin, dans ce bois, à peu près de la valeur du droit possédé [1]. Malgré l'énergie de ses revendications, basées sur la transaction de 1427 intervenue entre le seigneur de Roquefeuil et la Communauté, Trets verra ce domaine vendu comme bien national et l'aliénation de ses droits, faite en 1757, devenir définitive.

La séance du 12 juillet 1792 est consacrée à la fête nationale. Il faut surtout, dit la délibération, « prendre les arrangements possibles au succès de la Révolution, contribuer aux frais que doit occasionner la plantation de l'arbre de la liberté surmonté d'un bonnet [2], symbole du bonheur après lequel nous soupirons tous et dont nous viendrons à bout malgré les malveillances qui s'y opposent ». Les membres non présents et dont l'absence n'est pas justifiée par des raisons légitimes sont rayés de la Société. — Le 14 juillet, l'arbre de la liberté s'élève et porte au sommet un bonnet en fer-blanc peint aux trois couleurs nationales, dont le club règle la dépense s'élevant à 32 livres 3 sols [3].

Vers août 1792, les routes et les bois étaient infestés de brigands. A la suite du vol à main armée dont est victime Magdeleine Gaubert sur le chemin d'Auriol, le 29 de ce mois, le

---

[1] Séance du 28 pluviôse an II.

[2] Ce bonnet a dû inspirer plus tard la demande faite par des clubistes, à la séance du 23 germinal an II, de l'achat d'un chapeau tricolore à placer au sein de la Société.

[3] Cette somme fut payée de la façon suivante : 27 livres 3 sols en monoyes et 5 livres en assignats.

club approuve et transmet à la municipalité une pétition priant
les administrateurs de la cité de réclamer le rétablissement à
Trets du bureau de l'enregistrement établi à Auriol. Il fait
valoir les dangers qu'il y a à traverser les bois (chemin de la
Sérignane) pour se rendre à Auriol, tandis que Trets est mieux
à portée des six communes suivantes à desservir : Peynier,
Rousset, Fuveau, Puyloubier, Négrel et La Galinière.

Le président Thomassin de Peynier, fils, baron de Trets,
habite Paris. Les patriotes tretsois ne cessent de s'occuper de
leur ci-devant seigneur et d'en demander des nouvelles au club
des Jacobins. La section du Louvre exerce sur lui une active
surveillance. Le certificat de résidence qu'elle lui délivre le
22 janvier 1793 est bon ; il n'a point émigré ; il n'est pas sorti
du territoire depuis 1781 et son plus long voyage a été Versailles [1].

C'est l'époque où, pour circuler dans le pays, aller d'une
ville à une autre, même pour des affaires importantes, il est
nécessaire de porter sur soi un Certificat de civisme. Les suspects, d'ailleurs, sont dénoncés au Comité de surveillance établi dans la commune.

Mais la Société ne marchande pas son appui aux citoyens
arrêtés dont elle connaît l'attachement à la Révolution. —
Courtot, mis en état d'arrestation à Marseille, obtient de la
Société un certificat constatant son républicanisme, véritable
témoignage fraternel qui le tire de la prison. — Bouchard, juge
de paix à Pourrières, a été arrêté par des délégués du Représentant du peuple. La Société certifie que le citoyen Bouchard
« a toujours montré une âme ferme dans l'acquittement des
devoirs que la loi lui a imposés pour coopérer au triomphe de

---

[1] Ces renseignements sur Thomassin, obtenus des Jacobins, sont communiqués à l'assemblée dans la séance du 28 avril 1793.

la République » (28 brumaire an II). Aussi, le 12 frimaire suivant, une députation de Pourrières vient, en un patriotique discours prononcé par l'un de ses membres, remercier le club de Trets et lui remet une lettre de sa Société, constatant que le certificat délivré a permis la mise en liberté de Bouchard.

Sur la demande des administrateurs d'Aix, l'assemblée nomme, le 19 ventôse an II, six commissaires pour dresser une liste des citoyens utiles à la République « pour les missions honorables, pour l'amélioration de l'esprit public et démocratique, pour l'apostolat révolutionnaire, pour les commissions de subsistances, pour les places administratives, pour les fabrications d'armes, pour les consulats maritimes, pour les relations extérieures, pour le commerce, pour les manufactures et pour l'amélioration du premier des arts, etc. » Cette première liste, présentée à l'approbation de l'assemblée le 3o ventôse, comprend trente noms de citoyens sachant écrire. Mais on demande d'y ajouter les noms de tous les sans-culottes capables, bien qu'illettrés. Une nouvelle liste de cinquante-quatre citoyens sera jointe à la première et on fait remarquer qu'il y a en plus trois cents agriculteurs illettrés qui se sont montrés dans toutes les occasions comme de vrais républicains et sans-culottes, depuis le commencement de la Révolution jusqu'à ce jour (3 germinal an II).

Les deux ermitages de Saint-Jean et de Saint-Michel doivent être vendus comme biens nationaux ; seulement le bois qu'ils comportent est d'une telle nécessité l'hiver aux habitants de Trets pour leur permettre d'aller « broussailler », et le culte de Saint-Jean est si profond dans le pays, que la Société délègue Jacques Icarden et Etienne Ribiès pour aller à Aix y poursuivre les enchères jusqu'à la délivrance définitive (7 novembre 1792). D'ailleurs, ces commissaires seront indemnisés pour leurs frais.

La vente a lieu. L'ermitage de Saint-Jean et ses attenances

est adjugé à Icarden pour la somme de 350 livres et celui-ci
paye, au moment de l'achat, un premier acompte de 36 livres
17 sols. En rendant compte de sa mission (séance du 13 janvier 1793), Icarden qui n'était que mandataire se dessaisit de
la propriété en faveur de la Société ; cette dernière nomme Rey
et Jean Brouchier pour recueillir les dons des citoyens jusqu'à
concurrence de 350 livres et les habitants de Trets deviendront
ainsi les possesseurs d'un bien qui leur est cher à plus d'un
titre. Le 3 mars suivant, Icarden demande à la Société le payement de ses frais ; le 11, l'assemblée nomme six commissaires
qui assisteront à la rédaction de l'acte de cession « du tènement
et ermitage de Saint-Jean » en faveur du club. C'est là l'origine de cette propriété communale.

Quant à l'ermitage de Saint-Michel, il n'est point question
de sa vente. Ce domaine, d'ailleurs, appartenait depuis longtemps à notre communauté et c'est par erreur qu'il avait été
considéré comme bien national.

V. — Quêtes, dons, travaux des champs.

Au milieu de la tourmente révolutionnaire, la charité ne perd
pas ses droits. Les récoltes sont faibles, le blé est très cher ;
aussi les pauvres ne manquent pas à Trets.

La Société demande à la municipalité d'employer le reliquat
du blé du Mont-de-Piété au soulagement des malheureux
(24 mars 1793) ; d'en acheter encore et, si les fonds manquent,
de faire un emprunt (26 mars 1793). A la suite d'un discours
pathétique de Rey sur la situation pénible des pauvres du pays,
l'assemblée émue ordonne une quête pour accorder de prompts
secours et cinq commissaires sont désignés pour recueillir les
dons (29 mars 1793) ; les noms des donateurs seront publiés
(10 floréal an II). Quant aux pères de famille dont les enfants

sont partis pour la défense de la patrie, la municipalité leur distribuera la somme qu'elle a retirée pour eux (8 ventôse an II).

Les volontaires malades qui séjournent à l'hôpital deviennent assez nombreux ; il en passe continuellement. La Société propose qu'une quête soit faite pour leur donner les subsistances nécessaires (3o germinal an II). Cela ne peut suffire et une pétition est adressée à la municipalité pour qu'elle s'emploie par tous les moyens à venir en aide à ces malheureux (4 messidor an II). Un bienfaiteur de l'hôpital est à signaler : Courtot a fait gracieusement placer un lit « avec tous ses agréments » pour les pauvres volontaires malades ou blessés (11 octobre 1793).

Les travailleurs, retenus souvent pour monter la garde, ne peuvent se livrer utilement aux occupations nécessaires pour subvenir à leurs besoins. Ils pourraient être remplacés par les vétérans dans l'accomplissement de ce devoir patriotique (20 avril 1793). La Société le souhaite. Mais, pour donner des bras à l'agriculture, pour que les terres puissent être cultivées et tous les travaux des champs faits, sur la proposition de Gasquet, une pétition est faite à la municipalité à l'effet d'obtenir des représentants du peuple que la jeunesse de la « levée » vienne passer le quartier d'hiver dans son pays. Tout en s'occupant des champs, elle se livrera au maniement des armes et rejoindra le bataillon à la première réquisition (19 nivôse an II).

Bien souvent, la Société demande l'entière application de la loi du maximum.

Mais une pétition qui, si elle se produisait de nos jours, jetterait l'effroi parmi nos grands producteurs de cucurbitacés, est celle que le Club adresse à la municipalité pour « inviter les habitants à ne faire que cent trous de pastèques et cent de melons, le reste des terres devant être employé à la production des substances nécessaires » (23 germinal an II). Les administrateurs, en approuvant cette pétition, ajoutent qu'il serait préférable de couvrir les guérets de haricots noirs (Délib. mun., 23 germinal an II).

VI. — Fêtes : Fête de la mort du Roi ; Fête de l'Etre Suprême ; Le Temple de la Raison ; Les convois funèbres.

Dans la journée du 10 août 1792, de nombreux volontaires [1], appartenant au *Bataillon des Marseillais* arrivé depuis peu dans la capitale, ont péri. Aussi, sur l'initiative touchante du club de Marseille, la Société de Trets décide de faire célébrer, le samedi 9 septembre suivant, une messe de *Requiem* pour le repos des âmes des citoyens décédés. A cette cérémonie, quatre commissaires recevront les offrandes pour les veuves et les orphelins [2]. Mais deux jours après, suivant un arrêté du département qui met à la charge de la municipalité la subsistance due aux femmes et aux enfants des défenseurs de la patrie, les commissaires désignés sont relevés de leurs fonctions.

La mort de Louis XVI donne lieu, dans notre commune, à une fête civique célébrée le dimanche 10 février 1793. Le 8, Rey demande à la Société une réunion de tous les républicains pour prêter au pied de l'arbre de la liberté le serment de « vivre libre ou mourir en républicain » ; il fait appel aux sen-

---

[1] Dès le 1er juillet 1792, sur une lettre des Marseillais, demandant de prendre les moyens nécessaires pour former cinq hommes qui iront à Paris défendre la Constitution, le Club avait présenté à la Municipalité une pétition l'invitant à ouvrir un registre destiné à recevoir les enrôlements volontaires. Tout volontaire devait être muni d'un certificat de la municipalité ; il serait payé suivant les lois par l'Assemblée communale.
[2] Séance du 4 septembre 1792.

timents de fraternité de l'Assemblée; il sollicite l'oubli des erreurs qui ont pu être commises par certains citoyens et obtient la réintégration de quatre membres, Daniel de Ferry, François Audibert, Toussaint Feissat fils et François Amalbert, qui avaient été exclus de la Société, le 25 décembre dernier, pour leurs propos contraires à la Révolution.

A 2 heures, sur le cours, il y eut un grand repas, et le soir on alluma des feux de joie. L'union la plus parfaite ne cessa de régner à cette fête, dont le succès fut tel que le lendemain Rey décide la Société à en aviser le club de Marseille.

Le 7 germinal an II, Ribiès, curé constitutionnel, se démet de la cure de Trets. Il quitte le pays, mais, de son nouveau domicile, il demande, le 5 floréal, à la Société populaire dont il était membre, un diplôme de bon républicain qui lui est accordé sous le n° 109 [1].

Le 20 floréal, selon le vœu de la Société, la municipalité choisit la ci-devant paroisse pour le temple de la Raison. Aucun objet du culte catholique ne s'y trouve plus; l'argenterie a été adressée à l'Hôtel de la Monnaie à Marseille et les ornements expédiés au district d'Aix.

---

[1] Le document suivant n'est sans doute point étranger aux démissions de prêtres qui se produisirent à cette époque :

« Liberté, Egalité.

« Extrait du registre de la Société républicaine des Antipolitiques d'Aix.

« Du 19 pluviôse, l'an II de la République une et impérissable.

« Sans cesse occupée à combattre les préjugés qui entravent l'opinion, qui l'empêchent de se manifester et qui maintient *(sic)* les actions des hommes, instruite qu'une fausse crainte retient encore un grand nombre de ces illuminés nommés prêtres qui se croient et se donnent témérairement pour les interprètes de la divinité ; et convaincue que plusieurs d'entre eux, éclairés enfin par le flambeau de la raison et de la vérité, quoique reconnaissant qu'ils ne sont rien de plus que les hommes ordinaires, n'osent point en faire l'aveu public ni renoncer à leur prétendu sacerdoce :

Le 20 prairial est célébrée la fête de l'Etre suprême. La municipalité a fait annoncer la fête, mais aucun programme n'a été publié. Roumieu, président du club, invite le maire, présent à la séance du 19, à faire connaître ce que les républicains doivent faire ce jour-là. Rey entretient l'assemblée « du bonheur que devait ressentir tout bon républicain de voir approcher le jour où il devait payer à l'Etre suprême un acompte du tribut qu'il lui doit ». Ses paroles sont applaudies et la Société, après délibération, adopte le programme de la cérémonie :

« Une heure avant le jour, les tambours annonceront la fête.

« Tous les citoyens et citoyennes qui, dans l'enthousiasme de la reconnaissance, seconderont le plan dont lecture a été faite, se rassembleront et avec le Corps municipal et les membres de la Société populaire se rendront au Temple de la Raison.

« Quant à ceux qui se montreraient froids à une pareille cérémonie, l'assemblée déclare qu'elle ne peut les regarder comme des frères, mais plutôt comme des fanatiques et des ennemis de la Révolution ».

« La Société des Antipolitiques républicains a unanimement délibéré que les évêques, curés et vicaires qui, voulant jouir du bénéfice de la Loi, se démettraient de leurs lettres de prêtrise, seraient déclarés avoir mérité son approbation et son estime et que le présent extrait sera imprimé et affiché.

« Fait à Aix, le 20 pluviôse, l'an 2ᵉ de la République, dans le lieu des séances de la Société.

« Signé : ANDRÉ, président;
« MANIERE, vice-président ,
« Henry TOURNIAVE, secrétaire.

« Enregistré par ordre de la Société assemblée à Trets, le 27 pluviôse, l'an 2ᵉ de la République française.

« CARTIER, secrétaire provisoire ».

Ce jour-là, la Société tient deux réunions. Dans la première, à son retour du Temple, elle accorde un « dîner honnête » aux tambours qui ont battu le matin.

Le 10 thermidor suivant, les membres du club, suspendant la séance, se rendent, sur l'invitation de la Municipalité, au Temple de la Raison, où l'on prêche, est-il dit, l'évangile de la Révolution suivi du chant d'hymnes à l'Etre suprême ; ils se retirent ensuite dans leur local et là ils entonnent des chansons patriotiques.

La Municipalité a déclaré « champ de repos » le ci-devant cimetière ; comme il est trop près de la maison commune [1], du marché et de la Société populaire, elle choisit pour le remplacer une partie de l'enclos de l'hôpital [2].

Les prêtres n'assistent plus, maintenant, aux enterrements ; c'est un représentant officiel de la commune qui suit le cercueil jusqu'à la demeure dernière. Mais quelques absences de celui-ci ont été constatées et la Société demande à ce que la loi relative aux cimetières soit entièrement exécutée, que l'officier public, ou à défaut un remplaçant délégué à cet effet, accompagne toujours le convoi funèbre.

VII. — Affiliation.

Les premiers actes du Club, avons-nous dit, ont été de solliciter l'affiliation à la *Société des Amis de la Constitution* de Marseille, ainsi qu'au *Club des Jacobins*. Plus tard, après le

---

[1] Depuis octobre 1792, la municipalité, abandonnant le local près de l'église, est installée dans l'immeuble qu'elle possède à la Trinité (Mairie actuelle).

[2] Enclos du couvent des Observantins, aujourd'hui jardin attenant à la cour de l'école maternelle et propriété du Bureau de bienfaisance.

Délibération municipale, 24 germinal an II.

20 mai 1792, on décide de s'affilier avec les clubs les plus voisins et avec tous ceux qui en font la demande : Rousset, Peynier, Fuveau, Rians, Pertuis, Aubagne, Aix, Roquevaire, etc. Lorsque l'affiliation est accordée, chaque société délivre à sa société sœur un acte qui le constate, et ainsi s'établissent des liens d'amitié, de civisme entre toutes les sociétés de ce genre organisées sur notre territoire ; une correspondance active s'échange entre elles.

Il arrivait souvent, autrefois, que d'anciennes rivalités séparaient deux pays voisins. Trets et Peynier avaient eu, avant la Révolution, de longs procès ; le désaccord entre ces deux communautés s'était communiqué aux habitants. La Société de Peynier envoie une délégation de neuf membres pour venir solliciter l'affiliation avec celle de Trets (10 avril 1792). Dionville, qui en est le porte-parole, s'exprime en ces termes : « Les citoyens de Peynier, ces voisins, vos frères et vos amis, viennent vous prier d'oublier toute ombre d'animosité particulière et individuelle, s'il en existe. Quel plaisir, messieurs, plus doux que celui de s'aimer réciproquement les uns et les autres, quelle force plus imposante pour soutenir notre liberté, que l'union et la concorde. Comme patriotes, nous devons être unis éternellement ; comme hommes, nous ne formons qu'une seule et même famille ; nous devons être donc tous unis. Et nous venons vous apporter, au nom de tous les citoyens de Peynier, notre affiliation et le baiser fraternel ».

L'affiliation est accordée, ce qui est le premier pas dans la voie de l'union, laquelle se trouvera définitivement scellée à la fin des deux démarches suivantes :

Un dimanche de mai, une députation de Peynier est venue au sein du Club tretsois [1] renouveler ses sentiments d'amitié

---

[1] Séance du 11 mai 1792.

et étouffer ainsi tous les différends qui avaient agité les deux pays. Elle fut reçue avec toutes les marques d'intimité et de fraternité dont sont capables de faire état les patriotes de Trets. Et notre Club [1], pour témoigner sa bonne volonté évidente à « s'unir pour terrasser tous les citoyens qui oseront donner la moindre ombre d'inimitié contre la patrie », envoie à son tour une délégation composée de Rey, juge de paix ; Remusat et Gieloux Mathieu, à laquelle même pourront se joindre tous les membres qui le désireront.

Les Marseillais répondent au vœu des clubistes de Trets [2]. — « Marseille, le 26 mars, l'an 4ᵉ de la liberté. Frères et amis, recevez ce pacte d'union et d'amitié que nous accordons aux vrais soutiens de notre liberté et aux zélés défenseurs des droits de l'homme ; les sentiments qui vous animent, les principes que vous suivez vous l'ont fait mériter ; nous ne doutons point que votre persévérance ne serre toujours plus les liens qui nous unissent. Pour vous prouver, chers amis, notre entier dévouement et l'intérêt que les Marseillais prennent et prendront toujours à ce qui vous regarde, il suffira de vous dire que vos désirs sont pleinement satisfaits. Nous sommes fraternellement frères et amis. Signés : Allemand, Guinot, Jullien, Perrache, Allier, Féraud ».

Et voici l'acte d'affiliation contenu dans la lettre précédente :

« Vivre libre ou mourir. — Comité de correspondance. — District de Marseille. — Nous soussignés, président et secrétaire de la Société des Amis de la Constitution, établie à Marseille, tant sous ce titre que sous celui d'Assemblée patriotique, l'an premier de la liberté et le 11 avril 1790, en vertu de la délibé-

---

[1] Séance du 20 mai 1792.
[2] Registre du Club, p. 8.

ration de cette société, en date du 24 mars 1792, avons donné acte d'affiliation à nos frères de la société des Amis de la Constitution, établie à Trets, département des Bouches-du-Rhône. Nous prions nos frères de tous les départements du royaume[1], de les admettre en cette qualité, notre Société ayant arrêté pareille admission pour tous les membres des sociétés de ce genre. A Marseille, l'an 4° de la liberté et le 24° du mois de mars 1792 ». — Signatures les mêmes que ci-dessus.

La Société de Marseille jouit d'une grande influence sur la nôtre. Bien souvent, cette dernière la consulte, afin que ses actes soient toujours conformes aux devoirs qui lui incombent.

Depuis le 20 mars, notre Club possède l'acte d'affiliation de la Société aixoise, *Les Amis de la Constitution*, dit *les Antipolitiques*, siégeant aux Bernardines. Rey, dans une harangue enflammée[2], avait engagé ses camarades à solliciter cette affiliation et cinq délégués s'étaient rendus à Aix pour présenter la demande.

C'est avec une insistance toute particulière que le Club

---

[1] L'acte d'affiliation accordé à la Société de Fuveau par le Club de Trets, porte *de la République*. — Séance du 1er nov. 1792. Il en sera désormais ainsi pour tous les autres.

[2] Voici la motion présentée par Rey, juge de paix et membre de l'assemblée :

« Frères et amis, jamais il ne fut une occasion plus favorable que la détermination de tous nos concitoyens pour déconcerter entièrement les ennemis de la Constitution. Il me paraît que c'est là le vœu général, mais pour en donner des preuves non équivoques, nous ne devons pas nous borner simplement à des paroles. En conséquence, sollicitons une affiliation avec tous les clubs qui ont part à notre amour et à notre reconnoissance... hé! comment pourriez-vous différer plus longtemps de la demander, cette affiliation, à messieurs les amis de la Constitution, dits les Antipolitiques, à Aix ? Je vous entends souvent publier leur vertu et vanter leur patriotisme. Est-ce là bien payer tout ce que vous leur devez? Meritez une correspondance avec eux ; ils sont les vrais partisans de la Révolu-

tretsois demande son affiliation aux Jacobins. Il sollicite le concours de la Société de Marseille pour aboutir plus tôt. Mais les Jacobins observant religieusement leurs règlements, ne peuvent affilier une société qu'autant qu'elle a le suffrage de deux sociétés les plus voisines affiliées à la leur, ou que trois membres de la Société de Paris appuient la demande accompagnée de la liste des membres et du règlement. Poutu, vice-président, engage les patriotes, ses camarades, à avoir de la persévérance pour obtenir, dit-il, l'affiliation après laquelle ils soupirent. Fabre rédigera une lettre aux Amis de Marseille pour les prier d'intéresser à leur cause trois membres de Paris.

Il arrive, enfin, cet acte tant désiré. C'est un fait d'une importance extrême pour les membres du Club tretsois. Une joie délirante dut régner dans la salle à la lecture des deux lettres qui accompagnaient l'acte d'affiliation, l'une des Marseillais, l'autre des Jacobins. Le registre, lui-même, est en fête, car c'est avec une écriture soignée et fleurie que les deux lettres sont transcrites, en consacrant une page à chacune d'elles. Il n'y a pas de procès-verbal de séance, mais seulement bien en évi-

____

tion ; ces vertueux citoyens se sont toujours montrés les ennemis jurés de l'aristocratie. Et toutes leurs actions sont pour vous une preuve non équivoque qu'ils ont juré sur la *foy de leur âme*, d'en détruire jusques au moindre reste impur capable de corrompre quelque citoyen. Je crois donc d'avancer rien de trop que de dire qu'en exprimant mon vœu, j'exprime le vœu général, requérant de délibérer ».

La motion est approuvée par acclamation : Signoret, maire ; Gasquet, ex-maire ; André Pourcin, ancien procureur de la commune ; Dourgnon, officier municipal, et Gautier, notable, sont désignés pour se rendre auprès du Club aixois, développer les sentiments de l'assemblée et solliciter l'affiliation. — Séance du 14 mars 1792.

dence, ces mots : *Affiliation accordée.* L'acte, lui-même, n'est
pas inséré[1].

Parmi cette pléïade de citoyens actifs et dévoués dont la Société à chaque instant réclame le concours et qu'elle honore
de toute sa confiance pour les diverses et importantes charges
à remplir, deux noms surtout sont à retenir :

Rey, l'orateur écouté de l'assemblée, maire à deux reprises,
juge de paix, notable;

Gasquet, l'administrateur zélé, maire, commandant de la
Garde nationale, procureur de la commune, agent national,

----

[1] Voici ces deux lettres :

— M^r les Amis de la Constitution à Trets. — Vivre libre ou mourir. —
Marseille, le 27 avril 1792, l'an 4ᵉ de la liberté.

Frères et amis, c'est avec bien du plaisir que nous vous faisons passer
l'affiliation des Jacobins de Paris. Nos vœux s'accomplissent tous les
jours, parce que la famille de nos frères augmente selon nos cœurs, parce
que le bonheur de l'Empire et des patriotes dépend de l'union dont nos
diplômes sont le sceau. — Nous sommes cordialement, frères et amis, les
membres du Comité de correspondance.

Signé : Guinot, président; Gourdan, secrétaire; J.-Bᵗᵉ Peirache,
J. Estienne.

— Séance du 9 avril 1792, l'an 4ᵉ de la liberté. Société des Amis de la
Constitution séante aux Jacobins, rue Saint-Honoré.

Paris, ce 9 avril 1792, l'an 4ᵉ de la liberté.

Frères et amis, nous voyons avec satisfaction le zèle dont vous êtes animés pour le salut de la chose publique. Le but de notre institution étant
de propager le patriotisme dans toutes les parties de l'Empire, toutes les
sociétés des Amis de la Constitution doivent s'unir par les liens de la plus
intime fraternité, et s'attacher à ne former qu'une seule et même famille,
afin de travailler de concert à assurer le triomphe des lois et de la liberté.
Nous nous empressons de vous apprendre combien la Société a été flat-
tée de vous accorder l'affiliation que vous lui avez demandée.

Recevez, frères et amis, l'assurance bien sincère des sentiments d'estime
et de fraternité que se doivent réciproquement tous les amis de la Constitution.

Président, Carra Debeut; A. Joy, secrétaire.

mort victime des passions politiques soùs les balles des Égorgeurs, le 23 frimaire an VIII, alors qu'il était président de
l'Assemblée cantonale.

Voilà, esquissé à grands traits, un tableau de mœurs locales
à propos d'un de ces clubs appartenant à la grande fédération
dont la tête était aux Jacobins et les bras sur tout le territoire
français.

Trets, le 4 mai 1906.

V. TEISSÈRE.

XXIII

Le Blocus de Marseille pendant la peste de 1722

Par M. le Dr **ALEZAIS**,

Professeur à l'École de médecine et de pharmacie de Marseille,

membre de la Société d'Études provençales.

La longue et terrible épidémie de peste qui, en 1720, après avoir ravagé Marseille et la Provence, s'était étendue jusque dans les Cévennes, le Vivarais et le Gévaudan, pouvait être considérée comme éteinte dans ses régions d'origine, dès la fin de l'année suivante.

A Marseille, il n'y avait plus de malades depuis le mois de juillet 1721. A Simiane, l'épidémie était terminée le 11 juillet. A Allauch, le dernier décès eut lieu le 15 août; à Auriol, le 19 septembre. Dans d'autres localités, comme les Pennes et Septèmes, les Pennes d'Aubagne, le fléau n'avait plus fait de victimes depuis le mois d'avril. Vers la fin de l'année, on pouvait croire la Provence délivrée de tout danger. Cassis était déconsigné le 29 octobre; Aubagne sortait de la quarantaine de santé, le 10 décembre.

A Marseille, les premiers mois de 1722 se passèrent, comme dans les villes voisines, sans accidents et peu à peu l'activité de ses citoyens réparait le désarroi dans lequel l'affreuse période écoulée avait jeté toutes les institutions, quand, au commencement de mai, des cas de peste éclatèrent de nouveau.

Il semble que l'épreuve eût trempé les caractères, car cette « nouvelle contagion », comme on l'appela, ne produisit pas l'épouvante et le désordre qui avaient accompagné l'ancienne. S'il y eut des défections regrettables, surtout, paraît-il, parmi les chirurgiens, la plupart des hommes chargés des affaires publiques firent leur devoir et, grâce à leur décision et à l'énergie des mesures prises, le fléau fut localisé et rapidement éteint.

Dès le 11 mai, M. Moustiers [1], premier échevin, réunissait le Conseil et lui représentait que « quelques morts précipitées qu'il y eut ces jours passés », ayant fait soupçonner un retour de la maladie contagieuse dont la ville était délivrée depuis près de dix mois, MM. ses collègues et lui avaient pris toutes les précautions possibles pour prévenir les suites d'un mal si dangereux.

L'archiviste Capus [2] termine par les lignes suivantes, qui résument la nouvelle contagion, le Registre de peste où sont contenues toutes les pièces concernant l'épidémie de 1720 à 1722.

« Le renouvellement du mal contagieux n'a point fait de progrès dans la ville, quoyqu'il aye duré depuis le mois de may 1722 jusques au 16 du mois d'aoust suivant, ce n'a pas esté une rechute de la première peste, mais une nouvelle peste qui est venue d'Avignon. Elle a particulièrement paru dans la rue de la Croix-d'Or [3], où il y a eu plusieurs maisons infectées,

---

[1] Arch. municipales. Reg. des Délibérations. 1ᵉʳ janv. 1722, p. 60.

[2] Arch. municipales. Registre de peste où sont contenues les ordonnances de police faites par les Échevins, les Délibérations, Lettres du Roi, etc., et généralement tout ce qui a quelque rapport à la contagion de 1720 à 1722.

[3] Petite rue allant actuellement de la rue Coutellerie à la rue Chevalier-Roze.

mais par la miséricorde de Dieu et par les bons ordres quil y a eu, le mal n'a pas fait de grands ravages, n'estant pas mort dans trois mois que le mal a duré, deux cent cinquante personnes atteintes ou suspectes de la maladie contagieuse » [1].

Dès la reprise du mal, la ville rétablit les postes et les barrières qui étaient destinés à exercer une étroite surveillance sur les communications avec l'extérieur. Ces postes avaient été supprimés, car le 22 avril 1722, nous voyons une expertise faite par les sieurs Chape et Carlet, évaluer les dommages que la barrière établie sur le chemin d'Allauch avait occasionnés à la campagne de Jean Amphoux. Fixée à 404^{l}12, savoir 251^{l}12 pour la Communauté d'Allauch et 153^l pour celle de Marseille, l'indemnité avait été payée par celle-ci, le 2 mai suivant [2].

Dès le 10 mai, les troupes campées à la Chartreuse de Marseille [3], reprenaient les corps de garde et les barrières de Septèmes, la Gavotte, la Bégude, Braye de Camp, la Bastidonne, Château-Gombert et Lestaque [4].

Il y avait une autre barrière au Frioul.

Mais ce qui fut spécial à l'épidémie de 1722, c'est le blocus du terroir de Marseille par une ceinture de troupes saines, envoyées par les Procureurs de la province et interceptant, du côté de la terre, toute communication avec les pays voisins.

L'extension foudroyante du mal, en 1720, n'avait pas permis

---

[1] Le même archiviste estime à 40.000, ou environ, les victimes de l'ancienne contagion à Marseille et dans son terroir.

[2] Arch. municipales. Peste de 1720, année 1722, carton n° 10.

[3] Ces troupes comprenaient douze compagnies des régiments de Flandre et de Brie.

[4] État général de la fourniture du bois faite par la Communauté aux troupes du Roy campées à la Chartreuse ou détachées à différents postes pour la garde des Barrières du Terroir depuis le 10 may 1722 jusqu'au 7 janvier 1723. — Arch. municip. Peste de 1720, année 1722, carton n° 10.

de recourir à cette mesure, ou plutôt, c'est sur la Durance, faisant face à toute la Provence pestiférée, qu'avait été tardive-
ment établie la ligne du blocus.

Le nouveau foyer qui éclatait au printemps de 1722, dans
notre ville, fut rapidement éteint, mais il faut tenir compte,
pour apprécier l'efficacité du blocus, des conditions particulièrement favorables du moment. La virulence du fléau paraissait
atténuée et sur place nos concitoyens l'avaient attaqué avec
promptitude et énergie.

Les documents qui nous permettent de décrire le blocus de
1722 sont incomplets. Il est à peu près certain qu'il fut ordonné
par l'Intendant de Provence, Le Bret, mais je n'ai pas trouvé
dans nos Archives locales l'acte qui fixait la date de son établissement, pas plus que celle de sa suppression. On sait, en
effet, que les papiers de Le Bret, qui étaient sa propriété,
comme ceux de tous les Intendants, ont été emportés par lui à
Paris et sont à la Bibliothèque Nationale.

Nous avons, grâce à quelques pièces importantes, le tracé du
blocus et des détails sur son fonctionnement.

Ces pièces sont [1] :

1° Le « Proces-verbal de la visite faite sur la ligne du blocus
de Marseille par M. le marquis de Bargème, premier procureur
du païs, despuis le 5 juin jusques au 10 dud. mois 1722 ».

2° Un relevé, sans autre date que le millésime et sans signature, des baraques à faire le long de la ligne du blocus. J'ai lieu
de croire que cette pièce, qui a peut-être été faite après une visite
des postes, analogue à la précédente, est postérieure à la première.

3° La convention pour la fourniture du bois et de la paille
aux postes, du XVI juin 1722.

---

[1] Archives départementales, C, 910

4° Les instructions pour les employés au bureau de la santé établi par la Province à la barrière de Septèmes.

Quand on jette les yeux sur une carte des environs de Marseille, on voit que son terroir, qui est bordé par la mer à l'ouest et au sud, est entouré du côté de la terre par une série de collines plus ou moins importantes. A l'est, c'est le massif de Carpiagne, au-delà duquel est Cassis. Il est séparé, au nord, par la vallée de l'Huveaune, du Garlaban, auquel font suite, transversalement étendues vers l'ouest, la chaîne de l'Étoile avec le pilon du Roi et les collines de la Nerthe qui se prolongent jusqu'aux Martigues, entre la mer et l'étang de Berre.

La ligne du blocus s'étendait de Cassis aux Martigues, en passant par Aubagne sur l'Huveaune, Allauch, aux pieds du Garlaban, Simiane au nord de la chaîne de l'Étoile, les Pennes et Gignac sur le versant nord de la Nerthe, Carry, au bord de la mer, sur le versant sud des mêmes collines.

Les postes étaient divisés d'après les terroirs qu'ils occupaient.

Le terroir de Cassis comprenait dix postes : au bout du Port, à Notre-Dame de Port-Miou, au Pas de la Reyne, à l'Oratoire, au vieux chemin de Marseille, au Valon, à la Conférence, au four à chaux, au chemin d'Aubagne, au Mussuguet. [1]

Le terroir d'Aubagne comprenait onze postes établis du côté de Cassis, à un autre endroit du Mussuguet, au col de la Cabrette, à la Girarde, au Veneau, au chemin de la Penne, au Creisseau, à la barrière d'Aubagne ; du côté d'Allauch, à l'Aumône, au Pin, à la Grassiane, à Rieusatel.

Le terroir d'Allauch avait vingt-sept postes qui s'étageaient au pied du Garlaban et sur le plan méridional de la chaîne de l'Étoile. Ils étaient situés : au Gourd de Roubaud, au-dessous

---

[1] On a conservé l orthographe qui se trouve dans les documents cités.

de la Treille, au valon de Marthelène, à Belon, à Babarrau, au-dessus de la Clune, à lambrigous, entre les 3 lus (ou lieux) et le lambrigous, aux trois lus, à la langouste, à pont, au valon de Saint-Jacques, au valon de Cauvin, à la porche, à la bastide du Sr Brouillard, à la bastide de Tisseran, à la barrière de la Bégude, au-dessus de Jarret, au Mazage, à la Nonciade, au Camau, à Prentegarde, au-dessus de la Gravé, entre la Grave et le Grinotier, à la tasse des Houïdes, au-dessus de la tasse des Houïdes ; il y avait un dernier poste sans nom vers Simiane.

Le terroir de Simiane comptait sept postes distribués dans le massif de l'Étoile : à la hauteur de la descente de Simiane, au bout du vallon des Houïdes sur la hauteur, à la grande et à la petite Étoile, au plus bas coulet de Sanguin, à la hauteur de la commune de Garavagne, à la hauteur de Septèmes de Garavagne.

Sur le terroir des Pennes, on comptait seize postes échelonnés entre l'Étoile et la Nerthe et fermant la principale route d'Aix. Ils étaient situés : entre Simiane et Septèmes, dans la plaine de Septèmes, au-dessus de la chapelle de Septèmes, à la chapelle dessus la barrière, à la barrière de Septèmes, au sentier de la Bedoule, auprès de Tian sur la montagne, entre Tian et la Gavotte, à la Gavotte, au Moulin du Diable, à la montagne du Moulin du Diable, à la Grand-Gache, au clan de Bourgogne, au sommet de la montagne de la Margaridette, au Bourbon entre deux petits chemins, à la hauteur de la dré de mourrage.

Sur le terroir de Gignac, il y avait dix postes. Les premiers occupaient la Nerthe : à la hauteur de la Monedière, au baillet du grand Vallon, au pas de Lescalier, à la hauteur de Colombier, au Rove. Les autres longeaient la mer depuis le port de la Courbière jusqu'à la Madrague de Gignac. Ils étaient établis au port de la Viste, au port de Nioulon et à un « petit port où il y a une cabane de pêcheurs dit Méjean ».

La côte était gardée par trois autres postes sur le terroir de Carry, à Notre-Dame du Rouet, à Carry et à Sausset, et par quatre postes sur le terroir des Martigues, à la chapelle Sainte-Croix, à la Couronne, au port de Bouniou et au port du Pouteau.

Les postes étaient occupés par des soldats d'infanterie du Royal-Rossillon et des Arquebusiers, auxquels étaient adjoints un certain nombre de paysans fournis par les communautés voisines.

Chaque poste comprenait un, deux, trois soldats, dix ou douze au maximum, que l'on renouvelait de cinq en cinq jours, et même nombre de paysans. Tantôt paysans et soldats étaient en nombre égal, tantôt en proportion inverse. Aux barrières, il n'y avait le plus souvent que des soldats, au nombre de dix à douze.

En comparant les deux relevés de l'état des postes qui nous sont parvenus, on voit que, d'une époque à l'autre, le nombre des soldats et des paysans était assez variable.

Dans les petits postes, les soldats n'avaient pas de chefs ; ailleurs, ils étaient commandés par un sergent ou un officier. Enfin, Royal-Rossillon et Arquebusiers alternaient avec les terroirs. Ainsi, Cassis avait deux compagnies du Royal-Rossillon, soit soixante-quatre hommes, commandées par les capitaines d'Outre et Nègre, tandis que les postes d'Aubagne étaient occupés par des Arquebusiers, sauf, cependant, la barrière de Braye de Camp, où il y avait un officier et neuf grenadiers de Royal Rossillon. Sur les terroirs d'Allauch et de Simiane, la garde était faite par un bataillon d'Arquebusiers, commandés par le capitaine Destorres ; sur celui de Septèmes, par le Royal-Rossillon ; sur ceux de Gignac, Carry et Martigues, par les Arquebusiers, sous le commandement du vicomte de Lio.

Les postes étaient souvent installés dans des fermes ou des bastides, surtout dans les parties de la ligne qui traversaient des régions cultivées et habitées. Ainsi, entre Aubagne et Allauch, dans la vallée de l'Huveaune, où passe la route de Toulon, sur cinq postes, quatre occupaient des bastides, tandis qu'entre Aubagne et Cassis, on n'avait trouvé que la bastide de la veuve Coste. Sur le terroir d'Allauch, la plupart des postes étaient établis dans des bastides. Au gourd de Roubaud, on avait utilisé une bergerie, dont le couvert avait seul nécessité quelques réparations, d'ailleurs faciles, parce qu'il y avait des tuiles sur les lieux. On ne retrouve plus de bastides jusqu'au Rouet, Carry, Sausset et la chapelle de Sainte-Croix. Ailleurs, on installait des tentes.

Dans son voyage, le marquis de Bargème indique que nombre de postes doivent en être pourvus, car jusque-là, c'est-à-dire aux premiers jours de juin, les soldats étaient sans abri.

Dès cette époque, on avait construit en maints endroits, notamment aux environs de Cassis, des baraques en pierres sèches, couvertes de tuiles.

M. de Bargème signale qu'à certains postes, il est nécessaire de substituer des baraques aux tentes, par exemple au Revau, près de Cassis, parce que le terrain ne permet pas de planter des piquets.

Il semble que plus tard on ait complètement renoncé aux tentes « qui sont toutes en piesses par les grands vents », comme le dit le second document que j'ai cité, et dont « les piquets ne seauroient tenir où elles sont portées » [1]. Il est alors question, peut-être à la suite d'une nouvelle inspection de la ligne, d'établir

---

[1] Ce document paraît postérieur au voyage de M. de Bargème, puisqu'il déconseille l'usage des tentes que le premier Procureur du pays préconisait encore.

des baraques en pierre partout où il n'y a pas de bastides ou
de fermes. Le relevé anonyme indique le nombre des baraques à faire, celles qui sont à réparer et celles qui servent.

La construction et l'entretien des baraques, au nombre de
quarante neuves et de six à réparer, étaient à la charge des
communautés « tant celles où la ligne passe dans leur terroir ou.
celles qui sont voisines de la ligne et qui aydaient les autres. »

>   Ainsi Aubagne   avait 4 baraques à faire, 1 à réparer.
>   Allauch   — 11   —
>   Gardanne, pr ayde — 2   —   1   —
>   Simiane   — 4   —
>   Bouc, pour ayde   — 1   —   2   —
>   Cabriès   — 1   —
>   Les Pennes   — 3   —
>   Marignane, pr ayde — 3   —
>   Châteauneuf, pr ayde — 3   —
>   Carry   —   1   —
>   Martigues   — 1   —

Chaque poste était pourvu de paille, de bois et d'un petit
tonneau ou barrique à tenir l'eau. Les officiers avaient droit à
un lit consistant en « un matelas, garde-paille, traversier, lin-
seuls et couvertures ».

La fourniture de la paille et du bois fut assurée, à dater du
20 juin, par les sieurs Jean d'Aubagne, Barnouin d'Aix et Michel
d'Allauch, en vertu de la convention suivante passée avec les
procureurs du pays, le 16 juin 1722, c'est-à-dire peu après le
retour de M. de Bargème.

Jusque-là, les postes étaient peut-être fournis par les localités voisines, mais je n'ai pas trouvé de renseignements à cet
égard :

« A esté convenu entre Messieurs les Procureurs du pays,
d'une part, et sieur François Jean, bourgeois du lieu d'Aubagne,

sieur Joseph-Hiacinthe Barnoin de cette ville d'Aix, et sieur Jean-Pierre Michel du lieu d'Allauch, d'autre ;

« Sçavoir :

« 1º Que lesd. sieurs Jean, Barnouin et Michel s'obligent solidairement de faire la fourniture de la paille qui sera nécessaire à tous les postes des soldats qui sont sur la ligne du blocus de la ville de Marseille depuis le bord de la mer, terroir de Cassis, jusques a l'autre bord de la mer, terroir des Martigues, tant aux postes qui sont déjà emplassés que de ceux qui pourront l'estre dans la suite et jusques que Messieurs les Procureurs du pays en ordonneront autrement, la fourniture de la paille sera faite a raison de vint livres pour chaque soldat de quinze en quinze jours et le prix leur sera payé par la province, a dix neuf sols le quintal sur la reveüe qui sera faite par le major de la ligne et certificats d'officiers commendans lesd. soldats pour la livraison.

« 2º Lesd. sieurs Jean, Barnoin et Michel, toujours solidairement s'obligent aussi de faire la fourniture du bois qui sera nécessaire aux postes dud. blocus qui sont seulement dans les terroirs de Cassis, Aubagne, Allauch et Septèmes, tant à ceux desd. terroirs qui sont deja emplassés quaux autres qui pourront lestre, jusques a ce quil en soit autrement ordonné par Messieurs les Procureurs du pays et sera led. bois fourny à raison de vint cinq livres pour l'officier et dix livres pour chaque soldat le tout pour chaque jour, le prix sera payé par la province a raison de vint quatre sols le quintal sur le pied des reveües du major de la ligne et certificat des officiers commendans pour la livraison.

« 3º Il est prohibé aux dits sieurs Jean, Barnouin et Michel de payer en argent aux officiers et soldats lad. fourniture de bois et paille sous quelque prétexte que ce soit.

« 4º Ils s'obligent de faire l'avance du montant de lad. fourniture pendant un moys, au bout duquel la liquidation sera faite sur le pied des reveües et certificats comme est dit cy-dessus et mandat expédié auxd. sieurs Jean, Barnouin et Michel, par MM. les Procureurs du pays sur lequel ils seront payé et la fourniture et payement seront ainsy continués de moys en moys tant que lad. fourniture durera.

« 5° Si MM. les Procureurs du pays trouvent à propos de faire fournir du bois aux postes du blocus qui sont sur les terroirs de Simiane, Septèmes, Gignac, Carry, Châteauneuf et les Martigues, lesd. sieurs Jean, Barnouin et Michel seront tenu de faire lad. fourniture aux prix et conditions ci-dessus convenus.

« 6° La fourniture des bois et paille commensera du vint de ce mois, duquel jour lesd. sieurs fournisseurs seront payes.

« La presante fait double à Aix, ce seize juin mil sept cent vint deux.

« BARGUEME, pʳ pʳ du pays ;

« DE PAULE, C. d'Aix, pʳ du pays ;

« CARNAUD, Consul d'Aix, Proc. du pays.

« JEAN, MICHEL, BARNOUIN ».

Les autres fournitures et sans doute le ravitaillement étaient demandés aux Communautés les plus proches des postes. Ainsi, M. de Bargème expédia de Marignane un ordre au vicomte de Lio sur la communauté de Martigues, pour fournir au poste de la Madrague de Gignac, 1 lit et 2 barriques ; au poste de Méjan, 2 barriques ; au poste de Niolon, 1 lit et 2 barriques ; au logis du Rove, 5 barriques, que l'officier occupant ce poste devait distribuer : 2 au poste de Corbière, 1 au poste de la Colombière, 1 à celui du pas de Lescalier, 1 à celui des buisses du Grand-Vallon. Les Consuls des Martigues étaient chargés de retirer un reçu de ces effets de ceux auxquels ils les remettaient et de recouvrer le tout quand la garde du blocus finirait, à « peyne d'en répondre en leur propre ».

Au poste de la Corbière, qui était situé près du Rouet, sur le bord de la mer et était dépourvu d'eau douce, la commune du Roye avait reçu l'ordre de M. de Bargème d'apporter chaque jour pour les soldats une charge d'eau douce.

Nous avons déjà plusieurs fois cité la tournée d'inspection que fit le long du blocus le premier Procureur du pays ; il est temps de le faire plus longuement. Cette tournée ne fut probablement pas la seule. Le procès-verbal qui en est conservé *in-extenso* aux archives départementales est intéressant pour l'histoire du blocus.

« François de Pontevès, chevalier, seigneur de Bargème, Saint-Laurent, Bromes, Tournon et autres lieux, premier consul d'Aix et premier procureur du pays, en suite des intentions de M. le marquis de Brancas, lieutenant général des armées du Roy en Provence, et suivant la délibération verballement prise le 4 juin par les Procureurs du pays, partit d'Aix le lendemain pour visiter les postes de la ligne du blocus, en compagnie de M. Jean-François Ricard, greffier en survivance des États, suivis de Sébastien Mangaret, trompette, serviteur du pays. Ils allèrent coucher à Aubagne, et le 6, après avoir diné à Cassis, ils visitaient les postes du terroir et ceux d'Aubagne jusqu'à la barrière de Braye de Camp. Ils couchaient à Aubagne et, le 7, visitaient, dans la matinée, les postes qui les séparaient d'Allauch. Le capitaine Destorres était venu les rejoindre dès leur entrée sur le terroir de cette ville et s'était offert de les accompagner. Apres avoir diné et pris quelque repos à Allauch sur les trois heures de l'apres-midy, ils poursuivaient leur visite par le poste de Garret et venaient « prendre leur retraite au chateau du lieu de Simiane ». Le 8 juin, ils parcouraient les huit postes du terroir de Simiane, puis ceux de Septèmes. Le diner avait lieu à la barrière de Septèmes, mais les voyageurs ne communiquaient pas avec les postes qui l'entouraient, parce qu'ils étaient gardés par des troupes du régiment de Brie en garnison à Marseille. La journée était employée à visiter le terroir des Pennes et, le soir, on couchait au chateau des Pennes où le vicomte de Lio venait visiter les nobles voyageurs. Le 9 juin au matin, accompagnés par le vicomte, ils inspectaient le terroir de Gignac, dinaient au Rouet et atteignaient la côte à Courbiere. Ils passaient au port de la Veste, où les habitants de Marseille venaient « journellement avec de petits bateaux prendre du bois pour l'usage de leurs fours », et apres avoir suivi la mer jusqu'au Pouteau, ils allaient coucher à Martigues.

« Le lendemain, 10 juin, ils dinaient à Marignane, et arrivaient, le soir, à Aix, non sans avoir reçu de la part des Consuls. dans les villes où ils s'étaient arrêtés, la visite et les devoirs ordinaires ».

M. de Bargème, dans cette minutieuse inspection, avait signalé de nombreuses améliorations à apporter aux postes, qui étaient encore en bien des points dénués des ressources les plus élémentaires : abris, eau potable, chauffage, couchage pour les officiers, pour les soldats.

Il proposa quelques modifications à la distribution des postes. Ainsi, le premier poste des Pennes, au-delà du Moulin du Diable, ainsi que le poste suivant de la Grand-Gache, devaient être « divisés en deux pour raprocher ceux de la droite et de la gauche qui étaient trop éloignés ».

Le premier poste du terroir d'Aubagne, du côté de Cassis, et qui occupait la colline du Mussuguet, fut aussi trouvé trop éloigné des postes voisins.

« Il conviendroit, dit le premier Procureur, que les hommes qui servent ce poste fussent divisés, dont cinq seroient au Meuseguet, en rapprochant le poste du cotté du terroir de Marseille, qui est bien éloigné, et les cinq autres sur la montagne de la Cabrelle, à l'endroit qui répond au poste suivant de la Girarde ».

Dans le terroir de Cassis, qui n'avait primitivement que neuf postes, celui qui confinait au terroir d'Aubagne, et qui siégeait au pied de la montagne du Bas-Sérenc, fut trouvé trop éloigné et un dixième poste, sur le Mussuguet, fut proposé. En même temps, à la requête des Consuls, la ligne du blocus était rectifiée pour rendre aux habitants une grande étendue de terrain qui leur était très utile.

Le poste qui était au pied de la montagne du Bas-Sérenc devait être changé à la plaine qu'on appelle Pinède. Les habitants de Cassis retrouvaient ainsi la seule portion de leur terroir qui leur fournît le bois « journellement nécessaire pour leur fourg à cuyre pain ».

Cassis avait d'autres doléances à présenter au sujet des prétentions du sieur d'Outre, capitaine d'une des compagnies du Royal Rossillon.

La ville n'avait pas été comprise dans la répartition, qui avait été faite par les ordres de M. le marquis de Brancas, des hommes que devaient fournir les communautés voisines du blocus de Marseille. Cassis avait, en effet, fourni des hommes pour le bateau qui, armé à La Ciotat, croisait la mer pour éviter la communication des Marseillais. Le sieur d'Outre, pour soulager ses soldats, obligeait néanmoins la communauté de Cassis de lui fournir des hommes pour la garde des postes qui étaient sur la ligne du blocus du bord de la mer jusques au terroir d'Aubagne.

Ces exigences étaient d'autant moins justifiées qu'il y avait à Cassis soixante-quatre soldats, sans compter les officiers et qu'on ne détachait pour les postes que onze à douze soldats de cinq en cinq jours.

« Le sieur d'Outre, ajoutaient les Consuls, s'est, du reste, comme emparé du commandement du lieu, il dispose et ordonne tout ce qui luy playt sur les seurettés qui sont à prendre pour la conservation de la santé des habitans de la communauté et, par là, il prive le Bureau de la Santé quelle a etably du droit que les habitans ont de veiller sur eux-mêmes à l'instar de toutes les communautés de la Provence ».

M. de Bargème estima du reste que la communauté de Cassis avait exagéré les dépenses. Elle avait établi au poste de la Conférence, à raison de vingt sols par jour, un Intendant de santé qui ne paraissait pas trop nécessaire puisqu'il n'y faisait autre fonction que celle de recevoir, deux fois la semaine, les lettres qui allaient et venaient de Marseille. M. de Bargème chargea les Consuls de Cassis de supprimer cet Intendant « pour éviter la dépense de ses journées et d'en faire remplir les fonctions sans frais et à tour de rolle par les Bourgeois du lieu en leur consignant les précautions nécessaires pour recevoir et donner les lettres ».

Tout n'était pas encore dit sur le sieur d'Outre. Cassis, pour la vente de ses denrées, n'avait d'autre commerce que celui de les vendre et débiter dans le port, au passage des mariniers qui venaient y aborder. Or, le sieur d'Outre privait la ville de cette liberté, « quoyque les Consuls ayent offert de faire delivrer aux acheteurs lesd. denrées qui ne consistaient proprement qu'en vin avec les seurettés convenables, c'est-à-dire sans communiquer et tout ainsi qui se pratique dans plusieurs endroits qui sont long de la cote ».

« De toutes ces representations, conclut M. de Bargème, nous en avons chargé le présent procez-verbal pour en être rendu compte à M. le marquis de Brancas et fait rapport à l'assemblée de MM. les Procureurs du pays qui sera tenue apres le retour de notre visite ».

Une question d'ordre plus général, dont l'Inspecteur de la

Province eut à s'occuper, est celle des barrières, c'est-à-dire des postes, au niveau desquels devaient se concentrer, sous le contrôle le plus sévère, les communications et les transactions partout ailleurs interdites.

Les barrières de Braye de Camp, près d'Aubagne, et d'Allauch, qui avaient été construites par les ordres des Echevins de Marseille et qui étaient gardées du côté de cette ville, la première par le régiment de Brie et la seconde par le régiment de Flandre, ne parurent pas au premier procureur « suffisamment disposées pour la sureté de la santé » du côté de la Province. Il ordonna l'établissement d'une contre-barrière « opposée à celle de Marseille par un fossé palleissadé tout le long d'icelle, et au milieu il y aura une porte grillée de bois qui sera fermée par une serrure dont la clef sera gardée par l'Intendant de santé qui ne l'ouvrira que pour faire passer au milieu des deux barrières et avec les seurettés convenables les danrées et marchandises que les habitans de la Provence vendront à ceux de Marseille. Pres de lad. contrebarrière sera faitte une garitte de bois pour servir pendant le jour à l'Intendant de santé ». Ce fonctionnaire n'avait encore été nommé par la Province ni à l'une ni à l'autre de ces barrières. A Braye de Camp, la communauté d'Aubagne en avait établi un provisoire. Elle avait également fait une baraque sur le chemin de la Barrière pour loger les grenadiers. Le premier Procureur la fit rapprocher « à vingt pas loin tout au plus de lad. barrière ».

A la barrière de Septèmes, la Province avait déjà établi un bureau de la santé. Quoique aux frais et dépens de la ville de Marseille, ce bureau était bien distinct des employés que la ville elle-même avait installés à cette barrière.

Voici comment devait fonctionner le bureau de la santé établi par la Province [1].

----

[1] Instructions pour les employés au Bureau de la santé établi par la Pro-

Instructions pour les employés au Bureau de la santé établi par la Province à la barrière de Septèmes, aux frais et dépens de la ville de Marseille :

« 1° Le Bureau de santé sera composé d'un Intendant de santé, d'un Controlleur, et de cinq employés dont les fonctions de chascun deux seront cy apres détaillées et leurs exercices commencera demain 29ᵉ du mois de may 1722, duquel jour ils seront payés de leurs apointements, sçavoir :

« Le sʳ Fenouil de la ville de La Ciotat, Intendant de santé, a raison de cent livres par| mois, cy. . . . . 100 ˡ

« Le sʳ Aubert, controlleur. 75

« Les sˡˢ Burel, Gras, Labassette, Aillaud et Eméric, employés, à 45 livres chacun, le tout par mois . . . 225
                                                        ———
                                                        400

« 2° L'Intendant de santé est chargé de l'Inspection générale de la barrière, soit pour esviter toute sorte de communication, soit pour empecher que les marchands et voituriers ne se prevalent du concours des achepteurs pour surenchérir la marchandise et preferer les uns aux autres.

« 3° Le Controlleur veriffiera les passeports et billets de sante qui luy seront présantés et les visera et controllera si besoin est les marchandises qui passeront par la barrière pour raison de quoy et particulièrement tous les grains et grosses marchandises, il tiendra un journal dans lequel il inscrira le prix commun de chaque espèce.

« 4° Les employés seront postés aux avenues de la barrière pour empêcher que personne ne s'y presante sans passeport ou billet de santé qui leur seront prescrits par l'Intendant de santé.

« 5° En conformité des intentions de M. le marquis de Bran-

vince à la barrière de Septèmes, aux frais et dépens de la ville de Marseille. Arch. départem. C, 910.

cas, l'officier et soldats qui sont postés entre les deux barrières ne pourront en aucune manière passer ny communiquer en desa pour quelle cause et prétexte que ce soit et, a cet effet, il sera mis deux serrures et deux clefs à la porte de la d^te barrière : lune en dedans et lautre en dehors. Les clefs seront gardées, sçavoir : celle en dedans, par l'officier, et celle en dehors, par l'Intendant de santé et ne sera lad^te porte ouverte que de concert entre l'officier et l'Intendant de santé sur les ordres de M. le marquis de Brancas.

« 6° Pour esviter le concours, les marchandises seront receues tous les jours à la d^te barrière depuis six heures du matin, jusqu'à six heures du soir, sans quil y ait de jours fixe pour le marché.

« 7° Pour esviter toute sorte de contestation et confusion entre les vendeurs et les achepteurs, aucune personne ne pourra delivrer sa marchandise que le marché naye esté auparavant arresté et que l'Intendant de sante nen aye permis l'expédition. Il sera neanmoins permis à toute personne de faire passer par lad^te barrière, toute sorte de provisions, danrées et marchandises, a leurs parens et amys sans marché précédent sous l'inspection néanmoins de l'Intendant de santé.

« 8° Il sera establi une ou plusieurs personnes, si besoin est, pour mesurer les grains avec les chevalets et mesures de la province qui seront mandés sur le lieu, auxquels mesureurs il sera payé six deniers par charge, soit par l'achepteur ou par le vandeur, ainsi qu'il sera convenu entre eux.

« 9° L'Intendant de santé et le Controlleur et les employés auront une attention particulière quil ne soit receu aucun argent ni lettre ny papiers qu'ils ne soient depouillés de toute sorte de cordage et purgé par le parfum et vinaigre.

« Vu, bon et approuvé,

« BRANCAS ».

M. de Bargème constate, dans son rapport, que le personnel établi par la Province exécute parfaitement les ordres qui leur ont été consignés. Il n'en était pas de même des personnes qui étaient « employées à lad. Barrière du coté de Marseille pour recevoir et acheter les denrées que les habitans de la Province y portaient » et il profita de son passage pour écrire à MM. les Échevins de Marseille sur différentes plaintes qui lui avaient été portées contre elles.

Il fit élargir le pont de pierre qui est au cabaret de Septèmes pour que les charrettes et autres voitures puissent y passer commodément et que le transport des denrées à la barrière fût facilité. Toutes les fournitures n'empruntaient cependant pas cette voie. Sur le grand chemin de la Gavotte, on avait fait une petite barrière en palissade, munie d'une porte pour le passage du bétail. C'étaient des soldats du régiment de Flandres, en garnison à Marseille, qui avaient la clef de la porte et qui gardaient les postes situés sur la droite et sur la gauche de la barrière. M. de Bargème se réserva « d'informer M. le marquis de Brancas et M[rs] les Procureurs du pays du peu de suretté et des inconvéniens qu'il y a que lad. barrière et les portes cy-dessus soient gardées par des personnes contaminées ».

Telle est la rapide esquisse que les documents incomplets qui viennent d'être rapportés permettent de tracer du blocus que la Province maintint autour de notre ville sur une longueur de plus de soixante kilomètres à vol d'oiseau, pendant près de huit mois. Il est probable, en effet, que le blocus ne fut levé que lorsque la ville elle-même supprima ses barrières. Or, l'état de fourniture du bois faite par la ville de Marseille aux troupes qui gardaient les barrières va du 10 mai 1722 au 7 janvier 1723 [1].

---

[1] Arch. municipales. Peste 1720, année 1722. Carton n° 10.

Cependant, dès le 19 novembre 1722, Louis XV [1] avait ordonné qu'à dater du 1er décembre suivant toutes les lignes seraient levées, sauf autour de Mende et le long du Comtat-Venaissin, dont la garde ne cesserait qu'en janvier 1723. Peut-être notre ville, eu égard à la rechute, fut-elle comprise dans cette exception.

------

[1] Arch. départ. C, 908.

XXIV

NOTES HISTORIQUES

Sur Fontaine=l'Évêque ou Sorps,

par **M. de BRESC**, membre des Académies d'Aix et du Var.

On a beaucoup parlé, dans ces derniers temps, de Fontaine-l'Évêque. Cette belle source qui surgit dans le territoire de la commune de Bauduen, canton d'Aups, arrondissement de Draguignan, a été acquise, il y a déjà quelques mois, par le Conseil général du Var. Elle faisait l'objet de bien des convoitises. Comment ces eaux abondantes, claires et limpides seront-elles utilisées ? Personne n'en sait rien encore. Tout ce que nous pouvons constater, c'est qu'on délibère beaucoup, alors qu'on exécute peu. Mais ce n'est point de cela que nous avons à vous entretenir aujourd'hui. Notre source qui est une des plus belles de France a son histoire. Je viens simplement réclamer un instant votre attention pour vous la faire sommairement connaître.

Sorps est le nom primitif de Fontaine-l'Évêque et ce nom lui est encore donné aujourd'hui par tous les habitants des villages qui l'entourent. Nous verrons bientôt à quelle occasion on lui donna une nouvelle dénomination.

Auprès de cette source que les anciens appelaient *Flumen Sorpii,* se trouvait, du temps des Romains, un village (pagus) qui fut plus tard abandonné. Son terroir appartint toujours aux évêques de Riez qui, à la fin de l'Empire romain, avaient remplacé les gouverneurs de Province.

Une remarque que je ne puis m'empêcher de faire, c'est que si la Fontaine de Vaucluse, qui s'appelait aussi la source ou fleuve de Sorgues, a été toujours plus connue, c'est sans doute parce que l'illustre poète Pétrarque l'a chantée au xive siècle dans des vers immortels adressés à la belle et chaste Laure. Pourtant, et je me hâte de le dire, Fontaine-l'Évêque ou mieux Sorps a eu dans le cours du xiiie siècle son moment de célébrité, et c'est dans la chapelle du couvent de Sainte-Catherine que saint Elzéar de Sabran vit pour la première fois sainte Delphine de Signe qui y était élevée par sa tante, la prieure Mabille de Flassans. Ce fait, mentionné par tous les auteurs qui ont écrit sur saint Elzéar et sainte Delphine, est ignoré par tous les visiteurs de Fontaine-l'Évêque (et ils sont nombreux), tandis qu'on ne peut aller à la Fontaine de Vaucluse sans être rempli de souvenirs de Pétrarque comme de Laure que font revivre d'innombrables notices et photographies.

C'est à Sorps même que passait l'embranchement de la voie Aurélienne qui conduisait de Fréjus à Riez par Ampus, Vérignon et la plaine de Majastre. C'est près de Sorps, au confluent du Verdon, qu'on voit encore les culées imposantes de l'ancien pont romain qui permettait aux voyageurs comme aux légions romaines de passer d'une rive à l'autre, et à la peuplade des Albiciens de communiquer plus facilement avec celle des Véruciniens, ces deux peuplades importantes de l'ancienne Gaule.

Un des plus illustres prélats qui aient occupé le siège du vaste diocèse de Riez, Foulque de Caille, originaire de Brignoles, fit construire auprès de cette source, en 1255, sur un petit mamelon, un vaste monastère pour cent religieuses, sous le titre de Sainte-Catherine, et dans l'île formée par deux grands canaux, une abbaye de chanoines réguliers de Saint-Augustin. Leur église était sous le titre de Saint-Maxime, patron insigne de l'église et du diocèse de Riez. Ces chanoines étaient chargés de la direction des religieuses.

Le monastère de Sainte-Catherine, richement doté non seulement par son fondateur, mais encore par les comtes de Provence, entr'autres par Raymond Bérenger IV, de la maison d'Anjou, jouit bientôt et pendant assez longtemps d'une grande prospérité. On y accourait de toute la Provence et c'est dans ce vaste monastère, placé dans un site vraiment enchanteur, que les jeunes filles appartenant à la noblesse de la Haute-Provence recevaient une éducation soignée. Mais, en 1437, les édifices des deux maisons tombaient presque en ruine, c'est alors que Michel de Bouliers, évêque de Riez, obtint une bulle pour la suppression de l'abbaye des chanoines et fit de la maison de Sainte-Catherine un prieuré régulier soumis à la juridiction épiscopale. En 1499, tout fut réuni à la mense épiscopale et il ne resta plus à Sorps que l'hôpital ou *hospitium* qui avait été aussi établi par Foulque et qui servait de refuge et de repos aux pauvres voyageurs.

En 1625, le siège de Riez fut occupé par un homme illustre par sa fortune, mais plus encore par sa piété et sa vertu. Louis Doni d'Attichy appartenait à une riche famille de Florence alliée aux Médicis. Ce jeune évêque, parent de la reine de France, Catherine de Médicis, et neveu du maréchal de Marillac et du garde des sceaux du même nom, était plein de timidité et aimait surtout beaucoup la solitude. Il fut bientôt épris de la beauté de sa source de Sorps qu'il visitait sans cesse, à tel point qu'il prit la détermination d'y faire construire une grande maison de plaisance, où il pourrait aller travailler, prier, tout en bravant la chaleur de l'été. Bientôt les travaux

commençaient et il arriva de tous les côtés des ouvriers habiles. Avec les pierres de la maison des chanoines et celles,
plus importantes encore, du monastère de Sainte-Catherine, il
édifia dans quelques mois une maison vaste et confortable
qu'il orna avec beaucoup de luxe. Dans un vaste vestibule qui
précédait les belles pièces du rez-de-chaussée, il fit placer dans
des niches, construites à cet effet, les statues en marbre blanc
des douze dieux qui ornaient jadis le fameux panthéon, dont il
reste encore de beaux restes à Riez. Par les fenêtres, ouvrant
sur les grands canaux qui entouraient la maison, on pouvait
pêcher de grosses et excellentes truites saumonées, comme on
en trouve encore aujourd'hui. Devant la maison, on voyait
de beaux jardins remplis de plantes rares et de fleurs odorantes.

L'historien enthousiaste des évêques de Riez, Simon Bartel,
qui vivait sous l'épiscopat de Mgr d'Attichy et qui avait vu
cette belle résidence dans toute sa splendeur, la décrit avec
un véritable bonheur. Pour lui, c'est un coin du Paradis ter-
restre. Il se garde bien d'oublier l'inscription tracée sur une
plaque de marbre blanc et qu'on pouvait lire dans le vestibule.
On y voit que c'est pour satisfaire aux désirs du fondateur que
le nom de Sorps fut abandonné et remplacé par celui de Fontaine-l'Évêque. Au surplus, voici la traduction de cette incrip-
tion donnée par Bartel et que nous avons faite en pensant
qu'elle pourrait vous intéresser : « Louis Doni d'Attichy, de
« l'Ordre des Minimes, évêque et seigneur de Riez, a fait bâtir
« ce château en son domaine épiscopal, dans cette île où
« Foulque, l'un de ses prédécesseurs, avait fondé une maison
« de chanoines réguliers de Saint-Augustin, qui fut rasée
« dans la suite des temps et sur l'emplacement même de ce
« monastère, qui, depuis cent ans et au-delà, n'était plus
« qu'une lande, et, pour en rendre le séjour agréable à lui et à

« ses successeurs, il a voulu que ce lieu se nomme désormais
« Fontaine-l'Évêque ; il a placé deux ponts de pierre aux ave-
« nues du château ; il a tracé des allées bordées d'arbres, res-
« serré la rivière de Sorps dans son ancien lit, créé des jardins
« entourés d'eaux abondantes, qui servent à l'arrosage des po-
« tagers et des prairies, et fait construire des aqueducs en
« plomb, en briques et en pierre ; il a fait nettoyer le vivier
« qui entoure le château, il y a introduit des truites d'un goût
« délicat que les eaux y conduisent en abondance et qui ne
« peuvent plus en sortir. Il a fait dessécher les marais et les
« eaux croupissantes qui infectaient l'air et s'est enfin procuré,
« à lui et à ses successeurs, un asile sain et commode, qu'il a
« achevé à grands frais, en 1636, dans la trente-huitième
« année de son âge, la huitième de son épiscopat. »

Comme rien n'est éternel dans ce monde, cette si agréable
habitation perdit la plus grande partie de son charme, quand
M⁰ʳ d'Attichy, sur les désirs de Louis XIV, fut transféré de
Riez à Autun, en 1652.

A partir de cette époque et peu à peu, cette maison, dont l'entretien était une charge onéreuse pour le diocèse, fut délaissée
par les évêques de Riez, et, dans une de ces crues extraordinaires du Verdon, les digues construites pour la protéger, ayant
été emportées, elle fut en partie détruite par les eaux furibon-
des de la capricieuse rivière qui vinrent battre le rocher même
d'où surgit la source de Sorps.

Aujourd'hui, il ne reste plus de la résidence épiscopale que
quelques assises du mur méridional, le portail couvert de lierre
qui conduisait aux jardins et les deux ponts qui permettent
d'arriver dans l'île formée par les eaux dès leur sortie de la
caverne rocheuse. Mais la source, œuvre sublime du Créateur,
toujours splendide dans sa beauté, bondit toujours en écumant
majestueusement de rocher en rocher et au-dessous d'un
figuier et d'un caroubier légendaires.

Les eaux de Fontaine-l'Évêque qui, au xviie et au xviiie siècle, avaient été utilisées par des fouloirs de drap, par une importante papeterie et pour faire tourner plusieurs meules de moulins à farine, ne servent plus aujourd'hui qu'à mettre en mouvement un seul moulin réservé par l'ancien propriétaire pour l'usage des habitants de Bauduen et de Beaudinard.

Voilà, Messieurs, en abrégé l'historique des eaux de Fontaine-l'Évêque, l'ancien Sorpius. Je désire que ces quelques renseignements vous aient intéressés. Depuis longtemps, on parle de l'abondance, de la fraîcheur, de la limpidité et de la bonté des eaux de Fontaine-l'Évêque, on en parlera sans doute longtemps encore. En finissant, qu'il me soit permis d'exprimer un souhait, auquel vous voudrez bien vous associer, c'est de les voir couler bientôt, mais à peu de frais, sur les places et les boulevards de notre belle cité phocéenne qui, par son Exposition coloniale si réussie, fait en ce moment l'admiration du monde entier.

XXV

UNE INTERVENTION ROYALE

Dans une affaire de famille sous le règne de Louis XV,

Par **M. Charles LATUNE**, avocat,

Membre de la Société d'Études Provençales.

Au premier abord, ce titre peut surprendre. On ne conçoit guère, de nos jours, une intervention gouvernementale dans la vie privée des citoyens. Sous l'ancien régime, au contraire, rien n'est plus naturel, plus commun qu'une intervention royale dans les affaires de famille. Cela tient au caractère paternel de la Monarchie française, son caractère le plus saillant, peut-être, à ce point que La Bruyère a pu dire : « Nommer un roi, père du peuple, c'est moins faire son éloge que sa définition. » Père de ses sujets, le roi de France se croit tenu envers eux à tous les devoirs qui incombent à un père de famille. Ses sujets, confiants dans ses sentiments paternels, s'adressent à lui, dans les circonstances difficiles, comme à leur protecteur naturel.

La Monarchie tient à honneur d'accueillir et d'examiner les requêtes qui lui sont présentées. Elle s'efforce d'y faire droit lorsque son intervention lui semble opportune Elle vient en

aide aux pères de famille nécessiteux, elle pourvoit à l'éducation et à l'établissement des orphelins, elle accorde des facilités
aux commerçants dont les affaires sont dans le marasme et des
secours aux cultivateurs qui manquent de fonds pour faire valoir leurs terres. Le roi n'a pas seulement souci des intérêts
matériels de ses sujets ; les intérêts spirituels des plus infimes
d'entre eux ne le laissent point indifférent. C'est ainsi qu'il a
coutume de faire distribuer, chaque année, à « ces demoiselles
du bel air quelques sommes pour leur permettre de vivre
honnêtement et sans commettre de péchés, pendant les jours
saints qui précèdent la semaine de Pâques. »

Pour les intérêts de famille, surtout, les interventions royales ne se marchandent pas. On sait que la base de l'ancienne
société française est la famille. Il n'est donc pas surprenant
que la Monarchie use sans compter de son autorité pour la
maintenir dans l'observation de principes qui font sa force.

L'autorité du père, la cohésion et la solidarité, unissant entr'eux ses divers membres, sont les deux caractères principaux
de la famille d'autrefois. Aussi, dès qu'un sujet méconnaît l'autorité paternelle ou menace, par sa conduite, de ne pas faire
honneur aux siens, l'autorité supérieure sollicitée se permet-
elle d'intervenir.

L'intervention royale se traduit, suivant la gravité des cas,
par de simples admonestations ou par des ordres d'exil ou
d'emprisonnement donnés par « lettres de cachet ».

Ces lettres de cachet de famille sont expédiées, le plus souvent, pour réprimer des fautes de jeunesse ou pour apaiser des
querelles de ménage. Mais intervenir dans des demêlés
conjugaux est chose singulièrement délicate et l'opportunité
de l'intervention royale, en cette matière, est parfois contes-
table.

C'est le cas pour l'exemple d'intervention que je donne, mais que j'ai choisi. cependant, entre plusieurs, dans les Archives de l'Intendance de Provence, parce qu'il m'a semblé intéressant pour l'histoire des mœurs de l'époque.

Une jeune bourgeoise marseillaise, la demoiselle Belin, avait fait la connaissance, à son retour des Indes-Orientales, d'un gentilhomme portugais, le comte de Vellozo, capitaine dans les armées de son souverain. Elle est séduite par la bonne mine et les belles manières de cet « hidalgo » de la maison du roi de Portugal qui ne cesse, avec la grandiloquence habituelle à ses compatriotes, de discourir sur les richesses et les belles alliances de sa maison. Encouragée par sa famille, elle ne tarde pas à devenir sa femme.

Dès le lendemain du mariage, il faut déchanter. La famille Belin s'aperçoit que Vellozo, dont la fortune a sombré dans un tremblement de terre survenu à Lisbonne, n'était riche que de titres et d'honneurs et que c'est la dot de la nouvelle épouse qui va soutenir le train du gentilhomme. Cela ne fait pas son affaire et. devant cet effondrement complet de ses espérances, elle a recours au remède suprême des familles affligées. La jeune comtesse, grâce à l'intermédiaire de son frère, commis de M. de Saint-Florentin, obtient, sous prétexte de fausses signatures et de malversations de sa dot, une lettre de cachet pour faire enfermer son mari aux îles Sainte-Marguerite. Il s'évade de cette prison et part pour Lisbonne, où il reçoit de la munificence paternelle des vêtements luxueux et quelques diamants.

Il revient en France, chargé de ces débris de sa splendeur passée, et informe sa femme de son retour, en la conjurant de reprendre la vie commune. Elle lui répond par la lettre suivante : « Je suis charmée, mon cher amy, de votre bonne arrivée de Lisbonne ; si vous apportés beaucoup dargent de ce pays là nous vivrons heureusement en paix et en tranquillitée. .

Il y a un accomodement a faire pour finir toute caballe. Si vous voulés remplacer les 7.000 livres qui manquent à ma dot et rembourser les 5o louis qu'on a donné à M. de Mouriés, commis de M. de Saint-Florentin, pour obtenir la lettre de cachet contre vous et 6oo livres qu'on a dépensées, soit en présens aux personnes qu'on a employées auprès de M. de La Tour et de son subdélégué ici. soit en frais de voyage aux îles Sainte-Marguerite, on vous obtiendra votre rappel sans que vous alliés à Paris dépenser encore de l'argent et faire quelque pot pourry avec votre ambassadeur et vos protections du Portugal... Prenés garde car vous avés icy beaucoup des ennemis et les Jésuites seront les plus empressés à mettre tout en œuvre pour vous nuire. Si vous voulés me faire sçavoir l'endroit où vous êtes, vous ne risqués rien vis à vis de moy, jiray vous parler et nous nous entendrons bien de vive voix. Votre petit se porte bien, il vous embrasse. Je suis votre bonne amie et fidelle epouse. »

Au reçu de cette lettre, Vellozo fait connaître à sa femme qu'il s'est retiré à Avignon pour y attendre, sous la protection du vice-légat, leur réconciliation et la révocation des ordres du roi (c'était le nom donné par l'Administration de l'époque aux lettres de cachet). Elle ne va pas l'y trouver et se contente d'entamer avec lui d'interminables pourparlers en vue d'une réconciliation qu'elle souhaite d'autant moins qu'elle ne cesse d'intriguer à la Cour, par l'intermédiaire de son frère, pour solliciter de nouvelles rigueurs contre son mari. Elle a également recours à une autre protection puissante, celle des Jésuites. Vellozo, par contre, est leur adversaire déclaré. Il les tient, à tort ou à raison, pour la source de ses infortunes conjugales et il emploie ses loisirs à les combattre, si l'on en croit ce passage d'une lettre de sa femme : « Restés tranquille et ne formés aucun projet ni écrit contre les pauvres jésuites. Vous avés assés de ces affaires sans vous mêler de celles des innocens accablés sous le poids de la vengeance des méchans. »

Vellozo qui ne se fie qu'à moitié aux bonnes intentions de sa femme, adresse de son côté requêtes sur requêtes à l'intendant et au ministre pour leur exposer que la religion de Sa Majesté a été surprise par des allégations mensongères, qu'il a été lavé de l'accusation relative à l'affaire des fausses signatures par un arrêt de la vice-légature d'Avignon et que, bien loin de rien devoir à son épouse, c'est elle qui détient tous ses biens : la personne de son fils, diverses créances, ses meubles de damas, son argenterie, ses diamants, ses « pourcelaines » de Chine, son « jonc des Indes », ses habits de velours, sa « veste d'or », ses dentelles de prix et enfin, suprême injure, les insignes de l'Ordre de Sa Majesté très fidèle, le roi de Portugal, son maître. Il commence en même temps, à ce sujet, devant le Parlement d'Aix, un procès en revendication qui semble être assez sensible à sa femme, puisqu'elle lui écrit alors pour le conjurer de ne plus la « chagriner en Parlement », faute de quoi, ajoute-t-elle, « je vais travailler à vous faire enlever et enfermer pour le reste de vos jours et vous vous trouverés sans le penser enveloppé dans des crimes d'État dont la protection du Portugal ne sçauroit vous en tirer. » Impressionné par de telles menaces et souhaitant vivement de « ne plus rien avoir à démêler avec une jeune femme protégée à la Cour par son frère et à Marseille par ses amis », Vellozo envoie deux de ses amis à Marseille pour transiger avec elle. Elle exige de lui une procuration générale « pour être entièrement maîtresse de sa personne », de son enfant et de tous les biens de son mari, « moyennant quoy, elle cesseroit de le persécuter et luy enverroit de l'argent, trente-six livres par moy ». Désespérant d'obtenir mieux, Vellozo souscrit à ces conditions et sollicite de la Cour une révocation générale de tous les ordres du roi expédiés contre lui. Cette révocation lui est accordée, sous la condition qu'il se retirera en Portugal, dans le délai d'un mois.

Malheureusement pour lui, il est sans ressources pour accomplir un voyage aussi coûteux et le temps passant sans que sa femme lui envoie la pension promise, il ne peut que répondre à l'intendant qui le presse de partir : « Je n'ay encore reçu aucun secours... Indiquez moy un moyen honorable de sortir de ma facheuse position. » Le comble est mis à son infortune par la réunion du Comtat-Venaissin à la France. Son asile lui échappe et de nouveaux ordres du roi sont aussitôt expédiés pour le conduire dans les prisons d'Avignon.

Au moment où ces ordres vont être exécutés, la fortune de Vellozo tourne brusquement. L'ambassadeur de Portugal l'avait recommandé au duc de Choiseul qui lui obtient la permission de rester à Avignon. Dès lors, M. de Livry, commis de M. de Saint-Florentin, et l'intendant s'intéressent à lui. M. de Livry, en parcourant les lettres de la comtesse de Vellozo, est indigné « du ton de crédit qu'elle se donne » et surtout « du fait calomnieux d'argent donné et de présens faits à M. de Mouriés », au subdélégué de l'intendant et aux personnes que l'on a employées auprès de lui. Son indignation est partagée par l'intendant qui estime que « cette calomnie auroit merité une punition sévère » et envoie « chercher cette femme » pour « lui parler de M. de Livry d'une façon convenable ». C'est au tour de Vellozo, maintenant, de parler en maître. Il sollicite contre sa femme un ordre enjoignant à celle-ci « ou de vivre avec lui dans l'union conjugale, ou d'entrer dans un couvent et lui remettre son fils, ses habits et une pension convenable »; puis, le ministre lui ayant octroyé la permission « de se rendre où bon lui semblera », il vient à

Marseille, où tous deux conviennent de se réunir « pour vivr e et pour mourir comme de bons époux ».

Cette solution si touchante allait être celle de ce petit dra me de famille quand Mme de Vellozo s'aperçoit qu'au nombre des nouveaux protecteurs de son mari, se trouvent précisé men t les jésuites qu'elle a tant aimés autrefois et dont elle s'est détachée peu à peu, au fur et à mesure qu'ils lui rendaient moins de services. L'infortuné Vellozo, de retour à Avignon, tout heureux de toucher enfin au terme de ses vicissitudes conjugales, y reçoit la nouvelle de l'effondrement définitif de son foyer. « Je viens de découvrir vos manœuvres, lui écrit sa femme, je suis bien aise de ne point vous les laisser ignorer afin que vous ayés à avenir un peu plus de ménagemens pour moy et que vous sachiés que je puis quand je le voudrois vous bien ranger dans le fonds d'une basse focé et faire bannir de Marseille et d'Avignon avec vos charitables protecteurs. Ce sont donc à présent les soi-disans jésuites qui sont vos bons amis ?... La différence entre vous et moi est bien grande, car j'aimois les jésuites tant que je ne les connaissois pas ; mais dès que les Roys nous les ont fait connaître pour des scélérats assassins voleurs perturbateurs et heretiques, je les ai détestés et ne les sçauroi regarder qu'en cette qualité ; quant à vous vous les avés toujours connu pour tel quil sont pris party et ecrit contre eux et servant votre Cour vous êtes devenu aujourd'huy comme eux l'ennemi de Dieu et des Roys... Ne comptés plus de vous réunir à moy, car je ne veux point vivre avec un homme infâme comme vous, je vivroi chés ma mère et sil me plait den avoir des amis vous en aurés passience, car ce n'est pas de vous que je recevroi la loy... »

Cette lettre est la dernière du dossier. L'Administration, sans doute, dut, alors, se désintéresser des démêlés de ce ménage Quant à nous, nous ne pouvons qu'être étonnés qu'elle ait donné aussi longtemps son attention à cette affaire qui, sans l'intervention royale, se serait probablement réduite à un peu de mauvaise humeur chez cette jeune femme qui, ayant cru faire un riche mariage, s'était trouvée, au lendemain de ses noces, en face d'un mari ruiné.

XXVI

LA PESTE A ALLAUCH EN 1720

par **M. J. MAUREL**, curé de Valernes,

Membre de la Société scientifique et littéraire des Basses-Alpes.

———

Le 25 mai 1720, le « Grand Saint-Antoine », navire venant de Tripoli sous le commandement du capitaine Chataud, entrait dans le port de Marseille. Il y apportait le germe de l'épouvantable fléau qui décima la population provençale dans 59 communes et fit, au dire de Papon, 247.889 victimes.

Des vieux quartiers, où les matelots avaient vendu leurs pacotilles, le fléau eut bientôt envahi la ville entière et, dès le mois de juin, il sévissait à Marseille et dans plusieurs localités voisines.

Le Parlement d'Aix, justement alarmé, édicta des mesures pour conserver la santé publique dans les pays encore indemnes et pour la rétablir dans les lieux déjà contaminés. Il remit en vigueur le règlement du 17 juillet 1629, le réédita, l'accrut de diverses ordonnances nouvelles et enjoignit à toutes les communautés de Provence de s'y conformer [1].

———

[1] Arrest de la Cour de Parlement tenant la Chambre des vacations, contenant règlement sur le fait de la peste, du 17 juillet 1629. Aix. David, imp. du Roi, 1720 (*Arch. des B.-du-R.*, c. 904). Ce règlement, comprenant 127 articles, a été reproduit dans la *Revue historique de Provence*, 2ᵉ année, nᵉ 2 et suivants.

La petite ville d'Allauch, que son voisinage de Marseille et ses rapports très fréquents avec cette cité exposaient grandement au danger de la contagion, s'empressa de se conformer aux instructions reçues et, le 4 août, le Conseil de ville assemblé autorisa les consuls à faire exécuter les mesures édictées par les procureurs d'Aix, à la date du 31 juillet.

Tout d'abord, un bureau de santé fut établi à l'Hôtel-de-ville pour statuer sur les cas urgents. On n'ira plus à Marseille ; une barrière sera établie aux frais de la communauté sur le chemin qui y conduit et les habitants qui veulent vendre leurs denrées pourront les y porter. Un arrêt de la Cour leur permet d'aller moudre leurs grains aux moulins d'Aubagne. Il ne faut plus que les forains viennent faire des jachères dans leurs propriétés ; ils apportent de Marseille du fumier qui pourrait bien contenir le germe de l'infection ; qu'on fasse faire ce travail par les gens du lieu. Les passants seront appréhendés et conduits aux infirmeries pour y faire quarantaine. A la messe qui se dit le dimanche à la chapelle de Saint-Jean sur le chemin d'Aubagne, deux gardiens seront envoyés par la municipalité pour empêcher toute promiscuité avec les gens du dehors [1]. On dresse la liste des nécessiteux à secourir ; ils seront nombreux, grâce au blocus ; beaucoup ne vivent que du produit de leur petit trafic journalier avec la

---

[1] Six jours de quarantaine sont imposés à la femme Pinatel qui avait assisté à la messe à Château-Gombert, Pierre Michel et Pierre Pellegrin qui sont allés à Marseille, sont enfermés à leur retour : le premier, à l'infirmerie ; l'autre, dans sa maison, et cela pour 40 jours ; défense d'en sortir sans avoir été *parfumé* ; ils payeront, en outre, une amende de trente livres. Javelly, de la Ponche, a été vu arrivant nuitamment de Marseille ; on l'enferme chez lui et on met deux gardes à sa porte. Le fils de J^h Camoin qui avait quitté Marseille en compagnie de sa femme pour se réfugier dans sa campagne, au quartier de la Cavale, est impitoyablement chassé hors des limites du terroir.

ville ou du prix de la journée qu'ils y vont accomplir. La commune leur viendra en aide en leur distribuant un quintal et demi de pain bis chaque jour, dans la chapelle de la Congrégation des enfants, et sur la présentation d'un billet signé par le curé. L'apothicaire Granet a ordre de se pourvoir de médicaments aux frais de la ville ; on aménage l'infirmerie d'Estangue ; on s'approvisionne de chaux vive et on choisit le quartier des Trénières pour y ensevelir ceux qui succomberont aux atteintes du fléau [1].

Ces diverses mesures d'isolement et de préservation furent prises du 14 au 19 août, et le 20 du même mois, les procureurs d'Aix consignèrent le lieu d'Allauch, « la santé des habitants leur ayant paru suspecte ». Il semble que des précautions si sages et si minutieuses auraient dû préserver des atteintes du fléau cette petite ville qui, par son altitude et grâce à son air pur, semblait pouvoir défier son approche. Il n'en fut rien, hélas ! La peste y vint, on ne sait par qui, ni comment, franchit ces trop faibles barrières, pénétra dans la ville, y sévit si cruellement que, dans l'espace de moins de seize mois, elle emporta plus du cinquième de sa population, soit 1.023 victimes sur 5.000 habitants [2].

C'est le 20 août que le fléau éclate, violent, terrible [3]. On n'avait pas songé à se pourvoir de fossoyeurs, de corbeaux, comme on disait alors. Vite on en loue trois qui logeront à la

----

[1] La femme de J^h Chappe y fut la première ensevelie. Etait-ce un cas de peste ?

[2] La population d'Allauch qui s'élevait alors au chiffre de 5.000 habitants, atteint à peine aujourd'hui celui de 3.320, en y comprenant les sections du Plan-de-Cuques et de la Bourdonnière.

[3] Cette date est celle donnée par les consuls dans leurs divers rapports. Papon donne celle du 16 août. Il est probable que, dès le 16, des cas s'étaient déjà produits, puisque le 20 août, la santé d'Allauch avait déjà paru suspecte au Parlement.

Gardette, et d'où ils ne sortiront que pour accomplir leur lugubre besogne, car il ne faut pas qu'ils communiquent autrement qu'avec les morts. Mais le local qu'on leur préparait dans la citerne du château était à peine approprié qu'il s'affaissa soudain et faillit ensevelir les maçons. Il fallut leur trouver une habitation plus solide et plus rapprochée ; on les logea dans la chapelle du Saint-Enfant Jésus et on leur promit 4 livres par sépulture. Avec eux logeaient deux infirmiers, deux infirmières et un garçon chargés d'aller prendre à domicile les malheureux atteints de la peste et de les porter aux infirmeries. Les premières tranchées sont creusées derrière la chapelle de Saint-Roch.

Mais voici les inconvénients du blocus. Le boucher ne peut plus livrer la viande au prix stipulé dans le bail ; par suite de l'interruption des communications, il lui est impossible de s'approvisionner de bétail, le pacage est plus difficile, on augmente donc le prix de vente qui sera de 5 sols la livre de mouton et 4 sols celle de brebis et de menon. D'autre part, les propriétaires qui avaient encore leur vin en cave et désiraient le vendre pour réaliser quelque argent et faire place à la prochaine vendange, s'avançaient pendant la nuit jusqu'aux barrières et traitaient avec les négociants marseillais. Il y avait danger de contamination. Le Conseil désigna trois quartiers du terroir où il serait permis de porter le vin à vendre : les quartiers du Cavau, de la Pouche et de Boffe ; le vendeur ne pouvait s'y rendre qu'accompagné d'une garde et d'un officier payés par lui. Des conditions analogues furent imposées aux marchands de plâtre.

Cependant, le fléau continuait ses ravages. L'apothicaire Granet, spécialement chargé de soigner les pestiférés, tombe malade ; Jean Michel, apothicaire et chirurgien, le remplace, mais pas à moins de 200 livres par mois, plus les médicaments. Les infirmeries sont insuffisantes. La maison de la Charité, enclavée dans les habitations, ne peut guère être affectée à cet usage sans grave danger ; on prend la chapelle de Notre-Dame de Beauvezer, 26 août. Puis, pour ne pas avoir à porter plus loin les pestiférés qui succombent, paraît-il, en grand nombre, on pratique une vaste tranchée derrière la dite chapelle et on y jette pêle-mêle les cadavres qu'on recouvre d'une couche de chaux vive. Malgré cette simplification du travail, les corbeaux ne peuvent tenir tête à la besogne, ils sont surmenés ; il leur faut six livres par mort ; on les leur donne. Bientôt, ils sont aussi terrassés par le mal ; le second consul Camoin se fait autoriser par le Conseil à requérir telles personnes qu'il trouvera pour ensevelir les pestiférés (13 septembre).

Bientôt la désorganisation des services publics vient aggraver une situation déjà bien difficile. Affolés par la peur, les intendants du bureau de santé ont quitté le pays ; presque tous les capitaines et officiers en ont fait autant; les soldats se découragent, les gardes abandonnent les barrières, le boucher ne veut plus fournir de la viande et, sans doute, visant un plus gros bénéfice, débite tout son troupeau, *tant lanal que cabrun*, à des négociants marseillais ; un échange journalier de marchandises a lieu entre Marseille et Allauch, tant aux barrières qu'à travers champs ; une contrebande très active met en contact continuel gens indemnes et gens contaminés ; elle se fait de jour, de nuit, à travers champs, dans les campagnes, un peu partout. Ce fut pour y couper court que, sur la permission du vicaire général et official Villeneuve, on publia et afficha à Allauch la parcelle de monitoire qu'on va lire :

1. Qui sçaura tant pour avoir vu que pour avoir ouï dire

que certain quidam fait la contrebande, ait à le révéler sous peine d'excommunication.

II. Qui sçaura tant pour avoir vu que pour avoir ouï dire que certains quidams prêtent leurs maisons pour cacher les marchandises de contrebande, ait à le révéler sous peine d'excommunication.

III. Qui sçaura tant pour avoir vu que pour avoir ouï dire que certains quidams font entrer de nuit des marchandises de contrebande, ait à le révéler sous peine d'excommunication.

IV. Qui sçaura tant pour avoir vu que pour avoir ouï dire que certains quidams prènent des chemins détournez avec des mulets chargés, ait à le révéler sous peine d'excommunication.

V. Qui sçaura tant pour avoir vu que pour avoir ouï dire que certains personnages ont été à la barrière pour prendre des marchandises de contrebande et les recevoir de ceux qui viennent de Marseille, ait à le révéler sous peine d'excommunication. Signé : RABASSE [1].

Sur ces entrefaites, le chirurgien Jean Michel est frappé de la peste. C'est le second chirurgien qui succombe. Le valet de ville se rend en hâte auprès de tous les autres chirurgiens de l'endroit pour les supplier, au nom de la commune, de donner leurs soins aux malades. Nul ne fut empressé à recueillir une succession si dangereuse. « Ils se sont tous excusés sous de vains prétextes, n'y ayant que Joseph Michel, fils de Jean, qui s'est présenté ». Tant il est vrai que les grandes calamités ont pour effet, en général, de laisser prédominer l'égoïsme et

---

[1] *Archives des B.-du-R.*, c. 909.

l'instinct de la conservation à un point qui efface parfois tout autre sentiment ! Devant une mauvaise volonté si manifestement avérée et l'urgence de pourvoir aux nécessités de la situation, on laissa au sort le soin de désigner celui qui devait occuper ce poste périlleux. Des quatre chirurgiens : Victor Granet, Louis Mouriès, André Mouriès, J^h Michel, ce fut Louis Mouriès qui remplaça Jean Michel et aux mêmes gages (21 septembre).

Le nombre des malades et des morts va toujours croissant. Il faut maintenant une infirmerie à la campagne. Le moulin à vent de Rollandin, au quartier des Roubauds, est transformé en hôpital, tandis que trois nouvelles infirmeries sont créées dans la ville, et encore ne suffisent-elles pas à contenir tous les malades. Deux médecins de Marseille viennent les soigner qui coûtent à la commune plus de 1.000 livres par mois, sans compter les remèdes. A ce train, les ressources pécuniaires s'en vont vite ; l'imposition est consommée et la taille ne rentre pas, les fermiers ne payent plus et abandonnent.

Voici maintenant que le pain manque ! Le sieur Caire, consul, s'en va à la barrière de Roquevaire pour acheter du blé, mais il y va sans argent, comptant sur son crédit et sur la situation malheureuse de sa ville pour attendrir les marchands. Il demande du blé ; on lui en présente ; mais comme il demande aussi un terme pour le payement, on lui refuse l'un et l'autre, et Caire retourne désolé au sein de sa population que le fléau décime et que la faim abat (19 novembre). Il a recours alors aux procureurs du pays. Dans une lettre des plus attendrissantes, il leur dépeint la désolation des habitants d'Allauch, les supplie avec larmes de leur venir en aide, s'ils ne veulent voir disparaître ce malheureux pays. L'intendant promit 200 charges de blé, des moutons chaque semaine et un secours de 800 livres que Nicolas Cauvin s'empressa d'aller

recevoir à Aix. Ces secours précieux apportèrent un allège-
ment momentané à l'effroyable misère qui étreignait le pays.
Nombreux sont ceux qui viennent souscrire des obligations
pour une charge, une demi-charge, un quart de charge. Mais
il y a désordre dans la distribution ; des fraudes, des vols se
commettent ; la police ne se fait plus. Dès le 31 janvier,
on est de nouveau sans blé et sans argent ; le conseil possède
un dépôt de 3oo liv. ; il emprunte 1.ooo liv. à Toussaint
André et emploie le tout à l'acquisition de blé et de quelques
menons. Car il faut, à ce moment, nourrir 6oo quarantenaires, soigner 15o malades, payer un chirurgien 16 livres par
jour, des gardes, des commissaires, etc. Le 7 mars, il faut
recourir à un nouvel emprunt ; les tailles ne rentrent pas, et
il ne saurait être question de faire des exécutions. Voilà maintenant que le chirurgien Mouriès vient de déserter lâchement
son poste. « Il s'est évadé. » Caubet et Joannis viendront tous
deux de Marseille, « soigneront les malades, entreront avec les
corbeaux dans les maisons des pestiférés, présideront à la
désinfection pour empêcher que rien ne soit celé de ce qui
devra être brûlé ». Ils auront 1oo écus par mois.

La peste sévissait depuis sept mois dans le pays. Énervés
par une lutte qui se prolongeait sans succès et dont rien ne
faisait prévoir le terme, la population manifesta le désir de
prendre une mesure extrême. Une quarantaine générale absolument rigoureuse fut décidée ; les consuls furent autorisés
à la faire durer aussi longtemps qu'ils jugeraient nécessaire et
à prendre tels moyens qu'ils trouveraient propres à enrayer
la marche du mal contagieux. La mesure était grave et nécessitait un ensemble de précautions. Il fallait se pourvoir de
vivres, de remèdes, de provisions diverses, assurer la distribution régulière des aliments et des secours en nature, pourvoir
à la culture et à l'ensemencement des terres, établir enfin une

police forte et rigoureuse qui, en empêchant toute communication, rendît profitable la grande mesure d'isolement absolu de laquelle on attendait la cessation du fléau. Les consuls Caire et Camoin se montrèrent à la hauteur de leur difficile tâche ; ils entreprirent et menèrent à bonne fin cette œuvre avec un zèle et un dévouement dignes des plus grands éloges. Ils font entrer dans la ville 250 charges de blé. Comme il n'y avait que deux puits hors de l'enceinte pour fournir l'eau aux habitants, ils augmentent le nombre des tireurs et pourvoyeurs d'eau qui seront au nombre de six, ayant chacun un mulet. Neuf hommes sont chargés de porter les provisions dans chaque rue pour empêcher que personne ne sorte. Le rationnement des pauvres comprend une livre et demie de pain et un quart de pot de vin par jour et par tête, y compris les enfants ; une livre de haricots le jeudi et le dimanche, de quatre en quatre, avec l'huile et le sel nécessaires. Au point de vue de la police, la ville est divisée en quatre quartiers ; vingt-quatre hommes sont chargés de garder jour et nuit les avenues pour que nul ne puisse entrer ni sortir sans l'autorisation des consuls. Un corps de garde sera chargé de faire la patrouille toutes les nuits pour empêcher les vols et brigandages. Trois officiers, ayant chacun quatre hommes en sous-ordre, seront répartis dans le terroir pour en garder les frontières, faire observer la quarantaine dans les campagnes, empêcher toute communication d'une bastide à l'autre. Et comme les habitants des lieux circonvoisins, « qui sont tous empestés », passent dans le terroir du côté de la Bourdonnière, et que là, plusieurs habitants d'Allauch vont acheter des marchandises pour les revendre dans la ville, un corps de garde fut établi dans ce quartier, avec ordre de confisquer la contrebande et de punir sévèrement les contrebandiers. Pour ne pas laisser les terres en friche et s'exposer à manquer la récolte prochaine, il fut décidé qu'on laisserait venir des muletiers de Marseille, munis de billets de santé, dans le terroir d'Allauch pour y faire les cultures de la saison et que les fourniers pourraient y venir s'approvisionner de bois en se faisant précéder d'un homme de confiance, muni pareillement d'un billet de santé.

Cette organisation une fois établie et ces mesures prises, les consuls firent publier la quarantaine générale. Elle commença le 11 mars 1721 et se poursuivit sans incidents, grâce au dévouement des uns et à la parfaite docilité des autres. Les résultats obtenus justifièrent l'efficacité du procédé ; car, après quarante-sept jours de ce régime, la quarantaine générale fut levée et « laissa le lieu et son terroir sans aucun malade ni vieux ni nouveau » [1].

C'était une véritable renaissance qui se produisait. Après tant de larmes et de deuil, après les appréhensions cruelles qu'apportait depuis longtemps chaque heure du jour et de la nuit, après ce long emprisonnement volontaire de 47 jours, la population d'Allauch pouvait respirer à l'aise et se reprenait à espérer. On était au mois de mai, les beaux jours étaient revenus, la campagne étalait de belles espérances.

Le premier soin des consuls maintenus en charge [2] fut de parcourir le terroir pour se rendre compte de l'état général. On procéda ensuite à la désinfection des locaux et des hardes. Une escouade, composée d'un capitaine, d'un commissaire, de deux gardes, de six hommes guéris et de quatre femmes, se porta dans les maisons où s'étaient produits des décès. Les

----

[1] *Archiv. municip. d'Allauch.* Délib. du 28 avril 1721.

[2] Par ordonnance du 25 avril, datée de Barbentane, le premier Président défend aux habitants d'Allauch de procéder au nouvel état et rend hommage aux consuls Caire et Camoin qu'il confirme dans leur charge. Le bureau de santé fut également maintenu.

femmes balayent le parquet et les murs, les hommes échaudent les hardes, brûlent les paillasses, etc., *parfument* les appartements qui sont ensuite blanchis à la chaux à trois reprises différentes [1].

Le 23 mai, la désinfection des maisons et des bastides est achevée ; on constate avec joie qu'il n'y a plus de malades. Mais «... nous avons quand même un extrême besoin de nous garder, la peste étant toujours au terroir de Marseille ; Aubagne et Auriol étant toujours atteints. Les appointements sont excessifs par rapport à cette communauté, mais il vaut mieux payer des appointements que de voir mourir les habitants, comme il vient d'arriver et faire de plus grandes dépenses » [2].

Mais bientôt la joie fait place à de nouvelles alarmes, car ce qu'on saluait comme la disparition définitive du fléau n'était qu'une accalmie. Par l'effet, sans doute, du relâchement dans l'observation des prescriptions sanitaires et de la trop facile communication entre gens sains et convalescents imparfaitement guéris, de nouveaux cas se produisirent vers les premiers jours de juin. C'est à l'occasion de cette reprise imprévue que l'Évêque de Marseille vint à Allauch, visita les malades, consola les habitants et laissa une aumône de 200 livres [3]. Incontinent, le bureau de santé prit des mesures sévères. Il fut décidé que nul ne pourrait errer dans les rues après que le tambour aurait battu la retraite, sous peine de 50 livres d'amende pour les gens solvables et d'emprisonnement pour les autres. Les

---

[1] Pour les *parfums* et la manière de les composer et de les employer, voir le règlement du 17 juillet 1629, articles LXX-LXXI-LXXII-LXXIII, etc. Voir aussi le commentaire instructif qu'en a donné le docteur Alezais dans la *Revue historique de Provence*, 2ᵉ année, n° 1, janvier 1902.

[2] *Archiv. municip. d'Allauch*. Délibér. du 23 mai 1721.

[3] La visite de Mᵍʳ de Belsunce, à Allauch, eut lieu le 5 juin. Délib. du 9 juin 1721.

assemblées furent interdites, les cabarets fermés, les cloaques nettoyés, les fumiers enlevés et jetés dans des fosses, et défense fut portée, sous peine de dix livres d'amende, d'en entretenir dans les rues. Quant aux approvisionnements d'eau, il fut arrêté que, pour éviter toute communication entre habitants, les pestiférés guéris s'approvisionneraient exclusivement au puits de Guiredon, les autres au grand puits. Un garde fut placé auprès de chaque puits pour faire respecter l'arrêté. L'isolement individuel fut mis en pratique ; dès qu'un malade était signalé, le bureau de santé plaçait des gardes à la porte de sa maison pour empêcher lui ou les siens d'en sortir. Cette mesure rencontra bien quelque résistance ; on congédiait les gardes, on les chassait au besoin. «... Il y en a qui s'émancipent à ôter les gardes qu'on met à leurs maisons quand ils sont malades. Ils ne pourront être ôtés qu'en vertu d'une délibération du bureau. A ceux qui ne voudront pas les souffrir, il leur sera permis de rester dans leur maison, à condition que la porte en sera murée » [1].

Le commandant de la ville de Marseille et d'Allauch, M. de Langeron, chargea le médecin de l'hôpital du Jeu de Mail de venir soigner les malades, et l'archevêque d'Aix, l'intendant et les procureurs du pays envoyèrent un secours de 1.000 livres à la ville d'Allauch.

Cette première période de la peste se termine au mois d'août. Elle a duré un an, avec une intermittence de trois mois environ, soit du 11 mars aux premiers jours de juin. Les consuls, appelés à faire connaître la situation du pays, déclarent dans un rapport du 21 août 1721 qu'avant la contagion, il y avait dans le lieu d'Allauch et dans son terroir environ cinq mille personnes ; que la contagion y a commencé le 20 août 1720.

---

[1] *Archiv. municip. d'Allauch.* Délib. du 7 juillet.

Depuis ledit jour jusqu'au 1ᵉʳ juin 1721, il y a eu mille deux cents malades, dont neuf cents sont morts et trois cents sont guéris. Depuis le 1ᵉʳ juin jusqu'au 30, il y a eu vingt-un malades, dont vingt sont morts et un a guéri. Au 1ᵉʳ juillet 1721, il y avait dans les infirmeries douze malades au bouillon et quatre convalescents à la ration. Du 1ᵉʳ juillet au 10, il y a eu seize morts ; le 11, il restait douze malades ; le dernier, il en restait quinze ; le 10 août, il en restait huit à l'hôpital et sept aux convalescents ; le 21, il y en a quatre à l'hôpital et huit aux convalescents. Il y a eu à Allauch jusqu'à sept infirmeries, savoir : celles de l'hôpital de la Charité et la Chapelle des pénitents pour les malades du lieu ; celle du quartier des Roubauds pour les malades de la campagne ; celles du Saint-Enfant Jésus et la maison du sieur Baudoin pour les convalescents ; la chapelle de Notre-Dame du Château et le Jas, dit de l'Estangue, pour les quarantenaires. Il ne reste plus présentement que la susdite chapelle pour les malades, celle du Saint-Enfant Jésus et la maison du sieur Baudoin pour les convalescents, ayant pris les maisons de divers particuliers pour les quarantenaires. Point de médecin, sauf depuis le 5 juillet dernier, celui envoyé par M. de Langeron, mais seulement deux chirurgiens et un apothicaire qui a composé et fourni les médicaments, douze infirmiers, vingt infirmières. Il y a encore présentement trois infirmiers, trois infirmières et quatre corbeaux, mais il y en a eu jusqu'à huit. Le curé et les secondaires ont toujours servi à confesser les pestiférés [1]. Il y a eu dans les infirmeries

---

[1] Un des secondaires devait être le R. P. Siméon, observantin. Une délibération du 18 août 1721 nous apprend qu'il servit « dans cette communauté pendant la contagion, ayant toujours confessé les pestiférés, quand il a été appelé, s'étant exposé à beaucoup de dangers, ayant fait des aumônes aux personnes nécessiteuses ». Il tomba malade, fut mis en quarantaine et demanda qu'on lui payât au moins ses frais. Le Conseil lui alloua 50 livres.

environ cent lits pour les malades, cent draps de lit, cent chemises de nuit. On a usé environ dix quintaux de mauvais
linge pour les plaies ; et, comme il y eut un intervalle d'environ cinquante jours sans morts ni malades et que tous ceux
qui étaient dans les hôpitaux avaient été mis en liberté chez
eux après leur quarantaine de convalescence, on avait fait
brûler la plus grande partie des matelas, paillasses, draps, etc.,
ne réservant que ce qu'il fallait pour garnir douze lits. Il y a
eu, pour l'usage des infirmeries, cinq cents quintaux ou environ de pain, huit quintaux d'eau-de-vie, deux cents milleroles
de vin (la millerole étant de quarante-huit pots), vingt milleroles de vinaigre, dix quintaux de riz, cinquante quintaux de
légumes, cinq cents quintaux de bois, dix quintaux de charbon, vingt mille sarments, dix quintaux d'huile, deux quintaux de savon, dix minots de sel et quatre-vingt-dix quintaux
de viande à six sols la livre.

Après cet exposé, les consuls font connaître les divers objets
qui leur sont nécessaires jusqu'au 31 août. Ils demandent
quatre quintaux de blé, un quintal de légumes, dix livres de
sel. Ils ne sauraient spécifier les remèdes dont ils pourront
avoir besoin pour l'hôpital, attendu que très souvent et selon
les malades, il faut des remèdes différents. Ils n'ont pas besoin
de draps de lit, chemises, bonnets, toile cirée, ni de médecin,
M. de Langeron en envoyant un tous les jours pour visiter les
malades, et se bornent à demander un quintal de *parfum violent*
pour désinfecter les hôpitaux, toutes les maisons et bastides
étant déjà désinfectées [1]. Le rapport se termine par cette attestation : « Nous, consuls de ce lieu d'Allauch, attestons le pré-

---

[1] Il y avait le *parfum doux* et le *parfum violent*. Le parfum doux
était composé d'une demi-livre de poix noire, de sandaraque, de colo-
phane et de soufre en poudre, d'une livre de goudron et d'huile de gene-

sent état véritable que nous avons fait le plus juste qu'il nous a été possible, ayant été abandonnés de tout le monde dans le fort du mal, ce qui a été cause que l'on n'a pas tenu une règle certaine pour tout ce qu'on demande. Caire, consul ; Camoin, consul » [1].

Le calme qui suivit cette période lugubre ne fut troublé que par une déclaration subite et inopinée du mal contagieux dans la campagne d'Honoré Nicolas dit l'Amoulaïre. Quatorze personnes y sont soudainement atteintes ; treize succombent. M. de Langeron attribuant cet à-coup à la présence de hardes contaminées qui avaient été celées, fit publier à son de trompe que quiconque en détiendrait frauduleusement eut à les produire ; et comme nul ne se présenta, il ordonna une visite générale, au cours de laquelle on désinfecta les hardes déclarées et on brûla tout ce qui parut suspect (8 septembre 1721). M. de Chaluy, nommé commandant à Allauch, arrive avec douze hommes et un sergent, le corps de garde est rétabli, les mesures générales de police, un peu négligées en ces derniers temps, sont remises en vigueur et le calme revient dans la petite ville. Du 20 septembre au 1er novembre, aucun nouveau cas ne se produisit ; un seul décès eut lieu, celui d'un pauvre malade depuis longtemps en traitement à l'hôpital [2].

---

vrier, dit huile de cade. Le parfum violent, dont l'usage était plus répandu, était composé de soufre, de poix-résine, antimoine, orpiment, arsenic, cinabre, sel ammoniac, litarge, assa-fœtida, cumin, euphorbe, poivre, gingembre, son, le tout mélangé dans des proportions prévues. (D'Alezais, *op. cit.*)

[1] *Archives des Bouches-du-Rhône*, c. 927.

[2] Le curé J'' Reynaud représente aux consuls «... que le cimetière a été infesté par trois ou quatre morts pestiférés qui y ont été enterrés, et comme l'Évêque de Marseille veut qu'on condamne tout cimetière infecté, il prie les consuls d'en créer un autre ». On n'abandonna pas le cimetière ; on se borna à déterrer les *corps suspects* et à les porter à un coin « avec un tas de pierres par dessus pour qu'on n'y touche plus ».

Soudain, un retour imprévu éclate ; le fléau qu'on croyait à jamais écarté s'abat de nouveau sur la ville et frappe à coups redoublés. Du 1er au 13 novembre, dix personnes succombent ; du 13 au 20, quatorze nouveaux décès se produisent, et du 21 au 30, vingt-un pestiférés sont ensevelis, soit un total de quarante-cinq morts en trente jours. « La peste continue toujours, écrit Michel, à la date du 23 novembre. Nous sommes présentement sans viande et bloqués de partout. » Le commandant veut réunir le bureau de santé : le bureau n'existe plus. Jh Michel, son intendant, est mort de la peste ; Antoine Guillon, autre intendant, est suspect de contagion ; le troisième agonise. Que faire ? On revient à la mesure déjà pratiquée une première fois avec succès et on prescrit une quarantaine générale.

Le commandant fait entrer dans la ville la quantité de viande et de grains jugée indispensable et établit l'organisation suivante. Cinq hommes seront chargés de la distribution du pain, viande, etc., à domicile ; un sixième devra parcourir les rues après la distribution pour s'assurer que nul n'a été omis. Deux hommes seront postés à chaque puits pour puiser l'eau à force de bras, tandis que six hommes conduisant six mulets chargés de barils iront la distribuer dans la ville ; huit pourvoyeurs seront chargés d'alimenter les campagnes ; les gardes seront répartis par quartier dans le terroir, tandis que les soldats garderont la ville et à toute heure de la nuit feront des patrouilles pour empêcher les vols et toute communication des habitants entr'eux. Trois chevaux de piquet seront constamment à la disposition du commandant et de l'inspecteur.

La quarantaine générale commença le 1er décembre 1721. A la date du 16, le consul Michel écrivait : « Il continue toujours d'aller bien dans ce lieu et son terroir ; hier, il n'y eut point de nouveau malade, il y eut seulement un mort de ceux qui étaient à l'hôpital ; nous espérons, avec l'aide du Seigneur, d'être bientôt sains ». La statistique va un peu à l'encontre de ces affirmations optimistes ; car elle nous montre quatre décès du 10 au 20 et six décès du 20 au 31 ; elle nous apprend que, le 20 décembre, il y avait encore douze malades aux infirmeries, que cinq y entrèrent du 20 au 31.

La quarantaine produisit quand même de bons effets. Un seul décès douteux survint encore le 4 janvier, et, le 27 du même mois, Michel pouvait écrire en toute vérité à M. de Canceris : « Il continue toujours d'aller bien et nous commençons à respirer comptant vingt-trois jours sans avoir eu ni morts ni malades, depuis le malade ambigu *(sic)* qui n'a point eu de peste suivant toutes les apparences, et nous compterions sans cela depuis 29 jours. Les chirurgiens qui trouvent leur compte à avoir des prétextes de faire durer la peste, condamnent tous les malades qu'ils visitent et, si nous n'avions pas la précaution de les faire mettre en despart s'il en survenait quelqu'un, il nous arriverait la même chose. Mais heureusement tout le monde se porte bien et l'hôpital va être vuidé dans quelques jours ».

Le 15 février, on mit en quarantaine ordinaire les chirurgiens, les infirmiers et les corbeaux, tandis que la ville faisait sa quarantaine de convalescence qui s'acheva le 18 du même mois. Ce même jour commença la quarantaine de santé, pendant laquelle les églises furent rouvertes et les offices célébrés comme à l'ordinaire. Le 19 mars 1722, le consul Michel rendant compte de l'état sanitaire d'Allauch, écrivait : « ...J'ai fait vuider entièrement et sortir de quarantaine les chirurgiens, infirmiers, infirmières et corbeaux et fait désinfecter toutes les hardes qui avaient servi à l'hôpital, de sorte que nous n'avons plus rien qui ressente la peste et nous pouvons compter de n'en avoir plus aucune semence, car la communication est plus grande que jamais et notre quarantaine de santé, commencée depuis le 18 février; nous pouvons compter, quand elle sera finie, avoir resté quatre-vingt-dix jours sans mort ni malade et sans aucun soupçon de peste ».

La communauté avait promis une gratification aux infirmiers et infirmières qui se montreraient les plus zélés au cours de la contagion. Méndic et Vernet reçoivent 100 livres chacun ; Antoine Olive, 60 ; La Rousse, 60 ; Marianne Blanque, 30. On leur distribue, ainsi qu'aux corbeaux et aux orphelins, les matelas et couvertures désinfectés, mais on leur refuse, par mesure de sage précaution, plusieurs ballots d'habits, de chemises, de draps qui avaient servi aux infirmeries d'Aix et que cette ville leur envoie, car, disent-ils, ils n'ont peut-être pas été suffisamment désinfectés. Quant aux particuliers qui ont souffert dans leurs biens de n'importe quelle manière au cours de la contagion, ils devront s'adresser au sieur Caire, premier consul, qui en entretiendra le bureau.

Au total et pour résumer, la maladie commença à Allauch, le 20 août 1720 et dura jusqu'au 4 janvier 1722, avec une intermittence qui s'étendit du 20 septembre au 1er novembre 1721. Le total des malades durant toute cette période fut de 1.331 et celui des morts atteignit le chiffre de 1.023.

Les secours reçus furent : 1° 350 charges de blé (dont huit perdues pour le transport); 2° 10 charges données par le Chapitre de la Major, prieur du lieu ; 3° 475 moutons et 22 bœufs fournis par la ville d'Aix ; 4° 3.800 livres avancées par le trésorier de la Province ; 5° 1.000 livres fournies par l'Archevêque ; 6° 200 livres fournies par l'Evêque de Marseille.

D'autre part, les dépenses diverses pour pain, vin, légumes, médicaments, linge, vinaigre, eau-de-vie, parfums, honoraires des chirurgiens, corbeaux, etc., etc., s'élevaient, au 30 septembre 1721, à la somme de 53.o55 livres, réduites à 46.433, d'après le compte de Caire, consul (Camoin, autre consul, étant mort). En octobre, il fut dépensé 1.096 l. 18 s.; en novembre, 2.269 l. 8 s.; en décembre, 4.194, ce qui forme un total de dépenses de 53.993 l. 6 s.

Il s'agissait maintenant d'obtenir la déconsignation du lieu et la libre pratique. A cet effet, les autorités locales rédigèrent l'acte déclaratif de l'entier rétablissement de santé qu'on va lire :

« Cejourd'hui, 29 mars 1722, après-midi, M. de Malvia, chevalier de l'ordre militaire de Saint-Louis, commandant pour le Roy dans ce lieu et terroir d'Allauch, sieur Pierre Caire, premier Consul, étant assemblés avec M. le vicaire et les prêtres desservant cette paroisse, les intendants de la santé, les capitaines et commissaires du lieu et terroir, les chirurgiens, directeurs de l'hôpital et autres qui ont toujours été employés pendant la contagion : le sieur Caire, premier consul, a représenté à l'Assemblée que la santé, grâces au Seigneur, étant parfaitement rétablie dans ce lieu et son terroir, il est de son devoir d'en assurer par acte authentique les personnes qui gouvernent si sagement cette province. Sur quoy, aux fins susdites et en foy et témoignage sincère de la vérité, Nous commandant, consul, intendants de la santé et autres, employés pendant la contagion, vicaire et prêtres, desservant ladite paroisse, disons et déclarons que la peste a commencé en ce lieu et son terroir depuis le vingtième août 1720, qu'elle a continué jusqu'au mois d'octobre 1721 et y ayant eu un intervalle dudit mois d'octobre sans nouveaux malades, elle aurait recommencé le 1er novembre et duré jusques au 4 janvier dernier par rechute, auquel jour il tomba une fille malade qui, ayant resté jusques au huitième dudit mois en départ, elle fut conduite aux infirmeries ledit jour, n'y ayant eu depuis lors aucun mort ny malade ni même aucun soupçon de peste, ayant commencé la quarantaine de convalescence ledit jour huitième janvier, qui a duré jusques au 18 février dernier sans avoir eu le moindre soupçon de contagion, et la quarantaine de santé depuis le 18 février dernier jusques à ce jourd'hui sous les ordres de M. le marquis de Pilles, commandant de la ville de Marseille et lieux circonvoisins, pendant laquelle les églises ont été ouvertes, les offices divins célébrés à l'ordinaire et avec une très grande communication sans qu'il y ait eu aucun soupçon. Que les chirurgiens, infirmiers, courbeaux ont sorti de quarantaine, où ils étaient depuis le 15 février dernier, le vingtième du présent mois, et communiquent dans le lieu et terroir depuis ledit jour; que la désinfection de l'hôpital des quarantenaires et de toutes les hardes qui y avaient servi pendant la peste a été auparavant faite; qu'il n'y a aucune maison ou bastide ou il y ait eu des malades qui n'ait été bien et duement désinfectée, parfumée et blanchie par trois fois et que par dessus cela il a été fait une désinfection générale de toutes les hardes qui se sont trouvées dans lesdites maisons ou bastides avec toute l'exactitude possible en tel cas requise. En foy et témoignage de tout ce que dessus le présent acte a été signé et dressé l'an et jour susdit et ont signé : MALVIA, commandant; MICHEL, inspecteur général; FOUQUE, intendant; PINATEL, commandant; RAYNAUD, vicaire; BLANC, prêtre desservant ».

Une fois ce procès-verbal expédié, la population d'Allauch attendit avec une impatience bien compréhensible l'acte officiel du lieutenant général de Provence qui devait lui rendre la libre pratique, permettre aux agriculteurs d'aller et de venir, aux négociants de reprendre leur commerce. Cet acte de déconsignation fut rédigé à Marseille, le 9 avril, et enregistré à Allauch, le 16 du même mois. Le voici :

« Le marquis de Brancas, des comtes de Forcalquier, lieutenant-général des armées du Roy et de Provence, conseiller
d'État ordinaire, chevalier de la Toison d'Or, commandeur de
l'Ordre militaire de Saint-Louis, commandant pour Sa Majesté en Provence, Veu l'acte fait par les habitans du lieu
d'Allauch, le 29 mars dernier, accepté par le sieur Malvia,
commandant audit lieu et terroir, par lequel il paraît qu'il n'y
a eu aucun mort ni malade soupçonné de contagion depuis le
4 janvier dernier ; que la quarantaine de convalescence a esté
commencée le huitième dudit mois de janvier et finie le 18 février sans qu'il y ait eu aucun soupçon, et que la quarantaine
de santé a esté commencée ledit jour 18 février et a fini le
29 mars, pendant laquelle il y a eu une grande communication, les églises ouvertes et les offices divins célébrés à l'ordinaire aussi sans soupçon ; que toutes les maisons et bastides où
il y a eu des malades depuis le commencement de la contagion, les hôpitaux et autres endroits désignés pour les quarantenaires et convalescents ont été désinfectés, parfumés et blanchis par trois fois : qu'il a été fait une désinfection générale de
toutes les hardes, linges et meubles apartenant à ceux dans les
maisons desquels il y a eu des malades de peste ; que tous
ceux qui ont servi aux hôpitaux sont sortis de quarantaine et
communiquent dans le lieu et terroir depuis le 20 mars sans
qu'il y ait eu le moindre soupçon, et enfin qu'il n'y a plus aucune semence de peste, Nous avons déconsigné ledit lieu et
terroir d'Allauch et permis aux habitants de commercer et fréquenter dans toutes les villes et lieux sains déconsignés de la
Province estant munis d'un billet de santé signé par les consuls
et secrétaire du lieu et visé par ledit de Malvia, commandant
audit Allauch, avec défense aux habitants quels qu'ils soient
de sortir sans avoir un semblable billet à peine de la vie.
Défendons aux consuls et habitans des lieux où ceux

d'Allauch iront de les refuser, sous les peines portées par nos ordres.

« Fait à Marseille, le 9 avril 1722. Signé :

« BRANCAS.

« Enregistré à Allauch, le 16 avril 1722. Signé :

« MICHEL » [1].

---

[1] *Archives municipales d'Allauch.* Vol. des délib. de 1705 à 1723, contenant 886 feuillets. *Archives des B.-du-R.* c. 909, 927, etc.

XXVII

OBJETS ET RITES TALISMANIQUES EN PROVENCE

d'après les Collections du Museon Arlaten

Étude présentée par

MM. Louis AUBERT et J. BOURRILLY

INTRODUCTION

Sans vouloir faire une étude complète, trop longue et peu nouvelle, de toutes les pratiques qui, en Provence, ont pris avec le temps une allure plus ou moins fétichiste (au sens ethnographique du mot), nous voulons donner, avec un essai de catalogue raisonné des talismans *(Brèu)*[1] compris dans les collections du *Museon Arlaten,* une esquisse rapide des croyances populaires, de cette espèce de religion clandestine qui s'est à toute époque, en Provence, développée, obscure mais tenace, en marge des religions officielles. Nous nous contenterons de décrire sans parti-pris, sans chercher à juger (ce qui est bien inutile) ces vieilles pratiques, legs vénérable de vétusté, et qui pour les sceptiques doivent au moins avoir le charme des choses mou-

---

Brèu (Rom. *brèu;* b. lat. *brevia ;* lat. *proebia,* amulette préservatif). C'est le nom générique sous lequel sont classés, dans une vitrine spéciale (n° 26), les Talismans recueillis par le M. A.

rantes. Quant à rechercher péniblement leur origine véritable, c'est fort difficile et hasardeux dans bien des cas.

Aussi nous en tiendrons-nous aux explications les plus naturelles et à la classification qui nous a paru la plus claire.

Les talismans qui nous occupent peuvent à notre avis se ranger en deux grandes catégories :

I. — Résidus avérés et reconnaissables des antiques religions ;

II. — Objets de conjuration, adjutoria, viatiques (si l'on peut ainsi s'exprimer).

Les objets de cette dernière catégorie ont souvent des relations très étroites avec ceux de la première, mais leur filiation religieuse n'est pas nettement établie à première vue.

I.— Aux premiers âges de notre Provence, on ne peut douter qu'il y ait eu une religion vraiment autochtone et même probablement plusieurs. Les croyances métaphysiques de ces ancêtres primitifs devaient être assez rudimentaires, proches parentes de l'animisme professé par les peuplades fétichistes d'Afrique. Les Éléments, dont l'homme était bien davantage qu'aujourd'hui le jouet, provoquèrent chez lui une terreur profonde, premier stade d'idée religieuse.

On reconnaît les traces de cette glorification apeurée et grossière des Éléments dans les images de ces divinités retrouvées aux Baux, à Saint-Remy, à Noves, à Barbentane.

Ce sont les représentations très frustes d'un Dieu formidable et cruel, d'un Moloch insatiable : — muffle et pattes d'ours, queue de lion, corps recouvert d'écailles, il tient dans chacune de ses griffes antérieures et dans les crocs de sa gueule un petit enfant *(Monstre de Noves)*. La forme la plus populaire de ce Dévorateur divinisé se retrouve dans la *Tarasque* qui dût sym-

boliser le génie malfaisant des eaux et dont la forme est très
exactement décrite dans *Mirèio* (c. ix, 379, passim) :

> La bèstio a la co d'un coulobre,
> A d'iue mai rouge qu'un cenobre ;
> Sus l'esquino a d'escaume e d'àsti à faire pòu !
> D'un gros lioun porto lou mourre,
> E sièis pèd d'ome pèr mies courre.

Il reste aussi populaire sous le nom et la forme un peu modifiée du *Drac*, monstre ailé et amphibie, qui porte sur le corps
d'un reptile les épaules et la tête d'un jeune homme (GERVAIS
DE TILBURY, *Otia Imp.*, III).[1] C'est lui le vrai héros de ce poème
du Rhône, où Mistral a fait ondoyer avec tant d'art la vie ethni-
que du fleuve et qui est aussi, comme toute l'œuvre Mistralienne, un incomparable recueil de folk-lore.

Mais à côté de cette divinité toute-puissante et inexorable, se
hiérarchisent d'autres divinités, personnifications des Éléments
aussi, mais plus douces, plus humaines, plus accessibles à la
prière, et qui souvent accordent à l'homme ce que refuse le redoutable Seigneur Dragon. C'est la troupe légère des Fées des
bois, des fontaines,

> Amo vesiblo dóu campèstre

qui se sont prises d'amour pour les fils des hommes et qui, faibles déesses, ont pris à ce dangereux contact leurs passions folles.

----

[1] Tous ces monstres ont trouvé place dans le légendaire chrétien primitif. Ce sont eux que terrassent symboliquement (car ils figurent le pa-
ganisme expirant), Ste Marthe à Tarascon, S. Armentaire à Draguignan,
S. Front à Périgueux, S. Victor à Marseille, S. Véran à Cavaillon, S. Do-
nat à Sisteron, S. Chely en Gevaudan. Légendaire parallèle et compara-
ble aux cycles de la chevalerie Nordique, où les héros combattent avec
le même appareil les Éléments domptés (l'Eau, le Feu, les monstres horribles) par la seule force de leur âme pure et douce.

Elles vivent dans le perpétuel voisinage de l'humanité, errant avec de longs soupirs, comme les Nymphes, dans les grottes profondes où les a enfermées au premier tintement de l'*Angelus* la malédiction du Dieu nouveau. Leur culte cependant reste vivace : les Bonnes-Fonts, les forêts et les pierres où vont, dans le Var, pour y accomplir certains rites, les amoureux, — les dolmens qui, dans l'esprit du peuple, leur sont encore consacrés comme autel (*la Pèiro de la Fado*, à Draguignan), sont les vivants témoins de leur survivance dans le sub-conscient de la race.

La religion romaine, que l'administration de l'Empire imposa aux peuplades conquises (et dont le christianisme naissant s'appropria rapidement les rites) impressionna moins profondément leur imagination ; il en resta des pratiques extérieures de culte, mais non ce fond coloré et vivant de légendes qui enrichissent notre folk-lore provençal : Les *Fées*, les *Trèves*, les *Dracs*, *Jean de l'Ourse*, les *Masques*, et toute la foule bruyante des *Barbans*, des *Garamaudo*, des *Esprits fantastiques* qui grouille étrangement dans le chant VI⁰ de *Mirèio*.

Il faut enfin faire aussi la part de ce qu'ont donné les divers mythes étrangers qui, avec les premiers colonisateurs orientaux, et plus tard avec les vétérans romains entrèrent en Provence : nous voulons parler de ces mystérieux mythes Solaires et Phalliques, encore mal connus, dont on retrouve un peu partout des traces nombreuses et significatives.

II. — Les objets compris dans la deuxième catégorie que nous proposons sont les objets de conjuration, les talismans proprement dits. L'homme est guetté par des divinités malfaisantes ; il a besoin d'être aidé, il l'est parfois et reconnaît l'aide surnaturelle. Mais cette aide ne vient pas sans supplications, sans incantations et l'homme est ainsi amené par l'expérience à attribuer à telles pratiques, à telles formules des vertus mirifiques. Certains objets, il l'a reconnu, lui ont porté bonheur : ils sont de forme étrange souvent ; ils l'ont frappé par leur aspect, par les circonstances de la trouvaille, par leur vertu propre, par leur rareté ; souvent aussi ce sont des objets d'usage courant, des objets de première nécessité. Les objets prennent une valeur, deviennent les condensateurs en quelque sorte de quelque pouvoir supérieur et mal défini, mais irrésistible. Ce besoin est de tous les âges : on a retrouvé dans les cavernes et les abris préhistoriques des variolithes, des escargots senestrogyres, des olives de métal précieux, des colliers,... dont l'emploi comme amulettes n'est pas douteux. Et leur emploi comme ornement est très fréquent, même aujourd'hui.

ESSAI DE CATALOGUE RAISONNÉ [1]

I

Résidus avérés et reconnaissables d'antiques religion.

A. — RELIGIONS AUTOCHTONES.

Les *légendes du* **Drac** (F. Mistral, *Lou Rose*). — Il est figuré dans la *croix des Mariniers* du Rhône, et sur un *battoir* de lavandière des Saintes-Maries de la Mer.

LA TARASQUE. — Il en existe deux exemplaires : l'un, très réduit et très artistique, provient du couvent des Carmélites d'Arles ; l'autre qui est la reproduction très exacte, quoique un peu moins grande que nature, de la Tarasque portée à la procession de Ste Marthe, à Tarascon, par les Chevaliers de la Tarasque.

Culte des Fées. — La MAN-FADO, signe figurant un squelette de main ou de patte d'animal imprimé sur le crepi encore frais d'une maison nouvelle. C'est un porte-bonheur.

Pouvoir de certains animaux :

a) LA SALAMANDRE *(alabreno)* est réputée avoir le mauvais œil, de même que la RASSADO *(Lacerta ocellata)*.

b) LE LÉZARD est réputé l'ami de l'homme, il veille sur le sommeil du paysan et l'avertit de tout danger.

c) LA TAUPE *(Darboun)*. Les Fées, par la malédiction divine, furent changées en taupes. *L'Escudet* qui sert à préserver des maladies infantiles, est un petit sachet d'étoffe, sur lequel on a cousu aux coins quatre pattes de taupes. Les pattes de

---

[1] Les objets dont il est parlé *passim* sont pour la plupart enfermés dans la vitrine 26 ; voir aussi : *Chambro espousivo* (visite à la *Jacudo*) ; *taulo calendalo ; Salo festadiero* (Vitrine des harnachements de *Sant-Aloi*), panoplie de S. Nicolas, patron de la Marine *(Crous di Mariniè)*, etc.

taupes et celles du blaireau qui se ressemblent *(Teissoun)* sont employées contre le mauvais œil. On place aussi une peau de blaireau dans le garniment des bêtes de trait (Prov., Gapençais et B.-Lang.).

d) Le SERPENT était un animal sacré (il représentait, chez les Romains. le *Genius loci*, le génie protecteur.) La mue du serpent (PÈU DE SERP) porte bonheur, et en particulier guérit des maladies du sein. — IÓU DE SERP (Œuf de serpent), jade ovoïde qui préserve de la morsure des serpents, fait gagner les procès et découvrir les trésors (Marsillargues, Hér[ll]).

B. — INFLUENCE ROMAINE.

Nous ne rapporterons pas ici les rites qui sont passés dans la religion catholique et ne sont pas particuliers à la Provence ; et, d'autre part, il sortirait de notre cadre de décrire en détail les cérémonies et pratiques qui pourraient entrer dans cette caté-gorie; nous nous contenterons donc d'en énumérer quelques-unes. Le pain à incision cruciale *(Pan Calendau)*, servi sur la table du *Gros Souper*, tout le rituel et les accessoires de la bénédiction des maisons, des champs *(Rouguesoun)* et des bê-tes *(Sant-Aloi)*, les cierges de la Chandeleur (*N.-D.dóu Fue nòu*, à Marseille), les Rameaux chargés de fruits (on portait aux fêtes d'Ariane et de Bacchus des rameaux d'oliviers pareillement ornés), *Carreto de l'Agnèu* (berceau illuminé pour l'agneau de l'offrande des bergers, pour Noël : aux Baux, il est traîné par un bélier enrubanné.) Fêtes de mai : *Maio* (belles de Mai), Arbres de Mai, Bouquets de fleurs symboliques échangés entre amoureux, *Fóucado* et *Roumavage* (*majuma*, à Rome).

Nous ne pouvons cependant passer sous silence certaines médailles de saints où le concept religieux s'allie à quelque vertu préservatrice :

Médailles de S. Georges, pour préserver les marins de la tempête (d° en Italie).

Médailles de S. Benezet, pour préserver la maison de la foudre.

Médailles de S. Roch, «S. Roch, préservez-nous du Choléra».

Médaille de S. Hubert, contre la peste, — etc.

C. — CULTES ÉTRANGERS DIVERS.

A) Mythe solaire ou Mythriaque.

Feu de la S. Jean, batailles de serpentaux à Arles, et à Aix.

La Bello Estello, à Pertuis.

Brandoun dóu Carboun, pendant le carnaval.

Le Taureau est le symbole du Dieu Mithra [1] ; on pourrait voir la persistance de ce culte dans la passion des populations provençales pour tous les jeux de force et de ruse dont il est le héros.

Le Soleil était figuré symboliquement par une ROUE à quatre, six ou huit rais, que l'on retrouve figurée fréquemment sur les objets usuels, tels que couteaux, fourchettes et cuillers en bois, sabots, etc... que les bergers et les gardiens des mas de Crau et de Camargue burinent avec leurs couteaux (v. notamment un BATTOIR DE LAVANDIÈRE des Saintes-Maries-de-la-Mer : prisme triangulaire sculpté au couteau surmonté sur le manche d'une figuration du Drac ; l'une des faces porte la roue du soleil à six rais, la croix des chevaliers de Malte (La légende raconte que le Drac s'était réfugié sous les bâtiments du Grand Prieuré de cet Ordre, à Arles); l'autre face porte l'Étoile de la maison des Baux).

B) Mythes phalliques.

Li Castellei de la Santo-Baumo. Triangle composé de trois cailloux allongés (symbolisant l'organe féminin) et d'un cail-

---

[1] F. MISTRAL, *Poèmo dóu Rose*, VII, LXI.

lou rond (organe masculin) placé au centre : il symbolise
l'union parfaite et consommée. — Les jeunes filles qui veulent
se marier vont accomplir ce rite sur le plateau du Saint-
Pilon. Si, l'année suivante, en retournant, elles retrouvent le
signe intact, l'augure est bon et il est possible même qu'elles
rencontrent leur fiancé prédestiné en redescendant la colline.

Ce rite était aussi pratiqué par les épouses stériles ou vouées
aux filles, qui élevaient les unes autant d'autels votifs qu'elles
désiraient avoir d'enfants, et les autres d'enfants mâles [1].

C) Autres mythes, culte des nombres...

Les trois nappes et les trois chandelles, qui éclairent la table du *Gros souper*, la veillé de Noël.

Le chiffre 7, d'heureux augure.

Le chiffre 13, de très mauvais augure.

II

Objets de conjuration, *ADJUTORIA*, viatiques.

DIVISION . . . .

A. — Objets *ayant des vertus propres* (réelles ou symboliques) qui les ont fait
choisir comme amulettes.

B. — Objets qui. par leur forme, etc., *rap
pellent certains actes qu'ils peuvent favoriser ou conjurer.*

C. — Objets qui prennent leur valeur de
leur *rareté* ou de leur *forme étrange.*

---

[1] Le jeu d'enfant appelé *Castellet* consiste à mettre à terre trois noix,
trois châtaignes ou trois noyaux qu'on couronne d'un quatrième, et à
abattre cet édifice avec un projectile de la même espèce. Erasme parle de
ce jeu dans ses *Colloques* et Rabelais le nomme *Chastellet.*

A/ Objets ayant des vertus propres (réelles ou symboliques) qui les ont fait choisir comme amulettes.

LE BLÉ. C'est un objet d'alimentation de première importance. Le blé est symbole d'abondance, de fécondité. Sur la table du *Gros souper*, on dispose des écuelles où l'on a fait germer pour sainte Barbe des grains de blé : BLAD DE SANTO BARBO.

LE PAIN BÉNIT aux grandes fêtes est partagé aux repas et apporte la bénédiction dont il s'est enrichi, à ceux qui en mangent. Il revêt différentes formes, selon les villages *(fougasso, tourtihado, torco, naveto, gau...)*

BLAD DE LUNO. Le soir, avant la moisson, les amoureux s'en vont seuls dans les champs de blé. La fiancée coupe un épi qu'elle met au coin des lèvres, et ils rentrent ainsi à la maison de la jeune fille : — *an culi lou blad de luno,* équivaut à dire : ils sont fiancés.

BOUQUET D'ÉPIS DE BLÉ. Dans la Gascogne, à Parville, près de Moissac, les jeunes filles allant à la messe portent au temps de la moisson un petit bouquet d'épis de blé qu'elles offrent à leurs amoureux avant d'entrer à l'église ; ceux-ci vont alors attacher leur bouquet à la porte de la maison de la jeune fille en guise de fiançailles.

CROIX D'ÉPIS. A Grisolles, près de Montauban, la porte des nouveaux mariés reste ornée pendant leur première année de mariage d'une croix d'épis, comme symbole de fécondité (dº, dans le Bazadais).

Les trois arbustes dont on bénit les branches le jour des Rameaux sont : LE BUIS, LE LAURIER (arbre consacré à Apollon), L'OLIVIER (il n'est jamais atteint par la foudre : il est né du sol par la lance de Minerve).

On bénit à Berre, pour la fête de saint Césaire, les PÊCHES, dont les femmes gardent ensuite les noyaux qui préservent d'une infinité de malheurs.

Le millepertuis *(erbo de la sant Jan, Trescalan)* est cueilli le jour de la Saint-Jean. On le fait passer trois fois dans la flamme des feux que l'on allume ce jour-là, en criant chaque fois : *Sant Jan, la Grano !* Cela fait, on le dispose en croix que l'on attache aux portes des maisons ainsi préservées des maléfices, de la foudre ; il chasse les démons, guérit des blessures. (Dans le Béarn, le *Fenouil* cueilli pour la Saint-Jean a les mêmes vertus.).

Mandragore : C'est avec ses racines que les sorciers fabriquaient ce qu'ils appelaient la Man de glòri. Elle fait doubler tous les jours l'argent que l'on met auprès (cft. *le Mandagot*, en Béarn).

Rose de Jéricho *(Anastatica hierochuntica)*. On la fait étaler dans l'eau sur la table du *Gros souper*, à Noël, avec le *blé de Sainte-Barbe;* — on la place dans la chambre de l'accouchée, aux premières douleurs : quand la plante est entièrement étalée, l'accouchée donne le jour à un beau garçon (F. Mistral).

Germandrée *(Calamandrié)*, préserve du tonnerre. Probablement à cause de la ressemblance de sa feuille avec celle du chêne, consacré à Jupiter tonnant.

Li souvet á la jacudo. Les amies de l'accouchée amenées par la marraine du nouveau-né apportent les quatre dons symboliques :

Le pain : pour que l'enfant soit bon comme lui ;

Le sel : qui lui apportera le don de sagesse ;

L'œuf : pour qu'il soit robuste, sain et fécond ;

La brouqueto (Allumette, branchette de fenouil soufrée): afin qu'il soit toujours droit comme elle.

La croix des mariniers du Rhône est surchargée de tous les symboles de la Passion et de quelques symboles astronomiques (F. Mistral: *Lou Rose*, I-VI). Elle est plantée à la poupe du bateau.

Le crapaud *(Lou crapaud tiro lou verin)*. Il passe dans le peuple pour être venimeux ; mais, placé sous le lit d'un fiévreux, il absorbe les miasmes de la chambre, se gonfle des impuretés de l'air et par conséquent purifie.

B) Objets qui, par leur forme, le lieu où ils ont été trouvés, rappellent certains actes qu'ils peuvent favoriser ou conjurer.

Objets contre le mauvais sort.

On conjure le Diable, les fièvres, les maladies des troupeaux, les chenilles, les cafards,... et en général tout ce qui est malfaisant.

Les objets conjuratoires ont une vertu selon les *matières* qui les composent ou selon la *forme* qu'on leur a donnée ; quelquefois la vertu d'un objet fait avec une matière conjurative est augmentée par la forme particulière qu'on lui donne.

a) Matières conjuratives.

Ambre, collier de grains d'ambre.

Corail, main fermée avec trous entre le medius et l'index.

Os, sachet d'os de mort, contre les convulsions des enfants.

Cristal a facettes ou a caboches.

b) Formes conjuratives.

1. — *Objets pointus ou tranchants.*

Pèiro de tron : Hachettes, pointes ou flèches préhistoriques (âge de la pierre). La tradition populaire attribue leur origine à la foudre qui, en frappant les édifices, les arbres,... laisse sur le sol une partie matérielle pétrifiée. Du reste, dès l'âge de bronze, la hache polie était un objet sacré. On donne aussi le nom de *Pèiro de tron* aux aérolithes.

Candelo de trevan, det dóu diable. Bélemnites.

Dènt peirounenco, dènt de lami, dent de squale fossile sus-

pendue à une chaînette d'argent. On l'appelle aussi DÈNT DE PE-
RICLE dans certains pays (de *pericle*, foudre.) C'est la *Glossope-
tra* des anciens.

Ço que poun, roump : — Pour conjurer le mauvais sort, on
pique un mou de mouton avec des AIGUILLES et on le fait ensuite
bouillir pour forcer le jeteur de sorts à retirer son charme ; on
obtient le même résultat en jetant des aiguilles dans un puits.

A Lourmarin (Vaucluse), on place une FAUX *le tranchant
en l'air*, contre la grêle et les orages d'été.

La POINTE qui domine les cabanes en chaume : cette pointe,
dont l'usage remonte aux temps proto-historiques, sinon préhistoriques, a été postérieurement, sous l'influence du christianisme,
remplacée souvent par la croix. Mais on rencontre encore les
pointes sur quelques cabanes. Elles préservent de la foudre et
du diable. (Dr Marignan.)

2. — *Objets ocellés, stellaires ou lunaires.*

Ces formes symboliques ont un pouvoir puissant contre les
maléfices et on les retrouve sur des quantités d'objets usuels :
par exemple, les LUNES de cuivre à devises et ornements gravés qui font partie du harnachement des bêtes de trait.

Les Astroïtes (P. DE SANT-ESTÈVE), et les *étoiles noires* de
Digne (P. DE SANT VINCÈNT, encrinites).

On sait que la RASSADO (*Lacerta ocellata*) est réputée avoir
le mauvais œil.

3. — *Objets en forme de* MAIN FERMÉE avec le pouce
inséré entre l'index et le medius, ou de MAIN A INDEX ITIPHALLI-
QUE (on a retrouvé des amulettes de cette forme dans les tombeaux étrusques) ou de CŒUR.

4. — *Objets cruciformes (casso-diable).*

CHARDON CRUCIFORME, amulette découverte à Maillane par le
Dr Marignan sur la porte d'une maison.

CROUS DE PAIO, croix que font, avec deux brins de paille,
les paysans, pour garder leur bissac des fourmis.

CROIX (signe de) que l'on fait avec le couteau à l'envers du
pain avant de l'entamer.

CROIX DE CONJURATION à formule, comme celle de la Pointe-
Afrique, près de Beaulieu (Alpes-Mmes) *contra fulgura et tem-
pestates*. Elle porte la formule suivante (1735) :

Crux est quam adoro
Crux domini mecum
Crux mihi refugium
Crux mihi certa salus.

Chaque invocation est reproduite cinq fois dans chacun
des bras de la croix. La clef pour la lecture est le C qui se
trouve au centre de la croix.

TALISMANS SPÉCIFIQUES, TOPIQUES :

a) **Colliers, brassards, ligatures, torsades, anneaux.**

COULARET, collier de ficelle de chanvre à 13 nœuds, contre
le croup.

COLLIER A GRAINS D'AMBRE. Contre les convulsions des enfants,
le grain le plus gros est appliqué sur la partie malade au
moment de la crise.

COLLIER D'OSIER. Contre la maladie des chiens (Bas-Lang^oe).

COLLIER DE BOUCHONS *(Coulas de siéure)*, pour faire passer
le lait aux chiennes et aux chattes (à Toulouse).

CAMBAROT. Bracelet de laine écarlate contre les foulures des
poignets. Les premiers chrétiens portaient un bracelet semblable, en signe de reconnaissance.

TORSADE TRIPLE EN BOYAUX DE CHAT. Contre les foulures et le
mal aux dents.

Anneau pour guérir les hémorrhoïdes, fait avec un clou à ferrer, du pied gauche postérieur d'un cheval entier : il faut choisir les deux caboches du côté interne, en partant du talon ; le clou est étiré et travaillé à coups de marteau et à froid.

b/ **Pierres**.

Pèiro de la picoto. Variolithe, contre le mauvais sort jeté sur les troupeaux et, en particulier, contre la clavelée *(picoto)*. On place cette pierre dans la mangeoire, dans l'abreuvoir et même dans les sonnailles comme *matable*.

Patèr de la. Agates colorées ou marbrées de blanc (Calcédoine). Elles ont une forme globulaire. Portées par les nourrices pour maintenir abondante la sécrétion du lait et pour la rétablir, si elle vient à se tarir.

Pèiro de sang. Calcédoine rouge ou grenat, arrête et empêche l'écoulement du sang d'une blessure : par extension, favorise le cours régulier des menstrues.

Pèiro de serp. Pierre dont les veines rappellent les teintes de la peau du serpent : employée contre la morsure des serpents et d'animaux venimeux.

Pèiro d'aiglo. Concrétion argileuse avec noyau interne détaché qui fait un bruit en heurtant la pierre : favorise la gestation et la parturition. (Cpr. *Pietre della gravidanza*, en Italie.)

Pèiro veirenco. Pierres vitrifiées par la foudre ou toute autre cause : on les plaçait dans les murs des maisons pour les protéger de la foudre.

Pèiro de Sassenage. Petits cailloux de jaspe polis (de la grosseur d'une lentille), que l'on trouve dans le Préciousié de Sassenage (Isère). On les place sous les paupières pour nettoyer les humeurs des yeux, ou en extraire les corps étrangers. (Cpr. *Petre di S. Lucia*, en Italie.)

c/ Objets divers.

Queissau de Bèsti. Molaire de bœuf ou de mouton, contre le mal aux dents.

Marron d'Inde *(Æsculus Hippocastanum).* Se porte dans la poche, contre les hémorrhoïdes (Bas-Languedoc).

Rhizome du gouet *(Arum maculatum),* d°.

Gousses d'ail. Contre les vers intestinaux (portées en collier par les enfants). En Italie, il est de tradition que l'ail cueilli le jour de la Saint-Jean soit employé comme amulette contre les vers des enfants.

Chivau marin (Hippocampe) que les marins portent dans leur bonnet contre les accidents de mer et contre les maux de tête (à Marseille).

Tigno. Cocon de la Mante religieuse pour les maux de dents et contre les engelures (en prov. *tigno*).

Nids de mésange penduline *(Debassaire, Piegre).* Suspendus dans les cabanes, les préservent de la foudre. Se retrouve en Autriche et sur les côtes de l'Adriatique. (F. Mistral, *Mireio*, VII.)

Sachet d'os de mort. Contre l'épilepsie.

Sachet de rue *(Ruta graveolens).* Pour favoriser l'accouchement; — emménagogue.

Devino-vènt. On emploie à cet usage le corps du martin-pêcheur *(Arnié, bluiel),* ou celui d'un malormat *(peristidiam malormat),* poisson de mer qui a deux pointes (comme deux cornes) sur la tête. Le *Devino-vènt* est suspendu par un fil au plafond dans les cuisines des mas pour indiquer le temps et l'état hygrométrique de l'air. Un tableau de Teniers nous montre un poisson *devino-vènt (L'Étuve de village,* Musée de Cassel).

**C) Objets rares et qui prennent leur valeur de leur rareté
ou de leur forme étrange.**

Tout objet rare (même chez les civilisés) prend une valeur
talismanique. Nous bornerons notre liste aux objets renfermés
dans la vitrine 26 du Musée Arlaten :

Cacalauso reboussièro. *Helix vermiculata* senestrogyre.

Espigo besso. Épis de blé jumeaux sur la même tige : signe
de deuil ou de mort pour celui qui les trouve.

Amandes doubles. Portées dans les poches contre le mal aux
dents (Lourmarin, Vaucl.).

Noix trilobée *(Nose à 3 glauso)* : préserve du tonnerre et de
la murène.

Trèfle a 4 feuilles.

Sous troués, portés comme amulette. Certaines monnaies
(écu de 5 fr. avec la vache, monnaies impériales romaines, menue monnaie avec l'initiale napoléonienne); — dans le Gard,
les Bouches-du-Rhône, les mères ou les bonnes amies des
conscrits cousent dans la doublure de la veste de ceux-ci des
dardeno pour leur faire tirer un bon numéro.

Escudeleto de Sᵗᵒ-Éleno. Monnaies du Bas-Empire conca-
ves ou bombées légèrement. Elles préservent des maléfices.
Peiresc rapporte que les Pénitents d'Aix les faisaient porter
aux condamnés à mort qu'ils menaient au bourreau.

XXVIII

LE COSTUME D'ARLES

par **M. J. BOURRILLY**, d'Arles,

Président de l'Escolo Mistralenco.

On dit toujours : Le costume d'Arles se perd, il sera bientôt rareté archéologique. Cette note pessimiste est exagérée, mais il faut bien reconnaître qu'elle contient une part de vérité. Le costume arlésien est bien moins porté qu'autrefois ; mais, croyons-nous, ce qu'il a perdu en nombre, il l'a gagné en pureté et en élégance, car il s'est formé, tel que nous le voyons aujourd'hui, peu à peu, graduellement ; il s'est, par des transformations heureuses, des éliminations méthodiques, débarrassé d'une surcharge d'ornements qui le faisaient riche, mais un peu lourd d'allure. La ligne en est devenue plus sobre, plus fine. Nous ne voyons plus, le dimanche, sur nos Lices, aux Arènes, d'amples jeunes filles, à la chapelle « gorgiesement » parées de bijoux, la tête ceinte du ruban flottant dans le dos, l'*èse* à manches énormes et la robe évasée en crinoline. Arles n'est plus riche; il n'y a plus ou il y a peu de bijoux : les bijoutiers arlésiens ont du reste tout fait pour que disparaisse le beau bijou provençal, orfèvri à Saint-Remy, et lui ont substitué la pacotille parisienne. Mais la silhouette d'une jeune arlésienne est toute grâce, toute élégance, toute distinction, et chacun de ses gestes (étudié, qu'on n'en doute pas) est un geste de reine, sûre d'elle, à l'aise dans son costume.

Qu'elle mette sur ses épaules le châle brodé, ou le châle plus sombre d'hiver, celui-ci simplifie la ligne, amortit les gestes ; il moule l'épaule et se serre au creux des reins par un gracieux mouvement du coude qui le laisse lâche et bouffant sur la poitrine. Il se creuse à la taille en plis chatoyants qu'un mouvement déplace et accentue, avec le biais exquis d'une élégante d'Outamaro. — Qu'elle revête le manteau somptueusement garni de fourrures, c'est alors sur les Lices la gravité d'une théorie de déesses : la démarche est lente, les groupes s'assemblent et s'avancent en ordre harmonieux, sans gestes, avec la seule humanité d'un sourire. Mais au printemps, à l'été, lorsque châles et manteaux sont rangés dans le *coffre* de cèdre, ces statues divines s'animent, se font femmes ; toute la vivacité de la race, charme et finesse, reparaît : le dimanche aux Arènes, vers les plus hauts gradins pleins de soleil, elles aiment à promener, à l'abri de l'ombrelle qui les colore comme un autel sous les vitraux, et lorsqu'elles se penchent, toutes frémissantes, vers le drame d'en bas, c'est avec tant d'émotion qu'elles suivent le jeu de l'homme et de la bête, elles ont, environnées de lumière, une grâce si aérienne, qu'elles semblent bien ne poser qu'en oiseau leurs petits pieds sur les dalles noires. Et sur les Lices, à la sortie des Arènes, c'est une animation de volière et dans le jour qui s'éteint, quelque mirage imprécis, délicieux, comme l'évocation d'un rêve déjà fait de liesse orientale et lointaine.

Mais entrons dans le détail, recherchons comment est né ce costume et ce qu'il est aujourd'hui [1]. Il serait difficile d'en étudier les formes très anciennes ; il ne s'est pas créé sponta-

---

[1] Nous avons étudié, d'une façon beaucoup plus complète que nous ne le pouvons faire ici, ces transformations du costume dans un travail avec dessins qui paraîtra incessamment dans la *Revue Félibréenne*.

nément : il y a toujours eu un costume d'Arles ; et ce qui prouve qu'il a des origines profondes et antiques, c'est qu'il est localisé précisément dans une portion historiquement très importante du territoire provençal : le diocèse de l'ancien Archevêché d'Arles. Le costume arlésien est, en effet, porté dans soixante villages qui forment les treize cantons actuels de cette ancienne circonscription : Arles, Tarascon, Saint-Remy, Chateaurenard, Orgon, Eyguières, Salon, Lambesc, Saint-Chamas, Istre, les Saintes-Maries de la Mer, Beaucaire et Aramon. Bien que l'Archevêché d'Arles ait été démembré au profit de nouvelles circonscriptions, le costume s'est maintenu dans les cantons passés à l'arrondissement d'Aix ou au département du Gard, malgré les barrières politiques et administratives qui les séparent d'Arles.

Le costume arlésien, dans la forme où nous le voyons, n'est pas très ancien : les premiers essais de transformation dans le sens actuel datent d'une centaine d'années à peine. Le costume qu'il a remplacé était tout différent : un corset très rigide *(lou cors)* en damas, en soie brodée ou brochée ; un fichu de dentelle ou de mousseline brodée, « en chenille » *(la moudesto)* ; une vaste coiffe de riche dentelle, qui prenait toute la tête et ne laissait passer que quelques boucles de cheveux *(recouleto)* ; un petit mouchoir *(plechoun)* prenant la coiffe au-dessus du front et venant se nouer sur l'oreille gauche ou sous le menton ; par dessus le *cors*, une espèce de casaque courte de taille, à longues basques flottant en rubans *(droulet)*; enfin jupe courte s'arrêtant à mi-jambes : tel était ce costume curieux et riche assurément, mais où la grâce le cédait au pittoresque.

Il disparaît vers le commencement du xixe siècle pour faire place à un costume plus étoffé. La coiffe s'entoure d'un large ruban à fleurs vivement colorées et que l'on noue en ganses énormes sur le devant de la tête. Le *cors* a disparu ; le *droulet* aussi. La robe s'agrandit et s'allonge. — Puis, aux environs de 1850, le ruban de tête se fait plus petit. On ne fait plus la *ganse*, et peu à peu le bout se détache de la coiffe et flotte. La mince marge blanche du fichu de mousseline qui apparaissait sous le fichu d'indienne s'élargit et devient la large *chapelle* à plis nombreux et réguliers, d'une éblouissante blancheur, qui, avec les dorures et les pierreries, fait le costume de cette époque si somptueux. Le ruban de tête s'étage sur la coiffe plus petite, et enserre les cheveux jusqu'au-dessus de l'oreille recouverte par les bandeaux « à la vierge » ; le bout du ruban, entouré de riches dentelles, se détache et flotte mollement jusqu'aux épaules.

La forme actuelle (et définitive, croyons-nous), du costume ne date que d'une dizaine ou d'une quinzaine d'années au plus. La *chapelle* s'est faite plus étroite, à plis rectilignes, se réunissant tous à la ceinture. Le fichu qui, moulant les épaules, en accentuait la chute, s'est redressé, fixé par des épingles ; il se croisait sur la poitrine, et les bouts venaient s'arrêter des deux côtés de la taille : il se croise seulement à la ceinture et les bouts sont ramenés en avant et fixés avec des épingles, de façon à former une espèce de cœur. Débarrassé de tous les ornements inutiles, il se porte en général tout uni et non brodé. Tout cela se détache sur l'*èse* noire à manches étroites.

La coiffure aussi a été transformée, par l'apparition des doubles bandeaux *(revesset)*. Les cheveux, jusque-là séparés en deux masses sur le front, se relevaient au-dessus de l'oreille et se rejetaient ensuite sur la nuque : le *revesset* consiste en ceci, que les deux masses de cheveux prises plus haut sur la tête, sont tordues ensuite en dedans et enroulées autour du peigne, de sorte que chacun des bandeaux se dédouble en une partie plus lâche qui retombe de chaque côté de la nuque sans la couvrir, et une partie tordue et serrée qui se détache en volute

élégante sur la première. Le ruban, ne pouvant plus flotter longuement derrière la tête, se raccourcit ; le peigne qui soutient
la coiffe et le ruban se place exactement sur le sommet de la
tête. La masse des cheveux est tout à fait détachée de la coiffe
et supporte avec aisance le ruban, dont le bout reste ferme et
coquettement dressé.

La toilette d'intérieur (qui n'est plus guère portée à présent
que par caprice, dans les bals ou en carnaval), diffère de la
précédente par le grand fichu de percale très blanc, par le
tablier à ramage et la *cravate*. La *cravate* est une pointe de
toile fine entourant la coiffe et nouée sur le devant en oreilles
de lapin ; elle se porte très petite et coquette avec ses deux
bouts brodés dressés en crête, en *bericouquet* : cela s'appelle
èstre couifado en Mirèio.

Le vêtement arlésien, en principe, est fait d'une simple pièce
d'étoffe, non coupée, drapée, ajustée sur le corps, à l'antique [1] :
ainsi la jupe, qui est la pièce d'étoffe telle quelle, froncée simplement autour de la taille ; ainsi le fichu, carré d'étoffe plié
suivant la diagonale, plissé, et le plus souvent non ourlé ;
ainsi le châle retenu au corps par les coudes et par deux épin-

---

[1] Il ne faut cependant pas qu'il y ait d'équivoque sur ce mot. Le vêtement antique est généralement flottant. Le vêtement arlésien est, nous
venons de le dire, un vêtement *ajusté* au corps. Un exemple fera mieux
saisir la distinction. Le *peplum* et la *palla*, retenus par des agrafes, laissent, pendant la marche, l'air les enfler ou les plaquer sur le corps en
beaux plis sculpturaux ; le *châle*, au contraire, est simplement placé sur
les épaules, et c'est un mouvement de coude qui le serre aux flancs. Le
vêtement antique est fait pour de nobles gestes, le costume arlésien est
beau par sa ligne même.

Une confusion plus grossière a été commise : le rapprochement injustifié
que l'on a fait de la coiffure arlésienne avec certaines couronnes murales,
attributs de divinités ; il suffit de connaître la construction de la coiffure
arlésienne pour s'apercevoir de l'absurdité d'une pareille comparaison.

gles aux épaules ; de même le *voile* de mousseline blanche que l'on porte aux enterrements, aux processions, aux communions, et qui rappelle d'une façon frappante les lignes du *flammeum* antique.

Tandis que le costume arlésien prenait de plus en plus le caractère de vêtement traditionnel, se fixant chaque jour davantage dans des règles étroites, le costume français tendait de plus en plus à la commodité, devenait le costume qu'on passe rapidement, qu'on *coule* et qui ne doit pas gêner : révolution dans la mode et le goût français due à des importations anglo-américaines. Forcément, les deux costumes, l'Arlésien et le Français, ont dû se développer en sens contraire, le premier accentuant davantage son purisme, le second recherchant avec la plus libre fantaisie tout ce qui pourrait donner au corps plus d'aisance, et se pliant aux exigences nouvelles de la vie moderne. En somme, dans le *costume ancien* français et arlésien, le trait dominant c'est la surcharge d'ornements, de lignes noyant le corps qu'on ne soupçonne même pas ; — dans le *costume actuel*, c'est d'une part la grâce impeccable de l'Arlésienne et de l'autre, la préoccupation visible et constante d'accommoder au corps l'aisance ou le collant du vêtement ; cette différence capitale entre les deux costumes a permis à celui d'Arles de se développer d'une façon si royale, comparativement à celui des *damotes* qui, de la province, imitent avec un mauvais goût fréquent les trouvailles parisiennes.

Ce qui fait aussi le caractère du costume d'Arles, c'est d'être un vêtement *ajusté*. L'Arlésienne, au moyen d'épingles, compose elle-même les plis de sa *chapelle* et du fichu ; ramenés plus ou moins haut sur les épaules, les plis donnent au fichu un caractère différent d'élégance. Il en est de même du châle, qui, placé sans art, devient si aisément lourd et disgracieux.

L'Arlésienne peut, par des modifications de détails insigni
fiantes, imprimer à sa toilette un cachet particulier.

Nous avons dit en commençant que, malgré sa grâce incomparable, le costume d'Arles avait une tendance à disparaître : c'est
malheureusement indéniable. Il y a, — avec la disparition
générale de toute particularité locale, — d'autres causes aussi
fortes et aussi inévitables ; le symptôme le plus grave est la disparition du costume d'intérieur (coiffure en *cravate* et fichu
blanc) et l'adoption de plus en plus généralisée, même hors la
maison, du *caraco* qui tend à remplacer l'*èse* et la *chapelle*.

Autrefois, l'Arlésienne se coiffait dès le matin « en Mireille »,
pour aller à l'atelier ou pour vaquer aux soins du ménage ; le
fichu très blanc, croisé sur l'*èse*, donnait du cachet à cette toilette. Une jeune fille, il y a seulement quatre ou cinq ans,
n'eût pas osé sortir moins attifée ; aujourd'hui, elle se coiffe
provisoirement en chignon et porte un *caraco* de grossier pi-
lou ou d'indienne ; cette mode, d'abord localisée dans la maison, s'est généralisée, si bien que non seulement on sort ainsi
la semaine, mais que, dans certains villages, même le dimanche, on va au bal ou à la promenade dans cet accoutrement.
Le corsage est si commode à mettre ! il ne manque que le chapeau pour que le costume soit celui de dame : le pas est aisé à
franchir. Aussi voit-on non-seulement des jeunes filles qui, au
seuil de leurs quinze ans, hésitent à « prendre les coiffes »,
mais même des femmes mûres qui, délibérément. abandonnent le costume qu'elles avaient porté jusque-là et qui leur ac-
cordait encore quelque beauté. Ajoutez à cela le préjugé absurde
qui fait que l'on trouve « mieux portées » les toilettes parisiennes adaptées au goût provincial par de maladroites tailleuses.

Ajoutez encore l'existence plus active, le sans-gêne des relations, tout le protocole de l'ancienne vie d'Arles qui disparaît : vous avez là les ennemis impitoyablement ligués contre le malheureux costume arlésien et qui, sauf miracle, finiront bien par en avoir raison.

Il ne faudrait cependant pas se montrer non plus trop pessimistes. En 1863, Jacquemin, dans une tirade non dénuée de littérature (*Monogr. du Théâtre Antique*, Av*-propos), prédisait déjà la disparition imminente des monuments, de la vie publique, du costume d'Arles, ses prophéties ne se sont pas très bien réalisées : il faut être prudent pour prophétiser des ruines.

Le costume arlésien est moins porté, c'est vrai ; mais il y a à cela une compensation : les Arlésiennes qui gardent le costume le portent très purement ; elles forment une sorte d'aristocratie de la race, gardienne de ce que celle-ci a de plus noble : cet idéal de beauté et de grâce qui l'aiguillonne, qui la pousse et qui se réalise parfois. Peut-être le costume arlésien va-t-il devenir seulement un vêtement de gala que l'on sortirait aux grandes occasions. Devrait-on regretter qu'il dévie en ce sens ? Nous ne le croyons pas. Il aurait moins à craindre des influences étrangères pernicieuses, car il faut espérer qu'il se garderait alors par une tradition invariable.

XXIX

Notes sur la Verrerie en Provence

par M. l'Abbé **ARNAUD D'AGNEL,**

*Correspondant du Ministère de l'Instruction publique,
Membre de la Société de Statistique de Marseille et de la Société
archéologique de Provence.*

Le but de ce travail est de fournir quelques éclaircissements sur l'industrie de la verrerie en Provence et particulièrement à Marseille. Le lecteur y apprendra le nombre et l'importance relative des manufactures avant la Révolution, la nature de leurs produits et les principaux débouchés de leur commerce.

Il y découvrira, peut-être avec intérêt, à quelles difficultés vint se heurter cette fabrication dans son développement au xviiie siècle.

Malgré leur antiquité, les verreries les plus anciennes du midi de la France ne peuvent pas rivaliser avec celles du Poitou, de la Champagne ou de la Normandie. Elles ne remontent pas au-delà du xive siècle et doivent leur existence à un certain Ferri (on lit dans quelques chartes Féré). Il en établit deux, l'une à Goult et l'autre en pleine forêt de Valsaintes, dans le diocèse d'Apt. Le bon roi René s'éprit d'enthousiasme pour l'art de ce Ferri et lui accorda, comme marque de grande joie et contentement, des lettres patentes de noblesse et toutes sortes de faveurs et privilèges. L'heureux fabricant de Goult devint ainsi le premier gentilhomme verrier de Provence.

Ce paternel monarque lui acheta, 100 florins, pour les offrir à Louis XI, des verres moult bien variolés et bien peints.

Les ateliers de Goult produisirent des œuvres d'art très remarquables, à en juger par le verre du roi René dit à la Madeleine. La pécheresse en décorait le fond, elle était à genoux aux pieds du Christ, debout sur la paroi, avec l'inscription en exergue dans le champ :

> Qui bien boira,
> Dieu verra.
> Qui boira tout d'une haleine
> Verra Dieu et la Madeleine.

Deux titres relatifs aux Ferri figurent au registre Aquila, sous le folio 39.

Le premier, du 14 août 1470, est en faveur de Benoît et de ses fils Nicolas, Jean et Jacob, ainsi que de leurs descendants. Ils sont et seront exempts de tailles, subsides, péages et autres impositions quelconques dans le Comté de Provence, en considération des services rendus par leurs ancêtres qui ont exercé depuis un siècle le noble art de verrier.

Dans la seconde charte, datée du 15 juillet 1476, le roi René déclare que, sur les éloges qui lui sont faits de la verrerie de Goult, il octroie gracieusement à maître Nicolas Ferri l'office de bon verrier avec la pleine et entière puissance des droits, honneurs, libertés et prérogatives attachés à cette charge.

Divers membres de cette famille exercèrent cet art jusqu'à la Révolution, on en retrouve à Marseille à la fin du xviiie siècle.

On trouve encore diverses mentions d'anciens verriers provençaux, nous en citons deux. Le 23 février 1500, la communauté de Marseille paye à maître Michault, lo verrier, et à maistre Humbert « per IIII virials que a fach per las logia fl. XVL et al dict Humbert per las treylhas que a fach per los dicts IIII virials fl. VI »[1].

Selon toute vraisemblance, ce Michault était marseillais, sinon d'origine, tout au moins de résidence.

Dans la seconde mention du temps du roi René, il est question d'une somme de onze florins et six gros «a cause d'achapt fait de maistre Jehan Salvage, verrier de la dite cité d'Aix, par vingt-neuf paulmes de verial par la chapelle du dit Seigneur a raison de quatres gros le paulme et par la reparacion au dict verial »[2].

Ce Jean Sauvage travailla pour le roi René à diverses reprises.

Nous ne mentionnerons pas ici les verriers du Comtat-Venaissin qui font le sujet d'une étude en préparation.

Avant de donner quelques indications générales sur les manufactures provençales, il faut faire brièvement l'historique des fabriques marseillaises. Leur situation exceptionnelle dans ce grand port de commerce mérite de fixer davantage l'attention.

La première verrerie fut fondée dans cette ville, en 1575, par François Debon. Elle fut construite près de la Poissonnerie-Vieille. Cet établissement changea de propriétaires vers la fin du XVIIe siècle. A la famille Debon, succède les Sallard, par le mariage de Claude de ce nom avec demoiselle Thérèse.

Après la mort de son mari, Thérèse, veuve Sallard, continue la fabrication. Elle s'associe le sieur d'Escrivan, son neveu par alliance, l'époux de sa nièce Claire Debon.

En 1761, le fils de Thérèse Debon, veuve Sallard, présente

---

[1] *Archives communales de Marseille,* mandat n° 66.
[2] *Arch. départ. des Bouches-du-Rhône,* B 1657, f° 61,

une requête pour obtenir du roi l'établissement d'une nouvelle
verrerie

Le sieur Sallard-Debon avait renoncé, dès sa jeunesse, à la
profession de ses ancêtres pour embrasser la carrière navale. Il
était parvenu au grade de capitaine de vaisseau, mais, ruiné par
les guerres et les malheurs du temps, il aspirait après une situation lucrative.

Le 14 novembre 1699, un nommé Coulomb avait tenté de
faire construire une verrerie sur les terrains alors incultes de la
Joliette, mais les échevins en avaient arrêté aussitôt les travaux [1].

La seconde manufacture devait être l'œuvre des Ferri, mais
ils n'y réussirent qu'après plusieurs essais infructueux. La première tentative remonte à 1718. A cette époque, les suppliants
ne demandaient l'autorisation que d'une toute petite verrerie.
La municipalité d'alors s'y opposa, sous le fallacieux prétexte
que la fabrique des Debon suffisait aux besoins de la ville et
que les médecins et les apothicaires y trouvaient tous les instruments de verre qui leur étaient utiles.

En 1743, nouvelle demande et nouveau refus. Cette fois, le
sieur de Ferri avait acquis, près de la rue Sainte, un terrain et
une ancienne fabrique à plomb, qu'il comptait convertir en
verrerie. Sur les plaintes énergiques du sieur d'Escrivan, ce·

---

[1] Un gentilhomme de Montferrat obtint d'Henri IV, en 1600, l'autorisation d'établir des fabriques à Paris, Orléans, Rouen, Caen, Angers, Poitiers, Bordeaux, Toulouse et Marseille. Cette dernière fut-elle fondée ?
Malgré nos recherches aux Archives communales et départementales et dans
les minutes des notaires de Marseille, nous n'avons pu trouver aucune
donnée sur cet intéressant problème. Nous n'avons pas été plus heureux
au sujet du célèbre Antoine Cléricy, nommé, par brevet de Louis XIII, en
1641, grand maître de la verrerie royale. Cet Antoine Cléricy, mentionné
comme potier à Marseille avant son départ pour Paris, fabriqua-t-il du verre
dans ses ateliers de Provence ?

successeur des Debon, le Conseil d'État vint mettre échec à ce projet et le local fut loué à un fabricant de faïence. Quelque temps après, il réussit cependant dans la réalisation de son désir et, avec l'agrément de Sa Majesté, installe des ateliers dans le voisinage des jardins du Chapitre de Saint-Victor.

En 1770, le sieur Ferri de la Grange présente une requête pour solliciter du roi la même faveur qu'avait obtenue son cousin.

A défaut d'une origine marseillaise, il fait valoir son mariage avec une demoiselle originaire de cette cité et les nombreux immeubles qu'il possède dans cette ville. D'ailleurs, il ne s'agit pas de créer une nouvelle usine, mais simplement de transporter dans ce grand port de commerce celle qu'il fait actuellement valoir à Mimet. Après une longue attente, cet industriel obtint enfin gain de cause.

Plusieurs suppliques avaient été adressées dans le même but par divers particuliers pendant la première moitié du xviii° siècle. Entr'autres, celle du sieur de Grou en 1727.

De 1760 à 1790, diverses verreries se fondent à Marseille, celles de Gaspard-François Laugier en 1778, de Bourgarel en 1786, de Chartrier Philippe et Compagnie en 1788. Ceux-ci s'intitulent fabricants de verres noirs et blancs, de verres à vitre, cristaux et émaux de couleurs. Un nommé Rouvier fabrique, en 1789, des verres polis et assortis propres pour le Levant.

L'usine la plus considérable était celle du sieur de Revelard qui, suivant le témoignage de ses contemporains, avait apporté en Provence le secret de faire des bouteilles noires, de la plus parfaite qualité qu'on puisse fabriquer dans ce royaume. Cette usine en produisait annuellement 800.000.

On lit dans un mémoire manuscrit de l'époque qu'il y avait à Marseille, en 1784, neuf petites verreries, brûlant par an 130.000 quintaux de bois.

Si l'art de la verrerie n'a pris à Marseille que peu d'extension et n'y a eu qu'un développement tardif, faut-il accuser de mauvais vouloir les gentilshommes verriers ?

Le nombre de leurs demandes d'autorisation est là, pour témoigner de leur désir ardent de fixer le centre de leur fabrication dans la grande ville provençale.

Si ces suppliques n'ont presque jamais abouti, la faute en est à la municipalité marseillaise.

Rien d'instructif à cet égard, comme de lire les délibérations de la communauté relatives à ces demandes et de les comparer à celles de la Chambre de commerce traitant des mêmes affaires. Tandis que les négociants mettent en avant toutes sortes d'excellents motifs, en faveur de l'établissement de verreries nouvelles et mieux outillées, les édiles combattent ce projet de parti-pris.

Ils n'opposent qu'un argument contre à toutes les raisons pour, mais ils le présentent et le font briller sous toutes ses faces. Cette unique objection est le péril que court la ville de manquer du combustible nécessaire au chauffage de ses habitants et à leurs autres besoins. Ce danger est rendu encore plus sensible, d'un côté par l'accroissement rapide de la population, de l'autre par l'extension de l'industrie. Or, on n'emploie pour la confection du verre, que du bois à brûler et il en faut des quantités énormes.

Malheureusement, la Provence est pauvre en forêts, il serait criminel de ne pas en régler les coupes avec une sage prévoyance.

Les gentilshommes verriers ont une réponse *ad hominem*. Elle se trouve dans toutes leurs réclamations.

Les manufactures de savon, écrivent-ils, les raffineries de sucre et de soufre, les faïenceries et les tuileries se multiplient tous les jours, sans que personne y voit le moindre inconvénient et pourtant toutes ces fabriques font une consommation immense de bois à brûler. Nous estimons donc, qu'une verrerie de plus dans Marseille ne peut porter aucun préjudice à cette cité, puisqu'on n'y brûlera pas davantage de bois que n'en consomment deux, ou tout au plus trois de ces autres fabriques. Loin de s'opposer à la formation de ces dernières, on l'a facilitée le plus possible et l'on s'en est réjoui.

La grande mortalité des arbres, en 1709, rendit les édiles marseillais plus apeurés et, par suite, plus entêtés dans leur refus. S'ils font taire, au profit des faïenciers, la crainte que leur inspire le déboisement progressif du pays, c'est qu'il s'agit d'une industrie locale dont ils sont jaloux et fiers.

Quant aux savonniers, ils sont assez nombreux et assez puissants pour s'être rendus redoutables; puis, leurs savons ne font-ils pas la fortune et la gloire industrielle de la ville ?

Pour le malheur des verriers de Provence, leurs produits ne jouissent d'aucun renom. La poursuite sans relâche, dont les verreries sont l'objet de la part de l'Hôtel-de-Ville, tient peut-être à d'autres causes. Cette fabrication, avec ses nuages épais de fumée noire, est l'une des plus incommodes qui se puisse imaginer, elle passait alors pour l'une des plus malsaines.

Sans partager le parti-pris de la municipalité de Marseille, l'État se montre sinon franchement hostile, du moins peu favorable au développement de l'industrie verrière en Provence.

Dans l'intérêt des agriculteurs, le gouvernement voulut arrêter un déboisement funeste à la campagne provençale, dont il devait augmenter la sécheresse déjà si forte. Les ministres qui se succédèrent à la Marine craignirent de manquer du bois indispensable à la construction des navires de guerre et des vaisseaux marchands, alors plus qu'aujourd'hui leurs auxiliaires obligatoires.

Avant de transporter le bois à leurs fabriques, les verriers étaient dans la nécessité rigoureuse de le soumettre au contrôle d'inspecteurs chargés officiellement de reconnaître, s'il n'était pas utilisable pour les constructions navales.

Dans ce cas, il était transporté d'office dans les chantiers de La Ciotat, ou de Martigues. Sous l'empire de ces préoccupations légitimes, l'autorité royale fit faire une enquête des plus sérieuses sur l'état des verreries en Provence.

Les informations furent prises et communiquées à M. de la Tour, alors intendant, par les subdélégués de son administration.

Les divers papiers, rapports et lettres, émanés de ces magistrats, forment un dossier conservé aux Archives départementales des Bouches-du-Rhône, fonds de l'Intendance.

En réunissant les indications éparses dans cette correspondance, on se fait une idée assez juste et assez complète de la fabrication du verre dans le midi de la France.

Les verreries provençales ne sont pas groupées dans une seule région, mais disséminées dans le pays. La plupart sont situées à la lisière des forêts, loin des agglomérations urbaines, excepté, bien entendu, celles établies à Marseille même, dont il a été déjà question.

Sans compter ces dernières, le nombre de ces fabriques, dans le cours du xviiie siècle, varie entre 10 et 15. Ce sont celles d'Arles, de Mimet et de Peypin, dans les Bouches-du-Rhône ; d'Artigues, de Bagnols, de Cuers, de Varages, de Masaugues, dans le Var ; de Monfuron, de Simiane, de Valsaintes, de la Bastide-des-Jourdans, dans les Basses-Alpes. Il faut joindre à ces noms la fabrique de Saint-Paul, au terroir de Fayence, dans les Alpes-Maritimes. Quelquefois, plusieurs manufactures relèvent d'un seul directeur, ou plutôt d'une seule famille. Un exemple typique est celui des cinq verreries de Monfuron, Cuers, Simiane, la Bastide-des-Jourdans et Valsaintes, toutes sous l'unique direction de maître Ferri.

Après les Ferri, et à une grande distance, on peut citer, parmi les gentilshommes verriers de Provence les plus connus, les Buisson, de Bagnols ; les Caila, d'Artigues ; les Douard, d'Arles ; les Papon, de Peypin.

Pour ne pas être exposés à suspendre leurs travaux, faute de combustible, les maîtres-verriers arrentaient une étendue de forêts plus ou moins vaste. Ils y faisaient eux-mêmes leurs coupes de bois, suivant les nécessités de la fabrication. Ainsi, Antoine de Buisson, propriétaire, en 1740, de la manufacture de Bagnols, prend à ferme pour deux ans les solitudes boisées du fief de Meaux. Ses bûcherons abattent le bois et les mulets de la fabrique en font le transport.

Les bâtiments des verreries sont très souvent d'anciens locaux que l'on transforme en les adaptant à leur nouvelle destination.

Le sieur Papon achète en 1739, au marquis de Barbentane, le château de la Destrousse. Il loge son personnel ouvrier dans les étages et installe ses ateliers au rez-de-chaussée et dans les communs du château qu'il utilise à cet effet. Une installation de ce genre est simple. Le seul point délicat est la construction des fours. De leur réussite plus ou moins parfaite dépend le succès de l'entreprise. L'entretien de ces fours, même savamment construits, est une source de dépenses considérables. Ils sont faits sur différents modèles : les uns, à une place ; d'autres, à deux ou à trois.

Des fours servent à préparer et à liquéfier les matières premières, qu'on jette ensuite dans d'autres, d'où les ouvriers les sortent à mesure qu'ils les mettent en œuvre. La fabrique de Varages en a trois de chaque espèce ; celle de Simiane en a le même nombre, tandis que celle d'Artigues n'en a que cinq ; les deux manufactures de Masaugues en ont huit chacune.

En dehors de ces salles de fusion, il y a les chambres, où les ouvriers travaillent les pots au creuset, le laboratoire, les magasins et les entrepôts.

Dans les usines où l'on brûle, au lieu de bois, du charbon de terre, il n'y a d'ordinaire qu'un grand four. L'usine de Peypin est sur ce type.

A l'exemple des fabricants de faïence, les maîtres verriers ne sont pas des hommes de bureau, ils ne se contentent pas, comme le font les usiniers actuels, d'une simple tournée d'inspection hebdomadaire ou quotidienne, mais ils dirigent constamment leurs ouvriers en travaillant en commun avec eux. D'ailleurs, les ouvriers sont leurs fils ou leurs frères, des parents ou des amis.

Ce métier si dur, quoiqu'il expose celui qui s'y livre à un labeur insupportable, est réputé profession libérale. C'est un art dont l'exercice est réservé aux seuls nobles. Les Français seuls peuvent travailler dans les verreries.

Un arrêt du Parlement d'Aix condamne Joseph de Buisson à une amende de 100 livres pour avoir reçu et employé dans sa fabrique deux jeunes gens originaires de Lartha.

Les verriers font venir de Charlieu, près de Roanne, la terre pour la confection des briques du four à fusion et des creusets. Les sables employés pour la fabrication du verre se tirent du terroir d'Aubagne et d'ailleurs ; les groizils, de Lyon.

Il est intéressant de savoir la nature spéciale des produits manufacturés en Provence, leur nombre respectif. On apprend ainsi comment se fait la répartition du travail à l'intérieur des usines. Un état descriptif des verreries de Varages et de Bagnols fait connaître les deux espèces de fabrication, dont relèvent plus ou moins tous les ateliers méridionaux. Dans les uns, on fait à la fois des produits fins et grossiers, des articles de luxe et de commerce courant.

Dans les autres, et ce sont les plus nombreux, on ne fabrique que des verreries communes.

A Varages, sept ouvriers travaillent : trois au verre blanc, les quatre autres au verre grossier, de couleur verdâtre. Des trois premiers ouvriers en fin, l'un est un artiste toujours occupé à faire les pièces difficiles et enjolivées, telles que les chandeliers et les fanaux, les bénitiers et les vases en relief. Il confectionne aussi les décorations pour le dessert, les huiliers, les carafes et les verres à boire façonnés. Toujours au même artiste est confiée la fabrication délicate entre toutes des instruments de chimie, de physique et de chirurgie. Ses mains habiles font encore des lampes de toutes grandeurs et de toutes formes, des faces et des parements de cheminée.

Le second ouvrier aide son collègue les jours de surmenage, et les verres à boire fins sont sa spécialité. Quant au troisième, il fait toutes les verreries blanches communes.

Voici comment se répartit le travail de la fabrication des verreries grossières.

Le premier ouvrier fait les ouvrages les plus difficiles. Ce sont les dames-jeannes, les grosses bouteilles rondes pour les eaux, celles de forme carrée, dont la contenance varie d'une à cinq pintes, les hexagonales à l'usage des cabaretiers, les bocaux de toutes dimensions pour les transports sur mer des huiles et des olives de Provence. Il fait encore d'immenses récipients à l'usage des gens de la campagne.

Le second ouvrier fait les bouteilles rondes à l'anglaise....

Les deux derniers fabriquent des gobelets pour les marins et de petites bouteilles pour les voyageurs, appelées langues de bœufs. Mais leur principal emploi est de faire des topettes à liqueurs et à sirops. Cette fabrication, d'abord peu active, devint très importante vers 1740, par suite du développement que prit à Marseille l'industrie de la parfumerie, au détriment des parfumeurs niçois. Varages expédiait annuellement dans cette ville 100.000 topettes.

Le mémoire sur la manufacture de Bagnols fournit des renseignements complémentaires sur la fabrication du verre en Provence. Comme le rapport précédent, il est daté de l'année 1740. Dans sa verrerie, le sieur de Buisson emploie huit ouvriers, lui compris. Pendant les neuf mois de travail, on y fabrique 45.000 bouteilles environ de 3 au pot. Ces bouteilles sont vendues à Nice pour les expéditions de vin muscat et de liqueurs. On y produit encore annuellement 200 dames-jeannes de 20 à 24 pots la pièce et 6.000 flacons à essences qu'achètent les parfumeurs de Grasse. Il se fabrique enfin 40.000 verres à boire, partie fins, partie grossiers ; 500 petites bouteilles et 400 gobelets.

Dans cet inventaire, il n'est fait mention d'aucun article de luxe.

La plupart des pièces de verre fabriquées en Provence se débitaient sur place. Elles servaient surtout aux usages de la vie domestique. Quelques-unes, candélabres, corbeilles ou garniture de cheminée ornaient les salons bourgeois de l'époque. D'autres enfin, telles ces petites cruches pour le baptême, avaient une destination liturgique.

Marseille seule expédiait à l'étranger une part plus ou moins considérable de ses verreries. D'après les statistiques de la Chambre de commerce, les principaux débouchés commerciaux étaient, au xviiie siècle, la Savoie, le Levant, l'Espagne et l'Italie.

En 1766, les fabricants marseillais recevaient des verres cassés de Savoie pour une valeur d'environ 5.000 livres, mais ils y expédiaient 17.140 livres de leurs produits manufacturés, verres communs et bouteilles. A cette même année, les expéditions pour le Levant s'élevaient à la somme de 18.140 livres.

Il était intéressant, pour l'histoire de l'industrie en Provence, de noter les caractères spéciaux de la fabrication du verre en

ce pays et de rappeler brièvement les luttes des gentilshommes verriers contre la malveillance des magistrats locaux et
les craintes exagérées du pouvoir royal. Favorisés sous le bon
roi René, ils devinrent suspects sous Louis XV et Louis XVI.

XXX

NOTE SUR LES OBJETS D'ART

de l'ancien diocèse de Vence,

par M. G. DOUBLET,

Professeur de première au lycée de Nice, Correspondant du Ministère
Président de la Société des Sciences, Lettres et Arts
des Alpes-Maritimes.

Le diocèse de Vence était un des moins étendus de l'ancienne France. Il comprenait les cantons actuels de Vence [1] et de Cagnes [2] quatre des huit communes de celui de Coursegoules [3], deux des treize de celui de Saint-Auban [4], et deux des dix de celui du Bar [5]. J'ai essayé de donner une monographie de chacune de ses paroisses [6] : aujourd'hui, je voudrais brièvement donner une idée de ce qu'il est resté de ses objets d'art.

---

[1] Vence, Le Broc, Carros, Gattières, La Gaude et Saint-Jeannet.

[2] Cagnes, la Colle, Saint-Laurent, Saint-Paul et Villeneuve-Loubet.

[3] Coursegoules, Bezaudun, Bouyon et Gréolières.

[4] Caille et Andon (dont Thorenc fait partie).

[5] Courmes et Tourettes.

[6] *Ann. de la Soc. des Lett. Sc. et Arts des A.-M.* — Tome XVI, La cathédrale de Vence (1898); tome XVII, La collégiale de Saint-Paul (1899) et le canton de Vence (1900) ; tome XVIII, Le canton de Cagnes (1902) et le reste des paroisses (1903).

En 1905, j'ai publié des additions et corrections (Nice, Malvano).

Les églises offrent peu d'intérêt au point de vue architectu-
ral. La cathédrale était, sous Louis XV, si nous en croyons un
rapport du chapitre à Mgr de Lorry, « la plus pauvre église, et
pourtant une des plus anciennes, du royaume ». Elle était
alors « si ruinée » qu'elle paraissait « avoir éprouvé la fureur
des protestants ». On dit qu'elle a été bâtie sur les restes d'un
temple de Diane ou de Mars, et que, sous les piliers, des idoles
ont été ensevelies par les chrétiens. Vers le milieu du XVIIe siècle, on voyait encore « dans la sacristie, qui est de la plus haute
antiquité, une niche dans l'épaisseur du mur mitoyen avec le
sanctuaire, et dans cette niche un trou par lequel on prétend
qu'on consultait la fausse divinité et qu'elle donnait ses oracles ». Mgr Godeau, de l'Académie française, le fit boucher.

Dans l'église de Saint-Paul, qu'il érigea en collégiale en 1666,
on remarque la chapelle de saint Mathieu, construite par J.-B.
Barcillon, aumônier de la seconde femme de Gaston d'Orléans,
et celle de saint Clément, embellie par Bernardi, camérier
d'Innocent XI.

Quelques tableaux méritent d'être signalés. Deux sont datés
et signés. L'un est de Jean Daret et fut fait à Paris en 1661 ; il
représente saint Mathieu écrivant sous la dictée d'un Ange en
présence de saint Antoine de Padoue et du bienheureux Pierre
de Luxembourg ; il est dans la chapelle Saint-Mathieu de
l'église de Saint-Paul. L'autre est de L. Griosel et fut fait en
1786 pour le Grand-Séminaire de Vence ; il représente les
saints Charles Borromée et François de Sales qui présentent
de jeunes séminaristes à la sainte Vierge ; il est au-dessus du
maître-autel de l'ancienne cathédrale

Pour d'autres, nous n'avons que des attributions incertaines.
Dans l'ancienne cathédrale, un *saint Véran bénissant les Ven-
çois* est rapporté à Sauvan ; un *saint Lambert* l'est au même
peintre ou à Sylvestre Bagni. Dans l'église de Saint-Paul, une

sainte Catherine d'Alexandrie, dont une visite de Mᵍʳ de Crillon dit en 1699 que c'est « une fort belle peinture », et une de Mᵍʳ de Bourchenu en 1716, que c'est « un original d'un fort bon peintre », a été attribuée à Lebrun ou à Lemoine. Dans l'église du Broc, un *saint Antoine et saint Paul ermite* a été rapporté à l'un des Canavesi ; un de ses coins garde les restes des armoiries, que je n'ai pu déchiffrer, d'un évêque ; une copie de ce tableau est dans l'église de Vence.

J'ignore quel est le blason épiscopal qu'on voit sur un *Christ en croix* qui, aujourd'hui conservé dans la sacristie de celleci, ornait la chaire à la fin du xviiᵉ siècle, et je ne sais pas qui fut l'auteur d'une *Descente de Croix* qui, aujourd'hui conservée dans l'église de Saint-Paul et ornée du blason des Villeneuve-Thorenc, était jadis dans la chapelle rurale de la Gardette.

Signalons encore le vieux tableau de l'église de Tourettes, les *saints Antoine, Pancrace et Claude;* dans celle de Vence, à droite et à gauche de la chapelle Saint-Lambert, les peintures qui ornaient, sous Mᵍʳ Godeau, les portes en bois de ce qu'on appelait « le reliquaire » — nous dirions « le trésor », — de la cathédrale, un *saint Véran* et un *saint Lambert ;* dans la chapelle de Notre-Dame du Peuple à Bezaudun, un triptyque figurant la *Mater omnium* ou « Vierge au manteau ».

Passons aux sculptures.

La plus ancienne est le sarcophage romain où, dit-on, saint Véran fut enterré. Il sert d'autel dans une chapelle de l'ancienne cathédrale. Edmond Le Blant l'a cité comme l'un des types de ces tombes païennes qui, « sans doute purifiées par la présence d'un corps saint, ont vu s'accomplir des guérisons miraculeuses ». On y voit des génies qui vendangent et foulent les raisins ; des dieux marins qui soufflent dans des conques (ce qui fit croire à l'abbé Tisserand que les *Nerusii,* dont Vence était le chef-lieu, adoraient Nérée) ; deux bustes, des masques et des strigiles, que Mgr de Bourchenu appelait au xviiie siècle « des figures et ornements gothiques ».

A l'extérieur de cette église, de curieuses plaques de l'époque romane, qui portent des entrelacs et des aigles. Sous le crépi des colonnes de la nef, on a trouvé, il y a quelques années, des motifs d'ornementation analogues et quelques fragments de sculptures : un personnage tenant un *volumen*, etc...

L'ancienne cathédrale possède aussi le tombeau où saint Lambert fut enseveli ; on y lit six hexamètres latins.

Quelques ouvrages de bois sculpté sont remarquables. D'abord les stalles de l'ancienne cathédrale, exécutées par un Grassois, Jacotin Bellot, de 1455 à 59, placées d'abord autour de l'abside, réparées par l'artiste en 1495 et réédifiées par lui en 99 là où nous les voyons aujourd'hui, au bas de l'église, dans la tribune. Les détails de ces sculptures sont encore fort intéressants, bien que le temps et peut-être la Révolution n'aient pas épargné ces stalles dont un évêque disait en 1768, il convient de le rappeler, qu'elles étaient en mauvais état. Les deux premières stalles à droite et à gauche servaient aux deux principaux dignitaires du chapitre, le prévôt et le sacriste ; elles ont, ainsi que celle du milieu qui servait à l'évêque, leur dais ogival avec des baldaquins découpés à jour. Le dossier des stalles hautes, l'encorbellement, la frise, les accoudoirs et les miséricordes témoignent d'un travail des plus curieux.

Dans l'église de Tourettes, on voit une boiserie du xve siècle. Les documents apprennent que c'est un fragment d'un retable, jadis doré en partie, qui orna la chapelle de Notre-Dame du Peuple près de ce village et fut brocanté au xixe siècle par un des curés. Une visite de Mgr de Bourchenu nous dit qu'il représentait la vie de la Vierge. Il se peut que Bellot en ait été l'auteur.

A noter, dans la chapelle des saints Anges de la cathédrale, la vieille porte en bois de la prévôté ; elle est du xvᵉ siècle, mais offre à sa partie supérieure une tête de Christ qui est plutôt d'allure romane. Dans l'église de Coursegoules, un ostensoir en bois où est « une relique de sainte Marie-Madeleine », offerte et certifiée en 1751 par Mᵍʳ de Surian ; dans celle de Carros, une croix de bois où est une parcelle de la Vraie Croix, donnée par un commandeur de Malte, Pierre de Blacas-Carros, au xviiᵉ siècle ; dans cette église et dans celle du Broc, des reliquaires aux armes de cette même famille ; dans l'ancienne cathédrale, un reliquaire en bois où sont les restes de saint Lambert, authentiqués en 1776 par Mᵍʳ de Bardonnenche et non profanés lors de la Révolution.

Passons aux orfèvreries.

Le trésor de Saint-Paul, caché lors de la Révolution et retrouvé en 1852, comprend des pièces fort belles. Notamment trois statuettes d'argent repoussé au marteau, en partie dorées : une Vierge du xiiiᵉ ou xivᵉ siècle, dont le socle a contenu, selon quelques évêques du temps de Louis XIV, « du bois de l'écuelle dont Marie se servait, venu de Lorette », un saint Sébastien et un saint Jean-Baptiste qui datent plutôt du xvᵉ, un bras d'argent décoré d'une image de saint Antoine et, sur la base, de l'inscription : *Hoc est reliquiarium beati Anthonii factum (anno) MCCCCLX (die) VII mensis martii.* En outre, un reliquaire d'argent en forme d'omoplate, qui aurait contenu un os de l'épaule de saint Georges ; une croix processionnelle en argent doré du xivᵉ siècle, où l'on voit, dans les quatrefeuilles du devant : Dieu le Père, la Vierge, saint Jean, sainte Madeleine, et dans le supérieur de l'autre face (les trois autres ont perdu les plaques qui les décoraient) l'Aigle tenant une banderole où se lisent, en caractères gothiques, le début et la fin du nom *Johannes ;* quelques reliquaires en cuivre.

Dans l'ancienne cathédrale, un petit coffret en vermeil du

xve siècle, orné de l'inscription *S(ancti) Blaxi*, de scènes relatives à la légende de saint Blaise, évêque de Sébaste, d'armoiries
de je ne sais quelle famille. Dans l'église du Broc, une croix processionnelle d'argent ornée d'émaux ; dans celle de Gréolières,
une croix analogue, non émaillée ; dans celle de Carros, un
petit ostensoir d'argent sur le pied duquel est gravé le blason
de Godeau.

Signalons encore dans l'église de Vence la croix pectorale du
dernier évêque de cette ville, mort évêque de Namur.

Pour terminer cette notice sommaire, il faut faire une place
à l'une des cloches de Tourettes qu'une tradition locale attribue
aux Templiers et qui a l'inscription *Vox Domini sonat ;* enfin
à un vieux tabernacle en bois qui est dans une des chapelles de
l'église de Saint-Paul : orné des armes de la famille de Hondis, il est de forme hexagonale, porte des peintures relatives à
l'Ancien et au Nouveau Testament, des inscriptions qui les expliquent, la date *15.9 die 5 Iunii* (l'un des chiffres est illisi-
ble), et passe pour avoir été décoré par Antoine de Hondis,
peintre de Saint-Paul, qui exécuta, pour les Observantins d'Antibes, en 1539, un beau tableau, *le Christ sur le suaire,* qui
est aujourd'hui dans la chapelle de l'hospice d'Antibes.

Je me permets de renvoyer les lecteurs qui désireraient plus
de renseignements sur ces divers objets et sur les autres qui,
moins importants, donnent d'ailleurs une idée de ce que le tout
petit diocèse de Vence posséda, aux monographies que j'ai fait
paraître dans les *Annales de la Société des Lettres, Sciences et
Arts des Alpes-Maritimes* et dans le *Bulletin archéologique*
du Comité des Travaux historiques de 1898.

Georges Doublet.

Nice, juillet 1906.

XXXI

Les Médailles frappées en l'honneur du Bailli de Suffren

Essai descriptif par le Baron **GUILLIBERT,**

Secrétaire perpétuel de l'Académie d'Aix,

Vice-Président de la Société d'Études Provençales.

Le plus illustre marin français du xviiiᵉ siècle appartient à la Provence. Le Bailli de Suffren eut une telle valeur exceptionnelle, il a conquis aux yeux du monde entier une gloire si méritée que l'Empereur disait de lui, à Sainte-Hélène, qu'il avait un génie militaire égal au sien, et qu'on l'a surnommé depuis le « Napoléon de la mer » [1].

Suffren est originaire d'Aix, bien qu'il soit né au château de Saint-Cannat, résidence d'été de sa famille, dans la commune de ce nom, aux environs de la vieille capitale de la Provence [2]. Le marquis, son père, était premier consul d'Aix et procureur du Pays, en 1725.

La biographie et le récit des exploits de l'amiral de Suffren ont fait l'objet de fort nombreuses études qui, de 1805 à nos jours, durant un siècle, exaltent, même en vers, notre très

---

[1] *La marine militaire en France sous le règne de Louis XVI,* par LACOUR-GAYET, professeur à l'École supérieure de marine. Paris, 1905.

[2] *Les rues d'Aix,* par ROUX-ALPHERAN. Imp. Aubin, 1845, t. Iᵉʳ, p. 644 et s.

célèbre compatriote [1]. Et ce n'est pas seulement par des écrits que des hommages solennels ont été rendus à sa mémoire. Des monuments lui ont été élevés sur nos places publiques ; combien de rues portent son nom ! Dans les musées, ses traits ont été reproduits par des artistes renommés.

Les statues, bustes et portraits de Suffren sont décrits dans un travail iconographique de l'érudit écrivain d'art, notre confrère regretté, M. Octave Teissier.

Les médailles ne sont pas comprises dans cette iconographie.

Il nous a paru qu'un essai numismatique, à cet égard, avait d'autant plus sa place marquée dans ce Congrès, assemblé à l'occasion de l'Exposition Coloniale, qu'il rappellera les exploits accomplis par un héros provençal dans les mers des Indes.

Cinq médailles ont été frappées en l'honneur de Suffren : trois de son vivant, en 1784 ; la quatrième, en 1825 ; la dernière, 78 années après sa mort, en 1866.

La plus connue est celle des États de Provence ; elle figure dans la plupart des collections publiques. Il n'est point de cabinet d'amateur en Provence qui ne la conserve en belle place.

La deuxième est beaucoup moins répandue ; l'aixois Gibelin la composa et la dédia à son compatriote. On peut l'admirer à l'exposition de l'Art provençal [2].

Ignorée du plus grand nombre, et d'ailleurs excessivement

---

[1] Petite bibliothèque héraldique généalogique de la Provence, par ROBERT-REBOUL, officier d'Académie, membre de l'Acad. royale héraldique italienne. Pise, 1881, n⁰ˢ 286 à 294.

[2] *Les médailles et les jetons de Provence*, par M. MAURICE RAIMBAULT, s.-archiviste des B.-du-R. Imp. Bertrand, à Châlons-s/-Saône. 1903, p. 10 et 12.

rare, est la médaille consacrée par les Hollandais à l'illustre amiral français. Il n'en existe peut-être pas dix exemplaires, le coin s'étant brisé à la frappe. C'est une œuvre d'art superbe [1].

Nous la reproduisons avec la précédente, en photogravure.

La quatrième médaille du Bailli de Suffren fait partie de la galerie métallique des grands hommes français. On peut facilement se la procurer. Le buste, à l'avers, est gravé d'après la médaille des États.

Nous l'avons fait mouler en plâtre pour le Congrès.

Enfin la cinquième et dernière a été coulée par le fondeur marseillais de la statue de Suffren élevée à Saint-Tropez. Elle est plus introuvable encore que celle de la Compagnie Hollandaise ; elle a une valeur toute de souvenir et elle n'aurait été établie qu'à trois exemplaires.

Nos recherches, à ce jour, ne nous ont fait découvrir que ces cinq médailles en l'honneur du Bailli de Suffren.

La description détaillée de chacune d'elles complètera les indications générales qui précèdent.

I. — Médaille des États de Provence.

Au droit ou avers : Buste de Suffren, à gauche, le cou nu, les cheveux relevés sur le front, noués par derrière.

Exergue : P. AND. DE SUFFREN St TROPEZ CHEV. DES ORD. DU ROI GR. CROIX DE L'ORD. DE St JEAN DE JÉRUSALEM AMIRAL DE FRANCE.

Signature de Dupré sous le buste.

Au revers : Une couronne de laurier, fermée à la partie

---

[1] *Notice sur la médaille offerte au Bailli de Suffren par la Cie Hollandaise des Indes-Orientales.* Imp. Alfred Caron, à Amiens, mars 1855.

supérieure par le blason de Provence, et entourant cette légende
en neuf lignes :

Le cap protégé | trinquemale pris | goudelour délivré |
l'inde défendue | six combats glorieux | les états de provence |
ont décerné | cette médaille | mdcclxxxiv | . Diamètre : 49 mil-
limètres.

II. — Médaille de Gibelin *(Voir la photogravure)*.

A l'avers, en exergue, à droite : sic appellit (c'est ainsi qu'il
aborde) et au plein : le bailli de Suffren, vêtu à l'antique avec
casque, monté sur une galère aux armes de France, touche à
terre et avant d'aborder cueille une branche au palmier auquel
la Victoire ailée, demi-vêtue, qui vient le recevoir, amarre sa
galère. Au pied du palmier, un vase à brûler des parfums sur
lequel figure un chameau en relief. Dans le fond, à gauche,
des palmiers ; au-dessous, en petits caractères romains, sur une
ligne : Antonius Spiritus Gibelin inv dedic. ; et en légende :
Gallo india servata et aucta | Duce pet. And. de Suffren
S. Tropez | Aquisextiensi Equ. Hiéros | Class. reg. præfato | .
Au revers, dans une couronne de laurier, cette inscription :
Civis | Aqui-Sextiensis | D. D. | Concivi optimo | Duci in-
victo | mdcclxxxiv | ; et une petite couronne de laurier en-
dessous. Diamètre : 68 millim.

III. — Médaille de la Compagnie Hollandaise des
Indes-Orientales *(Voir la photogravure)*.

On y voit à l'avers une tête allégorique à gauche, représentant l'Inde sous la figure d'une jeune femme de beauté remarquable. La coiffure est retenue par un réseau de perles ; elle
consiste en une tête d'éléphant, sur le devant, avec sa trompe

Médaille offerte par la Cie Hollandaise des Indes Orientales.

Médaille dédiée par Esprit-Antoine GIBELIN.

et ses défenses ; le tout surmonté d'une couronne ; une perle
longue pend à l'oreille jusqu'au ras de la chevelure.

Sous le cou est un gouvernail antique, autour duquel s'en-
roule un rameau d'olivier, symbole de la paix conquise par
l'amiral.

On lit en exergue : SOCIETAS. INDICANA. ORIENTALIS. FÆD. BELG.
‑ Le revers porte au milieu d'une couronne d'olivier cette
légende sur huit lignes : INCLYTO. | VIRO. D. SUFFREN. | REGIS.
GALLIÆ.ʹARCHI | THALASSO. FORTISSI | MO. OB. COLONIAS. DE | FEN‑
SAS. ET. SERVA | TAS. MDCCL | XXXIV. | .

Elle a été gravée par un artiste célèbre d'Amsterdam, Schepp,
sur le dessin de l'archéologue François Hemsterhius, de
La Haye. Son diamètre est de 8o millimètres.

IV. — MÉDAILLE DE LA GALERIE MÉTALLIQUE.

A l'avers, buste de Suffren ; la tête, à droite, est gravée
d'après celle de la médaille des États de Provence ; costume
d'amiral avec épaulettes et grand cordon de l'ordre de Saint-
Jean de Jérusalem.

En légende : PIERRE ANDRÉ DE SUFFREN.

Au revers, l'inscription suivante sur huit lignes, avec la faute
de l'année de naissance 1726 (alors que le bailli de Suffren na-
quit en 1729), NÉ | EN MDCCXXVI | A SAINT-CANNAT | MORT | EN
MDCCLXXXVIII | GALERIE MÉTALLIQUE | DES GRANDS HOMMES FRAN-
ÇAIS | 1825 | . Diamètre : quarante millim.

V. — MÉDAILLE COULÉE POUR L'INAUGURATION DE LA STATUE DE SUFFREN A SAINT-TROPEZ.

L'avers est la reproduction de celle des États de Provence,
buste de Suffren à gauche. Une différence existe dans l'exer-

gue : au lieu que le mot *Jerusalem* soit en toutes lettres, il est en abréviation *Jerus*, et à la place des lettres *alem* se trouve le mot *vice* précédant celui d'amiral.

Suffren n'avait, en effet, que le titre de vice-amiral. Le savant numismate, M. Laugier, le regretté conservateur du cabinet des médailles, à Marseille, inspirateur de cette médaille, a tenu à être exact.

Le revers porte l'inscription qui suit en petites lettres, sur six lignes : « La statue du bailli de Suffren, érigée à Saint-Tropez en avril 1866, a été coulée en bronze à Marseille par P^t Maurel, fondeur, d'après le modèle de Mr Montagne, sculpt^r, le 23 décembre 1865 ».

Et en haut, l'écusson du bailli, portant les armes des Suffren : « d'azur au sautoir d'argent cantonné de quatre têtes de léopard d'or, au chef de Malte ». Au bas, les armoiries de la ville de Marseille. Diamètre : quarante-neuf millimètres.

Telles sont les médailles frappées à la gloire de l'illustre marin que la Provence a donné à la France.

Si le nom de Suffren est rendu impérissable par la numismatique, il l'est encore par le poème de *Mirèio*. Qui ne connaît la ballade qu'a consacrée notre immortel génie provençal, F. Mistral, au *Baile Sufren que sus mar coumando* ?

Cet hommage poétique vaut une vraie médaille d'art. Aussi ne saurions-nous mieux faire que de l'évoquer en terminant.

XXXII

LE THÉATRE A AIX

depuis son origine jusqu'à la Révolution,

Par M. Fortuné JULIEN,

Ancien Professeur à l'École des Arts et Métiers d'Aix.

Le théâtre à Aix, comme dans toute la France, eut pour origine les *mystères*, drames religieux dont les sujets étaient empruntés à l'Ancien et au Nouveau Testament. Aux *mystères*, vinrent bientôt s'ajouter les *moralités*, *jeux*, *farces* et *soties*, pièces plus courtes et plus légères, dans lesquelles dominait l'élément comique.

Il serait impossible de déterminer exactement l'époque à laquelle, pour la première fois, des *mystères* furent représentés à Aix. Mais ce qui paraît hors de doute, c'est que le roi René, qui était, comme on le sait, grand amateur de fêtes et de spectacles, en avait fait jouer devant sa Cour. Un manuscrit, déposé aux Archives des Bouches-du-Rhône et cité par M. Petit de Julleville dans son ouvrage sur les *mystères*, nous apprend que « Jehan du Périer, dit le prieur, maréchal des logeys du « roi, reçut, le 26 décembre 1478, 250 florins pour ses bons et « agréables services et aussi pour certain livre ou *histoire des* « *Apôtres* qu'il avait dressée et mise en ordre. »

Il s'agit, d'après M. de Julleville, du drame intitulé les *Actes des Apôtres*, dont les auteurs étaient les frères Ernoul et Simon Greban (du Mans) et auquel Jehan du Périer aurait seulement apporté des modifications.

M. de Julleville cite encore des *farces* jouées en 1584, et dans lesquelles l'esprit satirique s'était tellement donné libre cours, que le Parlement crut devoir intervenir en décidant « que les dits joueurs de *farces* seraient ajournés en personne « pour répondre sur ce qu'ils seraient interrogés ».

Il y a lieu de remarquer ici que les *farces* étaient ordinairement jouées en plein air par des comédiens ambulants qui étaient, en même temps, marchands de drogues. La place des Prêcheurs était le lieu habituel de leurs exploits.

Les plus anciennes représentations théâtrales données à Aix, dont on puisse parler avec certitude, sont de la fin du xvie siècle ; elles eurent lieu à l'Archevêché et se trouvent relatées dans le journal manuscrit de Foulques Sobolis, procureur au Parlement (Bibliothèque Méjanes).

Des trois représentations dont parle Sobolis, pour l'année 1595, je ne citerai que celle du 24 juin, dont il fait, avec une brève simplicité, le compte-rendu suivant : « Le 24 juin, jour « de la Saint-Jean, a été joué un *jeu* à l'Archevêché par les écoliers de la ville et enfans du sieur de Lafare et autres : l'*Enfant vertueux et vicieux*, lequel vicieux, après avoir dissipé « tout, s'est désespéré et le diable l'a emporté ; et le vertueux, « le père le marie. Et ensuite, une *farce* à quatre personnages : un savoyard, le second provençal, le tiers espagnol et « le quart français ».

Dans une brochure publiée en 1862, M. Joly, professeur à la Faculté des lettres d'Aix, établit d'une manière à peu près certaine que les *jeux* en question étaient deux tragi-comédies en vers, composées par Benoet du Lac, gentilhomme dauphinois, qui furent imprimées à Aix sous les titres : le *Désespéré* et

Caresme prenant (La brochure de M. Joly et le volume de Benoet du Lac sont à la Bibliothèque Méjanes). On est surpris, néanmoins, à la lecture des licences de langage qu'elles contiennent, que ces pièces aient eu pour théâtre l'Archevêché et pour interprètes les écoliers et jeunes gens de la ville.

Le même manuscrit de Sobolis cite une représentation donnée le 9 juin 1596, dans l'église des Prêcheurs, où fut représentée l'*Histoire des Machabées*.

Il est probable que, par la suite, d'autres représentations comiques ou dramatiques furent souvent données, soit dans les couvents, soit dans des maisons particulières ; malheureusement, il ne s'est pas trouvé un autre Sobolis pour nous en conserver la relation.

Le Parlement surveillait toujours les comédiens en plein vent. Il rendit, le 10 décembre 1632, un arrêt par lequel il leur défendait « de monter sur le théâtre les jours de fête et diman-« ches, et les autres jours, d'y faire monter aucune femme ».

Les deux seules traces de spectacle que j'ai pu découvrir encore à ces époques lointaines, sont consignées, l'une par Porte, dans *Aix ancien et moderne*, où il dit que, vers 1650, on se permit de jouer des *farces* dans lesquelles le gouverneur (comte d'Alais) et son épouse étaient représentés de la manière la plus ridicule ; et l'autre par l'historien de Haitze qui fournit quelques détails sur une représentation donnée au couvent des Anciens Carmes, le jeudi-gras, 12 février 1711, où fut jouée une comédie satirique visant les *Jansénistes* et dans laquelle, entre autres plaisanteries plus ou moins spirituelles, les mots *grâce efficace* étaient traduits par *grâce fricassée*. De Haitze ajoute que, sur la plainte des assistants scandalisés, l'archevêque révoqua tous les pouvoirs de confesser et de prêcher qu'il avait donnés à ces religieux et leur ordonna de faire sortir de son diocèse l'auteur et les acteurs de la pièce.

Cette courte et très incomplète analyse des premiers essais, à Aix, de représentations théâtrales nous conduit vers le commencement du xviiie siècle, époque marquée par la création d'une salle de spectacle.

Roux-Alphéran dit, dans les *Rues d'Aix*, que cette salle, qui avait été d'abord destinée, en 1660, à un *jeu de paume*, fut transformée en théâtre vers les premières années du xviiie siècle. Je n'ai pu découvrir aucune pièce officielle constatant cette transformation, mais il est probable que des représentations furent données avant le xviiie siècle, soit dans ce local soit dans un autre ; et, ce qui m'autorise à faire cette supposition, c'est la défense faite, en 1681 (c'est-à-dire dix-neuf ans auparavant), au célèbre Campra, alors attaché à la Maîtrise, *de continuer à prendre part à des représentations théâtrales* (Manuscrit du Chapitre).

Quelle que soit la date exacte de la transformation du *jeu de paume* en théâtre, nous n'avons une preuve officielle de l'existence de cette salle qu'au moment où, en 1756, elle est fermée par ordre de l'autorité parce qu'elle menace ruine.

M. le duc de Villars, gouverneur de Provence, ayant manifesté le désir de voir reconstruire le théâtre, une association se forma entre le sieur Routier, architecte, et plusieurs habitants de la ville, pour procéder à sa reconstruction.

L'ouverture de la salle restaurée eut lieu le 1er janvier 1758 ; mais nous ignorons complètement la composition du spectacle et les noms des artistes qui y prirent part.

Pour avoir quelques données certaines, il nous faut arriver à l'année 1771, où le célèbre tragédien Lekain vint, le 16 septembre, représenter *Tancrède* (de Voltaire). Ce qui a le plus contribué à conserver le souvenir du passage de Lekain, c'est l'orage épouvantable qui inonda la ville pendant la représentation et qui transforma les rues en rivières, dans lesquelles on voyait rouler différents objets mobiliers, entre autres les cuves servant à fouler les raisins. Les contemporains désignèrent cette soirée sous le nom de *déluge de Lekain.*

J'ai trouvé, sur l'année 1777, d'assez nombreux documents consignés dans un recueil hebdomadaire d'annonces portant le titre de : *Affiches de Provence* (Bibliothèque Méjanes). Le numéro du 24 février donne le compte-rendu d'une pièce nouvelle, avec ariettes, composée par deux amateurs et intitulée : la *Coquette du village.* Il est dit, dans cet article, que la pièce est écrite correctement, mais qu'elle n'a obtenu qu'un succès médiocre. Voilà, sans doute, une des premières pièces inédites qui aient été représentées sur le théâtre d'Aix. Il est regrettable que les noms des auteurs ne nous soient point parvenus.

On dit souvent que le public et les journaux attachent, de nos jours, une trop grande importance à tout ce qui a trait au théâtre et aux comédiens ; nous allons voir qu'au xviiie siècle on ne se passionnait pas moins qu'aujourd'hui quand il s'agissait d'apprécier le talent des acteurs et surtout des actrices. La lettre suivante, insérée dans les *Affiches*, le 16 juin 1777, va nous montrer la ville d'Aix divisée en deux camps ennemis par la dispute des *Desbruyériens* et des *Cressentins.* Ces deux néologismes furent créés pour désigner les partisans de Mlle Desbruyères et ceux de Mlle Cressent, les deux principaux sujets de la troupe. Et comme la mode était alors aux parallèles, l'auteur de la lettre commence par en faire un entre ces deux demoiselles :
« La première (Mlle Desbruyères), plus fière d'étonner que de
« plaire, charme et ravit par tout ce qui tient aux effets subli-
« mes et aux grandes formes du chant, et son émulation s'ac-
« croît aux approches de sa rivale. Mais, s'il est un chant pour
« l'âme, si le cœur n'a pas perdu tous ses droits, il est encore
« une place sur notre théâtre pour Mlle Cressent... La réunion
« de ces deux actrices étouffera bientôt les cris des deux partis

« *dont nos promenades et nos cercles retentissent* ». C'est ce qui arriva, en effet, et le numéro du 23 juin nous apprend que la scène a réuni les deux artistes et que les troubles comiques ont cessé.

Quelques jours après, le 30 juin 1777, la ville d'Aix eut l'honneur de recevoir la visite de *Monsieur* (comte de Provence et futur Louis XVIII). La réception fut brillante. Le cours avait été magnifiquement décoré. Les marchands, au nombre de quatre-vingts, s'étaient rendus, en corps de cavalerie, à quelque distance de la ville. Après un court séjour, le prince quitta la ville pour y revenir bientôt ; et ce fut à cette seconde visite qu'on lui montra les *jeux* de la Fête-Dieu et qu'on donna, en son honneur, une représentation de *gala*, suivie d'un bal. Les *Affiches* relatent ces fêtes dans le numéro du 14 juillet : « Le « prince se rendit ensuite à la Comédie, dont la salle était ar-« tistement décorée. Les dames de la première distinction « s'étaient réunies dans les loges et aux gradins. Les comédiens « jouèrent *L'Amoureux de quinze ans*. *Monsieur* daigna ap-« plaudir aux efforts qu'ils faisaient pour lui plaire... La comé-« die fut suivie d'un bal paré ; le prince s'y rendit à onze heu-« res, à pied ; il accueillit tout le monde avec bonté ».

Les *Affiches* sont plus sobres de renseignements sur le théâtre en 1778 qu'en 1777. Je trouve, cependant, à la date du 17 mai 1778, un article très élogieux sur Mlle Sainval aînée (dont le vrai nom était Alziari), qui venait de se présenter sur la scène Aixoise : « Enfin, Mlle Sainval nous est connue ; la « supériorité de ses talents n'est pas une chimère... Forte et « énergique comme la Duménil, moins inégale qu'elle ; se « dessinant avec autant de dignité, avec autant de grâce que la « Clairon ; exprimant la tendresse avec autant d'intérêt que la « Gaussin ; plus vraie et plus naturelle qu'aucune de celles qui « l'ont précédée... » L'article continue sur ce ton dithyrambique et se termine par un sixain exprimant les regrets que cause le départ de la célèbre actrice.

En 1779, Monvel, artiste parisien, qui était acteur et auteur, obtint également un succès considérable en jouant plusieurs pièces, notamment le *Père de famille* (de Diderot).

Jacques-Marie Boutet de Monvel était, paraît-il, un excellent comédien quoiqu'il eut un physique peu avantageux. Il brillait plus dans la tragédie que dans la Comédie. Comme auteur, il produisit : l'*Amant bourru*, les *Amours de Bayard*, les *Victimes cloîtrées* et diverses autres pièces. Il écrivit, en collaboration avec Alexandre Duval, un certain nombre d'opéras, dont le plus connu est *Blaise et Babet*, mis en musique par Dezèdes. Enfin, il fut le père de la célèbre comédienne, Mlle Mars (Anne-Françoise-Hippolyte Boutet). Un biographe malicieux ne craignit pas d'assurer que c'était là son meilleur ouvrage.

Pendant l'été de 1783, une autre célébrité parisienne, Mlle Saint-Huberty, vint donner, à Aix, plusieurs représentations. Mlle Saint-Huberty (qui s'appelait en réalité Antoinette Clavel) était devenue, après la retraite de Sophie Arnould, la première cantatrice de l'Académie de musique. Elle avait fait, dans l'opéra, la même réforme que Talma dans la tragédie au sujet de l'exactitude des costumes.

Une brochure, publiée par M. Mouttet, ancien juge de paix et bibliophile distingué, donne quelques détails sur le séjour, à Aix, de Mlle Saint-Huberty. La célèbre cantatrice fut reçue dans la famille Grégoire, dont le fils aîné, Louis Denis, devint secrétaire de la musique de Napoléon, puis maître de chapelle de Louis XVIII (C'est lui qui a noté les airs des *jeux* de la Fête-Dieu). Des représentations données par Mlle Saint-Huberty, la seule dont le programme nous ait été conservé, est celle du 23 juillet 1783, où elle parut dans le *Devin du village* (de J.-J. Rousseau) et le *Tableau parlant* (de Grétry). La phrase suivante, tirée d'une lettre adressée le lendemain, 24 juillet, par Mme de Bardonenche au comte de Mirabeau, nous apprend qu'elle avait joué auparavant plusieurs autres ouvrages de genres différents. « Il est impossible d'imaginer — écrit Mme de « Bardonenche — qu'on puisse passer du rôle d'*Alceste*, d'*Iphi-* « *génie*, à celui de *Colette*, de *Colombine*, et y être aussi supé- « rieure ». Cet éloge de Mlle Saint-Huberty dut faire plaisir à Mirabeau qui s'était épris de la grande cantatrice et qui, avec son impétuosité ordinaire, avait manifesté son affection en meurtrissant le bras de celle qui en était l'objet.

Les agitations de la période révolutionnaire se répercutèrent plus d'une fois sur le théâtre ; le public soulignait volontiers, par ses applaudissements ou ses murmures, toutes les phrases, tous les mots pouvant s'appliquer aux événements de l'époque ; l'habit de livrée porté par un acteur donnait lieu à des troubles si sérieux que l'autorité crut devoir prendre, le 29 novembre 1790, une décision pour proscrire la livrée de la scène. D'autre part, le décret de 1791 autorisant tout citoyen à créer un théâ-tre en faisant une déclaration à la municipalité, fit naître, à Aix, plusieurs réunions d'amateurs, dans lesquelles les jeunes gens s'exerçaient à l'art de la déclamation. Enfin (et je trouve ici un terme tout indiqué pour cette étude), le théâtre se trans-formait, il entrait dans une ère nouvelle et passait, comme la Société elle-même, de l'ancien au nouveau régime.

XXXIII

LE THÉÂTRE A MARSEILLE

PENDANT LA RÉVOLUTION

par **M. Paul MOULIN**, Membre de la Société d'Études provençales,

Membre du Comité départemental d'Histoire économique

de la Révolution.

Si vraiment, comme l'affirme Hugo, le théâtre est une chose qui enseigne et qui civilise, il ne sera peut-être pas sans intérêt d'étudier l'art théâtral, dans ses diverses phases, au cours d'une période durant laquelle la société française, se transformant de façon si complète, évoluait vers des horizons nouveaux.

La fougue des populations du Midi, leur ardeur pour cette Révolution dont Marseille fut, si on peut dire, l'un des boulevards, a dû avoir, pensions-nous, une intéressante répercussion sur le théâtre. C'est afin de vérifier l'exactitude de cette hypothèse que nous avons recouru aux documents contemporains relatifs à l'art théâtral à Marseille. S'ils ne nous ont rien révélé qui soit absolument remarquable, du moins avons-nous pu y trouver quelques faits significatifs, qui sont autant de manifestations intéressantes de l'esprit public en cette ville.

Si le sujet de la présente étude n'est pas inédit, il n'en est pas de même des documents que nous avons utilisés, et nous croyons savoir, de source autorisée, qu'ils n'ont jamais été mis en œuvre par ceux qui, avant nous, ont effleuré le même sujet [1].

Durant la période révolutionnaire, le Grand-Théâtre de Marseille change plusieurs fois de nom. L'influence des événements politiques du moment s'exerce même sur ce point de détail. Construit sur une partie de l'emplacement de l'arsenal, ce théâtre est dirigé, en 1789, par le nommé Beaussier, pour le compte d'une Compagnie : la Compagnie Rabaud.

Beaussier était à la tête des théâtres de Marseille depuis de longues années et, sous l'Empire, on le trouve encore directeur du Grand-Théâtre. Il se crée, en tant qu'administrateur, une grande popularité ; mais il ne parvient point à faire fortune, bien au contraire, ce qui s'explique par les déboires continuels auxquels les entreprises de spectacles, et plus particulièrement le Grand-Théâtre, sont alors sujettes.

En 1789, l'entreprise du Grand-Théâtre de Marseille est sollicitée, auprès de M. de Beauvau, par un bourgeois de Paris nommé Laurent Garet, lequel, souscrivant aux exigences qu'on lui impose, réussit à prendre la suite de Beaussier, dont le mandat expire à Pâques.

Dans l'exposé des conditions, M. de Beauvau fait part à Garet de son intention d'exiger de la nouvelle administration du Grand-Théâtre qu'elle acquitte une redevance annuelle de 25.000 livres, en faveur des pauvres marins, en maintenant toutefois celle de 15.000 livres, que l'on est en usage de payer à l'Hôtel-Dieu de Marseille.

---

[1] Nous tenons à remercier ici notre sympathique et bienveillant archiviste, M. J* Fournier, qui a bien voulu nous indiquer la source de ces documents.

Laurent Garet, plus jaloux sans doute de la préférence qu'il sollicite que de l'intérêt des actionnaires, dont il est le simple agent, d'autre part, mal instruit sur les ressources de son entreprise et sur les charges dont elle est accablée, souscrit à cette condition onéreuse.

Cette nouvelle administration, confiée à des citoyens de Marseille et à quelques particuliers de Paris, entre en exercice à Pâques 1789 [1].

Les comédiens de Mgr le maréchal prince de Beauvau font l'ouverture du théâtre, le lundi 20 avril. Quelques instants avant le lever du rideau, le public demande, à grands cris, que le tapis d'honneur soit placé au-devant de la loge des officiers municipaux ; on cède à ses désirs, pendant que l'orchestre exécute une marche entraînante.

Ce tapis, dont les volontaires de la Milice citoyenne de Marseille ont fait l'hommage aux administrateurs, est aux armes du Roi et de la Ville, unies par deux branches d'olivier et de laurier ; elles sont brodées en bosse d'or et d'argent sur un superbe drap bleu galonné d'argent. Au-dessous des armes on lit ces mots : *Consulibus Patria votum.*

Immédiatement après l'arrivée des officiers municipaux, Malherbe, directeur de la troupe, fait un long discours dans lequel il exprime sa joie de revenir à Marseille, où il reçut autrefois un si bienveillant accueil. Il fait également l'éloge de Mme Ponteuil — actrice qui venait de faire, pendant dix années, les délices des Marseillais — et promet de faire passer sous les yeux des spectateurs les sujets les plus distingués de la province [2].

Pendant que la nouvelle administration du Grand-Théâtre

---

[1] Archives des Bouches-du-Rhône, Fonds révolutionnaire.
[2] *Journal de Provence*, n° du 25 avril 1789 (Biblioth. de la Ville).

absorbe la plus grande partie de ses fonds, par des acquisitions considérables et souvent inutiles, Beaussier, livré à lui-même, n'a pas une seconde de défaillance. Son flair étonnant lui fait concevoir le projet de faire une concurrence effrénée à cette entreprise. Il se promet de réussir à tout prix et de surmonter toutes les difficultés avec lesquelles il se trouverait aux prises.

Il commence à faire construire à la rue Pavillon — sur l'emplacement d'un local qu'il avait fait acheter en sous-main, en 1788 — une nouvelle salle de spectacles, qui s'ouvre deux ans plus tard, après maintes difficultés. Ce théâtre porte à sa naissance le nom de Théâtre des Variétés.

A l'occasion de l'ouverture de cette nouvelle salle, Bonneville, directeur, prononce un long discours : « Ce nouveau « spectacle, dit-il, sera désormais consacré à la gaieté, à la fri- « volité ; il fera diversion à vos amusements et ne pourra que « vous distraire des chefs-d'œuvre tragiques et lyriques dont le « Grand-Théâtre a la propriété exclusive. L'on a bien voulu « comparer ce lycée à une rose dans toute sa fraîcheur ; cette « hyperbole outrée ne nous aveugle pas ; non, Messieurs, aussi « modestes que l'humble violette, c'est elle que nous tâcherons « d'imiter... » [1]

Le *Journal de Provence*, du 27 avril 1790, donne sur l'établissement les détails suivants :

« La salle est enclavée dans une des îles de la Cannebière et « n'offre, extérieurement, rien qui annonce sa destination. « Son entrée est dans la rue du Pavillon. On pourrait cepen- « dant, par des acquisitions subséquentes, lui donner, sinon « des entours isolés comme la grande salle de spectacle, au « moins une façade.

« L'entrée principale du théâtre offre un vestibule circulaire

---

[1] *Journal de Provence,* n° du 21 avril 1790 (tome XXVII).

« dans lequel se dégagent l'escalier du parterre et ceux des pre-
« mières, secondes et troisièmes loges. Pour la sortie, il y a
« une seconde issue, dont la porte donne sur la place Necker.

« L'intérieur de la salle est très bien décoré et présente un
« ensemble à la fois agréable et majestueux. C'est un parallé-
« logramme d'environ huit toises de long, sur six toises et
« quelques pieds de large. Il est orné de seize colonnes isolées
« et cannelées, d'ordre ionique.

« La salle est généralement peinte en pierres veinées et tous
« les ornements, faits avec goût, sont rehaussés en jaune.

« On a évité d'éclairer la salle par des lustres suspendus au
« milieu, qui rendent les places du fond excessivement désa-
« gréables.

« L'architecte [1] a très bien senti qu'une lumière douce,
« distribuée avec égalité dans tout le pourtour, serait d'un
« effet plus pittoresque. Il a donc placé dans les entre-colonnes,
« des guirlandes de fleurs attachées sous l'architrave et qui
« suspendent des globes éclairés. L'effet de cette lumière fait
« seul l'éloge de sa distribution. »

Les qualités administratives de Beaussier, homme tenace,
familiarisé avec toutes les choses du théâtre, et, d'un autre
côté, admirablement secondé par Bonneville, sont, en grande
partie, cause de la déconfiture de la salle Beauvau.

Les actionnaires de ce dernier théâtre, qui redoutaient la
concurrence du nouvel établissement, ne tardent pas à s'en
plaindre, en même temps que de l'incapacité de leur administrateur, accablé sous le poids de charges considérables.

La redevance habituelle de 15.000 livres, en faveur de
l'Hôtel-Dieu, est bien acquittée, mais il n'en est pas de même
des 25.000 livres destinées aux pauvres marins, redevance à
laquelle Garet s'est imprudemment engagé à faire face.

---

[1] M. Lequin de la Tour.

M. de Beauvau, qu'on avait prié d'exonérer le théâtre de cette charge nouvelle s'y étant refusé, l'administration se voit obligée de prier ses associés, résidant à Paris, d'en solliciter la suppression auprès du conseil du Roi [1].

Au 30 mars 1790, c'est-à-dire au terme de la première saison théâtrale de la salle Beauvau, sous l'administration de Garet, le capital de 80.000 livres est absorbé et les dettes de l'entreprise s'élèvent à 155.207 l. 19 s. L'avoir ne s'élève qu'à 105.092 l. 6 s., ce qui fait une perte totale, pour la première année, de 130.115 livres 13 sols.

Durant la deuxième année, on ne perd que 99.228 l. 13 s. 1 d. Il est bon de faire remarquer ici que cette dernière saison théâtrale ne dure que six mois. Ce qui donne, pour une période de dix-huit mois d'exercice, une perte de 229.344 l. 6 s. 1 d. [2].

Dans un mémoire, les actionnaires de la salle Beauvau s'expriment ainsi, au sujet de la compétition de Beaussier : « Cette concurrence de plusieurs théâtres, et notamment celui « des Variétés, outre qu'elle rend le public très exigeant, nous « cause encore de plus graves préjudices. Il est de fait que « toutes les sommes que perçoivent nos ambitieux rivaux « sont enlevées à la recette du Grand-Théâtre. Plus d'un tiers « des produits de l'entreprise du Grand-Théâtre se trouve « diverti par un établissement que l'on croyait alors impossi- « ble, qui fut même proscrit par plusieurs jugements solennels « et rendus en contradictoires défenses.

« Nos ressources ont diminué, lorsque nos charges se trou- « vent aggravées ; et telle est d'ailleurs l'influence d'un théâtre « concurrent, qu'il nous assujettit au surcroît de dépense

---

[1] Archives des Bouches-du-Rhône. Fonds révolutionnaire.
[2] Ibid.

« qu'entraîne la nécessité de balancer ses efforts. Encore, nous
« estimerions-nous moins malheureux si, réduit dans le
« cercle que la municipalité avait tracé autour de lui, l'Entre-
« preneur des Variétés ne cherchait pas à dévaster notre pro-
« priété, en s'emparant des pièces qui nous appartiennent, en
« formant le projet d'établir sur son théâtre un opéra italien,
« dont il préconise déjà le succès, projet funeste et destructif
« de notre entreprise. » [1]

Les artistes, écœurés par une si mauvaise administration,
dont ils sont les premières victimes, ne font plus aucun effort
et mécontentent le public qui se porte de plus en plus vers le
théâtre créé par Beaussier, devenu « *Théâtre de la Nation* ».

Ce dernier, avec le concours de Bonneville, fait de son
mieux et, avec sa fougue méridionale, ne tarit pas d'imagination. C'est ainsi qu'il donne, dans sa bonbonnière, des opéras,
des comédies, des drames et des pantomimes avec ballets. Les
drames, on le sait, eurent toujours la faveur du public marseillais, qui se passionne à voir, à la fin de ces pièces, triompher l'innocence et punir le crime. On joue même une pièce
intitulée *Echo et Narcisse*, qualifiée d'opéra, ballet, panto-
mime, comédie. Le *Journal de Provence*, du 7 octobre 1790,
dit au sujet de cette pièce : « On y trouve des paroles et de la
« musique, des paroles sans musique, de la musique sans pa-
« roles et des danses ! »

On lit dans le numéro du 13 juillet 1790, du même journal :
« Les nouveautés se succèdent, au Théâtre des Variétés, avec
« une rapidité incroyable. A un répertoire déjà peu connu, se
« joignent les pièces nouvelles qui sont jouées sur les petits
« théâtres de la capitale, et qu'on monte presque aussitôt sur

---

[1] Archives des Bouches-du-Rhône. Fonds révolutionnaire. (Liasse
T-134).

« celle-ci. A cet égard, le zèle de Bonneville, directeur de ce
« spectacle, est parfaitement secondé par les acteurs qui com-
« posent sa troupe et qui ne paraissent pas moins empressés
« que lui à captiver la bienveillance du public ».

Comme on le voit, Beaussier sait mettre au rebut les pièces
usées et en peu de temps en monte de nouvelles. Homme de
mise en scène, il sait éblouir le spectateur. Quant aux acteurs,
encouragés et payés, ils obéissent docilement aux ordres de
leur maître et remplissent consciencieusement leur rôle.
Tout concourt, en apparence, à assurer le succès de son
affaire.

En novembre 1793, le Grand-Théâtre, appelé « *Lepelletier* »,
reçoit le nom de « *Théâtre Brutus* », appellation bien en rapport avec l'esprit du temps. Beaussier dirige, à cette époque,
l'entreprise des théâtres de Marseille, puis abandonne la direction de la salle Brutus à un nommé Quériau, qui vient de fonder une société en commandite, dont le capital est divisé en
quarante-six actions, sur lesquelles la nation en possède treize.
Cette société est enregistrée au greffe du Tribunal de commerce, sous la raison sociale : *Quériau et C*[ie] [1].

Le théâtre de la Nation, rebaptisé sous le nom de *Théâtre
Républicain*, reste sous la haute direction d'André Beaussier,
qui est également propriétaire du local.

Mais une amélioration sensible du Grand-Théâtre suggère
au Représentant du peuple Maignet l'idée de former, au profit
de la nation, un monopole des théâtres de Marseille.

A cet effet, il lance un arrêté, en date du 17 floréal an II
(6 mai 1794), ordonnant la réunion des deux théâtres en une

---

[1] Archives des Bouches-du-Rhône. Fonds du district. Période révolutionnaire.

seule entreprise, laquelle sera régie aux frais et pour le compte de la nation.

Beaussier, en raison de sa compétence adminisirative, est nommé administrateur en chef; il lui est adjoint un artiste dramatique qui a la signature de l'entreprise [1].

Devant la peine qu'il a à ramener un public qui avait, en grande partie, déserté la salle Beauvau et, d'autre part, enthousiasmé de son théâtre de la rue Pavillon, Beaussier néglige l'affaire des théâtres réunis. Le représentant du peuple Jean-Bon Saint-André ordonne alors la séparation des deux théâtres, et Beaussier, administrateur en chef des spectacles de Marseille, est prié de rendre compte de son mandat à l'Agent national. Sa gestion compte du 20 avril au 29 septembre 1794. Il doit fournir à l'administration du théâtre Brutus un état justifiant l'emploi des sommes qu'il a reçues par anticipation [2].

Le jour même de l'expiration de cette entreprise, le sieur Hugues, fondé de pouvoirs des propriétaires de la salle Beauvau — dont la nation est intéressée pour un quart — prie les administrateurs du district de faire recouvrer auprès de l'administration responsable, la somme de 24.000 livres, montant de la location de cette salle pendant la période de la réunion des deux théâtres [3].

La Société Quériau et Cie continue à gérer, pour son propre compte, le théâtre Brutus.

Entre temps, on procède à la liquidation de l'entreprise des théâtres réunis. Le 9 vendémiaire an III (30 septembre 1794), les sieurs J.-B^{te} Faure et Thourame, commissaires nommés par

---

[1] M. Ponteuil, artiste qui eut, ainsi que sa femme, une grande popularité à Marseille.

[2] Archives des Bouches-du-Rhône. Fonds du district. Période révolutionnaire.

[3] Ibid.

l'administration du district de Marseille, sont invités à se rendre, conjointement avec le citoyen Hugues, dans le bureau de Beaussier, pour parapher les livres, vérifier la caisse et opérer la liquidation des intérêts des deux théâtres, en signalant, le cas échéant, la part d'intérêt qui reviendrait à la nation.

Ils procèdent à cette inspection le 2 octobre. Beaussier leur présente les divers livres [1]. Après vérification, la caisse accuse un solde créditeur de 12.166 l. 5 s., mais il reste à payer les appointements des artistes.

Beaussier refuse de signer le rapport des commissaires, alléguant que la liquidation ne doit pas être *distincte et séparée*, les acteurs ayant, pendant la réunion des deux théâtres, dépensé leurs efforts en commun et sèlon les prescriptions de l'arrêté du Représentant du peuple [2].

Des contestations s'élèvent ensuite entre les artistes du Grand et du Petit Théâtre, les uns voulant être payés avant les autres. Mais Beaussier met bientôt fin à ces litiges; il a recours à l'arbitrage et cette combinaison ayant été agréée par les différents partis, la solution est immédiate.

Depuis l'année 1789, les actionnaires du Grand-Théâtre, afin de soutenir cette salle de spectacles, ont sacrifié la somme considérable de 600.000 livres [3].

Pendant cette période d'insuccès et de déboires, les action-

---

[1] Le Grand Livre, le Journal, le livre de caisse, le livre des recettes générales des théâtres réunis, le livre mémorial des abonnements et loges louées à l'année, le livre des dépenses générales et journalières, le livre des paiements aux artistes du théâtre Brutus, le livre de paiement des quinzaines aux artistes du Théâtre Républicain, le copie de lettres des deux théâtres réunis et le registre des délibérations du Comité d'administration.

[2] Archives des Bouches-du-Rhône. Fonds révolutionnaire.

[3] Ibid.

naires et les artistes ne sont pas les seules victimes de tous ces désastres ; l'analyse que nous avons effectuée des jugements rendus par le tribunal du district de Marseille, va nous faire connaître la situation qui est faite à la classe si intéressante des auteurs.

Ces jugements sont, pour la plupart, rendus sur la requête de quelques auteurs dramatiques, auxquels on a volontairement oublié de régler les droits qui leur sont dus après chaque représentation d'une de leurs pièces. L'Assemblée Nationale, dans sa séance du 13 janvier 1791, par suite d'une pétition des auteurs dramatiques sur la propriété de leurs productions, fit un arrêté à ce sujet [1].

Parmi les noms des auteurs qui nous occupent, nous remarquons ceux du célèbre Caron Beaumarchais, l'auteur du *Barbier de Séville;* des compositeurs André Grétry, l'une des gloires de l'opéra-comique français, et Étienne Méhul, l'auteur du *Chant du départ.*

Le 17 octobre 1791, divers auteurs dramatiques du bureau de Paris demandent à intervenir dans l'instance introduite par les sieurs Sedaine, la Mure d'Alairac, de Chenier, Grétry et Beaumarchais, auteurs dramatiques, contre les Entrepre-

---

[1] Il est dit à l'article II : « Les ouvrages des auteurs morts depuis cinq ans et plus, sont une propriété publique et peuvent, nonobstant tous les privilèges qui sont abolis, être représentés sur tous les théâtres indistinctement. »

Art. III : « Les ouvrages des auteurs vivants ne pourront être représentés sur aucun théâtre, sans le consentement des auteurs, sous peine de confiscation du produit total des représentations. »

Art. IV : « La disposition de l'art. III s'applique aux ouvrages déjà représentés, quel que soit leur auteur. Les actes qui auraient été passés entre les comédiens et des auteurs vivants ou des auteurs morts depuis cinq ans, seront exécutés. »

Art. V : « Les héritiers ou les cessionnaires des auteurs seront propriétaires de leurs ouvrages durant l'espace de cinq ans après leur mort. »

neurs du Grand-Théâtre de Marseille, auxquels ils réclament une somme de 60.000 livres, pour diverses pièces jouées du 6 avril au 30 septembre 1791 [1].

Nous relevons, à la date du 29 novembre 1791, un jugement condamnant le Grand-Théâtre au paiement de 2.531 l. 5 sols, avec intérêts et dépens, en faveur du citoyen Justinien Samary, ancien caissier de la salle Beauvau. Cette somme représente une partie du cautionnement qu'il avait versé en raison de la nature de son emploi [2].

Par jugement du 9 février 1793, le Grand-Théâtre est condamné à payer à Guillaume-François Favière, auteur dramatique, la somme de 27.087 livres 15 sols, montant des recettes faites, à la date du 15 janvier 1793, pour les représentations de l'opéra *Paul et Virginie*. De plus, le produit des recettes, pour les représentations dudit opéra, depuis le 15 janvier, jour de la plainte, jusqu'à la date du jugement, sera attribué à l'auteur. Favière déclare faire abandon à la nation du quart de cette somme.

Le 28 février 1793, même jugement, en faveur de Stanislas Champein, auteur dramatique, pour la somme de 31.285 liv. 16 sols [3].

Le même jour, André Grétry, le célèbre compositeur, a gain de cause pour une somme de 122.535 livres 5 sols, pour diverses pièces jouées sans son autorisation [4].

---

[1] Archives des Bouches-du-Rhône Jugements du tribunal du district de Marseille. Liasse 152.

[2] Ibid., même liasse.

[3] Archives des Bouches-du-Rhône. Jugements du tribunal du district de Marseille. Liasse 166. Les pièces jouées sans l'autorisation de Champein sont les suivantes : *Les amours de Bayard ou le Chevalier sans peur et sans reproche*, pièce en quatre actes ; *Le nouveau Don Quichotte*, opéra en deux actes ; *La Mélomanie*, opéra en un acte ; *Les Dettes*, opéra en deux actes.

[4] Ces pièces sont : *La Caravane du Caire*, opéra en trois actes ; *Raoul*

Le 4 avril 1793, même jugement contre le Grand-Théâtre en faveur de l'auteur J.-B^te Lemoine, demeurant à Paris, pour une somme de 33.153 l. 13 sols, sur laquelle il fait abandon du quart à la nation. » [1]

Le même jour, les Entrepreneurs du même théâtre sont condamnés à payer la somme de 11.984 l. 19 sols, au célèbre Caron Beaumarchais, auteur dramatique et littérateur, lequel fait abandon du quart à la nation [2].

Son drame, *Eugénie*, que nous citons en note, fut sa pièce de début au théâtre, en 1767. *Les Deux Amis*, comédie également citée, qu'il donna, pour la première fois, en 1770, n'eut pas un très grand succès. Mais, en revanche, son *Barbier de Séville*, qu'il transforma tantôt en opéra-comique, tantôt en comédie, est devenu légendaire dans les annales du théâtre.

Quant au *Mariage de Figaro*, cet audacieux manifeste de l'esprit nouveau contre les institutions anciennes et qui répon-

---

Barbe-bleue, opéra en trois actes ; *L'Amant jaloux*, opéra en trois actes ; *Sylvain*, opéra en un acte ; *La fausse Magie*, opéra en un acte ; *L'Epreuve villageoise*, opéra en deux actes ; *La Rosière de Salency*, opéra en trois actes; *Le Tableau parlant*, opéra en trois actes ; *Le comte d'Albert*, opéra en trois actes ; *L'Ami de la maison*, opéra en trois actes ; *Lucile*, opéra en un acte ; *Le Rival confident*, opéra en deux actes ; *Le Magnifique*, opéra en trois actes ; *Le jugement de Midas*, opéra en trois actes ; *Les Evénements imprévus*, opéra en trois actes ; *Les deux Avares*, opéra en deux actes ; *La Nouvelle Amitié à l'épreuve*, opéra en trois actes ; *Panurge dans l'Ile des Lanternes*, opéra en trois actes ; *Pierre le Grand*, opéra en trois actes. (Arch. des B.-du-Rh., même fonds, liasse 166).

[1] Les pièces pour lesquelles il réclame sont les suivantes : *Les Prétendus*, opéra en un acte ; *Les Pommiers du Moulin*, opéra en un acte. (Archives des Bouches-du-Rh. Jugements du tribunal du district de Marseille. Liasse 168.)

[2] Pour les pièces suivantes : *Eugénie*, drame en cinq actes ; *Le Barbier de Séville*, comédie en quatre actes ; *Les Deux Amis ou le Négociant de Lyon*, comédie en cinq actes : *La Folle journée ou le Mariage de Figaro*, comédie en cinq actes. (Arch. des B.-du-Rhône, même liasse).

dait si bien au besoin des esprits à la veille de la Révolution, il demeura longtemps sans être joué. Représenté pour la première fois, au Théâtre-Français, à Paris, le 27 avril 1784, il peut, à bon droit, eu égard à ses attaques contre l'ancien régime, être considéré comme le précurseur du *théâtre moderne*. En effet, parmi les personnages de cette pièce, il est aisé de retrouver en la personne du Comte Almaviva, la personnification de la noblesse déchue, bafouée par le peuple personnifié dans *Figaro*, valet du comte, lequel n'emploie aucune forme pour lui répondre : « Aux vertus que vous exigez d'un domestique, combien trouveriez-vous de maîtres dignes d'être valets? ». Et qui ne reconnaît dans le sinistre *Basile* la personnification de l'intolérance et de la persécution !

Le 13 avril 1793, le Grand-Théâtre se voit condamné à payer la somme de 39.625 livres 9 sols au citoyen Nicolas-François Gaillard, auteur dramatique, toujours pour le même motif [1].

Le même jour, même procès en faveur de Danian Philidor, pour une somme de 8.740 livres, sur laquelle il abandonne un quart à la nation [2].

Nous relevons encore, à la même date, une somme de 8.338 livres 10 sols, à payer au fameux Étienne Méhul, pour *Euphrosine ou le Tyran corrigé*, opéra en trois actes. L'auteur du *Chant du départ* déclare faire abandon d'un quart

---

[1] Les pièces jouées sans son autorisation sont les suivantes : *Œdipe à Colonne*, opéra en trois actes ; *Iphigénie en Tauride*, tragédie lyrique en quatre actes ; *Chimène ou le Cid*, opéra en trois actes ; *Dardanus*, opéra en trois actes. (Archives des B.-d.-Rh. Jugements du tribunal du district de Marseille. Liasse 168.)

[2] Les pièces pour lesquelles il réclame sont : *Les Femmes vengées*, opéra en un acte ; *Le Soldat magicien*, opéra en deux actes ; *Le Bûcheron*, opéra en un acte ; *Le Maréchal-Ferrant*, opéra en deux actes ; *Blaise le Savetier*, opéra en un acte. (Archives des B.-du-Rh., même liasse.)

en faveur de la nation « pour le secours de ses frères d'armes qui sont sur les frontières pour la défense de la République ou pour tout autre usage ».[1]

Quelques autres procès, sans importance, sont également intentés contre les deux théâtres de Marseille. Nous croyons devoir nous abstenir de les énumérer ici.

Dans tous ces jugements, les administrateurs du Grand-Théâtre sont condamnés par défaut, ce qui laisse croire qu'ils avaient peu de confiance dans les moyens qu'ils auraient pu faire valoir.

Tous ces désastres émeuvent l'insensible Maignet qui s'intéresse aux questions de théâtre et paraît se poser en régénérateur de l'art dramatique. Il s'instruit des causes de la malechance qui semble avoir élu domicile dans la salle Beauvau, et pense que les nombreuses entrées de faveur, accordées à ce moment, ne sont pas faites pour assurer des recettes en rapport avec les frais considérables de l'entreprise.

C'est pourquoi il prend, le 6 août 1794, un arrêté par lequel il ordonne qu'à l'exception des deux officiers municipaux qui, aux termes de la loi, doivent assister aux spectacles, revêtus de leur écharpe, aucun citoyen, quelles que puissent être ses fonctions, ne pourra entrer au théâtre sans payer.

Tous les militaires et personnes y attachées, sans exception, auront également à payer leur entrée comme tous les autres citoyens [2].

Toutefois, afin d'atténuer cette mesure rigoureuse, on fait donner, chaque décadi, une représentation gratuite. Mais cette générosité est bientôt abolie, en raison du désordre qui règne, à ces occasions, dans les salles de spectacle.

---

[1] Archives des Bouches-du-Rhône, ibid.

[2] Ibid., Fonds révolutionnaire.

On donne alors, de temps en temps, des représentations au bénéfice des indigents.

Le 1er janvier 1796, le Directoire exécutif ordonne aux administrations théâtrales de donner tous les mois une représentation au profit des pauvres.

L'Hospice ayant sollicité le montant des représentations des 7 et 14 mai 1796, la Municipalité en fait la demande aux administrateurs du département qui défèrent à ce désir. Le Ministre de l'Intérieur approuve d'ailleurs cette mesure et écrit, le 4 juillet « qu'on ne peut mieux faire que d'appliquer à l'hospice de l'humanité le produit de ces deux représentations ».[1]

Plus tard, un nouveau mode est employé par suite de la loi du 7 frimaire an V, qui ordonne la perception, « pendant six mois, au profit des indigents *qui ne sont pas dans les hospices*, d'un décime par franc en sus du prix d'entrée aux spectacles ».[2]

Les membres du Comité de salut public s'intéressent également à l'art qui nous occupe ; ils chargent la Commission de l'Instruction publique, par un arrêté du 18 prairial an II, de tout ce qui concerne la régénération de l'art dramatique et la police morale des spectacles.

Le 23 juin 1794, afin de stimuler le zèle des auteurs et des acteurs, cette Commission lance une déclaration imprimée, dans laquelle elle exhorte ces derniers à apporter, dans la

---

[1] Le Grand-Théâtre rapporte 11.220 l. en assignats et 209 l. 9 sols 6 deniers en numéraire.

Le Théâtre Républicain 1.657 l., en assignats et 119 l. 12 sols en numéraire. (Archives des B.-du-Rh. Registre de correspondance du Ministère de l'Intérieur. R. n° 435, f° 85.)

[2] Archives des B.-du-Rh., ibid.

rénovation de l'art théâtral, leurs lumières, leur patriotisme et leur génie.

« Et vous, écrivains patriotes, disent-ils, qui aimez les arts, « qui, dans le recueillement du cabinet, méditez tout ce qui « peut être utile aux hommes ! Déployez vos plans, calculez « avec nous la force morale des spectacles ; il s'agit de « combiner leur influence sociale avec les principes du gou- « vernement ; il s'agit d'élever une école publique où le goût « et la vertu soient également respectés. »

Les membres de cette Commission prient enfin les artistes et directeurs de théâtres de leur adresser l'état de leurs réper- toires ainsi que les manuscrits nouveaux qui leur seront présentés [1].

On devine aisément dans quel but ces manuscrits sont sollicités. Les sujets, lorsqu'ils ne sont pas imposés, doivent être en rapport avec les événements politiques du temps. C'est ainsi que l'on voit apparaître pendant la Terreur les titres les plus fantaisistes [2].

Tout est poussé dans le sens populaire et révolutionnaire, soit impérieusement, soit mécaniquement, comme par une conséquence naturelle, comme un stimulant que l'on vou- drait donner au parti qui lutte si formidablement.

Cette influence politique s'exerce même sur la distribution des rôles aux artistes. En effet, le 6 août 1794, un arrêté ordonne que le Comité d'administration des théâtres aura

---

[1] Archives des Bouches-du-Rhône. Fonds révolutionnaire.

[2] En voici quelques-uns qui, par eux-mêmes, nous dispenseront d'ana- lyser les pièces : *La Guillotine d'amour, la Descente des cloches, Les Peuples et les Rois, L'intérieur d'un ménage républicain, Encore un curé, les Crimes de la féodalité, Le jugement du dernier des roi, Les Souper des Jacobins*, etc., etc.

seul le droit de les distribuer, sans que les artistes puissent en refuser ni en réclamer aucun [1].

Des chants patriotiques sont également entonnés par ordre; voici d'ailleurs le texte d'une lettre du Commissaire du Directoire exécutif près le département, adressée en date du 19 germinal an IV, aux directeurs des théâtres *Brutus* et *Républicain*, qui en témoigne :

« Je vous adresse, citoyens directeurs, conformément aux « intentions du Ministre de la police générale, un exemplaire « d'une chanson patriotique dont la musique et les expres- « sions sont faites pour réveiller, dans les cœurs de tous les « Français, la haine des rois et du joug anglais, le senti- « ment de l'honneur militaire, l'espérance du calme heureux « qui doit suivre nos tempêtes politiques.

« Les paroles, si l'on en excepte quelques légers change- « ments, sont déjà connues ; mais l'amour de la patrie leur « prêtera le charme de la nouveauté.

« Je vous invite à la faire chanter tous les jours sur le théâ- tre que vous dirigez et à m'en accuser réception » [2].

La mise en scène n'est pas oubliée et il n'est pas rare, pendant la Révolution, de voir figurer sur la scène le sinistre appareil qui prit le nom de Guillotin, membre de l'Assemblée Constituante.

Pendant l'état de siège, la censure s'exerce également d'une façon impérieuse. Les pièces doivent, avant d'être jouées, recevoir l'approbation du chef militaire commandant la place. Il examine si elles peuvent être représentées, après s'être assuré toutefois de l'influence du sujet sur les spectateurs.

------

[1] Archives des Bouches-du-Rhône. Fonds révolutionnaire.

[2] Registre de correspondance du Commissaire du Directoire exécutif. Reg. n° 1. (Arch. des B.-du-Rh.).

Une lettre du commandant Gons, adressée d'Aix, le 8 pluviôse an V, aux administrateurs du département, va nous édifier sur ce point :

« Nous sommes encore trop près de la chute du Tyran,
« dit-il, et trop de crimes ont suivi cette époque pour qu'un
« auteur puisse faire, sans dangers, le rapprochement de l'an-
« cien régime au régime actuel et amener des conclusions
« défavorables à ce dernier. La représentation de pareilles
« pièces doit être sévèrement défendue ; le prestige du spec-
« tacle a trop d'ascendant sur une multitude souvent illettrée,
« souvent mal intentionnée.

« Peindre la vertu aimable, intéressante et le vice hideux :
« voilà le but de la comédie !

« Aucune pièce n'est jouée sans un examen sévère de ma
« part, et une force armée imposante est toujours dans la salle
« de spectacles, pour assurer la tranquillité. »

A propos d'une pièce intitulée *La pauvre femme*, qui a un grand retentissement et qui est soumise à la censure du commandant Gons, ce dernier écrit :

« Les personnes malveillantes, dont la commune n'est pas
« entièrement purgée, affectent de répandre des bruits alar-
« mants, afin d'empêcher les citoyens paisibles de se rendre
« au spectacle, prétextant que la pièce étant royaliste, les
« spectateurs le seraient également et qu'à la sortie le sang
« des patriotes ruissellerait dans les rues.

« Ces sortes de pièces, dit-il en terminant, sont précisément
« de celles dont le Directoire semble ordonner la représenta-
« tion périodique. L'échafaud, sur lequel le tyran et les trium-
« virs ont péri, effraie le méchant et le conspirateur qui vou-
« draient essayer la même domination » [1].

Archives des B.-du-Rh. Fonds du département. Série L. Liasse T. 134.

Les conclusions qu'on peut tirer de la combinaison des quelques documents que nous avons analysés dans cette étude apparaissent si vite et si nettement, qu'il serait presque inutile d'en faire même une simple énumération. En effet, il suffit du plus simple examen pour se rendre compte que si, pendant cette période, le gouvernement a mis tout en œuvre pour remonter le moral des auteurs, des artistes, et surtout des spectateurs, c'est uniquement dans le but de servir ses desseins politiques ; de combiner — comme l'a si bien dit la Commission de l'Instruction publique — l'influence sociale des spectacles avec les principes du gouvernement.

Cette façon d'art persécuté est, à notre avis, la cause qui influença fâcheusement l'art dramatique en France, pendant la Révolution.

Ce joug, annihilant, en quelque sorte, la liberté de penser, est le fléau du théâtre à cette époque : il tue l'initiative et arrête le talent en plein essor.

La postérité devait à l'art théâtral une revanche ; celle-ci, durant le XIXe siècle, a été belle et complète, car, aujourd'hui, le génie peut se manifester sans entrave.

Paul MOULIN.

XXXIV

Un Rétable disparu de l'église de Saint-Maximin

par M. Maurice RAIMBAULT,

Cabiscol de l'Escolo de la Mar, Président de la Section,

Sous-archiviste des Bouches-du-Rhône.

Les Archives de la ville d'Aix contiennent dans la série II une quarantaine de volumes de minutes notariales dans l'un desquels j'ai relevé deux actes relatifs à un rétable, aujourd'hui disparu, de l'église de Saint-Maximin.

L'existence de cette œuvre d'art est connue : on trouve notamment dans la *Notice sur l'église de Saint-Maximin*, par L. Rostan [1] : « M. de Peynier avait fait faire le rétable et la grille de cette chapelle en 1528, elle fut démolie en 1651 lorsqu'on refit l'escalier de la crypte », mais on n'avait jusqu'ici aucune indication ni sur son auteur, ni sur sa composition, et c'est cette double lacune que permettent de combler les documents que je crois intéressant de signaler au Congrès.

L'auteur est un peintre établi à Brignoles, mais qui n'en était pas originaire, car il est qualifié *habitator ville Brinonie* et non simplement *de Brinonia*. Il se nommait Marc de Furno et M. Mireur a relevé, dans diverses archives du Var, des mentions relatives à cet artiste ainsi qu'à plusieurs de ses œuvres,

---

[1] 3ᵉ Édition, Brignoles, imp. Brunet-Chabert, 1886, p. 117, n. 1.

dont aucune n'a survécu ou peut-être n'a été identifiée jusqu'ici [1]. Je serais assez porté à le croire vénitien, d'après son
prénom de Marc et diverses graphies italiennes comme *roca*
écrit *rocha*, *colour* écrit *colur*, ainsi que d'après l'emploi abondant — peut-être même trop abondant — de l'or et de la laque
fine [2], qu'il proposait à son client et qui devait rappeler assez les
peintures byzantines dont l'influence a été si marquée sur l'art
vénitien. N'est-ce pas le vénitien Antoine Ronzen qui avait
exécuté le rétable de Samblançay qui, aujourd'hui encore, est
une des perles de l'église de Saint-Maximin ?

La description de l'œuvre à exécuter est sûrement le texte
même du peintre, transcrit tel quel par le notaire [3]. Elle est rédigée en une langue rappelant le *sabir*, où le français, le provençal et l'italien voisinent, parfois au détriment de la clarté.
On peut cependant se faire une idée assez exacte de l'ensemble

---

[1] Marc de Furno avait peint : un rétable pour les Augustins de Barjols
(25 mai 1530, Arch. du Var, E 921, 2ᵉ partie, fᵒ 155 vᵒ) ; « ung chapel de
triomphe... al davant de l'ostal de la villa » de Brignoles (1532, Arch. de
Brignoles, série CC, compte de Guil. Lermi, fᵒ 76 vᵒ) ; et enfin avait exécuté divers travaux de peinture au palais de cette ville (Ib., compte d'Ant.
Fabre, fᵒ 118). Il n'est mentionné dans aucun des ouvrages publiés sur
l'église de Saint-Maximin, par Rostand, Albanès ou Fernand Cortez. J'adresse
ici tous mes remercîments à M. Mireur pour les précieux renseignements
qu'il a bien voulu m'adresser à ce sujet avec sa complaisance habituelle.

[2] « La laque fine a conservé son nom de Venise d'où elle fut d'abord
apportée ; mais on la fait aussi bien à Paris ; nous n'avons pas besoin
d'y recourir. Elle est composée d'os de sèche pulvérisés que l'on colore
avec une teinture de cochenille mestèque, de bois de Brésil de Pernam-
bouc bouillis dans une lessive d'alun d'Angleterre calciné, d'arsenic, de
natrum ou soude blanche ou soude d'Alicante, que l'on réduit en forme
de trochisques » (GRANDE ENCYCLOPÉDIE, vᵒ *Laque*).

[3] Cette façon de procéder était dans les habitudes des tabellions. C'est
ainsi que j'ai pu donner à M. Labande, avec le texte latin du testament de
l'auteur du *Petit Jehan de Saintré*, l'original provençal qui y était resté
joint.

pour pouvoir reconnaître ce rétable au cas où, ayant échappé à la destruction, on le rencontrerait aujourd'hui, soit dans une église, soit dans un musée, soit dans une collection particulière. La présence des armes de la famille de Matheron : *d'azur à une voile en poupe, d'argent, attachée à une antenne posée en fasce, d'or, liée de gueules, et accompagnée en pointe de trois rochers d'or sur une mer de pourpe,* la présence des armes de la famille de Matheron, dis-je, lèverait tous les doutes sur son identité.

Guillaume de Matheron, petit-fils du célèbre chancelier du roi René et fils de René [1], à qui le bon roi avait servi de parrain, s'était fait concéder, en 1523, par le couvent de Saint-Maximin, une chapelle et c'est pour la décoration de celle-ci qu'il avait commandé au peintre de Furno et au fustier Pierre Disp l'ouvrage sur la disparition duquel j'ai l'honneur d'appeler votre attention.

PIÈCES JUSTIFICATIVES

I

Prefachium pro nobili et generoso viro Guilhelmo Matharoni, filio nobilis et generosi Renati Matharoni, majoris domini de Podionerio.

Anno quo supra [incarnationis Domini millesimo quingente-

---

[1] « *Pro nobili Guilhermo Matharoni, de Aquis, filio nobilis Renati Matharoni, domino de Podio nerio, datio unius capelle in ecclesia Sancti. Maximini per priorem et fratres conventus sibi concesse ad illam reparandam et fundandam* ». 23 juillet 1523 (Arch. des Bouches-du-Rhône, B, 27, f⁰ 288 v⁰). Ce Guillaume de Matheron a laissé peu de traces dans l'histoire. Il fit, le 21 octobre 1541, le dénombrement de sa terre de Peynier (Ib., B, 790, f⁰ 26), et fut premier consul d'Aix en 1530, 1539 et 1547, mais on voit qu'antérieurement son principal titre, aux yeux des maîtres rationaux et des notaires, était d'être le fils de son père et qu'ils n'oubliaient pas de le lui donner dans leurs écritures.

simo vicesimo octavo][1] et die decima mensis martii. Notum sit
etc... Quod discretus vir Marcus de Furno, pictor et habitator
ville Brinonie, Aquensis diocesis, cepit ad prefachium sive ad
construendum et depingendum nobili et generoso scutiffero
Guilhelmo Matharoni, filio nobilis Renati Matharoni, domini
de Podionerio, quodam retabulum sive retaule[2] nucis sive de
noyero talhat altitudinis duodecim et largitudinis octo palmo-
rum etiam modis et formis ac cum et sub pactis et conventio-
nibus infrascriptis :

Primo, de peindre et stoffer una ystoyra de la Maria Mag-
dalena et de Sanct Maysemin, d'or brun, sa casubla ossi d'or
brun aveques un drap d'or dessus et la Maria-Magdalena toute
daurée d'or fin lo plus riche que se porra ferre.

Item, derrier la dicta ystoyra, le founs dudit retable sera tout
d'or fin brun tiré d'un drap d'or, dessus, de laca hou de vert.

Item, l'escabella dudit retable, s'est asavoyr las ystorias que
sum de dins la dicta scabella, seront stoffées toutes d'or bruni
et glassées de laca fina et fines colurs tout ansins que s'aper-
tient.

Item, les pilhiés dudit retable seront tous dorés d'or fin bruni
et empli, le fons, de fina laca.

Item, l'arquitrant dessus ledict retable sera tout d'asur de
dessus, dedans l'arquitrant, la frisa, le fons d'asur fin.

Item, la rocha que est dessus l'arquitrant sera toute dorée,
humbrée de colurs ansins qu'il apartient de fère.

---

[1] La note rappelée ci-dessus de L. Rostan porte une erreur de date d'un
an, faute d'avoir tenu compte du style de l'Incarnation qui reporte le 10 mars
1528 à 1529, nouveau style.

[2] Je signale au passage ce terme technique provençal de *retaule* resté
ignoré de Mistral et du P. Xavier qui ne l'ont pas fait figurer dans leurs
dictionnaires.

Item, la Maria-Magdalena que est cochée dedans la bauma sera tota daurée d'or bruni, le mantau d'or bruni.

Item, les dous angels que sont au bot de la bauma que portent leurs armes chascun, seront dorés et stoffés ansins qu'il s'apartient.

Item, ung crusifis stoffée ansins qu'il apartient, ossi riche que sera posible, au mitan du retable.

Item, una filatura la hont seront les armes dudit noble Matharon.

Item, quod dictus magister Marcus.

Prefachio vero et nomine prefachii scutorum auri cugni solis viginti quattuor solvendorum per hunc modum videlicet, nunc incontinenti scutos auri cugni solis decem quos habuit manualiter et recepit dictus magister Marcus de Furno ab eodem nobili Matharoni, in sex scutis auri cugni solis, testonis et solidis turonensium, in mei notarii publici et testium subscriptorum presentia, precedenti numeratione continua realique et perfecta. De quibus ipsum nobilem Matharoni et suos quictavit cum pacto *etc*... Et restantes scutos auri cugni solis quattuordecim in fine dicti operis.

In pace *etc*... Has autem *etc*... Sub emenda *etc*... De quibus *etc*... Obligantes dictus nobilis Matharoni omnia ejus bona mobilia et inmobilia, presentia et futura realiter ; tamen dictus vero magister Marcus se ipsum *etc*... Omnia ejus bona, res et jura quecumque mobilia et in mobilia, presentia et futura, realiter et personaliter, Curie Camere regie rationum Aquensi et aliis *etc*... Renunciantes *etc*... Jurantes *etc*... De quibus *etc*...

Actum Aquis, in appotheca domus nobilis Honorate Delphine. Et magistri Guilhelmus Tornoys pelliparius, et Guillelmus Marini, sartor, habitatores Aquensium.

(ARCHIVES DE LA VILLE D'AIX, protocole de M⁰ Gillet Bertrand, II 28, f⁰ 186.)

II

Quictantia pro nobili et generoso viro Guilhelmo Matharoni, filio nobilis et generosi Renati Matharoni, majoris domini Castri de Podionerio.

Anno et die premissis, notum sit *etc...* Quod discretus vir magister Petrus Disp, muniserius et habitator ville Sancti Maximini, Aquensis diocesis, bona ejus fide gratis *etc.*, per se et suos heredes *etc.* confessus fuit habuisse et recepisse a nobili viro Guilhelmo Matharoni, filio nobilis et generosi Renati Matharoni, majoris domini castri de Podionerio, presenti *etc...* et in diminutione scutorum decem et octo in quibus idem nobilis Matharoni eidem magistro Disp tenetur pretextu et occasione constructionis cujusdam retabuli nucis, videlicet scutos auri cugni solis quindecim currentes *etc.*, quos habuit et recepit, ut dixit, in testonis et solidis turonensium, de quibus tenens et reputans se idem magister Petrus ab eodem nobili Matharoni tacitum et contentum, ipsum nobilem Matharoni et suos ac omnia bona sua, res et jura quecunque mobilia et inmobilia, presentia et futura quictavit et quictat cum pacto de nil ulterius petendo.

Hanc autem *etc...* Sub emenda *etc...* De quibus *etc...* Obligans omnia ejus bona, res et jura quecunque, mobilia et inmobilia, presentia et futura realiter tamen Curie Camere regie rationum Aquensium et aliis *etc...* Renuncians *etc...* Jurantes *etc...* De quibus *etc...*

Actum Aquis ubi supra et qui supra.

(IB., f° 188.)

XXXV

ÉTYMOLOGIE PROVENÇALE
MAR SARNEIO

par M. **Édouard AUDE**, Membre de l'Académie d'Aix,

Secrétaire-Archiviste de la Société d'Études Provençales,
Conservateur de la Bibliothèque Méjanes.

L'expression *Mar Sarnèio* pour désigner la Méditerranée se trouve consignée dans le *Nouveau Dictionnaire provençal français* de Garcin, à l'article : *Mar.*

MAR. — La Mer... *Mar Sarnèio :* Mer Méditerranée ou mer intérieure.

On la trouve également dans le *Trésor du Félibrige* de Mistral.

SARNÈIO, adj. La *mar Sarnèio,* mer Méditerranée, selon le dictionnaire provençal d'E. Garcin.

Et Mistral ajoute, sous une forme très dubitative : « Serait-ce une corruption du français *cernée ?* »

Mistral a raison de se montrer circonspect. La mer Méditerranée, considérée dans son ensemble, n'a jamais eu de nom vraiment populaire, pas plus en Provence que dans les autres pays qu'elle baigne. Les populations maritimes se sont toujours bornées à leur horizon particulier et ont donné à l'étendue

d'eau qu'elles avaient sous les yeux le nom de la région corres-
pondante. Généraliser fut l'affaire des géographes. La mer
Méditerranée se compose, en réalité, d'une multitude de *mers*
se rattachant toutes à un nom de terre, partie du continent ou
île : *Mare Ibericum, Balearicum, Gallicum, Ligusticum, Thyr-
renum, Sardoum,* etc., etc. [1]. Actuellement il en est de même et,
notamment en Provence on dit : la *mar dóu Martègue, de Marsiho, de Touloun,* c'est-à-dire *les eaux* du Martigue, de Marseille, de Toulon.

Je suppose que si Garcin, qui vivait dans le Var, à Draagui-
gnan, et ne s'est guère occupé que du dialecte de son département, a entendu parler de la *mar Sarnèio,* ce fut par des
pêcheurs de Saint-Raphaël ou de Saint-Tropez dont il était
tout proche. Il est donc naturel de chercher dans ces parages
le nom d'une terre d'où l'on puisse tirer l'étymologie. Or, les
eaux de la Corse, pour les marins provençaux, commencent au
large des îles d'Hyères et peut-être faut-il voir dans *mar
Sarnèio, mare Cyrnœum,* la mer de Cyrnos. Le nom grec de
l'île se serait ainsi conservé dans une appellation maritime. La
plupart des vocables helléniques existant encore en Provençal
sont, du reste, relatifs à la navigation ou à la pêche ; noms de
filets, d'engins, d'agrès, de barques, de poissons. D'autre part,
le nom de Cyrnos n'a jamais été oublié. Il fut souvent employé par les poètes, depuis Virgile :

> *Fugiant Cyrneos examina tua taxos*

jusqu'à Carducci :

> *... la cirneia prole.*

Il est encore populaire dans l'île. *Mare Cirnèio* est donc

---

[1] Voir sur ce point : *Tabulæ in Claudii Ptolemæi geographiam.*
Paris, Didot, 1901. *(Collection Didot.)*

possible et nous amènerait directement à *mar Sarnèio*. — (N'oublions pas que, dans le Var surtout, on dit couramment *marvèio* pour *mervèio*).

On pourrait être tenté aussi de rapprocher *Sarnèio* de *Sardinia*. La mer de Sardaigne occupe pour les marins tout l'espace entre l'île du même nom et les Baléares ; mais il y a des impossibilités phonétiques à admettre cette étymologie.

La conjecture que j'avance ne serait une certitude que si l'on pouvait retrouver un texte où il soit question de la *mar Sarnèio* et que s'il était établi que ce terme est encore employé par les marins corses ou provençaux. Le dictionnaire de Garcin date de 1823 ; peut-être depuis cette époque le mot s'est-il perdu. Il y aurait là une petite recherche à faire ; j'avoue n'avoir pu l'entreprendre. Comme tous les auteurs de cette époque Garcin n'indique pas ses sources, mais on sait qu'il était très scrupuleux et très attentif. Il se trompe rarement et n'était pas capable d'inventer.

Il est assez plausible de croire que Garcin a recueilli ce terme de la bouche d'un vieux pêcheur des calanques de l'Esterel, lequel, comme on le sait, géologiquement se rattache à la Corse qu'on peut apercevoir de là par les temps clairs. *Mar Sarnèio* ne serait pas le nom provençal de la Méditerranée, mais simplement le nom de cette partie de la Méditerranée qui s'étend de Saint-Raphaël à Calvi.

E. Aude.

XXXVI

ÉTYMOLOGIE ET ORIGINE

de **roca, rocha, roche**

Par **F.-N. NICOLLET**, professeur au Lycée Mignet,

Trésorier de la Société d'Études Provençales,

Secrétaire général du Congrès.

Le nom féminin *roca*, que les Félibres écrivent *roco*, se trouve, avec quelques variations de formes, dans la langue populaire, non seulement de la région provençale, mais encore de tout le pays qui s'étend des Alpes à l'Atlantique [1]. Dans la haute Provence, l'Auvergne et le Limousin, le *c* est remplacé par *ch* que les uns prononcent *ts*, les autres *tch ;* l'Auvergne et le Limousin ont, de plus, assourdi l'*o* en *ou* et développé

---

[1] F. MISTRAL : *Lou tresor dóu felibrige ou dictionnaire provençal-français embrassant tous les dialectes de la langue d'Oc moderne ;* Aix-en-Provence, J. Remondet-Aubin. — L. BOUCOIRAN : *Dictionnaire analogique et étymologique des idiomes méridionaux qui sont parlés depuis Nice jusqu'à Bayonne et depuis les Pyrénées jusqu'au centre de la France ;* Nîmes, Baldy-Riffard, 1875. — G. AZAÏS : *Dictionnaire des idiomes romans du midi de la France comprenant les dialectes du haut et bas Languedoc, de la Provence, de la Gascogne, du Béarn, du Quercy, du Rouergue, du Limousin, du bas Limousin, du Dauphiné ;* Paris, Maisonneuve, MDCCCLXXVII. — S.-J. HONNORAT : *Dictionnaire provençal-*

après lui un son parasite *e* qui en constitue une sorte d'allongement *rocha, rocho, rouecho*. Dans la Gascogne, le Béarnais et le Basque, il s'est développé un *a* devant le *r* initial *(arroco, arroque, arroca)*, conformément à une loi phonétique générale de cette région qui n'admet pas le *r* au commencement des mots [1].

La forme masculine *roc*, que les Félibres provençaux écrivent *rò*, est usitée aussi, mais beaucoup moins ; on lui préfère généralement l'augmentatif *rocas, roucas, rouchas*. D'ailleurs *roc* subit, suivant les régions, des modifications analogues à

français ou dictionnaire de la langue d'Oc ancienne et moderne, suivi d'un vocabulaire français-provençal ; Digne, Repos, 1846. — Abbé J. PELLEGRINI : *Premier essai d'un dictionnaire niçois-français-italien ;* Nice, Robaudi, 1894. — James BRUYN-ANDREWS : *Vocabulaire français-mentonnais ;* Nice, imp. Niçoise, 1877. — J.-A. CHABRAND et A. DE ROCHAS D'AIGLUN : *Patois des Alpes-Cottiennes (Briançonnais et vallées vaudoises) et en particulier du Queyras ;* Grenoble, Maisonville, 1877. — *Dictionnaire de la Provence et du Comtat-Venaissin* par une Société de gens de lettres ; Marseille, J. Mossy, MDCCLXXXV. — Abbé VAYSSIER : *Dictionnaire patois-français du département dè l'Aveyron ;* Rodez, E. Carrère, 1879. — Abbé GARY : *Dictionnaire patois-français à l'usage du département du Tarn ;* Castres, Pujol, 1845. — J. COUZINIE : *Dictionnaire patois-français ;* Castres, C. Thomas, 1847. — J.-A. VIALLE : *Dictionnaire du patois du Bas-Limousin (Corrèze) et plus particulièrement des environs de Tulle ;* Tulle, Drappeau. — CÉNAC-MONCAUT : *Dictionnaire gascon-français, dialecte du département du Gers ;* Paris, Dideron, MDCCCLXIII. — Ach. LUCHAIRE : *Recueil de textes de l'ancien d'alecte gascon, d'après des documents antérieurs au XVe siècle, suivi d'un glossaire ;* Paris, Maisonneuve, 1881. — V. LESPY : *Grammaire béarnaise suivie d'un vocabulaire français-béarnais ;* Pau, Veronese, 1858. — M.-H.-L. FABRE : *Dictionnaire français-basque ;* Bayonne, F. Cazals, 1870. — L. PIAT : *Dictionnaire français-occitanien donnant l'équivalent des mots français dans tous les dialectes de langue d'Oc moderne ;* Montpellier, Hermelin, 1894.

[1] A. LUCHAIRE : *De lingua aquitanica ;* Paris, Hachette, 1877 ; — *Etudes sur les idiomes pyrénéens de la région française ;* Paris, Maisonneuve, 1879. — G.-W.-J. VAN EYS : *Grammaire comparée des dialectes basques ;* Paris, Maisonneuve, 1879.

celles de *roca* : dans le Rouergue, il devient *rouoc ;* dans la Gascogne, *arroc.*

Ces noms ont pour synonymes, dans la région pyrénéenne, le mot *pena*, *peno*, et, en particulier dans les dialectes basques, *peña*, *arkadia*, *gherinda*. Ailleurs, ils n'ont pas de synonymes à proprement parler ; car *truc, clap, cair, quer* désignent de « grosses pierres », des « blocs de rocher », mais ne sont pas synonymes de *roc, roca.* Toutefois, dans les Hautes-Alpes, on emploie le mot *bric, brec* (ou, avec nasalisation, *brinc, brenc*) dans un sens très voisin de *roc.* Il en est de même, dans le Dauphiné, le Vivarais et le Rouergue, des formes *ronc, renc, ranc,* qui ne sont peut-être qu'une nasalisation de *roc* avec altération de la voyelle.

Très vivants et très usités, *roca, roc* ont formé, dans la langue du midi de la France, un grand nombre de dérivés. Mistral en donne une cinquantaine. Ils ont formé aussi des composés, soit avec d'autres mots, soit avec les préfixes *a, de* ou *des, en.* Ils étaient très usités déjà dans la langue des troubadours, et ils avaient, dès lors, plusieurs dérivés et composés [1].

A *roca, roc* correspondent exactement en français, soit pour le sens, soit pour la forme, les substantifs *roche, roc.* Mais là cette famille de mots s'est beaucoup moins développée. Outre *roc, roche* et *rocher,* auxquels elle attribue la même signification, avec cette différence que la *roche* entre moins dans la terre que le *roc* et que le *rocher* est ordinairement très élevé, l'Académie ne connaît que l'adjectif *rocheux* et le substantif *rocaille,* avec ses dérivés *rocailleur* et *rocailleux* [2]. Toutefois des lexicographes de très grande autorité admettent aussi les

---

[1] RAYNOUARD : *Lexique roman ou dictionnaire des troubadours ;* Paris, Silvestre, 1843.

[2] *Dictionnaire de l'Académie française ;* septième édition ; Paris, Firmin-Didot, 1878.

composés *déroquer, dérocher, dérochage* et *enrocher, enroche-ment* [1].

Dans l'ancien français, on trouve une dizaine de formes dé-rivées de *roc, roche,* que la langue littéraire n'a pas adoptées : telles sont *rochal* ou *rocal, rochel, rochelle, rocherie, roche-rei* ou *rocheroi, rochet, rochette, rocheter* ou *roqueter,* etc. Il est à noter aussi que le mot *roche* ou *roque* s'est employé dans le sens de « château fort, citadelle », dans celui de « motte de terre qui se forme en labourant », et dans celui de « carrière de pierres ». Du reste, ces formes et ces significations parais-sent avoir été propres à certaines régions qui les ont conservées jusqu'à nos jours [2].

C'est que les patois du centre et du nord ont, en général, aussi bien que ceux du midi, les mots *roc, roche,* ou des for-mes correspondantes [3]. Si, pour quelques régions, les glossaires ne les donnent pas, c'est apparemment qu'on les a considérées comme des mots français et par conséquent dépourvues d'in-térêt au point de vue dialectal [4].

---

[1] E. LITTRÉ : *Dictionnaire de la langue française;* Paris, Hachette, 1881. — Ad. HATZFELD et Ars. DARMSTETER (avec le concours de M. Ant. THOMAS) ; *Dictionnaire général de la langue française du commence-ment du XVIIe siècle jusqu'à nos jours ;* Paris, Delagrave.

[2] Fréd. GODEFROY : *Dictionnaire de l'ancienne langue française et de tous ses dialectes du IXe au XVe siècle;* Paris, E. Bouillon, 1892.

[3] Comte JAUBERT : *Glossaire du centre de la France ;* Paris, N. Chaix. — E. DE CHAMBURE : *Glossaire du Morvan ;* Paris, Champion, 1878. — Ch. JORET : *Essai sur le patois normand de Bessin;* Paris, Vieweg, 1881. — OBERLIN : *Essai sur le patois lorrain des environs du comté du ban de la Roche;* Strasbourg, Jean-Fréd. Stein, 1775. — Grég. ROSTRENEN : *Dic-tionnaire français-celtique ou français-breton ;* Rennes, J. Vatar, MDCCXXXII. — J. LOTH : *Dictionnaire breton-français du dialecte de Vannes de Pierre de Châlons;* Rennes, Plihon et Hervé, 1895.

[4] J.-B. ONOFRIO : *Essai d'un glossaire des patois du Lyonnais, Forez et Beaujolais;* Lyon, N. Scheuring, 1864. — L. FAVRE : *Glossaire du Poi-tou, de la Saintonge et de l'Aunis;* Niort, Robin et L. Favre, 1867.

Un témoignage certain de la diffusion relative de cette famille de mots, dans les différentes régions de la France, ce sont les noms géographiques qui lui sont empruntés. Tous les départements n'ayant pas encore de dictionnaire topographique, on ne peut établir un compte exact de ces noms, mais on peut s'en faire une idée d'après des ouvrages généraux. Les régions où ces noms sont le plus répandus sont celle du sud-est, entre le Rhône et les Alpes (10 départements), où l'on en cite 212 dont 50 communes ; celle du Plateau Central (10 départements), 194 dont 58 communes ; celle du Languedoc (8 départements), 157 dont 51 communes ; celle de la Charente et de la Loire (11 départements), 135 dont 74 communes ; et celle du Nivernais jusqu'au Jura (10 départements), 127 dont 41 communes. Les régions où ils le sont moins sont, par ordre décroissant, celle de la Bretagne et du Maine (6 départements), où on en cite 88 dont 32 communes ; celle de la Normandie, de l'Ile-de-France et de la Champagne (13 départements), 75 dont 42 communes ; celle du sud-ouest, des Pyrénées et de la Garonne (10 départements), 65 dont 48 communes ; et celle du nord et du nord-est, depuis la Manche et la mer du Nord jusqu'au Rhin (6 départements), 21 lieux dont 14 communes [1].

Si nous sortons maintenant du territoire français, nous trouvons l'équivalent de *roc, roca*, en Italie, en Suisse, en Espagne, en Portugal, en Angleterre et dans les Pays-Bas.

L'italien a deux formes *roccia* et *rocca* ; celle-ci, aujourd'hui, ne s'emploie qu'au sens de « forteresse, citadelle » ; mais, au XIIIᵉ siècle, elle avait également celui de « roche ». Il a dû exister, à une époque lointaine, une forme masculine *(rocco)*,

---

[1] GINDRE DE MANCY : *Nouveau dictionnaire des communes de la France,* Paris, Garnier, 1885. — *Dictionnaire géographique et administratif de la France*, publié sous la direction de Paul Joanne ; Paris, Hachette, 1902.

d'où est venu le diminutif *rocchio* (d'un type *roculom*) qui se trouve déjà chez Dante. Il y a aussi quelques composés de *rocca* et de *roccia*. Mais *roccia* a un synonyme très usité, *rupe*. Les patois de la haute Italie n'ont pas ce mot, *rupe*, mais ils ont une forme correspondant à *roccia* ; dans la Ligurie, c'est *roka* ; dans le Piémont, *roca* et *roch* [1]. Le vénitien et les dialectes illyriens ne connaissent ni *roccia* ni *rupe* ; le vénitien emploie comme équivalent le mot *croda* [2].

La Suisse romande a aussi des formes correspondant au français *roc*, *roche*, et on cite, dans cette région, une soixantaine de noms de lieu qui en sont tirés [3].

L'espagnol a le nom féminin *roca*, avec une dizaine de dérivés ou composés ; il emploie comme synonyme de *roca* le mot *peña* qui a formé lui aussi à peu près autant de dérivés [4]. Le

---

[1] Rigutini e Fanfani : *Vocabolario italiano della lingua parlata* ; 18° migliaio ; G. Barbera, Firenze. — C. Ferrari et J. Caccia : *Grand dictionnaire français-italien et italien-français*, nouvelle édition revue et corrigée par Arthur Angeli ; Paris, Garnier. — Annibal Antonini : *Dictionnaire italien, latin et français*, et *Dictionnaire français, latin et italien*, 3ᵉ édition ; Venise, F. Pitteri, MDCCLII. — L.-J. Blanc : *Vocabelario dantesco o dizionario critico e ragionato della divina commedia di Dante Alighieri*, 2ᵃ edizione ; Firenze, G. Barbera, 1877. — Christ. Garnier : *Deux patois des Alpes-Maritimes* (idiomes de Bordighera et de Realdo) ; Paris. — M. Ponza : *Vocabolario piemontese-italiano* ; Torino, C. Schiepatto, 1846.

[2] Gius. Boerio : *Dizionario del dialetto Veneziano*, 3ᵃ édition ; Venezia, Giov. Cocchini, 1867. — Ardella Della Bella : *Dizionario italiano-latino-illirico* ; Ragusa, MDCCLXXXV.

[3] Ch. Knap, M. Borel et V. Attinger : *Dictionnaire géographique de la Suisse* ; Neufchâtel, Attinger, 1906. — Charles de Roche : *Les noms de lieu dans la vallée Moutier-Granval (Jura Bernois)*, étude toponymique ; Halle, Max Niedermeyer, 1906.

[4] F. Corona-Bustamente : *Diccionario español-frances* ; Paris, Hachette, 1901. — J. de Fonseca : *Dictionnaire français-espagnol et espagnol-français* ; Paris, Hachette, 1870. — C.-M. Gattel : *Dictionnaire fran-*

portugais a des formes exactement parallèles : *roca* ou *rocha*
avec son synonyme *penha* et leurs dérivés et composés [1]. Parmi
les dialectes de la péninsule, le catalan a non seulement les
formes qui se trouvent en espagnol, mais de plus le nom masculin *roc*; le dialecte de Galice n'a que *peña* et ses dérivés ; on
ne cite pas non plus *roca* dans celui de Valence [2].

L'anglais a le substantif *rock* (roc, roche, rocher) et quelques
dérivés. Le mot *rock* y a deux synonymes, *crag* et *cliff*. Parmi
les dialectes populaires du royaume, l'irlandais et le gaélique
ont aussi *roc*, mais les autres dialectes néo-celtiques ne l'ont
pas ; ils expriment l'idée de « rocher » par des formes dérivées
de *car* qui se trouvent également en irlandais et en gaélique [3].

Le néerlandais a le substantif *rots* (roc, roche, rocher), avec
quelques composés et dérivés. A côté de *rots*, il a le synonyme
klip [4]. Les autres langues germaniques, danois, islandais,
norvégien, suédois, ne connaissent pas le mot *roc*; elles expriment cette idée par des formes correspondant à l'anglais *cliff*

çais espagnol et espagnol-français ; Lyon, Bruyset, 1803. — *Tesoro de
las tres lengvas francesa italiana y española* ; Genève, Ph. Albert et
Al. Pernet, MDCIX.

[1] J.-I. Roquete : *Nouveau dictionnaire portugais-français* ; et J. da
Fonseca : *Diccionario francez-portuguez* ; Paris, Aillaud et Cⁱᵉ, 1875.

[2] Joaquin Esteve y J. Belvitges ; *Diccionario catalan-castillano-latino* ;
Barcelone, Tecla Pla, 1803. — J.-C. Piñol : *Diccionario gallego* ; Bar-
celona, Ramirez, 1876. — J.-P. Furster : *Breve vocabulario valensiano* ;
Valencia, G. Gimeno, 1827.

[3] Fleming et Tibbins : *Grand dictionnaire français-anglais et anglais-
français* ; Paris, Didot, 1857. — Walter W. Skeat : *An etymological dictio-
nary of the english language* ; Oxford, Clarendon press, MDCCCLXXXIV.

[4] Kramers' : *Nouveau dictionnaire de poche français-néerlandais et
néerlandais-français*, 8ᵉ édition ; Gouda, Van Gaor Zonen.

et au néerlándais *klip* [1]. Les mots de la famille *roc* ne se trouvent pas non plus en roumain [2].

En résumé, actuellement le domaine de cette famille de
mots comprend la France, une partie de la Suisse, l'Italie,
l'Espagne et le Portugal, l'Angleterre avec l'Irlande et l'Ecosse,
les Pays-Bas. En France, elle s'est particulièrement développée
dans le midi et plus spécialement dans le sud-est; elle n'y a
pas en général de synonyme, tandis qu'elle en a dans tous les
autres pays.

***

Les linguistes qui se sont occupés de l'origine de *roca* et de
ses équivalents ont émis, à ce sujet, des opinions fort diverses.

Il y en a qui le rapprochent du grec  (accus. ῥώγα), qui
signifie « fente, crevasse » [3].

D'autres le font venir d'un adjectif latin *rupeum* (fém. *rupeam*)
employé une fois au IVe siècle par S. Ambroise ou d'une forme
théorique **rupicum* (fém. **rupicam*) qui ne s'est trouvée jusqu'ici dans aucun texte [4].

---

[1] D. SANDERS : *Wörterbuch der deutschen Sprache*; Leipzig, O. Wi
gand, 1876. — Fried. KLUGE : *Etymologisches Wörterbuch der deutschen Sprache*; Strassburg, Trübner, 1872. — *Nouveau dictionnaire por-
tatif français-danois et danois-français*; Leipsic, O. Holtze, 1872. —
Fransk och svenskt handlexicon, et *Nytt svenskt och fransyskt handlexicon*; Stockholm, Hjerta, 1849.

[2] R. DE PONTBRIANT : *Dictionaru romano-francesu*; Bucuresci, Ad. Ul-
rich, 1862. — Th. CODRESCO : *Dictionaru franceso-romanu*; Iasii, Buc.
Romanu, 1859.

[3] F. MISTRAL : *Op. cit.*, au mot *roco*.

[4] Fried. DIEZ : *Etymologisches Wörterbuch der romanischen Spra-
chen*; Bonn, Ad. Marcus, 1853. — Aug. SCHELER : *Dictionnaire d'étymologie française d'après les résultats de la science moderne*; nouvelle
édition; Paris, Maisonneuve, 1873. — Aug. BRACHET : *Dictionnaire étymologique de la langue française*; 10e édition; Paris, Hetzel. — Franc. ZAM-
BALDI : *Vocabolario etimologico italiano*; Città di Castello, I. Lapi, 1889.

Quelques-uns, s'appuyant sur ce que *roc* se trouve en irlandais et en gaélique, et que le bas-breton *roc'h* se prononce avec le *ch* guttural, le croient d'origine celtique [1].

Enfin, une quatrième opinion se borne à le rattacher au latin populaire *roccam*, mascul. *roccum*, d'origine inconnue [2].

L'origine grecque est peu satisfaisante, au point de vue de la forme et du sens. En effet, on aurait dû avoir *roga, roia, roge*, si le mot vient de l'accusatif ῥώγα ; ou *rois*, s'il vient du nominatif ῥώξ. D'autre part, le sens de « crevasse, fente » est tout l'opposé de celui de *roca, roche* qui désigne une « élévation, proéminence ».

L'origine latine l'est encore moins. Sans compter ce qu'il y a de fantaisie à forger, pour le besoin de la cause, un mot latin qui ne se trouve dans aucun texte, on a remarqué depuis longtemps que « les formes normande, italienne et provençale rendent inadmissible l'étymologie de *'rupea* », et quant à celle de *'rupica*, « les lois de la phonétique ne permettent pas une pareille dérivation » [3]. Il est évident que le normand *roque*, le français *roche*, le provençal et le portugais *roca, rocha*, l'espagnol *roca*, l'italien *rocca* et *roccia* viennent tous d'une forme primitive *roca* ou *rocca* dont le *c* a persisté ou est devenu *ch* suivant les régions, tout comme le normand *vaque*, le français *vache*, le provençal *vaca* et *vacha*, l'espagnol *vaca*, le portugais et l'italien *vacca* sont venus du latin *vacca*.

Quant à l'origine celtique, on a fait remarquer que le breton

---

[1] E. Littré : *Op. cit.*, au mot *roche*. — W. Skeat : *Op. cit.*, au mot *rock*. — Alf. Holder : *Alt celtischer Sprachschatz* ; Leipzig, Teubner, 1891-1906.

[2] Gustav Körting : *Lateinisch romanisches Wörterburch* ; Paderborn, Ferd. Schöningl, 1901 — Ad. Hatzfeld et Ars. Darmsteter : *Op. cit.*, au mot *roche*.

[3] Ch. Joret : *Op. cit.* — G. Körting : *Op. cit.*

roc'h et l'anglais *rock* peuvent venir du français *roc* et que l'irlandais et gaélique *roc* peut fort bien être emprunté à l'anglais [1].

L'opinion d'après laquelle toutes ces formes se rattachent au type bas-latin *rocca* est la plus raisonnable et la plus sûre. Elle a l'avantage de ne s'appuyer que sur des faits certains. Mais un point reste à éclaircir : quelle est l'origine et quel est le sens étymologique de ce bas-latin *rocca*? C'est à ces deux questions que nous allons essayer de répondre.

Le mot *rocca* est un de ceux que l'on rencontre le plus souvent dans les textes latins du moyen-âge, et cela depuis le viie siècle. Il a, le plus souvent, le sens de « roche, rocher » ; mais il signifie aussi « citadelle, forteresse ». Il est écrit tantôt *roca*, tantôt *rocca*, tantôt *rocha*, quelquefois *rocka* ou *roccha*[2].

En particulier pour ce qui concerne la région provençale, on trouve au xie siècle, non seulement la forme *roca*, ou quelquefois *rocca*, dans la basse Provence, et *rocha* dans la haute Provence[3], mais aussi la forme masculine *Rocos* ou *Roccos*, nom de lieu[4], le diminutif *rocketa* ou *rokitta* ou *rocheta*[5]; l'aug-

---

[1] V. Henry : *Lexique étymologique des termes les plus usuels du breton moderne* ; Rennes, J. Plihon et L. Hervé, 1900. — Walter-W. Skeat *Op. cit.*

[2] Du Cange : *Glossarium mediae et infimae latinitatis ;* Paris, F. Didot, 1845. — Alf. Holder : *Op. cit.*

[3] *Cartulaire de l'abbaye de Saint-Victor de Marseille*, pub. par Guérard ; Paris, Lahure, MDCCCLVII ; — n° 383, vers 1070 : In territorio de roca Barone... ; — n° 696, vers 1050 : Subtus ipsam roccam que vocatur mons Celeus... ; — n° 1067, février 1043 : Et abet consortes et terminos... rocam naturalem; — n° 718, vers 1035 : Posterula de Rocha Cardaonis et sicut rocha tenet... et alia roca... ; — n° 268, 1033 : De roca que nominant Tremolone; — n° 684, 1031 : Sicut via vadit in roca... ; — n° 714, 1030 : Usque in roca de Catia; — p. 636, E, 9 : Colonica super roca.

[4] *Ibid.* — N° 844, juin 1135 : Item... Novalas, Roccos, Oleyras, Porcils; — n° 843, juillet 1079 : Item... Novalas... Rocos, Oleiras, Porcils.

[5] *Ibid.* — N° 289, 1050 : A meridie sicut stat roketa de Bono ; — n° 115,

mentatif *Rochaka*, nom de lieu [1], et le dérivé *Rocaria*, nom de lieu [2].

On trouve aussi, du ve au xie siècle, des noms de personnes et de peuples qui sont évidemment dérivés de *rocca*, ou plutôt du masculin *roccos*, comme *Roccon* et *Ruccon*, noms d'hommes ; *Rocula*, nom de femme ; *Roclo*, nom d'homme, *Roccones* ou *Ruccones* ou *Runcones*, nom de peuple [3].

Pour la période du ier au ve siècle, on n'a, jusqu'ici, trouvé aucun texte contenant soit le mot *rocca* employé comme nom commun, soit ses dérivés. Mais les inscriptions ont fourni un grand nombre de noms de personnes qui le reproduisent ou s'y rattachent évidemment. On trouve comme nom d'homme les formes masculines *Rocus* [4], *Ruccus* avec son composé *Senoruccus* [5] et aussi *Rocca* [6], les diminutifs *Ruccon* [7] et *Roucillus* [8] ;

1046 : Sicut stat rokitta de Bono ; — n° 179, janvier 1040 : In loco que nuncupant a la rocheta super fluvium Rhodani.

[1] *Ibid.* — N° 696, 1050 : In castrum qui vocatur Rochaka in valle sancti Romani.

[2] *Ibid.* — N° 383, vers 1070 : … totum planum in Rocaria.

[3] Alf. Holder : *Op. cit.* — Notez que ce peuple habitait un pays montagneux : Roccones montibus arduis undique consaeptos per duces devicit.

[4] *Revue archéologique*, nouvelle série, 24, 1872, p. 58. — Alf. Holder : *Op. cit.* — CIL, i, 482.

[5] CIL, vii, *Inscript. Britanniae latinae*, 1334, 44. — *Ib.*, xiii, *Inscript· trium Galliarum et Germaniarum latinæ*, 685 : A. Acaunus Senorucci f. — Alf. Holder : *Op. cit.*

[6] CIL, xiii, 10002, 429. — Alf. Holder : *Op. cit.*

[7] CIL, iii, *Inscript. Orientis et Illyrici supplementum*, 11463.

[8] Cæsar, *De bello civili*, III, 59, 1 : Erant apud Cæsarem in equitum numero Allobroges duo fratres, Roucillus et Aecus, Adbucilli filii… : 79, 6 : Allobroges, Roucilli atque Aeci familiares, quos perfugisse ad Pompeium demonstravimus.

comme nom de femme, les formes féminines *Ruca*[1], *Rouca*[2], et les diminutifs *Rocula*[3], *Roccola*[4] et *Rocilla*[5].

De *Rocus* on avait tiré un gentilice dont la forme masculine se trouve écrite *Rocius*[6], *Roccius*[7], *Rucius*[8] et *Roucius*[9], et la forme féminine écrite *Rocia*[10] et *Roccia*[11].

De *Rocius* on avait formé le surnom *Rocianus*[12], comme *Valerianus* de *Valerius*.

Peut-être le nom des *Rucinates*, peuple des Alpes[13], doit-il être rattaché à la même famille de mots, ainsi que le Ῥουκό-νιον, contrée de la Dacie[14].

D'ailleurs que le même mot soit écrit tantôt avec *o*, tantôt avec *u*, tantôt avec *ou*, cela ne doit point nous étonner. Rien de plus fréquent. Comparez *Totius, Toutius ; Segusio,* Σεγούσιον ; *Litumaros, Litoumareos ; Troccus, Troucillus.*

---

[1] CIL, III, 10292.

[2] Alf. HOLDER : *Op. cit.*

[3] CIL., x, *Inscript. Brutiorum Lucaniae Campaniae Siciliae Sardiniae latinae*, 3382.

[4] *Revue archéologique*, 3ᵉ série, t. II, p. 325. — *Bulletin épigraphique*, t. III, p. 256. — Alf. HOLDER : *Op. cit.*

[5] CIL, VIII, *Inscript. Africae latinae*, 8360.

[6] CIL, v, *Inscript. Galliae Cisalpinae latinae*, 5870, 6079, 8125²³ ; VI, *Inscript. urbis Romae latinae*, 10243 ; XIII, 534 ; IV, *Inscript. parietariae Pompeianae*, 1243 ; VIII, 5093 ; I, *Inscript. latinae antiquissimae ad C. Caesaris mortem*, 947 ; x, 630 ; XIV, *Inscript. Latii Veteris latinae*, 1546, 1547.

[7] CIL, XII, *Inscript. Galliae Narbonensis latinae*, 1536 ; VIII, 6948.

[8] CIL., II, *Inscript. Hispaniae latinae*, 3654.

[9] CIL, XII, 3861.

[10] CIL, v, 5870 ; VI, 10243.

[11] CIL, VIII, 7689.

[12] CIL, II, 1324, 1749 ; v, 2069.

[13] PLINE, *Hist. nat.*, III, 137. — CIL, v. 7817³¹.

[14] PTOLÉMÉE, III, 8, 4.

Cocillus, Cuccillus [1], etc. Il est hors de doute que *rocca, roca, rouca, ruca* sont le même mot gravé de manière différente suivant les régions, les époques, les ouvriers.

Cela étant admis, on ne s'étonnera pas non plus que je rapproche *rocca* de la seconde partie du substantif latin *verrūca*, composé de *ver + rūca*. Pline (32 à 79 ap. J.-C.) emploie ce mot au sens de « verrue » et de « tache » d'une pierre précieuse [2] ; Horace (65 à 8 av. J.-C.) l'emploie au sens figuré de « léger défaut » et l'oppose à *tuber* qui était le mot propre en latin pour désigner une « excroissance » [3]. Mais Caton (234 à 149 av. J.-C.), dans un passage qui nous a été conservé par Aulu-Gelle et par Nonius Marcellus [4], emploie *verrūca* avec le sens de « lieu élevé, rocher proéminent ».

Or, quelques lexicographes considèrent *verrūca* comme emprunté par les Latins à la langue des Gaulois [5]. Mais, à l'époque où Caton emploie ce mot, et, à plus forte raison, à l'époque

---

[1] CIL, III, 5066, 8337 ; XIII, 4, 1691, 1979 ; VII, 1336[826] ; 1336[370] ; 1336[380] ; et *passim*.

[2] *Hist. nat.*, XX, 48, 4 : Ocimum verrucas misto atramento sutorio tollit ; — XXXVI, 8, 1 : Verrucæ sessiles ; — 74, 2 : Illud modo meminisse conveniat increscentibus varie maculis et verrucis linearumque interveniente multiplici ductu et colore, mutata sæpius nomina in eadem plerumque mutoria.

[3] Sat. I, 3, 74 : Qui, ne tuberibus propriis offendat amicum, Postulat ignoscet verrucis illius.

[4] *A. Gellii noctium Atticarum libri XX;* ex recensione Martini Hertz, editio minor altera ; Lipsiae, Teubneri, MDCCCLXXXV ; — III, 7, 6 : M. Cato *libris originum* de Q. Caedicio, tribuno militum, scriptum reliquit... « Censeo, inquit, si rem servare vis, faciundum ut quadringentos aliquos milites ad verrucam illam (sic enim Cato locum editum asperumque appellat) ire jubeas eamque ubi occupent imperes horterisque. — *Nonii Marcelli de Compendiosa Doctrina libri XX,* ed. Wallace M. Lindsay ; Lipsiæ, Teubneri, MCMIII, vol. I : Verrucam positum pro edito loco Cato *libris originum.* « Censeo, inquit », etc.

[5] E. CHATELAIN : *Dictionnaire latin-français ;* Paris, Hachette, 1889.

où se passait le fait qu'il raconte (en 258, sous le consulat d'A. Atilius Calatinus), c'est seulement avec les Gaulois cisalpins que les Romains étaient entrés en relation. Ils firent la conquête d'une partie de la vallée du Pô, à la suite de l'attaque des Boïens et des Gésates, en 225, qui se termina par la soumission des Boiens, en 224, des Insubres, en 223-222, et la fondation des colonies de Modène, Plaisance et Crémone, en 218. Ils ne pénétreront dans la Gaule transalpine que près de cent ans plus tard, lorsque, appelés au secours des Marseillais, ils en profiteront pour s'établir dans la Provence maritime (154-122 av. J.-C.)

C'est donc à la langue des habitants de la vallée du Pô, c'est-à-dire des Ligures, que les Romains purent emprunter ce mot et non à celle des Celtes qui habitaient la partie de la Gaule comprise entre la Garonne, la Seine et la Marne [1], et avec lesquels ils n'entrèrent guère en relations qu'après la conquête définitive de la Gaule par César (58 à 50 av. J.-C.).

Un détail important à noter et qui prouve que *verrūca* a réellement appartenu à la langue parlée par les anciens habitants de la Gaule cisalpine, c'est qu'il est encore usité aujourd'hui, sous la forme *brüga* [2], sur certains points de cette région, dans le val Cavargne, par exemple, avec le sens de « proéminence de rocher » ou « rocher proéminent ». Or, *brüga* est une transformation très régulière de *verruca*, comme *brugla*, employé à Plaisance, et *bruguel* à Bologne, dans le sens

---

[1] Cæsar, *De bello Gallico*, I, 1, 1-2 : Gallia est omnis divisa in partes tres, quarum unam incolunt Belgae, aliam Aquitani, tertiam qui ipsorum lingua Celtae, nostra Galli appellantur... Gallos ab Aquitanis Garumna flumen, a Belgis Matrona et Sequana dividit.

[2] B. Biondelli : *Saggio sui dialetti gallo-italici;* Milano, Bernardon di Gio, 1853 ; page 62 : *Brüga*, V[al] C[avargne], piccolo promontorio sopra un monte.

de « pustule », le sont de *verrucula* et d'un autre diminutif,
verrucellum, inusité en latin [1], et encore comme *baruga*,
barua (verrue) et *brouilloun* (pustule), usités dans le Gapençais, le sont de *verruca* et d'un diminutif *verruculonem*
inconnu du latin.

Si, d'autre part, nous considérons l'origine des inscriptions
que j'ai citées plus haut, nous voyons que, sur une trentaine,
il y en a un bon tiers qui proviennent de la région comprenant
la Gaule cisalpine et le revers occidental des Alpes jusqu'au
Rhône. Parmi les autres, quatre ont été trouvées dans le midi
de la Gaule transalpine, de Nîmes à Bordeaux, quatre sur divers points de l'Italie, trois en Espagne, trois dans la Numidie,
deux en Pannonie et Dacie, une à Bibracte, une à Reims et une
en Angleterre. En sorte que, d'après les données fournies par
l'épigraphie, c'est sur les deux revers des Alpes, ou autrement
dit dans la région ligure, que les noms de personne se rattachant à la même famille de mots que *roca* étaient le plus répandus. Il est, du reste, tout naturel que des personnes originaires de cette région aient séjourné ou même se soient établies
à demeure sur d'autres points de l'Italie ou de la Gaule ; un
fait certain, c'est que d'une part on a trouvé à Villeneuve-
d'Agen, la tombe d'un soldat appartenant à une cohorte d'Al-
pins [2], et, d'autre part, à Lectoure, non loin de là, est gravé sur
une pierre tombale, le gentilice *Rocius*. Pour les noms trouvés
dans des régions plus éloignées, la Pannonie et la Dacie, la
Numidie, l'Espagne, ce sont très probablement aussi ceux de
soldats originaires de la Cisalpine. En effet, les mêmes inscrip-

---

[1] *Id.*, *Ibid.*, p. 255 ; — *Brugla,* Piac[entino], bolla, pùstula ; — *Bruguel,*
Bol[ognese], pustula, bolla. — Ailleurs, ce mot a perdu la gutturale mé-
diale *g* et il s'est développé à sa place une labiale *f* : *Brufel,* Gen[erale] ;
— *Brùfolo,* Ver[onese], bolla, pùstula.

[2] CIL, xiii, 922 : Iul, Attonis, fil. | Icco. miles ex | cohor Alpinorum.

tions nous font connaître l'existence d'une *legio Gallica* en Pannonie-Dacie [1] et en Numidie [2], et d'une *cohors Gallorum* en Espagne, précisément dans la Bétique, où ont été trouvées ces inscriptions [3], et qui plus est un *pilum* est gravé sur le monument de *Valerius Rucius* [4]. Il me semble donc bien établi que le bas latin *roca* est emprunté à la langue des peuples qui habitaient le nord-ouest de l'Italie et le sud-est de la Gaule ; reste à chercher quelle a pu être sa signification étymologique et primitive.

En latin, l'équivalent de *rūcūs*, *rŭca*, au point de vue de la racine, est le mot *arcem*, nomin. *arx*. Dans *rucus*, la voyelle s'est fixée par l'écriture après *r*, tandis que dans *arcem* elle est avant, mais, si l'on élimine de *ruc-us* la désinence *us*, *a*, et de *arc-em* la désinence *em*, on trouve dans les deux une racine *r c*. Un phénomène absolument pareil s'est produit dans nombre de mots de la famille indo-européenne, notamment dans le latin *umbilicus*, le grec ὄμφαλος et le vieil irlandais *imbliu* qui, de l'avis de tous les étymologistes les plus compétents, sont l'équivalent de l'allemand *nabel* (vha. *nabalo*, ndl. *navel*, angs. *nafela*, ang. *navel*, nord. *nafle* goth. **nabala*, sansc. *nābhîla*, nombril), et viennent tous d'une racine *nbh* [5]. Or, le sens primitif de *arcem* est « hauteur, lieu élevé », qu'il a le plus souvent, même chez les auteurs de l'époque impériale [6] ;

---

[1] CIL, iii, 1215 et 126, 217, 1919, 12053, etc.

[2] CIL, viii, 217, 2627, 2904, 3049, 3113, 3157, 4310.

[3] CIL, ii, 403, 1127, 1180.

[4] CIL, ii, 3654.

[5] Leo Meyer : *Handbuch der griechischen Etymologie* ; Leipzig, Hirzel, 1901. — Walter W. Skeat : *Op. cit.* — Fried. Kluge : *Op. cit.*

[6] Virgile (70 à 19 av. J.-C.), *Georg*, II, 534 : Rerum facta est pulcherrima Roma septem quæ una sibi muro circumdedit arces. — Ovide (43 av. à 18 ap. J.-C.), *Metam.*, I, 467 : Umbrosa Parnassi constitit arce. — Silius

celui de « citadelle forteresse » est secondaire et lui est venu de
ce que les citadelles se construisaient toujours sur des hauteurs [1].

C'est à la même racine que se rattachent le galois *rhwg* qui
signifie « proéminence », le gaélique *rucas* et l'irlandais *rucas,
rocas*, fierté.

Il y a lieu de rapprocher aussi *rucus, ruca* de la racine sanscrite *ruh, roh* qui exprime l'idée de « s'élever, monter », et que
l'on trouve dans *róhas*, sommet, et avec une altération différente dans *rāçi*, monceau, meule [2].

On rattache généralement l'adjectif grec ἄκρος, ἄκρα, ἄκρον,
qui signifie « élevé, qui est au sommet ; citadelle » à la racine
ac exprimant l'idée de « pointe », et cette étymologie est très
vraisemblable [3]. Cependant ἄκρος pourrait être une métathèse
pour *ἀρκος, qui se rattacherait à la même racine que *arcem* [4].

Quoi qu'il en soit de ce dernier point, il me paraît suffisamment établi par le rapprochement du latin *arcem* [5] et du sanscrit *roh* que le sens primitif de cette racine R C était celui de
« proéminence, élévation, hauteur ». Comme, d'ailleurs, on
trouve et la forme masculine *rūcus* et la féminine *rūca*, on est

ITALICUS (25 à 100 ap. J.-C.), *Pun.*, V, 496 : Primus inexpertas adiit Tiryn-
thius arces (Les Alpes). — STACE (61 à 96 ap. J.-C.), *Theb.*, I, 114: Abrupta
qua plurimum arce Cithaeron occurit cœlo.

[1] M. BRÉAL et An. BAILLY : *Dictionnaire étymologique latin ;* Paris,
Hachette, 1886.

[2] A. BERGAIGNE : *Manuel pour étudier la langue sanscrite ;* Paris, Vieweg, 1884. — A. BERGAIGNE et V. HENRY : *Manuel pour étudier le sanscrit
védique ;* Paris, Bouillon, 1890.

[3] Leo MEYER : *Op. cit.* — A. BAILLY : *Dictionnaire grec-français ;* Paris, Hachette, 1895.

[4] FORCELLINI : *Dictionnaire latin ;* au mot *arx*.

[5] Le latin *arcus*, arc, se rattache peut-être aussi à la même racine
et a été ainsi appelé à cause de sa forme « bombée, proéminente ».

amené à conclure que ce mot était un adjectif *'rucos 'ruca,
'rucom* signifiant « proéminent, haut, élevé ».

Il est tout naturel qu'on ait fait de ce mot un nom de personne, comme en latin de *Paulus* qui signifiait « petit », comme
chez nous *Grand, Gros, Petit,* et en allemand *Gross, Klein* qui
sont devenus des noms de famille après avoir été des noms de
personne.

Si nous revenons maintenant au mot *verruca,* nous y trouvons, outre l'adjectif féminin *ruca,* un préfixe *ver.* Or ce préfixe
ver est un de ceux dont l'existence dans la langue des anciens
habitants de la Gaule est le mieux établie. On le trouve dans
les noms propres *Vercingetorix* (à côté de *Cingetorix*), *Ver-
cassivellaunus, Vercondaridubnus, Verjugodumnus, Rigo-
verjugus, Vernemetum, Vertigerno, Verlucio* et dans les mots
vertragum[1] et *veractum*[2]. Sa signification est parfaitement
établie aussi ; il a le même sens que le français *sur* dans *surhu-
main, surfin*[3]. *Verruca* était donc, pour le sens, l'équivalent du français *surélevé.*

---

[1] *Vertragum* (nomin. *vertragus*) était le nom du « lévrier » chez les
Gaulois, et il signifiait « très agile ». — ARRIEN, *Cynég.,* III, 4 : Αἱ δὲ
ποδώκεις κύνες αἱ Κελτικαὶ καλοῦνται μὲν οὐέρτραγοι κύνες αἱ τῶν
Κελτῶν, οὐκ ἀπὸ ἔθνους οὐδενὸς, καθάπερ αἱ Κρητικαὶ ἢ Καρικαὶ ἢ
Λάκαιναι, ἀλλ' ὡς τῶν Κρητικῶν αἱ διάπονοι ἀπὸ τοῦ φιλοπονεῖν, καὶ αἱ
ἰταμαὶ ἀπὸ τοῦ ὀξέως, καὶ αἱ μικταὶ ἀπ' ἀμφοῖν· οὕτω δὲ καὶ αὗται ἀπὸ
τῆς ὠκύτητος. — MARTIAL, XIV, 200, 1 : Non sibi sed Domino venatur
vertragus acer.

[2] De *veractum* (nom. *veractus*) est venu le mot *garach* (compar. *trach,*
arraché, de *tractum,* etc.) qui, dans les Alpes, désigne une « terre qui a
reçu un premier labour pour la préparer à être ensemencée », un « gué-
ret » ; de *garach* a été formé le verbe *grachar* (donner un premier
labour), dont *souilevar* (soulever) est synonyme.

[3] H. MONIN : *Monuments des anciens idiomes gaulois ;* Paris, E. Tho-
rin. — A. D'ARBOIS DE JUBAINVILLE, avec la collaboration de MM. E. ERNAULT
et G. DOTTIN : *Les noms gaulois chez César et Hirtius ;* Paris, Bouillon,
1891.

Il a dû exister aussi une forme masculine *verrucos*, et c'est de cette forme, selon toute vraisemblance, qu'est venu le béarnais *garroc* (roc, rocher), par le changement de *v* en *g*.

Il reste encore dans la langue populaire des Alpes un autre mot qui a la même origine et qui se rattache à la même racine : c'est l'adjectif *rógou*[*l*] qui signifie « hautain ». Ce mot, d'après l'analogie de *nívou*[*l*], nuage, en italien *nuvolo*, et de *trebou*[*l*], trouble, au xie siècle *tribulum*[1], suppose une forme primitive *roculum;* c'est précisément le masculin de *Roculam* que nous avons vu dans les inscriptions comme nom de personne. C'est aussi à la même origine que se rattache le français *rogue*, fier[2].

C'est probablement aussi à la même famille de mots qu'il faudrait rattacher le français *orgueil* et ses équivalents provençaux *orguelh, argualh*, qui seraient des composés de *org* (pour *rog*), avec le mot *œil*, prov. *uelh*, et signifieraient proprement « œil hautain » ou « regard hautain », comme le latin *superbia*[3].

En résumé, le bas latin *roca* ou *rocca* est un mot emprunté à la langue parlée par les peuplades du nord-ouest de l'Italie et du sud-est de la France ; c'est le même mot que *rūca* qui est

---

[1] *Cart. de Saint-Victor de Marseille,* t. II, p. 126, n° 779 : Et sunt termini... ; ab occidente, flumen Vaira usque Rivum Tribulum ; ab aquilone, de ipso Rivo Tribulo usque in penna de Roca Rufa usque in Lara.

[2] Diez croit que ce mot vient de l'islandais *hrock;* Littré le croit plutôt d'origine celtique ; Hatzfeld et Darmesteter lui attribuent une « origine incertaine, peut-être celtique ».

[3] On considère généralement *orgueil* (au xie siècle *orgoill*) comme « emprunté de l'anc. haut allem. *urgoli*, subst. que l'on *suppose* avoir été tiré de l'adj. *urgol*, remarquable, supérieur ».

l'élément principal du composé *verruca* emprunté par les Romains, dès le ${III}^e$ siècle avant notre ère, à la langue de la même région. Son sens étymologique ou primitif est « haut, élevé, proéminent ».

Grâce à l'influence de la littérature provençale du Xe au ${XIII}^e$ siècle, ce mot a pénétré dès le moyen-âge en Catalogne et par là en Espagne et en Portugal. Comme la littérature italienne se développa surtout, du ${XII}^e$ au ${XIV}^e$ siècle, dans la haute Italie et la vallée du Pô, le mot entra de bonne heure dans le vocabulaire italien et, par adoucissement de *c* en *tch*, y devint *roccia*, en même temps qu'il se conservait dans le parler populaire sous la forme ancienne *rocca* qui fut, à son tour, adoptée par la langue classique.

D'autre part, soit par le latin, soit par le provençal, le mot entra de bonne heure dans le français. De là il se répandit dans tous les dialectes de la langue d'oïl et pénétra même en Bretagne, où la forme masculine *roc*, bien plus ancienne qu'on ne l'a dit, quoiqu'on ne la trouve pas dans les monuments écrits avant le ${XVI}^e$ siècle, est devenue *roc'h*.

Le français *roc* est également passé en anglais, où il a pris la forme *rock*, dans l'ancien anglais *rocc*[1]. Puis, de l'anglais, il a pénétré dans l'irlandais et le gaélique où il est devenu *roc*.

D'autre part, le français *roche* est entré dans le vocabulaire néerlandais, probablement à une époque où le *ch* français se prononçait d'une manière voisine du provençal et de l'espagnol *ch*, et y est devenu *rots*.

J'ajoute qu'il en est de même, probablement, de beaucoup de mots que l'on qualifie de bas-latins. Parmi les mots nouveaux qui s'introduisent sous nos yeux dans le français, il y en a comme *baser*, *solutionner*, etc., qui sont formés des mots déjà

---

[1] A. Holder : *Op. cit.*, au mot *rocca*.

existants dans la langue *base, solution;* mais il en est d'autres tels que *burnous, brandade,* etc., qui sont empruntés de toutes pièces à des langues voisines. Il en est de même pour le latin ; si des mots comme *ausare, adbeberare, fontanea,* sont formés de mots déjà existants *ausum* (supin de *audere,* oser), *bibere,* boire, *fontem,* source, et se rattachant à des racines bien latines, il en est d'autres, et en très grand nombre, qui sont des emprunts faits à la langue des peuples qui furent conquis par les Romains.

Parmi ceux-ci, il y a certainement une part très considérable de mots empruntés à la langue des peuples qui habitaient la vallée du Pô et le pays compris entre le Rhône, les Alpes et la Méditerranée, c'est-à-dire à la langue des Ligures, puisqu'il est bien reconnu aujourd'hui que l'élément dominant de la population de ces régions était de cette race.

A mesure que l'on étudiera la question, avec les nouvelles données historiques, on arrivera sûrement à se convaincre que, dans les langues dites *romanes,* la majeure partie des mots qui ne sont pas proprement latins ou dérivés de mots latins sont des restes de la langue parlée par les anciens habitants de cette région.

XXXVII

LE TÉNOR RICHELME, D'AIX

(1804-1845),

par **M. F. VIDAL**, membre de l'Académie d'Aix.

SOMMAIRE DES CHAPITRES

PROLOGUE.

Livre Iᵉʳ. — L'Artiste.

Livre II. — Le Citoyen

PROLOGUE

La ville d'Aix a été le berceau d'une foule d'artistes en tous genres, peintres, sculpteurs, graveurs, musiciens. Parmi ceux-ci brillent au premier rang Campra, Floquet et Félicien David, élève de notre Maîtrise, encore très jeune. Leurs noms figurent honorablement dans toutes les biographies ; Fétis en parle longuement et maints critiques ont consacré à plusieurs d'entre eux des monographies fort intéressantes.[1]

Il n'en est pas de même de l'artiste lyrique et dramatique Richelme, le ténor si applaudi, de 1830 à 1840, sur les principales scènes de France et en Belgique, à Liège.

On peut dire de celui-ci qu'il a fait miracle dans son pays, car à Marseille, notamment, le vaillant Cadet d'Aix a eu de vrais jours de triomphe, à partir de 1831.

Plus tard, quand le fameux ténor venait se faire entendre à ses concitoyens, il était toujours accueilli avec enthousiasme par tous, depuis le simple mélomane (on naît chanteur à Aix) jusqu'au dilettante le plus expert. Aussi, chacun des témoins d'une aussi belle fortune artistique ne tarit pas au récit de tant de mémorables soirées théâtrales.

Pourtant, ni la *Biographie universelle des Musiciens*, ni d'autres publications analogues ne consacrent la moindre notice à ce Provençal doué de toutes les qualités d'artiste, à ce vertueux compatriote.

Fier de nos gloires locales — comme nombre d'Aixois jaloux

---

[1] Voir la *Notice sur Floquet*, par F' Huot, parue dernièrement, *Notre Maîtrise*, par l'abbé Marbot, ainsi que les diverses études sur F. David, par Em. de Fonscolombe, Sylvain Saint-Étienne et l'auteur de celle-ci dans *Lou Prouvençau*.

du patrimoine intellectuel de la vieille cité, — à notre tour essayons de tracer quelques lignes pour mieux retenir la douce et expressive physionomie du *cantaire* si renommé, d'un citoyen dont le nom est resté populaire dans toutes les classes de la société.

La mémoire de cet enfant du peuple ne peut que nous être chère, à cause de son magnifique talent et aussi à cause de ses libéralités posthumes, mémoire heureusement conservée par trois générations en ces trois derniers quarts de siècle.

Nous avons été grandement aidé dans notre entreprise par l'amicale participation d'excellents Provençaux et de musiciens d'élite. Les témoignages les plus probants de cette glorieuse existence ont été recueillis dans les vastes collections de la Bibliothèque Méjanes et de l'*Arbaudenco* [1] et dans les feuilles locales de l'époque, entre autres le *Mémorial d'Aix*, le *Cygne*, la *Provence*, ainsi que dans le *Messager de Marseille*, le *Caducée*, le *Sémaphore*, témoignages confirmés, augmentés même par l'amène compositeur et musicographe marseillais, M. Alexis Rostand.

L'abondance et l'exactitude des notes fournies par l'auteur de l'*Art en Province* et la spontanéité qu'il a apportée dans ses communications, marquant les étapes lyriques de notre héros au Grand Théâtre de Marseille, et ses nombreuses créations sur cette scène de premier ordre, nous ont été on ne peut plus précieuses.

De même, notre vieil ami le violoniste Julien (Fortuné), qui travaille avec autant de compétence que de passion à une *Histoire du Théâtre d'Aix* (il y a été violon-solo pendant trente ans), nous a fourni obligeamment les plus justes remarques,

---

[1] « L'Arbaudienne », bibliothèque provençale Paul Arbaud.

partitions en mains ; il a analysé les rôles aussi ingrats que brillants tenus, ou mieux, créés par Richelme, particulièrement dans les deux opéras très différents de style, de texture, d'école, *Robert le Diable* et *Zampa*, qui furent ses triomphes.

Voilà pour la partie musicale de notre étude. Ces pages sont embellies, nous nous hâtons de le dire, d'abord par le crayon du portraitiste Bonfillon (Charles), l'un des lauréats du prix Loubon, qui s'est empressé de copier, avec un réel bonheur, le tableau représentant Richelme, le bienfaiteur de la « Miséricorde », portrait en regard de notre frontispice.

Remercions aussi nos bien-aimés collègues académiciens : l'artiste Villevieille et l'iconophile Raymond Ferrier : ils n'ont pas peu contribué à illustrer deux de nos chapitres, le vieil ami, le peintre, en dessinant avec une finesse, une exactitude incomparables la façade nord du *Castèu dóu Diable*, villa charmante tout près d'Aix qui porte aujourd'hui le nom de l'inoubliable artiste, et le cher cousin Ferrier, en nous donnant une autre vue, plus triste certes, mais qui a un vrai cachet d'art : c'est le tombeau portant l'inscription « à la mémoire de notre frère Louis-Ferdinand Richelme, artiste lyrique et dramatique », — monument presque contigu au mausolée de notre Académie des Arts et Belles-Lettres.

Nous avons à payer une dette de reconnaissance à la famille Giraud (des Richelme), qui a mis un empressement des plus louables à nous faire connaître nombre de détails précis sur la carrière d'un parent dont elle s'enorgueillit, et dont elle conserve religieusement et papiers et meubles curieux.

Reconnaissant sommes-nous aussi envers l'éminent romaniste baron de Tourtoulon, dont le père a été l'un des témoins du mariage de Richelme, près Montpellier.

Merci également aux bons Aixois plus qu'octogénaires, tels le sculpteur Gondran, et son allié, Léon Martin, ancien contrôleur du théâtre ; tous les deux ont été en relations amicales avec l'artiste renommé dès son jeune âge.

D'autres concitoyens bien dignes de foi sont le grand industriel, M. Nègre, frère de l'« elleviou » sorti de notre maîtrise, pour se faire applaudir dans le répertoire moderne, et leur sœur Saint-Ignace, vertueuse Mère des Enfants de la Charité.

M. Nègre père, inséparable ami de Richelme, à Aix comme à Marseille — jusqu'à son lit de mort, à Nîmes, — a le premier entendu dans sa maison de la rue de la Glacière, 8, où il exerçait la profession de fabricant de chaises, cette voix si bien timbrée du futur fort ténor, voix puissante et suave qui fit dire un jour à Mme Nègre, tout étonnée d'un si beau chant, « *Cresiéu que lei vitro dóu salivert nous toumbèsson sus la tèsto* » (Il semblait que les vitres du ciel-ouvert allaient nous tomber sur la tête).

Et combien d'anecdotes disséminées dans les écrits du temps, ou racontées encore par des quasi contemporains ! Il faut se borner : il n'est pas besoin de rassembler mille récits devenus légendaires pour magnifier le Maître Aixois.

Certes, tous les collaborateurs de notre œuvre, à un titre quelconque, ont à cœur d'exalter autant le chanteur célèbre que le bienfaiteur Sextien.

Puisque la littérature est le reflet des mœurs, a dit La Harpe, puisse cette vie exemplaire, si courte et si bien remplie, se refléter dans les dix chapitres de la présente Monographie.

Livre Ier. — L'Artiste.

I

NAISSANCE DE RICHELME. — SA JEUNESSE.

Richelme, Louis-Ferdinand, est né à Aix le 20 septembre 1804, dans la maison portant le n° 8 de la rue du

Bœuf [1]. Son père, Jean-Pierre, était originaire de La Combe, hameau de la commune de Beauvezer, entre Castellane et Colmars ; il exerçait la profession de cordonnier et avait épousé une jeune personne de Gardane, Testanière Antoinette.

Testaniero, *Richèume*, voilà deux noms on ne peut plus provençaux, et l'on en trouve des variantes nombreuses, soit dans le Dictionnaire de Lorédan Larchey, soit dans le *Tresor dóu Felibrige*, de Mistral.

Le père Richelme, descendu de la montagne avec deux frères, dont l'un, cultivateur, s'établit à Saint-Maximin, et l'autre, aussi cordonnier, se fixa à Éguilles, ne parvint pas à retenir son fils dans la confrérie de Saint-Crépin.

Quelques Aixois croient, à tort, que le jeune Richelme, travaillant dans la maison paternelle à l'âge de quinze ans, aurait été entendu chantant devant l'établi, par des Messieurs qui passaient dans la rue ; ces personnes, captivées par un si bel organe, et se connaissant à l'art du chant, seraient entrées pour demander aux parents de leur confier l'éducation du précoce virtuose, et, à cet effet, de l'emmener à Paris.

Il n'en est rien de cette légende, comme il en existe tant sur maintes célébrités. La bonne recrue pour faire faire au jeune homme des études musicales très sérieuses n'a pas plus été opérée dans la pauvre boutique du père Richelme que dans un magasin de chaussures, ainsi que le croient certains membres de la famille.

A l'âge de vingt ans, l'aimable Sextien étant *fatigaire* [2] ou homme de peine à la fabrique de toiles peintes du Coton-

---

[1] On lit dans les registres de l'état-civil : île XVI. N° 2 ; c'est la maison presque en face de celle où se trouve le moulin à huile Casserot.

[2] Ce vocable très caractéristique et très usité par nos *endianaire*, ou imprimeurs d'indiennes, manque dans le Trésor.

Rouge, sur les bords de Lar, chez MM. Ferrand frères; ces industriels, patriotes et gens de goût, auraient présenté leur jeune ouvrier à un de leurs visiteurs, ami des arts, qui l'aurait tôt acheminé vers la capitale, là où règnent en souveraines Euterpe et Polymnie.

Cette version serait assez vraisemblable, mais nous avons des preuves irréfutables pour dire que c'est un peu en amont du beau viaduc, sur la rivière historique, entre la « vieille bastide » du roi René, les Infirmeries, et le pont des Trois Sautets, que se révéla tout à fait le talent de l'artiste.

Nous tenons de ses contemporains, — ah! combien le temps en a fait disparaître! — des détails précis sur les commencements et le recrutement du « *cantaire* »; à Aix, tous les anciens le désignent encore par ce vocable si topique.

Le fils de l'humble ouvrier de la rue du Bœuf était, dans son jeune âge, laveur de laines aux Trois-Sautets, établissement existant encore et que dirigeait alors un Aixois très connu par le surnom de « Lou Magot ».

Le vaillant Richelme eut une vocation manifeste d'artiste en travaillant dans un site bien poétique, ayant pour seuls maîtres les chantres de la nature, les trilles succédant aux trilles, les roulades aux roulades. Les nombreux passants sur la route d'Italie, les gens des quartiers voisins qui l'entendaient, s'arrêtaient soudain pour l'écouter; on l'invitait à venir se faire entendre en ville les samedis soir et dimanches principalement.

Il y avait alors à Aix des « chœurs » renommés, formés par les Sylvestre, les Sylvan Saint-Étienne, deux bons musiciens; celui dit *Les Philistins* surtout avaient eu de brillants succès, ainsi que son rival *Les Sans-Soucis*. Tous les deux propageaient le goût de l'art, — ce qui s'est perpétué jusqu'à nos jours, grâce aux chefs, Marius Lapierre et Louis Gautier, par les orphéons *Sainte-Cécile*, les *Chanteurs Salyens* et autres chorales provençales, italiennes même.

Aussi le ténor Richelme, entré dans ces phalanges harmonieuses, ne tarde-t-il pas à se faire une juste réputation, en attendant qu'il quitte les bords de Lar, où il avait préludé par de ravissantes mélodies, pour ceux de la Seine, où devait se faire son éducation lyrique et dramatique.

L'adolescent, doué des meilleures qualités et possédant un merveilleux organe, va aussitôt utiliser ses moyens, et commencer sérieusement la carrière théâtrale, qui lui donnera, dans son pays même et en très peu de temps (contrairement à l'adage) [1], la fortune et la gloire.

II

ENTRÉE DU « CANTAIRE » AU CONSERVATOIRE DE PARIS. — L'ARTISTE LYRIQUE ET DRAMATIQUE.

Comment le simple laveur de laines entra-t-il au Conservatoire national de musique et de déclamation, alors que les échos du Montaiguet redisaient encore ses premiers chants ? Dans sa ville natale, on raconte volontiers de trois ou quatre manières différentes, nous l'avons dit, l'entrée de Richelme dans cette fameuse école où s'affirment les vocations irrésistibles pour les diverses branches de l'art musical.

La renommée du précoce ténor-ouvrier ne tarda pas à être

---

[1] Nous aimons à citer ici deux proverbes provençaux qui ne sont pas toujours d'une exactitude rigoureuse :

— *Jamai sant fa miracle dins soun pais* (celui-ci se passe de traduction).

— *Qu bèn canto e bèn danso fan n.estié que pau avanço* : Celui qui chante bien et danse bien ne prospère guère.

Richelme démentit fort ces deux proverbes, trop souvent répétés.

connue de MM. Roux-Martin, une famille de musiciens distingués. Peu de temps après qu'il fut incorporé dans les sociétés· chorales, passait à Aix le comte de Villardy de Montlaur, [1] — né à Sommière (Gard), — qui cultivait le chant avec honneur. Cet expert sapiteur, comme on dit au Palais, fut bientôt mis à même de juger de la valeur du sujet qu'on tenait à lui présenter.

On sait que la plupart des villes du Midi sont réputées pour fournir des artistes lyriques à la scène française. L'occasion était propice. M. de Montlaur connaissant par ouï-dire le pseudo-teinturier comme ayant d'heureuses dispositions, ne crut pouvoir mieux faire que de s'adresser à MM. Roux-Martin, qui lui firent entendre l'excellent orphéoniste de la manière suivante :

Il se faisait chez eux, ce jour-là, comme toujours, de la bonne musique. Richelme fut invité à y venir dire quelques-uns de ses airs favoris. Le chanteur débutant, d'un caractère timide, — et non présomptueux, malgré sa réputation locale, — eut une hésitation insurmontable pour paraître devant les belles dames et les connaisseurs qui allaient bientôt apprécier ses aptitudes musicales.

Le maître de céans triompha de cette résistance bien naturelle pour un enfant du peuple au milieu d'une telle société ; il eut recours au stratagème que voici : il retint Richelme dans une pièce voisine du salon, et pressa le trop modeste invité de chanter un morceau d'opéra.

N'éprouvant plus aucune crainte, Richelme déploya soudain ses moyens vocaux, fut entièrement maître de sa voix, et aussitôt éclatèrent les bravos les plus encourageants.

Introduit, tout radieux, dans ce cénacle de musiciens, il se

---

[1] Voir FÉTIS, Supplément de la *Biographie*.

fit applaudir encore chaleureusement, chacun le félicitant Ce qui ne gâtait rien, dans ce salon d'artistes, c'est que le futur *comte Ory*, l'interprète glorieux de *Zampa*, de *Robert le Diable* et de tant d'autres chefs-d'œuvre, possédait un physique agréable et avait un caractère charmant.

Voilà un brun Méridional qui ne tarda pas à se faire pardonner, — avec cet organe au timbre délicieux, d'un diapason très étendu, d'un charme indicible, — l'accent méprisé de la langue maternelle, qu'à l'imitation de Castel-Blaze, il a toujours parlée avec amour.

M. de Montlaur fit donc, ce soir-là, une bonne recrue pour la scène française, comme à peu près à la même époque avaient été enrôlés d'autres concitoyens, les Silvain, les Audran...

Bientôt Richelme entra au Conservatoire de Paris, le 22 avril 1826, en qualité d'élève de chant, et fut admis au pensionnat, le 15 juillet suivant. Il en sortit le 2 août 1829,[1] et resta par conséquent trois ans et trois mois dans la célèbre École nationale dirigée alors par Cherubini. Il eut pour professeurs, entre autres, Nourrit et Ponchard, ce qui se passe de commentaires.

Disons — sans peur et sans reproche — que le nom de notre héros... pacifique ne figure pas au Palmarès, de même que celui d'Audran, un autre Aixois célèbre dans l'art de chanter et de déclamer, alors qu'on y distingue, à la même époque, celui du Marseillais Bénédit : pourtant, celui-ci, chanteur à l'attitude quelque peu lourde, et avec un organe quasi froid, ne put guère

---

[1] Voir la *Biographie universelle des Musiciens*, relatant le fâcheux horoscope de Cherubini à propos de notre illustre ami ; sans l'intervention de Clapisson, Marius Audran était renvoyé à Aix ou à Marseille reprendre sa truelle de maçon.

occuper les planches, à la salle Beauvau ou ailleurs, pendant que ses deux brillants condisciples furent des inimitables « Georges Brown » à Marseille, comme à Paris, comme à Aix, où ils moissonnèrent des lauriers.

Mais sans obtenir palme ni couronne dès la première heure, c'est déjà un succès d'être admis au Conservatoire, surtout comme pensionnaire, et c'est un titre envié, lorsqu'on y a fait de sérieuses études lyriques, dramatiques, — comme on peut se flatter d'être élève de l'école des Beaux-Arts, de la Polytechnique ou autres.

De six heures du matin à dix heures du soir, il travaillait avec passion, et les éminents professeurs de cette École supérieure ne pouvaient que s'intéresser aux progrès d'un tel élève.

D'une intelligence peu ordinaire, inlassable pour l'étude, ainsi que nous le disions tantôt, il ne cessa de se perfectionner en employant consciencieusement son temps, comprenant bien que sa jolie voix ne suffisait pas, s'il voulait réussir au théâtre, où il espérait arriver.

« Comme tenue et comme accent », disait le brave Cauvière dans ses *Tablettes Marseillaises* [1], « nul doute qu'il ne laissât tout à désirer ». Mais les leçons parisiennes opérèrent en lui une transformation complète pour le chant ; il façonna son gosier à toutes les difficultés de la vocalisation et se forma surtout une voix mixte.

Il acquit les meilleures notions pour l'effet scénique et la diction, en suivant assidûment les représentations de la Comédie Française ; de plus, il se fit instruire de seconde main par ceux de ses camarades qui recevaient les leçons de Samson et de Michelot ; c'est ainsi que l'ancien laveur de laines parvint à

---

[1] *Le Caducée*, X, 159, ss.

jouer avec aisance et succès les rôles d'élégance et de distinction.

Nous verrons bientôt comment Richelme brilla sur la scène marseillaise, après une saison, ou plutôt une tournée dans la France du Nord, prélude de vrais triomphes dans notre Midi.

III

DÉBUTS DE RICHELME A L'OPÉRA COMIQUE ET EN PROVINCE.

C'est ici le moment de se montrer pour celui qui, sans fanfaronnade, est quelque peu sûr de lui-même, soit grâce aux dons qu'il a reçus du ciel, soit par les ressources artistiques qu'il a pu acquérir; ce n'est pas énormément redoutable d'affronter pour la première fois les feux de la rampe, bien que le public soit parfois inexorable.

Le droit « qu'à la porte on achète en entrant » de siffler, maltraiter débutants, débutantes, voire des artistes de valeur, n'est pas toujours ce qu'il y a de plus juste, de plus logique. Ainsi Talma, l'incomparable tragédien qui avait été accueilli assez mal à Marseille, par contre se félicitait grandement du succès de ses représentations à Aix en 1818. [1]

A sa sortie du Conservatoire, en 1829, Richelme fit donc hardiment une apparition à l'Opéra Comique; il ne tenait pas, lui, à contracter — là, pas plus qu'ailleurs — un engagement de quelque durée, ses études l'ayant plutôt préparé pour le grand opéra, et la puissance de son organe lui permettant d'attaquer les œuvres lyriques d'un genre supérieur.

---

[1] Archives municipales. Lettre du maire Du Bourguet au Préfet du département, que le violoniste F. Julien nous fait l'amitié de nous communiquer.

Alors que, peu de temps après, notre concitoyen, Marius Audran, réputé pour ce qu'on a appelé le genre demi-caractère, s'y montrait sans pareil pendant de longues années, Richelme rêvait d'autres horizons ; dès qu'il eut essayé son jeu charmant et sa non moins charmante voix sur la scène parisienne, il porta plus loin ses pas, tout heureux des débuts.

Il avait hâte de se produire dans son répertoire très varié au Nord, au Midi surtout. Il alla d'abord jouer à Rouen, à Lille, deux centres où l'art est si en faveur ; il passa quelque peu la frontière, à l'exemple de bien d'artistes français, et se fit vivement applaudir à Liège, pays si sympathique au nôtre.

Puis, désireux de se réchauffer au soleil de Provence, il descend vers des cieux plus cléments, où il a vu le jour, où tant de souvenirs l'attirent, où tant d'amis l'attendent. En route, il ne manque pas de s'arrêter à Lyon ; là, on l'acclame, comme on acclamait à la même époque, sur une aussi importante scène, un autre brave Aixois, Silvain, surnommé « l'enfant gâté des Lyonnais ».

En tout lieu où l'on savait goûter les grands ouvrages des maîtres français et italiens, Richelme captivait les spectateurs par son jeu achevé, sa magnifique voix, sa diction élégante et sa tenue irréprochable.

Mais, nous le répétons, — étoile filante, — il ne fit que passer dans la plupart des grandes villes, pour venir se fixer en quelque sorte dans la deuxième de France ; là, du moins, il pouvait trouver une situation en harmonie avec ses goûts, ses facultés, ses moyens d'action.

Terminons ce chapitre préliminaire des pérégrinations artistiques de Richelme par une anecdote assez curieuse relative au théâtre d'Aix, anecdote que nous tenons d'un vieillard toujours jeune et d'une faconde amusante. [1]

---

[1] M. Alivon, membre fondateur du *Cercle musical.*

Au lendemain de son apparition à l'Opéra Comique, le ténor débutant se trouvant à Versailles, fut accosté, au moment où il descendait de voiture, par un cuirassier en garnison dans cette ville, tout heureux de serrer la main à un « pays » à peu près de son âge.

Richelme, interloqué par les propos flatteurs du vaillant cavalier, Aixois comme lui, feignit, dit-on, de ne pas le reconnaître, ce qui aurait froissé passablement l'enthousiaste compatriote.

Reconnaissant son erreur, paraît-il, l'artiste se serait bien gardé, par la suite, de donner des représentations à Aix, dans la crainte d'une cabale suscitée, peut-être, par l'ex-cuirassier, — un *bourgaden* de cœur, pouvons nous ajouter.

L'un de ses fils, M. X. T., très honorable commerçant du cours Sextius, sait bien, comme nous, qu'aucune crainte de cette nature n'a point empêché Richelme de venir plusieurs fois recueillir à Aix force bravos et couronnes, tant il était aimé de ses concitoyens.

Malgré tout, le facétieux narrateur de ce fait incroyable persiste à dire — il n'est pas le seul — que l'artiste si aimé aurait été sifflé ou bien ne serait jamais venu dans notre Capitale. *Aquelo tubo!*

> Pour le bon renom Sextien
> Nous aimons n'en croire rien.

IV

APOGÉE DE RICHELME AU GRAND THÉATRE DE MARSEILLE.
CONCERTS SPIRITUELS.

Le savant M. Alexis Rostand, dans son livre si intéressant, si documenté, *L'Art en Province, la Musique à Marseille,* s'exprime ainsi :

« De 1821 à 1827, tous les opéras qui furent écrits pendant

cette période brillante étaient représentés à Marseille dès qu'ils étaient publiés. Dans les tableaux de troupe passent les noms de Lafont, Peronnet, Richelme. »

Il débuta, le 29 octobre 1831, dans la *Dame Blanche*, par le rôle de Georges Brown et créa sur cette scène de premier ordre, la même année, *les Deux Nuits ;* en 1832, *le Comte Ory*, *Fra Diavolo*, *le Philtre*, *Zampa* (qui, entre parenthèse, eut un succès colossal), puis *le Dieu et la Bayadère*, *la Dame du Lac*, de Rossini. Voilà, certes, un répertoire de début qui promet. On l'entend ensuite, avec une faveur de plus en plus marquée, dans *la Fiancée*, *Jean de Paris*, et tant d'autres opéras qui ont joui d'une grande vogue.

Le 3 janvier 1832, Richelme se distingua dans *le Comte Ory*. Parlant de cet opéra singulier, qui réussit peu, il faut l'avouer, dans *le Messager de Marseille*, Fabrissy (faisant autorité en matière théâtrale), dit [1] : « Je m'explique le retard qu'éprouve la deuxième représentation du *Comte Ory* par le mauvais résultat de la première ; il ne faut pas le dissimuler, le semi chef-d'œuvre de Rossini a succombé sous la faiblesse de nos chanteurs, exceptions faites pourtant en faveur de Mlle Folleville et de M. Richelme. »

Il était la plupart du temps admirablement secondé dans ses autres créations ; en 1833, *Robert le Diable*, son plus grand triomphe, *l'Italienne à Alger*, *le Pré aux Clercs*, *Guillaume Tell*, et, en 1834, *le Prisonnier d'Édimbourg*, *Marguerite d'Anjou*, *Lestocq*, *le Revenant*, ouvrages très différents de style et de facture.

On assure que le rôle d'Arnold, dans *Guillaume Tell*, était écrit trop haut pour la voix de Richelme ; elle commençait d'ailleurs à faiblir, surmenée par la terrible obligation de chan-

---

[1] N° du 11 janvier.

ter concurremment l'opéra comique et le grand opéra ; aurait-il été sifflé (d'aucuns le prétendent) qu'il n'y aurait rien eu d'extraordinaire ; les casse-cous chantants de *Robert* avaient ébréché ses moyens vocaux. Dans un seul mois, il dut payer jusqu'à vingt-sept fois de sa personne et de son talent. [1] Voilà ce qui explique cette fin prématurée.

Avant d'analyser ce rôle si difficile, si ingrat, ouvrons ici une parenthèse pour noter un fait qui a bien son prix.

Le « Robert » si réputé touchait jusqu'à mille francs par représentation, — ce qu'on pourrait appeler de nos jours des soirées réclames, — en même temps qu' « Alice » avait chaque soir 840 francs, plus 40 francs pour accessoires. Cela nous rappelle la somme fabuleuse allouée à la Malibran à cette époque, chiffre incroyable de 40.000 francs pour une seule représentation !

Avant le lever du rideau, Richelme confiait la somme rondelette d'un millier de francs à un bon Aixois, son ami fidèle, M. Nègre : « *Tè vai rejougne acò, vendras tout aro* », — tiens, va bien renfermer cet argent, après tu reviendras.

Rien d'étonnant qu'un pareil surmenage n'ait brisé tôt les cordes vocales du fort ténor : jamais acteur ne fut plus laborieux. Il concourut en outre largement aux *Concerts spirituels* de l'église Saint-Cannat, où, entre autres beaux morceaux, il chanta l'air, puis le duo de *Masaniello*, celui d'*Armide*, *Zampa*, *Robin des Bois*.

Mieux qu'à tout autre on peut appliquer à cet artiste le fameux distique de Pellegrin :

> Le matin catholique et le soir idolâtre,[1]
> Il dîne de l'autel et soupe du théâtre.

Richelme était surtout admirable dans *Zampa*, d'Hérold,

---

[1] CAUVIÈRE, *Op. cit.*

pièce donnée pour la première fois, à Marseille, le 28 mars 1832. Il y parut dans le rôle principal qui fût plus d'une fois chanté par des barytons ; il s'y montra parfait comme chanteur et comme comédien.

L'artiste touchait à l'apogée de son talent quand il affronta pour la première fois le rôle de *Robert le Diable.* Pour le fin et gracieux ténor, bataillant avec une partition et un système musical terriblement nouveaux, la mémorable soirée du 16 janvier 1833 fut un vrai Marengo, un superbe Austerlitz.

Bénédit, excellent juge, le constatait en ces termes : « Non seulement Richelme sortit de cette épreuve avec honneur, mais il sut imprimer au rôle du chevalier normand un tel cachet, que l'œuvre de Meyerbeer lui dut principalement sa vogue à Marseille. » Elle eut 150 représentations, du jour de la création par notre fort ténor jusqu'à son décès, arrivé sitôt, hélas ! en 1845.

Il nous faut arrêter un moment au chef-d'œuvre de Meyerbeer, dont l'interprétation si fréquente fut fatale à Richelme après avoir fait sa fortune artistique ; ce qui fait dire vulgairement qu'il s'est « crevé » en chantant ces sublimes pages. Ici nous laissons la parole au maître Fortuné Julien, notre vieil et ami :

« Le rôle de Robert est écrit, d'un bout à l'autre, dans un diapason très élevé ; mais le morceau le plus fatigant pour le ténor et qui contient les notes les plus hautes est certainement le duo du troisième acte, entre Robert et Bertram, commençant par ces mots : « Des chevaliers de ma patrie », et dans lequel se trouve la phrase suivante qui est chantée deux fois :

« Dans *Zampa*, le rôle du ténor contient peu de notes élevées, et c'est pourquoi on le fait souvent chanter par un baryton. On y trouve pourtant un ré *b* aigu au duo final du troisième acte ; mais cette note est toujours donnée en voix de tête.

« Outre ce duo, les morceaux les plus importants du rôle sont le final du premier acte avec les couplets : « Que la vague écumante », et l'air du deuxième acte commençant par « Toi, dont la grâce séduisante. »

L'heureux chanteur se faisait aimer de plus en plus, à preuve une inoubliable scène de désordre, dont parlent encore bien de vieux Marseillais et de vieux Aixois qui en furent les témoins... ou acteurs : cette scène fut motivée par l'absence de notre compatriote.

On parle encore beaucoup du funeste engagement contracté par Richelme de chanter consécutivement vingt et quelques fois le rôle meurtrier de « Robert », où il contracta une hernie du poumon. Lorsqu'il eut terminé, dit-on, il jeta sur les planches ce qu'il portait avec un geste de satisfaction indicible, et s'esquiva en sautant dans une voiture qui l'attendait derrière la salle. Après ce coup de scène inattendu, l'administration aurait eu le bon goût d'éviter à ce fameux Robert les ennuis du violon... municipal.

Harassé par tant de travail et d'émotions, en suite de certain heurt dans *Guillaume Tell*, Richelme fut à Metz, en 1836, et reparut enfin à Marseille en 1838. « On put constater, dit encore M. Rostand, qu'il ne pouvait plus aller. Il fut néanmoins admis, par souvenir de sympathie, mais dut résilier au mois de février suivant. »

V

Représentation a Aix. — Parallèle entre Richelme, Audran
et Silvain. — Richelme, professeur de chant.

Si Richelme, que le ciel dota magnifiquement de toutes les
qualités d'artiste et de citoyen, était chéri des Marseillais, il ne
l'était pas moins des Aixois. Malheureusement, ils ne pouvaient
l'entendre que fort rarement, au contraire de son compatriote
et contemporain le « ténor en tous genres » Silvain, qui avait
contracté un engagement sous la direction Chapus, privilégié
pour les scènes de Marseille et d'Aix en 1822-1823 [1].

Les habitués de notre salle de spectacle (oh ! ceux-là peuvent être qualifiés d'anciens, et ils sont bien rares) disent et
redisent que lorsque l'interprète de tant de chefs-d'œuvre venait
s'y faire applaudir, on faisait queue de la statue du roi René
à la porte de la salle de l'Opéra [2].

Au gré des Aixois, le chanteur si chaleureusement applaudi
ne venait que trop peu souvent, disons-nous ; ce qui s'explique facilement par le surmenage de l'artiste dans le chef-lieu
du département, où se produisaient des manifestations de musique profane et religieuse, dans lesquelles il trouvait un dédommagement assuré pour tant de travail et de fatigue.

Aussi, c'est environ dix ans après que l'étoile brillait d'un si

---

[1] Grâce à l'obligeance du fils de ce ténor très connu, le félibre Silvain
Feraud, nous avons eu sous les yeux force engagements passés dans sa longue carrière, parmi lesquels on remarque celui-ci tout local, et celui contracté avec Aug. Nourrit pour le théâtre royal français d'Amsterdam et
de La Haye.

[2] Une affiche annonçant une représentation de Richelme à Aix a été
retrouvée par M. Hipp. Guillibert dans les papiers de Roux-Alphéran,
mais impossible de la voir ; c'eût été un document à faire photographier.

vif éclat vers la Cannebière, alors que Richelme avait fait ses adieux à la scène, chez nos voisins épris d'art lyrique et dramatique, qu'il vint se faire entendre au public aixois pour la dernière fois.

C'était le mardi 4 avril 1843, dans un concert au théâtre, au bénéfice des sinistrés de la Guadeloupe. — Les meilleurs témoignages de cette belle soirée artistique, philanthropique, nous les trouvons dans le compte-rendu qu'en fait *la Provence*, numéro du 9 avril suivant, duquel nous reproduisons deux ou trois alinéas : [1]

« Le concert donné mardi dernier, dans la salle du théâtre, en faveur des victimes de la Guadeloupe, doit faire époque dans la ville d'Aix, tant par l'éclat de la réunion brillante qui s'y était donné rendez-vous que par l'effet immense produit par les artistes qui ont concouru à cette solennité musicale.

« On doit des remerciements à M. Richelme pour la complaisance qu'il a mise à concourir à l'éclat de cette soirée. Il s'est fait entendre dans le duo de *Guillaume Tell* et dans l'air de *Zampa*. Dans l'un comme dans l'autre morceau, il a constamment captivé l'attention des auditeurs.

« On reconnaissait la bonne école et les traditions des artistes supérieurs dans cette manière de poser sa voix, d'articuler le récitatif, de ménager les transitions de la voix de poitrine à la voix de tête, enfin dans l'observation exacte des moindres détails. Aussi la foule a-t-elle fait comprendre à M. Richelme, par ses applaudissements souvent réitérés, tout le plaisir qu'elle avait à l'entendre. »

---

[1] Ce compte-rendu, assez long feuilleton, n'est pas signé ; mais il y a tout lieu de croire qu'il est dû à la plume de J.-B. Gaut, très assidu aux représentations théâtrales et ami de Richelme, Sylvain Saint-Étienne, Félicien David.

Ce soir-là, l'illustre chanteur, atteint d'un mal qui le minait, achevait — en scène — sa carrière, plus tôt que de coutume, et faisait ses adieux d'artiste aux concitoyens qui l'aimaient et l'admiraient.

Il en était de même, vingt ans plus tard, pour un autre chanteur célèbre, Marius Audran, qui ne fut pas si tôt trahi par son état de santé. Rappelons ici l'éclatant démenti qu'il donna à la parole de Cherubini, lui disant *qu'il ne ferait jamais rien.* Après avoir passé de longues années à l'Opéra Comique, il vint chanter à Aix *la Dame Blanche,* l'un de ses triomphes, comme Richelme fit au concert dont nous parlons dans un de ses triomphes, *Zampa.*

Tous les deux firent ainsi leurs adieux aux concitoyens enthousiasmés.

A partir de ce moment, l'un et l'autre de ces Aixois renommés s'occupèrent de l'enseignement du chant, d'après les méthodes des meilleurs maîtres français et étrangers. Quelle aubaine pour les Marseillais d'avoir à leur succursale du Conservatoire un professeur tel qu'Audran ! La bonne chance qu'avaient aussi les Aixois ou *Cacalians,* [1] si enclins pour l'art de chanter, de pouvoir prendre des leçons de Richelme, lui qui rêvait d'établir une École de Musique dans sa ville natale !

Le magnifique professeur avait alors un appartement rue Villeverte, n° 26, et ses voisins étaient toujours ravis de l'entendre. [2]

Quant au professorat, succédant à la carrière théâtrale, il n'en fut pas de même de Silvain qui, lui aussi, appartenait à une

---

[1] Le surnom provençal des habitants d'Aix, *Cacalian,* confirme exactement ce que nous écrivons : il dérive du verbe *cacaleja, cacalia,* dit Mistral, caqueter, causer joyeusement.

[2] M. Gondran, qui occupait le n° 24, avait fait une photographie de l'ex-ténor, dont M. Héraud a offert un bel agrandissement au *Museon Sestian.*

famille de travailleurs de notre ville. « Sans avoir l'organe si bien timbré et le jeu achevé de Richelme, ou le goût et la distinction d'Audran, Silvain s'était fait applaudir par sa voix agréable et souple, étendue, son chant bien phrasé et son action méridionale. [1]

Frère jumeau de Richelme dans un art si goûté de nos populations, le ténor Silvain soulevait constamment aussi les bravos du public fasciné. Comme l'autre, homme de très bonne conduite, il avait su amasser quelque fortune ; malheureusement, un banquier de Gand lui avait fait disparaître une centaine de mille francs et certain agent d'affaires de notre pays avait presque achevé de le ruiner au déclin de la vie.

Richelme n'a pas eu ces déboires et son château a pu être transmis à la ville, avec le dessein d'y établir un musée essentiellement local.

Ce parallèle de Richelme, d'Audran et de Silvain est on ne peut plus édifiant au point de vue artistique et moral, et pour ne parler que des ténors, dont Aix semble avoir eu le monopole, vers le milieu du siècle dernier, — ce qui a été parfaitement constaté, — nous pourrions non pas nous borner à applaudir ce beau trio d'enfants chéris des Muses, mais parler d'un septuor d'Aixois.

Nous saisissons cette occasion que nous offre le parallèle Richelme-Audran-Silvain pour rappeler les noms d'Arquier, Jubelin, [2] Nègre, Guiot, chanteurs couverts de bravos qui

---

[1] *Le Mémorial*, 16 juillet 1871, Nécrologie.

[2] Le ténor Jubelin vient de décéder à un âge avancé, 82 ans ; ses heureux condisciples, MM. Nègre et Guiot, se reposent sur leurs lauriers entre Touloubre et Lar. Jubelin, élève du Conservatoire de Paris, avait professé le chant à l'École Nationale d'Aix. Nous avons consacré un article nécrologique à « l'artiste Jubelin » dans le *National* (25 avril 1904).

retentissent encore à nos oreilles et dont toutes les feuilles locales enregistrent les éclatants succès.

On l'a bien dit, oui, Aix a le monopole des ténors, grâce au goût inné des Sextiens pour l'art, et grâce à ses deux bonnes écoles de musique : la Maîtrise et le Conservatoire ou École Nationale que Richelme le beau premier a eu la généreuse pensée de fonder.

Livre II. — Le Citoyen.

VI

Lou Castèu dóu Diable, ou villa Richelme « Museon Sestian ».

On reconnaît bientôt le bon citoyen qu'était le fort ténor Richelme par son amour égal du travail et de l'art. de la famille et de la patrie. Cette seconde partie de la vie de l'infatigable travailleur va nous le montrer sous un nouvel aspect. S'il avait un défaut, c'est assurément l'*auri sacra fames* dont parle le poète, ambition légitime qui causa si tôt sa perte, malheureusement.

Au lendemain de son apparition à l'Opéra Comique, c'est-à-dire au commencement de ses représentations à Marseille, l'artiste achetait, en 1832, de Mme Guibert, née Mitre, le domaine dit *Castèu dóu Diable*, appelé aussi Château Martelly, nom d'un bénéficier de Saint-Sauveur. [1] Le tènement était

---

[1] Un peu au sud-ouest dudit quartier se trouve celui du Gourg-de-Martelly. Les armes du chanoine Martelly qui figurent au-dessus de la porte d'entrée (côté nord), sont « d'or, à une fasce d'azur accompagnée en chef d'une tête et col de vache, de gueules, posée en profil » (*Noblesse de Provence*, Reynier de Briançon). La famille Martelly, originaire de Pertuis, compte plusieurs consuls ; le 1er, en 1531, fut ennobli en 1537.

alors de 418 ares, [1] et Richelme paya cette villa 24,000 francs.
Elle est située au terroir d'Aix, quartier du Pigonet.

Le château Martelly avait appartenu précédemment au professeur de la Faculté de Droit, M. Bouteille, aïeul de l'honorable doyen du barreau d'Aix ; il l'avait vendu à Mme Guibert,
le 8 septembre 1817.

Nous ne croyons pas devoir remonter au-delà du siècle dernier pour faire l'historique complet de la villa Richelme, villa
qui marquera dans les fastes de l'histoire locale en conservant
un nom qui nous est cher, — comme le jardin Rambot transmet
à la postérité un nom d'académicien, de philanthrope aixois.

L'artiste se délassait dans son château, où, superbe, il avait
installé les siens, son vieux père, [2]

Heureux, trois fois heureux d'un enfant tel que lui.

Il y faisait de la musique, de la « floriculture », avec délices,
et conviait ses amis, la famille Nègre principalement, à partager son bonheur, — arrivé presque au comble avant l'âge de
trente ans.

Richelme, très enjoué, chantant, jardinant, se plaisait à charger de fruits confits les arbustes qu'il plantait dans son éden, —
délassement poétique ; — il invitait ses visiteurs à cueillir pru-
nes, cerises, abricots dans les plantations qui subsistent encore
en partie. C'est ainsi qu'il disait un jour à la jeune fille de
l'ami Nègre (elle nous a rapporté l'aimable propos) : *aganto,
poulido, aquelo boueno frucho* (prends ce bon fruit, gentille
fillette).

Ah ! quel plaisir d'être soldat !...

chanté avec tant de brio, de gaîté, dans la *Dame Blanche*, se

---

[1] Par acte Me Beraud, transcrit le 4 mai 1832, vol. 222, n° 37.
[2] Il avait déjà perdu sa mère, nous en reparlerons plus loin.

transformait pour notre Georges Brown en celui de jardinier improvisé. Mais, ainsi qu'on va le voir, l'Art favori ne perdait pas ses droits, dans ce jardin d'Armide en miniature.

C'était un peu après 1840, alors que M. Arnaud-Brunet était « privilégié » pour le théâtre d'Aix. Ce directeur habile, qui était en même temps un excellent artiste, chantant aussi bien les rôles de baryton que ceux de ténor, se trouvant un jour embarrassé pour un ouvrage lyrique, se fit accompagner par son pensionnaire le baryton Feraud, — fort applaudi de ses concitoyens, — comme l'est à l'heure actuelle Berone, un autre Aixois, au théâtre de Montpellier.

Dès qu'ils franchissent le portail de la villa, les deux bons chanteurs voient un homme occupé dans l'enclos, et, l'approchant, lui adressent la parole :

— Brave jardinier, y aurait-il possibilité d'entretenir un moment l'artiste M. Richelme ?

— Rien de plus facile, répond celui-ci (c'était en effet lui-même, non reconnu sous le sarrau du travailleur); veuillez entrer au château, Messieurs.

Ils entrent, les deux visiteurs, par la porte du milieu, et le faux jardinier par une porte d'à-côté ; prenant vite un autre surtout, un autre couvre-chef, bientôt il se présente à eux.

Alors notre impresario, — combien de bons souvenirs il a laissés à Aix ! — prie le châtelain de lui donner l'interprétation de telle scène, telle phrase musicale d'un opéra, *Zampa*, nouveauté pour son public assidu.

Richelme se mettant immédiatement au piano, invite Arnaud-Brunet à chanter. Dès les premières mesures, le maître dans l'art du chant l'interrompt :

— Ce n'est pas ça ! ce n'est pas ça !

Et il dit, lui, le morceau avec tant de virtuosité, comme on sait, que les deux visiteurs prirent congé de l'ex-artiste, aussi ravis de son talent que de sa courtoisie.

On l'a souvent remarqué, autant Richelme savait avoir, en scène, des allures de gentilhomme, autant il était plein de bonhomie, au dehors, avec ceux qui l'abordaient ou se trouvaient en contact avec ce parvenu si honnête.

C'est ainsi qu'entre ce vertueux citoyen et ses fermiers les rapports d'affaires étaient des plus agréables. L'un d'eux, *Mèste* Reynier, dont la fille avait épousé le « félibre de la Queirié », Bonfillon, nous a raconté comment il avait passé d'heureuses années dans cette propriété du Château du Diable, qualificatif démodé : *es un bouen bèn, la cremo dei bèn* (c'est une bonne terre, ce qu'il y a de mieux), disait-il, tant il se réjouissait d'avoir traité avec un si charmant homme pour sa métairie de choix. [1]

Ouvrons ici une parenthèse pour dire que le tènement du domaine, à l'époque de la vente à Richelme, était de 418 ares ; il est aujourd'hui de 7 hectares environ, d'après le testament de la nièce, Mme Millault, qui l'a légué à la Ville. [2] Ce domaine a été successivement agrandi par les propriétaires succédant au chanoine Martelly ; un descendant sans doute de l'assesseur d'Aix du même nom, qui se dévoua pendant la peste de 1629, lisons-nous dans le bel ouvrage *Notre-Dame de la Seds*, par le chanoine Marbot.

Quant à l'appellation vulgaire de *Castèu dóu Diable*, il ne s'agit ici ni de contes de revenants, ni de faux-monnayeurs. Le nom de *Castèu dóu Diable (Castellum Diaboli)*, donné par le peuple, n'est autre chose que l'altération de *Castrum duplum*,

---

[1] Dans les environs d'Aix, terroir du Tholonet, est un autre « Château du Diable », dû au bon peintre Cézane, — ce qui induit en erreur, parfois, quelques personnes, confondant la propriété de l'un et de l'autre artiste.

[2] Aux minutes de Me Mouravit (14 mai 1901).

en français Château-Double, ainsi que l'atteste le plus grand des Provençaux. [1]

C'est un bâtiment en très bon état, aux portes d'Aix, par l'ouverture prochaine d'un boulevard faisant suite à la promenade de la Rotonde ; ce boulevard évitera les dangers qu'offrent journellement les rails du P.-L.-M., au passage à niveau du Petit-Barthélemy, pour les deux cents ouvriers de la fabrique d'Allumettes et les nombreux passants des quartiers voisins. Ce sera, de plus, un embellissement de nos environs, à très peu de frais, — avec l'attraction du *Museon Sestian*, — sans compter qu'il est aussi question d'établir l'hippodrome sur les terrains du domaine Richelme, avec Musée Hippique, — une attraction de plus.

Cette belle voie d'accès partira de la grande porte de l'Asile du Mont-Perrin, à la Petite-Rotonde, prendra une partie du mur dudit établissement pour aboutir au centre de la Manufacture Nationale, dont l'agrandissement va étendre les constructions jusqu'aux murs de l'enclos Richelme. [2]

Et là où l'artiste avait fait une espèce de Musée (au 1er étage, dans la pièce du milieu (7 mètres sur 10) donnant sur le balcon, on y admirait sa riche garde-robe et accessoires, ainsi que de magnifiques palmes, couronnes et partitions), dans les galeries de cet autre château Borély en miniature, là, par les libéralités posthumes et selon le vœu exprimé par la donatrice, — nous ne voudrions, grand Dieu ! porter aucune atteinte aux droits des héritiers, — on installera un musée essentiellement

---

[1] V. *Tresor*, de MISTRAL. Des deux vocables : *pas de l'ancie* (anxiété) n'a-t-on pas fait Pas-des-Lanciers ?

[2] Sur notre prière, l'agent-voyer M. Roure s'est empressé de dresser un plan, sur petite échelle, de cette belle voie d'accès. Nos grands mercis. Ce plan a été exposé dans la salle des dépêches du *Mémorial d'Aix*, ainsi que le portrait du ténor Richelme et une vue de sa villa.

local, le *Museon Sestian*, à l'instar de ceux de Limoges, Nancy, Pau, etc.

Le député Enguerrand déposait un projet de loi, il y a peu de temps, pour la création de musées de ce genre dans les principaux centres : l'antique et noble cité de Sextius n'est-elle pas toute désignée pour cela ? Répondant à l'appel du comité, collection-neurs, artistes, littérateurs, voudront contribuer, nous en avons la conviction (d'aucuns l'ont déjà fait), à enrichir ces collections spéciales du Tout-Aix ancien et moderne, y compris les envi-rons, depuis les Saliens jusqu'à nos jours : pièces et reproduc-tions de monuments, de choses rares et curieuses du pays, morceaux de sculpture, peinture, littérature particuliers à Aix et à la région.

Combien de doubles, d'objets de valeur qui encombrent nos vastes dépôts publics, sont relégués ou souffrent faute d'es-pace ? Les ressources ne manquent pas, sur ce sol fécond. Ne vient-on pas de créer, sur l'emplacement de la bataille d'Aix, à Trets, dans la maison commune, un petit Musée histori-que ? Il y a cinq ans, publiant une brochure, les *Bains Sex-tius*,[1] nous formulions le vœu, en parlant de la propriété Ri-chelme, dernièrement léguée à la Ville, qu'on y groupe le plus possible de souvenirs du pays.

En attendant l'installation, dans ses salles, de collections offrant tant d'intérêt par leur spécialité tout aixoise, elles se-ront déposées à l'établissement thermal. M. Cattorini s'est empressé de mettre une pièce du grand hôtel à la disposition d'un comité provisoire, dont M. le Dr Garcin est l'âme. Nous sommes heureux d'ajouter que le premier magistrat de la cité,

---

[1] A l'occasion de l'exposition organisée dans le vaste parc, où se trou-vait une vitrine contenant tous les ouvrages sur nos eaux, — prêtés par le bibliophile P. Arbaud.

d'accord avec bien des membres influents du Conseil, a approuvé avec enthousiasme le projet qui lui était soumis ; parlant de la charmante villa : « En voilà les clefs », nous disait M. Cabassol, ce Provençal de race.

Notre confrère de l'Académie, — l'artiste-peintre Villevieille — a bien voulu nous donner une très jolie vue de la façade nord du Château, — dessin d'une finesse exquise, d'une exactitude rigoureuse. Ajoutons, tout reconnaissant, que le projet patriotique d'une Pinacothèque Aixoise à la villa Richelme a eu une bonne presse.

Eh ! ne pouvons-nous pas, à peu de frais, compter à Aix un troisième Musée, alors que Marseille en possède sept,[1] y compris le populaire *Cremascle !* Cela n'est nullement une imitation du *Museon Arlaten*, ou Panthéon Provençal, comme se plaît à l'appeler parfois son illustre fondateur ; celui-là est, dans le sens le plus large du mot, Ethnographique, tandis que le *Sestian* est surtout Aixois-Provençal.

Oui, grâce à la libéralité posthume de Mme Millault,[2] nous l'avons à si bon compte, celui qui perpétue la mémoire d'un célèbre enfant du peuple, bon artiste, bon citoyen, que nous serions vraiment coupables de ne pas fonder à la Villa Richelme le *Museon Sestian*[3].

---

[1] Beaux-Arts, Histoire naturelle, Archéologie, Numismatique, Musées de Pêche, des Colonies, d'Anatomie, ces deux derniers au Pharo. Nous pourrions ajouter le *Museon Estrumentau de Prouvènço*, fondé par M. de Lombardon-Montezan.

[2] Veuve, sans enfant, d'un officier d'administration. Une trentaine de comptables furent installés à Aix, après la guerre de Crimée, et plusieurs s'éprirent d'amour pour nos Sextiennes.

[3] A l'heure où nous mettons sous presse, et depuis la visite d'un bienfaiteur de la cité, M. Pécoul, un comité s'est formé et travaille avec patriotisme à établir ce musée historique aixois, à l'instar du Carnavalet, du *Cremascle*, du *Museon Arlaten*.

Ce comité est ainsi composé : président, M. Louis Gautier, artiste-

VII

MARIAGE DE L'EX-TÉNOR A LANSARGUES, PRÈS DE MONTPELLIER.
MORT DE RICHELME A NIMES. — SA FAMILLE.

Richelme, qui, sans imiter Fernand dans *la Favorite*,
n'avait point fait le vœu de rester célibataire, comprenait bien,
ayant atteint la quarantaine, qu'il ne devait pas tarder davantage à se marier et chercher une légitime compagne pour partager son bonheur et aussi les peines de la vie.

Il n'en était pas exempt, l'ex-artiste, depuis le jour maudit
où il contracta, sur la scène de Marseille, en chantant si souvent *Robert,* un mal qui ne lui pardonnerait pas. S'il songeait
au mariage, peut-être caressait-il le secret espoir de guérir
d'une hernie de poumon occasionnée par le trop fameux engagement de jouer dans une trentaine de représentations successives l'opéra redouté des forts ténors, où il s'épuisa ; — ne
répétons pas ici le mot d'une vulgarité sans égale.

Avant de se décider pour un projet matrimonial, Richelme,
espérant vaincre le terrible mal, va à Montpellier consulter les
lumières de la Faculté. Il s'installe chez une dame Mira,[1]
maîtresse de pension, et fréquente l'établissement de bains

---

peintre ; vice-présidents, M. Dobler, président de la *Société des Amis
des Arts,* et M. Roman, *cabiscòu de l'Escolo de Lar ;* secrétaire, M. Bi-
cheron, du *Félibrige ;* trésorier, M. Ducros, artiste-peintre ; conseillers,
MM. Alphonse d'Estienne, le professeur Faudrin, le Dr Garcin et l'auteur
de ces pages.

Terminons en disant que M. Dobler a spontanément offert un local, au
Pavillon Vendâme, où sont déjà déposés maints objets offerts au Muséon.

[1] Rue Couvert, 1.

tenu par M. Dumoulin, personnes qui eurent une très grande
influence sur la destinée du malade venu d'Aix-en-Provence.

Tout d'abord, pour ces personnes-là, ce n'est pas tant la
cure prompte de l'Aixois qui les préoccupe que son prompt
établissement dans une nouvelle famille. A cet effet, comprenant ses velléités de se mettre en ménage, les deux femmes
Dumoulin et Mira s'y emploient si bien que, sans perdre de
temps, elles ébauchent un projet d'union entre Richelme et la
fille d'un médecin.

Ah! la bonne fortune pour le consultant herniaire d'avoir
dans sa maison un disciple d'Esculape! Il va sortir de tous les
maux, et l'amour comblera ses vœux. Le voilà fiancé à Made-
moiselle Antoinette-Marie-Agnès-Raymonde-Fernande Bonamaison, future ayant demi-douzaine de prénoms, comme une
princesse (ce qui est un peu théâtral, pour notre « comte
Ory » dans ses débuts). Le père, originaire des Pyrénées, exerçait la médecine à Lansargues et s'y était fixé depuis quelque
vingt ans.

En attendant la guérison du mal pour laquelle Richelme
était allé à Montpellier, il se marie dans l'arrondissement, le
26 novembre 1844; au lieu de hâter le rétablissement du vaillant Provençal, son union avec une jeune et sémillante Lan-
guedocienne ne fait que précipiter un dénouement fatal.

Parmi les témoins de ce mariage, on remarque le père de
notre éminent ami le baron de Tourtoulon, dont le château de
Vallergues était près de la demeure des Bonamaison, et se
trouvaient en très bons rapports de voisinage. Aussi, combien
de notes exactes ne devons-nous pas au fondateur de la *Société
des Langues Romanes* sur le mariage de Richelme! [1]

---

[1] Témoins à la mairie: Pierre Bertrand, banquier à Montpellier ; Jean-
Pierre Marquez, receveur-buraliste ; Jean Rousserain, serrurier ; André
Serières, les trois derniers domiciliés à Lansargues.

En se mariant, Richelme croyait-il à la probabilité d'une progéniture? Il avait un frère aîné, Marius, peseur public, mort beaucoup plus tard que lui, qui avait perdu un fils, Gustave, âgé de 20 ans, des suites d'une chute de cheval, et une fille, la généreuse Sextienne qui devint Mme Millault. L'ex-artiste avait aussi une sœur, Mme Raymond, morte dernièrement.

Ces divers membres de la famille avaient habité le château en compagnie du père Richelme, qui y a fini ses jours, comme sa petite-fille, la bienfaitrice de la Ville. La mère n'en avait point joui, étant morte dans la maison paternelle du ténor, rue du Bœuf, — de la peur qu'elle éprouva, disent les voisins, d'une terrible épidémie de choléra, en 1885.

Mme Richelme (de Lansargues) avait deux frères, médecins comme le chef de la famille; l'un d'eux, le Dr Bonamaison-Masson, dirigeait ces temps derniers l'établissement hydrothérapique de Saint-Didier (Vaucluse).

La veuve Richelme, qui n'a guère passé que deux mois avec son mari, est morte, n'ayant jamais eu d'enfants, environ cinquante ans après, le 10 février 1892. Très peu de jours avant sa mort, l'artiste légua à sa femme une rente viagère qui fut convertie en un capital de 30 à 40.000 francs, par suite d'un accord entre Mme Richelme et les héritiers de son mari.

Aussitôt après son veuvage, elle alla habiter Lansargues. Avec la somme dont il vient d'être parlé, elle acheta un enclos d'environ quatre hectares (même contenance que le fameux Château du Diable), où elle fit construire une maison qu'elle habita jusqu'à sa mort, — maison qu'elle avait eu la pensée reconnaissante d'appeler également *Villa Richelme*. De cette façon, il y en eut deux consacrant un nom aimé, celle de la Provence et celle du Languedoc.

Pour être complet le plus possible, disons que les branches

Richelme de Saint-Maximin et d'Éguilles, de même que celles subsistant à La Combe, [1] ont laissé des rejetons dans le Var, ainsi qu'à Aix et dans les environs, gens non voués à l'art que nous sachions. [2]

Mais nous avons connu à Marseille, il y a quarante ans, un luthier qui avait acquis de la réputation par ses violons, altos, basses, type Richelme, — violons dont le prix variait entre 150 et 1.000 francs, selon les fioritures ornant la caisse de l'instrument. Mme Demontzey, veuve du membre de l'Institut, qui honorait souvent l'Académie d'Aix de sa présence, possède un de ces violoncelles richement sculpté, et le regretté Charles Pourcel dirigeait l'orchestre avec un violon Richelme, ressemblant à la viole ; il en louait la sonorité et la douceur, comme le rénovateur marseillais.

Celui-ci, mort naguère, a publié livre et brochure sur la Lutherie et le Violon ; [3] il était fier, à bon droit, de sa parenté avec le ténor aixois. Combien de gens aiment à se qualifier cousins de quelqu'un qui s'est fait un nom dans les lettres, sciences, arts !

Le ténor Riquelme qui, en novembre 1905, lisons-nous

----

[1] Le principal héritier du ténor Richelme, M. Giraud, y exploite une fabrique de draps. Il est domicilié à Aix, chemin du Petit-Barthélemy, avec sa dame et leurs deux charmantes filles.

[2] A Aix, existe une veuve Richelme, dont le mari était coiffeur, rue Mignet, il y a vingt ans. La veuve Richelme, née Vallier, peut se flatter d'appartenir à deux familles historiques de notre ville : l'artiste et les ancêtres à elle, appariteurs-trompettes durant quatre siècles (Voir *Rues d'Aix*, par Roux-Alphéran).

[3] *Études et observations sur la Lutherie ancienne et moderne*, par A.-M. Richelme, 4 fr. — *Renaissance du Violon et de ses analogues*, par le même. Marseille, imp. Duverger. 1883, in-8°, 2 fr. — Dans cet opuscule, on lit cette épigraphe caractéristique : « Le Luthier, ignorant sur l'acoustique des instruments à archet, n'est en réalité qu'un vrai charpentier. Richelme. »

dans *El Imparcial*, se faisait chaleureusement applaudir au
« Teatro Real » de Madrid, dans *Apolo*, n'est-il pas parent, lui
aussi, de notre Richelme?

> Provençal, Castillan, par bien d'heureux hasards,
> Sont deux frères dans la fraternité des Arts.

Maintenant que nous avons quelque peu dressé l'arbre généalogique du ténor si applaudi, revenons aux époux Richelme,
sitôt séparés par la mort.

Peu de temps après son mariage, le malheureux artiste, venant à Aix pour affaires, est aux prises avec un mal qui ne
lui pardonne pas ; il est obligé de s'installer dans l'hôtel du
Nord, boulevard Falguières, à Nîmes. Le pauvre malade ne
s'arrête pas dans la patrie de Villaret pour s'y fixer, ainsi qu'on
l'a prétendu, mais terrassé par la souffrance physique en pleine
lune de miel.

Il y a deux versions sur cette fin si prématurée. La première,
c'est que le frère, Marius Richelme, et le compagnon dévoué
qu'était M. Nègre, avisés de l'imminence d'un dénouement
fatal, partis immédiatement d'Aix, seraient arrivés à Nîmes
sans avoir la consolation d'assister leur cher Ferdinand-Louis
à ses derniers moments.

La seconde version, bien plus probable, et que confirment
des faits patents, c'est que le *novi* malade, dans une chambre
d'hôtel, se voyant perdu, aurait pressé le fidèle Aixois témoin
de ses triomphes, pour qu'il vienne le voir, ce qu'il fit incontinent, en compagnie d'un autre ami, M. Blachet. Les voilà
auprès du moribond qui leur dit : « *Tenès, mei bèu, vaquito un
souveni* », donnant quelque objet d'art à chacun (voilà un souvenir, chers amis) : « *anas me lèu querre un capelan, que noun
vouéli èsse entarra coumo un chin* » (allez vite chercher un
prêtre, car je ne veux point être enterré comme un chien). Il

fut obtempéré sur-le-champ à ce vif désir d'un comédien bon catholique, — ce qu'il avait déjà prévu dans son testament olographe du 20 septembre 1843, — et il expira le 1ᵉʳ février 1845, à midi.

Le matin même de sa mort, Richelme fait un codicille au susdit testament, pièce importante à bien des points de vue, et que nous analysons dans le chapitre suivant.

VIII

Testament de Richelme et codicille. — Testament de sa nièce, veuve Millault.

Aussi bien en matière d'art qu'en affaires, Richelme était un homme parfait; il l'a montré depuis ses premières représentations à Marseille, où il fut reconnu artiste supérieur, jusqu'au jour où il fit de sa propre main, d'une manière impeccable, le testament que nous avons sous les yeux.

L'artiste et le citoyen vont toujours de pair dans cette carrière brisée après une dizaine d'années de labeur et d'honneur, — temps souvent plus que suffisant pour qu'un industriel, un commerçant arrive à la fortune, à l'aisance au moins, ce que ne réalisent que trop peu d'acteurs de talent.

Se sentant déjà bien malade à l'âge de trente-neuf ans, Richelme, le 20 septembre 1843 (jour anniversaire de sa naissance, seize mois avant sa mort), fit preuve d'une sagacité, d'un patriotisme exemplaires. Dans ses ultimes dispositions, il désigne le Château du Diable sous le nom de Château Martelly, ne se doutant pas que sa famille et ses concitoyens reconnaissants l'appelleraient constamment *Villa Richelme*.

Il lègue cette villa, avec son tènement de terre, à son frère bien-aimé Marius, ainsi que tous les meubles meublants et autres. Suit un alinéa peignant bien son esprit familial, ses

préoccupations d'outre-tombe pour la conservation de cet immeuble.

Autre disposition touchante, après celles relatives aux ren-
tes foncières, à l'argenterie, au linge, et jusqu'à sa montre : « Je
veux que mon dit frère garde Jean-Pierre Richelme, notre père,
auprès de lui, qu'il le soigne sain et malade, et qu'il pourvoie
à tous ses soins et menus plaisirs. »

Un pieux souvenir pour sa mère décédée est ainsi exprimé :
« Je lui lègue aussi ma part de la propriété dite le Bastidon, au
terroir de Gardane, laquelle venait de notre bonne mère. »

Richelme lègue 20.000 francs à sa sœur Magdeleine, épouse
Raymond, sous la condition expresse que cette somme servira
au sieur Antoine Raymond, son mari, dans le cas où il serait
dans l'impossibilité de travailler. Quelle sollicitude pour un
beau-frère, pauvre ouvrier comme il l'avait été lui-même !

On remarque ensuite une douzaine de legs à différentes personnes d'Aix et de Marseille, entre autres : mille francs à l'inséparable ami Nègre, souvenir qui a son prix plus pour l'attention délicate que pour la somme elle-même, et une autre
somme à Louis Barlatier, son ancien jardinier ; c'est ce qu'on
appelle ordinairement un bouquet.

En songeant à sa famille, à ses amis, l'ex-artiste est loin
d'oublier les malheureux de son pays, le culte de ses pères, —
de même qu'il couronne sa noble existence en faisant dans son
testament une place à l'Art. — Richelme avait la religion du
beau, du bien, au même degré.

Voyons d'abord ce qui a trait à la partie philanthropique, puis
à la partie religieuse :

300 francs aux pauvres de la paroisse Saint-Jean-Baptiste
extra-muros (c'est la sienne), qui leur seront distribués le jour
de son convoi. Comme il pressentait qu'il était prochain le dernier jour de sa vie !

5oo francs à chacune des cinq paroisses de la ville d'Aix (désignées nominativement), à la charge de faire dire chacune, tous les ans et à perpétuité, dix messes de *Requiem* pour le repos de son âme ;

5oo francs à l'hospice de la Charité (Sœur Saint-Ignace, fille du fidèle ami Nègre, est à la tête de cet orphelinat depuis plus de quarante ans ; aussi l'Académie d'Aix a-t-elle décerné le prix Rambot à cette vertueuse Sextienne) ;

5oo francs à l'hôpital Saint-Jacques, Hôtel-Dieu d'Aix ;

1.200 francs au Bureau de Bienfaisance, œuvre de la « Miséricorde », plus, au même, 8oo francs pour vingt messes de *Requiem*. Ce legs est cause que l'on y a placé le portrait de l'artiste bienfaiteur dont nous avons pu faire faire une reproduction que nous devons au portraitiste Ch. Bonfillon.

Nous laissons ici la parole à l'iconophile Raymond Ferrier, pour la description de ce dessin à la mine de plomb :

« Richelme est représenté en buste, presque de face, tête nue, cheveux demi-longs, fort bien massés. Les yeux et la bouche, savamment dessinés, donnent à cette figure expressive le caractère, le sentiment et l'effet de l'original. que le dessinateur a su traduire avec infiniment de bonheur et une science approfondie du dessin.

« Poursuivant notre examen, nous le voyons vêtu d'un habit à fort collet (époque Louis-Philippe). Toutes les parties du vêtement sont, à dessein, négligemment traitées, laissant toute la valeur harmonieuse du modelé de la figure et rappelant en quelque sorte la couleur, dont il est difficile d'être un plus fidèle et consciencieux interprète. » [1]

---

[1] L'habile photographe Héraud a fait l'agrandissement d'un cliché de M. Gondran, quand le brillant ténor avait quitté la scène pour raison de santé. Les deux portraits ne peuvent pas se comparer. — L'original, à la Miséricorde, peut être attribué à un peintre aixois de talent, Palenc, qui professait vers 184o.

Dans le testament de Richelme, avec les parents et amis, y compris les pauvres, il y a aussi une amie non oubliée ; voici :

« Je lègue à Celay-Valbon, dite Mme Duval, artiste dramatique, la somme de 2.000 francs, et, en outre, ma garde-robe d'acteur [1] et accessoires de théâtre, etc. » ce qui constituait son musée miniature au Château, selon le témoignage de certains anciens qui l'ont admiré.

Nous en sommes à l'art, à l'une des dernières dispositions les plus intéressantes pour nous Aixois :

« Je lègue à la ville d'Aix, mon pays natal, la somme de dix mille francs, à la condition expresse que son Conseil municipal installera ou créera dans cette même ville d'Aix une École de Musique gratuite et à perpétuité...

« J'invite les amateurs de musique qui peuvent, ainsi que moi et sans faire tort à personne, disposer d'une certaine somme, je les invite, dis-je, à imiter mon exemple et à faire des legs à la ville, afin de l'aider à établir dans son sein une brillante École de Musique. »

Voilà une heureuse pensée pour l'art auquel Richelme doit tout, et quelle délicatesse on voit chez lui quand il invite les musiciens à « imiter son exemple ! »

Pour assurer davantage la destination de ces divers legs, le testateur n'a garde d'oublier son exécuteur testamentaire, Me Bonnet, notaire, l'un des prédécesseurs de l'obligean^t Me Donnefort. Il lui lègue, « à titre d'amitié, une grande pendule représentant Pétrarque à Vaucluse ; » — suit la description d'une belle garniture de cheminée. Si ce bronze d'art avait été retrouvé, en 1874, c'eût été l'une des plus curieuses pièces

---

[1] Le costume de « Robert »; qui n'est pas des plus riches, fut vendu 8oo francs, par l'entremise du contrôleur, L. Martin. Le prix attaché au souvenir du fort ténor augmentait de beaucoup la valeur de ce costume.

exposées, à Aix, rue Cardinale, chez le promoteur du cinquième centenaire de Pétrarque. Quelle joie pour le majoral de Berluc-Pérussis !

Terminons l'examen du testament Richelme, si curieux à tant de points de vue ; nous verrons que l'excellent artiste et bon citoyen, en songeant toujours aux siens, ne s'oublie pas lui-même pour le jour où il disparaîtra :

Ce jour presque éclaira ses propres funérailles,

disait Racine d'un autre personnage.

« Je veux que, dans quelque pays que je vienne à décéder, que mes dépouilles mortelles soient transportées à Aix ; je veux aussi que mon exécuteur testamentaire me fasse rendre les honneurs funèbres convenables, et qu'il fasse faire un caveau de famille pour y recevoir mes dépouilles, celles de mon père, de mon frère, de ma sœur et de ses enfants ; je veux aussi qu'on y transporte les restes de ma bonne mère et ceux de ma nièce et petite-nièce décédées, et qu'il dépense au moins pour cela 3.000 fr. »·

Le légataire universel et l'exécuteur testamentaire de Richelme ont scrupuleusement accompli ses dernières volontés (ce que nous verrons bientôt) après son décès inopiné.

Il a été fait un codicille *in extremis* à ce testament modèle, le 1ᵉʳ février 1845 ; Richelme a expiré ce jour-là, à midi. [1]

Entre autres dispositions, il y a celle d'un legs à sa femme d'une « somme de dix mille francs, laquelle somme est la même que j'avais déjà léguée à la ville d'Aix... » C'en est fait de la création d'une École de Musique rêvée par *lou Cantaire !*

Dans l'extrait de la délibération du Conseil municipal d'Aix, du 7 février 1846, nous voyons que le Maire n'a eu connais-

---

[1] Reçu par Mᵉ Mense, notaire à Nîmes.

sance du legs de 10.000 francs fait à la Ville, pour y établir une École de Musique, que le 28 janvier (Richelme était mort depuis un an à peu près) ; mais que ce legs avait été révoqué par un codicille. Nous n'avons pas à nous occuper des autres modifications.

Dans son testament, [1] la généreuse Mme Millault, imitant l'exemple de son oncle si vertueux, n'a oublié, elle non plus, ni parents, ni amis, ni serviteurs ; elle a mis la noble cité Sextienne en possession de la villa Richelme et tènement de terre. La bienfaitrice aixoise, de cœur et d'âme, a exprimé le vœu qu'on établisse dans son ancienne demeure un musée spécial, — ainsi que nous le disons plus haut. Grâce à la nièce reconnaissante, — la population l'est avec elle, — la mémoire d'un bon citoyen, mort sans postérité, est conservée à jamais.

Indépendamment de la Ville, le *tambourinaire* Andrieux, « megié » du château du Diable, hérite d'une pièce de terre au quartier de Celony, — un « bouquet » encore à l'imitation de celui que l'artiste laissait à son jardinier, comme l'on sait.

M. Giraud (des Richelme par son aïeule) est le légataire universel, et a hérité, presque en même temps, des biens de la sœur du ténor, Mme Raymond, décédée il y a peu.

Un autre héritier de Mme Millault, M. Pardigon, au Pont-de-Lar, et dont la jeune enfant était la filleule de notre bienfaitrice, a eu pour lot une pièce qui, si elle n'est pas d'une importance capitale, est certainement un souvenir artistique d'un grand prix : c'est le piano dont Richelme s'accompagnait avec délices, en chantant des morceaux d'opéra, et qui lui servait pour ses leçons de chant.

Mais ici encore, fatalité (comme pour l'École de Musique) :

---

[1] Du 14 mai 1901, notaire Mouravit, le savant bibliophile, membre de l'Académie d'Aix.

cet instrument précieux, laissé à la campagne, près de Saint-Pons, section des Mille, a été volé; il ne figurera probablement jamais au *Museon Sestian*. De nos jours, on vole les pianos comme les coffres-forts, *ad libitum.*

Arrivons aux pompeuses funérailles de Richelme, à son monument au cimetière Saint-Pierre.

IX

Funérailles de l'Artiste Lyrique et Dramatique. Monument Richelme au cimetière d'Aix.

Ainsi que Richelme en avait exprimé le désir, dans son testament, ses dépouilles mortelles furent « transportées à Aix, son pays natal », et des honneurs extraordinaires lui furent rendus. Son frère, aussi bien que l'exécuteur testamentaire, s'acquittèrent dignement de leur tâche, — et nombreux sont les témoins qui n'ont pas perdu le souvenir de ces somptueuses funérailles.

Voici d'abord ce qu'on lit dans le *Mémorial* d'Aix, du 19 octobre 1845 :

« On nous assure que les obsèques de notre compatriote Richelme, ex-artiste dramatique, décédé, comme on sait, il y a environ neuf mois, auront lieu, vendredi prochain, selon les volontés du défunt ; cette funèbre cérémonie sera faite avec quelque pompe. » Par ce simple fait divers, voilà les nombreux amis de l'artiste, la population aixoise invités à y prendre part.

Il y eut quelque retard, d'après ce que dit la *Provence* du 26 du même mois, sept jours après l'annonce faite par le *Mémorial :*

« Les obsèques auront lieu demain (lundi, 27 octobre), à

9 heures du matin, en l'église Saint-Jean *extra-muros*. Le cortège partira de la Mule-Blanche. » A l'époque, le chemin du Petit-Barthélemy aboutissait presque au bas du cours Sextius, et le château de l'artiste n'en était qu'à deux pas ; il est aujourd'hui à un demi-kilomètre de la Rotonde. [1]

Richelme a fait, comme l'on sait, un noble emploi de la fortune que son talent lui avait acquise, et il s'en était réservé en quelque sorte une légitime et bien minime partie pour lui, quand il ne serait plus de ce monde.

Le même journal, *la Provence*, dit dans le numéro suivant (2 novembre), après la mémorable journée :

« Les obsèques de notre compatriote Richelme ont eu lieu avec pompe, lundi dernier. Le cercueil a traversé nos rues sur un char funèbre. [2] La musique de la ville, qu'on a été étonné d'y voir en costume, exécutait des morceaux de circonstance. »

Pourquoi cette réflexion d'une feuille locale qui avait précédemment annoncé que « Richelme avait laissé une somme pour le corps de musique de notre ville ? » Cette symphonie était sous la direction du maître Gaspard Michel, ce musicien si populaire.

Continuons la reproduction du susdit article, en partie du moins :

« Trois cents pauvres, toutes les œuvres de bienfaisance et

---

[1] En 1856, la construction du chemin de fer a nécessité la déviation de ce chemin qui, au lieu d'aboutir à la grande auberge en question, s'amorce à la Rotonde, au midi du Christ de la Mission.

[2] C'est de ce jour que date l'emploi des voitures mortuaires pour transporter les corps au champ de repos ; le « corbillard », d'abord réservé aux personnes riches, aux grands, sert maintenant aussi bien à ceux-ci qu'aux indigents de l'hôpital, aux malheureux des hospices, moins les tentures et panaches dont il est surmonté aux enterrements de première classe.

un cortège d'amis accompagnaient l'artiste lyrique à sa demeure
dernière. L'absoute a été faite à l'église du Faubourg... »

La Société chorale Sainte-Cécile, sous la direction de Marius Lapierre, y dit un beau morceau funèbre de la composition de Hein, sur un psaume de David, — chant que la même
société, le jour de la fête anniversaire, a exécuté dernièrement
au cimetière pour la mémoire des membres décédés dans le
courant de l'année.

En sortant de l'église du Faubourg, le convoi funèbre passait par la rue des Cordeliers, si populeuse, la place de l'Hôtel-
de-Ville, la rue de la Grande-Horloge ; cet itinéraire, de l'extrémité sud du cours Sextius à la partie haute de la ville, attira
une foule immense à la Cathédrale, là où fut célébrée, en
grande pompe, une messe mortuaire.

Le cercueil, découvert, comme c'était l'usage alors, fut placé
dans le chœur, et l'on entendit une femme du peuple tenir ce
propos, en s'exclamant presque : *pamens, ço que l'argènt fa
faire* (ce que fait faire l'argent, tout de même). Il faut croire
que cette femme-là ignorait tout le bien qu'avait fait le mort si
regretté, si honoré.

Musique, chants, messe solennelle ; char (inusité alors),
avec grands panaches, cocher en livrée, tentures argentées ; de
plus, un nombreux clergé, toutes les paroisses, les enfants de la
psalette et le chapitre métropolitain, faisaient de ce convoi un
enterrement de première classe dans la plus large acception du
terme.

C'était pour un homme de race plébéienne les obsèques
les plus somptueuses qu'on eût jamais vues, — n'ayant d'égales que celles du cardinal Bernet, archevêque d'Aix, en 1844.
— Pour Richelme, aussi, affluence considérable : le plus petit
clergeon comme le plus vénérable capucin, en ce jour de

triomphe posthume, rendaient hommage au vertueux citoyen, au bienfaiteur des pauvres.

Les journaux donnèrent des détails sur sa mort presque subite, ses magnifiques funérailles, — cérémonie touchante dont bien des personnes d'Aix d'un âge avancé ont conservé le souvenir.

Les restes de Richelme furent déposés dans un élégant tombeau de marbre blanc. — Avant d'en faire la description, voici l'extrait des registres de la Cathédrale relatif à la cérémonie :

« L'an 1845 et le 27 octobre, ont été célébrées en l'église Saint-Sauveur d'Aix les obsèques religieuses de M. Louis-Ferdinand Richelme, âgé de 44 ans, [1] ancien artiste lyrique et dramatique, époux de Antoinette-Maria-Ignacia-Éléonore-Fernande Bonamaison, décédé à Nîmes, le 1er février 1845, transporté à Aix dans le cimetière Saint-Pierre et inhumé le 27 octobre.

« En foi de quoi, je soussigné, chanoine-curé (archiprêtre) ai dressé le présent acte.

« Signé : REYNAUD, chan.-curé ».

On le voit, l'ancien comédien avait eu tous les honneurs possibles et dans le temple de l'Art et dans celui du Seigneur.

En entrant au cimetière par le chemin de Saint-Pierre, au fond de la première allée latérale, à gauche, se trouve le mausolée de l'Académie d'Aix ; presque contigu, portant le n° 100, est le monument de Richelme, non pas grandiose, mais d'une vraie élégance. De dimension ordinaire, cette tombe est entourée d'une grille, et la pierre tumulaire porte l'inscription :

A NOTRE FRÈRE LOUIS-FERDINAND RICHELME
ARTISTE LYRIQUE ET DRAMATIQUE

---

[1] C'est par erreur que le registre paroissial porte 44 ans au lieu de 40, Richelme avait à son décès 40 ans 4 mois 10 jours.

La hauteur totale du monument est de 3ᵐ20 ; largeur 1ᵐ81 ;
marbre blanc statuaire, pierre tumulaire Cassis coquillier. On
y remarque artistement sculptée, en relief, une harpe d'un
beau format ; au pied de l'instrument, à droite, se trouvent des
partitions, volumes oblongs, posés à plat, en relief aussi et sur-
chargés de couronnes. A gauche de la harpe, vers le bas, sont
gravées sept portées de musique, avec notes en creux, portées
ainsi disposées : la 1ʳᵉ, chant ; 2ᵉ et 3ᵉ, accompagnement ; 4ᵉ, chant
(suite) ; 5ᵉ et 6ᵉ, accompagnement encore, et la 7ᵉ, chant seulement, — heureux motif de décoration, qui doit être un des
thèmes favoris de notre héros. [1]

Au-dessus du socle décoré avec tant d'art, figure un large
tympan, où se trouve un très joli sablier d'une assez grande
dimension, symbole orné des ailes du Temps, — le tout cou-
ronné par une urne vraiment belle, avec crêpe pendant à
droite.

L'ensemble du dessin de ce sarcophage est d'une correction
irréprochable, et l'exécution des divers motifs est parfaite. C'est
l'œuvre de deux artistes aixois, Bastiani-Pesetti, si connu, et le
professeur Olive, de notre école de Dessin. On peut dire que
le monument est l'un des plus remarquables de notre luxueuse
nécropole, qui compte tant d'œuvres d'art : en la visitant, on
a quelque illusion du *Campo Santo* de Florence, Sant Miniato.

Il y a une cinquantaine d'années, certaine feuille disait que
ce tombeau était surmonté d'un buste de l'artiste. Nos souvenirs ne précisent rien à cet égard. Il se peut bien pourtant
qu'au lieu de la belle urne, il y ait eu l'effigie du « *cantaire* »
en terre cuite, peut-être pendant quelques mois, — œuvre fragile, provisoire, qui n'aurait pas résisté aux intempéries de
l'air.

---

[1] Ces notes sont frustes ; elles paraissent cependant reproduire quelques mesures de *Zampa*.

C'est précisément ce qui est arrivé presque en face du monument Richelme : en 1872, le tombeau des époux Rouard était
orné d'un buste, par Ferrat, du savant bibliothécaire, — reproduction de celui qu'on voit actuellement dans le cabinet du
Conservateur de la Méjanes. Ce buste, gravement détérioré dès
le premier hiver, fut remplacé par une urne.

L'image de Richelme a dû avoir le même sort, si l'assertion
du journal marseillais est vraie. Nous allons voir comment on
pense bustifier le ténor renommé, les documents ne feront pas
défaut pour le félibre du ciseau qui le fera revivre dans le marbre.

En terminant cet avant-dernier chapitre de notre étude,
disons que la reproduction du monument Richelme par la gravure, le crayon, la photographie même, — on fait tant de cartes postales illustrées ! — est chose très intéressante, une pièce
à conserver dans les collections locales, surtout d'objets d'art et
de curiosité.

Plusieurs concitoyens, l'habile photographe Jouven notamment, s'en sont déjà occupés, comme plusieurs ont fait le portrait de Richelme ; de toute façon il vivra au-delà du tombeau.

X

ÉCOLE DE MUSIQUE FONDÉE PAR RICHELME. — HOMMAGE PUBLIC
A L'ARTISTE, AU CITOYEN.

Vers 1840, époque à laquelle Richelme faisait ses adieux à la
scène, — adieux suivis de quelques rares représentations, — il
y eut, en France, dans toutes les provinces, un grand mouvement pour l'établissement d'écoles de musique.

A Marseille, un musicien de valeur, Barsotti, en fondait
bientôt une, qui devint prospère sous sa direction éclairée, et

fut transformée en succursale du Conservatoire de Paris. C'était au moment où la *France musicale* donnait une série d'articles sur l'enseignement du chant, dus à la plume du professeur Manuel Garcia, père de la Malibran.

Ces articles si judicieux, fruit de l'expérience d'une famille de chanteurs, professeurs hors de pair, furent reproduits dans les journaux des départements, et à Aix, par *le Cygne*, feuille artistique et littéraire des plus estimées. [1]

Nous ne saurions résister au désir d'en extraire les deux alinéas suivants :

« Le chanteur qui ignore les sources des effets et les secrets de l'art, n'est qu'un chanteur incomplet et livré à la routine. Il faut que le talent soit développé de bonne heure par une éducation soignée et une étude spéciale. L'étude seule, mais une étude éclairée et opiniâtre, peut fixer l'intonation, épurer les timbres, perfectionner l'intensité et l'élasticité du son. »

L'habile élève de Nourrit, de Ponchard, ce vaillant Richelme, qui avait tant et si bien travaillé, — comprenait toute la valeur de cet argument, lui qui voulait fonder une école de musique à Aix. Mais poursuivons :

« De tous les instruments, la voix humaine est le plus fragile et le plus délicat. Nous signalerons, dit encore le maître Garcia, comme dangereux l'emploi fréquent des sons aigus dans les registres de poitrine et de tête, la force inconsidérée que l'on communiquerait à la voix, etc., etc.... »

C'est ce qui a été si funeste à notre interprète de *Robert le Diable* dans les conditions que l'on sait, et dès les premiers jours de 1841, l'ex-ténor ouvrait un cours de chant dans nos murs, — ainsi que nous le disions dans un précédent chapitre. Ces leçons de chant furent le prélude ou le prétexte d'une cam-

---

[1] N°ˢ des 24 et 31 janvier 1841.

pagne dans les feuilles locales pour la création d'une École de Musique.

Voyons encore *le Cygne* à deux reprises :

« Hélas ! un regret se mêle à toutes les joies… notre orchestre se meurt ; qu'on se hâte d'ouvrir un cours gratuit de musique vocale, et, plus tard, instrumentale, autrement il n'y aura plus d'opéra possible à Aix, qu'en allant chercher des exécutants à Meyrargues ou à Mimet. »

Les rédacteurs de ce journal étaient hantés par la même idée que Richelme, et l'an d'après, ils y revenaient à propos d'une représentation de la *Juive* :

« Les chœurs, l'orchestre étaient maigres ; on vous l'a dit cent fois. La musique instrumentale est aux abois : ouvrez une salle gratuite de Musique, ou vous entendrez bientôt sonner les funérailles de l'opéra. »

D'année en année, la question fait du chemin, et le 20 septembre 1843, dans son testament olographe, l'éminent artiste qui, dans la dernière saison théâtrale, habitué assidu, souffrait de cette pénurie, y insérait des dispositions importantes.

Dussions-nous nous répéter, en voici succinctement la teneur :

« Il lègue à la ville d'Aix, son pays natal, la somme de dix mille francs, à la condition expresse que son Conseil municipal instituera une École gratuite de Musique. »

Et le patriote inspiré invite, avec une délicatesse extrême, les amateurs de musique qui peuvent, ainsi que lui, et sans porter préjudice à personne, disposer d'une certaine somme, à faire des legs à la Ville, afin de l'aider à établir dans son sein une brillante École de Musique. — Ce sont les propres termes de cet amoureux de l'Art.

Mais, il y a un mais ici ; guère plus d'un an après cette ferme disposition du noble Aixois, le 1ᵉʳ février, dans la matinée du

jour où il expirait, un codicille détruisait le beau projet de la
création d'une École de Musique; la municipalité d'alors ne
parut pas trop s'intéresser au projet si caressé; elle laissa les choses où elles étaient, quand elle apprit, dans les premiers jours
de 1846, que le legs Richelme avait reçu une autre destination.

Ce ne fut qu'en 1849 que Marius Lapierre, un admirateur
du ténor célèbre, reprit son idée et fit un cours de solfège gratuit, dans une pièce de sa maison, près l'église Saint-Esprit,
pour les enfants d'abord, puis pour les adultes; ce cours fut
bientôt doublé, triplé. Nos sages édiles, comprenant que l' «art
de combiner les sons » ne devait pas manquer, dans la cité,
au faisceau de l'enseignement, accordèrent au vaillant fondateur un local dans la rue Suffren, — mesure qui fut suivie, en
1856, d'une modeste subvention municipale.

Le Conservatoire d'Aix était fondé sous la généreuse initiative du ténor Richelme; chaque année, la municipalité témoignait de son intérêt pour la nouvelle institution, et, grâce à la
bienveillante sollicitude de M. le sénateur Leydet, un musicien
de talent, cette école si prospère est devenue École nationale de
Musique.

Les mânes du grand chanteur doivent en tressaillir; on y
compte aujourd'hui 300 élèves et 12 professeurs, sous l'habile
direction de M. Poncet, professeurs, hommes et dames, les jeunes filles étant admises à profiter de l'enseignement musical
gratuit. [1]

On ne peut qu'applaudir à tout cela, et en honorant la mémoire de Marius Lapierre, rendons hommage à Richelme, qui
a jeté les bases d'une École de Musique gratuite et publique à
Aix. En en faisant l'historique, l'un des élèves les plus distin-

---

[1] On en comptait 60 parmi les 150 exécutants de la messe de *Requiem*
à la Métropole pour l'ancien maître de chapelle Henri Poncet.

gués, M. Auguste Giraud, président du Comité des fêtes du Cinquantenaire, n'aurait pas manqué d'associer la mémoire du fondateur à celle de l'initiateur Richelme.

Il ne reste plus qu'un *desideratum* pour le lustre de cette école : qu'elle reprenne son titre primitif de Conservatoire et devienne succursale du Conservatoire national de musique et de déclamation.

Maintenant, un hommage public est dû à l'artiste, au citoyen dont nous venons d'esquisser la vie si courte et si bien remplie.

De quelle façon devons-nous honorer la mémoire de Richelme, perpétuer son souvenir, montrer ce noble cœur aux générations futures ? La reconnaissance nous en fait un devoir à nous Aixois, par les bienfaits de toute nature que nous lui devons, —et les malheureux secourus par lui en trouvent un témoignage irréfutable dans le portrait qu'on admire au Bureau de Bienfaisance.

Ce portrait (nous l'avons décrit), l'un des meilleurs de cette vaste galerie, où tant de philanthropes semblent revivre, est un premier hommage de reconnaissance rendu à Richelme.

Avec cette œuvre remarquable de peinture, il en reste à faire une de sculpture, le buste du ténor, — marbre qui a dû figurer sur sa tombe, ainsi qu'il est dit au chapitre précédent. Ce buste, nous le disions aussi, un artiste, son compatriote et admirateur, veut l'exécuter, et l'on se demande s'il doit être mis en remplacement de la belle urne couronnant son monument au cimetière.

Non, beaucoup diront comme nous.

La place de ce buste est à l'entrée de notre ville, fière de ses enfants illustres, tels : le peintre des « intérieurs », Granet, sur la fontaine Bellegarde, et l'auteur du *Désert*, Félicien David, ce glorieux fils adoptif, en face du kiosque de la musique.

A l'extrémité de la Rotonde, près du bureau d'octroi, au point
où va s'ouvrir le boulevard aboutissant entre la manufacture
d'allumettes et la villa Richelme, boulevard portant sans doute
le même nom, et rapprochant d'Aix en quelque sorte la nouvelle
propriété communale, due à la munificence des Richelme, là
est la place marquée du buste, hommage public à l'artiste et au
citoyen.

Aussi bien que dans l'une de nos rues très fréquentées, aussi
bien qu'à la porte des États, à l'Hôtel-de-Ville, des inscriptions
en provençal,[1] commémorent des événements artistiques, littéraires, la stance suivante pourra être gravée sur le piédestal :

A RICHELME

1804-1845

Lou bouen Richèume, fièr « cantaire »,
Tenor coumo se n'ausè gaire,
Qu'en d'opera famous tant bèi role a juga ;
L'artisto fasènt meraviho
Au Grand-Teatre de Marsiho,
Tambèn eicito sa patrio,
Reviéu dins aquest maubre, aro glourifica.

---

[1] Les Félibres de Paris n'ont pas fait différemment à Cavaillon, pour le
grand musicien Castil-Blaze.

XXXVIII

LA CONDITION DES MAITRES D'ÉCOLE

DANS LA RÉGION DE TOULON

Sous l'Ancien Régime

par M. **L. BOURRILLY**, Président honoraire de l'Académie du Var,

Inspecteur primaire à Toulon.

INTRODUCTION

Les débuts de l'instruction populaire en France se confondent avec l'histoire de l'Église. Les premiers enseignements ont été donnés à l'ombre des cathédrales et dans les monastères.

Charlemagne coordonna et amplifia les prescriptions des conciles de Vaison (529) [1] et de Tolède (531 et 633) [2]. Les chroniques nous apprennent qu'il attira auprès de lui l'élite des savants de l'époque et qu'il fonda l'école palatine ; mais l'un de ses principaux titres à l'admiration de la postérité, c'est le soin qu'il mit à la diffusion de l'instruction parmi le peuple.

En 789, mille ans avant la Révolution, il publiait un capitulaire où il recommandait aux prêtres de recruter les clercs

---

[1] Conc. Vasense III, can. I, 529.

[2] Conc. Toletanum, can. I, 531 ; can. XXIV, 633.

parmi les enfants des serfs *(servilis conditionis infantes)* et parmi ceux des hommes libres *(ingenuorum filios)* et l'établissement d'une école dans chaque évêché et chaque monastère. Son principal collaborateur, l'évêque d'Orléans, Théodulfe, va plus loin et, en 797, il provoque un capitulaire, dans lequel les curés étaient exhortés à tenir une école dans les villes et les villages *(Presbiteri per villas et vicos scholas habeant)*.

Mais cet enthousiasme pour l'instruction ne survécut pas au grand empereur ; une décadence complète des écoles suivit de près sa mort et aucun de ses successeurs, après l'émiettement de l'empire, ne se préoccupa au moindre degré d'éclairer le peuple. On traverse ainsi trois siècles, où l'ignorance était générale, hormis chez les moines et quelques membres du clergé séculier.

Un décret du concile de Toulouse, en 1056, porte défense aux laïques, sous peine de l'excommunication, de posséder ou de|retirer les fruits d'aucun bénéfice ecclésiastique, pas même de sacristain ou de maître d'école [1].

En 1179, un canon du troisième concile œcuménique de Latran rappelle l'obligation d'installer auprès de chaque cathédrale une école gratuite pour les clercs et les écoliers pauvres et d'établir des écoles monacales et paroissiales. Les licences d'enseigner ne devront être conférées, et à titre gratuit, qu'à des maîtres instruits et dignes de remplir les fonctions d'enseignement [2].

Le recueil des chartes de l'abbaye de Saint-Victor de Marseille fait connaître qu'elle possédait au XIᵉ siècle une grande partie de la région de Toulon. Il est probable, quoique nous manquions de documents précis, que les moines de Six-Fours

---

[1] Conc. Tolosanum, can. VIII, 1056.
[2] Conc. Lateranense, can. XVIII, 1179.

et d'Hyères, les prêtres séculiers qui desservaient les quelques paroisses répandues dans le voisinage, s'étaient conformés aux décrets des conciles. Certains auteurs l'affirment, mais sans apporter aucune preuve authentique. L'un d'eux dit que les moines de Saint-Victor, dans un temps où le pays venait d'être ravagé par les Sarrasins et restait en butte aux guerres seigneuriales, s'enfermaient dans leurs couvents et que « seuls dépositaires de la science de nôtre pays, ils se faisaient un devoir d'éclairer le peuple et de le protéger » [1].

En 1032, Aicard, vicomte d'Arles, fils de Guillaume II, vicomte de Marseille, de la famille des seigneurs de Cuers, installe dans ce pays des moines de Saint-Cassien, dans un *mansus* qui consistait en une vaste étendue de terre où se trouvaient plusieurs grandes maisons d'habitation pour les religieux occupés aux travaux agricoles et pour ceux qui étaient chargés de l'instruction de la jeunesse [2].

I. — Le recrutement des régents et les baux d'école.

Pour étudier les écoles populaires de cette époque du moyen-âge où commence la vie municipale, les seuls documents que nous ayons sont les comptes des *clavaires*, sortes de receveurs chargés de la comptabilité communale. Leurs livres, où ils ont inscrit au jour le jour les recettes et les dépenses, font connaître, le plus souvent sous forme de simples nomenclatures, les faits municipaux de cette époque lointaine.

A partir du xve siècle, les contrats des municipalités avec les maîtres d'école figurent souvent sur les registres des conseils de ville ou les minutes des notaires.

---

[1] *Annales de Six-Fours*, par M. le comte D'AUDIFFRET, p. 49.

[2] Charte cix. — Collection des Cartulaires de France. Documents inédits sur l'Histoire de France, tome VIII.

Le 14 mars 1427, une somme de cinq florins est votée à Guillaume Peyrard, maître d'école grammaticale à Toulon. Le 1ᵉʳ juin de la même année, Guillaume Amic, prêtre de Collobrières, est chargé de régir les écoles de Toulon pendant six ans, durant lesquels le loyer de son établissement lui sera payé; il n'est pas question d'émoluments. Le régent Amic étant mort avant l'expiration de son bail, il est décidé, pour l'utilité publique *(rey publicè)*, le 15 janvier 1433, qu'un local sera donné à Pierre Gay, régent d'école grammaticale. Ce maître dut exercer peu de temps, puisque le 25 septembre suivant, le Conseil de ville accorde cinq florins à Jauffret Dauphin, prêtre, pour la régence des écoles de grammaire pendant l'année courante. La même somme est payée au maître d'école le 2 août 1442. Quelques années après, l'Officier de la Cour épiscopale réclame certains droits au prêtre chargé de l'enseignement. Le Conseil prend fait et cause pour le régent et décide de prier gracieusement l'évêque de se désister de la prohibition faite aux vicaires de continuer leurs cours. On ne trouve pas trace de la décision de l'évêque (juillet 1451). Dix ans plus tard, le fils d'Antoine Ruffi, de Six-Fours, est choisi pour la régence des écoles de Toulon [1].

Le 12 septembre 1547, le Conseil de la Communauté de la Valette décide de faire venir un maître d'école pour bien enseigner les enfants du pays [2].

La régence des écoles était généralement concédée pour un an commençant à la Saint-Michel, en vertu de contrats pu-

---

[1] Registre du Conseil de Ville de Toulon, Archives municipales : BB. 36, fᵒˢ 32 et 47 ; BB. 37, fᵒ 48 ; BB. 38, fᵒ 33 ; BB. 41, fᵒ 6 ; BB. 42 fᵒˢ 9, 10 et 247.

[2] « Conseilh tengut lo 12 dé settembre 1547. L'an et lo jor ci-dessus esta congregat lo venerable conseilh daquest present luech de La Valetta

blics dont nous possédons plusieurs modèles. C'était un marché à forfait qui s'établissait entre le magister et l'administration consulaire. On ne craignait pas d'entrer dans les détails les plus minutieux [1].

Le Conseil de ville s'entourait quelquefois de l'avis des pères de famille. Le 25 juin 1590, le sieur Boissière, du Luc, est nommé au Puget de Cuers, « après avoir prins le sentiment des abitants qui ont des enfans à envoyer à ladite escole et qui ont été convoqués au Conseil » [2].

Le choix du maître n'avait souvent d'autre garantie que sa bonne réputation et ses services antérieurs. L'autorité ecclésiastique, forte des décisions des conciles et des édits royaux,

---

in lhostal di Sant Esprit. Sount presents davant Moussu lu luochtenent do jugi : Peiré Possel... conseilhers ; que, toti ensen, ant desclarat et hordinat qué sera chosi ung magistré per enshenar los enfants dé la Villo, dounant la comissien à moussous lous consus de l'attrobar (le trouver) au milhor proufit qué sera per la Villo ». (Arch. communales de La Valette).

[1] Acte de régence des écoles par les consuls de la communauté de Cuers en faveur des sieurs Dollonne et Laugier. — 25 septembre 1658. «... Le dit Dollonne sera tenu, comme promet de tenir sieur Pierre Laugier, son second, d'enseigner la jeunesse de grammaire, lire et escrire chascun par ordre de ce que pourront être instruit avec les paches (conventions) suivantes : 1° Qu'ils seront tenus de faire leçon matin et soir à tous les escolliers capables de la grammaire ; dire leçons à tous les escolliers de la Ville, comme fut toujours pratiqué sans rien prendre de la dicte leçon ordinaire, faire d'exemples et enseigner à escrire ; 2° Plus que tous les dimanches et jours de festes, lesdits sieurs Dollonne et son second convoqueront leurs escolliers dans le collège, et de là les conduiront à l'église pour ouïr la grande messe et vespres et les contenir dans la dessance convenable et bonnes instructions à la dévotion. Comme aussi marcher et conduire iceux à toutes les processions, le tout avec soin et fidélité. Ce bail est fait moyennant le prix et somme de 120 livres, savoir 90 livres au dit Dolonne et 30 livres au dit Laugier second ». Arch. communales de Cuers.

[2] Registre des délib. du Conseil mun. de Puget-Ville. — (Arch. départementales BB. 16).

donnait son agrément à ces nominations qui ne devenaient définitives qu'après l'approbation de l'évêque.

On appelait parfois un notaire pour passer le bail des écoles [1]. Il arrivait aussi que la municipalité s'adressait directement à l'évêque pour la désignation d'un maître

---

[1] Bail des escholles pour la communauté de Cuers, 1594. « L'an mil cinq cens nonante-quatre et le sixiesme jour du moys de octobre advant midy, sçachent tous que constitués en leurs personnes, par devant nous notaire royal soubsigné, témoings soubsnommés, messire Jehan Barrallery, docteur en médecine, messire Jehan Baffier, conseul.

Lesquels par eux et leurs successeurs et desquels ont dict avoyr charge de ce faire, ont baillié à mestre Antoine Revest du lieu du Castellet, présent, acceptant, stippullant savoir le régime et gouvernement des escholes et jeunesse du dict Cuers, pour le tems et spasse d'un an complet, prochain et advenyr, comptable dès le jour de saint Michel dernier et semblable jour finissant, au salayre et réchompense de trente escus sol à soixante soulz pièce, payables par la dicte commune au thrézorier, par icelle au dict mestre Revest par quartenier de sept escus et demy sol de dicte valeur chascun a comencement avec paiche (accord) entre les dicts sieurs conseuls et mestre Revest qu'il sera teneu de bien endoctriner la dicte jeunesse tant du dict Cuer que forains en toutte piété et bonne religion comme aussy en bonnes lettres, la mener en l'esglise tous les dimanches et festes, et les veillier à vespres.

Aussy que les dicts Conseuls luy feront avoir et tenyr les dictes escholes le tems durant, que les baillieront à aulcun aultre. Lequel bail et toutes les choses, au present acte contenues ont promises avoyr aggréables, fermes et valables sans jamais y contrevenyr, à peine de payer tous despens qu'a faulte d'observations des choses susdites s'en porroient ensuyvre. Et pour ce faire et observer ils ont soubmis et obligé sçavoyr le dit mestre Revest tous et chascuns ses biens et droicts présents et advenyr et les dicts Conseuls tous et chascuns les droicts présents et advenyr de la dicte Communauté, aux cours de submissions de la ville d'Hières et toutes aultres de Prouvence.

Ainsins l'ont promis, juré et requis acte et publyé au dit Cuers. Présents : Mestre Jacques Cathalan, du dict Cuers, mestre Louis Roustang, du lieu de La Cadière, temoings requis soubsignés qui ont sceu escripre, Et de moy Antoine Barry, notere rouyal du dict Cuers ensuyte ai cy soubsigné. » (Extrait des minutes de M. Grisolle, notaire à Cuers.)

d'école [1]. Mais, dans la plupart des cas, l'évêque ne faisait que ratifier le choix du candidat présenté par le Conseil de la communauté. Alors seulement pouvait avoir lieu l'installation officielle [2]. Le curé ou le recteur de la paroisse assistait généralement aux séances du Conseil et notamment à celles où l'on s'occupait des régents. La signature des curés sur les registres des délibérations précède même celle des consuls et la présence du prêtre semble devoir assurer l'acceptation des propositions faites à l'évêque ou à ses vicaires généraux chargés de représenter leur supérieur.

Lorsque plusieurs candidats se présentaient pour la même école, le plus capable était nommé après une sorte de concours ou « dispute » présidé par une Commission composée de notables. La dispute était parfois fort vive.

En 1561, le sieur Cyprien Coffre, de Toulon, se plaint aux

---

[1] A Messieurs les Consuls de Signes,

Monseigneur a reçu la lettre par laquelle vous lui demandez un maître d'école. Il m'ordonne de vous répondre que si votre demande est pour M. Borel, le père, il est fâché de ne pouvoir vous l'accorder, puisqu'il lui avait défendu d'enseigner, et que les informations qu'il a prises sur le fils ne lui sont pas favorables. On lui a dit que c'était un homme livré à ses plaisirs et aux compagnies, et qu'il était toujours avec des filles. Un pareil exemple n'est pas favorable aux écoliers. D'ailleurs, on n'a pas envoyé d'attestation de ses vie et mœurs donnée par M. le Curé. Cet article le regarde et c'est sur votre demande et votre attestation que Monseigneur examine sa capacité. Il sera charmé de vous faire plaisir quand vous lui présenterez des sujets capables.

. A Marseille, le 25 octobre 1743. Boyer, prêtre secrétaire. (Archives communales de Signes.)

[2] Lettre d'autorisation d'enseigner à Solliès-Pont, du 17 août 1742 : « Louis Albert, évêque de Toulon, suffisamment informé de la piété, bonnes mœurs, etc., permettons au sieur Joseph Arbaud de tenir école au Pont, lui enjoignant d'enseigner la doctrine chrétienne, le catéchisme du diocèse, la fréquentation des sacrements et les offices de la paroisse *et d'en donner exemple...* » (Archives paroissiales de Solliès-Pont. »

consuls de ce que l'on a arraché les conclusions qu'il avait affichées sur la porte de la cathédrale et qu'il est prêt à soutenir.

Dans les comptes trésoraires de 1612 [1] à Solliès, on trouve la mention du paiement fait à deux avocats chargés par le lieutenant d'Hyères de venir présider le concours de régent des écoles. Et dans une délibération du Conseil de la même commune, du 18 septembre 1661, on lit qu'attendu qu'on n'a pu « demeuré d'accord du régent des escoles, il y a lieu de les mettre à la dispute » [2] devant la personne qui sera envoyée par le supérieur des jésuites de Toulon.

Les baux avec les magisters, nous l'avons vu, n'étaient passés que « pour le temps et espace d'une année », mais, ils étaient susceptibles de renouvellement avec le même titulaire s'il convenait au curé et aux paroissiens. Parfois, le régent devait faire un stage avant d'être admis définitivement [3].

Le choix n'était pourtant pas toujours entouré des meilleures garanties; car « la préférence, dit un texte du temps qui offre évidemment une certaine exagération, est toujours accordée à ceux qui offrent leurs services au moindre prix et qui lors de la convention payent le plus à boire à la communauté » [4].

En 1667, plusieurs pères de famille et quelques conseillers de Collobrières protestent contre le choix qu'a fait la commu-

---

[1] Archives départementales.

[2] Ibid.

[3] Conseil du Castellet, du 12 juin 1757. « Le sieur Jean-Baptiste Gantelme s'est présenté pour régenter les écoles pendant trois mois pour voir s'il sera agreable aux habitans sauf ensuite à l'agreer ou à le renvoyer. Pendant ce temps, le régent ayant donné des marques d'un homme capable pour l'éducation de la jeunesse, et comme il a obtenu l'approbation de Mgr l'Evêque de Marseille, il est nommé définitivement. » (Arch. comm. du Castellet.)

[4] MATHIEU, *L'Ancien régime dans la province de Lorraine et Barrois.*

nauté du moins capable, disent-ils, des deux candidats à la régence des écoles et notifient leur protestation aux consuls par exploit du 6 septembre de Veyrier, sergent royal du lieu de Pignans. Les consuls répondirent par un refus catégorique à la sommation qui leur était faite.

II. — Les traitements des régents.

L'extrême modicité des traitements des régents était un grand obstacle à leur recrutement.

Nous avons relaté que Pierre Gay, de Toulon, recevait, en 1427, « les gaiges habituels de cinq florins par an », et avait, en outre, la jouissance de la salle de classe. Ce traitement fut porté ensuite à 12 florins; mais, en 1448, la caisse municipale devait se trouver dans une détresse extrême, car, par délibération du 17 janvier, défense est faite aux créanciers de la Ville de demander l'argent qui leur est dû, les gages du maître d'école sont ramenés à 10 florins et le loyer est laissé à sa charge « attendu que la communauté est sans ressources ». Cependant, on revient à des émoluments plus sortables, puisqu'en 1481, ils étaient de 20 florins. En 1558, le recteur des écoles, Jacques Beauseur, a juste le double, et dix ans plus tard ils étaient portés à 120 florins. En 1621, la dépense des écoles a considérablement augmenté. Elle était destinée à deux sortes d'établissements : « 1º Il sera employé la somme de 150 livres pour chacun des trois régents du collège à créer; 2º M. Montmejean, maître d'écriture, sera chargé, moyennant 100 livres par an, « d'enseigner l'écriture et l'arithmétique aux pauvres enfants de la Ville que lui envoiront Messieurs les consuls » [1].

---

[1] BB. 48, fº 448; 54, fº 278; 53, fº 454 et 511; 54, fº 28, 403 et 556; 55, fº 6 et 71. (Archives communales de Toulon.)

En 1572, un traitement de 7 écus de 4 florins pièce et l'usage de la salle d'école sont donnés au magister du Puget de Cuers ; ces émoluments sont de 8 écus en 1615.

La communauté de Bormes payait, en 1646, 12 écus à Jacques Cotte, régent, et 8 à un aide. Celle du Castellet était plus libérale : elle donnait, en 1694, 180 livres au régent Gaspard Manfroy et 100 livres à son adjoint, Marc Décugis, « lieutenant de la jeunesse ».

Nous pourrions multiplier les exemples, car les documents municipaux abondent sur cet objet.

A l'allocation municipale, à moins de stipulation contraire, s'ajoutait une modique rétribution scolaire.

En 1787, le magister de Belgentier avait 100 livres de gages, augmentés d'une rétribution de 8, 15 et 20 sols par mois selon que les élèves apprenaient l'alphabet, l'écriture ou l'arithmétique. On n'enseignait qu'une matière après l'autre.

Le conseil municipal de Collobrières, en 1714, désigne comme régent « le sieur Honoré Ginouvès aux gages ordinaires de 60 livres que la commune accorde annuellement au maître d'écolle, et par dessus cela se fera payer aux enfans qui liront l'alphabet 4 sols par mois ; à ceux qui liront le livre de *Notre-Dame* 6 sols ; à ceux qui liront les livres et le françois et qui commenceront à lire la BC 8 sols, et ceux qui liront et chiffreront 10 sols, et enseignera les pauvres charitablement et gratis... »[1]

Mais non seulement les gages des maîtres d'école étaient en général infimes ; ils étaient parfois très irrégulièrement payés.

La première prébende du chapitre de Toulon devait, aux

---

[1] Délibération du Conseil de la communauté de Collobrières, du 22 juillet 1714. (Archives municipales.)

termes d'une ordonnance royale, être affectée à la formation du traitement du régent. Or, le Chapitre paya une année seulement et laissa ensuite toute la charge à la commune qui réclama, en 1613, devant le Parlement d'Aix et obtint gain de cause. Nous possédons la requête des consuls de Toulon et l'ordonnance favorable du Parlement.

En 1606, le sieur Sigalon, régent de Collobrières, devait recevoir 12 écus de gages et un mandat de la moitié de cette somme lui avait été délivré par les consuls ; mais le trésorier municipal, au lieu de s'exécuter, invita le régent à se faire payer par quelques débiteurs de la commune qui avaient négligé d'acquitter leurs impôts l'année précédente. Sur la plainte formelle de Sigalon, le bailli de Collobrières donna raison à ce dernier, et, par exploit d'huissier, saisie d'un *âne* fut opérée chez Martin Vallense, trésorier, comme gage de l'arriéré dû au maître d'école [1].

Si l'examen des documents municipaux permet de relever de nombreuses négligences dans le payement des gages scolaires, nous ne saurions passer sous silence un acte de générosité qui est mentionné dans les archives de Puget-Ville et qui

---

[1] « L'an mil six cens sept et le vingtième jour du mois de janvier en vertu du décret sy dessus par copie taxé par Monsieur le bailli de ce lieu de Coulloubrières et à la requeste de Mᵉ Antoine Sigalon, régent des escolles dud. lieu, avoir faict commandement en tel cas requis à Martin Vallense, trésorier moderne, de payer dans trois jours la somme de six escus mentionés à la susd. requeste et depans aud. impétrant, lequel parlant à son domicylle, et à la personne de sa femme qui a dict qui navoient point d'argent pour payer led. mandat. Certifie je sergant rouyal aud. Coulloubrières sobssigné et prenant son dire pour refus... Come pour lors avoir pris un asne de poil gris pour n'avoir trouvé autre gage plus exploitable, et iceluy desplacé et mis en sequestre entre les mains et pourvoyr de Louis Audibert, hoste dud. lieu... » Signé : BRÉMOND. (Arch. comm. de Collobrières.)

fait honneur autant aux autorités locales qu'à celui qui en fut le bénéficiaire.

En 1771, le Conseil de la communauté vota un secours annuel de 90 livres à l'ancien régent Rostant qui, devenu infirme, était dénué de ressources [1].

III. — Interruption dans le service scolaire.

L'extrême modicité des gages et de la rétribution, les baux annuels et l'instabilité qui en résultait pour les maîtres étaient cause de la |difficulté et des mauvaises conditions du recrutement ; ils étaient également la cause d'interruptions fréquentes dans le service scolaire et de la faiblesse de l'enseignement.

En 1693, le Conseil de la communauté d'Évenos « donne pouvoir aux consuls nouveaux d'establir une personne capable pour faire la régence des escolles de ce lieu, et ce, pendant une année aux appointements n'excédant pas 100 livres ». Ce vœu ne fut pas suivi d'exécution faute de régent. Il en arriva de même l'année suivante et jusqu'en 1706. De nouvelles et

---

[1] Délibération du 21 juillet 1771 : «... Le sieur Maire a dit que le sieur Rostant, ancien régent des écolles, ayant presque perdu la vue, ne pouvant plus exercer la régence, a representé qu'ayant pas de moyen pour survenir à la vie, il demande que la comunauté luy donne quelque chose pour se subsister, n'ayant pu s'épargner aucune chose dans le tems de sa régence quoiqu'il aye agy avec toute l'exactitude possible, requerant d'y déliberer.

« Sur la dite proposition, le conseil, considérant la nécessité où se trouve le sieur Rostant et de la manière qui a agy pour l'éducation des enfans du lieu, a délibéré de lui accorder, *sa vie durant*, la somme de quatre-vingt-dix livres chaque année payable en deux payements par avance, soubs le bon plaisir, neanmoins de Monsieur l'Intendant, le Conseil donnant pouvoir aux sieurs Maire et Consuls d'envoyer au dit Seigneur Intendant l'extrait de la présente délibération et le supplie de vouloir bien l'autoriser. » (Arch. comm. de Puget-Ville.)

longues interruptions eurent lieu de 1711 à 1718 et de 1748 à 1767. De sorte que, de 1683 à 1789, l'école d'Évenos fonctionna pendant 44 ans et fut fermée pendant 62 ; car, nous ne trouvons nulle part la mention qu'une école purement libre et payante ait existé pendant que la communauté retirait sa subvention ou manquait de régents municipaux. Le 12 février 1769, le Conseil général du Castellet représente aux Consuls que « depuis quelque temps il n'y a point de régent d'escole, ce qui donne lieu à la jeunesse de se pervertir, n'ayant personne pour les conduire et les éduquer ».

Le Conseil de Puget-Ville, à la veille de la Révolution, se lamente sur l'école de la commune, et il est bien obligé de reconnaître que pour pouvoir assurer le service scolaire et faire un bon choix, il ne faut pas hésiter à faire quelques sacrifices [1].

IV. — Cumul de fonctions diverses avec la profession de régent.

La situation extrêmement précaire des maîtres d'école les obligeait à cumuler des emplois très divers en dehors des fonctions d'église, d'école et de mairie. Le régent était conducteur de l'horloge paroissiale à Puget-Ville et à Pierrefeu ; cabaretier, étapier, trésorier de la commune au Beausset, où l'ermite de Saint-Laurent fut chargé de régir les écoles en 1737.

Dans diverses délibérations du Conseil de Saint-Nazaire-du-

---

[1] Délibération du Conseil de Puget-Ville, du 27 février 1780 :

« ... Le sieur Maire a dit qu'un des principaux objets de leur administration était de veiller à ce qui soit donné une bonne éducation aux enfans ; il voit, d'après plusieurs observations qui lui ont été faites, que le vœu public, ni les intentions du gouvernement ne sont remplis au Puget. En effect, chacun s'aperçoit que l'on voyait autres fois d'enfans bien jeunes qui avoient profité des leçons qu'on leur avoit donné à propos et sa-

Var, relatives à la situation financière, on remarque un article ainsi conçu en bloc : « Honoraires des magistrats, régents des écoles, vallet de ville, commis du piquet, entretien de l'horloge. » La somme variait au-dessus ou au-dessous de 600 livres. Il est probable que le régent remplissait plusieurs des fonctions ci-dessus énumérées.

D'autres fois, les régents joignaient à leurs occupations très diverses certains travaux manuels. Ils étaient vanniers, cordonniers, tailleurs, cultivateurs, etc.

Mais si la profession de régent fournissait rarement de quoi se suffire à celui qui l'exerçait, il est permis de croire que beaucoup d'autres professions dites libérales n'étaient guère plus lucratives dans les petites localités.

Les comptes trésoraires de la commune de Solliès portent en 1618 le payement de 100 livres de gages à un docteur en médecine en qualité de régent des écoles ; ses honoraires comme docteur étaient de 45 livres seulement. L'année suivante, le docteur-régent ne devait pas être en fonds puisqu'il reçut un *à-compte* de *cinq livres* sur un quartier de ses gages.

---

voient leur compte à l'âge de 12 ans, mieux qu'on ne voit aujourd'huy à ceux de 15. Les principes de lecture et d'écriture ne sont pas moins negligés, de sorte que sous peu d'années *on trouvera à peine en ce lieu six personnes qui sachent seulement signer, parmi cette pépinière d'enfans qui doit un jour former ce conseil et régir cette Communauté.*

Le sieur Maire s'étant occupé et ayant pris l'avis de M. le Curé de ce lieu, de plusieurs autres personnes de connaissance, pour découvrir d'où vient cette décadence, croit qu'elle ne vient que de la modicité des gages du régent qui ne sont pas suffisans pour entretenir un maître et un bon maître.

En conséquence, il propose au Conseil d'augmenter les gages du Régent et de les porter à 300 livres sans qu'il puisse exiger aucun salaire des écoliers, après en avoir obtenu l'autorisation de Monseigneur l'Intendant ». — Adopté.

(Arch. comm. de Puget-Ville.)

En 1656, maître Louis Allamandi, docteur en médecine, « régentait les écoles de Solliès de concert avec messire Jean Giraudi, prêtre ».

En 1707, le Conseil de Collobrières n'admet pas que le maître d'école soit en même temps greffier du seigneur du pays, par la raison qu'il ne peut remplir convenablement les deux fonctions à la fois ; et, après l'avoir mis en demeure de choisir, il le remplace par un autre régent.

A Évenos, deux chirurgiens du lieu, Michel François et De-lau Esprit, tiennent l'école de la commune pendant vingt ans (1730-1750), moyennant 150 livres par an [1].

Les comptes trésoraires du Puget, en 1657, mentionnent le payement de 15 livres fait à « Pierre Mouttet, sirurgien, pour avoir servi de régent aux escolles du Plan ».

En 1767, le sieur Jean Gueit, régent d'Ollioules, est en même temps conducteur de l'horloge, contrôleur et peseur de la viande à l'abattoir.

V. — Gratuité de l'enseignement pour les enfants pauvres.

Le principe de la gratuité pour les enfants pauvres avait été admis de bonne heure par beaucoup de communautés.

Dès le xvie siècle, la gratuité paraît avoir été nettement établie à Toulon, par exemple, comme le prouvent divers actes passés pour la régence des écoles. Ainsi un bail du 1er août 1658, passé par les Consuls en présence du Chapitre qui fournit les gages du régent Fulconis, fixés à 120 florins, obligea ce dernier à instruire les enfants de la ville « tant de bonnes lettres, chascung pour son degré, que bonnes mœurs et au service de Dieu *gratuitement* ».

Une délibération du Conseil ordinaire de la communauté

---

[1] Délibérations du 29 mai 1730, du 21 novembre 1744 et du 18 juin 1747. (Arch. Comm. d'Évenos.)

du Beausset, du 21 juin 1626, porte que maître Claude Fulconis s'engage à servir la communauté pour le prix de 45 livres.

Ledit Fulconis est accepté aux gages ci-dessus, moyennant quoi il sera tenu de « bien enseigner les enfans que les particuliers luy envoyeront *sans qu'ils soyent tenus de rien payer*, et ledit Fulconis sera tenu de trouver ses conditions pour son entretien. »

Ce maître exerce ainsi pendant quatorze ans. Il devait être nourri et logé par les familles ; car on trouve dans une délibération de 1646 que maître Jacques Anthoine, régent de la grande école du Saint-Esprit, recevra la somme de 36 livres « oultre et pardessus les sallaires qu'on avait accoustumé de luy donner pour franchir les particuliers de la nourriture et maison quil luy donnoient ».

Cet état de choses dura quarante années, et en 1686, les gages furent augmentés de 15 livres.

On a vu qu'en 1647, les deux régents de Bornes recevaient un salaire de 48 et 24 livres ; mais c'est à la condition que ces maîtres « seront tenus de prendre et enseigner les pauvres enfans orphelins quy vouldront aller à lescolle sans luy faire rien payer ».

Au Castellet, la gratuité absolue avait été établie par une délibération du 25 octobre 1739, portant que « le sieur Ginoux, du diocèse d'Embrun, s'est offert de régenter les escolles moyennant 180 livres par an sans qu'il puisse rien exiger des parens des enfans qui iront à son escolle ». Ce principe est rappelé dans un règlement scolaire municipal du 17 juin 1742 ; mais il ne put être maintenu à cause de la réduction que l'Intendant de la Provence fit subir aux gages fixés. En effet, le 1er mars 1745, le sieur Joseph Barthélemy offrit de diriger l'école aux gages de 90 livres (au lieu de 180) par an, « moyennant quoy il seroit libre aux habitans de luy donner ce qu'ils trouveront bon ». Il fut agréé à cette condition.

Le Conseil du Puget décide, le 27 février 1780, qu'il sera payé à l'avenir 3oo livres de gages au régent sans qu'il puisse exiger aucun salaire des écoliers.

La gratuité absolue, en dehors des écoles de charité, des écoles pies, des écoles des filles pauvres de Toulon, — au sujet desquelles nous sommes particulièrement documentés — la gratuité absolue, disons-nous, n'est ainsi nettement formulée que dans quelques localités ; mais il est permis de supposer qu'elle existait aussi là où l'on ne trouve aucune trace de tarif pour la rétribution et que l'allocation municipale avait partout pour but et pour effet l'admission gratuite des indigents.

VI. — Le mouvement en faveur de l'instruction.

Dans la seconde moitié du xviiie siècle, le mouvement des esprits s'accuse de plus en plus en faveur de l'instruction, même dans les campagnes.

Ici c'est la requête des Consuls de Bormes demandant, en 1763, l'autorisation pour la Communauté de donner 3o livres de gages à la maîtresse d'école, qui ne fera payer aucune rétribution, et le refus de l'intendant. Nous publions la requête et la réponse [1].

Là, c'est le Conseil de Puget-Ville qui, en 1780, fait une motion chaleureuse en faveur de l'instruction et se lamente

---

[1] A Monsieur le Président et Intendant :

« Supplient humblement les sieurs Consuls et la Communauté de Bormes ; *remontrent que de toutes les dépenses que sont obligées de faire les Communautés, il n'en est point de plus indispensables et de plus utiles que celles qui sont employées à l'éducation de la jeunese. C'est cette première éducation qui développe les bons sentiments et qui est seule capable de former de bons citoyens.* Fautte d'une bonne maîtresse d'ecole dans le lieu de Bormes, les pères et mères qui, d'ailleurs trop occupés de leurs affaires particulières pour porter des soins assidus à l'ins-

sur le triste état des écoles de la localité ; c'est la municipalité du Revest qui, en 1706, est désolée de n'avoir plus d'instituteur depuis un an et qui fait l'impossible afin de se pourvoir d'un bon maître « parce que le deffaut d'instruction de la jeunesse est très prejudiciable au public » ; c'est la communauté d'Ollioules qui, en 1724, vote un traitement convenable au régent et qui est disposée à ne pas ménager les sacrifices, « la jeunesse de ce lieu, dit-elle, ayant un extrême besoin d'aprendre la vertu et les belles lettres qui leur procureront plus d'avancement ». Ailleurs, c'est Carnoules qui, en 1782, demande l'autorisation de maintenir les émoluments du régent à 150 livres, afin d'avoir un maître çapable et de bonnes écoles, et n'obtenant pas satisfaction, proteste directement auprès du ministre

---

truction de leurs filles, sont obligés de les laisser languir dans l'ignorance, ce qui est un inconvenient des plus dangereux et auquel on ne sçaurait trop remédier. Aussi les suplians animés du zèle que tout bon administrateur doit avoir pour la patrie ont-ils assemblé un Conseil général de la Communauté le sixieme juin dernier qui a approuvé pour maîtresse d'école la demoiselle Hémérig dont les bonnes mœurs et l'expérience sont connues et vu l'utilité d'en avoir une pour l'instruction et éducation des jeunes filles, a déliberé de lui donner *trente livres de gages touttes les années, sans pouvoir exiger autre chose....* Une dépense de trente livres touttes les années pour un objet aussi important n'est point assurément d'une bien grande considération. Aussi les suplians espèrent-ils que Votre Grandeur voudra bien en accorder la permission et ils ont, à cet effet, recours à votre justice.

« Signé : Veyrier ».

Reponse négative de l'Intendant :

« La Communauté étant hors d'état d'augmenter ses charges, il n'y a pas lieu d'autoriser la délibération dont il s'agit. Fesons deffences aux Consuls et administrateurs de faire payer aucuns gages à la maîtresse d'école des deniers de la Communauté, *à peine d'en répondre en leurs propres et privés noms.*

Fait à Aix, le 8 octobre 1763. « Signé : De Latour ».

(Archives communales de Bormes.)

des Finances, auquel l'Intendant, consulté, écrit l'étonnante lettre qui suit :

« Je dois, Monsieur le Ministre, vous observer que cette depanse étant à la charge de la communauté, le peuple y contribue sans en proffiter, ce qui ne paraît pas juste. Ces établissements ne peuvent être utiles qu'aux personnes aisées ; elles doivent, par conséquent, pourvoir en particulier au traitement du maître d'école. Non seulement le bas peuple n'en a pas besoin, mais j'ai toujours trouvé qu'il convenait qu'il n'y en eût point dans les villages. Un paysan qui sait lire et écrire quitte l'agriculture pour apprendre un métier, ce qui est un très grand mal. C'est un principe que je me suis fait, et je suis parvenu à empêcher bien des établissements de cette nature dans des lieux où ils tirent à conséquence.

« J'ai lieu de croire que vous adopterez cette façon de penser et que vous rejetterez la demande des consuls de Carnoules »[1].

Le ministre approuva l'Intendant par décision du 14 novembre 1782.

Telle était la situation de l'instruction populaire à la veille de la Révolution, c'est-à-dire au moment où les États Généraux allaient se réunir et formuler d'une manière énergique, dans leurs cahiers, les aspirations de la Nation aussi bien sur l'instruction publique que sur les autres branches de la vie sociale.

L. BOURRILLY.

---

[1] Lettre de l'intendant de Provence, du 26 juillet 1782, au ministre Joly de Fleury, contrôleur des Finances, en réponse à la communication d'un mémoire de protestation adressé à ce dernier par la communauté de Carnoules. (Arch. départementales.)

XXXIX

Les débuts de la science du droit en Provence :

IOHANNES BLANCUS MASSILIENSIS

par M. Robert CAILLEMER,

Professeur agrégé d'histoire du droit à l'Université de Grenoble,
Membre de la Société d'Études provençales.

L'histoire du droit médiéval est partagée en deux par un fait qui a exercé son influence sur toutes les branches de la vie juridique : la renaissance de l'étude et de l'enseignement du droit romain. Jusqu'alors, l'Europe occidentale, le monde romano-germanique a vécu sans être conscient de son droit. Dans les coutumes, encore si mal étudiées, du ıx^e, du xe, du xı^e siècle, telles que nous les révèlent les documents de nos cartulaires, on trouve un droit très grossier et très barbare, digne produit de cette période d'« anarchie spontanée ». Et cela est vrai, non seulement pour les pays septentrionaux, pour l'Angleterre, l'Allemagne ou la France coutumière, mais même pour les futurs « pays de droit écrit », pour l'Italie et pour la France méridionale. Le droit des chartes provençales, aux xı^e et xıı^e siècles, est très loin du droit romain. C'est un droit coutumier pauvre et archaïque, sans doute infiniment plus voisin du droit apporté par les Germains que du droit des Romains du Bas-Empire. Formalisme rigoureux des contrats et de la procédure ; force des liens familiaux, se traduisant notam-

ment par l'absence de dévolution testamentaire et par la nécessité du consentement des héritiers aux aliénations immobiliè-
res : tels sont les traits de ce droit provençal du haut moyen-
âge.

Au cours du xiie siècle, au contraire, se produit une renaissance du droit savant ; on voit paraître des traités de droit, où
le droit romain occupe une place plus ou moins large. Peu à
peu, sous l'action des théories juridiques des glossateurs, les
coutumes se transforment et se perfectionnent. Cette romani-
sation se manifeste dans toute l'Europe occidentale, plus rapide et plus profonde en Italie et dans la France méridionale,
plus lente et plus faible dans la France du Nord, en Allemagne
ou en Angleterre. Elle affecte, dans une mesure variable, toutes les branches du droit ; elle fait revivre l'idée de l'État, de la
puissance publique exercée dans l'intérêt de tous et pour le
« commun profit » ; elle transforme la procédure, et substitue,
à la simplicité et au formalisme de la vieille procédure orale,
la complication savante de la procédure romano-canonique,
écrite et secrète. Elle fait reparaître les théories des jurisconsultes romains sur les contrats. Elle modifie même, au moins
à la surface, le droit de la famille et le droit successoral, faisant renaître le testament, et disparaître la nécessité de la *lau-
datio* des parents. Il n'est pas jusqu'au droit des fiefs et des
autres tenures qui ne fasse l'objet d'une tentative d'adaptation
de textes du droit romain. Partout, il est vrai, cette romanisa-
tion rencontre des résistances plus ou moins durables. En Provence, jusqu'à la Révolution, il est resté des traces des vieilles
idées médiévales, et notamment on relève encore, dans le
droit provençal des xviie et xviiie siècles, des vestiges de l'ancienne force des liens familiaux, comme le retrait lignager ou
l'exclusion des filles dotées de la succession paternelle. Mais ce
ne sont plus que des traits isolés.

L'Italie fut le berceau de cette rénovation de la science juridique. Mais le mouvement ne tarda pas à gagner la France méridionale. Dans la seconde moitié du xii⁰ siècle, on trouve à Montpellier une école florissante de droit romain, où brille le nom de Placentin. La Provence ne pouvait demeurer en dehors de cette renaissance. Dès le milieu du xii⁰ siècle, le droit romain a fait, en Provence, l'objet d'études approfondies, et nous avons un précieux produit de cette activité romanisante dans un très intéressant ouvrage provençal, une Somme du Code de Justinien, qui a été mis au jour dans ces dernières années, qui est maintenant connu sous le nom de *Lo Codi*, dont M. H. Suchier prépare une édition, et dont M. H. Fitting a déjà publié une traduction latine, faite en Italie, dans la seconde moitié du xii⁰ siècle, par un certain Ricardus Pisanus.

Le Codi, écrit en langue provençale, a, selon toute vraisemblance, son origine dans la basse vallée du Rhône ; il parle plusieurs fois d'une île qui s'est formée dans le Rhône, de pêche dans le Rhône ; il cite, à titre d'exemples, des voyages à Saint-Gilles, à Toulouse, à Montpellier. Dans le Codi, le pouvoir suprême est aux mains de l'Empereur, et l'autorité régionale est le comte, le *cuens* : tout cela s'applique au comté de Provence, et ne peut concerner ni le Languedoc, terre de France, ni le marquisat de Provence. Et, sans doute, c'est dans le grand centre du comté de Provence, sur les bords du Rhône, dans la ville d'Arles, que l'ouvrage a été composé. M. Fitting a pu, de même, fixer la date de sa rédaction : le Codi a été fait pendant un des sièges de la petite ville de Fraga, près de Lérida, sans doute pendant le siège dirigé en 1149 par le comte de Provence, Raymond-Bérenger, et qui aboutit à la prise de cette ville.

L'ouvrage est anonyme, semblable en cela à beaucoup d'autres œuvres juridiques de la même époque. M. Fitting conjecture qu'il a été composé par un groupe de jurisconsultes arlésiens. Les traductions latines lui donnent, en effet, le titre suivant : *Summa ex omnibus libris legum a viris prudentibus olim vulgariter promulgata*. Et, poussant plus loin l'hypothèse, M. Fitting imagine que le Codi a été fait sous les auspices des princes de la Maison des Baux, désireux de se concilier, dans leur lutte avec les Raymond-Bérenger, les sympathies impériales, à l'aide d'un ouvrage juridique où les droits de l'Empereur étaient aussi hautement proclamés.

Les similitudes entre le Codi et un autre ouvrage du xiie siècle ont cependant fait penser à mettre, à la tête de la vieille école juridique provençale, le nom d'un jurisconsulte qui fut très célèbre, mais sur la vie duquel nous savons peu de choses : Rogerius. Antérieurement au Codi, il avait été fait déjà des Sommes du Code de Justinien. L'une, la *Summa Trecensis*, a été attribuée au fondateur de l'école bolonaise, à Irnerius. Une autre Somme, révision de la Somme de Troyes, est due à Rogerius. Or le Codi offre, avec la Somme de Rogerius, des ressemblances très frappantes. De plus, nous savons, par un texte d'Azon, que Rogerius a été le défenseur de la Maison des Baux, dans le fameux procès soutenu par elle, en 1162, à la diète de Turin, devant l'Empereur Frédéric Barberousse, contre les Raymond-Bérenger, dont Bulgarus était l'avocat [1]. Aussi M. Fitting, puis M. Meynial en sont arrivés à penser que Rogerius avait vécu principalement, non pas en Italie, mais en Provence. Ils ont imaginé l'existence, à Arles, au xiie siècle, d'une école de transition entre les écoles italiennes et les écoles

---

[1] Ce passage d'une *lectura* d'Azon *in Codicem*, V, 16, 10, est reproduit dans Savigny, *Geschichte des röm. Rechts im Mittelalter*, 2e éd., IV, p. 194 et suiv.

de Montpellier et de Toulouse. Rogerius aurait été le chef de cette école, dont le Codi serait sorti. En réalité, ce ne sont là que des conjectures. et nous devons avouer notre ignorance sur ce que fut cette première éclosion, en Provence, de la science du droit romain [1].

Au XIIIe siècle, au contraire, nous connaissons l'existence, en Provence, de nombreux juristes, les uns simples praticiens, *jurisperiti, causidici,* les autres professeurs de droit, *professores legum.* Il est un jurisconsulte, Bernardus Dorna, que l'on place souvent en tête de la liste des jurisconsultes provençaux. Bernard a composé, vers 1215, une *Summa libellorum,* un recueil de formules d'actions, que M. Wahrmund vient d'éditer. En réalité, Bernard ne doit, à aucun titre, figurer parmi les jurisconsultes provençaux. Son ouvrage a été fait à Bologne, où Bernard était professeur. Lui-même n'est un *provincialis* qu'au sens large du mot. Il appartient, non pas à la Provence, mais au Languedoc ; il a été, au milieu du XIIIe siècle, archidiacre de l'évêché de Béziers [2].

Mais la Provence a possédé, au XIIIe siècle, un jurisconsulte bien supérieur à Bernard Dorna, Iohannes Blancus. C'est de lui que nous voulons désormais nous occuper [3].

---

[1] V., sur tous ces points, la préface de M. H. Fitting à son édition de *Lo Codi,* Halle, 1906 ; Meynial, *Nouvelle Revue historique de droit,* XXX (1906), p. 84; R. Caillemer, *Annales du Midi,* XVIII (1906), p. 494.

[2] L. Wahrmund, *Quellen zur Geschichte des rœmisch-hanonischen Processes im Mittelalter,* I, Innsbruck, 1905 ; R. Caillemer, *l. cit.,* p. 509.

[3] V., sur Blancus, la notice de M. V. Le Clerc, dans l'*Histoire littéraire de la France,* t. XXI, p. 418 et suiv., et l'étude de E. A. Laspeyres, *Ueber die Entstehung und älteste Bearbeitung der Libri feudorum,* Berlin, 1830, 8°, p. 78 et suiv. *Adde :* Karl Lehmann, *Das langobardische Lehnrecht,* Göttingen, 1896, *passim ;* Tardif, *Histoire des sources du droit français, origines romaines,* Paris, 1890, p. 374.

I

Nous ignorons les dates de la naissance et de la mort de
Jean. Le nom de Blancus, de Blanchi, de Blanqui, est porté
par de nombreux personnages provençaux. On le trouve déjà,
au xi° siècle, dans des actes du cartulaire de Saint-Victor de
Marseille [1]. On peut donc conjecturer que Jean appartenait à
une vieille famille provençale. Lui-même est Marseillais ; il
s'intitule *civis Massilie*, *Massiliensis*, et nous verrons qu'il
joua un rôle actif dans la vie politique marseillaise [2].

Comme beaucoup d'autres jurisconsultes du xiii° siècle,
Iohannes Blancus est allé apprendre le droit en Italie. C'est lui-
même qui nous le raconte, et il nous cite ses maîtres, « domini
mei ». A Modène, il a suivi les cours de Ubertus de Bonocursu
qui apparaît, comme professeur dans cette ville, dans des tex-

---

[1] *Cartulaire de Saint-Victor de Marseille*, éd. Guérard, I, n° 428 (an
1035 env.), acte fait aux environs de Cavaillon : « Poncius Blancus fir-
mat ». N° 444 (xi° s.) : Poncius Blancus donne l'église de Mejanae (Maillane) à l'abbaye de Saint-Victor. N° 245 (1050 env.) : parmi divers biens
donnés à l'abbaye figure une terre « que fuit de patrimonio Pontium
Blancum », entre la Durance et le castrum Gontardum (Gontard, arrondissement d'Aix). On trouve, vers 1075 (n° 528), un Deusde Blanco, du
côté de Saint-Antonin. Il y a encore dans le même cartulaire, t. II, n° 1017
(1246), un certain Raimundus Blanc, mais c'est un moine de Saint-Savin
en Bigorre. — On rencontre aussi, à la fin du xiii° siècle et au début du
xiv°, d'autres personnages portant le nom de Blancus, et entre autres un
chanoine de Marseille qui porte le nom de Iohannes Blancus, et qui est
peut-être le fils du jurisconsulte, bien qu'il n'y ait aucune preuve à l'appui de cette opinion. *(Hist. litt. de la France, loc. cit.)*

[2] Les éditions imprimées de l'œuvre de notre auteur écrivent : *Blan-
chus*. Mais son nom figure dans les actes des archives des Bouches-du-
Rhône et dans le ms. B. N., Lat. 4675, sous la forme de : *Blancus*.

tes de 1231 et de 1236 [1]. Jean nous rapporte même certain entretien, au cours duquel, interrogé par Ubertus sur un point de droit féodal, il fit une réponse qui lui valut, de la part de son maître, une pleine approbation [2]. Blancus a été aussi l'élève de Ubertus de Bobio, également professeur à Modène vers 1234 [3], et de Homobonus de Crémone [4]. On trouve encore, parmi ses maîtres, un certain *magister G. Ricardus*, qui modifia, nous dit Blancus, la formule de serment que les évêques prêtaient au pape, et y ajouta une promesse de ne pas sous-inféoder les droits épiscopaux [5]. Blancus a profité largement de son séjour en Italie. Il a assisté à des *disputationes* entre feudistes. Il nous rapporte des discussions qui ont eu lieu entre les docteurs de Padoue, ou encore entre ceux de Plaisance, de Milan et de Cré-

---

[1] Savigny, *Gesch. des röm. Rechts im Mittelalter*, 2ᵉ éd., V, p. 148. Savigny dit même (p. 149, note *d*) que Ubertus de Bonocursu a été professeur à Padoue, d'après Laspeyres, *Entstehung*, p. 80 ; et Laspeyres invoque, sur ce point, un passage de la *Summa feudorum* de Blancus, IV, 1, 39. Nous croyons que le texte invoqué n'est pas aussi décisif. Blancus, dans le passage en question, rapporte des *disputationes* qui ont eu lieu entre les docteurs de Padoue, et ajoute que l'une des opinions en présence fut aussi celle de son maître Ubertus de Bonocursu, dont il a été l'élève à Modène : « cum quibus fuit dominus Ubertus de Bonocursu, ut ab ipso audivi Mutine in scholis ejus ». Mais il ne nous dit pas formellement que Ubertus ait été professeur à Padoue et ait pris part personnellement à ces *disputationes*.

[2] *Summa feudorum*, III, 1, 43.

[3] Savigny, *Op. cit.*, V, p. 144. Bethmann-Hollweg, *Der Civilprozess des gemeinen Rechts*, VI, p. 150 et s. Cf. *Summa feudorum*, I, 3, 50.

[4] *Summa feudorum*, I, 3, 53 et 54.

[5] *Ib.*, I, 7, 9. Cf. Laspeyres, *Op. cit.*, p. 80. Ce peut être Richard de Wich ou de Chichester, né en 1197 (1198), qui, après avoir étudié à Oxford, à Paris et à Bologne, devint professeur dans cette dernière Université, fut nommé en 1237 chancelier à Oxford, puis en 1244 évêque de Chichester, et mourut en 1253. Cf. Ul. Chevalier, vᵉ Richard de Wich.

mone, sur des questions de droit féodal [1]. Il connaît les statuts locaux des villes de l'Italie du Nord, et cite maintes fois, en particulier, les dispositions du statut de Vérone [2].

Puis Jean est revenu à Marseille. Il y a exercé, pendant de longues années, le métier d'avocat ; et nous dirons plus loin l'influence que cette profession a eue sur son œuvre, en lui fournissant l'occasion multipliée d'observer le fonctionnement pratique et concret des règles théoriques, en lui permettant d'argumenter, non seulement sur des questions d'école, mais sur des cas et des procès qui s'étaient déroulés sous ses yeux. Nous devons noter dès maintenant le rôle important que Blancus a joué dans l'histoire de sa ville natale. Une tradition, dont nous n'avons pu contrôler l'exactitude, rapporte que, en 1240, Blancus fit partie d'une ambassade envoyée à Rome pour négocier avec le pape le pardon de la ville, et pour régler les difficultés pendantes entre la ville de Marseille, l'abbaye de Saint-Victor et aussi les héritiers d'un ancien podestat de Marseille, Hugolinus de Bologne [3]. Évidemment, Blancus était, dès cette époque, un des personnages en vue de la cité marseillaise. En 1243, nous retrouvons notre jurisconsulte dans une députation où figurent le viguier, les clavaires et les syndics, qui vient annoncer à l'évêque la soumission de la ville et lui demander de retirer la sentence d'excommunication et d'interdit lancée sur Marseille. Et, dans cet acte, Blancus porte, avec deux autres personnages, R. Rebollus et Petrus de Ovellano, le titre de *judex communis Massilie* [4].

---

[1] *Summa feudorum*, IV, 1, 39; I, 6, 23.

[2] *Ib.*, I, 4, 9 ; II, 1, 87; III, 1, 42.

[3] *Dictionnaire de la Provence et du Comtat Venaissin*, Marseille, 1786, III, v° *Blanc (Jean)*. — *Hist. litt. de la France, loc. cit.*

[4] Méry et Guindon, *Histoire... des actes et délibérations... de la municipalité de Marseille*, I, p. 439.

Mais c'est surtout au cours de la lutte entre Marseille et Charles d'Anjou que nous relevons dans les textes le nom de notre jurisconsulte [1]. Après chaque soulèvement de Marseille, nous le trouvons au nombre des négociateurs. Ainsi, en 1252, le 8 des kalendes d'août (25 juillet), il figure, qualifié de *jurisperitus*, parmi les témoins de l'acte qui désigne les syndics chargés de négocier un traité de paix avec Charles d'Anjou. Il semble que Blancus ne remplit plus alors de fonctions judiciaires, car il ne porte pas le titre de *judex curie communis Massilie*, que le même acte donne à l'un de ses collaborateurs, Andreas de Portu. Le lendemain, 26 juillet, Io. Blancus est à Aix. et se trouve parmi les témoins du traité conclu avec Charles d'Anjou ; cette fois, l'acte le désigne du nom de *causidicus*. Le 3 des kalendes, il est encore à Aix et assiste à la lecture solennelle du traité de paix. Le 2, c'est-à-dire le 31 juillet, revenu à Marseille, il reçoit la récompense de son rôle pacificateur. Charles d'Anjou lui octroie une rente viagère de dix livres, à percevoir chaque année, à l'octave de la Nativité, sur les revenus du comte dans la ville de Marseille. En échange, Blancus jure au comte hommage et fidélité : c'est ce que les feudistes appellent un *fief-argent*, procédé commun au XIIIᵉ siècle pour créer, sans concéder de fief foncier, des relations de vassalité. L'acte, dont l'original est conservé dans les archives départementales des Bouches-du-Rhône, fut dressé à Marseille, dans la maison de l'ordre du Temple, en présence de l'archevêque d'Aix [2].

---

[1] V. sur ce qui suit, les pièces justificatives de l'ouvrage de Sternfeld, *Karl von Anjou als Graf der Provence*, Berlin, 1888, p. 273 et suiv.

[2] Bouches-du-Rhône, B, 348 :

« Anno Incarnacionis Domini. Mᵒ.CCᵒ. quinquagesimo secundo, ij. kalendas augusti. Notum sit presentibus et futuris, quod nos Karolus, filius Regis Francie, comes Andegavie et Provincie et Forc(alquerii) et marchio

A peu près à la même date, nous trouvons des actes analogues, par lesquels Charles d'Anjou gratifie d'autres personnages qui, comme Iohannes Blancus, avaient pris part aux négociations du mois de juillet. Le 3 des kalendes d'août (30 juillet 1252), Charles constitue une rente viagère de 25 livres au profit de *Guillelmus Umberti, jurisperitus, civis Massilie* ; le 4 des nones d'août (2 août 1252), autre rente viagère de 10 livres pour *Guillelmus Chaberti, jurisperitus, civis Massilie* : l'une et l'autre *« pro servicio »* [1].

De ces deux *jurisperiti*, l'un, Guillelmus Umberti, nous est inconnu par ailleurs. L'autre, Guillelmus Chaberti, avait pris, comme Io. Blancus, une part active dans la politique marseillaise, et avait été mêlé aux événements de juillet 1252. On le retrouve quelques années plus tard, quand, à nouveau, en 1257, Marseille s'insurge. Comme en 1252, Guillaume Cha-

---

Provincie, et nos Beatrix uxor eiusdem comitis, eorumdem comitatuum comitissa et marchion(issa), dilecto et fideli nostro Iohanni Blanco jurisperito, civi Massilie, pro servicio suo quod nobis impendit et promittit nobis in antea se facturum, damus et concedimus decem libras monete regalium annui redditus ad vitam suam in octabis Nativitatis Domini annis singulis in redditibus nostris Massilie percipiendis. Pro dicta vero donacione fecit nobis idem Iohannes homagium et fidelitatem. Et, ad maiorem huius donationis firmitatem, presentem cartam sigillorum nostrorum munimine fecimus roborari. Actum Massilie in domo milicie Templi, presentibus et vocatis testibus infrascriptis, videlicet venerabili in Xpo patre Philippo Dei gracia Aquensi archiepiscopo, et nobilibus viris Guidone domino Milliaci, Henrico domino Soiliaci, Barrallo domino Baucii, et Symone Bagoti, et Landerico de Floriaco militibus, et Britono civi Massilie, et me Alano, canonico de Lusarchiis, notario publico predictorum domini comitis et domine comitisse, qui, mandato eorum et dicti Iohannis, hanc cartam scripsi et signo meo signavi ». (Original. Lacets jaunes. Le sceau manque.)

[1] B.-du-Rhône, B, 348. La même liasse contient un acte du même genre au profit de Iohannes Vivaudi, mais celui-ci est, non plus un *jurisperitus*, mais un *nobilis civis Massilie*.

bert est parmi les négociateurs, avec d'autres *jurisperiti*, G. de Burgala et Andreas de Portu [1]. Plus tard, Guillaume Chabert, devenu un fidèle serviteur du comte, part avec le titre de maréchal, en compagnie du vicaire de Charles d'Anjou, dans une expédition en Italie [2].

En 1262, quand, une troisième fois, Marseille se révolte contre Charles d'Anjou, nous retrouvons encore le nom de Iohannes Blancus. Il figure sur la liste des délégués choisis par la ville de Marseille, *ad tractandum et faciendum pacem*, le 12 novembre 1262, et il vient à Aix, avec ses collègues, négocier avec Charles le troisième des traités de paix entre le comte et la grande cité [3].

Aucun de ces documents ne donne à Iohannes Blancus le titre de *professor legum*, et cela est d'autant plus significatif que, dans ces mêmes actes, d'autres personnages portent ce titre, notamment Robertus de Laveno, qui figure avec cette qualification dans les traités de paix de 1257 et de 1262 [4], qui appartient à l'entourage de Charles d'Anjou, et qui a joué un si grand rôle dans les conseils de ce prince [5]. Sans doute, Io. Blancus se contentait d'exercer la profession d'avocat et de composer des ouvrages juridiques, sans enseigner lui-même le droit, et ce sont ces ouvrages qui doivent maintenant nous occuper.

II

Nous connaissons l'œuvre de Iohannes Blancus mieux encore

---

[1] STERNFELD, p. 299.

[2] IBID., p. 203, 229.

[3] IBID., p. 302 et s.

[4] IBID., p. 299, 300 *(legum professor)*, 301 *(juris professor)*, 307.

[5] IBID., p. 118, 133, 140.

que sa vie. Elle se compose de deux ouvrages, l'un sur les fiefs,
l'autre sur les exécuteurs testamentaires.

Nous possédons le texte même de la *Summa feudorum*. L'ouvrage a été édité à Cologne en 1564 ; on le trouve aussi dans le
Tractatus illustrium jurisconsultorum, édition de Venise,
tome X, première partie (1584), f°s 263 à 299, sous le titre de :
Epitome feudorum, Ioanne Blancho Marsiliensi I. C. claris-
simo authore, in gratiam et singularem utilitatem studiosorum
nunc iterum excussa et innumeris in locis emendata. Nous en
avons plusieurs manuscrits, dont l'un se trouve à Münster,
K. Bibl., 1024, f°s 35 à 85, et deux autres à Paris, Bibliothèque
Nationale, Latin 4675 et 4678 [1]. Dans le manuscrit 4675, l'ouvrage de Iohannes Blancus occupe les f°s 29 à 47. Le manuscrit
s'arrête au milieu du IVe livre, au commencement d'une phrase,
et la fin du texte est perdue. L'ouvrage est complet, au contraire,
dans le manuscrit Lat. 4678, où il occupe les f°s 1 à 39 [2].

La date de cet ouvrage ne peut pas être fixée avec certitude.
Il est, à coup sûr, postérieur au séjour de Blancus en Italie, et
nous savons que, dès 1240, Blancus était revenu à Marseille.
D'un autre côté, cet ouvrage parle des droits et de la situation
de l'Empereur en des termes tels que l'on a pu penser qu'il était
antérieur à l'effondrement du Saint-Empire et à la mort de

---

[1] M. Jean Acher signale, dans le ms. de Parme, HH. I, 11, 1227, le
début de la Somme de Blancus, f° 12 et f° 13, r^o, col. I. *Nouvelle Revue*
historique de droit, 1906, p. 125.

[2] I. Le Ms. Lat. 4675, indiqué par Lehmann, *Das langobardische Lehn-*
recht, Göttingen, 1896, p. 24, n° 82, contient 48 feuillets (numérotés à
une époque récente), plus un feuillet de garde. On y relève : 1° Le traité
de Johannes Fasolus, divisé en seize questions : « Tractaturi de feudis
primo uidendum est quid sit feudum. Secundo unde dicatur. Tertio de
forma iuramenti fidelitatis... » et plus loin : « Feudum est concessio rei
pro homagio facta, ut Extra de Symo., c. ex diligenti. Et in hoc differt ab
emphiteosi in qua non debetur homagium ». SECKEL, *Zeitschrift der Sa-*

Frédéric II. Blancus prend parti, en effet, sur les graves questions qui passionnaient alors les penseurs, sur la vassalité des
grandes puissances du monde les unes vis-à-vis des autres.
Impérialiste convaincu, il déclare qu'à son avis l'Empereur ne
relève pas du pape, mais tient de Dieu, directement, « imperium
et potestatem seu gladium ». Mais tous les rois et toutes les puissances séculières relèvent de l'Empereur : « Reges vero habent
regna ab Imperatore ». Ce passage a fait penser que l'ouvrage
était antérieur à 1250. Ailleurs, au contraire, au moins dans le
texte imprimé, Blancus nous parle du gouvernement de Charles d'Anjou, « domini Karoli comitis et marchionis Provinciae
et nunc regis Sicilium » [1], ce qui nous reporterait à une époque postérieure à 1264, date de l'attribution du royaume de
Sicile par le pape à Charles d'Anjou. De ces indications qui
semblent contradictoires, Laspeyres a conclu à deux rédac-
tions successives de la *Summa feudorum*, l'une avant 1250,
l'autre après 1264. La première de ces dates nous paraît

---

vigny-Stiftung, Rom. Abth., t. XXI, p. 253, n⁰ 14. Ce traité se termine au
f⁰ 5, r⁰. — 2⁰ A la suite, sans blanc ni titre, vient un autre traité : « Quia
de feudis tractaturi sumus, ideo uidendum est quid sit feudum et unde
dicatur et a quibus constituatur tam ex ueteri quam ex nova consuetu-
dine ». Seckel, *l. cit.*, p. 250, 255, 262 : c'est sans doute le traité de Pyleus
et de Jacobus Columbi. — 3⁰ Aux f⁰ˢ 7, r⁰, et suiv., se trouvent les *consuetudines feudorum*, jusqu'au f⁰ 28, v⁰, avec la glose d'Accurse. — 4⁰ Aux
f⁰ˢ 29, r⁰, et suiv., jusqu'au f⁰ 47, v⁰, figure l'ouvrage de Blancus.

II. Le Ms. Lat. 4678 contient, reliés ensemble : 1⁰ La Somme de Blancus
sur les fiefs, du f⁰ 2 au f⁰ 31, r⁰, col. II : « Incipit summa super libro feudorum a Iohanne Blancho ciui Marsilliensi composita ». La fin de la col. II
contient des notes juridiques ; et le v⁰ du f⁰ 31 est occupé par des for-
mulaires relatifs à une élection d'abbé autorisée et confirmée par l'évêque
de Clermont, Aruernorum episcopus. — 2⁰ Aux f⁰ˢ 34 et suiv., la *tabula
magistri Iohannis Calderini super Policraticon que intitulatur de nugis
curialium et vestigiis phorum* (Jean de Salisbury).

[1] *Summa feudorum*, II, 1, 87 *in fine*.

trop précoce et trop rapprochée du retour de Blancus en Provence. Il semble, comme nous le verrons, avoir déjà derrière lui, au moment où il écrit sa *Summa*, une longue pratique d'avocat. La présence, dans cette *Summa*, de déclarations impérialistes ne doit pas faire illusion : on en trouve du même genre dans maint auteur de la seconde moitié du XIIIe siècle. Par contre, nous croyons que l'ouvrage est antérieur à 1264. Les deux manuscrits parisiens ne portent, ni l'un ni l'autre, les mots : *et nunc regis Sicilium*, qui ne peuvent être qu'un glossème absent du texte primitif de la *Summa* [1], et celle-ci a dû être faite alors que Charles d'Anjou n'était encore que *comes et marchio Provincie*. Si l'on considère que le calme qui règne à Marseille à partir de 1262 semble plus propice à la confection d'un tel ouvrage que les troubles qui ont marqué les dernières années de la République marseillaise, l'on est conduit à penser que l'ouvrage a été fait vers 1262-1264 : il serait donc contemporain de l'autre ouvrage de Blancus, que nous retrouverons plus loin.

Il est inutile de donner ici une analyse détaillée du traité de Jean [2]. De l'aveu même de l'auteur, l'ouvrage est une compilation. Blancus déclare, dans son prologue, qu'il n'a eu d'autre ambition que de réunir des développements épars chez ses prédécesseurs, et qu'il n'a fait que peu d'additions à ce qu'ils

---

[1] Lat. 4675, f° 40, v°, col. I ; Lat. 4678, f° 16, r°, col. I.

[2] Il suffit de donner le passage du préambule où Blancus indique le plan qu'il entend suivre (Ms. Lat. 4675, f° 29, r°, col. I) :

« In primo libro tractatur de feudis, in qua parte primo loco traditur quid sit feudum siue beneficium et unde dicatur, et summatim traditur que sunt genera feudorum et ipsorum differenciis et que sit feudi natura et qualiter consuetudines feudorum fuerint redacte in scriptis. Secundo loco de uassallis et ipsorum differenciis. Tercio loco quibus modis feudum acquiritur. Quarto loco de illis qui possunt rem in feudum dare.

avaient écrit. En réalité, la *Summa* de Blancus est sensiblement plus étendue que la plupart des *Summae* de ses prédécesseurs ou de ses contemporains, et elle prend de ce chef, par l'abondance et la variété des développements, une importance spéciale [1].

D'ailleurs, même en tant que compilation, la Somme de Blancus ne manque point d'intérêt. On sait que le fameux coutumier lombard, les *Libri Feudorum*, n'est pas arrivé du premier coup à la forme sous lequel on le connaît d'ordinaire. Il a fait l'objet de révisions et d'additions successives. L'on y a incorporé peu à peu des textes nouveaux, notamment des constitutions impériales. Or, l'ouvrage de Iohannes Blancus nous montre l'utilisation persistante d'une forme des *Libri Feudorum* antérieure à la forme définitive : la récension faite par

---

Quinto loco quibus res in feudum dare possunt. Sexto loco que res in feudum dari possunt. Septimo loco de sacramento fidelitatis.

« In secunda parte siue in secundo libro tractatur primo loco quibus modis et in quibus casibus feudum amittitur. Secundo loco qualiter pos sit feudum commissum uassallo auferri. Tercio loco ad quem feudum commissum pertineat. Quarto loco de causis propter quas excusatur uassallus si domino non seruiat. Quinto loco tractatur de causis propter quas dominus amittit ius dominii quod habet in feudo.

« In tercia parte Summe huius siue in tercio libro tractatur de successione feudi, in qua parte primo tractatur quis sit ordo succedendi et qui succedant uel succedere possunt uassallo et qui non. In secundo loco tractatur qui possunt domino in iure dominii feudi succedere. Tercio loco tractatur de quo feudo nulla est successio.

« In quarta parte huius summe siue in quarto libro tractatur de contentione feudi et qualiter iudicium feudi sit examinandum et terminandum. Subsequitur secundo loco eiusdem quarte partis tractatus de pace componenda et tenenda.

« Hiis ergo premissis… »

[1] M. Seckel a relevé, dans la *Zeitschrift der Savigny-Stiftung, Rom. Abth.*, t. XXI, dix-sept de ces *Summae* pour le xiiie siècle. Il est vrai qu'il fait figurer deux fois sur sa liste le même ouvrage, celui de Jean de Blanot, (nos 11 et 12). L'ouvrage de Blancus occupe le no 10, p. 252.

Iacobus de Ardizone. Son traité a été depuis longtemps étudié, à ce point de vue, par tous ceux qui se sont occupés de déterminer les étapes de la formation du texte, par Dieck, par Laspeyres, par Lehmann. Blancus s'écarte, sur certains points, de la récension de Ia. de Ardizone. Il incorpore déjà des textes nouveaux que Ia. de Ardizone laissait en dehors du *Liber Feudorum*. L'incertitude où l'on était encore, quand Blancus composa son livre, sur le contenu et les divisions des *Libri Feudorum*, ont même conduit notre auteur, pour faciliter l'étude des questions féodales, à joindre à son ouvrage un tableau de concordance entre ces développements et les titres des *Libri*, dont le nom changeait d'un manuscrit à l'autre [1].

L'ouvrage de Blancus est encore, au point de vue du droit provençal, particulièrement intéressant. Blancus ne traite pas d'une manière abstraite et purement théorique les questions que soulève le droit des fiefs. Nous avons déjà signalé sa science du droit des villes lombardes. Mais surtout, dans sa carrière d'avocat marseillais, il a vu naître bien des conflits, il a suivi bien des procès, et il ne manque pas de nous signaler les cas qui se sont présentés : « Hanc questionem, dit-il souvent, vidi de facto ». Il raconte qu'il a été consulté sur la sanction qui s'attache au démembrement ou à la sous-inféodation du fief par le vassal [2]. Il signale à deux reprises le conflit qui a surgi entre l'évêque d'Apt et un *vir nobilis* du diocèse d'Apt, Bertrandus Raymbaudus, sur le point de savoir si la concession, par l'Empereur à l'Evêque, du *caput castri* entraîne de plein droit la concession du territoire et du *suburbium* de ce *castrum* [3] ; et aussi sur la question de savoir si le vassal qui intente

---

[1] V. sur tous ces points, que nous ne pouvons traiter ici, les ouvrages de Laspeyres et de Lehmann cités plus haut.

[2] I, 4, 10.

[3] I, 3, 55.

contre son seigneur des actions infâmantes ou injurieuses
encourt la perte de son fief [1]. Il discute longuement la validité
de lettres d'Innocent IV confirmant une concession à titre de
fief faite par le comte de Provence au profit des moines cisterciens de Florac, et il se prononce pour la nullité de cet acte,
les Cisterciens ne pouvant, en vertu de leur règle, tenir un fief [2].
Blancus raconte encore un curieux conflit entre les Templiers
et les chanoines de Pignans, au sujet d'un *castrum* commun
aux deux parties. Ce *castrum* fut détruit, et sa population se
sépara en deux groupes, l'un formé par les sujets des Templiers, l'autre par les hommes des chanoines. Les Templiers
avaient reçu du comte de Provence tous ses droits sur l'ancien
castrum. Ils continuèrent, après la scission survenue entre les
habitants, d'exercer sur les hommes des chanoines, pendant
de longues années, les droits comtaux, et, en particulier, ils per-
çurent l'alberge. Un jour, ils voulurent accueillir un appel
pour défaute de droit formé par les hommes des chanoines
contre ces derniers. Les chanoines contestèrent alors le droit
supérieur de justice des Templiers. Et Blancus donne longuement, ici encore, les arguments en faveur de chacune des parties en cause [3]. — Ailleurs, il indique avec soin des règles cou-
tumières en vigueur en Provence, et qui s'écartaient du droit
féodal de la Haute-Italie [4]. De tels passages sont infiniment
précieux. Parfois même Blancus prévoit des questions qui ne se
sont pas encore posées, mais qui peuvent se poser en Provence.
Par exemple, il se demande si, lorsque le comte de Provence
vend à ses bailes pour plusieurs années les revenus des terres
comtales, les adjudicataires peuvent percevoir sur ces terres le
droit de mutation appelé *trezain*.

---

[1] II, 1, 55.

[2] I, 5, 14.

[3] IV, 1, 105.

[4] II, 1, 87.

On voit, par ces quelques exemples, que Iohannes Blancus
ne recule pas devant l'emploi de la terminologie juridique provençale. Comme son prédécesseur, l'auteur anonyme du Codi,
Blancus ne craint pas de se servir, quand l'occasion s'en présente, des mots employés couramment en Provence pour désigner les actes juridiques. Et il est intéressant de retrouver chez
lui ce mot de *firmancia*, qui figure dans le Codi et dans de
si nombreux textes des cartulaires provençaux pour désigner
un engagement. « Sed quid, demande-t-il, si contra dominum
(vassallus) *firmanciam* fecit? » [1].

L'autre ouvrage de Iohannes Blancus est perdu, ou, du
moins, nous n'en connaissons aucun manuscrit [2]. Mais nous
savons en détail ce qu'il contenait. En effet, peu d'années
après sa composition, le grand juriste français Guillaume Durand, qui s'est d'ailleurs rendu coupable de plusieurs plagiats

---

[1] II, 1, 54; — B. Nat., Lat. 4678, f° 14, r°, col. II.

[2] M. A. Tardif, *Histoire des sources du droit français, origines romaines*, p. 374, a prétendu que nous possédions, sous une forme rajeunie, le
traité de Blancus, dans un ouvrage qui figure, après ceux de Iacobus de
Arena et de Ioannes Iacobus a Canibus, dans le *Tractatus illustrium
iurisconsultorum*, Venise, 1584, VIII, 1, f° 196 et suiv., sous le nom de
Ioannes I. C. clarissimus. Mais ce traité, qui est fort court, ne saurait être
rapproché du traité de Blancus. Les indications que nous donne Io. Andreae
sur l'ouvrage de Blancus lui sont inapplicables. Son plan d'ailleurs est tout
différent : I : *De varia executorum appellatione* ; II : *De legitimis executoribus* ; III : *De testamentariis executoribus* ; IV : *Qui possint dari
executores in testamentis* ; V : *An mulier possit esse executrix* ; VI : *De
potestate executorum* ; VII : *Intra quod tempus oporteat executionem
fieri* ; VIII : *De ratione ab executoribus reddenda*. Ce traité contient
d'ailleurs des citations d'auteurs postérieurs à Blancus, comme Balde,
Bartole ou Panormitanus.

du même genre [1], s'est servi du traité de Blancus pour écrire un large fragment de son *Speculum juris*. Dans le titre *De instrumentorum editione*, après s'être occupé de la forme même des testaments, Guillaume Durand a consacré aux exécuteurs testamentaires de longs développements, dans lesquels il rapporte les opinions de ceux qui, avant lui, avaient étudié cette institution, Ubertus de Bobio, Odofredus, Roffredus, mais avec beaucoup de questions et de solutions nouvelles [2]. En réalité, Guillaume Durand n'a fait ici que démarquer, sans avertir le lecteur et sans indiquer une seule fois sa source, le traité de Blancus. Le larcin nous est révélé par l'annotateur du *Speculum juris*, par Iohannes Andreae, dans ses additions, composées vers 1346 [3]. Il nous raconte que Blancus a écrit, sur la matière de l'exécution testamentaire, un long traité, le plus long qui ait été fait sur la question, comprenant quatre rubriques (comme la Somme sur les fiefs), l'une générale et les trois autres spéciales, et divisé en 135 questions. Iohannes Andreae, qui évidemment a sous les yeux l'ouvrage de Blancus, nous donne même une table de concordance entre le plan, assez confus, de Guillaume Durand, et le plan, beaucoup plus net, de Iohannes Blancus. Il nous indique aussi, dans ses notes sur chacun des *versiculi* de G. Durand, les passages ou les expressions empruntés littéralement à Blancus. Il relève les erreurs et les inadvertances de Guillaume Durand, qui n'a pas toujours compris et qui, parfois, a fâcheusement défiguré les solutions de Blancus, modifiant maladroitement ses expressions : « Male fecit auctor mutando ». L'ouvrage de Blancus, au dire de Iohannes Andreae, aurait été commencé en 1262 ou

---

[1] SAVIGNY, *op. cit.*, V, p. 586.

[2] *Speculum juris,* l. II, titre *De instrumentorum editione*, § 13, « *Nunc vero aliqua* ».

[3] SAVIGNY, *op. cit.*, V, p. 121.

en 1263 [1], précédant ainsi d'une dizaine d'années celui de Guillaume Durand, dont la première rédaction se place vers 1271 [2].

L'ouvrage de Blancus commence par une étude du rôle confié par le testateur aux exécuteurs de son testament, rôle qui peut être plus ou moins large et qui peut comporter chez ces personnages une plus ou moins grande liberté d'appréciation (§ 1 à 21). Cette première partie de l'ouvrage est faite de généralités et de définitions. Blancus, toujours soucieux d'employer le langage de la pratique, se sert, pour désigner les exécuteurs, du terme de *gadiator*, en usage alors en Provence [3]. Il oppose les exécuteurs ordinaires, chargés d'une mission précise et étroitement délimitée par le testateur, par exemple du paiement d'un legs déterminé, aux *commissarii* à larges pouvoirs, chargés de distribuer les biens du défunt, le mieux qu'ils le peuvent, pour le salut de son âme ; et il étudie les difficultés spé-

---

[1] Les éditions imprimées du *Speculum juris* portent 1262. Mais le manuscrit de la Bibl. Nat., Latin 4260, qui contient les commentaires de Iohannes Andreae sur le *Speculum*, donne ici la date de M.CC.LXIII. — Le passage qui nous intéresse se trouve, dans ce manuscrit, au fᵒ 118, vᵒ, col. II, jusqu'au fᵒ 129, vᵒ. — Ioan. Iac. a Canibus, dans son *Tractatus de executoribus*, donne aussi la date de 1263 au traité de Blancus, évidemment d'après Io. Andreae. V. *Tractatus illustrium jurisconsultorum*, Venise, 1584, VIII, 1, fᵒ 185, vᵒ, col. II.

[2] Les formules du titre *De instrumentorum editione*, qui contient précisément les passages relatifs aux exécuteurs testamentaires, portent la date de 1271. Mais d'autres passages, situés ailleurs, portent les dates de 1270 et de 1272. SAVIGNY, *op. cit.*, V, p. 574 et 584. — M. TARDIF, *Histoire des sources du droit français, origines romaines*, p. 374, rapporte la date de 1262 donnée par Ioannes Andreae, non pas au traité de Blancus, mais au *Speculum* de Guillaume Durand. Il n'y a aucun motif d'admettre une telle interprétation, qui aboutirait à assigner au *Speculum* une date en contradiction avec tous les autres témoignages que nous possédons.

[3] Et non pas *gardiator*, comme le portent souvent les textes imprimés. Le *gadiator* ou *wadiator* est l'individu chargé d'exécuter une disposition *mortis causa*, un *gadium*.

ciales que soulève l'institution de ces *distributores* investis d'une telle mission de confiance.

L'auteur examine ensuite les droits de l'exécuteur testamentaire et les actions qu'il peut intenter : Peut-il poursuivre les débiteurs de la succession ? Quelle est, à cet égard, sa situation à côté de l'héritier ? Comment régler la condition des débiteurs de la succession ou des détenteurs de biens héréditaires, ainsi exposés à se voir poursuivis à la fois par l'héritier et par l'exécuteur ? Dans quel cas un paiement fait à l'exécuteur les libérera-t-il vis-à-vis de l'héritier ? Les débiteurs peuvent-ils, à leur choix, payer l'héritier ou l'exécuteur ? Devant quelle juridiction l'exécuteur peut-il les poursuivre (§ 22 et suiv.) ? A ces droits de l'exécuteur correspondent des obligations ; il doit, dans certains cas, fournir une caution à l'héritier, lui promettre de lui restituer les legs défaillants ; il doit faire inventaire, il doit enfin rendre des comptes. Ces questions des pouvoirs et des devoirs de l'exécuteur peuvent se compliquer en cas de pluralité d'exécuteurs ; il peut se faire que quelques-uns d'entre eux s'absentent ou meurent, et l'on doit se demander quels seront les pouvoirs des présents ou des survivants ; il peut aussi se produire entre les exécuteurs des divergences de vues, et il faut rechercher le moyen de les résoudre. Ces complications font l'objet des § 51 à 66.

Puis, Blancus recherche les sanctions qui peuvent atteindre l'exécuteur infidèle (§ 68 et suiv.) : Peut-on l'écarter comme *suspectus* ? Peut-on contraindre un exécuteur, quel qu'il soit, à accepter ses fonctions, et, une fois qu'il les a acceptées, à les remplir ? Et, si on peut le contraindre, par quel procédé, par quelle action le fera-t-on ? L'auteur examine alors une célèbre difficulté d'école. L'exécution du testament peut être entravée, non seulement par l'inaction de l'exécuteur testamentaire, mais par le fait de l'héritier institué. Qu'arrivera-t-il, en effet, si l'héritier institué refuse, de bonne ou de mauvaise foi, de faire adition d'hérédité? Son refus fera-t-il tomber la nomination de l'exécuteur et les autres dispositions testamentaires? Pourra-t-on le contraindre à faire adition d'hérédité, et assurer ainsi l'exécution des volontés pieuses du défunt? Cette question amène l'auteur à étudier ces *relicta ad pias causas*, le vrai domaine de l'exécution testamentaire médiévale, domaine où l'institution a pris naissance et en vue duquel, dans toute l'Europe chrétienne, elle s'est organisée.

Ayant ainsi examiné en détail les droits et les devoirs de l'exécuteur testamentaire, Blancus arrive à une étude plus large et plus théorique, et en même temps à la question la plus délicate et la plus importante de toutes celles que l'exécution testamentaire fait naître. Il se demande (§ 105 et suiv.) quelle est la condition juridique de ce personnage. Le droit romain classique n'ayant pas connu l'institution, les romanistes du moyen-âge ont essayé de la rapprocher de différents autres types juridiques connus et classés. Les uns voient dans l'exécuteur un *negotiorum gestor* ou un *procurator*, c'est-à-dire un gérant d'affaires ou un mandataire : situation inférieure et subordonnée, qui n'explique pas les pouvoirs de l'exécuteur, et qui, ne lui conférant aucun droit réel sur les biens de la succession, entrave singulièrement son action. D'autres, plus hardis, font de l'exécuteur un véritable intermédiaire de transmission ; ils rapprochent l'exécuteur particulier du légataire, et l'exécuteur universel de l'héritier institué : les uns et les autres sont des propriétaires momentanés des biens de la succession. Cette dernière solution semble particulièrement favorable, lorsque le testament ne contient pas d'institution d'héritier, mais seulement des *legata ad pias causas* laissés aux soins d'un *distributor*. Toutes ces conceptions avaient leurs partisans et divisaient alors la doctrine, comme elles la divisent encore aujourd'hui. Blancus les examine et les passe en revue.

Vient une autre question, d'un intérêt théorique moindre, mais d'un intérêt pratique très grand : Qui peut être institué exécuteur testamentaire ? Et Blancus se pose cette question tour à tour pour une série de personnes dont les fonctions, le sexe ou l'âge semblent faire obstacle à une telle vocation : pour les moines, pour les chanoines réguliers, pour les abbés, pour les prélats et pour les autres dignitaires ecclésiastiques, puis pour les femmes et les mineurs de vingt-cinq ans (§ 111 et suiv.). L'ouvrage se termine par quelques paragraphes relatifs aux exécuteurs légaux, qui interviennent quand il n'y a pas d'exécuteurs institués par testament, et aux exécuteurs datifs, qui sont nommés pour remplacer les exécuteurs testamentaires que le défunt avait institués et qui ont disparu.

Tel était le plan de l'ouvrage de Blancus, dans la mesure où les notes de Io. Andreae nous permettent de le reconstituer. Io. Andreae ne nous dit pas où, dans cette suite de questions, commençaient et finissaient les quatre livres dont l'ouvrage se composait. Mais il nous en dit assez pour nous permettre de juger combien l'ouvrage de Blancus dépassait en importance ceux de ses devanciers ou de ses contemporains sur le même sujet. Io. Andreae nous a laissé une bibliographie abondante de la question ; il nous cite les travaux d'Ubertus de Bobio, de Roffredus, d'Odofredus, de Jacobus Balduini, de Jacobus de Ravanis, de Nicolaus Matarellus, de Cynus[1] ; mais ces auteurs ne consacrent à l'exécution testamentaire qu'une courte glose sur les constitutions « Nulli licere » et « Id quod pauperibus » du Code de Justinien (C., I, 3, 28 et 24). Roffredus s'en occupe dans un bref passage de ses *Libelli juris civilis*, Rolandinus

---

[1] Les éditions du *Speculum juris* portent, dans cette liste, entre Roffredus et Nic. Math., *Jacob. Bald. de Rau.* Le Ms. Latin 4260 de la Bibl. Nat., *loc. cit.*, rétablit un texte intelligible en séparant les deux jurisconsultes, *Iaco. Baldo.* et *Iaco. de Ra.*

Bononiensis dans quelques phrases de son *Ars notaria* et de ses *Flores ultimarum voluntatum*, et c'est aussi à propos de l'*actio ex testamento* que Iohannes de Blanosco dit quelques mots de la question, dans son commentaire du titre *de actionibus* aux Institutes. L'ouvrage de Iacobus de Arena est le seul, au XIIIe siècle, qui puisse, par son plan méthodique et par ses développements, se rapprocher de l'ouvrage de Blancus; mais il est sans doute plus court, et il est sûrement postérieur [1].

Ce n'est pas sans motifs que nous avons insisté sur ce traité perdu de Io. Blancus. Par le choix même d'un tel sujet, dédaigné des purs romanistes, laissé à l'écart dans les *Summae* des glossateurs; par la richesse des questions posées au sujet de cette institution, si vivante dans les coutumes médiévales, on voit s'affirmer un trait qui nous semble essentiel et qui caractérise l'esprit de notre jurisconsulte : nous voulons parler du sens et du souci de la pratique. Nous avons pu constater directement, dans le traité sur les Fiefs, le goût de Io. Blancus pour les applications positives des idées théoriques, sa préoccupation d'illustrer sans cesse, par des exemples concrets, empruntés à la vie du XIIIe siècle, les règles juridiques qu'il dis-

---

[1] Savigny, *op. cit.*, V, p. 405, indique deux ouvrages de Ia. de Arena, l'un, intitulé *De commissariis*, qui figure dans le *Tractatus universi juris*, éd. de Venise, t. VIII, 1re p., f° 194, v°; l'autre, *De executoribus ultimarum voluntatum*, dont parle Io. Andreae dans sa note sur Guillaume Durand. Mais il n'y a en réalité qu'un seul ouvrage, comme il est facile de s'en convaincre en rapprochant les indications données par Io. Andreae du texte du *Tractatus*. L'*Incipit* (*quia fidei commissariorum ou quia commissariorum*), le plan et les divisions indiquées par Io. Andreae sont exactement ceux du traité *De commissariis*. (« Primo silicet videamus unde dicatur commissarius; Secundo, quis possit ordinari ; Tertio, quis ordinare ; Quarto, quis sit ejus effectus et officium ipsius, quod in medio, quod in fine. ») Savigny n'aurait-il point aperçu que les mots *commissarii* et *executores ultimarum voluntatum* étaient synonymes et s'appliquaient à une même institution ?

cute et dégage. Cette même préoccupation, ce même souci se retrouvent ici, et, si incomplètes qu'elles soient, les indications de Io. Andreae ne permettent pas d'en douter. Par là même, Io. Blancus se rattache nettement à l'école française. Déjà M. Fitting signalait les tendances pratiques du vieux Code arlésien, son dédain des questions purement théoriques [1]. Ces tendances triomphent dans Io. Blancus. Et il semble vraiment que le sens des réalités ait caractérisé, dès la première heure, et bien avant la floraison de l'école des Bartolistes en Italie, les productions juridiques de ce côté des Alpes.

On a pensé encore à Iohannes Blancus pour d'autres paternités. On a voulu voir sa main dans les Statuts de Marseille, dont la rédaction coïncide, en effet, avec celle des ouvrages de Blancus. Mais ce ne sont là que des hypothèses. Telle quelle, son œuvre est déjà digne de figurer en bonne place parmi les productions juridiques du xiiie siècle. Dans sa grande histoire du droit romain au moyen-âge, qui est encore et qui restera longtemps l'ouvrage fondamental pour toute étude de la science romanistique médiévale, Savigny a laissé à peu près de côté Iohannes Blancus, citant à peine son nom dans quelques notes. Jean vaut mieux qu'une simple mention [2].

Io. Blancus a fait école, et la Provence peut être fière de la riche lignée de ses jurisconsultes. Blancus a trouvé de dignes

---

[1] Fitting, *Lo Codi*, I, Introd., p. 2 et suiv.

[2] Savigny, *Geschichte des römischen Rechts im Mittelalter*, 2e éd., tome V, p. 149, note *d.*, indique, de seconde main, d'après Laspeyres, le traité des fiefs de Blancus. Il connaît le commentaire de Io. Andreae sur les passages de Guillaume Durand relatifs aux exécuteurs testamentaires, mais ne relève pas à ce propos (VI, p. 112, note *p.*) le nom de Io. Blancus. Il cite seulement (V. p. 586) un autre passage de Ioannes Andreae, *in Spec., lib. I, tit. De off. omn. jud.*, §8, où celui-ci énumère les divers larcins de G. Durand, et entr'autres celui qui a porté sur le traité des exécuteurs de Blancus.

continuateurs parmi les jurisconsultes provençaux de la fin du moyen-âge, les Jacobus de Bellovisu, les Guillelmus de Ferrariis, les Petrus Antibolus, les Jean Guiramand, les Raymond Puget[1], les Bellus; ou encore ces professeurs avignonnais dont le renom s'étendait au loin, entr'autres ce Petrus de Muris qui, en 1380, donnait à Avignon une longue consultation sur la loi *filio preterito*[2]; ou surtout l'illustre Bertrand de Carpentras, qui fut une des lumières de la science du droit à la fin du xvᵉ siècle, dont Dumoulin faisait le plus grand éloge, et dont les ouvrages sont maintenant rarissimes ou introuvables. Ceux qui mettront au jour, soit les œuvres de ces hommes, soit des documents relatifs à leur existence ou à leur activité, rendront de grands services, non seulement à l'histoire du droit provençal, mais à l'histoire du droit médiéval tout entier.

---

[1] Cf. Bibl. Nat., Latin 4559.

[2] Bibl. Nat., Latin 4549, fᵒˢ 225, vᵒ, et suiv.; fᵒ 247 : « Hec lex fuit repetita per nobilem virum dominum Petrum de Muris legum doctorem in ciuitate Auinion., anno dom. mᵒ cccᵐᵒ lxxx, die XII mensis octobr. » Cf. les consultations publiées par Chassaing, *Spicilegium Brivatense*, Paris, 1886, nᵒˢ 54 et 93. En 1266, *Girardus de Verdello, legum doctor et regens in civitate Avenionensi*, donne son *consilium* sur l'inquisition faite contre Bernard Aurelle, chanoine de Brioude. En 1300, autre *consilium* de *Johannes de Consolino, utriusque juris professor, qui in presenti in civitate Avinionensi legit Decretales.*

XLI[1]

L'ENSEIGNEMENT PRIMAIRE EN PROVENCE

AVANT 1789.

UNE ÉCOLE DE VILLAGE

II. — LA VERDIÈRE (Var),

PAR

M. l'abbé **G. REYNAUD DE LYQUES,** curé du Puget-sur-Argens,

Membre de la Société d'Études provençales d'Aix,
de la Société d'Études scientifiques et archéologiques de Draguignan,
et du Conseil Héraldique de France.

En présentant ce modeste travail, nous n'avons pas l'intention de faire l'histoire générale de l'enseignement primaire en Provence. Nous voulons seulement apporter quelques matériaux qui pourront servir à celui qui entreprendra cet important travail.

Déjà, il est vrai, nous avons fait un travail analogue sur les écoles de Méounes [2] et le renouveler semblait parfaitement inutile au premier abord, mais les notes que nous avons re-

---

[1] Le mémoire XL n'a pas été renvoyé par son auteur en temps voulu pour pouvoir être inséré.

[2] *L'enseignement primaire en Provence avant 1789. Une école de village à Méounes,* publié par la Société d'Études de Draguignan, 1903.

cueillies étant plus complètes et se rattachant davantage à l'histoire générale de l'enseignement, nous avons cru bon de les faire connaître. Nous y verrons, en effet, des luttes assez vives sur des questions qui, de nos jours, agitent encore les esprits, ce qui prouve une fois de plus cette vérité que l'histoire est un éternel recommencement.

Les archives de la commune ne remontant pas au-delà de 1553, ce n'est qu'à cette date que nous trouvons la première mention de l'école, quand le Conseil décide de «loer un maître d'école ».

I. — Les maîtres.

La nomination des régents ou maîtres d'école était le privilège des communautés. Le seul diplôme qu'on leur demandait était l'approbation de l'autorité religieuse [1]. L'édit royal d'avril 1695 ne faisait que confirmer officiellement une ancienne coutume quand il disait dans son art. 25 : « Les régents..... des petits villages seront approuvés par les curés des paroisses .... Les évêques, dans le cours de leurs visites, pourront les interroger sur le catéchisme, s'ils l'enseignent aux enfants du lieu, et ordonner qu'on en mette d'autres à leur place, s'ils ne sont pas satisfaits de leur doctrine ou de leurs mœurs, et même en d'autre temps de leurs visites, lorsqu'ils y donneront lieu pour les mêmes causes. » Cet article conférait le droit d'inspection et de révocation aux évêques [2].

---

[1] Edit. de déc. 1604 ; déclaration de mars 1666, févr. 1667, avr. 1695.

[2] Certains « modernistes », ignorants ou de parti-pris, pourront récriminer contre cette clause, mais le fait est réel et indiscutable. L'enseignement a toujours été la préoccupation de l'Eglise. Je ne parle pas des écoles monastiques et épiscopales fort nombreuses au moyen âge, qui nous ont conservé les chefs-d'œuvre de l'antiquité, et où clercs et laïques, riches et pauvres, tous étaient admis, mais des écoles populaires que

Le régent nommé par le Conseil communal et approuvé par l'évêque tenait donc sa mission de l'Eglise et de la Société et ce double contrôle était une garantie pour les familles.

Le Conseil des chefs de famille choisissait toujours un homme « capable et intelligent », soit un étranger, soit le plus souvent une personne du pays, mieux connue et plus facile à surveiller. Mais cette nomination donnait lieu parfois à des luttes très vives.

Les archives communales nous en donnent deux exemples remarquables.

En 1634, deux candidats étaient en présence : Jacques Romeuf, de La Verdière, et M⁰ Pandouze, soutenu chacun par de nombreux partisans. Pour éviter toute querelle, le Conseil renonce à son droit de nomination et laisse toute liberté aux parents, qui « loueront qui ils voudront ». Jean Gay attaque cette décision, en réclamant « lhintéret de la veusve et de lhorphelin, qui ne peuvent payer un maître », et il propose son candidat, M⁰ Pandouze. Les partisans de Romeuf protestent aussitôt avec énergie [1] et l'affaire reste en suspens [2].

La décision du Conseil était un acte de sagesse qui laissait au temps le soin de calmer les esprits surexcités, mais le premier consul n'en tient pas compte et nomme Jacques Romeuf. Aussi le 21 janvier suivant, le débat recommence plus ardent. Trente-six membres du Conseil demandent l'annulation de ce choix fait contre le vote du Conseil et malgré l'opposition

---

chaque curé de ville ou de village était tenu d'ériger dans sa paroisse (Ordonnance des évêques d'Orléans, 797 ; Tours, 852 ; Toul, 859). Les conciles confirment tous ces ordonnances et celui de Latran (1179) recommande déjà la *gratuité* de l'enseignement.

[1] Un des protestataires, Reynaud, sergent royal, s'y oppose en disant « in quantum contra ».

[2] Arch. com. BB. 6.

du deuxième consul, d'autant plus, ajoutent-ils, que « Romeuf a mal instruit et édifié la jeunesse ». Les partisans de ce dernier réclament l'approbation, mais n'étant que six et prévoyant un échec, craignant aussi une responsabilité pécuniaire, ils s'en déchargent sur le consul en disant : « Qui l'a loué le paye ». Leur sentiment est appuyé par cinq membres dissidents qui demandent un autre maître que les deux en présence.

Les registres de délibération ne disent pas le résultat du vote, mais il est à croire que Rosmeuf a été maintenu par le consul, puisque nous le voyons toucher ses gages cette même année 1635.

En 1679, nouveau conflit. Le 9 juillet, Louis Marin, frère ermite de Notre-Dame de Basset [1], demande la régence, s'offrant à « soutenir l'honneur devant n'importe qui ». Le Conseil accepte cette offre, mais les consuls nomment un autre, André Raynouard. Le 9 novembre suivant, le Conseil proteste contre cette nomination. D'abord Raynouard « n'est pas approuvé par Mre Philippe, grand vicaire, à cause de son *ignorance*»; ensuite, c'est contraire « aux délibérations précédentes, qui demandaient la dispute, d'autant plus que le sieur Jusberti s'offre à la soutenir ».

Les consuls mis en cause répondent : 1° que cette protestation est un acte d'animosité personnelle contre le régent qui a fait condamner ces conseillers à lui payer sa nourriture ; 2° qu'ils ont attendu la dispute jusqu'à la Saint-Michel et que, personne ne s'étant présenté, ils ont procédé à la nomination comme d'habitude ; 3° enfin que Raynouard ayant été régent l'année dernière, il pouvait très bien l'être encore cette année.

---

[1] Chapelle rurale à 1500 mètres du village, appelée aujourd'hui Notre-Dame des Eglises. La tradition populaire la regarde comme la première paroisse, avant que la chapelle du château le devînt. Elle était en effet le siège d'un prieuré qui fut plus tard réuni à celui de la paroisse.

La discussion s'envenimant, les consuls demandent au juge de faire sortir tous les protestataires, mais le Juge refusant, on passe au vote et la conduite des consuls est approuvée.

Ce fut la source d'un procès assez long.

Cette délibération, en effet, est attaquée par Jusberti, se basant sur l'approbation de l'archevêque et sur un arrêt, en sa faveur, du lieutenant-général d'Aix. Il demande le règlement de 120 l. de gages et la régence pour l'année prochaine.

Raynouard, qui n'est plus régent, a fait la même demande et le Conseil du 13 octobre 1680 lui donne gain de cause. Jusberti ne se tenant pas pour battu poursuit sa réclamation, mais le Conseil lui répond de nouveau le 28 septembre 1681 que la régence est donnée et, « quant au reste, qu'il s'adresse au lieutenant » [1].

L'affaire se termine là ; tout au moins les délibérations n'en parlent plus.

Un troisième conflit s'éleva en 1727, mais par la rivalité de deux consuls.

Le second a nommé Paul Jaumont et le troisième Jacques Denans, tous deux prétendant être dans leur droit. Grand débat au Conseil du 4 août. Pour terminer l'affaire, on appelle les Pères de famille qui, par 16 voix contre 4, votent contre J. Denans qui « n'est pas assez sévère, vû son âge avancé » [2].

Devant cette manifestation, le Conseil vote le maintien de Jaumont.

Les conflits de nomination se compliquaient quelquefois de conflits d'approbation.

Le plus important de ces conflits est celui de 1731 qui dura longtemps et pour lequel, par sympathie personnelle pour le régent, le Conseil se mit en lutte contre l'archevêque d'Aix.

---

[1] Arch. com. BB 9.
[2] Ibid. 11.

Le curé de la paroisse, l'abbé François Sallier, ayant été insulté par le régent[1], s'en plaint à l'archevêque qui ordonne aux consuls de renvoyer le sieur Jaumont, régent [2].

Les Consuls obéissent et nomment Fouque comme régent ; mais au Conseil suivant du 14 octobre, une grande discussion s'élève à ce sujet.

Les pères de famille ont remis aux consuls une pétition en faveur de Jaumont. Mais si ses partisans sont nombreux, il a aussi des adversaires. Le curé affirme qu'il est « indigne d'exercer pour des raisons connues de l'archevêque, pour les insultes qu'il en a reçues, ainsi que Sallier, un autre prêtre ». Pierre Sallier, un autre opposant, parle contre Jaumont, mais Fouque ignore le latin, et obligé d'envoyer ses enfants au dehors, il demande la nomination d'un adjoint pour le latin.

Les consuls donnent alors lecture de la lettre de l'archevêque et le Conseil vote une députation de trois membres pour aller à Aix supplier l'archevêque de revenir sur sa décision et en tout cas d'approuver un autre que Fouque « absolument,

---

[1] Quelle était la nature de cette insulte ? les archives n'en parlent pas. Elles disent seulement que le curé a été insulté chez lui avec un autre prêtre.

[2] Lettre de l'archevêque : « M. le curé se plaint contre le sieur Jaumont qui a manqué au respect qu'il lui doit. Je sais d'ailleurs que ce maître d'école n'a pas les lettres d'approbation, au moins qu'il en a de fort anciennes, qu'il n'a pas fait renouveler, ce qui est contraire aux ordonnances du diocèse. Aussi, Messieurs, je vous prie de ne plus souffrir que le dit Jaumont regente dans votre communauté. Je compte que vous aimez trop le bon ordre pour ne pas l'obliger à discontinuer un emploi qu'il ne peut exercer sans une approbation de Mgr l'archevêque, qu'il n'a point et qu'il s'est rendu indigne par la manière dont il a usé envers le sieur curé, auquel il doit du respect. Je suis parfaitement, Messieurs, votre très humble et très obéissant serviteur.

« L'abbé DE VENCE. Aix, 2 octobre 1735. »

(Minutes de Capus, not. La Verdière). Etude de M* Berne, notaire.

incapable». Heureux de cette décision, les pères de famille s'engagent à payer les frais du voyage des députés.

En attendant, Fouque réclame ses gages, mais le trésorier les refuse, et le Conseil donne ordre aux consuls de lui retirer la clef de la classe. Le curé proteste contre cette décision et il déclare que Fouque restera régent tant qu'il ne sera pas révoqué par l'archevêque.

Celui-ci maintient sa décision contre Jaumont et, pour concilier les adversaires, il présente Franchiscou à la place de Fouque. Le Conseil, tout en regrettant le départ de Jaumont, « à cause de ses bons soins pour la classe », demande au moins qu'on le remplace par « un homme agréable aux paroissiens », ce qui n'est pas le cas de Franchiscou, « enregistré aux classes maritimes, n'ayant pas le temps, pouvant être appelé ailleurs, n'ayant jamais enseigné, sachant à peine lire et étant sans domicile ».

Les opposants répondent que Jaumont « *ne sait pas écrire,* qu'il a beaucoup de défauts essentiels et qu'il ne s'approche jamais des sacrements ». Protestation de ses partisans qui affirment qu'il est bon chrétien, et ils déclarent en outre que Franchiscou est malade et ne peut exercer.

Enfin la discussion est close et on passe au vote. Sur treize votants, il y en a cinq pour Franchiscou contre quatre non et quatre abstentions. Franchiscou est donc accepté, malgré une nouvelle protestation de quatre opposants.

L'affaire semblait finie, mais il n'en est rien. Jaumont reste en fonctions et le 28 janvier 1732, l'archevêque envoie une nouvelle lettre aux consuls [1], ordonnant à Jaumont de partir dans

---

[1] « M⁸ʳ l'Archevêque veut bien, Messieurs, ne pas s'apercevoir que vous avez renvoyé le maître d'école auquel il avait donné ses lettres. Mais *son intention* est que vous renvoyez incessamment le sieur Jaumont et tout autre maître d'école qui s'ingérera à *montrer* les enfants. Un des se-

les huit jours sous peine d'y être contraint par la force, et pour donner à toutes les inimitiés le temps de se calmer, il déclare que l'école sera régie par les prêtres de la paroisse jusqu'à Saint-Luc, c'est-à-dire pendant toute cette année.

Les consuls ne s'opposent pas aux ordres de l'archevêque, mais, disent-ils, lorsqu'il saura tout ce qui s'est passé, il verra que le désordre ne vient pas du sieur Jaumont. Aussi proposent-ils au Conseil une nouvelle députation à Aix pour l'informer des « bis bis » et le prier de garder Jaumont.

Le notaire Gaze essaie de concilier tous les adversaires en nommant un autre régent, tout en payant une indemnité à Jaumont et à Franchiscou, mais sa proposition est repoussée même par les partisans de Franchiscou qui « a leurs enfants ». — « Cinq ou six », répondent les Consuls.

La députation est votée, mais elle n'obtint aucun résultat; car, en mars, nous voyons Franchiscou assigner la communauté en paiement de deux cartiers de ses gages. Le Conseil s'entête dans sa résistance et il ne recule même pas devant un procès. Cependant, sur l'avis de son avocat et grâce aux démarches officieuses du prieur; Mre de Verne, il accepte une transaction qui accorde à Jaumont 3o l. de gages et 6o à Franchiscou [1].

---

condaires de la paroisse régira les écoles jusqu'à la Sainte-Luce et dans ce temps-là vous pourrez trouver un maître pour vos écoles, qui soit au gré de la communauté et qui ne soit pas un sujet de division. Si le sieur Jaumont est encore à La Verdière dans huit jours après que vous aurez reçu ma lettre, Mgr l'archevêque prendra les voies convenables pour *l'en faire tirer* et il aura pour cela des ordres. J'écris à M. le Curé et lui mande de me certifier la sortie du sieur Jaumont.

« Je suis très parfaitement, messieurs, votre très humble et très obéissant serviteur.

« Abbé DE VENCE, vicaire général,
« à Aix, le 23 janv. 1732. »

[1] 15 liv. de gages et 45 de taxe à Franchiscou.

La paix régna dès lors dans le pays, mais cette lutte assez vive nous montre que ce Jaumont, « m° ès-arts libéraux », avait acquis une grande influence sur les parents, soit par son caractère soit par sa méthode d'enseignement. Il tint les écoles pendant près de vingt ans. Bien souvent, il est vrai, des plaintes s'élevèrent contre lui, soit à cause de la taxe scolaire qu'il augmentait à son gré (1750), soit à cause de ses absences répétées. Il perd alors la confiance des parents qui lui retirent leurs enfants pour les confier aux prêtres de la paroisse et par deux fois on demande son changement à l'archevêque qui chaque fois répond par un refus [1]. On se résigne alors et il faut croire aussi que Jaumont fut plus fidèle au règlement, car la confiance revint et il resta encore de longues années à la tête de l'école.

II. — **Monopole.**

En principe, il est vrai, l'enseignement était libre, mais la communauté établissant une taxe scolaire sur tous les écoliers, afin d'augmenter le traitement du régent, elle avait intérêt à soutenir le maître officiel contre tous ses concurrents. C'est pourquoi, dans presque tous les contrats de régence, nous voyons la clause suivante : « Sera permis à nul autre d'enseigner les enfants » (1717), ou cette autre : « Les parents seront obligés de lui confier leurs enfants soubs peynes den paier la taxe et nourriture diceluy, comme les autres enfants » (1738-1772).

Malgré cette défense, il arrivait souvent que deux, trois éco-

---

[1] Cette démarche des consuls paraît un peu étrange quand on se rappelle les événements de 1732. Aussi la réponse de l'archevêque est pleine d'ironie : « *On sera content de Jaumont*, dit-il, et d'ailleurs je n'ai pas de poste à lui donner. »

Le Conseil a-t-il compris ? probablement, car il n'insiste plus et Jaumont reste à son poste.

les étaient en présence. Le régent officiel protestait alors, le Conseil s'occupait de l'affaire et il en résultait quelquefois des luttes très vives. Les archives communales nous en offrent quelques exemples.

En 1678, le régent Raynaud se plaint de la concurrence, n'ayant que treize enfants, qui, dit-il, sont obligés de payer double. Le Conseil donne ordre aux consuls de poursuivre les écoles libres et, si le procès est perdu, on fera payer la taxe aux enfants des autres écoles.

L'affaire ne fut pas très sérieuse et probablement il y eut un arrangement. Mais, en 1681, elle prend un caractère plus grave.

Le frère Louis Marin, ermite de Notre-Dame du Basset, tient une école où il réunit plus de vingt enfants. Les consuls voyant qu'à l'école publique il n'y a que « quelques petits », et que par suite la taxe qui était de dix à douze jours de nourriture monte à un mois ou deux, demandent au Conseil de taxer tous les enfants.

Un grand débat s'ensuit. Malherbe, notaire, dit que cette proposition est ridicule, parce que « l'enseignement étant arts libéraux », les parents sont libres de s'adresser à qui ils veulent.

« Soit, répondent les consuls, mais l'usage veut qu'il n'y ait qu'une école, pour aider les pauvres obligés de payer la nourriture et par conséquent, ou les autres régents doivent s'abstenir, ou les enfants doivent payer la taxe. » Le Conseil est encore plus sévère, car il vote la taxe générale et ordonne en même temps la fermeture des autres écoles.

Fort de cette délibération, le premier consul se rend chez le frère Louis pour la lui signifier et lui demander le rôle de ses élèves, mais il est mis carrément à la porte.

Au Conseil suivant, le débat recommence alors. Le notaire Malherbe, protestant une seconde fois, objecte que le régent n'étant pas approuvé, ne peut exercer, d'autant plus qu'autrefois il était parti avant la fin de son engagement.

« Le contrat est passé, répondent les consuls et s'il y a lieu de se pourvoir, ce n'est pas à la communauté à le faire, mais au frère Louis, à qui d'ailleurs on peut adresser le même reproche d'inconstance, puisque, il y a quelques années, il a abandonné son ermitage pour y revenir maintenant. »

Le Conseil renouvelle sa précédente délibération et menace le frère Louis de le poursuivre devant l'archevêque. Quant à la taxe demandée, en l'absence des pères de famille, on la renvoie à un prochain Conseil qui la repousse (28 décembre 1681)[1].

Frère Louis a-t-il quitté? Nous l'ignorons, mais nous voyons un peu plus tard le sieur Bernard, régent officiel, quitter son poste. Il est vrai qu'il a mis à sa place Mre Albanelly.

Quelques années plus tard, en 1690, nouvelles plaintes du régent qui n'a que cinq à six enfants. Le Conseil du 23 juillet établit la taxe générale, ordonne sa publication et charge le régent « d'aller voir les parents pour les prier *aimablement* de lui donner leurs enfants ». Les autres écoles seront poursuivies.

Les parents protestent et réclament leur liberté. C'est un abus d'avoir plusieurs maîtres, répondent les consuls : « Si on en veut un, qu'on le garde chez soi, c'est un droit ».

En 1760, nouvelles plaintes. Le Conseil, fidèle au principe du monopole, ordonne au régent de se faire approuver dans les quinze jours et, en attendant, il avise les prêtres d'abandonner l'école. Protestation des parents, le contrat étant nul, puisque le régent n'est pas approuvé. D'ailleurs, les prêtres ont cinquante enfants et le régent cinq seulement, étant incapable, ce qu'on offre de prouver.

---

[1] Arch. com. BB. 9.

III. — **Résidence.**

Comme on le voit, les régents étaient absolument dépendants du Conseil communal. De plus, ils étaient soumis à certaines obligations. Les principales étaient l'éducation religieuse, dont nous dirons un mot plus loin, et la résidence.

En cas d'absence ou de retard « aux heures accoutumées », les consuls avaient le droit d'en nommer un autre « à ses dépens ». C'était une obligation essentielle que l'on remarque dans presque tous les contrats. Aussi, en 1682, nous voyons Mre Devaux qui, avant de quitter son poste, met à sa place son confrère, Mre Albanelly. En 1703 aussi, sur les plaintes des parents contre le régent Romain Sicard qui « ne réside pas, est un jour ou deux ailleurs et ne conduit pas les enfants à l'église », les consuls le somment d'observer les termes du contrat.

En 1750, encore nouvelles plaintes contre P. Jaumont qui donne des vacances répétées, n'est pas assidu à l'heure, ne fait dire qu'une leçon, son fils ou un des pensionnaires faisant dire les autres, ce qui introduit aux jeunes étudiants *un fort mauvais accent*. Jaumont refusant de se rendre à ces protestations, les enfants sont retirés de l'école.

IV. — **Programme.**

Le programme de ces écoles primaires n'était pas chargé comme celui de nos jours. La lecture, l'écriture, l'arithmétique, la grammaire, voilà les grandes lignes ordinaires de ce programme[1]. Peu de chose, c'est vrai, mais pour nos agricul-

---

[1] « Les approbations des régents ne mentionnent guère que ces branches de l'enseignement et les livres de pédagogie usités à cette époque gardent le même silence sur les autres.... On apprenait à lire non seule-

teurs et artisans d'autrefois, c'était suffisant et on ne demandait rien autre.

En 1780, un candidat à la régence offre d'ajouter la géographie, l'*art raisonné du blaçon* et « même lire et écrire ». Pour lui, paraît-il, la lecture et l'écriture n'étaient qu'un accessoire ; cependant, il fut accepté.

Souvent, on y ajoutait le latin (1683), non pas probablement la langue elle-même, mais au moins les rudiments (1734). Cette science du latin, générale dans presque toutes les écoles, était hautement appréciée à La Verdière, où on réclamait toujours un maître qui sût le latin. C'est ce qui explique l'existence des écoles rivales quand le régent l'ignorait et aussi l'affluence des élèves quand les prêtres tenaient l'école.

Pourquoi cette science ? dira-t-on ; c'est facile à comprendre. La foi était encore profonde dans toutes les familles, tout le monde remplissait ses devoirs religieux et, à l'église, on unissait sa voix aux chants des offices. En connaissant le latin, on prononçait mieux, sans estropier les paroles, comme aussi on comprenait un peu ce que l'on chantait, ce qui était un grand avantage pour tout le monde.

L'école était en effet confessionnelle et l'enseignement religieux était une des premières obligations du régent. Partout, en effet, dans les actes de contrat, avec la civilité[1], nous voyons

---

ment l'imprimé, mais des manuscrits fort difficiles quelquefois » (L'*Instruction primaire en France avant 1789,* par l'abbé ALAIN. — *Revue des Questions historiques, année 1875,* p. 134).

Cette lecture des manuscrits s'est conservée longtemps encore après la Révolution. Je me rappelle encore avoir eu dans mes jeunes années un livre classique intitulé « Lecture de manuscrits » qui était composé de toutes sortes d'écritures, même microscopiques.

[1] « Leur fere oster le chapou à toutes sortes de personnes lhors qui y passeront au-devant et empecher que les enfants ne se battent parmy eux ». Contrat du 3 octobre 1672. (Thomas, not.), étude de Berne, not., La Verdière.

l'obligation de conduire les enfants à l'église les jours de fête (1626), de leur apprendre la vertu (1686), de les instruire de la foi chrétienne, faire dire les heures, matin et soir, le catéchisme le samedi (1727-1731), de les conduire tous les jours à la messe (1736).

Les parents tenaient beaucoup à cette obligation et maintes fois nous voyons des plaintes au Conseil à ce sujet (1703-1750).

Les heures de classe étaient de sept heures du matin à dix heures et de midi à quatre heures (1689).

V. — Traitement.

Le traitement du régent était composé de deux parties : une somme fixe, variable selon les années, et une taxe scolaire payée par les parents ou la communauté.

1. *Traitement fixe.* — Dans nos recherches aux archives communales, nous avons pu à peu près établir l'échelle de ce traitement [1] :

4 écus en 1557, 4 florins en 1563, 2 écus en 1568, 3 florins par mois en 1573, 24 écus en 1595, et 20 en 1599. Cette dernière somme de 60 livres devient le tarif ordinaire et ne varie presque plus, sauf quelques exceptions comme en 1679, où elle monte à 90 livres, en 1685 où elle descend à 46 et à 40 en 1733. En 1768, le régent n'ayant que quatorze enfants, le Conseil lui accorde 36 livres, soit 96 au total. Il est vrai que la taxe est diminuée d'autant.

Souvent le régent cumulait plusieurs fonctions : vicaire [2], médecin, remonteur de l'horloge ; ce cumul lui faisait alors un

---

[1] Arch. com., BB. 1 et suivants.

[2] En 1554, deux prêtres : Claude Arbaudi et Honoré Gaze, s'engagent à tenir l'école, à charge de chanter à l'église et de dire les messes du purgatoire. Le traitement est alors pris sur les aumônes du purgatoire. (BB. 1, 82.)

traitement convenable. Mais le principal de ce traitement était
la taxe scolaire soit en argent soit en nourriture.

2. *Taxe.* — En 1557, le Conseil accorde au régent 6 écus
pour sa nourriture. En 1563, un père de famille s'engage à le
nourrir pendant un mois et demi, un second, pendant quinze
jours et les autres alternativement. En 1679, le régent demande
4 sous par jour et 7 sous en 1717 et 1731.

Cette taxe rapportait 30 écus en 1608 ; 60 en 1680 ; 90 en 1689 ;
42 en 1707 ; 126 en 1716, 1720, 1723, 1727, 1728 ; 86 en 1725 ;
84 en 1733 ; 140 en 1731, 1735, 1736, 1739, 1753 ; 186 en 1732 ;
105 en 1751 ; 96 seulement en 1763.

Quel était ce chiffre de cette taxe scolaire ? Nous trouvons les
suivants :

1557. — Les petits, 1 sou par mois ; les grammairiens, 2 sous [1].

1686. — 3 livres ceux qui apprennent à lire, et les autres, taxés
　　　　selon le rôle et leur *capacité*.

1689. — 3 livres par enfant s'ils sont trente. Plus nombreux,
　　　　la taxe sera diminuée ; moins nombreux, elle sera
　　　　augmentée.

1695. — 5 sous par mois ceux qui n'écrivent pas ; 7 sous 1/2
　　　　ceux qui écrivent [2].

1707. — A cause de la cherté des vivres, le Conseil vote une
　　　　augmentation de taxe de 30 livres [3].

1743. — Les enfants à l'alphabet, 3 livres ; au latin et français,
　　　　4 livres ; à l'écriture, 5 livres ; à l'arithmétique,
　　　　6 livres. La taxe devait être faite tous les trois
　　　　mois. Si elle n'atteint pas le montant du quartier
　　　　des gages, la communauté y suppléera comme aussi
　　　　elle bénéficiera du surplus.

---

[1] Arch. com. BB. 1, 156.
[2] Ibid. BB. 9.
[3] Ibid. BB. 11.

Cette taxe d'argent ou de nourriture n'était pas toujours facile à retirer. Bien souvent, il y avait des protestations et des refus qui entraînaient des poursuites contre les réfractaires. Nous en trouvons plusieurs exemples.

En 1679, le régent fait condamner plusieurs parents à lui payer sa nourriture.

En 1731, c'est le trésorier communal qui recueille l'argent de la taxe et cherche à contraindre les parents. Ceux-ci protestent, mais le Conseil donne gain de cause au trésorier [1]. Au Conseil suivant (17 juin), les consuls eux-mêmes protestent contre la taxe officielle, contraire, disent-ils, aux intérêts de la communauté qui est obligé d'en supporter le denier et de faire les frais de l'exaction. » Ils proposent donc un autre régent qui s'engage à faire l'exaction de la taxe à ses risques et périls. En entendant cette proposition, les parents retirent leurs plaintes, voulant garder le régent dont ils sont contents, et, pour éviter toute difficulté, ils acceptent de payer la taxe, même avec les frais d'exaction, « voyant avant tout avantage de la jeunesse » et le s[r] Jaumont « méritant bien quelque considération » [2].

La taxe était donc une règle générale et nous voyons plusieurs fois le Conseil y soumettre même les enfants qui fréquentaient les autres écoles.

Plus ou moins forte selon le nombre des enfants, il ne faut pas croire cependant que cette taxe fût un impôt onéreux qui rendît l'école impossible aux nombreuses familles. Non, la gratuité de l'école pour les pauvres était de principe général ; souvent le Conseil communal en rappelle l'obligation soit en votant une augmentation de gages, soit en acceptant un nou-

---

[1] Le 3 juin 1731.
[2] Arch. com. BB. 13.

veau régent. Et pour qu'il n'y ait pas d'abus de la part du maître, il est toujours spécifié dans les contrats que l'enseignement sera le même pour les riches et pour les pauvres.

On protestait bien quelquefois contre la taxe, mais c'était
plutôt contre son exagération ou contre la manière de la
recueillir. Ce qui semblerait le prouver, c'est qu'en 1750, comme
nous venons de le voir, les parents qui protestaient, l'acceptent volontiers, même avec les frais d'exaction à leur charge,
afin de garder leur régent.

Le Conseil qui votait la taxe scolaire avait aussi le droit d'en
dispenser, mais il usait rarement de ce droit, et le seul exemple que nous trouvions, est, en 1738, l'exemption du clerc de
l'église, « étant toute la matinée occupé au service de l'église
et souvent même l'après-dîner, devant suivre les prêtres dans
l'administration des sacrements » [1]. Cette exemption ne fut
pas votée pour un temps, mais pour toujours.

VI. — Local.

L'école se tenait toujours à la maison commune. Le Conseil tenait à ce local et veillait à ce que le Régent s'y confor-
mât. Cette obligation était même insérée dans beaucoup de
contrats. En 1656, M\ue Devaux, le régent, tient l'école dans
la chapelle des pénitents. Il est probable qu'il trouvait ce local
plus commode et plus facile pour lui, mais le Conseil proteste
et l'oblige à revenir à la maison commune.

Bien plus encore, en 1750, à cause de la guerre, les Conseils
doivent être beaucoup plus fréquents. Fidèle à son principe, la
Communauté abandonne la maison commune comme lieu de
ses réunions, et « pour ne pas déranger les écoliers », elle loue

---

[1] Conseil du 23 févr. 1738. Arch. com. BB. 12.

une chambre du village pour y tenir ses assemblées [1]. Ce système dura deux ans.

Le mobilier était sommaire : des bancs et des tables, dont le régent était responsable, devant empêcher « que les enfants ne les rompent ». Il ne devait donner la clé à personne, surtout à la jeunesse « pour y aller *dasser* [2], à cause que rompraient tous les bancs et tables, oultre que cela n'est pas séant et que l'école n'est point destinée pour des danses » [3].

VII. — **Titulaires**. — *Noms et qualités.*

1553. Antoine Rolandi.

1554. Honoré Gaze, Claude Arbaudi, } Prêtres. Ils s'engagent à chanter à l'église.

1557. Pierre Vincens, de Varages.

1563. Clément Baudoin.

1568. Antoine Roset, de Monestier-de-Saint-Chaffrey.

1595. J.-Baptiste Blanc.

1597. Jean Delphin.

1599 Guillaume Serpollet.

1600. Louis Taxil, 1602, 1606.

1601. Auguste D., de Trets.

1607. Joseph Vachier.

1608. Philippe Bernardy, 1619.

1626. Claude Reynaud.

1635. Jacques Romeuf, de la Verdière, 1633, 1635, 1638, 1639, 1642, 1650, 1658, 1659, 1660.

1656. Mre Devaux, prêtre [4].

---

[1] Arch. com. BB. 13.

[2] Danser.

[3] Contrat du 3 oct. 1672. V. appendice.

[4] Il tient l'école à la chapelle des pénitents, mais le Conseil proteste.

1667. J.-B. Serpoullet.

1671. Honoré Mathieu.

Mr André Bernard, prêtre, de Saint-Etienne-de-Croix .
1672, 1673, 1676, 1682, 1683.

1674. Jean Barjotton, de Trets.

1675. Mre Cadet Renie, prêtre, 1676, 1677, 1679.

1678. André Raynouard, 1679, 1683.

1680. Pierre Millau, 1685, 1686, 1687.

1682. Mre Albanelly, prêtre, remplace Mre Bernard.

1684. Noblet, 1687, 1688, 1689.

1688. Laugier, de Montfort, 1690.

1693. Colombi, 1694.

1696. Jean Lancement.

1697. Mre Lance, diacre.

1699. Sauvan [2].

1700. Lazare Digne, de Bargemon, régent à Quinson.

1703. Romain Sicard.

1704. Jean Denain, chirurgien de la Verdière, 1723, 1725, 1726,
1727, 1734, 1736.

1707. Pierre Daudet, de la Roquebrussanne, 1708, 1709, 1710.

1716. Joseph Gaze.

1725. Joseph Gaze. ⎞
⎟ Se partagent le traitement.
Jean Denain. ⎠

1728. Paul Jaumont, de Cadenet [3], 1731, 1739, 1743, 1744,

---

[1] En 1687, s'absentant, il met à sa place Mre Albanelly.

[2] En septembre 1699, on propose Laugier, ancien régent de 1690, mais trop vieux et ignorant le latin, les parents le refusent et acceptent Lazare Digne.

[3] Son contrat du 27 juillet 1727 porte ses gages à 186 livres, plus les frais de ses meubles et de ses hardes qui sont à La Ciotat. (Minutes Capus, not. LA VERDIÈRE.)

C'est le seul qui soit resté si longtemps en fonctions, et il jouissait d'une grande influence.

1745, 1746, 1750, 1751, 1752, 1753, 1756, 1763, 1765, 1766, 1767, 1774, 1775.

1731. Joseph Fouque, démissionne deux mois après [1].

Franchiscou César, de Marseille [1].

Paul Jaumont [1].

1733. François Rigaud, de la Verdière, 1734.

1735 André Rey, de Puymoisson, apprendra le latin à tous.

1736. Jacques Thomas, même obligation.

1737. Joseph-Ambroise Audibert, de Trets.

1751. Joseph Fouque.

1775. Louis Desgleises.

1776. Cavalier, de Barjols.

1779. Grisolle [2], mort en avril 1780.

1780. Segond, de Riez.

VIII. — Filles.

Il est rarement question d'une école spéciale de filles ; il faut donc croire que l'école était mixte. C'est ce que nous remarquons, d'ailleurs, dans presque tous les villages, où l'école de filles ne fait son apparition certaine que vers la fin du xviie siècle ou le commencement du xviiie [3].

La première fois que nous en trouvons mention à la Verdière est en 1684, où, sur l'ordre de M^re d'Oppède et des prieurs, les consuls demandent une école de filles, avec une charge de blé pour traitement, mais le Conseil rejette la proposition [4].

Le projet est repris en 1707, à la suite d'une mission donnée

---

[1] V. plus haut la lutte entre le Conseil et l'Archevêque d'Aix.

[2] « Il écrit aux consuls pour fere voir son *caractère*. ». Parle-t-il de sa calligraphie ou bien suppose-t-il les consuls savants en graphologie ?

[3] A Méounes, on en trouve la première mention en 1675.

[4] Arch. com. BB. 9.

par les Pères de la Doctrine Chrétienne et pour se conformer à la sentence de visite archiépiscopale du 7 septembre 1698, à charge cependant d'enseigner *gratuitement* les pauvres. Cette fois, le Conseil adopte la proposition et on nomme Anne-Thérèse Daudet, fille du régent, aux gages de 30 liv.

L'école des filles est fondée et elle durera jusqu'à la Révolution ; on peut dire qu'elle était nécessaire. Le village qui comptait alors plus de 2.000 âmes [1] pouvait fournir un contingent d'élèves assez fort, les familles étant fort nombreuses, c'est ce qui explique l'insistance de l'Archevêque et du prieur, ainsi que celle du marquis d'Oppède, seigneur du pays.

Le Conseil qui ne voyait pas volontiers, sans doute, cette innovation, et aussi peut-être par mesure d'économie, réduit les gages à 25 liv. en 1739 et l'année suivante il les supprime complètement. Aux protestations de l'Archevêque, il répond « *que ce n'est pas l'usage* », sauf depuis un an ou deux et que, d'ailleurs, les intentions du roi et de l'Archevêque ne s'appliquent qu'aux étrangers et non aux gens du pays (1er novembre 1734). Le Conseil cependant obéit aux ordres de l'Archevêque et rétablit le traitement, puisque la même institutrice de 1737 exerce encore en 1741, aux gages de 36 liv. avec la taxe des enfants en plus.

La liste des institutrices n'est pas longue à dresser, la même exerçant le plus longtemps possible. On doit supposer aussi que la régente étant souvent la femme ou la fille du régent, on ne la mentionnait pas particulièrement.

Les Arch. Com. ne nous signalent que trois noms :

1707. Anna-Thérèse Daudet, fille du régent.

1733. Françoise Thomas, elle exerce jusqu'en 1745, année de sa mort.

1745. Euphrosine Capus.

---

[1] D'après Achard, la commune était affouagée à 4 feux 1/2.

Telle est l'histoire de l'école de La Verdière. Il y aurait encore beaucoup à glaner dans les Arch. Com., mais ce ne seraient que des détails, intéressants sans doute pour l'histoire locale, mais très peu pour l'histoire générale. Nous les avons cru inutiles.

Puisse ce modeste travail apporter sa pierre au monument élevé à la gloire de la Provence.

Abbé G. REYNAUD DE LYQUES.

PIÈCE JUSTIFICATIVE

Nous donnons un spécimen de contrat de régence pour montrer l'esprit général qui animait les communautés.

« L'an mil six cent septante deux et le troisie[me] jour du présant moys d'octobre après-midy constitués en leurs personnes par devant nous not[aire] et tesmoings m[aistre] Estienne Arbaud ad[vocat] en la cour, Joseph Gay mestre chirurgien, et Jehan Roux m° charpantier, conseuls modernes du presant lieu de la Verdiere pour et au nom de la com[munaute] ont baylle la rejeance des ecolles du dit Verdiere à M° Andre Bernard du lieu de Saint Etienne de Croix, residant au d. Verdiere présant et stipulant et ce pour et durant le temps et terme d'une année complete et revolleue qui a commancé de saint Michel dernier et à tel et semblable jour finira, durant lequel temps le d. m°° Bernard a promys et promet aux d. conseuls et com°° fere la dite regeance des escolles et de bien et deubment enseigner tous les enfants qui luy seront mandes tant de lire, escrire grandmere que arimathique de tout son pouvoir en siance sans luy rien resseler [1]; et sur toutes choses instruire les enfants qui luy seront envoyes à la foy chrestienne luy fere dire les heures matin et soir de

---

[1] D'autres actes portent « apprendra les rudiments du latin » (1734, 1735) « apprendra le latin à tous » (1736) « apprendra la grandmere, toutes bones mœurs, doctrines enseignements requis » (1633).

chaque jour et le samedy le catechisme les mener et conduire à
l'eglise fetes et dimanches à la grandmesse et vepres [1], leur enseigner
la civilite, leur fere obter le chapou à toutes sortes de personnes
lhors qui y passeront audevant et empecher tant que sera de son pouvoir que les d. enfants ne ce battent parmy eux. Bref de fere et user en
tout comme bon pere de famille et fere une actuelle residance à la d.
escolle [2] et enseigner les enfants chascung suivant leurs capacites
tant riches que pauvres indiferement sans aulcung suport ni coni-
vance tant grands que petits. Pour les peynes et travaux du d.
Mᵉ Bernard le d. temps durant les d. conseuls au nom de la d. comᵗ
ont promis de luy donner pour ses gages la somme de soixante escus
qui luy seront payes par cartons de troys en troys moys et oultre et
par dessus les d. soixante livres les d. conseuls promettent luy fere
avoir sur les enfants qui luy seront mandes leur nourriture pour
toute l'annee suivant la taxe. et regallement qui sera fait par les d.
conseuls sur le rolle qui sera donne du nombre des enfants que le
d. Mᵉ Bernard aura sous luy chascun d'iceux à proportion de travail
et age. Et sera permis à nul autre d'enseigner des enfants publique-
[ment] dans le d. lieu. Ayns ne pourront les peres ni meres diceux
mander ses enfants qua lescolle du d. Mᵉ Bernard soubs peynes den
paier la taxe et nouriture diceluy conforme[ment] aux aultres enfants,
declarant le d. Mᵉ Bernard avoit la clef de lescolle qu'est la maison
de ville promet la randre à la fin de l'année et fera conserver les
tables et bancs de la d. escolle et empecher que les d. enfants ne les
rompent ne pourra donner la clef de la d. maison de ville à aulcunes
personnes que lhors quon y vouldra assambler le Conseil luy est
deffandu tres expressement de la bayller à la jeunesse pour y aller
dasser à cause que rompraient tous les bancs et tables oultre que
cela n'est pas seant et que la d. escolle nest point destinée pour des
danses, ce que le d. Bernard a promis d'observer ayns promet lesser
les tables, bancs, portes, fenetres et serrures en letat quest de presant.

Et pour observer ce que dessus les d. consuls ont oblige les biens
et rantes de la d. comᵗᵉ et de s. Bernard ses biens presants et adve-
nir.

---

[1] Les enfants seront conduits à la messe tous les jours (1736-1737).
[2] Le Régent « résidera à la maison de ville qui sert d'école » (1633).

Fais et publie aud. Verdiere en la mayson de moi not[aire] en pre-
sance de Jehan Baptiste Brun, mᵉ chirurgien et Honoré Souche du
d. Verdiere requis et signe qui a seu,

Et de moi Thomas not. [1].

APPENDICE

Comme suite à notre étude sur l'école de la Verdière et pour la
compléter sur certains points, nous donnons quelques notes brèves
sur les écoles de Barjols au XVIᵉ siècle [2].

Chef-lieu de viguerie et siège d'une riche collégiale, Barjols était
une cité importante où les écoles florissaient.

Comme partout, le régent était nommé par la Communauté, mais
ce droit de nomination était limité, car il était partagé avec le prévôt
du Chapitre, à qui seul incombait la charge de payer les gages du
régent. Les deux autorités intervenaient donc dans le contrat.

Les élèves étant très nombreux, le Régent devait toujours avoir un
« bachelier », c'est-à-dire un adjoint pour l'aider. Tous les contrats
de cette époque lui en font une obligation (1566, 1569, 1570, 1579).
Pour éviter des abus probablement, on oblige le Régent à exercer
« personnellement » et non par un « tiers » (1538) ; il devra aussi
« enseigner en commun et non tenir « *cambrado* » ou classe particulière chez lui (1570, 1579).

Le programme était le même que celui des autres écoles : « bono
letre et mœurs, fere les *besoins* ordinères » (1575), « l'art de la
grammaire et autres sciences habituelles à l'école, fere et publier
tous les jours les *normes* à l'accoutumée » (1579).

Le régent devait aussi enseigner le latin, « exercer en composition » (1566), « fere dire les heures, comme est de coutume et chose
raisonnable » (1577). La conduite des enfants à l'église les jours
voulus et « aux processions » en portant « ses matines » est aussi la
règle comme partout ailleurs.

---

[1] Minutes de Thomas, not. La Verdière 1672, fol. 596, étude de Mᵉ Berne,
not. Saint-Julien-La-Verdière.

[2] Arch. départ. Var. Affaires civiles, série E., t. I, 2ᵉ série complémen-
taire.

Tel est le programme général, commun à toutes les écoles de Provence. Nous ne nous y arrêterions pas, mais dans une transaction du 14 févr. 1533, intervenue à la suite d'un procès entre le régent Jean de Ferrare et son adjoint Antoine Salicis, au sujet du partage des rétributions scolaires, nous trouvons certains détails qu'il est intéressant de relever, comme règlement de classe.

1° Les rétributions seront partagées par moitié, sauf celles des élèves de Fayence et de Tourettes qui seront au maître [1].

2° L'adjoint sera tenu tous les matins « dicere de partibus » et lire les leçons « juxta voluntatem scolasticorum », aussi bien qu'il pourra, ensuite la dire aux plus petits, puis après le dîner, c'est-à-dire à la douzième heure, entrer « ludum litterarium », faire l'appel sur le petit catalogue. S'il manque des élèves, les envoyer chercher et en cas de refus de leur part aller voir lui-même s'ils ne seraient pas à courir les rues, les prés et les places. A la quatrième heure, répéter les leçons déjà faites et le soir, après la répétition, dire les petites leçons.

Pour le traitement, nous relevons les chiffres suivants : 2 écus d'or en 1524, 10 en 1553, 20 en 1566, 50 en 1569, 30 écus d'or sol de 1570 à 1579 [2], 40 florins et 47 de 1535 à 1540, 50 de 1554 à 1558.

La taxe scolaire existait aussi à Barjols, mais elle n'affectait que les étrangers. Les enfants du pays n'avaient rien à payer, l'école étant gratuite pour eux. Un contrat de 1575 fixe la taxe à 4 sous par mois.

---

[1] Cela indiquerait que le régent était originaire de Fayence et qu'il emmène des pensionnaires, car on ne peut supposer qu'il dirige en même temps ces trois écoles.

[2] Arrêt du Parlement du 1er juillet 1567, contre le prévôt.

XLII

LA TAXE DU PAIN A MARSEILLE

à la fin du XIII° siècle

par M. **Ad. CRÉMIEUX**, Professeur au Lycée de Marseille,
*Chargé d'un cours d'histoire de la Révolution française à la Faculté
des Lettres d'Aix.*

Le document que je me propose d'analyser devant vous est
une délibération prise par le Conseil général de la ville de Marseille, le 3 avril 1270. Il est contenu dans un registre conservé
aux archives communales de Marseille et intitulé *Livre des
Statuts*. C'est un volumineux in-folio de parchemin, à la reliure
fatiguée, aux feuillets annotés de renvois et de gloses, dont les
marges sont parfois ornées de dessins à l'encre, de forme un
peu primitive et destinés probablement à servir de commentaire illustré au texte écrit à côté. La description sommaire que
je vous fais de ce registre vous le montre différent d'un autre
plus fameux, que connaissent bien tous les érudits marseillais
et que nous avons tous revu avec satisfaction à l'exposition
d'art provençal. Le *Livre des Statuts* a pourtant la même destination que le *Livre Rouge*, s'il n'en a pas le cachet artistique. A mon sens même, il est plus précieux, puisque le *Livre
Rouge* ne renferme qu'une partie des statuts de Marseille, tandis que celui-là ajoute aux cinq premiers livres un *sixième
livre*, encore inédit, qui nous met à même de connaître les
additions faites à la législation fondamentale de la Républi-

que marseillaise et de constater ainsi au jour le jour le développement incessant de la vie publique et de la vie privée de cette déjà grande et importante cité.

Mais ce sont là des considérations générales qui trouveront bientôt leur place ailleurs et sur lesquelles je m'en voudrais de retenir ici plus longtemps votre attention sollicitée par une foule d'autres questions également intéressantes.

Le document, qui va nous occuper et dont l'importance économique ne vous échappe pas, est donc, à proprement parler, un de ces nouveaux statuts que le notaire de la Communauté inscrivait au jour le jour à la suite de ceux qui constituaient les cinq premiers livres.

Ce statut — le 65ᵉ du VIᵉ livre — est intitulé *De Regimine Panis et Paste*. Il se divise en plusieurs parties de dimensions inégales.

La première partie, de beaucoup la plus longue, est en latin : c'est une sorte de procès-verbal dressé par des hommes compétents enregistrant les variations du poids du pain et de la pâte, suivant les variations du prix des grains.

La seconde partie est placée sous la rubrique *Preconisatio* : après un préambule en latin, elle consiste en une criée en langue provençale, homologuant le procès-verbal ci-dessus.

Le tout est complété par une troisième partie en latin, placée sous la rubrique *De eodem* et sans numérotation spéciale, ce qui indique que ce n'est qu'un complément des deux documents précédents. C'est une ordonnance prise en 1273, au nom du roi de Sicile, par le viguier de Marseille, qui prescrit les conditions dans lesquelles doit se faire la vente du pain et les châtiments infligés à ceux qui contreviendront à ces différentes prescriptions.

Nous sommes donc en présence de l'ensemble des mesures législatives qui ont régi à Marseille, pendant la période sicilienne et peut-être au-delà, le commerce de la boulangerie. Il vaut donc la peine de soumettre ces documents à une étude détaillée.

I

La première partie en est la partie essentielle. Ses auteurs l'ont subdivisée en deux morceaux, placés sous les rubriques suivantes : 1° *De Regimine panis et paste*, rubrique à la fois générale, s'appliquant à l'ensemble du document, et particulière, se rapportant aux matières contenues dans la première partie, c'est-à-dire au régime du pain proprement dit ; 2° *Ratio Paste*, s'appliquant au régime de la pâte non cuite.

Notre statut se distingue de bon nombre d'autres, inscrits dans le VI° livre, en ce que la délibération n'est précédée d'aucun préambule renfermant les divers considérants qui ont attiré l'attention du viguier et du conseil et qui ont dicté leur délibération. Il débute avec la sécheresse d'un procès-verbal, mentionnant la date : « *Anno ab incarnatione domini nostri Jesus Christi M°CC°LXX°, iii° mensis aprilis* » (l'an de l'incarnation de Notre-Seigneur Jésus-Christ 1270, le 3° jour du mois d'avril) et la présence du vice-viguier « *existente domino Gregorio, vice domino vicario Massilie, pro illustrissimo et invictissimo domino nostro Karolo, rege Cecilie* », rappelant la formation d'une commission « *super examine ponderis panis vendendi* », composée dudit viguier et des six prud'hommes, Pierre Guillaume, Pierre Voidier, Adam le Boulanger, Giraud de Bochet, Raymond de Lodève et Jean l'Illumineur. C'est le résultat des opérations de cette commission qui est consigné à la suite et qui forme la partie essentielle de notre document.

Les six prud'hommes ont commencé par se rendre un compte exact de la quantité de pains cuits que pouvait donner une quantité déterminée de grains, soit une émine de grains.

Achetant donc du froment, ils l'ont d'abord fait réduire en farine, dont ils ont fait faire du pain de trois qualités, pain blanc, pain méjan et pain complet *(panis albus, panis medianus, panis cum toto)*; au cours de ces différentes opérations, ils ont soigneusement évalué les pertes ou déchets qui en sont le résultat. Ils ont aussi évalué la somme qui devait être attribuée au boulanger pour son bénéfice. La conséquence de ces deux observations a été que, quel que soit d'ailleurs le prix des grains, il faut ajouter à celui-ci, pour fixer le prix du pain et pour chaque émine de grains, une somme de 11 deniers représentant 5 deniers pour les déchets et 6 deniers pour le bénéfice du boulanger, cette somme restant d'ailleurs la même pour les trois qualités de pain.

Cette première opération faite, les six commissaires ont aussi arrêté qu'il ne faudrait tenir compte pour l'évaluation du poids du pain d'autres fractions d'onces que du quart, de la demie et des trois quarts, comme aussi qu'on ne tiendrait compte dans les variations du prix de l'émine de blé, entre deux et cinq sous de royaux, que des variations de trois en trois deniers au-delà du sou, ceci peut-être bien plus pour la commodité de leur calcul que pour l'avantage du consommateur.

En possession de ces différents éléments d'appréciation, les six prud'hommes ont pu arrêter le tableau du prix du pain, suivant les variations successives du prix des grains, en partant du prix le plus élevé. Ainsi, leur décision a pu être prise une fois pour toutes et s'appliquer à plusieurs années successives, contrairement à ce qui se passe de nos jours où la taxe du pain est fixée pour une courte période de quinze jours seulement.

Pour établir ce barême, nos commissaires ne se sont pas fiés à leurs seules lumières. Ils ont fait appel à la compétence brevetée d'un maître calculateur, maître Jean de Mora « *magister et doctor numeri albaci* ». Sur leur ordre, celui-ci « *computavit et tam suprascriptum quam infrascriptum computum ad instantiam predictorum fecit et composuit et ad æternam memoriam in scriptis redegit»* (a compté et, sur la prière des sus·dits, a fait et dressé les comptes ci-dessus et ci-dessous et les a mis par écrit pour être éternellement conservés).

Le tableau dressé par M⁰ Jean de Mora comprend trente-six paragraphes, groupés trois par trois et portant alternativement les rubriques suivantes, avec de légères et insignifiantes variantes dans leur forme, « *De pane albo ; de pane mediano ; de pane cum toto, cum toto, cum toto de pane* ».

Chacune de ces rubriques fixe le prix du pain, suivant les variations du prix du grain, ce dernier prix étant successivement pour l'émine de 5 sous ; 4 sous 9 deniers ; 4 s. 6 d. ; 4 s. 3 d. ; 4 s. ; 3 s. 9 d. ; 3 s. 6 d. ; 3 s. 3 d. ; 3 s. ; 2 s. 9 d. ; 2 s. 6 d. ; 2 s. 3 d. ; 2 s. ; 21 d. (dans ce dernier cas, on ne fixe que le prix du pain complet, de même que lorsque l'émine de blé vaut 5 sous, on ne fixe que le prix du pain blanc et du pain méjan).

Pour arrêter dans ces différents cas la valeur du pain, les prud'hommes n'en fixent pas, à proprement parler, le prix, mais ils en déterminent le poids. Aujourd'hui, c'est le prix du pain qui varie proportionnellement au prix du blé, le poids restant le même : ainsi, un kilogramme de pain vaut 0 fr. 35, 0 fr. 37, 0 fr. 40 centimes. Autrefois, à Marseille du moins, il n'en était pas ainsi. Le prix du pain ne changeait jamais et c'était, au contraire, le poids qui variait suivant le prix du grain. Ainsi, on faisait trois sortes de pains, le pain d'un denier *(denariata panis)*, le pain de deux deniers *(dupplerius)* et le pain de quatre deniers *(quartenarius)*. Donc, pour une même somme d'argent, l'acquéreur n'avait pas toujours une même quantité de pain. Cette différence a peut-être pour cause l'inexpérience du public de cette époque en matière de poids et, au contraire, la signification précise que devait avoir à ses yeux l'expression de pain d'un, de deux ou de quatre deniers. L'institution de prud'hommes peseurs du pain, dont l'existence est mentionnée par notre troisième document (l'ordonnance du viguier de Marseille de 1273), nous paraît confirmer cette hypothèse.

Quoiqu'il en soit, les boulangers avaient dans le tableau de M⁰ Jean de Mora, des indications suffisamment précises pour que ni leurs intérêts ni ceux des consommateurs ne soient lésés par les incertitudes ou les erreurs de calcul qu'auraient pu entraîner les changements peut-être fréquents du prix du pain. Ils savaient, au contraire, fort bien à quoi s'en tenir et ils ne pouvaient pas, par la suite, alléguer pour excuse l'ignorance.

Le poids du pain blanc que le boulanger devait fournir à sa clientèle pour un denier (*denariata panis albi*), ou pour deux et quatre deniers, variait donc ainsi, suivant que l'émine de grains valait l'un des prix précédemment indiqués entre 5 sous et 2 sous.

PRIX DE L'ÉMINE	POIDS DU PAIN DE			PRIX DE L'ÉMINE	POIDS DU PAIN DE		
	1 denier	2 deniers	4 deniers		1 denier	2 deniers	4 deniers
5 sous	13 onces 1/4	26 onces 1/2	3ˡ 8 onces	3 s. 3 d.	1ˡ 3°	2ˡ 7° 1/2	5ˡ
4 s. 9 d,	14 onces	28 onces	3 vˡ 11°	3 sous	1ˡ 5°	2ˡ 10°	5ˡ, 5°
4 s. 6 d.	14° 1/2	29°	3ˡ 13°	2 s. 9 vᵈ	1ˡ 6° 1/4	2ˡ 12° 1/2	5, 10
4 sous 3 d.	1 livre	2ˡ	4ˡ	2 s. 6 vᵈ	1ˡ 8°	3ˡ 1 v°	6ˡ, 2 v°
4 sous	16 onces	2ˡ 1°	4ˡ 4°	2 s. 3 d.	1ˡ 9° 3/4	3ˡ 4° 1/2	6, 9
3 s. 9 d.	1ˡ 2° 3/4	2ˡ 4°	4ˡ 8°	2 sous	1ˡ 12 v°	3ˡ 9°	7ˡ 3°
3 s. 6 d.	1ˡ 2°	2ˡ 5° 1/2	4ˡ 1 vˡ				

De même, nous pouvons dresser les deux tableaux suivants pour le pain méjan et pour le pain complet.

2. PAIN MÉJAN.

PRIX DE L'ÉMINE	POIDS DU PAIN DE			PRIX DE L'ÉMINE	POIDS DU PAIN DE		
	1 denier	2 deniers	3 deniers		1 denier	2 deniers	3 deniers
5 sous	1ˡ	2ˡ	4ˡ	3 s. 3 d.	1ˡ 6° 1/2	2ˡ 13°	5ˡ 11°
4 s. 9 d	16 onces	32 onces	4ˡ 4°	3 sous	1ˡ 8°	3ˡ 1°	6ˡ 2°
4 s. 6 d.	1ˡ 1° 3/4	2ˡ 2° 1/2	4ˡ 7°	2 s. 9 d.	1ˡ 9° 1/2	3ˡ 4°	6ˡ 8°
4 s. 3 d.	1ˡ 2° 1/2	2ˡ 5°	4ˡ 10°	2 s. 6 d.	1ˡ 11° 1/4	3ˡ 7° 1/2	7ˡ
4 sous	1ˡ 3° 1/4	2ˡ 6° 1/2	4ˡ 12°	2 s. 3 d.	1ˡ 13° 1/2	3ˡ 12°	7ˡ 8°
3 s. 9 d.	1ˡ 4° 1/4	2ˡ 8° 1/2	5ˡ 2°	2 sous	2ˡ 1°	4ˡ 2°	8ˡ 4°
3 s. 6 d.	1ˡ 5° 1/4	2ˡ 10° 1/2	5ˡ 6°				

3. PAIN COMPLET ·

PRIX DE L'ÉMINE	POIDS DU PAIN DE			PRIX DE L'ÉMINE	POIDS DU PAIN DE		
	1 denier	2 deniers	3 deniers		1 denier	2 deniers	3 deniers
5 sous				3 s. 3 d.	$1^l\ 10^o$	$3^l\ 5^o$	$6^l\ 10^o$
4 s. 9 d.	$1^l\ 3^o\ 1/2$	$2^l\ 7^o\ 1/4$	$4^l\ 14^o$	3 sous	$1^l\ 11^o\ 1/2$	$3^l\ 8^o$	$7^l\ 1^o$
4 s. 6 d.	$19^o\ 1/4$	$2^l\ 9^o\ 1/2$	$5^l\ 2^o$	2 s. 9 d.	$1^l\ 13^o\ 1/2$	$3^l\ 12^o$	$7^l\ 9^o$
4 s. 3 d.	$1^l\ 5^o$	$2^l\ 10^o$	$5^l\ 5^o$	2 s. 6 d.	$2^l\ 1/2$	$4^l\ 1^o$	$8^l\ 2^o$
4 sous	$1^l\ 6^o$	$2^l\ 12^o$	$5^l\ 9^o$	2 s. 3 d.	$2^l\ 3^o$	$4^l\ 6^o$	$8^l\ 12^o$
3 s. 9 d.	$1^l\ 6^o\ 3/4$	$2^l\ 13^o\ 1/2$	$5^l\ 12^o$	2 sous	$2^l\ 5^o\ 3/4$	$4^l\ 11^c\ 1/2$	$9^l\ 8^o$
3 s. 6 d.	$1^l\ 8^o\ 1/2$	$3^l\ 2^o$	$6^l\ 4^o$	21 deniers.	$2^l\ 9^o$	$5^l\ 3^o$	$10^l\ 6^o$

Certains Marseillais ou, plus exactement peut-être, certaines ménagères marseillaises, aimaient mieux faire cuire elles-mêmes leur pain, soit parce qu'ils pouvaient en diriger la cuisson à leur goût, soit parce qu'ils y trouvaient leur avantage. Dans ce cas, ils pouvaient se procurer de la pâte toute prête chez le boulanger. Notre document contient, en effet, sous la rubrique *Ratio Paste*, les différents prix auxquels sera payée la pâte suivant les différents prix du blé.

Les prudhommes et Mᵉ Jean de Mora ont d'ailleurs procédé pour la pâte comme pour le pain. Après avoir estimé le rendement en pâte d'une émine de blé, ils ont également fixé à 11 deniers par émine la part de déchets et le bénéfice du boulanger et ils ont dressé le tableau du poids de pâte que le consommateur obtenait pour un denier, deux deniers et quatre deniers, suivant que l'émine valait de 5 sous à 2 sous pour le pain blanc et le pain méjan, et de 4 sous 9 deniers à 21 deniers pour le pain complet.

Notre texte nous fournit donc les trois tableaux suivants, séparés sous les rubriques : « 1 *Ratio Paste. — De pasta alba. — 2. Hec est ratio de pasta mediana. — 3. Hec est ratio de faciendum panem cum toto.* »

Dressons à notre tour les trois tableaux ci-dessous, que nous pourrons comparer avec ceux relatifs au prix du pain établis précédemment:

I. PATE DE PAIN BLANC

PRIX DU GRAIN	POIDS DE LA PATE DE			PRIX DU GRAIN	POIDS DE LA PATE DE		
	1 denier	2 deniers	3 deniers		1 denier	2 deniers	3 deniers
5 sous	16 onces 1/2	33 onces	4ᴸ 6°	3 s. 3 d.	23ᴸ 1/2	47°	6ᴸ 4°
4 s. 9 d.	17° 1/4	33° 1/2	4ᴸ 9°	3 sous	1ᴸ 10°	3ᴸ 5°	6ᴸ 10
4 s. 6 d.	18°	36° 1/2	4ᴸ 12°	2 s. 9 d.	26° 3/4	3ᴸ 8° 1/2	7ᴸ 2°
4 s. 3 d.	1ᴸ 4°	2ᴸ 8°	5ᴸ 1°	2 s. 6 d.	1ᴸ 13° 3/4	3ᴸ 12° 1/2	7ᴸ 10
4 sous	20°	40°	5ᴸ 5°	2 s. 3 d.	2ᴸ 1°	4ᴸ 2°	8ᴸ 4°
3 s. 9 d.	21	42°	5ᴸ 9°	2 sous	2ᴸ 3° 1/4	4ᴸ 7° 1/2	9ᴸ
3 s. 6 d.	22 1/4	44° 1/2	5ᴸ 14°				

2. PATE DE PAIN MÉJAN

PRIX DU GRAIN	POIDS DE LA PATE DE			PRIX DU GRAIN	POIDS DE LA PATE DE		
	1 denier	2 deniers	3 deniers		1 denier	2 deniers	3 deniers
5 sous	17 onces 1/2	35°	4ᴸ 10°	3 s. 3 d.	25°	3, 5°	6ᴸ 10°
4 s. 9 d.	18° 1/2°	37°	4ᴸ 14°	3 sous	26° 1/2	3ᴸ 8°	7ᴸ 1°
4 s. 6 d.	19°	38° 1/2	5ᴸ 2°	2 s. 9 d.	28° 1/4	57 onces	7ᴸ 9°
4 s. 3 d.	20°	40°	5ᴸ 5°	2 s. 6 d.	30° 3/4	4ᴸ 1° 1/2	8ᴸ 3°
4 sous	21°	42°	5ᴸ 9°	2 s. 3 d.	2ᴸ 3°	4ᴸ 6°	8ᴸ 12°
3 s. 9 d.	22° 1/4	44° 1/2	5, 14°	2 sous	2ᴸ 5° 3/4	4ᴸ 11° 1/2	9ᴸ 9°
3 s. 6 d.	23° 1/2	47°	0, 4°				

3. — PATE DE PAIN COMPLET

PRIX DU GRAIN	POIDS DE LA PATE DE			PRIX DU GRAIN	POIDS DE LA PATE DE		
	1 denier	2 deniers	3 deniers		1 denier	2 deniers	3 deniers
4 s. 9 d.	22° 1/2	45°	6ᴸ	3 sous	2ᴸ 2° 1/2	4ᴸ 5°	8ᴸ 10°
4 s. 6 d.	23° 1/2	47°	6ᴸ 4°	2 s. 9 d.	2ᴸ 4° 3/4	4ᴸ 9° 1/2	9ᴸ 4°
4 s. 3 d.	1ᴸ 9° 3/4	3ᴸ 4° 1/2	6ᴸ 9°	2 s. 6 d.	2ᴸ 7° 1/4	5ᴸ 1/2 onces	10ᴸ 1 once
4 sous	25° 3/4	3ᴸ 6°	6ᴸ 13°	2 s. 3 d.	2ᴸ 10° 1/4	5ᴸ 5 1/2	10ᴸ 11°
3 s. 9 d.	27° 1/4	3ᴸ 9° 1/2	7ᴸ 4°	2 sous	2ᴸ 13°v 3/4	5ᴸ 12° 1/2	11ᴸ 10°
3 s. 6 d.	29°	3ᴸ 13°	7ᴸ 11°	21 deniers	3ᴸ 2° 3/4	6ᴸ 5° 1/2	12ᴸ 10°
3 s. 3 d.	2ᴸ 0° 1/2	4ᴸ 1°	8ᴸ 2°				

Si nous comparons ces trois tableaux avec les trois tableaux
précédents, nous constatons d'abord, en ce qui concerne le pain
blanc, que la quantité de pâte obtenue pour 1 denier est supérieure à la quantité de pain obtenue pour la même somme.
C'est la conséquence naturelle de l'évaporation produite pendant la cuisson d'une partie de l'eau mêlée à la farine pour la fa-

brication du pain. Les auteurs du barême de 1270 ont tenu compte de ce fait, puisqu'ils donnent pour un denier 3 onces 1/4 de pâte de plus que de pain quand l'émine de grain vaut 5 sous. Mais la différence entre le poids de pâte et le poids de pain blanc donné pour un denier va en augmentant à mesure que le prix de l'émine de grain diminue. Ainsi, quand il tombe à deux sous, tandis que le pain d'un denier pèse 1 livre 12 onces, 1 denier de pâte pèse 2 livres 3 onces 1/4, ce qui, réduit en onces (ici la livre est de 15 onces), donne respectivement 27 onces de pain contre 33 onces et quart de pâte, soit 6 onces 1/4 de pâte de plus que de pain.

La différence relevée entre la taxe du pain méjan et de la farine de pain méjan est un peu moins forte. Dans le premier cas — celui où le grain vaut 5 sous l'émine —, le boulanger ne donnera pour un denier que 2 onces 1/2 de plus de pâte que de pain ; et quand le prix du grain sera tombé à 2 sous l'émine, il donnera 4 onces 3/4 de plus de pâte que de pain.

En ce qui concerne le pain complet, au contraire, la différence entre le poids de pain et le poids de pâte vendus pour un denier est plus considérable. En effet, dans le cas d'extrême cherté du grain, soit 4 sous 9 deniers, elle est déjà de 4 onces, et elle s'élève à 8 onces 3/4, quand la valeur du grain tombe à 21 deniers.

Il y a donc eu une augmentation de la perte du poids subie pendant la cuisson, quelle que soit la qualité du pain, et cette augmentation a toujours été dans un même rapport pour chacune de ces trois qualités de pain blanc, méjan ou complet.

Pouvons-nous dire maintenant que cette différence soit due exclusivement à l'évaporation de l'eau produite pendant la cuisson ? Dans ce cas, les boulangers de Marseille du XIIIᵉ siècle auraient eu l'habitude de faire cuire davantage leur pain, quand le grain était bon marché que lorsqu'il était cher, et les auteurs de la taxe auraient changé en loi ce qui n'aurait été tout d'abord qu'un usage.

Nous savons cependant aujourd'hui qu'un pain bien fait doit contenir de 28 à 3o °/₀ d'eau au sortir du four, le pourcentage variant d'ailleurs avec la température du lieu, et qu'il a perdu pendant la cuisson 16,5o °/₀ de liquide. Ce sont là, nous a affirmé le spécialiste auquel nous nous sommes adressé, les principes de la panification contemporaine. Ainsi 100 kilogrammes de farine représentant environ 166 hectolitres de blé de bonne qualité, produisent de 120 à 135 kilogrammes de pain.

Il nous serait difficile de trancher à peu près complètement cette question de la fabrication du pain, posée devant nous par les différences de poids que nous avons relevées entre le pain et la pâte vendus pour 1, 2 et 4 deniers, si notre document ne nous permettait de calculer et d'établir nos prévisions sur des quantités plus considérables que celles qui nous ont été fournies par les tableaux précédemment analysés. En effet, avant de procéder à la taxation proprement dite du pain et de la pâte, les six prudhommes et le maître calculateur, Jean de Mora, ont fait deux opérations préalables qu'ils ont répétées pour chacune des trois qualités de pain et de pâte livrés au commerce par les boulangers de Marseille. Ils ont cherché quelle quantité de pain et de pâte pouvait produire une émine de blé. L'expérience ainsi faite leur a fourni les résultats suivants :

Une émine de grains à cinq sous produit 62 livres 11 onces de pain blanc bien cuit *(Et fecerunt primo fieri panem album et ponderaverunt panes unius emine bene coctum LXII libras et XI uncias)*, et 72 livres de pain méjan *(Ex hac emina annone fecerunt fieri panem medianum et panes de dicta emina bene cocti ponderaverunt LXXII libras...)* De même, une émine de grains à 4 sous 9 deniers produit 83 livres 5 onces 1/2 de pain complet *(Emerunt... aliam eminam frumenti que cosli-*

lit IIIIor solidos et IX denarios... et inde fecerunt fieri panem ad totum et panes qui inde exierunt ponderaverunt LXXXIII libras et V uncias et mediam...)

Les commissaires agirent de même pour la fixation du prix de la pâte. Ils trouvèrent qu'une émine de grains à 5 sous produisait 78 livres et 8 onces de pâte de pain blanc *(Ponderaverunt pastam unius emine ad faciendum panem album et invenerunt quod ponderabat LXXVIII libras et VIII uncias)* et 83 livres 4 onces 1/2 de pâte de pain méjan *(ponderavit pasta unius emine de pane mediano in summa LXXXI libras, et propter augmentum eminarum jungimus II libras et IIII uncias et dimidiam, et ita pondus in summa per totum LXXXIII libras et III uncias et dimidiam).* Enfin l'émine de grain à 4 s. 9 deniers produit 98 livres 4 onces 1/2 de pâte de pain complet. *(Quatuor solidos et IX denarios fuit empta emina annone ad faciendum panem cum toto... et ponderavit pasta unius emine LXXXXVI libras et addiderunt II libras et IIII uncias et dimidiam pro creissemento vel augmento emina bladi...)*

Ainsi, ces différents chiffres, 62 livres 11 onces de pain blanc et 78^l, 8 onces de pâte, 72 livres et 83^l, 4 onces 1/2 de pain méjan et de pâte, 83^l, 5 onces 1/2 et 98^l, 4 onces de pain complet et de pâte, nous donnent respectivement une perte produite par l'évaporation de 25,185 °/₀ pour le pain blanc, de 15,648 °/₀ pour le pain méjan, de 17,92 °/₀ pour le pain complet.

Si les chiffres ne sont pas absolument identiques à ceux qui nous ont été fournis par les praticiens contemporains, cela provient de ce que les procédés de fabrication de la farine et les procédés de fabrication du pain se sont sans doute quelque peu transformés entre le xiiie et le xxe siècle. Il n'y avait pas autrefois la même régularité de fabrication que nous constatons aujourd'hui. Le pain de première qualité, contenant moins d'eau que les deux autres, devait être plus cuit. Au contraire, le pain méjan était le moins cuit des trois, puisque la pâte ne perdait à la cuisson que 15,648 °/₀. C'était d'ailleurs peut-être là la seule différence entre le pain de deuxième qualité et le pain blanc, puisqu'ils paraissent avoir été faits avec des grains de même prix. Quant au pain complet, plus cuit que le pain méjan (17,92 °/₀ au lieu de 15,648 °/₀), mais moins cuit que le pain blanc, il se distinguait encore des deux par les grains dont il provenait et qui étaient, leur prix le prouve, de qualité inférieure.

III

Nous avons encore à présenter, à propos de cet important document, un certain nombre d'autres observations relatives au prix et au poids des grains et du pain, observations qui nous permettront d'établir une nouvelle comparaison entre le xiii° siècle et notre époque.

Et tout d'abord, l'examen rapide de nos six tableaux nous fait constater combien le cours des grains pouvait varier à cette époque, puisque les auteurs de ces tableaux ont dû envisager des prix variant entre 5 sous et 2 sous l'émine.

Pour nous faire une idée exacte de ces variations, cherchons à déterminer la valeur de l'émine et la valeur du sou, en poids et en monnaie d'aujourd'hui. Un guide de premier ordre nous permettra d'ailleurs de faire un rapide calcul : c'est l'ouvrage du regretté Blancard, *Essai sur les monnaies de Charles Ier*.

L'émine était à Marseille au moyen âge la mesure de capacité la plus usuelle. Elle paraît d'ailleurs avoir eu, dans cette ville, une valeur supérieure à celle qu'elle avait en d'autres localités de Provence. Blancard (p. 349) observe, en effet, que « l'émine était un demi-setier », et comme le setier contenait 23ᵏ90 ou 38 à 40 litres environ, l'émine aurait contenu 11ᵏ95 ou 19 à 20 litres. Mais il constate aussi ailleurs (*op. cit.*, p. 431)

que « la mesure usitée pour le blé, à Marseille, en 1264, était la
charge ; la charge se divisait en émines, à savoir : en sept émines au maximum et deux au minimum. Après le XIII° siècle, le
rapport de la charge à l'émine fut fixé de façon sans doute à
consacrer l'usage ; mais, peu à peu, ce rapport perdit une partie de sa justesse et, à la fin du siècle dernier (XVIII° siècle), la
charge marseillaise contenait 154 litres 76 et l'émine 38 litres :
la première n'était donc plus un multiple exact de la seconde ;
cependant, elle l'était à 1/50 près. Ce 1/50 perdu par l'émine à
travers les siècles, je n'ai pas hésité à le lui restituer, par ce fait,
à en porter la contenance au quart exact de la charge, c'est-à-
dire à 31 litres 69 ». Nous allons examiner si, avec les données
fournies par notre document, nous pouvons confirmer ou infir-
mer cette hypothèse.

Nous avons déjà indiqué que les six prud'hommes achetant
une émine de blé en avaient tiré 62 livres 11 onces de pain blanc.
Ce poids représente environ 29 kilogrammes 946 grammes de
pain. Blancard établit, en effet, que la petite livre marseillaise
de 12 onces équivalait à 381^{gr}892. Or, les tableaux de Me Jean
de Mora nous le montrent, il s'agit ici, non de la livre de
12 onces, mais de la livre de 15 onces, dont le poids, en tenant
pour exacts les calculs de Blancard, doit être naturellement de
$\frac{381\ gr.\ 92 \times 15}{12}$, c'est-à-dire de 477^{gr}365. Ce rendement de 29^{k}946 à
l'émine équivaut à un rendement de 77^{k}399 de pain à l'hecto-
litre. Or, il est établi, aujourd'hui, qu'un hectolitre de blé produit 77^{k}477 de pain de première qualité. Ainsi, en 1270, le
rendement était sensiblement le même qu'aujourd'hui, du
moins en ce qui concerne le pain blanc, puisque, pour ce qui
est du pain méjan et du pain complet, le rendement était respectivement, d'après les barêmes de nos six prud'hommes et
de Me Jean de Mora, de 34^{k}370 et de 35^{k}006 à l'émine de 38 litres. En outre, les calculs que nous venons d'établir, en sui-

vant les indications fournies par notre document, confirment les calculs de Blancard sur la valeur de l'émine de Marseille.

Ce sont encore les recherches du même auteur qui nous permettront de fixer la valeur de la monnaie qui était en usage à Marseille à la fin du XIIIe siècle et d'établir ainsi le prix du pain et celui du blé, trouvant là une différence profonde entre les prix du XIIIe siècle et ceux de l'époque contemporaine.

La monnaie en usage à la fin du XIIIe siècle était le *royal coronat* ou *menu marseillais*. On la décomposait pour la commodité des comptes en denier, sou et livre, le sou renfermant 12 deniers et la livre 20 sous. A la suite de modifications survenues dans le courant du XIIIe siècle, à une date que Blancard fixe à 1253, la valeur intrinsèque du denier de royaux coronats se maintint jusqu'en 1283 à o fr. o663o.

Les boulangers de Marseille vendaient donc des pains de 1 denier ou o fr. o663o, de 2 deniers ou o fr. 1326o et de 4 deniers ou o fr. 2652o. Mais ces chiffres ne représentent pas la valeur exacte de la marchandise vendue, puisque le poids du pain vendu, 1, 2 et 4 deniers, variait avec le prix des blés. Ainsi, pour o fr. o663o, le consommateur recevait tantôt 421^{gr}5, tantôt 859^{gr} de pain blanc, tandis que, pour la même somme, il recevait, en pain méjan, 477^{gr}365 et 986^{gr}573, et, en pain complet, 589^{gr} et 1^{k}241. Si nous prenons, comme prix moyen de l'émine de grains, le prix de 3 sous 6 deniers, nous avons respectivement les trois chiffres suivants représentant le poids du pain de 1 denier ou de o fr. o663o pour chacune des trois qualités, 564^{gr}8811 ; 644^{gr}4420 ; 747^{gr}8709, c'est-à-dire que, pour aucune des trois qualités, le poids n'atteint un kilogramme.

Nous aurions cependant une idée imparfaite de ces prix si nous n'ajoutions pas ici quelques indications sur la valeur relative ou pouvoir d'achat de la monnaie en usage à cette époque. D'après Blancard, cette valeur serait respectivement de o fr. 3g6

pour le denier, 4 fr. 75 pour le sou et 95 fr. 19 pour la livre de
menus marseillais, c'est-à-dire que, pour une quantité de pain
qui n'atteint jamais un kilogramme, les Marseillais du XIIIᵉ siècle étaient obligés de débourser une somme équivalente à celle
qu'ils déboursent aujourd'hui pour se procurer un kilogramme
de pain.

Là ne s'arrête pas, d'ailleurs, la différence que nous avons à
relever entre le régime de la boulangerie au XIIIᵉ siècle et le
régime contemporain. Nous avons surtout à constater les grandes variations du prix du blé au moyen âge. En effet, si nous
nous reportons aux tableaux que nous avons transcrits, d'après
Jean de Mora, nous constatons que les commissaires chargés
d'arrêter la taxe du pain ont dû envisager treize conditions,
suivant que l'émine de blé valait de 5 sous à 2 sous de royaux
coronats, et même 21 deniers seulement pour les blés de qualité inférieure, c'est-à-dire de 3 fr. 978 à 1 fr. 59120 et 1 fr. 39230,
en valeur absolue et de 23 fr. 75 à 9 fr. 50 et 8 fr. 316 en valeur
relative, pour l'émine de 38ˡ69, soit entre 10 fr. 28, 4 fr. 11 ou
3 fr. 34 en valeur absolue et 62 fr. 50, 24 fr. 57 et 21 fr. 88 pour
l'hectolitre en valeur relative. Or le blé ne vaut aujourd'hui
que de 18 à 20 francs l'hectolitre et l'effort du producteur et du
consommateur, aidés parfois par les gouvernements, est de le
maintenir à un prix uniforme.

Ainsi, ces importantes variations de prix expliquent combien
il était juste que l'approvisionnement de leur ville en grains
préoccupât les administrateurs marseillais. Pendant longtemps,
cette préoccupation a été presque exclusive. Les Statuts de
Marseille sont remplis de prescriptions à ce sujet et les délibérations du Corps de ville sur cet objet se renouvellent incessamment depuis le moyen-âge jusqu'à la veille de la Révolution.

Cependant, à Marseille, port de commerce où il était relativement facile de se procurer des blés étrangers, destinés à remédier à l'insuffisance de la récolte locale, très faible d'ailleurs, la situation ne laissait pas que d'être difficile, comme en témoigne le document que nous venons d'analyser. Que dire du reste de la France où, aux difficultés locales, résultant des imperfections agricoles, venaient s'ajouter des difficultés extérieures, provenant des péages, des droits et des prohibitions établis sur les grains de provenance étrangère. Ainsi s'expliquent les disettes dont eurent à souffrir maintes fois les populations du moyen âge et dont les Marseillais ne pouvaient être préservés que par la sollicitude et les prescriptions de leurs magistrats municipaux. La taxe établie en 1270 nous montre, mieux que les délibérations d'ordre général précédemment mises au jour, combien étaient légitimes les mesures prises par le Corps de ville pour préserver la cité de la disette et les citoyens misérables des spéculations des marchands de grains et des boulangers.

XLIII

HUILES DE TUNISIE ET HUILES DE PROVENCE

PAR

M. **Ernest LACOSTE**, Membre de l'Académie d'Aix.

Au cours d'un récent voyage en Algérie et en Tunisie, j'ai été frappé du développement considérable que prennent dans notre colonie nord-africaine certaines cultures qui, il y a peu d'années encore, étaient particulières au Midi de la France, et plus spécialement à la Provence.

Je ne parlerai ni des céréales, dont la culture, déjà prospère à l'époque romaine, faisait de la Mauritanie le grenier de Rome ; ni de la vigne, dont l'extension, chaque année plus considérable, s'alliant à une meilleure application des méthodes scientifiques de vinification, a fait des vins d'Algérie de sérieux concurrents des nôtres, victimes d'une crise déjà ancienne ; je ne dirai rien du figuier, qui trouve en Algérie sa terre de prédilection, mais dont les produits sont presque totalement consommés sur place, constituant un appoint notable dans l'alimentation des indigènes ; ni de l'amandier, quoique sa culture s'étende et que, moins éprouvé par les gelées du printemps, il puisse devenir un danger pour le commerce aixois, surtout dans une année aussi mauvaise que celle que nous traversons ; l'amande d'Afrique, généralement moins fine que celle de Provence, ne semble pas devoir être pour elle une rivale redoutable.

Mais la culture qui s'étend très rapidement dans une grande partie de nos possessions nord-africaines, c'est celle de l'olivier ; si elle n'est pas encore une menace immédiate pour la région provençale, elle peut le devenir quelque jour, en Tunisie, notamment ; d'autant plus qu'en Provence, où beaucoup d'oliviers ont été arrachés, leur culture décroît sensiblement.

Cette similitude entre les productions de ces deux rivages français de la Méditerranée, d'où, fièrement assises sur leurs collines ensoleillées, Marseille et Alger se regardent en sœurs prêtes à se jalouser, s'explique facilement par la grande analogie qui existe entre la nature des terrains de la Provence et des plaines du Nord de l'Afrique, par la parité du climat et enfin par la colonisation qui a amené dans ces pays des peuples de même sang latin, français, notamment provençaux, italiens et espagnols : habitués aux cultures de leur sol natal, ils s'y sont livrés dans leur nouvelle patrie où ils se trouvaient dans des conditions semblables à celle qu'ils connaissaient déjà.

En Algérie, l'olivier est cultivé dans une proportion relativement restreinte ; nous en avons vu cependant des champs assez considérables dans le massif de Tlemcen, notamment à Mansourah ; de même aux abords de Tizi-Ouzou et de Beni-Mançour. Outre ces cultures, j'ai trouvé de très grandes étendues couvertes d'oliviers sauvages, dont la plupart sont greffés et commencent en certains points à donner des résultats appréciables : je signalerai les vallées de l'Oued-Djer et de l'Oued-Zeboudj, aux abords de Miliana, divers points de la Grande Kabylie, et la vallée de la Seybouse, entre Hammam Meskoutine et Duvivier. La tradition veut qu'une partie de ces sauvageons proviennent des plantations qui existaient à l'époque romaine ; les huiles de Mauritanie, sans avoir la finesse de celles de Campanie que vantent Horace et Pline, étaient alors l'objet d'une exportation importante.

Quoi qu'il en soit, la production totale de l'huile en Algérie, qui atteint actuellement environ 280.000 hectolitres, sert surtout à la consommation locale et ne semble pas appelée à influer notablement sur le marché européen, d'autant plus que ces huiles sont loin d'avoir la finesse de goût de nos huiles de Provence.

Il n'en est peut-être pas tout à fait de même en Tunisie, où l'olivier semble appelé à un très grand avenir. Le sol d'une grande partie de la Régence, moins accidentée que l'Algérie, se prête à une extension presque indéfinie de cette culture, qui, déjà très florissante sous la domination romaine dans la Vetus Provincia et dans la Byzacène, où l'on retrouve encore des ruines d'huileries antiques, s'accroît chaque année rapidement.

Avec une surface et une population inférieures à celles de l'Algérie, la Tunisie atteint, comme production totale d'huile, un chiffre assez voisin de celui de sa voisine, soit environ 250.000 hectolitres, dont un tiers s'exporte en France. Les statistiques ne sont pas faites partout avec une précision suffisante pour qu'on puisse évaluer avec assez de certitude la superficie cultivée en oliviers ; mais le voyageur peut jusqu'à un certain point se rendre compte de la grande importance de cette culture. Entre Tabarka et Souk-el-Arba, entre cette dernière localité et le Kef, on traverse un grand nombre de vastes domaines en olivettes ; il en est de même quand on se dirige vers Bizerte, soit par le Bardo, soit par la Marsa ; de même aux abords de Zaghouan et dans la région du Kef, notamment à Trestour, à Tébourtouk, à Feriana, centre d'anciennes huileries romaines.

Mais c'est dans la région au sud du Cap Bon, l'ancienne Byzacène, que se trouvent les plus importantes cultures : à Fondouk-el-Djedid, la voie ferrée traverse une véritable forêt de très beaux oliviers, en plein rapport, au nombre de près de

1.800.000 ; plus on approche de Sousse, l'ancienne Hadrumète, plus on est entouré d'olivettes ; une partie du vaste domaine de l'Enfida en est complantée ; Kalaa-Kebira, Kalaa-Srira, Akouda, Hammam Sousse dressent leurs silhouettes d'un blanc éblouissant au milieu de forêts d'oliviers ; chaque village a ses huileries. C'est là principale culture de Sousse et de son Sahel ; en allant à Kairouan, c'est encore cet arbre qu'on retrouve jusqu'à Oued-Laya, et enfin, plus au sud encore, Sfax est entourée de plus de 150.000 hectares renfermant plus de 3.000.000 de plants, en partie en plein rapport, et on en plante chaque année.

En présence d'une telle extension de cette culture, extension qui, avec le temps, peut s'accroître encore, il est permis de se demander quelle répercussion peuvent exercer, dans un avenir peut-être prochain, les huiles de la Tunisie sur le marché général des huiles, marché où la Provence occupe une place importante, malgré les circonstances qui, depuis un certain nombre d'années, ont amené à restreindre la culture de l'olivier et même à la faire disparaître dans quelques communes.

L'olivier, en Tunisie, atteint des proportions beaucoup plus considérables que chez nous, et son feuillage, d'un vert beaucoup plus foncé qu'en Provence, paraît l'indice d'une force de végétation notablement plus intense. Mais cette supériorité s'exerce souvent au détriment de la qualité du fruit ; c'est ainsi que dans le Var, où l'olivier est généralement plus vigoureux que dans l'arrondissement d'Aix, l'huile est moins estimée et sa valeur marchande est notablement inférieure à celle des huiles d'Aix.

Les huiles tunisiennes ont une assez mauvaise réputation comme huiles de table, on leur trouve le goût de fruit trop prononcé, et comme huiles de friture, on leur reproche une odeur très désagréable et on se plaint aussi qu'elles consomment beaucoup plus que nos huiles fines.

Ces reproches ont du vrai, quoiqu'il y ait huiles tunisiennes et huiles tunisiennes ; j'ai goûté, un peu exceptionnellement peut-être, des huiles comparables, sinon aux produits supérieurs d'Aix, aux meilleurs du Var, ayant légèrement le goût du fruit, ce goût qu'un certain snobisme, malheureusement un peu répandu même en Provence, semble vouloir interdire à l'olive, pour favoriser une foule d'autres plantes oléagineuses ; mais ces huiles dont je parle ici n'étaient que peu fruitées et prouvaient que, même sous le climat chaud de l'Afrique du Nord, même avec des oliviers majestueux, remplis d'une sève ardente, on peut obtenir des produits supérieurs. Le choix des plants et des greffes, l'aménagement intelligent des arbres, les méthodes de culture et d'engrais conformes aux données de la science moderne, ont déjà donné des résultats fort appréciables ; et enfin, sur certains domaines, on a commencé à renoncer à l'habitude d'attendre la maturation exagérée de l'olive, et, au lieu de la ramasser à terre, on la cueille, sur certains points, juste au moment où la qualité n'est pas compromise, sacrifiant intelligemment un peu de la quantité.

L'écueil pour nous, Provençaux, dans cette concurrence, gît dans le prix de la main-d'œuvre, excessivement basse en Tunisie, où les meilleures huiles peuvent se vendre sur place à o fr. 70 ou o fr. 80 le kilogramme ; rendues en France, on peut, et j'en connais des exemples dans les Basses-Alpes, les avoir à 1 fr. 25, prix inférieur à celles du Var, et *a fortiori* à celles de la région aixoise. Outre le bas prix de la main-d'œuvre, la constitution de vastes domaines est évidemment plus favorable au bon marché du produit que la petite propriété. Il est vrai que, même en Tunisie, la main-d'œuvre est sans doute appelée à renchérir, mais comme, en France, elle suit toujours une progression ascendante, l'écart variera peu.

Ces questions, sur lesquelles j'appelle modestement l'attention de nos agriculteurs, n'ont rien cependant qui puisse les alarmer, étant donnée la supériorité incontestable des produits de notre sol; mais les huiles tunisiennes, surtout améliorées, peuvent entrer quelque jour pour une forte proportion dans les usages industriels, et même, les meilleures, dans les coupages que l'on pratique partout si largement.

XLIV

Union des Syndicats Agricoles des Alpes et de Provence

et son œuvre,

par **H. de MONTRICHER**, vice-président de l'Union.

L'union des Syndicats des Alpes et de Provence est une des manifestations les plus efficaces et les plus fécondes de l'esprit de décentralisation et de régionalisme, de ses ressources et de ses résultats.

Créée en 1895, avec 27 Syndicats, l'Union compte aujourd'hui près de 230 Syndicats et ligue autour de la bannière du solidarisme le plus étroit près de 50.000 adhérents.

Cette imposante armée de travailleurs de la terre, source de toute richesse, propriétaires, régisseurs, fermiers et ouvriers agricoles, fidèle à sa devise, a substitué à la lutte, l'union pour la vie.

Une organisation générale de coopératives de crédit, d'achat et de consommation, de production et de vente et d'assurances mutuelles de toutes espèces, aboutit à une véritable socialisation volontaire des moyens de production, suivant la formule collectiviste ; et l'apprentissage mutualiste ne cesse de s'étendre et de se développer par des fondations nouvelles : Assurances mutuelles contre l'incendie, la grêle, le gel et la mortalité du bétail ; Assurances sur la vie ; Mutualités pour secours en cas de maladies ; Caisses de retraites ; Enseignement agricole ; Concours ; Prix ; Livrets de Caisse d'Epargne pour les cours d'apprentissage.

L'agent technique qui, parmi les paysans et les ruraux, tient la plume, établit la comptabilité, rédige et convoque, c'est le plus souvent l'instituteur primaire. Ce collaborateur modeste, mais le mieux qualifié de l'éducation sociale, peut ainsi donner libre carrière à sa belle et noble tâche, et semer largement le bon grain de la science et de la morale sociale dans un terrain propice et qu'il a pu lui-même approprier de longue main.

La coopérative sous ses diverses formes réalise le programme économique et social de la société nouvelle.

Elle concilie et résume dans une union d'une haute portée morale et pratique, les intérêts divergents, mais non opposés, du capital et du travail, en utilisant également leurs actions complémentaires, mais en affranchissant le travail du joug de la finance.

Le crédit agricole, les coopératives de consommation et les coopératives de production, sont les trois institutions nécessaires à la vie des syndicats professionnels, tels que les a constitués la loi du 2 avril 1884.

Les caisses de crédit rural de chaque syndicat ont pour base de leur fonctionnement la garantie illimitée des risques, endossés par tous les coopérateurs affiliés à une même caisse. Les premiers fonds sont alloués à titre de prêt par les caisses d'épargne, dont les pouvoirs ont été largement étendus par la loi des 12 avril et 29 décembre 1906.

Les Caisses Locales servent d'intermédiaires entre les coopérateurs et les caisses régionales, pourvues de dotations de l'Etat par la loi du 31 mars 1899.

Les associations coopératives de consommation ont suivi le développement de l'œuvre syndicale ; elles forment un complément nécessaire à l'action commerciale des syndicats, tant au point de vue matériel qu'au point de vue moral et social.

Les coopératives locales ont pour objet le groupement des intérêts syndicalistes pour l'achat des matières premières et engins nécessaires aux travaux agricoles, et des articles de consommation pour les associés. Telles, les boulangeries syndicales qui se sont heureusement développées dans notre région provençale.

Les coopératives locales ont pour complément les coopératives régionales, groupant en un seul faisceau, par un organisme commercial approprié, tous les syndicats d'une même région.

Les syndicats locaux ne sont pas suffisamment armés par la loi de 1884 pour se défendre utilement contre les variations des marchés et des cours commerciaux. Il en va autrement d'une coopérative, mandataire vis-à-vis du commerce des syndicats locaux et servant de lien à ces fondations éparses par une communauté d'action et de méthode.

Telle a été l'œuvre utile et puissante de la Coopérative agricole des Alpes et de Provence, dont le siège est à Avignon, et dont les services à l'agriculture provençale sont universellement connus et appréciés.

Le Syndicat Agricole du Comtat, affilié à l'Union et à la Coopérative des Alpes et de Provence, a créé une agence d'informations et d'expériences qui peuvent être d'un grand secours pour la vente et les débouchés des produits agricoles et notamment des fraises et des primeurs.

L'action coopérative pour la vente des produits du sol se heurte aux obstacles créés par les intermédiaires et le commerce que l'œuvre syndicale tend à abolir.

Cependant, les crises périodiques que subissent les produits agricoles, et notamment le vin, ne trouveront de remède que dans l'application rationnelle de la coopération en grand, qui écartera les aléas de la spéculation et des coalitions financières.

Les coopératives ont été utilement fondées pour la vente de l'huile d'olive, des amandes, des conserves d'abricots, des câpres, des lièges, des cocons, de la fleur d'oranger, des citrons, du lait, etc., etc.

Mais les associations syndicales et coopératives ont abouti encore à un résultat aussi heureux pour les producteurs que pour les consommateurs, celui de dénoncer les fraudes, d'assurer la fourniture des seuls produits garantis naturels, et de toute sécurité comme qualité et mesure, de favoriser l'authenticité et la probité dans les échanges commerciaux.

Résultat dont il faut s'applaudir et proclamer bien haut autant au point de vue économique qu'au point vue moral et social.

Les coopératives et les fondations mutualistes qui en découlent, contribuent enfin à rapprocher les hommes et à susciter entre eux les liens de solidarité sociale, confondant par un même élan fraternel l'intérêt personnel et l'intérêt d'autrui, dans une ère nouvelle de paix, de travail, de justice et d'amour.

XLV

Études Monographiques sur la Concentration industrielle
dans la Région d'Aix

Chapellerie et Cordonnerie

par M. Albert SCHATZ,

*Professeur agrégé des sciences économiques à l'Université
d'Aix-Marseille.*

PRÉFACE

Les étudiants en Économie politique (cours de doctorat) de
la Faculté de Droit d'Aix, réunis en salle de travail par
M. Schatz, ont procédé, durant l'année scolaire 1905-1906, à
l'étude monographique de la concentration économique dans
quelques industries de la région d'Aix. Les deux monographies sur la chapellerie à Aix-en-Provence et la cordonnerie à
Pertuis qui font l'objet des communications de MM. Georges
Mer et Eugène Curet, sont détachées de cet ensemble plus
vaste ; il convient, pour les apprécier, de les replacer dans leur
cadre. C'est à cette seule intention que le professeur à qui incombait le soin de diriger, durant leur dernière année scolaire, le travail des deux auteurs, se croit obligé d'ajouter quelques lignes aux pages qui vont suivre.

L'enseignement dans nos Facultés de Droit tend de plus en
plus à revêtir deux formes distinctes : le cours, d'une part, c'est-

à-dire l'exposé impersonnel de ce que nous estimons être la vérité scientifique —; la conférence et la salle de travail, d'autre part, c'est-à-dire le contact direct du maître avec les étudiants, permettant la discussion, le libre et contradictoire examen et aussi le travail en collaboration, dans tout ce qu'il a d'instructif et d'éducateur pour les uns et les autres. Si réel est le besoin dont cette tendance est l'expression que simultanément, sous des formes diverses, MM. Joseph Delpech pour le droit public, Cézar-Bru et Morin pour le droit privé, Robert Caillemer pour l'histoire du droit, et le signataire de ces lignes pour l'économie politique, ont tenté d'instituer à la Faculté de Droit d'Aix, ce rapprochement du professeur et de ses auditeurs. L'économie politique qui dut jadis au doyen Alfred Jourdan son intronisation en Provence et qui fut si vaillamment défendue par lui, appelle nécessairement aujourd'hui ce rapprochement. Trop longtemps cette science est restée dans le domaine des théories, des abstractions et des lieux communs ; trop longtemps, elle a été desservie par l'absence d'esprit philosophique et de culture générale de certains économistes, par l'incuriosité, mol oreiller pour les têtes bien faites, ou l'indifférence dédaigneuse de gens qui faisaient profession de l'enseigner. Il faut qu'aux étudiants qui sont à la veille de quitter la Faculté, il soit dit, une dernière fois, l'importance de cette science, sur laquelle ils ont pu, comme tant d'autres, légitimement se méprendre.

L'enseignement économique doit donner à ceux qui acceptent sa discipline le sens du réel et faire une large place à la méthode qu'on appelle réaliste. Sans doute, ce n'est pas là toute la science et il est un domaine où la pensée s'élève au-dessus des faits pour les mieux comprendre et les plus complètement embrasser. C'est, à notre sens, l'objet des Cours d'économie politique, où l'examen d'un problème donné permet les généralisations et les conclusions scientifiques, du cours d'histoire

des doctrines économiques, surtout, où l'évolution des systè-
mes est reconstituée dans son développement logique et où se
dégage la philosophie des divers aspects des états sociaux successifs. Mais à ces recherches désintéressées du vrai et du général qui constitue seul la science, il faut une base solide et qu'on
ne saurait trouver que dans l'examen attentif des faits. Notre
salle d'études économiques, si modestes que soient ses débuts,
est un essai tenté pour répondre à cette nécessité. Il serait certes téméraire de pronostiquer, dès maintenant, son avenir et
nul, moins que nous, ne se fait illusion sur les résultats obtenus. Je lui dois, cependant, certaines satisfactions d'ordre pro-
fessionnel, qui sont les meilleures récompenses de notre carrière : des sept étudiants qui ont suivi mes cours de doctorat à
la Faculté, aucun ne s'est dérobé au surcroît de travail que je
leur proposais ; tous ont tenu à collaborer à l'œuvre commune
et tous m'ont paru y prendre intérêt.

Le principe une fois posé, il fallait choisir un sujet susceptible de se prêter à des recherches collectives. Il m'a semblé
que l'étude de la concentration industrielle répondait assez bien
à cette nécessité et que la région d'Aix fournirait à notre étude
des éléments d'information intéressants. Aucun problème n'est
plus caractéristique de l'évolution économique contemporaine ;
des monographies locales sur ce sujet avaient, à mes yeux, le
double avantage d'éclairer une question théorique complexe
et d'appeler l'attention de mes étudiants sur des faits tout proches, en les intéressant au milieu où ils vivent. J'ai choisi, pour
amorcer l'entreprise, et au gré des convenances de chacun, les
sujets suivants : « l'industrie des huiles et savons à Aix, Marseille et Salon », « le commerce des amandes et la confiserie
à Aix », « les charbonnages de Gardanne et Fuveau », « l'industrie des produits chimiques dans la région de l'étang de Berre
et de Gardanne », « la minoterie et la fabrication des pâtes

alimentaires à Aix et Marseille », « la chapellerie à Aix » et
« les survivances de l'industrie à domicile dans la région d'Aix
et de Pertuis ». Les communications de MM. Mer et Curet sont
le résultat partiel de ces deux dernières études. L'une complétant l'autre, elles donneront, j'espère, une idée suffisamment
exacte et du problème général proposé et des procédés de recherche, et aussi de l'activité intellectuelle que j'ai cherché à
développer chez nos étudiants en économie politique. Je souhaite
à cette activité naissante le bon accueil que mérite l'effort dé-
sintéressé vers une culture plus complète de jeunes intelligences qui ont, je tiens à le dire, travaillé, pendant toute cette
année, courageusement et sans défaillance. Ni mes auditeurs
ni leur maître ne s'attendaient à être aussi promptement invités à rendre public l'effort qu'ils avaient tenté. C'est un honneur
que nous devons à l'aimable et flatteuse insistance de M. Valran et que nous n'acceptons ni sans confusion ni sans inquiétude.

MM. Mer et Curet apportent une contribution intéressante
au problème de la concentration économique. Ce problème est
à l'ordre du jour comme tous ceux qui se rattachent immédiatement à la doctrine collectiviste. Karl Marx et ses disciples
ont justement attiré l'attention sur ce phénomène corrélatif des
progrès de la grande industrie. En effet, le collectivisme conclut en faveur d'un régime économique où les instruments de
production seront employés, soit par leur propriétaire travaillant seul, soit, pour ceux qui ne sont pas susceptibles d'une
exploitation individuelle, par la collectivité. Dans ce régime,
par conséquent, les instruments de production cesseront, en
grande majorité, d'être propriété privée et de fournir à leurs
détenteurs un « revenu sans travail », cesseront d'être des
« capitaux », au sens marxiste du mot. Comment se réalisera
cet état de choses ? Les uns, ce sont les révolutionnaires, pré-

tendent y arriver par l'expropriation avec ou sans indemnité.
Les autres, confiants dans les nécessités inéluctables du maté-
rialisme historique et de l'évolution économique, se bornent à
constater que cet état nouveau se réalise peu à peu de lui-même,
que la « catastrophe » d'où sortira la société collectiviste future,
pour être moins prochaine que le croyait Marx, n'en est pas
moins certaine. Cette réalisation progressive du collectivisme
est précisément l'effet de la concentration économique de l'industrie, du commerce, des établissements financiers, c'est-à-dire
de cette indéniable transformation des petites entreprises individuelles en entreprises colossales, des petits commerces en
grands magasins, des petites industries individuelles et locales
en grandes industries. L'expropriation ne ferait que créer avant
l'heure une société collectiviste que le machinisme et le progrès
industriel rendent, chaque jour, plus prochaine et plus inévitable. Quand toute la production, dans tous les ordres, sera concentrée entre les mains de quelque magnat du capital, milliar-
daire ou directeur de trust, la vieille société capitaliste sera à
la veille d'enfanter la société nouvelle.

Nous n'avons pas à nous prononcer ici sur l'opportunité de
cette transformation, ni sur le bien-fondé des espérances qu'elle
suscite. On peut ne pas souhaiter l'avènement du collectivisme ;
on peut contester que la concentration soit aussi rapide et uniforme que certains disciples de Marx l'affirment, et montrer
que, réelle en certains domaines, elle est contre-balancée en
certains autres par la survivance et même la multiplication des
petites entreprises. Il n'en est pas moins vrai que la marche
générale des choses rend de plus en plus instable la condition
de certains producteurs indépendants. MM. Mer et Curet le
constatent pour les industries provençales étudiées par eux.
Ils prennent, si l'on peut dire, sur le fait, la métamorphose de
la production. Leurs conclusions concordent d'ailleurs et elles

sont d'autant plus intéressantes qu'elles touchent à deux industries très différentes, quant à leur nature et quant à leur importance. La lutte désespérée du métier manuel contre la confection mécanique se poursuit et, pour n'être pas aussi complet en Provence qu'en d'autres régions plus industrielles, ce triomphe de la machine n'en est pas moins définitif pour la chapellerie à Aix, prochain pour la cordonnerie à Pertuis.

M. Georges Mer, après avoir recherché dans le milieu géographique et l'histoire les causes qui peuvent expliquer la prospérité qu'a connue jadis à Aix l'industrie de la chapellerie, s'attache à expliquer sa décadence rapide. Elle tient, avant tout, à la substitution de la machine au travail manuel. L'ouvrier aixois a été autrefois, dans la chapellerie, un ouvrier d'élite et une manière d'artiste. Il ne s'est pas résigné à abdiquer devant les machines que l'ingéniosité des inventeurs et des constructeurs a peu à peu introduites dans les opérations les plus compliquées et les plus délicates de la fabrication du chapeau. M. Mer oppose les procédés anciens aux procédés actuellement employés, et montre, avec la plus grande précision et de façon très intéressante, l'envahissement progressif de la machine. Dans la seconde partie de son mémoire, il étudie les conséquences de cette transformation de l'industrie, quant à la production, qui s'est considérablement restreinte et n'occupe guère plus de 200 ouvriers, quant aux débouchés qui se sont peu à peu fermés faute d'adaptation rapide des producteurs aux nécessités de la concurrence nationale et étrangère, quant aux ouvriers enfin dont les salaires ont baissé sensiblement. L'industrie de la chapellerie se meurt à Aix. Elle ne sera bientôt plus qu'un souvenir ajouté à tant d'autres.

M. Eugène Curet n'est pas de ceux qui considèrent l'Économie politique comme une littérature ennuyeuse. Il en fait une littérature fort agréable et l'étude de la cordonnerie à Pertuis

lui sert de prétexte à un tableau plein d'humour et de finesse
de la vie provençale. Il ne laisse pas cependant de fournir des
éclaircissements utiles à la question de la concentration industrielle en Provence, et ses conclusions viennent à l'appui des
conclusions de M. Mer. Il ressort, en effet, de l'enquête de
M. Curet que la survivance de la petite industrie dans la cordonnerie de Pertuis tient avant tout à l'action énergique de ce
qu'un sociologue appellerait une individualité forte, servie par
ses qualités propres et par les circonstances. La prospérité de
cette industrie fut donc essentiellement contingente. M. Curet
l'explique avec esprit et il complète son étude par une enquête
monographique sur la condition d'un des travailleurs employés par l'industriel à qui Pertuis est redevable de sa réputation en matière de cordonnerie. Il conclut en annonçant la fin
prochaine de cette industrie et, comme M. Mer, il en voit la
cause à la fois dans les conditions externes de la production et
dans le défaut d'adaptation des producteurs.

Ces constatations, très finement analysées et solidement établies par MM. Mer et Curet, seraient de tous points confirmées
par les autres monographies de notre salle de travail. La fabrication de l'huile entre, elle aussi, dans la phase du machinisme
de plus en plus perfectionné ; l'industrialisation met aux prises
les producteurs respectueux des traditions et les novateurs
hardis, et les premiers avouent leur impuissance grandissante.
La confiserie et la minoterie se concentrent dans quelques
grandes maisons merveilleusement outillées, dépossédant peu
à peu les petits fabricants. La grande industrie gagne du terrain
là où elle lutte ; elle triomphe sans combat dans les charbonnages et dans la fabrication des produits chimiques.

Quel sera l'effet de cette évolution ? Quelles sont, dès maintenant, ses conséquences, quant à la condition des travailleurs
et quant à la prospérité nationale ? On ne saurait répondre com-

plètement à ces questions sans dépasser le cadre volontairement restreint et délimité de ces communications, qui doivent
se borner, sur ces points, à quelques indications. Mais, de la
simple constatation des faits, une leçon se dégage. La vie économique devient, de jour en jour, plus complexe et la lutte
plus ardente. L'avenir appartient aux individus et aux peuples
qui savent s'adapter au milieu nouveau où s'exerce leur activité,
qui, par conséquent, prennent souci de le connaître et comprennent la valeur et la portée d'une solide culture économique. L'industrie provençale a-t-elle pleinement satisfait sur ce point aux
nécessités du temps présent ? Il ne serait pas inutile que la question soit, à tout le moins, posée et les études de MM. Mer et
Curet peuvent appeler sur elle l'attention. Je ne saurais leur
souhaiter de meilleur succès ni de plus mérité. Sans doute, ce
ne sont pas là des travaux définitifs : à des travaux d'étudiants,
il convient de ne pas reprocher quelques lacunes et quelque
inexpérience, mais, s'il était besoin de solliciter pour eux l'indulgence, le souci de précision scientifique de l'un, la verve
amusante de l'autre, la curiosité et la vivacité d'esprit qu'ils
attestent tous deux rendraient l'indulgence facile.

Albert SCHATZ,

Professeur agrégé des Sciences économiques
à l'Université d'Aix-Marseille.

Aix-en-Provence, juillet 1906.

INTRODUCTION

Il y a, dans la région d'Aix, progrès de la concentration industrielle. mais survivance de la petite industrie. Il est intéressant de saisir sur le fait la marche de cette évolution et d'en opposer les effets dans une grande et dans une très petite industrie.

La chapellerie, en pleine prospérité, il y a moins d'un demi-siècle, dans la ville d'Aix et des environs ; la cordonnerie qui, à la même époque, faisait la renommée de Pertuis, petite bourgade à moins de vingt kilomètres de notre ville, nous ont paru dignes de faire l'objet d'une étude de ce genre.

Aujourd'hui, les grandes fabriques de la vieille chapellerie aixoise ont plus ou moins disparu devant la concurrence de l'étranger. L'industrie cordonnière, de son côté, nous paraît être à Pertuis en pleine décadence.

Nous avons voulu simplement et brièvement marquer les causes et les conséquences économiques de ces faits.

I

L'Industrie de la Chapellerie à Aix,

par M. **Georges MER**, licencié en droit,

Lauréat des Concours de licence et de doctoral de la Faculté de Droit d'Aix.

Si l'on est unanime à reconnaître qu'à Aix l'industrie de la chapellerie a connu une période de prospérité indiscutable, on ne s'accorde pas moins à constater son déclin sensible depuis une trentaine d'années. Cette décadence est le résultat de causes profondes, dont les conséquences économiques sont importantes. Il appartient à une étude monographique, qui ne manquera peut-être pas d'avoir une portée plus générale, de rechercher et de dégager celles-là, de signaler et de constater celles-ci.

§ I. — LES CAUSES DE LA CRISE

L'état de toute industrie dépend de plusieurs facteurs. Une entreprise est plus ou moins favorisée par le milieu où elle s'établit ; elle est en relations constantes avec sa propre histoire : ancienne dans le pays, elle s'adaptera moins facilement aux perfectionnements qu'apporte le progrès industriel ; enfin et surtout, elle est en rapport étroit avec le mode technique de la production : une modification dans l'outillage, la substitution du travail mécanique de la machine à l'habileté manuelle de l'ouvrier peut entraîner la décadence rapide d'une industrie qui se fige dans la routine, par instinct traditionnel et par économie mal comprise.

L'industrie de la chapellerie n'échappe pas à l'influence de ces trois éléments : le milieu, l'histoire, le progrès industriel.

La ville d'Aix offre à l'industrie de la chapellerie plusieurs avantages.

Par sa position géographique, elle peut établir de faciles communications avec les pays étrangers. Voisine de Marseille, elle se trouve en relations avec ceux qui importent les matières premières nécessaires à la chapellerie. Par cette voie, arrivent les poils de Perse, du Pérou, par là aussi ceux des Echelles du Levant. L'exportation se trouve, de même, favorisée : autrefois, Aix pouvait vendre à l'Espagne et à l'Italie ; aujourd'hui, elle porte encore ses produits dans l'Amérique du Sud.

Aix, enfin, depuis l'établissement de la grande ligne de chemin de fer Paris-Lyon-Marseille, rayonne sur toute la France. Desservie elle-même depuis longtemps, elle est, d'autre part, à la tête de plusieurs lignes secondaires. Cette facilité des communications n'a pu que profiter à la chapellerie ; la création du service des colis-postaux, en 1892, l'a d'ailleurs rendue plus appréciable. Aujourd'hui, toutes les expéditions de chapeaux s'opèrent par ce mode de transport ; un colis de 10 kilogrammes peut contenir 24 chapeaux impers ou 36 chapeaux souples emballés dans des boîtes en carton retenues par des bâtis de bois léger [1].

Outre l'avantage permanent résultant de cette situation, il est d'autres ressources qui n'ont pu exercer sur la chapellerie aixoise qu'une influence passagère ou qui ne se sont révélées que plus tard.

Autrefois, tous les environs d'Aix étaient boisés et, à travers les collines, les chasseurs devaient trouver un gibier facile, ce qui permettait aux chapeliers d'obtenir le peu de poils qui leur était alors nécessaire, de première main et à bon marché.

Aujourd'hui, au contraire, si l'on a conservé dans l'arrondissement d'Aix un culte profond pour la chasse et si le nombre des chasseurs y est un des plus considérables, par rapport au chiffre de la population (il est délivré plus de six mille permis de chasse par an), c'est bien plutôt pour satisfaire, par ce sport, un besoin d'activité et peut-être aussi parce que le Provençal trouve là comme un prétexte à des récits d'exploits imaginaires. En même temps que le gibier tendait ainsi à devenir, de plus en plus, un mythe, les besoins de la chapellerie augmentaient de telle sorte qu'aujourd'hui, on peut dire que tous les poils utilisés par les usines aixoises sont demandés à l'étranger.

Aix, enfin, doit son antique renommée, même son nom, à

---

[1] Le prix du colis-postal de 10 kil. étant de 1 fr. 25, le transport de chaque chapeau revient ainsi de 0 fr. 035 à 0 fr. 055.

l'existence d'eaux thermales. Il se peut que ces eaux aient été une sorte de révélation pour l'industrie de la chapellerie à ses débuts, et que les chapeliers aient trouvé dans la chaleur de ces eaux un moyen d'améliorer le feutrage.

En tout cas, l'existence de ces eaux n'exerce plus aujourd'hui aucune influence sur l'industrie de la chapellerie à Aix; elle ne crée aucun avantage en faveur des usines aixoises qui peuvent se procurer la chaleur et l'eau chaude par des moyens moins primitifs.

Cependant, si la chapellerie aixoise ne trouve plus dans ces eaux le privilège dont elle a peut-être profité autrefois, en revanche, elle a su utiliser l'énergie des eaux du canal du Verdon. Depuis que ce canal a été creusé, la ville d'Aix offre à l'industrie une puissance hydraulique dont on peut, sans beaucoup de frais, tirer parti. Aussi, quand MM. Gianotti et Gastaud ont fondé la « Société Nouvelle de Chapellerie aixoise », ont-ils abandonné l'ancien local qu'occupait la vieille fabrique pour construire leur usine en contre-bas de la montée d'Avignon et emprunter ainsi la force motrice à l'eau tombant d'un canal dérivé du Verdon par une chute de 8 mètres de hauteur.

Les ressources qu'autrefois surtout, la ville d'Aix offrait à l'industrie de la chapellerie permettent d'expliquer qu'elle s'y soit installée d'assez bonne heure [1].

C'est sans doute de Marseille que sont venus les premiers

---

[1] Nous ne faisons, à ce point de vue historique, que de très brèves observations. Nous viendrions trop tard et trop loin après M. Valran, professeur au lycée d'Aix, docteur ès-lettres, sur les conseils bienveillants de qui nous nous sommes permis de faire cette communication. M. Valran, en effet, si nos renseignements sont exacts, doit donner au Congrès la primeur de ses recherches sur l'histoire des métiers en Provence avant 1789.

ouvriers chapeliers. Cette ville, en effet, donnait asile à cette industrie depuis longtemps. Un mémoire rédigé vers 1735 renseigne sur son état de prospérité à cette époque. « Il y a dans Marseille, y lit-on, plus de 3.000 ouvriers employés aux fabrique de chapeaux. Le principal débit de ces chapeaux se fait pour les pays étrangers. Il s'y envoie de Marseille plus d'un million de livres chaque année, or il s'y consomme tant pour les chapeaux envoyés à l'étranger que pour ceux débités ailleurs plus de 100.000 écus par an de poils de lapins et de lièvres. » Cependant cette prospérité se trouva menacée, quelques années après, par une mesure du contrôleur général des finances prohibant l'introduction de la lie du vin. C'est ce que signale une protestation des fabricants de chapeaux : « Les fabriques de chapeaux se sont très fort multipliées dans Marseille ; elles fournissent des chapeaux à l'Italie, à l'Espagne et aux îles Françaises. Cette branche d'industrie et du commerce donne du pain à une foule de citoyens et de grands avantages au public. Mais cette fabrication ne peut se faire sans le secours de la lie du vin. Depuis longtemps, la lie du vin qui procède du terroir de Marseille est insuffisante. On en fait venir de la province soit par mer, soit par terre. Jamais on n'avait eu l'idée de prohiber l'introduction de cette matière. Cependant le fermier des fermes s'oppose aujourd'hui à ce transport sous ce prétexte que Marseille est ville étrangère. Mais Marseille est une ville à part et séparée du corps de la province sans être étrangère du royaume » (30 novembre 1773) [1].

Cette mesure douanière n'a peut-être pas été sans influence sur l'établissement de la chapellerie à Aix, où elle ne pouvait être applicable. Il se peut encore que les ouvriers chapeliers soient

---

[1] Ce document, comme le précédent, est signalé dans l'*Inventaire des archives historiques de la Chambre de Commerce de Marseille*, pp. 451 et 452.

venus chercher dans cette ville un peu de l'indépendance et de
la liberté que, sans doute, leur refusait la corporation marseillaise, dont la discipline, plus ancienne, devait se faire sentir
plus étroitement. La vie aussi y était moins chère, et les débouchés du marché local, assez larges grâce à la fortune de la noblesse et du parlement. Avec cela, les relations restaient faciles
avec les pays étrangers.

En tout cas, l'origine de la chapellerie à Aix remonte assez
loin, car, si, dans les règlements de police de 1569 et de 1643,
il n'est pas parlé expressément des chapeliers, tout au moins
leur était applicable la défense faite par l'article 62 de « l'arrest
sur la police de la ville et cité d'Aix du 6 septembre 1569 », « de
ne brûler charbon de pierre hormis charbon de Languedoc sous
peine de 50 livres et confiscation du charbon ». Un arrêt du
parlement du 20 octobre 1758 dut, en effet, intervenir, sur la
requête des fabricants de chapeaux, pour lever la prohibition
et permettre l'usage du charbon de pierre sans aucune restric-
tion.

Enfin, dans son livre si curieux sur l'histoire des « Rues
d'Aix », Roux-Alphéran mentionne parmi les voies les plus
anciennes la rue « deïs Capeliés », où, suivant lui, devaient
être rassemblés tous les compagnons du métier.

Jusque vers 1875, la chapellerie a connu à Aix une grande
prospérité. Le chapeau aixois jouissait d'un tel renom que les
fabricants parisiens étaient venus établir dans cette ville plusieurs usines, de manière à faire profiter leurs produits de la
marque aixoise : les maisons Haas et Leduc, notamment,
avaient à Aix des succursales très importantes qui employaient
plusieurs centaines d'ouvriers.

Il n'en est plus ainsi actuellement ; la décadence est venue
rapide, foudroyante et, au moment où nous donnons la dernière main à notre étude, c'est presque une oraison funèbre

qu'il nous faut écrire. A notre sens, la principale cause de cette ruine réside dans le progrès industriel qui s'est accompli dans ces trente dernières années et dans la concentration capitaliste qui en a été la conséquence.

Etablis depuis plusieurs siècles peut-être à Aix, les chapeliers ont souffert d'avoir une histoire. Leur industrie n'a pu s'assimiler les perfectionnements modernes aussi vite que les fabriques qui se sont créées à l'étranger en même temps que ces perfectionnements étaient découverts. L'habileté manouvrière de l'artisan aixois a cru pouvoir triompher de la vitesse mécanique du travail anonyme, et ce fut son erreur.

Le machinisme moderne, en effet, a pénétré dans l'industrie de la chapellerie comme dans toutes les autres. Il est utile, à cet égard, de mettre en lumière l'évolution de la production d'abord manuelle, puis aidée d'outils rudimentaires, enfin mécanique.

Le chapeau est fait d'un tissu de poils agglomérés et entrelacés. Avant la construction proprement dite du chapeau, il est donc indispensable de faire subir diverses préparations préalables aux poils qui entreront dans sa composition. En premier lieu, on procède à l'« arrachage » et au « coupage ».

L'« arrachage » se faisait autrefois à la main. Assis sur un petit tabouret, l'« arracheur » étend la peau sur un chevalet, le poil en dehors; pour l'y fixer, il se sert d'une corde de chanvre, dont les extrémités, terminées par une boucle, sont passées sous chacun de ses pieds. Il enlève le jarre avec une plane à double tranchant.

La peau est alors remise à la « repasseuse » qui achève d'arracher le poil que la plane n'a pas pu enlever. La repasseuse travaille assise, tient la peau assujettie entre ses genoux et un objet fixe, et emploie un couteau à lame droite emmanchée à la manière d'un tranchet de cordonnier.

Une balle de castor peut être ainsi arrachée et repassée en deux jours. La peau, d'abord battue avec des baguettes qui en font sortir la terre, est à ce moment donnée à l'« arracheuse » qui, rebroussant et coupant le poil avec un couteau semblable à celui de la repasseuse, enlève le poil grossier moins adhérent que le poil plus fin.

Alors la peau est soumise à une opération destinée à donner la qualité feutrante aux poils ou à l'augmenter. C'est le « secrétage », appelé de ce nom à cause du mystère dont il était entouré à l'origine et du soin jaloux que les corporations mettaient à garder leur « secret ».

La peau est étendue sur l'établi, le poil en dehors, et, avec une brosse de poils de sanglier qu'il tient par un manche et qu'il trempe légèrement dans une terrine contenant la préparation, l'ouvrier frotte à plusieurs reprises les parties de la peau qu'il veut secréter.

Les peaux secrétées et séchées sont remises aux « coupeuses ». La coupeuse travaille debout devant un établi sur lequel est étendue la peau. Avec une petite carde ou « carrelet », elle décatit le poil encore collé, puis avec un « couteau », sorte de ciseau à lame oblique, elle le coupe à la racine.

Il ne reste plus qu'à « baguetter » et « carder » le poil. Ces deux opérations sont dans les attributions du « cardeur ». A l'origine, la première qui a pour but de séparer les poils qui se sont pelotonnés dans les tonneaux où on les a renfermés après le coupage, se faisait à l'aide de simples baguettes maniées habilement par l'ouvrier. Mais vers 1760, un instrument est imaginé qui facilite la tâche : c'est le « violon ». Il est composé ordinairement de seize cordes fixées, à égales distances les unes des autres, à une de leurs extrémités à un barreau de bois attaché au mur par deux crochets, et à l'autre extrémité à une tige de bois courbé perpendiculairement, à laquelle est un manche long de 60 centimètres. L'ouvrier, debout, prend l'instrument à deux mains par le manche et frappe les poils entassés, à coups redoublés, au moyen des cordes de l'instrument.

Le cardage peut commencer. Il consiste à ouvrir les flocons de poils qui n'ont point été séparés par le violon à l'aide de deux instruments appelés « cardes » qui, munis de pointes, divisent les poils.

Le poil étant ainsi préparé, on peut commencer la construction du chapeau qui comprend trois moments : la préparation des capades, l'assemblage des capades, la mise en forme du chapeau. Jusque vers 1865, toutes ces opérations se faisaient à la main ou à l'aide d'instruments rudimentaires.

Les « capades » sont les parties dont se compose le chapeau qui en compte ordinairement quatre, d'égales dimensions.

La capade est obtenue à l'aide de « l'arçon ». L'arçon est une perche de 2^{m}5o de long, terminée à une de ses extrémités par une pièce de bois en forme de bec de corbin et à l'autre par une planchette rectangulaire percée à jour, le « panneau ». Fixés d'un côté à la perche, le bec de corbin et le panneau sont reliés de l'autre par une corde que l'on peut tendre plus ou moins au moyen de diverses chevilles placées au revers de la perche à hauteur du bec de corbin. La corde est mise en jeu par la « coche », fuseau en buis dont chaque extrémité est terminée par un bouton arrondi.

Au moyen d'une corde attachée au plafond, l'arçon est suspendu à quelques centimètres au-dessus d'un établi couvert d'une claie d'osier fin qui laisse passer les poussières que contient le poil. L'établi est accolé à une fenêtre et encastré entre deux cloisons d'osier qui se courbent un peu l'une et l'autre vers le haut pour retenir les poils qui se dissipent.

L'ouvrier passe la main gauche dans une poignée de cuir fixée au tiers de la longueur de l'arçon. De la main droite, il tient la coche, accroche la corde de l'arçon avec le bouton, la tire à lui jusqu'à ce que, glissant sur la rondeur du bouton, elle échappe et se mette à vibrer.

L'ouvrier combine les mouvements de la coche de deux manières différentes, suivant qu'il « bat » ou « vogue » l'étoffe de la capade [1].

L'ouvrier commence par battre. Dans ce but, il place le poil qui doit entrer dans la capade au milieu de l'établi, y fait entrer la corde de l'arçon et, à grands coups de coche, la met en jeu ; ainsi les poils se séparent les uns des autres et s'éparpillent sur l'établi.

Alors l'ouvrier vogue l'étoffe, c'est-à-dire qu'au moyen des vibrations de la corde de l'arçon, il transporte les poils de la droite à la gauche, les y rassemble, puis manœuvre l'instrument de telle sorte qu'après avoir fait voler en l'air les poils aux flocons très subtils, il les envoie se déposer sur la droite dans un espace d'une certaine grandeur qui affecte la forme d'un secteur de la dimension de la capade. Encore, dans cette sorte de tir à l'arçon, l'ouvrier doit-il avoir soin d'amasser plus de poils au sommet du secteur que sur ses bords. Le dessin est ensuite rectifié avec le « clayon », sorte de petit treillis en osier serré, surmonté en son milieu d'une poignée, et le poil se trouve rassemblé en une masse floconneuse d'un demi-mètre de hauteur environ. Il s'agit désormais de « feutrer » le poil, c'est-à-dire de rapprocher tous les poils et de multiplier entre eux les points de contact.

Un premier feutrage, encore timide, est donné au moyen du clayon que l'ouvrier appuie d'abord légèrement, puis plus

---

[1] Cette manœuvre originale de l'arçon nous a été expliquée, dans ses pittoresques détails, par M. Esquier, chef de fabrication à la Société nouvelle de chapellerie, qui l'a pratiquée lui-même, il n'y a guère plus de trente ans, dans l'une des usines aixoises.

fortement sur le poil amassé dans le secteur. La capade ressemble alors à un morceau de ouate triangulaire.

Le feutrage s'accentue quand l'ouvrier « marche la capade avec la carte ». « Marcher la capade avec la carte », c'est la couvrir d'un carré de cuir et presser dessus avec les deux mains, qu'on applique successivement sur toutes les parties, des deux côtés de la capade alternativement, jusqu'à ce que le feutrage soit suffisant.

Quand on a obtenu, de la même manière, quatre capades, on peut procéder au « bastissage » du chapeau.

Bastir le chapeau, c'est assembler les capades par le feutrage.

Le bastissage a lieu sur une table placée en face d'une fenêtre. L'ouvrier étendant la « feutrière », morceau de toile légèrement humide, déploie sur elle une des capades et la couvre d'un morceau de papier épais ou « lambeau » plus petit que la capade, mais de même dessin qu'elle. Les bords de la capade sont rabattus sur le papier, puis la seconde capade est appliquée sur la première et rabattue de la même manière. L'ouvrier marche alors les deux capades jusqu'à ce qu'elles soient intimement liées. On a ainsi une sorte de sac pointu que les deux autres capades vont servir à doubler et à renforcer. Dans ce but, l'ouvrier « décroise » le sac, c'est-à-dire que ses arêtes se trouvent déplacées et viennent au milieu, tandis que celui-ci passe au bord [1]. La troisième capade est appliquée sur le sac ; celui-ci est retourné et la capade rabattue sur lui ; puis on pose la quatrième capade, on retourne le sac et on rabat de la même manière. On remet le lambeau et on marche, jusqu'à ce que le sac définitif soit adhérent dans toutes ses parties.

---

[1] Le décroisement a pour but de maintenir une répartition de poils sensiblement identique sur toutes les parties du chapeau. C'est en effet sur les arêtes primitives qu'avaient été rabattues les deux premières capades.

Le bastissage terminé, la mise en forme du chapeau débute par la « foule ».

L'appareil qui sert à la foule ressemble assez à un lavoir. Le bassin est représenté par une chaudière posée sur un fourneau en maçonnerie. Sur ses bords se trouvent les « bancs » de foule ou planches inclinées sur lesquelles l'ouvrier foule le feutre.

Le bastissage est trempé dans le bassin qui contient de l'eau mélangée à de la lie de vin. L'ouvrier l'y enfonce, l'y remue, le retire et le presse sur le banc avec un rouleau de bois ou « roulet », autour duquel il l'entoure. Et il foule ainsi un certain temps, en décroisant de temps à autre le bastissage. Il foule d'abord mollement, parce que le feutre est encore lâche, puis, avec plus de vigueur à l'aide de « maniques », vieilles chaussures dont on a retranché les talons et une partie de l'empeigne.

La foule prend fin au bout de quatre heures environ, le chapeau est alors en « cloche ». Il s'agit de le « dresser », c'est-à-dire de lui donner la forme définitive. La cloche est « mise en coquille », diminuée de hauteur, puis posée sur la « forme », sorte de morceau de bois cylindrique, à diamètre variable, suivant les pointures.

Le chapeau est ensuite teint, puis « apprêté », ou enduit d'une gomme destinée à lui donner une résistance plus grande, et, quand il est sec, « l'approprieur », après l'avoir brossé avec de l'eau froide, le repasse avec un fer chaud. Il ne reste plus enfin qu'à le remettre à la « garnisseuse » qui met la coiffe et pose le ruban.

Telle était, il y a à peine cinquante ans, la manière de fabriquer le chapeau. Toutes les opérations étaient faites à la main, ou à l'aide d'instruments rudimentaires. Il y avait ainsi un véritable art de la chapellerie et il devait être pittoresque, l'ouvrier dont le jeu de l'arçon était une vraie stratégie, ou le compagnon employé à l'assemblage savant des capades. Les mouvements étaient si complexes, le maniement des outils si délicat, que l'on pouvait difficilement concevoir l'intervention des machines. Et cependant, là comme ailleurs, la substitution du mécanique à l'habile s'est produite, ingénieuse et générale.

Dans son numéro du 1er août 1862, *Le Moniteur de la Chapellerie* signale l'apparition de machines à étirer, à couper les peaux, à souffler les poils, de tondeuses, de presses pour les bords des chapeaux. Mais il ne s'agissait encore que d'instruments perfectionnés, plutôt que de véritables machines.

Un premier progrès fut réalisé par l'arçon mécanique dû à l'invention de M. Caillet, industriel à Séez.

L'arçon était composé d'un gros cylindre, à l'intérieur duquel se trouvait un grand ventilateur muni de coches qui pinçaient neuf cordes à boyaux traversant le cylindre. Le poil, entrant d'un côté du cylindre, se trouvait vogué par les vibrations des cordes et porté par le ventilateur intérieur vers la sortie où se trouvait un deuxième ventilateur plus petit qui distribuait le poil sur la table d'arçon d'une manière uniforme à travers une rangée de cordes à boyaux à peine touchées par de petites coches. Sur le fond de cette table, formé d'un châssis en toile métallique assez fin pour arrêter le poil, reposait le moule destiné à produire le bastissage. Un courant d'air, produit par les ventilateurs placés au-dessous de la table d'arçon, attirait les poils sur le châssis métallique.

En 1866, l'arçon mécanique put être adapté à un moteur à vapeur ou hydraulique.

Depuis, les progrès ont été rapides et aujourd'hui l'industrie de la chapellerie utilise un outillage des plus perfectionnés. Nous devons à l'aimable et précieuse obligeance de M. Coq, ingénieur-constructeur à Aix, dont nous n'avons pas craint d'abuser, les divers renseignements que nous allons fournir sur l'état actuel de la technique de cette industrie.

La peau sèche est d'abord humectée pour l'assouplir, puis passée dans deux fourches de fer qui rappellent celles dont se servent les gantiers pour ouvrir les doigts des gants : la peau s'écarte et on la fend à l'endroit du ventre. Puis les peaux sont soumises à l'arrachage du gros poil et au secrétage que l'on fait encore à la main. M. Maumey avait construit une machine destinée à faire mécaniquement le secrétage, mais l'appareil ne s'est pas répandu.

Vient alors le « rancletage » qui consiste à ramener toŭs les poils dans le même sens, en faisant passer entre deux rouleaux garnis de laine, les peaux dont l'extrémité se prend entre un cylindre et une brosse.

Le coupage est obtenu par une machine composée d'un cylindre portant des lames qui prennent la peau et en coupent les poils par petites largeurs.

Le soufflage du poil est la dernière opération que nécessite sa préparation. On fait usage d'une machine dont les organes lancent à grande vitesse dans un conduit le poil qui s'ouvre et se débarrasse de ses impuretés avant de tomber en flocons dans une chambre où on le recueille. La souffleuse se compose d'une toile sans fin, sur laquelle est déposé le poil qui se trouve pris entre deux cylindres et envoyé par un batteur dans un conduit horizontal puis vertical qui revient sur lui-même dans une chambre.

Après ces manipulations préparatoires, le poil passe par plusieurs machines avant de devenir un chapeau.

C'est d'abord la bastisseuse. Le poil posé sur une toile sans fin est pris par deux petits cylindres et présenté à un hérisson animé d'un mouvement circulaire qui divise les poils en produisant un véritable arçonnage. Une deuxième toile sans fin les conduit à une nouvelle arçonneuse, d'où ils sont lancés sur un cône récepteur, percé de trous, placé sur un porte-cône animé d'un mouvement lent autour de son axe. Un ventilateur aspirant produit un vide sous le cône et favorise l'arrivée des poils sur ses trous. Lorsque le cône est couvert de la quantité de poils voulue, on fait arriver, sur le cône qui continue à tourner, une pluie d'eau bouillante, au moyen d'un injecteur adhérent aux parois de la chambre métallique qui contient le cône.

Le bastissage est enlevé du cône et porté au simoussage. La simousseuse fait passer le bastissage entre deux rouleaux où circule de la vapeur et le ballotte dans un mouvement de va et vient.

Après le simoussage, le bastissage peut être foulé. Il existe pour cette opération des fouleuses mécaniques. La fouleuse se compose de deux séries de cylindres superposés, entre lesquels on place les bastissages. Ces cylindres possèdent à chaque étage des mouvements de rotation en sens inverse, et un mouvement alternatif de va et vient. Pendant le foulage, le mouillage est opéré par un courant de vapeur qui entraîne l'eau à une température voisine de 100°.

Le chapeau est en cloche. Pour le dresser, on met la cloche sur un appareil qui a pour but de faire le fond du chapeau. Il se compose de dix ailettes en bronze retenues au repos au moyen d'une bague en caoutchouc. On place la cloche sur les ailettes ainsi réunies, puis on écarte les ailettes, en même temps qu'un robinet envoie de la vapeur sous la cloche.

De la machine à dresser les têtes, la forme passe à celle à dresser les bords. La cloche étant posée sur des lames qui ont la forme, dans leur ensemble, des bords du chapeau, on la couvre avec d'autres lames qui ont la même disposition, mais tombent dans les intervalles laissés par les premières. La tension qui en résulte produit l'étirage des bords qu'un courant de vapeur facilite.

Le chapeau est séché à l'étuve, puis poncé mécaniquement. La ponceuse consiste en une cuve en fonte à l'intérieur de laquelle est une forme en bois fixée sur un pivot et garnie d'un manchon en feutre. A l'aide de roues et d'engrenages, cette forme est animée d'un mouvement rapide de rotation. Pendant qu'elle tourne, une femme appuie sur le chapeau posé sur la forme un tampon en caoutchouc, dont le dessous est garni de papier émeri ; sous l'action de ce papier, le duvet de chapeau tombe en poussière et se trouve attiré par un aspirateur appliqué contre le porte-chapeau. Le dessus une fois poncé, on enlève le chapeau de la forme, on le pose dans la matrice en-dessous et on ponce de la même manière le dessous.

Le dressage définitif du chapeau est obtenu au moyen d'une presse dont les matrices sont la reproduction de la forme qu'on veut donner au chapeau.

Les chapeaux sont enfin bordés à l'aide de machines à coudre.

Tel est, rapidement esquissé dans ses traits généraux, l'état de la technique de l'industrie chapelière. Ainsi qu'on a pu le constater, la substitution de la machine à l'ouvrier est presque complète. Les effets généraux de cette transformation ont été considérables. La production a pris un caractère nettement capitaliste ; le compagnon et l'artisan ont dû céder le pas à l'industriel détenteur de capitaux puissants. Les machines nouvelles exigent des locaux spacieux ; surtout leur achat constitue une dépense de première mise importante, puisqu'elle approche de 25.000 francs, d'après les catalogues de M. Coq. Il en est résulté aussi un accroissement considérable de la production. Avec la machine à brosser les peaux, une femme seule peut brosser jusqu'à 1.500 peaux par jour. La coupeuse permet de couper 1.200 peaux par jour, la souffleuse de souffler 100 kilos de poils par jour. Avec la bastisseuse, on obtient de 400 à

5oo bastissages par jour que, dans le même temps, semousse la semousseuse. La production journalière de la fouleuse est de 25o chapeaux, celle de la ponceuse d'une centaine. Ces effets généraux à l'industrie de la chapellerie n'ont pas été sans s'accompagner d'effets particuliers, dont souffre et meurt aujour-d'hui l'industrie aixoise.

§ II. — LES CONSÉQUENCES DE LA CRISE

L'action de ces diverses causes a exercé une profonde influence sur l'industrie aixoise de la chapellerie. Les progrès accomplis dans la technique ont fait des fabriques d'Aix les victimes d'un renom qui leur conseillait la routine, en même temps qu'ils élargissaient la production et donnaient aux pays étrangers la possibilité de se suffire et même la tentation de venir concur-rencer les produits français sur notre propre marché national.

On peut étudier ces conséquences, au regard de la chapelle-rie aixoise à trois points de vue, quant à la production, quant aux débouchés, quant aux ouvriers.

1° Quant à la production.

Vers 1875 encore, la situation de la chapellerie était très pros-père à Aix. On y comptait plus de douze fabriques, dont quel-ques-unes très importantes. La maison Coupin, installée sur les bords de l'étang de Berre, occupait quinze cents ouvriers ; la maison Leduc, à Aix, environ quatre cents ; la maison Haas, de trois cents à trois cent cinquante. Il est loin d'en être ainsi aujourd'hui.

Ce n'est cependant pas faute d'avoir lutté, avec courage et intelligence parfois. Les premiers en France, MM. Coq et Dra-gon établissent, à Aix, en 1862, une bastisseuse mécanique qui devait être la machine de l'usine, tandis que l'arçon mécanique de M. Caillet ne pouvait être employé que par les petites entre-prises. De son côté, M. Leduc achetait à la maison Rochet son brevet d'invention de l'injecteur à eau chaude et deux de ces machines étaient installées dans son usine dès 1867.

A l'Exposition universelle de 1867, M. Haas, dont une usine fonctionnait à Aix, avait même l'ingénieuse idée de rassembler les diverses machines alors inventées. On voyait, d'abord, la bastisseuse Coq, vomir de ses bouches béantes les poils infiniment divisés qui venaient se fixer, en s'enchevêtrant sur le cône aspirateur. Puis le cône passait à l'ouvrier simousseur qui le couvrait d'un manchon de flanelle et le posait sur la plate-forme de la bâche d'immersion Coq qui, mue mécaniquement, permettait à l'ouvrier d'immerger et de remonter le cône. Puis, le cône passait à la fouleuse Mossant pour être remis à l'ouvrier dresseur qui, celui-là, travaillait presque exclusivement à la main. Le chapeau mis à l'étuve était ensuite poncé par la machine Coq.

Néanmoins, c'est à peine s'il existe maintenant trois usines; deux seulement méritent, à vrai dire, ce nom.

C'est d'abord la « Société nouvelle de chapellerie aixoise », dont l'usine est installée aux flancs de la montée d'Avignon, en contre-bas du canal du Verdon. A son origine, il y a quelques années, tout le bâtiment était affecté à la chapellerie; actuellement, une partie abrite l'usine d'acide carbonique liquide.

La fabrique est installée en un seul rez-de-chaussée divisé par une large et longue allée centrale qui donne accès dans les ateliers. Un vitrage autour de chacun de ces ateliers donne jour sur l'allée centrale. De la sorte, un coup d'œil embrasse tous les services, ce qui supprime les surprises et assure plus efficacement une discipline qui, évitant les occasions de sévir, écarte mieux les sources de conflit.

L'usine peut marcher onze mois de l'année à la force hydraulique et un mois à la vapeur pendant le chômage du canal du

Verdon. Elle n'use, d'ailleurs, pas de cette faculté et s'immobilise en même temps que le canal : le mouvement de ses affaires s'est trop ralenti pour permettre d'augmenter les frais [1].

La « Société nouvelle de Chapellerie » se tient au courant des progrès de la technique et s'efforce, par ce moyen, de conquérir à nouveau la suprématie autrefois incontestée du chapeau aixois.

C'est, en second lieu, l'usine Milliat qui fabrique le chapeau de laine. Située dans l'intérieur même de la ville, rue d'Entrecastaux, elle renferme la plupart des machines modernes. L'outillage nécessaire à la fabrication du chapeau de laine diffère peu d'ailleurs de celui employé pour la fabrication du chapeau de feutre. La souffleuse seulement est supprimée et la bastisseuse remplacée par la carde qui arrache la laine et l'entoure sur deux cônes, dont les deux bases sont en face l'une de l'autre. Lorsque les deux cônes sont garnis de laine, l'ouvrière coupe l'étoffe entre les deux cylindres et le cône de laine est posé sur un nouveau cône de fonte, sur lequel, par un système de levier, descend un cône creux de fonte. Après avoir subi ce premier feutrage, la cloche de laine passe par les machines utilisées pour le chapeau de poils.

C'est enfin l'atelier installé par M. Cabassud dans la traverse Notre-Dame. Cet atelier ne fonctionne que quelques mois de l'année, plus particulièrement en été. Il n'y a là aucune machine ; les ouvriers, au nombre d'une quinzaine, travaillent à la main. Ils reçoivent d'ailleurs, tout préparé, le bastissage conique qu'ils soumettent à la foule et renvoient dressé à Paris où le chapeau est terminé. Ils fabriquent plus spécialement le

---

[1] Nous devons des remerciements particuliers à M. Compazieu, directeur de la Société nouvelle, qui s'est mis à notre entière disposition, sans aucune crainte, et a bien voulu nous faire connaître et nous communiquer la « littérature » sur la chapellerie.

chapeau de femme ; cet article seul assure une rémunération suffisante à l'ouvrier qui travaille à la main, par la fantaisie qu'il exige.

Telles sont les seules usines qui fonctionnent actuellement à Aix. Elles n'occupent guère plus de 200 ouvriers et ne doivent pas donner un chiffre d'affaires dépassant 500.000 francs. La concentration des entreprises n'a pas eu pour conséquence la prospérité de l'industrie : la cause en est peut-être au rétrécissement et à la fermeture des débouchés.

2° Quant aux débouchés :

Tandis qu'à Aix, comme en France, on répugnait à substituer au travail manuel la production mécanique, les pays étrangers organisaient chez eux, de toutes pièces, l'industrie de la chapellerie.

Cette double constatation, révélée par *Le Moniteur de la Chapellerie*, dès 1864, est confirmée par les statistiques fournies par l'Administration des Douanes.

Le Moniteur de la Chapellerie, dans un relevé de la vente des arçons mécaniques Caillet, signalait le zèle de l'étranger. Le Mexique et le Brésil y figuraient en bonne place (n° du 1er octobre 1864).

En 1865, le même journal recommande des souffleuses que fabrique déjà l'Allemagne. En 1867, il relève les médailles obtenues par l'étranger à l'Exposition universelle.

Il constate, en revanche, la résistance du Midi à l'adoption des machines. « Le Midi, dit-il, est le plus rebelle à la substitution de la machine au travail manuel. »

De fait, la maison Coq, d'Aix, fabrique surtout pour l'étranger. M. Coq nous montrait, au cours de notre enquête, une bastisseuse perfectionnée qui lui était commandée par Vienne, des matrices en fonte qui allaient être expédiées au Mexique.

Aussi bien, les statistiques douanières éclairent la décadence de l'exportation des chapeaux français. En 1879, la valeur des produits exportés atteignait 10.380.057 francs. En 1890, elle n'est plus que de 7.728.556 francs et en 1904, pour les chapeaux de poils, de 975.562 francs. En 1882, on exporte encore 100.000 chapeaux en Allemagne, 190.000 en Angleterre, 92.000 au Mexique, 149.000 au Brésil, 187.000 dans la République Argentine. En 1896, cette exportation ne s'élève plus pour l'Allemagne qu'à 4.200, pour l'Angleterre 5.200, le Mexique 360, le Brésil 1.150. Et ce sont là les anciens débouchés du marché aixois.

Les principaux pays importateurs du chapeau fabriqué à Aix étaient, en effet, ceux d'Amérique. Or, c'est là qu'est né le principe de l'outillage mécanique en chapellerie. Par ailleurs, l'installation de cette industrie y était particulièrement favorisée par l'existence de droits de douane très forts perçus à l'époque où le chapeau était tenu pour un objet de luxe. Le jour où la production mécanique devint possible, l'industrie de la chapellerie s'installa presque immédiatement et spontanément, en quelque sorte, dans ces pays qui profitaient des taxes fiscales d'entrée et du bas prix de la main-d'œuvre.

D'autre part, Aix, comme la France, éprouva plus de difficulté à adapter sa fabrication aux progrès mécaniques, par suite de la fantaisie qui dominait la forme des chapeaux. Chaque chapeau ayant comme une sorte d'individualité, on ne pouvait confectionner une matrice, coûtant une cinquantaine de francs, spéciale à chacun d'eux. Les pays étrangers, au contraire, s'accommodaient des séries, ce qui permettait l'emploi de matrices uniques pour un grand nombre de chapeaux.

Enfin l'organisation commerciale française est défectueuse. Les fabricants sont obligés, à défaut d'éducation suffisante des voyageurs de commerce français, de s'adresser à des intermédiaires, à des commissionnaires en exportation. Ceux-ci centralisent les commandes et y satisfont de telle sorte que le fabricant ne connaît pas la destination dernière de ses produits.

Certains ont songé à échapper à ces intermédiaires en s'adressant directement à des voyageurs étrangers, à défaut de voyageurs français. Ils nous ont dit leurs mécomptes. Il leur arriva trop fréquemment de ces aventures qui provoquèrent en 1868 cette circulaire de la maison de Verrier de Paris, où elle prévenait les personnes qui s'adressaient à elle pour demander des échantillons qu'elles eussent à en envoyer le montant.

3° Quant aux ouvriers :

Les causes qui ont entraîné la décadence de la production aixoise n'ont pas manqué d'exercer une influence considérable sur le sort des ouvriers.

L'introduction du machinisme dans la chapellerie a augmenté ce que Karl Marx appelle l'*armée de réserve* des travailleurs. Les patrons ont pu remplacer les ouvriers que leur habileté rendait exigeants par des apprentis sans expérience. Ainsi l'usine Coupin, que les ouvriers en grève avaient désertée, forma 1.200 ouvriers nouveaux en quelques semaines. C'est cet état de choses qui fit admettre en 1861, par les ouvriers chapeliers, dans leur société, les apprentis au même titre qu'eux-mêmes, de façon à les englober dans la grève.

Les femmes aussi purent être employées, plus généralement qu'autrefois, à la fabrication des chapeaux.

Aussi le salaire diminua-t-il de façon considérable. A l'artisan qui ne manquait pas de fierté et qui gagnait jusqu'à 15 fr. par jour, a succédé l'ouvrier, simple manœuvre, qui reçoit 4 fr. tout au plus les jours où l'on travaille, l'ouvrière dont le salaire ne dépasse pas 2 fr. 50 [1]. Aussi 900 francs, 1.000 francs

---

[1] D'après des renseignements que nous avons recueillis, les ouvriers employés à l'usine Milliat ne toucheraient qu'un salaire inférieur ; mais il nous a été impossible de contrôler cette assertion auprès de M. Milliat qui s'est refusé à nous répondre, estimant « que la question des salaires ne relevait pas du domaine de la science ».

au maximum, tel est le budget de l'ouvrier chapelier, à l'heure actuelle. Et cependant, tandis que le taux des salaires s'abaissait, le coût de la vie haussait, la puissance d'acquisition de l'argent diminuait.

L'ouvrier chapelier est engagé à la semaine. Un usage spécial est pratiqué pour l'embauchage. L'ouvrier retire au siège du Syndicat qu'ont organisé les ouvriers chapeliers, une carte dite de présentation. Avec cette carte, il se présente au plus ancien de l'atelier, au « goré » et celui-ci le présente à son tour au patron ou au contremaître.

L'ouvrier est payé à la semaine. Il n'est opéré aucune retenue sur son salaire par le patron. Les Compagnies d'assurances contre les accidents n'exigent que des primes très modiques, les risques étant assez restreints.

Les ouvriers chapeliers aixois ont organisé une mutuelle, dont la plupart font partie.

CONCLUSION

Nous avons essayé de dégager les causes de la décadence de l'industrie de la chapellerie à Aix, et nous avons cru pouvoir dire qu'elle était due à la concentration capitaliste des entreprises avec toutes ses conséquences. A l'heure où nous terminons cette modeste étude, la ruine de l'industrie de la chapellerie à Aix paraît irrémédiable : la Société nouvelle de chapellerie vient de fermer ses portes et de licencier ses ouvriers. Notre ville semble ainsi perdre à jamais ce qui lui fut une source de prospérité. Qu'elle s'en console, en gardant le souvenir : son musée d'antiquités s'est enrichi d'un vestige nouveau.

G. Mer.

II

L'industrie de la Cordonnerie à Pertuis

par M. Eug. **CURET**, Avocat à la Cour d'Aix.

INTRODUCTION

Lorsqu'il me fut affirmé que Pertuis, à l'heure actuelle, possédait deux fabriques de chaussures « conséquentes » et que, d'ailleurs, il y a à peine vingt ans, la bourgade jouissait dans l'industrie cordonnière d'une réputation assez établie, pour avoir songé un instant à placer un soulier ferré dans ses armoiries, j'éprouvai la surprise d'un Nemrod provençal qui chassant le moineau, en un quartier bien connu, tomberait tout à coup sur une bande d'oiseaux des îles.

Je croyais posséder mon Pertuis. Je le tenais pour un bourg un peu mou, sommeillant au soleil dans l'engourdissement des bonnes digestions. Son heureuse population se compose, en effet, d'agriculteurs et de commerçants.

Les premiers vivent sur un sol béni, parmi de vastes labours, des vignes et des prairies quasi-naturelles. La Durance, par les alluvions et l'humidité dont elle enrichit le terroir, permet au riverain de cueillir les jours sans fatigues vaines. Quand il a fait ses semailles, taillé ses ceps, fauché son foin, notre paysan, aimé des Dieux, croise ses bras, en attendant une récolte inévitable.

De leur côté, les commerçants ne sont pas à plaindre. Par sa situation géographique, Pertuis est le centre d'approvisionnement de tout le versant sud du Luberon. Chaque vendredi, vingt villages envahissent ses places publiques, ses auberges, ses cafés, ses magasins. Hebdomadairement, ses marchands reçoivent ainsi la manne bienfaisante des ruraux et, grâce aux recettes du vendredi, ils fument la pipe les autres jours de la semaine.

Ces mœurs paraissent en opposition directe avec les exigences de la vie industrielle. Et, de prime-abord, l'existence d'une industrie prospère en un pareil milieu peut être considérée comme un paradoxe d'une enflure toute méridionale.

C'est pourquoi j'ai voulu me renseigner aux sources. J'ai reconnu tout d'abord qu'en ce moment, les deux fabriques, moins « conséquentes » qu'on le prétendait, tendent visiblement à une disparition fatale ; et ensuite que si, vraiment, après la guerre, l'industrie cordonnière a joui à Pertuis d'une véritable prospérité, elle a dû cette prospérité uniquement à l'activité ingénieuse d'un homme que les circonstances ont d'ailleurs merveilleusement servi.

§ I. — LES ORIGINES DE L'INDUSTRIE CORDONNIÈRE A PERTUIS

En ce temps-là, établi à Château-Queyras (Hautes-Alpes), le père de Jean Bertrand rendait à la République d'obscurs services de cordonnerie. Cet homme excellent, qui possédait huit enfants et quelques arpents de terre maigre, ne répugnait pas à s'employer pendant les mauvais jours d'hiver au ravaudage des vieilles chaussures.

Or, il advint aux environs de 1840 que M. Bertrand mourut. Ses filles étant mariées, les gendres firent procéder au partage de l'héritage. A cause de sa santé délicate, J. Bertrand ne s'était jamais livré aux rudes travaux des champs. Mais comme il témoignait d'une singulière prédilection pour le cuir fauve et la poix odorante, d'un commun accord la famille lui abandonna les instruments du père et cent écus de bon argent pour les premiers besoins de son industrie.

Alors J. Bertrand réfléchit. Il se dit que si la clientèle de Château-Queyras suffisait à nourrir approximativement un cordonnier agronome et sobre, il y avait chance qu'avec elle, un spécialiste éprouvât des désagréments. Et cherchant des cieux plus cléments, le jeune cordonnier vint s'établir à Pertuis, sur les rives de la Durance.

Dès son arrivée, il put entrer au service du maître de la « Botte d'or » qui possédait un magasin de chaussures dans la Grand'Rue. Mais il fut bien entendu qu'il travaillerait à prix fait et dans son domicile. Le patron en usait ainsi avec ses ouvriers, tant pour s'éviter la peine de les surveiller que pour être sûr d'obtenir, en échange des salaires payés, de véritables services. En un mot, il manquait de confiance dans leur zèle et leur activité.

J. Bertrand se mit à travailler. En vingt-quatre heures, il acheva ce que d'autres mettaient trois jours à accomplir, parce qu'il apportait à l'ouvrage une conscience et une ténacité montagnardes. Le propriétaire de la « Botte d'or » demeura confondu de cette promptitude. Il la signala avec de gros rires aux habitués du « Grand café Thomas », partenaires habituels de sa quadrette quotidienne.

La capacité de travail de Jean Bertrand fut un sujet de conversation tout comme l'attitude de Guizot et les chances d'avenir de la République. On en parla non seulement dans les buvettes et le dimanche, chez le coiffeur, mais encore sous la colonnade du grenier public, où tant de bons citoyens viennent discuter, chaque jour, les affaires publiques. La tonnelle de l'auberge, sous laquelle il travaillait, devint un but de pèlerinage. Et lorsqu'il eut osé chausser de neuf et avec succès un gros marchand de la rue Colbert, dont le pied droit était affligé d'un cor célèbre, insensiblement l'homme de Château-Queyras conquit dans sa cité adoptive la réputation d'un maître-ouvrier.

« La Botte d'or » ne riait plus, parce qu'à petits coups et à ses dépens, J. Bertrand arrondissait sa clientèle. La jalousie du vieux négociant, les incidents homériques qui accompagnè-rent le développement de cette rivalité, achevèrent de mettre le jeune homme en vedette. Il prit un lieutenant. Il loua une boutique, place Mirabeau. Et comme les affaires prospéraient, il entra dans la catégorie des commerçants et orna sa porte d'une enseigne.

Le jour où il lui parut que sa situation financière était con-venable, il résolut de s'octroyer le repos dominical. Il acheta un fusil, prit un permis et fit venir un chien de la montagne. Il mit à chasser beaucoup de méthode, de ténacité et de con-science. Et une grande renommée cynégétique l'auréola bien-tôt.

On vit le notaire et ses amis, nemrods d'une insuffisance notoire, lui frapper sur l'épaule, entrer dans sa boutique pour le consulter et finalement en faire le grand directeur de leurs parties. Il avait ainsi conquis la bienveillante amitié de la haute bourgeoisie.

Par l'intermédiaire du notaire, il fit la connaissance d'un sieur Diouloufet. Diouloufet s'honorait de tenir à Aix un maga-sin considérable de chaussures, fabriquées à Marseille. Or, à son dire, le fournisseur phocéen était en train de le jouer. Il faisait entrer tous ses cuirs pourris dans l'épaisseur des semel-les. Si bien qu'à la moindre fatigue, les dites semelles s'ou-vraient. Ce gros négociant réclamait aux dieux réunis un cor-donnier consciencieux et capable.

Des pourparlers s'engagèrent entre lui et J. Bertrand. Et

quand ce dernier se fut procurer le personnel et les capitaux indispensables, un contrat authentique fut signé, aux termes duquel J. Bertrand devait, chaque année, fournir à Diouloufet plusieurs milliers de grosses chaussures.

Et voilà un incident qui prouve que J. Bertrand était aimé du ciel et qu'il dut au hasard de franchir le cercle restreint de la production locale.

Deux ans plus tard, le propriétaire de la « Botte d'or » mourait. Les quelques ouvriers qui travaillaient pour lui à domicile, proposèrent à notre homme de le servir aux mêmes conditions. Au nom de la veuve, le notaire offrit de lui vendre le fonds qui comportait avec sa clientèle locale certains villages de l'Ardèche. Ayant réfléchi, il accepta d'augmenter son chiffre d'affaires. D'ailleurs, le bon vent de la fortune ne cessait de gonfler, depuis plusieurs années, les voiles de sa nacelle.

Tout d'abord, à Aix, sa réputation s'était affirmée : successivement plusieurs maisons de chaussures qui se partagent la clientèle ouvrière de la ville avaient fait appel à son habileté reconnue. Et pour les satisfaire, il retenait à Pertuis toute une petite colonie de cordonniers piémontais, nomades qui cherchent fortune au sud de la France. Il songea qu'il trouverait aisément un complément de personnel à Marseille et un débouché nouveau dans les départements des Alpes, dont il était originaire et où des membres de sa famille vivaient encore. Et son projet réussit merveilleusement après qu'il se fut décidé à entreprendre quelques petits voyages aux environs de Briançon, Digne et Barcelonnette.

Alors, il songea à se marier. Le notaire s'employa à lui trouver une dot convenable. De simple compagnon de chasse, le fabricant de chaussures était devenu pour lui un bon client, donc un ami. J. Bertrand, marié, se jugea digne de fréquenter le Grand café Thomas. Cet établissement, semblable à un aquarium, développe les glaces de sa façade sur la place du Quatre-Septembre. Et il reçoit, trois fois le jour, l'élite de la cité et le peuple arrogant des voyageurs de commerce.

J. Bertrand connut autour d'une table de marbre M. Marrot qui représentait une importante soierie lyonnaise dans le midi de la France et l'Algérie. M. Marrot était un grand chasseur devant l'Éternel et il fut bientôt pris de sympathie pour J. Bertrand qui, lui aussi, honorait particulièrement la divine Diane. Il lui révéla qu'à Blidah, par exemple, et dans d'autres petites villes d'Algérie, les populations, pour la chaussure, étaient exploitées par des Italiens qui livrent à des prix fous de la pacotille. Il se faisait fort, au cours de ses tournées, d'aboucher le fabricant de Pertuis avec les marchands algériens. Et Jean Bertrand s'étant laissé convaincre, un essai fut tenté qui réussit pleinement.

En 1880, il se trouvait ainsi à la tête d'un commerce considérable. Il était devenu notable dans la cité, conseiller municipal, officier d'Académie. Et il ne sortait plus en bras de chemise. Son fils courant sur ses dix-sept ans, décrocha le diplôme du brevet élémentaire. Escomptant la puissance de ses relations politiques, J. Bertrand souhaitait le voir promu à la dignité de professeur du collège. Et il appela un de ses neveux à sa succession éventuelle.

Un jour qu'à pas lents, sur le chemin du Saint-Sépulcre, il discutait ses affaires avec le notaire, celui-ci s'étonna de voir le dauphin renoncer à la couronne pour une fonction, somme toute, plutôt modeste. Et J. Bertrand développa les motifs qui lui avaient dicté sa décision.

Tout d'abord, il prévoyait la décadence de son industrie florissante. Le machinisme progressait chaque jour. Des usines nouvelles à Avignon, à Nîmes, fabriquaient entièrement le soulier à la machine. Ces maisons allaient inonder le marché régional de leurs produits multipliés. Leurs capitaux, une fois amortis, les prix baisseraient nécessairement dans des proportions si considérables que la vieille école ne pourrait plus lutter.

Incontestablement, rien n'empêchait J. Bertrand de suivre l'exemple des Avignonais et des Nîmois. Mais comme le soulier fait à la machine est rien moins que solide, il serait promptement abandonné par sa clientèle qui est économe et ne veut pas être dupée. Il lui faudrait donc chercher d'autres débouchés, créer de toutes pièces une industrie nouvelle.

Or, quarante ans d'activité, une étoile constante, lui avaient permis de faire des économies suffisantes, une véritable fortune pour le milieu. Il possédait une vigne, un verger, des labours, maison à la ville et maison aux champs.

Arrivé au seuil de la vieillesse, il n'allait pas compromettre ces résultats par l'achat de machines, l'établissement d'un local approprié et les frais énormes du commerce moderne. Il se sentait, en outre, incapable de diriger son fils vers des voies qu'il ignorait.

Un autre obstacle s'opposait d'ailleurs à la réalisation locale d'un pareil projet. Pertuis, en effet, se refusait à fournir un ouvrier à la cordonnerie. Pour faire face à ses engagements, le patron se voyait obligé de recruter son personnel parmi les Italiens débarqués à Marseille. Les rares indigènes qu'au cours de sa carrière J. Bertrand put embaucher, montrèrent tous une capacité de travail insuffisante. Il dut renoncer, dès ses débuts, à les payer à la journée et à les employer chez lui. Mais le travail à la tâche lui-même ne produisit pas de brillants résultats. Voyant la population boire le soleil la moitié du jour sur les places publiques, les ouvriers ne résistaient pas à la tentation de se mêler à elle. Ils estimaient cependant que leurs salaires étaient insuffisants et, en 1866, ils voulurent obtenir une augmentation par la grève. Mais le mouvement échoua et les cordonniers-amateurs s'éparpillèrent.

J. Bertrand n'avait point celé son intime satisfaction de cette solution extrême. Quelques années plus tard cependant, il dut reconnaître que le recrutement piémontais devenait lui aussi plus difficile. Ces montagnards, mangeurs de poulenta, après quelques années de vie marseillaise, en arrivaient à être exigeants. Ils trouvaient sur les quais, par exemple, des besognes chaque jour mieux rétribuées et pour lesquelles il n'est point demandé de capacités particulières D'autre part, les politiciens s'emploient avec un zèle apostolique à faire leur éducation. Et J. Bertrand trouvait moins facilement que jadis des volontaires heureux de vivre à Pertuis, pour un salaire quotidien et moyen de 3 francs 5o. Ce salaire, il ne pouvait, d'ailleurs, songer à l'élever du moment où la concurrence des machines allait l'obliger à baisser peu à peu ses prix.

Pour toutes ces raisons, le vieux cordonnier prophétisait la décadence prochaine. Il espérait toutefois que ses clients montagnards seraient encore assez longtemps fidèles à sa maison, pour que son neveu puisse, sinon s'enrichir, du moins vivre plus aisément qu'à Château-Queyras, ce qui n'est pas difficile.

§ II. — CONDITION DES TRAVAILLEURS

On m'a indiqué que M. Prat cumulait les fonctions de concierge au collège et celles de cordonnier. Je suis allé le voir espérant qu'un fonctionnaire — si modeste fût-il — de l'Instruction publique comprendrait plus aisément les causes profondes de mon apparente indiscrétion.

M. Prat a bien voulu me renseigner. Il nourrit contre sa profession de vieilles rancunes. Et il l'accuse de maintenir ceux qui l'exercent dans la plus noire des misères. En ce qui le concerne, avant d'entrer dans l'Administration, il habitait le premier étage d'une maison obscure et humide, sise au cœur du vieux Pertuis. Il y accédait par une rue large à peine d'un mètre et dont le centre était occupé par un ruisseau noir.

Les déjections des riverains alimentaient seules ce ruisseau qui, ne voyant guère passer de l'eau que les jours d'orage, nourrissait habituellement l'atmosphère de printanières senteurs.

M. Prat dormait dans une chambre sans ouvertures et qu'il aérait par la porte donnant sur le palier. Il travaillait dans sa cuisine, l'hiver, pour profiter de la chaleur de son petit fourneau, et en toute saison, du jour gris distribué par sa fenêtre.

Son mobilier des plus sommaires se composait d'un lit, de quelques chaises de paille grossière et d'une table boîteuse, sur laquelle il déposait sa poix et ses outils.

Ces outils — clous, formes en buis, tranchets, marteaux, pinces, poix, saindoux, ligneul — lui étaient fournis par le patron. Il n'achetait lui-même que les soies de sanglier qui servent d'aiguilles et il consacrait à ces achats environ dix centimes par semaine.

M. Bertrand lui livrait à la fois les empeignes, les tiges et les semelles pour deux paires de chaussures. Et lorsque M. Prat rapportait l'ouvrage achevé, il recevait en échange les matériaux nécessaires à des confections nouvelles.

En travaillant dix heures par jour, il était arrivé quelquefois à monter une paire et demie de grosses chaussures. Mais pour obtenir ce résultat, il lui fallait faire des dépenses énormes d'énergie. Rien n'est, paraît-il, plus pénible que le métier du cordonnier. Plié en deux sur sa chaise, obligé de faire des efforts musculaires considérables pour coudre des semelles très épaisses, il fatigue ses bras, ses jambes, ses reins et sa tête.

Aussi, la plupart du temps, M. Prat prenait-il quelques heures pour se dégourdir les muscles et boire sur les places publiques un peu de ce soleil, indispensable à la vie des Provençaux. Les besoins d'argent réglaient d'ailleurs son zèle. Quant au patron, connaissant les habitudes d'un personnel imbu des doctrines démocratiques et du sentiment très vif de son égalité de droit, il ·contemplait ces pauses d'un œil serein. Il ne lui vint jamais à l'idée d'établir ces retenues de salaires, ces amendes que, dans les villes, des industriels réactionnaires suspendent au-dessus de la tête de leurs ouvriers, sous le fallacieux prétexte d'assurer une production régulière.

Mais si les ouvriers de M. Bertrand disposent de leurs personnes, M. Bertrand, lui, dispose seul de la caisse. Et en vertu d'un tarif clairement établi, l'ouvrier se trouve payé à forfait, aux conditions suivantes :

Une paire de souliers forts (hommes)...............	3.5o
— — (femmes)...............	1.7o
— fins (hommes)...............	4.25
— — (femmes)...............	3.5o
Article courant...............................	2 8o

Somme toute, M. Prat arrivait à gagner normalement 90 fr. par mois.

Là dessus, il lui fallait d'abord payer sa « pension » du Cheval Blanc, qui a la spécialité de nourrir quelques cordonniers et toutes les mouches du canton pour le prix de 45 francs par mois et par tête d'homme ; le loyer, 8 francs par mois (chambre garnie) ; le barbier, l'entretien du linge et le blanchissage. Et quand il était allé le dimanche faire sa partie de boules à « l'Eden » ou danser au son de la boîte à musique au cabaret « du vin sans eau », dont l'enseigne cabalistique 0-20-100-0 passe pour un modèle du genre, M. Prat, tâtant

son gousset vide, se trouvait apte à mieux comprendre les politiciens avignonais qui s'aventurent parfois à Pertuis, pour y
répandre la bonne doctrine.

Sur les conseils de ces messieurs, les cordonniers, en 1890,
se mirent en grève. Ils espéraient, par le progrès des mœurs et
des idées sociales, voir réussir le mouvement qui, trente ans
plus tôt, avait si piteusement échoué. Et ils demandèrent avec
des clameurs une augmentation de o fr. 40 centimes par paire.
Les patrons offrirent o fr. 15 et, après quelques jours de dis-
corde, les ouvriers furent trop heureux d'accepter la proposition.

Les étrangers se louèrent vivement, dans des réunions publiques, de ce résultat qui évidemment était minime, mais qui
marquait l'ouverture d'une ère de progrès. Et ils demandèrent
aux ouvriers de se syndiquer, d'opposer à l'abominable capital
les forces réunies du prolétariat, afin de voir bientôt révolus les
temps nouveaux dont parlent les oracles. Le prolétariat omit
de suivre ces conseils, lorsqu'on lui demanda de verser chaque
mois, à titre de cotisation, une somme qui dépassait de beaucoup l'augmentation de salaire concédée et d'abandonner la
direction du Syndicat aux initiateurs étrangers que l'expérience rendait seuls capables d'exercer le haut commandement
à cette heure.

M. Prat eut vite compris que les quinze centimes d'augmentation constituaient un progrès plutôt illusoire. D'autre part,
comme les mœurs à Pertuis, d'une simplicité biblique, permettent le tutoiement entre le patron et l'ouvrier, M. Bertrand
eut l'occasion d'expliquer à M. Prat que le salaire payé par lui
était l'extrême limite des concessions possibles.

Une paire de chaussures pour hommes se vend, par exemple, au consommateur 8 fr. 5o. Le même article pour femme,
7 fr. 5o ; pour enfant, 4 fr. 5o. De ces sommes, si l'on déduit

les prix de façon, soit 2,80, 1,70, 1,20 — les fournitures et déchets : 5,90, 4,95 et 2,70 environ, reste à peine une moyenne de 0 fr. 60 pour les frais généraux (peu élevés) et le bénéfice. Et M. Bertrand estimait ce bénéfice à peine suffisant pour lui faire préférer les soucis du travail au repos complet.

M. Prat, comprenant fort bien que la cordonnerie était une maîtresse ingrate et qu'il n'en tirerait rien de plus, se mit alors en devoir de révolutionner sa vie. Et il prit sa petite bastille, d'abord en se mariant, ensuite et surtout « en faisant de la politique ».

Par son mariage, il crut devoir réaliser certains profits. Les mercuriales permettent de constater que les denrées alimentaires sont à Pertuis à de très bas prix. M. Prat recommandait, d'ailleurs, à sa femme de s'adresser non pas aux boutiquiers, mais à ces petits propriétaires qui vivent sur leurs terres et qui cèdent très volontiers les produits qu'ils ne consomment pas, afin d'avoir de quoi payer le tabac et l'absinthe de l'heure verte. Quant à la viande, elle se trouvait aussi à bon compte, dans les triperies qui débitent aux vieux quartiers de la ville les pièces que la bourgeoisie distinguée ne mange pas. Et Mme Prat arrivait ainsi à nourrir le ménage sans dépasser de beaucoup le prix que son mari payait jadis à l'hôtesse du Cheval Blanc.

D'ailleurs, M. Prat, estimant que sa femme devait travailler comme lui-même et ne point prélever sur ses salaires personnels les cotonnades rouges et les indiennes dont ces dames usent beaucoup, l'invita tout d'abord à « coudre des tiges » pour le compte du patron. Ce travail est assez facile, Mme Prat y employait les moments où elle n'avait pas à laver son linge, à balayer sa cuisine et à préparer son repas. Elle gagnait ainsi 1 fr. 50 par jour, ne paraissait pas dans la rue et évitait de se mêler à beaucoup de commérages.

Lorsqu'elle fut experte dans l'art de coudre ensemble deux

pièces de cuir, M. Prat ne craignit point de l'envoyer au domicile de M. Bertrand piquer des claques à la machine. Ces jours-là, M. Prat surveillait lui-même la marmite en travaillant à côté du fourneau et sa femme rapportait le soir un salaire de 2 francs à 2 fr. 25.

M. Prat commençait à constater de grandes améliorations dans sa vie, lorsqu'il eut l'occasion d'assister à une révolution municipale. Une opposition s'étant formée contre l'édilité, il prit fait et cause pour les opposants. Durant la période électorale, il recruta des adhésions dans les campagnes, distribua les bulletins de ses amis et menaça congrûment les adversaires du garde-champêtre, gardien vigilant des règlements de police rurale. On le récompensa de ses loyaux services en l'intronisant, après le succès, porte-clef du collège de la commune.

Fonctionnaire municipal, M. Prat reçoit pour tirer la cloche, huit fois par jour et pour porter à la poste le courrier du principal, un traitement annuel de 375 fr. Il est logé, lui et sa famille. Il se chauffe au charbon communal. Et bien qu'il travaille encore — modérément —à la confection des chaussures, il estime s'être évadé du prolétariat de la cordonnerie.

Ils sont ainsi quatre ou cinq princes parmi les chevaliers de la poix — cordonnier-concierge — cordonnier-aygadier — cordonnier petit propriétaire. Les autres, le gros de la troupe, se compose aujourd'hui encore de piémontais résignés. Ils peuplent traditionnellement le quartier de Saint-Peire, sous les ruines des remparts. La plupart sont célibataires et l'on peut les dénombrer, les jours de beau temps, alors qu'aux coups de midi, ils croquent devant le Cheval Blanc des boudins, des olives et des figues sèches.

M. Bertrand en employait soixante, il y a quinze ans. Aujourd'hui, quarante à peine demeurent à son service qui vivent la vie étroite que M. Prat menait avant d'entrer au collège.

Moins favorisés que leurs camarades de la cordonnerie mécanique, qui, mieux payés, plus instruits, groupés d'ailleurs en syndicats, voient chaque jour s'améliorer leur situation matérielle et morale, ces ouvriers attendent dans la résignation la plus complète, soit un improbable mieux-être, soit l'occasion d'abandonner leur industrie pour un métier moins ingrat.

§ III. — ÉTAT ACTUEL DE L'INDUSTRIE

Je me suis présenté chez M. Bertrand, neveu et héritier du fondateur de la dynastie. Et je l'ai prié de me dire dans quelles conditions il fabrique les souliers qui pendent par grappes le long de ses murailles et des poutrelles de ses plafonds.

M. Bertrand, après avoir manifesté une surprise énorme de me voir prendre quelque intérêt à la question, m'a indiqué :

Primo. — Qu'il s'occupait uniquement de la confection des grosses chaussures et qu'il n'était jamais entré en concurrence avec les industriels dont la spécialité consiste à rendre élégant et pointu le pied de l'habitant des villes.

Secundo. — Qu'ayant succédé à son oncle, il recueillit, avec l'atelier, la clientèle et qu'il continuait à servir les habitants de l'Ardèche, des Alpes et de certains coins d'Algérie, contrées diverses, où l'indigène, par la grâce d'un sol caillouteux, ignore l'escarpin de bal et la bottine vernie.

Tertio. — Que son chiffre d'affaires se fait sensiblement moindre que celui de son oncle. De 200.000, en 1890, il était passé, en 1895, à 180.000, puis à 150.000 en 1900, et enfin aujourd'hui à 120.000. Que cette diminution devait être attribuée, tant à la concurrence des cordonniers de Barjols (Var) qu'à celle de M. Scaralura qui s'établit à Pertuis, en 1890, et emploie aujourd'hui une trentaine d'ouvriers. Scaralura travaille aux mêmes conditions que Bertrand. Il fait environ 80.000 fr. d'affaires. Mais les patrons de Barjols ont sur les Pertuisiens d'incontestables avantages. Tous leurs ouvriers sont des autochtones à la fois agriculteurs et cordonniers. Les produits qu'ils tirent de la terre nourricière les rendent moins exigeants pour le salaire et, de ce chef, les industriels du Var économisent en moyenne 0,50 sur le coût de production d'une paire de chaussures. Cette économie se traduit par une diminution de prix qu'apprécie évidemment la population de la campagne.

A Barjols comme à Pertuis, les ouvriers travaillent d'ailleurs de la même façon. Le soulier qu'ils produisent se compose de deux pièces de cuir qui, réunies, entourent le talon et se terminent par deux oreilles lacées sur le coup de pied (ce sont les tiges). Une empeigne enveloppe le dessus et les côtés du pied. La plante du pied repose sur une double semelle. Et un talon de cuir complète la chaussure.

Chaque maison possède deux ou trois coupeurs. Armés du tranchet, bande d'acier terminée par un angle aigu dont un côté porte une lame, le coupeur découpe dans la pièce de cuir, étendue sur une table, les tiges, les empeignes et les semelles.

Les tiges sont livrées aux couseuses. Elles joignent les deux pièces par une couture qui monte du talon à l'extrémité supérieure du soulier. Les tiges cousues sont réunies aux empeignes par les piqueuses qui font, dans ce but, sur les deux côtés, une couture à la machine. Cette machine est en tout point pareille à la machine à coudre des tailleuses, sauf cependant que les rouages sont moins délicats et que l'aiguille, destinée à traverser le cuir, est plus résistante. Les trous qui serviront à lacer le soulier sont alors faits à la pince emporte-pièce et les œillets placés à la machine.

A ce moment, « le dessus du soulier » n'a plus qu'à être ajusté à la semelle et c'est à cette besogne que s'emploie l'ouvrier cordonnier proprement dit. Il opère avec du ligneul, ficelle enduite de poix, après avoir laissé tremper et battu le cuir, pour l'assouplir et « serrer son grain ».

Lorsque M. Bertrand eut achevé ces explications, je lui fis entendre que ses collaborateurs travaillent selon des préceptes vénérables, puisqu'en 1767, ils étaient déjà célébrés par le savant traité de M. de Garsault [1]. Mais M. Bertrand, qui cultive les jardins de l'Ironie, me demande avec un sourire si la façon d'utiliser nos dents, par exemple, avait souvent varié au cours des âges et si on songea jamais à les remplacer par un appareil masticateur. A son sens, le procédé dont parle M. de Garsault doit être tenu moins pour vénérable que pour excellent, puisqu'il put résister aux outrages du temps et aux révolutions du machinisme

Sans doute, l'apparition de certaines machines, telle que la machine à coudre les semelles, purent faire croire à la disparition prochaine de la confection à la main. M. Bertrand n'ignorait pas que son oncle avait conçu à ce sujet les craintes les plus vives. Mais la pratique avait donné tort aux innovateurs. Et si les bottines continuent à être fabriquées de cette manière, depuis longtemps on a dû renoncer à la confection par la machine des souliers de fatigue. Les produits de la machine ne résistent pas à l'usage. Et la couture faite par la machine ne saurait être comparée, au point de vue de la solidité, à la couture à la main. La machine, en effet, unit les pièces de cuir en les traversant d'un fil à chaque « point ». L'homme, non seulement forme des « points » par la réunion de deux fils poussés en sens in-

---

[1] Sans doute, en 1767, on ne possédait ni la machine à piquer les claques, ni celle qui perce les trous et place les œillets. Mais il faut reconnaître que ces machines sont loin d'accomplir les opérations essentielles de la confection qui sont demeurées invariables.

verse, mais encore ces deux fils s'entrecroisent et forment nœud au milieu de la semelle.

D'ailleurs, d'une manière générale, le machinisme laissait M. Bertrand dans l'indifférence la plus complète. La spécialité de sa clientèle lui interdisait de songer aux produits peu résistants et il n'avait point à se préoccuper de la rapidité dans la production. Il voyait d'autant moins de motifs de se hâter qu'il arrivait à satisfaire la demande avec des ouvriers célèbres par leur nonchalance.

Trouver des débouchés nouveaux ? Les bénéfices réalisés ne l'encourageaient pas à entrer dans cette voie. Concurrencé par Barjols qui produit à meilleur compte ; dans l'impossibilité absolue d'encourager et d'étendre son personnel par une augmentation de salaire, prévoyant le moment où l'ouvrier ferait défaut : M. Bertrand se comparait avec humilité à un mulet de labour qui sillonne sans espoir une terre ingrate. A son sens, l'industrie cordonnière à Pertuis se meurt d'une anémie profonde et on peut, dès maintenant, prévoir sa complète disparition.

CONCLUSION

Au moment de clore cette petite enquête, je dois rendre hommage à la parfaite sincérité des déclarations de M. Bertrand.

Il est vrai — et cela se conçoit sans peine — que le recrutement du personnel devient chaque jour plus difficile. En ce moment, vous ne trouveriez pas un seul apprenti à Pertuis et on ne se souvient pas d'en avoir formé durant ces vingt dernières années. Le père de famille se soucie peu d'engager son fils dans une voie où le pain quotidien est si difficile à gagner.

Il est vrai que le patron ne peut songer à augmenter ses salaires. Pour vivre, il est arrivé à limiter strictement ses bénéfices.

Il se trouve en concurrence avec des industriels du Var qui produisent le même article que lui, à meilleur compte.

Le cuir, d'autre part, augmente constamment de valeur.

L'automobilisme, le vêtement de sport ouvrent de nouveaux débouchés à la tannerie. Les guerres récentes ont d'ailleurs raréfié la production. Si bien qu'à moins de hausser leurs prix, ce qui comblerait Barjols de joie et leur ferait perdre encore une partie de leur clientèle, les Pertuisiens peuvent prévoir un amincissement nouveau de leurs gains étiques.

Mais à ces causes de marasme indépendantes de leurs volontés, nous pouvons en ajouter d'autres, dont ils sont entièrement responsables : je veux parler de leur manque absolu de sens commercial. Ils ont la haine de la réclame, des voyageurs, de l'association, des conditions du commerce moderne. Et tandis que je recueillais ces interviews, je rapprochais, malgré moi, leurs récriminations de celles que Tante Manon adressait aux Chemins de fer, s'il faut en croire Paul Arène, et des diatribes lancées par le meunier de Daudet contre la minoterie à vapeur.

La constatation paraîtra invraisemblable à ceux qui savent combien la vallée de la Durance se pique en période électorale d'un amour intense du progrès. Il faut croire que ce sentiment généreux se dépense si complètement tous les quatre ans que, pendant les intervalles, le Pertuisien n'en trouve plus une bribe à introduire dans le train-train ordinaire de sa vie.

XLVI

LA CRISE DE LA CORDONNERIE A MARSEILLE

vers 1789

par **G. VALRAN**, Professeur au Lycée Mignet,

*Correspondant du Ministère, Conseiller du commerce extérieur,
Secrétaire général de la Société d'Études provençales.*

La cordonnerie marseillaise avait, au xviiie siècle, grande réputation : ses articles alimentaient une exportation importante et continue ; ils étaient dirigés vers les colonies d'Amérique ; ils y étaient recherchés avec une préférence particulière.

Vers la fin du xviiie siècle, ce commerce spécial s'alanguit ; il souffrit d'une crise industrielle ; le mal fut même assez grave pour inquiéter la corporation ; elle constatait avec inquiétude le ralentissement de la fabrication ; elle était effrayée du malaise au point de craindre que le marché colonial ne se fermât devant elle : ses clients ne seraient-ils pas tentés de s'adresser à d'autres fournisseurs ?

La cherté de la vie avait causé cette crise : maîtres et garçons expriment cette même plainte, les maîtres dans leur délibération du 18 mars 1789, les garçons dans leur délibération du 29 mars, quelques jours après.

Les doléances des garçons ne sont pas une simple constatation ; elles sont complétées, précisées par un vœu explicite ; ils demandent une réforme : c'est que « la ferme établie sur le pain et la viande soit éternellement abolie. »

La cherté de la vie était suivie de deux effets, dont, par incidence, les maîtres avaient à supporter le contre-coup : les marchands de cuir avaient dû relever leur prix de vente ; peut-être, d'ailleurs, éprouvaient-ils quelque difficulté d'approvisionnement ; il est à présumer que si la viande était chère, c'est qu'elle était rare, le bétail manquait. Le paysan ne faisait pas plus d'élevage que d'agriculture. Quoiqu'il en soit des circonstances particulières, un fait est certain : dans la même délibération où les maîtres se plaignent de la cherté des vivres, ils se plaignent de la cherté des marchandises : elles ont augmenté de 60 o/o.

Tandis que la cherté des vivres faisait hausser aux marchands de cuirs leur prix de vente, elle faisait hausser aux garçons le prix de leur travail : ils exigeaient des salaires plus élevés, ils allaient jusqu'à les imposer aux maîtres. Dans la même délibération, les maîtres enregistrent cette situation : ils protestent contre la prétention de leur imposer un prix de façon.

Hausse sur la matière première, hausse sur la main-d'œuvre, telles étaient les conséquences que, par suite de la hausse sur le prix du pain et de la viande, les maîtres cordonniers avaient à subir.

Le résultat de ces deux causes, c'était la hausse de l'article lui-même au détriment du consommateur, sans profit pour le fabricant ni pour l'ouvrier : les maîtres déclarent « qu'ils vendent un tiers plus cher, sans bénéfice accru ».

La surélévation des prix de la chaussure, telle était la cause manifeste du ralentissement dans l'exportation de cet article, telle était la cause qui resserrait sur un des marchés de Marseille son commerce colonial, ses échanges avec nos établissements en Amérique.

De ces deux faits, le renchérissement de la matière première ou le renchérissement de la main-d'œuvre, il semble que ce soit cette dernière qui ait le plus agi sur la cordonnerie.

Le contrat de travail soulève dans cette industrie des questions, provoque des réglementations, appelle des réformes qui remplissent les documents parlementaires et corporatifs de l'époque.

La lutte est réelle ; les intérêts sont inconciliables ; deux partis sont en présence ; ils se traitent en ennemis ; leur système est la défensive ; chacun combat avec son tempérament, l'esprit de classe. Radicaux absolus, les garçons demandent, obéissent d'ailleurs au courant général de l'opinion, l'abolition des maîtrises. Conservateurs, jaloux de leurs privilèges, invoquant la protection de l'État législateur, les maîtres demandent la création, l'organisation, le fonctionnement du bureau de placement.

C'est par cette institution, inspirée par le patronat, que la crise de la cordonnerie marseillaise offre un intérêt plus particulier.

La pensée qui dirigea les maîtres dans ce système de préservation contre les agissements des garçons cordonniers est contenue dans deux arrêts du Parlement d'Aix : l'un, du 16 janvier ; l'autre, du 5 avril 1781.

Une corrélation si étroite unit ces deux dispositions que l'on est en droit de voir dans l'arrêt du 16 janvier les motifs mêmes de l'arrêt du 5 avril. La rédaction, d'ailleurs, est explicite : l'arrêt du 5 avril est la *confirmation* de l'arrêt du 16 janvier.

Il semble bien, sans que l'on puisse relater le fait en ses détails circonstanciés, qu'une organisation raisonnée, concertée des garçons cordonniers pour imposer aux maîtres une réforme dans le contrat de travail fut la cause originelle et effective de la création d'un *Bureau de placement*.

D'après l'arrêt du 16 janvier 1781, « il sera défendu aux garçons de s'assembler, de s'attrouper, d'établir des impositions entr'eux, de nommer des syndics-trésoriers ou collecteurs de

ces impositions, de comploter pour faire abandonner les boutiques des maîtres, à peine de quinze jours de prison, sauf d'être
procédés extraordinairement en cas de récidive...

Les mesures contre les assemblements, les attroupements ne
sont point nouvelles. De semblables dispositions se retrouvent
dans l'histoire économique et sociale de l'ancien régime et
même de l'Empire romain : l'histoire de l'assistance abonde
en mesures analogues prises contre les mendiants ou professionnels du vagabondage et fauteurs de séditions autour des
grandes villes et contre les citadins.

L'originalité de ces mesures énumérées dans l'arrêt du 16 janvier consiste dans la description d'un véritable système de défense correspondant à un système d'attaque qui, si l'on en
pouvait prouver la réalité et apprécier la valeur, témoignerait
chez les garçons d'un sens pratique, d'un esprit de discipline,
d'une combativité méthodique comparables avec la mentalité
et la politique du parti ouvrier à l'époque contemporaine.

Ce ne sera point forcer l'interprétation du texte que d'y reconnaître des mesures prises contre ce que nous appelons aujour-
d'hui la grève. Avec sa caisse de chômage et de propagande, le
Syndicat ouvrier s'opposait à la corporation, *Syndicat patro-
nal*. Celui-ci était légal, il avait ses lettres patentes ; celui-là était
hors la loi

Lorsque, dans les principes et l'œuvre de la Constituante, on
constate que les législateurs et réformateurs ont proclamé la
liberté individuelle sans reconnaître, ce qui en est le corollaire,
la liberté d'association, ne remarque-t-on pas assez que les hommes qui abolissaient les maîtrises, associations patronales, n'entendaient pas instaurer, au nom de la liberté et de l'égalité, les
associations ouvrières.

N'avaient-ils pas présents à l'esprit les souvenirs des séditions
fomentées par les *garçons* ? N'avaient-ils pas sous les yeux, aux

oreilles même, pendant leurs délibérations, les agitations de ceux qui demandaient des réformes aux cris : du pain, du pain ? Une révolution, entreprise par le Tiers-État, la bourgeoisie, le patronat, ne pouvait avoir que l'idéal social d'une classe. Une société démocratique pouvait seule élever le but et élargir le champ des réformes.

A l'organisation illicite de la résistance, la corporation opposa la réglementation légale des conditions du travail : ce fut l'institution du *Bureau de placement* des garçons cordonniers.

Par l'arrêt du 5 avril 1781, les premiers des maîtres établissent un bureau de placement.

Les garçons arrivant dans la ville de Marseille devront s'adresser à ce bureau, demander un billet et se rendre dans les vingt-quatre heures chez leur patron. En cas de changement, le garçon devra prévenir le patron en temps ordinaire, huit jours d'avance ; dans les périodes des quatre grandes fêtes, le délai sera de trois semaines.

La demande devra être rédigée par écrit et adressée au préposé de corps du Bureau de placement. Lorsque les garçons quitteront leurs maîtres, ils devront se présenter au Bureau, se faire inscrire et demander un billet de placement.

Comme dans les cas précédents :

Si les garçons contrevenaient à ce règlement, ils encourraient, pour la première fois, une amende de trois livres ; pour la seconde, une amende de six livres ; pour la troisième, un emprisonnement de quinze jours.

En s'inscrivant, les garçons doivent déclarer leur véritable nom, prénom, lieu d'origine, à peine d'un mois de prison.

Ils ont des droits à acquitter : cinq sols à leur arrivée ; trois sols en cas de changement. Le Bureau se charge de faire porter sac ou crépin à l'atelier choisi.

Ces droits, comme les amendes, serviront à l'établissement et à la manutention du Bureau de placement.

C'est une obligation impérative pour tous les garçons de se faire inscrire au Bureau ; sinon, ils doivent quitter la ville sous peine de quinze livres d'amende et, en cas de récidive, cinq jours de prison.

Les premiers ont le droit de faire saisir et conduire les contrevenants. Ils s'obligent à ne point prendre de garçons arrivant ou *remuepieds*, s'ils ne sont pourvus d'un billet, sous peine d'amende de vingt livres. Il leur est défendu de payer aux garçons plus de vingt sols pour la façon de souliers finis ordinaires, s'ils fournissent le logement ; plus de 22 sols dans le cas contraire.

Cette réglementation protégeait les maîtres contre la mobilité de la main-d'œuvre, contre les spéculations des employés sur l'employeur à l'occasion d'une presse, contre les supercheries des *saboteurs* qui roulent d'atelier en atelier, contre les revendications excessives de salaires, contre les défaillances ou les calculs de concurrences.

Quel compte tenait-on des conditions du travail pour le garçon ? On ne fixait point le maximum d'heures de travail et cependant, on fixait un maximum de salaire ! On prévoyait des contraventions, on édictait des peines pécuniairement plus graves, des amendes plus lourdes pour le garçon que pour le maître. On ne prévoyait point en cas de conflit de mesures conciliatrices : l'ouvrier n'avait qu'à changer, déguerpir ou subir la prison ; d'arbitrage, point.

Si l'on remarque, d'une part, l'appareil du Bureau de placement et, d'autre part, l'attitude du Syndicat des garçons, la corporation apparaît comme une citadelle renforcée contre un assaut.

En exprimant le vœu de voir les maîtrises abolies, les garçons cordonniers voyaient en elles une Bastille qu'il fallait démolir. Ils y ont réussi. Leur victoire ne leur a pas profité, peut-être la défaite a-t-elle été utile à leurs adversaires : garçons et patrons ont conquis la liberté du travail, les patrons ont perdu la liberté d'association, les garçons ne l'ont pas obtenue. Libres, sans pouvoir s'associer, les travailleurs n'ont pu supprimer le salariat, ils sont retombés sous la loi du capital.

Faute d'étendre la liberté d'association des maîtres aux garçons, en proclamant hautement cette vérité comme un droit naturel aussi imprescriptible que la liberté individuelle, la Révolution, œuvre d'une autocratie nouvelle, a entretenu la rivalité des classes et perpétué le schisme social.

XLVII

La pêche des éponges en Provence

par **Jules COTTE**, professeur à l'École de médecine de Marseille.

Les côtes de la Provence sont fréquentées depuis fort long-temps par les pêcheurs de corail, et les palethnologues supposent que le corail provençal a pénétré dans l'Inde après les conquêtes d'Alexandre. Il n'en est pas de même en ce qui concerne les éponges et je ne crois pas que, avant ces dernières années, des recherches sérieuses aient été faites le long de nos rivages au sujet de la pêche de ces derniers animaux.

Un négociant marseillais, M. Crozat, a récemment employé des scaphandriers à explorer la région qui s'étend entre les golfes de Marseille et de Saint-Tropez, et il a constaté qu'elle est assez uniformément spongifère ; seulement les individus qui y vivent sont, à son avis, trop disséminés pour que l'on puisse y délimiter des bancs à proprement parler et pour que la pêche y soit lucrative. Les scaphandriers qui ont travaillé au renflouement de l'*Espingole* possédaient des chapelets d'éponges et de fort belles branches de corail récoltées par eux. Les pêcheurs du port de Saint-Tropez ramènent de temps en temps des éponges, accrochées aux hameçons des palangres ou arrachées au moment de la relève des tramails ; parfois ils trouvent sur les plages des squelettes d'éponges, qui ont été détachées du fond par quelque tempête. Au petit port de Cavalaire les pêcheurs m'ont fourni des renseignements analogues, mais la vente des éponges ne leur rapporte, à eux aussi, que des sommes insignifiantes. Un coup de vent d'hiver a jeté sur la côte de Marseille, près du Laboratoire Marion, un individu de *Euspongia irregularis* var. *mollior* Lend. [1], gros comme le poing, fixé sur une *Arca barbata*; quand un pêcheur nous l'a apporté, le squelette de l'éponge était encore englué par les tissus en putréfaction, le mollusque était encore contenu dans sa coquille : il n'y a donc aucune supercherie possible à cet égard.

Il est par conséquent bien établi que les côtes provençales sont spongifères. Reste à apprécier l'importance économique que pourrait y avoir la pêche des Spongiaires. On ne peut songer à utiliser chez nous comme engin de pêche la foène, qui exige un pénible apprentissage et dont le maniement, qui est à peu près impossible au-delà d'une quinzaine de mètres de profondeur, n'est rémunérateur que sur des bancs assez riches ; la drague, qui doit éviter les fonds rocheux, ne peut pas être employée bien souvent, elle non plus. On serait donc fatalement amené à recourir au scaphandre, ce qui demanderait une mise de fonds assez élevée et obligerait à risquer des frais de campagne, dont la rémunération resterait fort problématique.

Une autre considération dont il faut tenir compte, c'est que les éponges qui vivent sur les côtes de Provence ne sont pas d'une vente très facile. L'éponge *équine* ou *venise* (*Hippospongia equina elastica* Lend.), d'un écoulement toujours assuré, y est rare. On y rencontre surtout la *chimousse*, ou *fine dure* du commerce (*Euspongia zimocca* Schulze), dont les débouchés ne sont pas des plus considérables, et qui d'ailleurs n'a pas dans nos régions, bien souvent, une souplesse suffisante

---

[1] Voir G. Darboux, P. Stéphan, J. Cotte et F. Van-Gaver, *L'Industrie des Pêches aux Colonies*. Marseille, Barlatier éditeur, 1906.

et une bonne régularité de forme. Ce sont des raisons analogues, je le rappelle, qui ont fait abandonner en Corse la pêche des éponges. J'ai eu cependant en mains des exemplaires de *fine dure*, rapportés par des pêcheurs de Saint-Tropez, et qui étaient d'assez bonne qualité. Un certain nombre d'*oreilles d'éléphant* (*Euspongia officinalis lamella* Schulze) ont été ramenées du Lavandou par les scaphandriers de M. Crozat ; les pêcheurs de Cavalaire et de Saint-Tropez en prennent aussi, parfois de fort belles dimensions. Quant à l'individu d'*Eusp. irregularis mollior*, dont j'ai parlé plus haut, il appartient à une variété qui ne fournit actuellement aucune sorte commerciale ; la fermeté de son squelette ne permettrait pas de l'utiliser pour la toilette, peut-être cependant quelques applications industrielles lui sont-elles ouvertes.

Il est donc probable qu'aucune entreprise sérieuse ne peut être tentée actuellement et que les seuls pêcheurs d'éponges, en Provence, seront pendant longtemps encore les scaphandriers pêcheurs de corail, à qui le hasard fera rencontrer des éponges ayant une valeur marchande appréciable ; à moins toutefois qu'une heureuse chance ou des recherches scientifiques ne fassent connaître l'existence d'un banc suffisamment riche pour que la pêche y soit rémunératrice.

XLVIII

Simples notes sur un vieux plan de la ville d'Arles

datant de 1747

par **Honoré DAUPHIN**, Promoteur et Fondateur de la
Société des Amis du Vieil Arles.

Le hasard m'a fait découvrir dans un grenier rempli de pape-
rasses, de cartes et de croquis cadastraux, un curieux plan de
la ville d'Arles que je crois être l'un des plus vieux qui soient,
j'entends : qui soient parvenus jusqu'à nous, qui soient connus. Il porte la mention que voici, dans un angle :

Dessigné *(sic)* par Pierre Coesar de Meyran, 1747.

L'ouvrage est orné, au fronton, d'une banderole avec ces
mots : Plan de la Ville d'Arles, et cette banderole est coupée au milieu par un cartouche surmonté d'un heaume empa-
naché et de drapeaux ou de fanions à fleurs de lys. Au centre
du cartouche, naturellement, la dextre en l'air, le classique
Lion d'Arles.

Travail quasi tout au trait rouge. Une teinte rose plus ou
moins foncée le colore, dans l'ensemble. Il est à l' « eschelle »
de cent toises et mesure 0^m90 de large sur 1^m10 de long. Gros
papier carton collé sur toile et, malgré quelques cassures et
quelques petits hiatus aux plis les plus fatigués, en état suffisant de conservation.

A part l'indication relative à l'échelle, nulle autre note marginale que celle-ci : « Arles est à 23°50' de longitude et 43°40' de latitude ».

Mais si incomplet qu'il soit, le plan Meyran appelle mainte considération intéressante. Vous me permettrez de les exposer ici, Messieurs. Elles ont trait surtout aux changements survenus dans la physionomie générale de la vieille cité arlésienne depuis le milieu du xviii° siècle jusqu'à nos jours.

Nous ne connaissions guère jusqu'ici, pour notre ville, que le plan dressé par M. Guillaume Véran en 1843 et celui dressé par M. Auguste Véran en 1871. C'est donc de ces deux ouvrages que nous serons probablement conduits à rapprocher le plan de Pierre-Cœsar de Meyran, au cours des lignes qui vont suivre.

Ce qui frappe surtout le regard, dès le premier coup d'œil, sur notre plan de 1747, c'est l'absence de toute indication relative au Théâtre antique. A vrai dire, à cette époque, rien n'émergeait, de cette ruine somptueuse, sinon les « fourches de Rolland », je veux dire les deux colonnes du *scenium*. On sait que le déblaiement du Théâtre date seulement de 1833.

Une deuxième remarque importante a trait à la ligne de remparts continue dont la ville, à cette époque, était ceinte, tant du côté Rhône que du côté terre. On pense bien que cette ceinture devait être des plus disparates : remparts romains, sarrazins, murailles moyennageuses, se succédant les uns aux autres, sans harmonie. Pour l'aspect général de cette ligne de « fortifications », il faut se rapporter à ce qu'en écrit Anibert, en 1760, c'est-à-dire à l'époque de Pierre-Cœsar de Meyran.

« Les fortifications n'étaient pas bien considérables alors (sous la Ligue). Elles ne consistaient, comme nous le voyons encore, qu'en une simple muraille flanquée de tours à l'antique, les unes carrées, les autres rondes, et de quelques plateformes terrassées sous le nom de « boulevards » ; le tout entouré d'un petit mur en façon de *faussebraye* et revêtu, aux endroits où le rocher manquait, d'un fossé dont il ne reste plus rien. Du côté du Rhône, la rivière servait de fossé et les seuls ouvrages qu'il y eût étaient le « boulevard » de Vers, espèce de plate-forme terrassée et la Tour de la Roquette. Les portes du côté de terre étaient couvertes d'un ravelin ou de quelque ouvrage équivalent, mais en général on n'y voyait aucune de ces fortifications régulières qui sont aujourd'hui seules en usage. »

En 1747, on ne pénétrait donc dans la cité que par des portes, lesquelles avaient nom :

Du côté de la terre :

La Porte de la Cavalerie,
La Porte de Portagnel,
La Porte de Laure [1],
La Porte de Marcanòu,
La Porte de la Roquette [2].

Du côté de l'eau :

La Porte de Vairs,
La Porte de Raosset,
La Porte Saint-Jean,
La Porte du Port,
La Porte Saint-Martin,

---

[1] Laure au lieu de L'Aure, comme de nos jours. L'erreur, on le voit, vient de bien loin.

[2] L'emplacement des diverses portes, côté terre, est assez facile à reconstituer par tout le monde, de nos jours, sauf toutefois celui de la Porte de la Roquette. La Porte de la Roquette est marquée sur le plan Meyran en face de l'actuelle Rue Taquin, non loin de la Triperie, que nous nommons à cette heure le bâtiment de l'Ecorchoir.

La Porte Saint-Louis,
La Porte du Pont,
La Porte Saint-Laurent,
La Porte Notre-Dame,
La Porte Sainte-Croix,
La Porte des Salins,
La Porte de Ginive *(sic)*.

Poursuivons notre promenade. Sur l'emplacement actuel du cimetière, à l'est de la cité, le plan Meyran nous indique des plantations quelconques avec, au centre, une glacière. On aperçoit, plus loin, l'amorce de ce qui constituait jadis nos « Champs Elysées », dont tant de gens se font une idée si fausse. C'était, en réalité, un immense terrain vague, très inégal et montueux, semé de tombeaux, empêtré de ronces, et dont une toile du peintre Felon, conservée au Musée Réatu, nous a laissé un aperçu significatif, car la dévastation de nos « Champs Elysées » ne date guère, en somme, que de la création du chemin de fer et des ateliers du P.-L.-M. Il est dommage que notre plan s'arrête presque après Saint-Pierre de Favabregoule, dénommé par l'auteur du travail : Saint-Pierre d'Aliscamps *(sic)*. Plus haut, au nord du Mouleyrès, le rempart inachevé et la porte de Villeneuve, démolis sans motif il y a bien peu d'années.

Revenons au sud. Voici le canal de Craponne, tel que nous le voyons aujourd'hui, longeant la Croizière, le clos d'Aulanier (jardin de la Charité, de nos jours) et les Carmélites (l'actuelle Charité). Ce nom de la *Charité*, nous le voyons bien sur notre carte, mais ce n'est qu'un peu plus bas, au midi de Craponne, et M. de Meyran l'attribue à un immeuble sis, de nos jours, vers l'ouest du Haras.

Plus loin, vers l'ouest toujours, les Carmes déchaussés et le Moulin du Tombant, tels que nous les voyons encore. A signaler enfin une grande cour pour le bois, sur l'emplacement actuel des chantiers Tardieu, ce qui prouve que les dépôts de charpentes ont, depuis bien longtemps, élu domicile en cet endroit, le long du fleuve.

Franchissons le fleuve. Voici un moulin à vent, dont il nous souvient d'avoir vu les restes, au bord du chemin dénommé par M. de Meyran : « Chemin allant en Camargue ». Voici Saint-Genest. Puis, au bord de l'eau : Le Parc, que nous connaissons, et un grenier à sel, d'où vient sans doute, pour ce quartier, le nom de quartier de la Gabelle. Signalons enfin, de ce côté, une grande maison, dite de M. Noguier, longeant l'actuelle rue de Nîmes.

Soit que les noms de rues fussent parfois mal indiqués à l'angle des artères, — soit que M. de Meyran ait négligé de les lire, — soit aussi que telles rues fussent sans état-civil, nous trouvons, au plan Meyran, plusieurs voies désignées de la façon suivante : Rue allant aux Capucins, Rue allant à Fourques, etc Ce qui n'empêche point de trouver, parallèlement à ces voies, une rue dite Rue des Capucins et une rue dite Rue de Fourques.

L'église des Capucins, dont il s'agit ici, n'est autre que l'actuelle église paroissiale de Trinquetaille. Le nom de Saint-Pierre que porte actuellement cette paroisse était alors l'apanage d'une église disparue et qui, sur le plan, correspond à un point de la ligne actuelle de nos quais, vers le bout de la rue des Cuiratiers, dénommée *Rue de Bourdelon* sur notre carte.

Mais il y a encore, par là, une autre église de Saint-Pierre. M. de Meyran nous l'indique sous le nom de *Saint-Pierre-le-Vieux* et en marque la place vers le cimetière trinquetaillais, vers le quartier dit alors de « la Ponche »[1]. Et ne quittons point

---

[1] Aujourd'hui, la Pointe de Trinquetaille. Le cimetière dont nous parlons est tout récent.

ce faubourg sans signaler ce mot : vigne, vigne, vigne, à tous les points cardinaux du Delta. En 1747, la vigne, déjà, règne en Camargue, cette vigne dont la tache verte finira, et combien désastreusement, par absorber, par submerger notre terroir malheureux !

Il sied, maintenant, de rentrer en ville. Rentrons-y ! Mais abstenons-nous de toute halte superflue. Les causes de distractions sont multiples. Ne nous laissons point distraire et courons droit aux saillantes particularités. Une visite méthodique, rue par rue, édifice par édifice, hôtel par hôtel, nous conduirait, en effet, trop rapidement hors des limites tracées à ce simple travail de topographie arlésienne.

Franchissons donc le ravelin de la Cavalerie, dont nous ne voyons aujourd'hui plus trace, et dirigeons-nous vers le quartier arénois. Voici le corps imposant des Arènes. Leur énorme mur d'enceinte figure sur le plan, avec la masse des constructions parasites qui, tant à l'intérieur qu'à l'extérieur, l'écrase. Ce sont les arènes pittoresques de jadis, les arènes d'avant la restauration [1]. — Au bas de la porte Nord, ce mot : *La Crotte*. Il s'agit sans doute de l'ouverture du couloir donnant accès aux substructions des Arènes.

Par la rue Saint-Michel de l'Escale, mettons le cap maintenant sur la Rue de « M. de Romieu ». La rue de M. de Romieu correspond de nos jours à la partie de la Rue Diderot comprise entre le planet de Saint-Charles et le Rond-point des Arènes. En face l'Hôtel de Romieu (actuellement Hôtel de Luppé), se dressait alors l'église des Cordeliers, démolie depuis. C'est sur l'emplacement de l'église des Cordeliers que se dresse aujourd'hui le Pensionnat Saint-Charles.

Nous parlions à l'instant de l'Hôtel de Luppé (*alias* : Hôtel

---

[1] Voir les gravures du temps.

du général Miollis). De tout récents travaux nous ont permis de nous rendre compte que le petit jardin sis au nord de l'immeuble n'est qu'une partie de voie publique désaffectée et que le dit jardin constituait, en partie, autrefois, le tronçon d'une petite ruelle bicoudée allant de la rue Saint-Michel de l'Escalle à la rue de Loinville. Le plan de 1747 corrobore absolument notre observation.

Si des ruelles ont disparu, d'autres, depuis 1747, se sont créées ; mais voilà que nous retombons dans le détail et que nous allons, de nouveau, franchir nos limites.

Signalons rapidement ceux des édifices civils ou religieux que M. de Meyran fait figurer sur sa carte :

1° . *Sainte Luce,* sur l'emplacement actuel des magasins de fer Bizalion.

2° *La Trouille,* qui n'est sur la carte que dessinée, sans aucune dénomination quelconque.

3° *Saint-Claude,* sur l'emplacement actuel du magasin de ferblanterie Brun (place Voltaire).

4° *Sainte-Claire,* que l'auteur place dans la rue de M. d'Estoublon (actuellement rue de Grille).

5° *Saint-Jean,* ou le Grand Prieuré, bien connu.

6° *L'Hôtel-Dieu,* là où nous le voyons encore.

7° *Sainte-Croix* (La salle du Lion d'Arles actuelle).

8° *Les Trinitaires* (Magasin d'Antiquités Volpelière, rue de la République).

9° *Saint-Laurent* (Magasin Numa Montel, de nos jours).

10° *La Visitation* (Usine à laines Dupuy).

11° *Saint-Martin* (Magasins Mistral-Bernard).

12° *Saint-Paul.*

13° L'immense vaisseau des *Dominicains* (ou Prêcheurs), derrière l'actuelle Usine hydraulique.

14° *Sainte-Anne* (Musée lapidaire actuel).

15° *Saint-Césaire* (Église Saint-Blaise de nos jours).

16° *Les Augustins* (Église paroissiale Saint-Césaire aujourd'hui).

17° *Les Carmes* (sur l'emplacement de l'actuelle rue des Carmes).

18° *Les Pénitents noirs* (en face de l'entrée actuelle du Tribunal de Commerce, rue de la République).

19° *Les Jésuites* (Chapelle du Collège actuel).

20° *Les Carmélites* (l'actuelle Charité, sur l'Esplanade).

21° *Les Récollets* (actuellement la nouvelle École primaire supérieure, hier encore les Dames du *Carmel*).

Sans parler de Saint-Trophime, de La Major et de Saint-Julien-Saint-Antoine, de l'Hôtel-de-Ville, de l'Obélisque et du couvent de l'Oratoire.

Quant aux cimetières, mentionnons le *cimetière vieux*, sur l'emplacement actuel d'une partie de la place La Major. Un autre cimetière est encore marqué à l'emplacement actuel de la cure de cette paroisse ou dans le jardin limitrophe, à côté du jardin et de l'église de *la Madeleine*.

M. de Meyran indique plusieurs cloîtres, à part celui « du Chapitre » (Saint-Trophime). Ce sont ceux des *Carmes*, dépendant du couvent des Carmes, tout proche de l'actuelle rue Rotonde ; des *Augustins*, à côté de l'actuelle église de Saint-Césaire ; des *Pères Pointus*, proche la rue actuelle de Chiavari et surtout celui des *Dominicains*, stupidement démoli pour faire place à une usine hydraulique.

Les considérations sur les noms de rues nous entraîneraient bien loin. Abrégeons :

Il y a d'abord les rues à dénomination provençale :

a) La Rue des *Capelans* [1], plus tard Rue des Prêtres, avant de devenir Rue du Cloître.

---

[1] Le plan Meyran indique encore une autre *Rue des Capelans* ; cette dernière porte aujourd'hui le nom de Rue des Chanoines (quartier de l'Hautare).

b) La Rue de la *Monède*, actuellement Rue de la Monnaie.

c) La Rue des *Batejats*, actuellement Rue des Baptêmes, ou plutôt Rue Renan, depuis le dernier remaniement fâcheux des noms de nos vieilles rues.

d) La Rue *Bourgnòu*, de nos jours Rue de l'Amphithéâtre.

e) Le conduit de la *Martegalo*, aujourd'hui Rue des Martigaux.

Sans parler de la Porte *Marcanòu*, etc.

Il est une rue pour laquelle nous demanderons la permission de nous étendre un peu plus. C'est la Rue Taquin. L'honorable M. Fassin, dans son *Musée* (1874, n° 32, p. 256), donne de l'étymologie du mot Taquin une version ingénieuse. Mais il n'est nullement question de la Rue Jaqüine dans sa *Chronique*. Or, c'est le nom que M. de Meyran accorde à la Rue « Taquin ». Dès lors, nous croirions plutôt que M. *Cat* est étranger à la chose. De la Rue *Jacquine*, le peuple aura vite fait de dire *Taquine*, et Taquine ou Taquin, ma foi !... — C'est très respectueusement que nous nous permettons cette glose et le très érudit fondateur du *Musée* et du *Bulletin archéologique d'Arles* voudra bien nous pardonner, si nous errons.

Mentionnons maintenant, d'une plume rapide, quelques noms de rues pittoresques absolument abolis :

1) Les *Quatre-Cantons*, de la Rue Neuve à la place Saint-Roch.

2) La *Juifverie*, à l'extrémité de la Rue du Lau.

3) La *Rue de Jouguet*, Rue du Grand-Couvent, à cette heure.

4) Le *Planet de Boussicaud*, actuellement Planet d'Anayet.

5) La *Rue de la Pucelle*, rue qui disparut totalement lors du déblaiement de la place de La Major.

Et les rues dont les noms se sont modifiés, rectifiés ou déformés (sait-on ?) :

a) La Rue du Saladin (hier encore, Rue Poussaladou).

b) La Rue du Planet de Boudenon (actuellement, Rue Baudanoni), etc.

Encore quelques remarques avant de clore ces lignes :

Le pont de Bateaux était, en 1747, placé dans l'axe de la Rue des Capucins de Trinquetaille et, côté Arles, dans l'axe de l'extrémité de l'actuelle Rue du Pont.

La grande cour du Collège des Jésuites (Hôtel de Castelane-Laval) semble coupée en deux par une muraille séparative.

Et enfin un gros pâté de constructions obstrue une grande partie de la place Royale, actuellement place de la République. Le rempart interceptait d'ailleurs alors toute communication, sur ce point, avec l'Esplanade, laquelle Esplanade, très irrégulière, n'était ombragée d'arbres que depuis la porte *Marcanou* jusqu'au Rhône, le soleil sévissant sans merci sur la « promenade » du chemin de Crau.

Il y aurait encore et encore bien des choses à dire à propos de ce plan de 1747, pourtant si incomplet. Nous aurions voulu, du moins, pouvoir le mettre sous vos yeux, car, peut-être, en le voyant, auriez-vous excusé mes ennuyeuses longueurs et apporté plus d'indulgence à ce pâle et quelque peu incohérent commentaire.

Honoré DAUPHIN.

Arles-sur-Rhône, 25 juillet 1906.

L [1]

Nouveau procédé de désinfection rapide et à sec

des objets solides

par **L. PERDRIX**, Docteur ès-sciences,

Professeur de chimie à la Faculté des Sciences de Marseille.

I

Le méthanal (aldéhyde formique) se transforme facilement, à la température ordinaire, en une substance blanche cristalline, appelée *trioxyméthylène* (ou *polyonxméthylène*). Cette polymérisation est d'ailleurs un fait général, qui se manifeste chez tous les composés présentant la fonction aldéhydique. Inversement, lorsqu'on chauffe à sec du polyoxyméthylène, il donne du méthanal gazeux. — Le phénomène est reversible et rentre dans la catégorie des transformations allotropiques.

Si, en effet, on chauffe en vase clos et dans le vide du trioxyméthylène bien sec, à une température déterminée, 28°, par exemple, on constate qu'il se produit du méthanal jusqu'au moment où la pression est équivalente à 32^{mm} de mercure, puis la tension reste stationnaire, si la température est constante.

Inversement, si l'on ajoute du méthanal de façon à produire une augmentation de pression, l'excès de gaz se transforme en trioxyméthylène et la tension de 32^{mm} se reproduit rapidement.

---

[1] Le mémoire XLIX a été publié par l'auteur.

Le phénomène est donc entièrement semblable à ce qui se produit avec le cyanogène et le paracyanogène, la vapeur de phosphore et le phosphore rouge, la vaporisation des liquides en vases clos.

Les tensions de transformation qui caractérisent l'équilibre du système « trioxyméthylène-méthanal », aux différentes températures, sont les suivantes :

Températures.	Tensions de transformation.	Températures	Tensions de transformation.
— 4°	7^{mm}	42°	60^{mm}
0°	8^{mm}	45°	67^{mm}
3°	9^{mm}	48°	77^{mm}
6°	11^{mm}	59°	130^{mm}
13°	17^{mm}	70°	210^{mm}
18°	21^{mm}	81°	326^{mm}
28°	32^{mm}	86°	393^{mm}
36°	44^{mm}	98°	559^{mm}
38°	48^{mm}	100° (par extrapolation)	583^{mm}

La courbe représentative de ces résultats a une allure semblable à celles qui représentent généralement les transformations allotropiques. — Remarquons d'abord que, à 36°, par exemple, la tension (44^{mm}) est quatre fois plus forte qu'à 6° (11^{mm}). La proportion de gaz dans une atmosphère confinée pourra donc être quatre fois plus forte à 36° qu'à 6°. Il en sera nécessairement de même de l'action antiseptique. Il en résulte que, au point de vue de la désinfection par le méthanal, il y aura intérêt à élever la température ; et que, toutes choses égales d'ailleurs, la désinfection doit être plus rapide en été qu'en hiver. — En outre, l'accroissement rapide de la tension de transformation explique, étend et surtout précise nettement l'idée émise par Pottevin que « l'élévation de température augmente considérablement le pouvoir bactéricide de l'aldéhyde formique ». A 100°, en effet, la tension limite du méthanal est

27 fois plus forte qu'à 18°. Si l'on considère, en outre, que beaucoup de germes supportent mal la chaleur seule, on est conduit à penser que l'action du méthanal doit être beaucoup plus énergique aux températures élevées ; puisque, à l'action de la chaleur, vient s'ajouter celle du gaz, dont la proportion devient de plus en plus considérable. Les résultats expérimentaux confirment pleinement cette conclusion.

On ne peut songer à augmenter la proportion de méthanal dans une enceinte, en employant une solution, le formol, par exemple. Les tensions de vapeur d'une solution de formol sont, en effet, bien inférieures à la somme des tensions de la vapeur d'eau d'une part, et du méthanal de l'autre, comme le montre le tableau suivant :

Températures.	Tensions maxima de la vapeur d'eau.	Tensions de transformation du trioxyméthylène.	Tensions de la vapeur du formol.
18°	15^{mm}	21^{mm}	22^{mm}
28°	28^{mm}	32^{mm}	34^{mm}
36°	44^{mm}	44^{mm}	48^{mm}
38°	49^{mm}	48^{mm}	53^{mm}
42°	61^{mm}	60^{mm}	65^{mm}
45°	71^{mm}	67^{mm}	74^{mm}
48°	83^{mm}	77^{mm}	86^{mm}
50°	92^{mm}	84^{mm}	94^{mm}

Ce fait est d'ailleurs général ; une solution ammoniacale, renfermant une proportion considérable de gaz, n'a guère, à la température ordinaire, qu'une tension de 12 $^{c}/^{m}$ de mercure environ, tandis que le gaz ammoniac liquéfié possède, dans les mêmes conditions, une force élastique de neuf atmosphères. — Il en résulte que les solutions de formol, au point de vue de la désinfection, ne peuvent guère fournir de méthanal que par évaporation du dissolvant ; l'excès d'eau est donc, pour la stérilisation des germes, plutôt un obstacle qu'un adjuvant. Ces résultats ont un intérêt pratique et méritaient d'être signalés.

II

La tension de transformation du trioxyméthylène en méthanal à 100° n'atteignant que 583^{mm}, c'est-à-dire les 3/4 environ
de la pression atmosphérique, il était donc possible, *a priori*,
de concevoir un système bien clos, permettant d'exposer des
objets solides à l'action du gaz antiseptique à cette température.

L'appareil que j'ai imaginé dans ce but se compose d'une
étuve fermée en cuivre, de forme cylindrique, entièrement entourée d'une double enveloppe remplie d'eau pour chauffage à
100°, sans régulateur. La double paroi antérieure est traversée
par des tubes cylindriques horizontaux en laiton, ouverts extérieurement dans l'atmosphère et intérieurement dans la chambre centrale. — Dans chacun de ces tubes fixes, glisse par frotte-
ment doux un tube mobile, dont le diamètre extérieur est exactement du même calibre que le diamètre intérieur du tube fixe.
Une portion du tube mobile est échancrée comme suit : elle est
coupée suivant deux génératrices du cylindre situées dans un
plan parallèle au plan de symétrie horizontal et légèrement au-
dessus de ce dernier ; puis, la partie supérieure est enlevée au
moyen de deux demi-sections droites, l'une antérieure, l'autre
postérieure. Il reste une gouttière, formée de la partie inférieure
du cylindre, et dans laquelle sont percées plusieurs ouvertures,
pour offrir au gaz une pénétration facile ; cette gouttière est fermée, à l'avant comme à l'arrière, par un disque de laiton soudé,
qui obture complètement la partie principale du tube mobile.
Les longueurs respectives de la gouttière et du tube fixe sont
calculées de telle sorte que, quelle que soit la position du tube
mobile, il n'y ait jamais communication entre l'intérieur de
l'étuve et l'atmosphère extérieure ; la fermeture est, en effet,
assurée par le disque métallique antérieur quand la gouttière
est dans l'appareil, et par le disque postérieur quand la gouttière apparaît extérieurement ou est complètement au dehors ;

un butoir empêche la sortie du tube mobile. — Ce dernier et sa gouttière constituent un véritable tiroir, au moyen duquel les objets à stériliser sont introduits ou retirés, sans que les vapeurs antiseptiques se répandent au dehors. Un bouton permet de les manœuvrer comme des tiroirs ordinaires ; des tiges de laiton guident leur course et assurent l'horizontalité. Le tiroir du bas, dont la gouttière est restée pleine, reçoit du trioxyméthylène destiné à produire le méthanal pendant la chauffe. L'appareil porté à 100°, l'objet est placé dans l'une des gouttières, introduit dans la chambre par fermeture du tiroir, maintenu le temps voulu au contact du méthanal, enlevé par une manœuvre inverse ; et les opérations peuvent être immédiatement et indéfiniment renouvelées.

Un autre stérilisateur, fondé sur le même principe, présente deux gouttières à chaque tiroir, l'une à l'avant, l'autre à l'arrière : la sortie de l'une produit l'introduction de l'autre. Cette disposition est plus avantageuse au point de vue de la solidité et de la facilité de construction.

Ces deux appareils fonctionnent des journées entières sans émettre la moindre odeur de méthanal, sauf, bien entendu, au moment de l'ouverture d'un tiroir, le gaz de la gouttière étant alors répandu au dehors ; mais la quantité en est toujours minime, même à 100°.

III

Grâce aux appareils précédents, il m'a été possible de maintenir des germes microbiens, à 100°, et pendant des temps exactement déterminés (à une seconde près), dans une atmosphère saturée de gaz méthanal, c'est-à-dire à une tension de 583^{mm}. J'indiquerai maintenant mes résultats expérimentaux.

1° Des carnets de papier, à couverture épaisse et toile au dos, comprenant huit feuillets, sont badigeonnés intérieurement et extérieurement, sur toutes les pages et dans les plis de ces pa-

ges, avec de l'eau des égouts de Marseille. Ils sont ensuite sé-
chés, puis exposés dans le méthanal à 100°, pendant des temps
déterminés. On les abandonne quelques jours entre deux assiet-
tes flambées, pour permettre la diffusion complète du gaz qui
les imprègne à la sortie. Ils sont ensuite découpés aseptiquement, puis introduits par petites portions, mais tout entiers,
dans des tubes contenant du bouillon stérilisé ; et ces derniers
sont maintenus dans une étuve à 38° et examinés de jour en
jour pendant six semaines consécutives.

Il ne s'est produit aucune culture après une exposition d'une
minute au contact du gaz antiseptique ; tandis qu'un carnet
témoin, chauffé cinq minutes à 100° sans méthanal, a altéré rapidement tous les tubes correspondants.

2° Devant un semblable résultat, je résolus d'opérer sur les
spores les plus résistantes à la chaleur, celles du *bacillus subtilis*. Des carnets furent trempés entièrement dans une culture
de subtilis avec voile, culture d'ailleurs impure et renfermant
toutes sortes d'autres germes. Après dessication et séjour dans le
méthanal à 100°, j'obtins les résultats suivants : à trois minutes
d'exposition, 20 o/o des tubes étaient contaminés ; mais à trois
minutes et demie, quatre minutes, cinq minutes, etc., tous restèrent stériles.

3° La même expérience fut répétée avec de vieux morceaux
de drap, de flanelle, de tissu Rasurel, contagionnés de la même
façon ; le résultat fut identique.

Restait à examiner la question de la facilité de pénétration du
gaz antiseptique ; les expériences suivantes furent effectuées
dans ce but :

4° Des morceaux de flanelle contaminés par le subtilis impur
sont pliés dans de petits carrés de papier à filtre, superposés dix
par dix dans un autre morceau de même papier, qui est fermé
et ficelé en croix. Après exposition dans le méthanal à 100°, on
les abandonne huit jours dans le laboratoire pour la diffusion

complète de l'aldéhyde ; puis, on les met en tubes. Il y eut encore destruction complète des germes à quatre minutes de séjour dans le méthanal à 100°.

5° Du coton hydrophile, trempé dans une culture de subtilis et séché à 35° sans avoir été pressé, est découpé en lanières. Celles-ci sont enroulées sur elles-mêmes, fortement tassées, puis entourées de papier à filtre et ficelées en croix. — On les met au contact du méthanal à 100°, pendant des temps déterminés ; on les abandonne huit jours dans le laboratoire ; puis on les découpe aseptiquement et on les met en tubes. — Après cinq minutes d'exposition, il ne se manifesta aucune culture ; la stérilisation était complète. — Un paquet témoin, chauffé vingt minutes à 100° sans méthanal, avait altéré tous les tubes en vingt-quatre heures.

6° Du sable fin, fortement imprégné d'une culture impure de subtilis, desséché ensuite, est mis en paquets de 1 gramme chacun, comme les morceaux de flanelle de l'expérience précédente. On empile ces paquets dix par dix ; puis on les enferme dans du papier à filtre ficelé en croix.

20 o/o des tubes ensemencés, après une exposition de trois minutes dans le méthanal à 100°, furent contaminés ; après quatre, cinq, six minutes, etc., la stérilisation était encore complète.

7° Un essai identique fut effectué avec de la terre glaise infectée de la même façon. Celle-ci fut pulvérisée et traitée comme le sable dans l'expérience précédente. — Dans ce cas, le temps nécessaire à la stérilisation est un peu supérieur (six minutes au lieu de quatre). Cela s'explique si l'on remarque que les intervalles compris entre les particules de la terre pulvérulente tassée constituent de véritables espaces capillaires, dans lesquels le mouvement des gaz est lent et pénible.

En résumé, la pénétration du méthanal à 100° est extrêmement rapide et son pouvoir antiseptique également. Le méthanal, en effet à cette température, peut être considéré comme un gaz parfait, très éloigné de son point de liquéfaction (-21°) ; et comme il a sensiblement la même densité que l'air, sa diffusibilité est du même ordre.

Lorsqu'on effectue la stérilisation au moyen d'eau surchauffée à 115-120°, il est souvent difficile de faire pénétrer la vapeur dans les interstices de la laine et du coton ; et l'on doit produire par instants de brusques détentes, afin d'entraîner les dernières parcelles d'air emprisonnées : la vapeur d'eau, en effet, comme tous les gaz voisins de leur point de liquéfaction, présente, à cette température, une certaine viscosité. Le méthanal, par contre, se trouve dans des conditions extrêmement différentes ; il peut agir d'une façon plus énergique, d'abord parce que, en sa qualité de gaz parfait, il est plus pénétrant ; ensuite, parce qu'il possède une antisepsie propre, ce qui n'existe pas pour la vapeur d'eau.

En résumé, s'il s'agit d'objets que l'on peut introduire dans une enceinte close, l'appareil ci-dessus décrit est susceptible de rendre de grands services, à cause de la sécurité qu'il présente, de la stérilisation certaine qu'elle permet et de la rapidité avec laquelle les opérations peuvent se succéder.

J'ai constaté, en outre, que les étoffes de soie des nuances les plus délicates, les couleurs, les encres de toutes espèces, le papier le plus blanc, ne sont nullement modifiés par une exposition de cinq minutes aux vapeurs de méthanal sec, à 100°. On peut donc utiliser ce stérilisateur, par exemple, pour la désinfection des livrets de Caisses d'épargne au moment des dépôts, des livres, des instruments de chirurgie pendant les opérations mêmes, des objets de pansements, des ciseaux et brosses de coiffeurs, etc. Il est possible de réaliser également un semblable modèle à coulisses formées de deux cylindres glissant l'un dans l'autre pour la désinfection rapide des objets de grandes dimensions, comme matelas, étoffes, vêtements, etc.

L. Perdrix.

LI

La BOTANIQUE à AIX-EN-PROVENCE

depuis la seconde moitié du XVIᵉ siècle

— EXTRAIT —

Par Alfred REYNIER, Botaniste.

I

En remontant assez haut dans les annales d'Aix, nous rencontrons les premières traces d'un mouvement botanique vers le milieu du xvıᵉ siècle. Plus anciennement, personne n'avait songé, en Provence, à cataloguer les plantes alors connues sous le nom de « simples » ; leur connaissance se confondait avec celle de la matière médicale. Quelques livres, de peu d'importance au point de vue actuel du mérite phytologique, témoignèrent d'une tendance vers l'étude moins intéressée des végétaux et vers l'ébauche d'une liste de toutes nos espèces indigènes considérées en dehors des propriétés thérapeutiques. Je citerai en première ligne : *Hugonis Solierii medici in II priores Aetii libros Scholia*, 1549, par Solier (de Saignon, Vaucluse) ; *Stirpium Adversaria*, 1570, par Lobel et Pena (ce dernier né à Jouques, arrondissement d'Aix) ; *Brief Traité de la Pharmacie provençale familière*, 1597, par Constantin (médecin à Aix) ; en seconde ligne : *Pinax Theatri botanici*, 1623, par Gaspard Bauhin ; *Historia naturalis Plantarum*, 1651, par Jean Bauhin ; etc. ; publications où sont enregistrées, décrites, parfois figurées, beaucoup de plantes constituant le fond de notre tapis végétal.

Au xvii° siècle, la botanique rurale continua à être en honneur et gagna encore plus de terrain lorsque Aix eut donné le jour à Tournefort. L'Université de la capitale de la Provence avait, à cette époque, comme titulaire de la chaire consacrée à l'enseignement de la *Res herbaria*, Fouque, collègue de Garidel. Quoique ce dernier fût seulement professeur d'anatomie, c'est néanmoins à lui que les Procureurs du pays confièrent le soin de rédiger une *Histoire des Plantes qui naissent aux environs d'Aix*, 1715. Grâce à la popularisation des *Systema Naturæ* et *Species Plantarum* de Linné, le recensement floristique de la Provence entra en voie de progrès sérieux ; le *Flora Galloprovincialis*, 1761, par Gérard, ne tarda pas à paraître. Quelques années après, Aix eut pour professeur de botanique à son Université Darluc, à qui nous devons l'*Histoire naturelle de la Provence*, 1782-1786. Plus modernement, le *Catalogue des Plantes des environs d'Aix*, 1871, par de Fonvert et Achintre, a mis le sceau à la précision scientifique désirable.

Outre ces auteurs d'ouvrages où se résumèrent les connaissances phytologiques successivement acquises, il est juste de rappeler les noms des vaillants pionniers apportant, au cours de trois siècles, leurs contributions à l'œuvre commune. De Beaumont, Joannis, Bertier, Lieutaud, Robineau de Beaulieu, Teissier, etc., à Aix ; de Suffren, de Rainaud, de Paul de Lamanon, à Salon, etc., montrèrent le chemin suivi par de nouvelles recrues, dont l'émulation s'activa en voyant la pléiade de botanistes qui se révélaient, d'année en année, soit dans les autres arrondissements des Bouches-du-Rhône, soit dans les quatre départements voisins : Vaucluse, Basses-Alpes, Var, Alpes-Maritimes.

Quoique Aix n'ait pas été leur ville natale, je vais mettre en lumière, autant que le comporte la pénurie de documents, trois botanistes dignes de notre sympathie confraternelle. Chacun d'eux n'a pas séjourné une égale durée de temps dans la ville du bon roi René : malgré cela, il suffit que leurs noms se rattachent plus ou moins au mouvement scientifique local, pour qu'ils aient droit à un souvenir. La curieuse particularité qui les signale est la suivante : ils appartenaient à des Ordres monastiques. Tout débat contemporain sur les vœux religieux et la sécularisation étant strictement tenu à l'écart, nous n'éprouverons qu'une surprise assez naturelle : ces disciples (à robe monacale) de la païenne déesse Flore étaient, le premier, Minime, le second Cordelier, le troisième Capucin !

II

Vers 1689, Tournefort fit, à Aix, sous les auspices de Garidel, la connaissance de Charles Plumier ; laissons la parole à l'auteur de l'*Histoire des Plantes qui naissent aux environs d'Aix :*

« Le R. Père Plumier, natif de Marseille, de l'Ordre des Mi-
« nimes, qui avoit étudié la botanique en Italie sous l'illustre
« Paul Boccone, vint au couvent d'Aix. Ayant appris que je
« m'attachois fort à la botanique, il me pria de le conduire
« dans nos campagnes pour lui démontrer les plantes les plus
« rares, ce que je fis assez souvent. Je lui procurai en même
« temps la connoissance de M. de Tournefort, qui se trouva
« par occasion en cette ville, étant de retour d'un voïage des
« Alpes. Le Père Plumier visita ensuite, en herborisant, avec
« les deux messieurs Bertier, très habiles médecins de notre
« ville, toutes nos côtes et nos îles. Il fut ensuite à Manne [1],
« d'où il passa dans la montagne de l'Ure [2] et dans les autres
« voisines. »

---

[1] et [2] Orthographe moderne : *Mane* (près de Forcalquier) et montagne de *Lure*.

La botanique n'est pas redevable, chez nous, au Père Plumier, de nombreuses indications d'espèces. Disons toutefois qu'il aurait rencontré dans les Basses-Alpes, l'*Alchemilla alpina* L. « Il m'apporta, dit Garidel, cette plante qu'il avoit « trouvée aux environs de Manne. » Par « environs », il faut entendre une distance assez grande (Digne, au plus près) : quiconque connaît le village de Mane ne pourra croire à l'existence de ladite Alchemille à une si faible altitude. Le Père Plumier, toujours d'après Garidel, observa dans le bois de la Sainte-Baume le *Malope malacoides* L. Rien de moins certain : le R. Père, ayant séjourné au monastère de Bormes (Var), a dû faire une excursion dans les Alpes-Maritimes et donner, par lapsus de mémoire, la Sainte-Baume comme habitat de la malvacée prise vers Grasse.

Nul n'ignore que le Père Plumier s'illustra plus tard par ses voyages en Amérique, à la suite desquels il publia de savantes descriptions de nouveaux genres et espèces.

III

En 1889, *Revue Horticole et Botanique des Bouches-du-Rhône*, j'écrivais : « L'*Isnardia palustris* L. fut cueilli, pour la « première fois, en Provence, à Agay, près de Fréjus, par un ca- « pucin dont on aimerait à lire une biographie plus longue que « ce que dit Gérard, dans son *Flora Galloprovincialis* : *Fra- « ter Gabriel, capucinus, rei herbariæ cultor inclytus, variis « itineribus in Italiâ, Galloprovinciâ feliciter susceptis, de « historia naturali benè meritus.* »

Trois ans après, ma curiosité fut grandement satisfaite par la Note que M. H. Duval, de Lyon, a publiée dans la *Feuille des Jeunes Naturalistes*, numéro du 1ᵉʳ décembre 1902. Cette Note a pour titre : *Contribution à l'Histoire de la Botanique*

en Provence : *Le Frère Gabriel, capucin botaniste provençal.*
Voici l'analyse de ces documents inespérés :

Attaché en qualité d'apothicaire au couvent des capucins d'Aix, le Frère Gabriel dut récolter des simples pour le service de la pharmacie et ces fonctions lui inspirèrent sans doute le goût de la botanique. Il commença un herbier et osa communiquer ses récoltes à Gérard, à Séguin, à Gouan, à Linné même. Le président Latour d'Aigues, riche agronome et amateur éclairé d'histoire naturelle, semble avoir été le mécène de cet humble moine. Les documents entre les mains de M. Duval embrassent une période de quatorze années, de 1757 à 1770. Les citations de Villars laissent supposer que le Frère Gabriel mourut antérieurement à l'époque de la rédaction du *Flora Delphinalis* (1785) et de l'*Histoire des Plantes du Dauphiné* (1789).

Lettres de Latour d'Aigues à Séguin. — 21 juin 1757 :
« ...... Le Frère Gabriel est parti il y a environ quinze jours
« pour aller faire une ample collection de plantes dans nos
« montagnes, surtout à Barcelonnette. Je crois que M. Lin-
« næus l'a engagé à faire cette tournée. Ce n'est pas encore un
« grand botaniste, mais il y parviendra et il a déjà assez de
« connaissances pour rapporter du bon...... »

14 juillet 1758 : « ...... Le Frère Gabriel est aussi en tour-
« née ; il monte dans nos montagnes par la route de Grasse
« après avoir examiné tout le pays des Maures et de l'Esterel.
« Vous voyez que notre province commence à cultiver la bota-
« nique qui, depuis Tournefort, y dormait profondément..... »

20 janvier 1762 : « ...... Nous [Latour d'Aigues et le Frère
« Gabriel] allons incessamment travailler à l'arrangement de
« mon herbier, ce qui ne sera pas une petite besogne...... »

14 novembre 1763 : « ...... Le Frère Gabriel est actuelle-
« ment à moi. J'ai obtenu du Provincial qu'il ne fût dans son
« couvent que surnuméraire, moyennant quoi il va prendre la
« surintendance de mon jardin...... »

22 novembre 1763 : « ...... Je profite de l'occasion pour
« vous envoyer l'ouvrage de Gérard. N'ayant pu trouver, dans
« un nouveau déménagement, mon exemplaire, le Frère Ga-
« briel a bien voulu qu'il fût remplacé par le sien...... J'ai reçu
« le catalogue de mon herbier [Latour d'Aigues avait commu-
« niqué ce catalogue à Séguin par l'entremise de Gouan]. Le
« Frère met à part pour vous à mesure qu'il range ; ainsi, ne
« discontinuant plus ce travail, vous serez bientôt servi...... Il
« y a un *Gramen* que le Frère croit être décrit seulement par
« Schreuchzer et qui sera sûrement bon pour l'agriculture,
« aussi nous proposons-nous de le tirer, cette année, des bois
« de la montagne de la Sainte-Baume où il est commun ; si
« c'est celui que nous croyons, ce doit être, de cet auteur, le
« *Gramen hordeaceum montanum spica strigosiori, brevius*
« *aristatâ* [Scheuchz., Agrost., p. 16 ; *Elymus europæus* L.].
« Je ne vous dis rien de la part du Frère, attendu qu'il est allé
« en provision de plantes chez un de mes amis, à cinq lieues
« d'ici, pour en rapporter des vertes de son jardin et des sèches
« pour mon herbier...... »

17 septembre 1767 : « ...... Le Frère Gabriel est reçu aux
« Cordeliers et attend les bulles pour sa translation, après quoi
« le voilà tranquille...... »

1er novembre 1767 : « ...... Enfin le bon Frère Gabriel est
« décapuciné, il est novice Père Cordelier dans un couvent
« qu'ils ont ici. Il est fort content et sera définitivement à
« nous...... »

26 août 1770 : « ...... Mon herbier [1] est tout en désordre,

---

[1] Darluc en parle ainsi : « L'herbier de M. le Président de la Tour d'Ai-
« gues contient les plus belles plantes de la Provence en quinze grands
« cartons, classées selon le système sexuel de Von Linné, avec quantité
« de plantes du Levant, des Pyrénées et de Cayenne. » *(Histoire Natu-
relle de la Provence.)

« n'ayant pu être fini par le Frère. Il est composé, non de
« l'herbier de Tournefort, mais d'une partie qui lui avait appar-
« tenu et ensuite à Garidel, de là à M. Lieutaud et enfin à moi.
« J'y ai joint celui du Frère...... »

A ces extraits de lettres, M. Duval joint des renseignements
supplémentaires :

Gouan, dans la préface du *Flora Monspeliensis* (préface datée du 14 septembre 1764), cite le Frère Gabriel parmi les botanistes à qui il doit plusieurs espèces nouvelles : « Necnon
« eximii floræ cultores... et Frater Gabriel, capucinus, quibus
« omnibus plures novas species debemus. »

Dans le même ouvrage (1765), le Frère Gabriel est cité à l'article du *Stachys maritima* : « Hanc etiam circa Massiliam et S.
« Tropez vidit et mecum communicavit eruditissimus et gene-
« rosissimus Frater Gabriel capucinus. »

Dans ses *Illustrationes* (1773), à l'article *Lavatera maritima*, Gouan fait mention encore du Frère Gabriel : « In horto
« meo e seminibus a clarissimo Gerardo missis crevit anno 1766.
« Ex Fratre Gabrielle etiam pro *Lavatera triloba* habue-
« ram. »

Villars cite en trois endroits le Frère Gabriel :

1° « *Sinapis erucoides*, in arvis et versuris Buis, Molans,
« etc. Caractere *Brassicæ erucastri* L. omnino gaudet, et pro
« eo forte Gerardus et Frater Gabriel habuerunt. An in Galloprovinciâ repererint ? » *(Flora Delphinalis).*

2° « *Hypericum hyssopifolium*. Le Frère Gabriel, capucin,
« savant botàniste d'Aix, qui avait eu des relations avec Linné,
« donnait à cette plante le nom d'*Hypericum galloprovinciale*,
« il ne la confondait pas avec l'*H. Coris* L., qui a ses tiges la
« moitié plus courtes, inclinées, ses fleurs en corymbe, ses pé-
« tales plus longs et plus ouverts. » *(Histoire des Plantes du
Dauphiné.)*

3o « Je dois ajouter encore que le Frère Gabriel, capucin,
« qui avait des relations avec Linné, a laissé dans ses herbiers,
« qui sont entre les mains de M. le Président de la Tour d'Ai-
« gues, votre *Salix sericea* sous le nom de *S. Lapponum* L.,
« mais il reste à savoir s'il le tenait de Linné, de la haute Pro-
« vence ou même du Dauphiné. » *(Hist. des Pl. du Dauphiné.)*

IV

C'est vers 1850 que vint en Provence le Père Eugène, d'An-
nonay (qu'il ne faut pas confondre avec un autre Père Eugène
d'origine espagnole, fondateur précisément du couvent des
capucins d'Aix). Le botaniste, religieux de l'Ordre de Saint-
François, duquel j'ai à parler, fréquenta assidûment Castagne ; c'est lui qui l'a assisté à Montaud-les-Miramas, en 1858,
à son lit de mort. En 1862, le Père Eugène était encore à Aix,
Derbès disant (préface du *Catalogue* de Castagne) : « Le Père
Eugène explore les environs d'Aix avec une infatigable activité. » Il a dû partir pour Crest (Drôme) peu de temps
après 1862, car, en février-mars 1867, il découvrit dans cette
ville son *Crocus cristensis* P. E. et il préparait déjà un Catalogue des plantes des environs de Crest [1]. Ses herborisations
autour d'Aix durèrent donc probablement une dizaine d'années.
C'est à Marseille, au couvent de la Croix-de-Reynier, dont il
était le Père gardien, qu'il est mort ; à cette époque (vers 1880),
il avait cessé d'herboriser.

M'étant adressé, afin d'avoir des renseignements plus détaillés sur le Père Eugène, à mon honoré confrère, M. l'abbé Hervier, de Saint-Étienne (Loire), possesseur de son herbier, je n'ai

---

[1] L'*Etude des Fleurs*, 5ᵉ édition, 1879, par l'abbé Cariot, contient, au
supplément du tome premier, une liste de 26 espèces de la Drôme, com-
muniquée par le « R. P. Eugène, capucin à Crest ».

pu savoir davantage que ce qui suit. Le *Bulletin de la Société Botanique de France,* année 1868, a publié une Note du Père Eugène, dont le préambule dit : « Nous ajoutons une petite « liste des plantes des environs d'Aix, où nous avons herborisé « longtemps en compagnie de notre ami regretté, M. Castagne. « Dans son intéressant *Catalogue* (1862), M. Derbès a déjà « mentionné une partie de nos travaux sur la flore d'Aix, mais « un petit nombre d'espèces que nous avons récoltées nous- « même ne sont pas mentionnées dans son *Catalogue......* »

D'une lettre que m'a écrite obligeamment M. l'abbé Hervier, j'extrais : « J'ai beaucoup connu le R. P. Eugène. Il m'a sou- « vent entretenu de faits qui montraient toute l'amabilité et la « cordialité de ses rapports avec les botanistes aixois. — Mon « herbier général d'Europe contient l'herbier du Père Eugène « renfermant en 3o cartons environ la majeure partie des espè- « ces françaises et surtout les espèces de la Provence récoltées « par le Père Eugène lui-même ou par MM. Huet, de Salve, « Honoré Roux, Castagne, etc. En outre, un herbier du Dau- « phiné, en 10 ou 12 cartons, comprend les espèces de la « Drôme et des Alpes réunies par le Père Eugène, avec le con- « cours de MM. J.-B. Verlot, Burle et Borel. »

De Fonvert et Achintre, dans la première édition de leur *Catalogue,* 1871, citent le Père Eugène pour *Melilotus parvi- flora* Desf. « clos des Capucins », *Centaurea melitensis* L. « c(.aux secs à Roquefavour ». Honoré Roux, *Catalogue des Plantes de Provence,* nomme une seule fois [1] le Père Eugène à

L. Legré prétend, dans le journal *La Croix de Marseille,* numéro du 2 juin 1901 : « Un capucin du couvent de Marseille fut l'ami et le compa- « gnon fidèle d'Honoré Roux ; il s'appelait le Père Eugène. Le *Catalogue* « *des Plantes de Provence* a souvent enregistré le nom de ce religieux « parmi ceux des divers botanistes provençaux. » Le Père Eugène, relève- rai-je, n'a appartenu au couvent de Marseille que dans sa vieillesse impro-

propos de *Bifora testiculata* L. « Aix : à Saint-Antonin ; Père Eugène. » Huet (*Catalogue des Plantes de Provence,* 1889) a inscrit une cinquantaine de plantes plus ou moins rares qu'il avait reçues du R. Père.

Parmi les récoltes aixoises du capucin botaniste, je note : «*Po-* « *lygala rosea* Desf. : bords de l'Arc, près du pont ; *Potentilla* « *opacata* Jord. : colline des Pauvres ; *P. villifera* Jord. : col- « line des Trois-Moulins ; *Lythrum gracile* DC : Aix ; *Mi-* « *cropus bombycinus* Lag. : Montaiguet [adventice ?] ; *Car-* « *duus australis* Jord. : colline des Trois-Moulins ; *Hieracium* « *præaltum* Vill. var. *decipiens* : Aix ; *Thymus Chamædrys* « Fr. : collines d'Aix. » M. l'abbé Hervier m'a promis de véri-fier si ces plantes sont contenues dans l'herbier du Père Eugène et si elles sont exactement déterminées.

---

pre à le rendre « compagnon fidèle » d'Honoré Roux citant son nom une seule fois. M. l'abbé Hervier m'a écrit : « Quant aux rapports d'Honoré « Roux avec le Père Eugène, je les ignore : il ne m'a jamais parlé de lui « comme étant un de ses compagnons de courses à Aix ou ailleurs et je « crois plutôt à des relations amicales d'échanges entre eux. »

LII

UNE VIEILLE CITÉ PROVENÇALE

Les rues et les quartiers d'Apt.
Essai de restitution topographique et toponymique.

Par M. **Fernand SAUVE**, de l'Académie de Vaucluse,
Secrétaire-Correspondant de la Société d'Etudes provençales à Apt.

Avant que progressivement disparaissent, sous la poussée des exigences de la vie contemporaine, les derniers linéaments de la physionomie de nos villes de Provence, il n'est pas sans intérêt de fixer, aussi approximativement que possible, l'aspect des vieilles rues où tant de générations se sont agitées et de rappeler les anciennes dénominations — bizarres parfois, mais toujours logiques et pittoresques — que les habitants leur avaient accolées.

Il m'a paru d'autant plus utile de tenter cette restitution pour la ville d'Apt, à travers laquelle les alignements n'ont sévi que fort tard, qu'il n'existe aucun plan gravé ancien de ses voies publiques ; le seul document cartographique qui ait pu être utilisé ici est un plan manuscrit, dressé en 1779 par M. de Duron, ancien officier de cavalerie retiré à Apt, qui occupa ses loisirs à figurer le tracé des rues avec une scrupuleuse exactitude ; ce géomètre improvisé avait en vue d'indiquer à l'administration communale d'alors les améliorations à apporter à la circulation publique.

C'est d'après ce document que j'ai tenté de reconstituer les lignes de la cité Aptésienne du moyen âge, en m'aidant des documents municipaux et surtout des actes notariés, ceux-ci extrêmement abondants et remontant jusqu'au milieu du XIVe siècle.

———

Je dois d'abord poser en principe que, pour Apt, le tracé des voies publiques ne paraît pas avoir suivi celui des voies de l'époque gallo-romaine ; la vérification est peut-être difficile, étant donné que le sol antique se trouve enfoui à une profondeur moyenne de 4 à 5 mètres ; cependant, partout où les découvertes fortuites ont permis une comparaison, la non-concordance des deux tracés a pu être constatée.

Sur la configuration des rues du haut moyen âge, j'ai cru prudent de m'abstenir, les documents étant absolument insuffisants et ne permettant qu'une restitution purement hypothétique.

Telle que nous la montrent les actes de 1350 à 1400, la ville se trouve à ce moment entourée de remparts et bordée de fossés qui la limitent dans un périmètre presque absolu, au-delà duquel les maisons ne s'égaraient qu'à regret, sauf au cours des XIIe et XIIIe siècle, époque de réelle prospérité, où un vaste faubourg occupait, à l'ouest de la ville, les deux rives du Caulon. Mais en 1350, à la suite des incursions de bandes armées, de la peste, des inondations, il ne reste plus, de cette annexe urbaine, que des *casals*, des amas de pierres, quelques jardins dont leurs propriétaires se défont à vil prix.

Donc bien avant la fin du XIVe siècle, les rues de l'agglomération, déjà fort étroites, devinrent encore plus exiguës, afin de faire place aux nouvelles habitations et aux deux grands monastères des Carmes et de Sainte-Croix, obligés d'émigrer de la banlieue dans la ville ; les paysans — qui formaient la presque totalité de la population — durent, d'autre part, abandonner les campagnes et demeurer en ville ; on conçoit combien peu, dans de telles conditions, importaient la régularité, la propreté et la largeur des rues à des gens qui ne supportaient pas l'entrée des charrettes dans leur ville et qui sacrifiaient tout au besoin immédiat de se mettre, avec leur famille et leurs maigres ressources, à l'abri d'un coup de main.

Si l'on ajoute que douze églises importantes et sept cimetières se pressaient à l'intérieur des remparts, on comprendra que la surface laissée à la circulation devenait des plus restreintes ; aussi ne faut-il pas s'étonner si, en 1784 encore, les plus grandes rues n'atteignaient pas, sur certains points, une largeur supérieure à deux ou trois mètres et si la traversée de la ville d'une porte à l'autre constituait un problème des plus compliqués.

Encore, à cette époque, les rues étaient-elles désencombrées de tout ce qui, au moyen âge, les transformait en *emporia* permanents. Au xive siècle, les appendices fixes ou temporaires qui entravaient la circulation étaient légion : tables de bouchers, d'épiciers, de savetiers et de changeurs, auvents, escaliers extérieurs, montoirs, marchepieds, puits publics et privés, oratoires, sans compter les étages en encorbellement soutenus par des corbeaux en pierre ou des poutres à saillies façonnées.

Tout le monde connaît le type de nos anciennes boutiques : leur entrée constituée par une ouverture à centre surbaissé était formée de trois parties : au milieu, une coupée ouverte entre deux bancs de pierre à hauteur d'appui, s'avançant plus ou moins dans la rue : c'était le *portissaoù*.

Dans le haut, les volets de ces boutiques s'ouvraient pour abriter du soleil ; dans le bas, ils s'abaissaient pour former étalage. Mais les marchands ne se contentaient pas de ces installations ; la rue était encombrée par leurs tables en maçonnerie ou en charpente, accolées aux maisons et considérées dans les actes comme de véritables immeubles par destination. Le nombre et les dimensions de ces appendices augmentèrent à tel point que le Conseil dut exiger, en 1386, qu'on laissât au moins entr'eux le passage pour une brouette de foin !

Les décisions se multipliaient sans résultats et au xvi° siècle, la situation de la voie publique n'avait que peu varié ; en 1503, la ville dut notamment obtenir un arrêt du Parlement ordonnant la suppression des auvents plus ou moins ouvragés qui surmontaient les boutiques et les portes des maisons.

Cet aspect de la rue aptésienne était permanent : mais les jours de foire et de marché, tout ce qui demeurait libre était pris par les tables mobiles installées par les drapiers du Languedoc, qui apportaient les étoffes de « France », par les merciers et les couteliers venus d'au-delà du Rhône ; par les marchands de volailles qui prenaient possession de la Poulasserie, tandis que la vieille Juiverie, le Septier, la Poissonnerie étaient occupés par le commerce du blé et les poissonniers des Martigues et de Berre.

Traverser la cité dans de telles conditions devenait, je l'ai dit, un véritable problème : seule, la *rue du Chemin*, où se trouvaient des hôtelleries, était assez large pour permettre la circulation des mulets chargés à bât ; mais lorsque les relations commerciales eurent pris quelque importance, au xviii° siècle, les véhicules durent contourner la ville et employer des raidillons, impraticables aujourd'hui, pour, des routes d'Avignon et de Marseille, atteindre celles des Alpes et du Dauphiné ; ces difficultés n'existaient pas au moyen âge, car des décisions municipales nombreuses, en 1382, 1384 et 1409, notamment, interdisaient l'entrée des charrettes à l'intérieur des remparts ; les édiles firent même placer aux portes principales des piquets reliés par des chaînes, afin d'assurer l'observation de leurs ordonnances sur la circulation des rares véhicules qui s'aventuraient alors jusqu'aux remparts.

L'exiguité des rues de nos anciennes villes était aggravée par l'ignorance des règles de l'hygiène publique : on a bien tenté, il est vrai, en choisissant çà et là quelques exemples de décisions prises par des édilités, de démontrer que celles-ci, dès le moyen âge, ne méconnaissaient pas les principes généraux de la santé publique ; il n'en demeure pas moins établi, par l'examen de la situation de la voirie, que toutes les villes, sans exception, avaient des rues d'une saleté repoussante [1].

A Apt, où les documents sont parfaitement affirmatifs, nous voyons se perpétuer jusqu'au milieu du xix⁰ siècle, l'usage de *faire du fumier* sur la voie publique; la chaussée, au-devant de chaque habitation, formait un cloaque, dont les voisins disposaient à leur gré pour le dépôt des immondices ; il est également vrai que, dès le xiv⁰ siècle, les privilèges de la ville rappellent qu'il est expressément interdit de procéder ainsi depuis Pâques jusqu'à saint Michel [2] ; mais la tolérance permanente était la règle, puisque la défense de faire *femorassas* dans les rues est sans cesse renouvelée [3] et que la commune est obligée, pour permettre le passage de la procession de la Fête-Dieu, de procéder au *curage* des rues de la ville [4] ; le terme est suffi-

---

[1] Voy. pour les détails relatifs à la propreté des rues en France au moyen âge : ENLART, *Manuel d'archéol. civile et militaire*, p. 239-240.

[2] *Livre rouge*, Arch. com. AA 1, art. LXXXIV.

[3] Ordonnance du baile d'Apt, 29 novembre 1326 et nombreuses délibérations.

[4] Délibération du 27 sept. 1417, Arch. com. BB. 14.

samment expressif. On défend enfin de faire des dépôts de fumier dans les lisses intérieures ou près des remparts [1], afin d'empêcher surtout la destruction des murs par l'humidité [2].

Cependant, à certaines heures difficiles, les médecins exigèrent (30 octobre 1410), sous la crainte d'une épidémie de peste, le nettoyage des rues ; les édiles défendirent le jet des balayures *(scobelhiéras)* sur la voie publique (1415) et ordonnèrent parfois que celle-ci serait balayée tous les samedis (1382, 1413). Mais ces prescriptions ne furent obéies que très peu de temps, les termes même employés par les édiles le démontrent suffisamment.

Cette situation, nous l'avons dit, n'était pas spéciale à Apt : les criées de Toulon (1557) ordonnent « *de non amolonar formerassas per las carriéras* » et obligent d'enlever les dépôts, *en été*, tous les samedis (art. xxij) ; les statuts de Raymond Bérenger pour la ville d'Aix [3] défendent de faire du fumier dans les rues, mais autorisent la sortie du fumier sur le pavé pendant deux jours, avec obligation de le porter aux champs le troisième jour ; les *leges municipales* d'Arles (1162-1202) interdisent le jet des balayures et des cendres et défendent aux habitants de… se satisfaire dans les rues, exception faite pour les enfants âgés de moins de 7 ans (art. xli) ; à Marseille, le viguier Jacques Aube, dans sa criée du 20 novembre 1363, ordonne aussi le balayage : « Que tota persona fassa nedegar e escobar sa frontiara cascun sapte e juzieus cascun vendres » [4]. A Piolenc, l'interdiction est singulièrement atténuée par la permission octroyée de laisser stationner le fumier pendant dix

---

[1] *Livre rouge*, art. cvij.

[2] Délibération du 14 avril 1413, relative aux lisses et aux places de la Bouquerie et de Saignon et ordonnant le balayage hebdomadaire.

[3] Ch. Giraud, *op. cit.*, t. II, p. 22.

[4] Publiés par A. Conio, dans *Revue historique de Provence*, 1901, p. 566.

jours; le balayage hebdomadaire est également ordonné [1]; les statuts de 1134 et 1251 de la ville d'Avignon sont plus précis encore : ils défendent de déposer « pondus superfluum, purgando ventrem » dans les rues, sauf dans les lisses et sur le Rocher des Doms [2].

Or, l'état de choses constaté au xive siècle ne s'était pas modifié à la fin du xviiie siècle; en 1784, le chevalier Duron, qui projetait la modification des rues au point de vue des alignements et de l'aisance des communications, n'osait pas exiger la suppression du fumier dans les rues, parce que, dit-il, « le terroir en exige une grande quantité »; il demande cependant, comme correctif, qu'il soit interdit d'arrêter l'eau dans la rue [3], que l'on ne fasse plus de cloaques dans les maisons [4] et que les dépôts de fumier soient enlevés la veille des fêtes et dimanches.

Ces desiderata nous renseignent assez sur l'état *réel* de la voirie urbaine d'Apt à la veille de la Révolution : aucun progrès n'a été fait dans le sens de la propreté depuis le xive siècle ; mieux encore, la lettre suivante nous prouve que les rues principales étaient encore transformées en cloaques en 1795 :

« Liberté, égalité, fraternité.

« Apt, le 2 frimaire an III de la République française, une et indivisible.

« L'Agent national près le District à la municipalité d'Apt.

« La liberté de faire du fumier dans les rues de la commune,

---

[1] Statuts de Piolenc, dans *Mélanges de l'École de Rome*, 1904, p. 57, publiés par G. Bourgue.

[2] Stat. d'Avignon.

[3] On arrêtait l'eau dans les rues afin de faire détremper plus complètement les herbes, le buis et la paille étendus sur la chaussée.

[4] Les cloaques intérieurs qui servent de réceptacles pour les immondices de plusieurs maisons voisines ont subsisté ; malgré les règlements, Apt compte plus de 200 de ces foyers d'infection dissimulés à l'intérieur des maisons.

citoyens, a dégénéré en une licence si insoutenable, qu'en temps de pluie surtout, il est impossible, même en plein jour, d'y passer sans se mettre de l'eau et de la boue jusqu'à mi-jambe, à cause des nombreuses stagnations qu'occasionnent les tas de paille qui se font presque jusqu'à chaque porte. En conséquence, je vous invite et vous presse même de faire exécuter la loi sur la police municipale, en prenant les mesures convenables pour faire jouir tous les citoyens du droit de passage libre au moins dans les principales rues. Salut et fraternité, Payan ».

Les exigences de l'Agent national, on le voit, ne vont pas même jusqu'à demander le nettoiement des petites rues : c'est que l'habitude est invétérée et qu'il faudra encore un demi-siècle pour la déraciner complètement ; une lettre du maire d'Apt, en date du 17 juillet 1817, avoue que non seulement les habitants font encore du fumier sur la voie publique, mais encore *que celle-ci est toujours librement parcourue par les porcs et la volaille.*

On conçoit qu'avec de pareilles coutumes, le pavage ne fut pas d'une utilité évidente ; tout au plus arrêtait-il — dans une proportion restreinte — les infiltrations dans le sol ; les eaux, contaminées par le fumier des rues et des cloaques intérieurs, se rendaient directement à la nappe d'eau souterraine qui alimentait les nombreux puits publics et particuliers utilisés par la population jusqu'au milieu du siècle dernier [1] ; on juge quelle devait être la pollution de l'eau potable ! Aussi ne faut-il pas s'étonner si les villes de Provence étaient endémiquement, pendant le moyen âge, périodiquement jusqu'au xviiie siècle, déci-

---

[1] Les principaux puits publics étaient situés : Place de l'Évêché, place de la Cathédrale, rue Puits-de-Bizot, Puits-des-Allemands, des Quatre-Poulies, du Septier, du Saint-Pierre.

.mées par des épidémies de peste ou par d'autres maladies auxquelles, faute de connaissances, les médecins donnaient ce
nom.

En parlant du pavage des rues d'Apt, je me suis servi d'un
terme impropre : celui qui convenait à Apt comme dans toutes
les villes provençales était le *calladage*, fait de cailloux ronds,
plantés droit dans le sol et laissant entr'eux des interstices suf-
fisants pour rendre la marche pénible et même dangereuse. Ce
procédé était général autrefois dans le Midi ; à Avignon, bon
nombre de rues secondaires sont encore pavées ainsi ; à Apt,
les pavés cubiques en calcaire dur ont remplacé les cailloux
dans toutes les voies, à quelques exceptions près.

La plus ancienne mention du *calladage* des rues d'Apt est
du 7 mai 1380 : les édiles décident d'envoyer chercher des paveurs à Avignon pour réparer les rues et callades et ordonnent
que les habitants contribueront à la dépense, selon la longueur
des immeubles qu'ils possèdent bordant la rue : le 29 mai 1383,
l'opération était loin d'être faite, puisqu'ils décident « quod
omnes carrerie dicte civitatis calladentur » ; quoiqu'il en soit,
le pavage fut exécuté en partie au moins : un compte municipal de 1599, mentionne une grande superficie de pavage effectué par Valentin et Pierre Larthier frères, « paveurs du lieu de
Gendreville en Lorraine » et répartit la contribution à payer
par chaque propriétaire. On trouve encore de nombreuses entreprises de pavage au cours du xviie et du xviiie siècle.

Telle fut la physionomie générale de la ville d'Apt depuis le
xiie siècle, au moins, jusque vers le premier tiers du siècle dernier. Depuis 1830 et surtout après la démolition des derniers
tronçons des remparts, la vieille cité a rompu sa ceinture, s'est
élargie en faubourgs importants et tend de plus en plus, sous

la poussée d'une immigration constante, à se prolonger dans le sens est-ouest de la vallée.

Les modifications apportées depuis un demi-siècle et plus dans la topographie urbaine n'en ont pas moins changé l'aspect général des rues : celles ci, du moins les principales, ont perdu leur allure personnelle et pourront, sous peu, ressembler parfaitement les unes aux autres. On permettra à quelques-uns de ne point trouver très heureuse cette métamorphose ; les regrets que peut inspirer la disparition de tout ce qui faisait le pittoresque de nos anciennes villes, de ce qui leur donnait un cachet spécial sont superflus ; je sais combien on a facilement raison — en apparence — de l'expression très souvent renouvelée de ces regrets : dès qu'un ami du passé artistique de la province pose la question, les mots d'hygiène, de nécessités commerciales, de vie moderne — et depuis peu d'automobilisme — sont invoqués, absolument comme si, au nom de la voirie et de ses règles sacro-saintes, toute superfluité artistique devait être bannie, comme si l'hygiène interdisait les *grandes* et belles fenêtres à meneaux, les arcatures élégantes, les vastes portes d'entrée, la décoration inspirée par le talent — parfois même le génie personnel — du constructeur.

Or, en même temps qu'au nom des nécessités respectables de l'existence contemporaine les rues étaient élargies, que de nouvelles artères permettaient la libre circulation de l'air et de la lumière, on ne songeait jamais à réserver certaines parties qui eussent laissé à ces rues anciennes un caractère personnel ; propriétaires et édilités se sont ligués, semble-t-il, pour le triomphe de la banalité, de la ligne droite et de la monotone symétrie.

La caserne, ennemie de l'individualité, serait-elle là symbolisation de la société future ? Les maisons modernes tendraient à le faire croire.

On a démoli sans compter ; on a créé des voies sans souci aucun de l'esthétique ; des jetées rigides de pierre, des bâtisses cubiques à balcons uniformes, à façades insipides, ont remplacé à peu près généralement les maisons à type individuel, les encorbellements, les vieilles sculptures, les enseignes fantaisistes, les gargouilles élégantes ; avec ces dernières, ont disparu les courbes ménagées dans le tracé des rues pour éviter les vents violents et les rigueurs estivales.

Je répudie, après beaucoup d'autres qu'on a accusés sommairement de vouloir conserver les vieilles rues au détriment de la santé publique, l'imputation de défendre un état de choses préjudiciables à la société moderne ; il n'y a pas d'objections à faire aux agrandissements, aux percées nouvelles ; mais il y en a de sérieuses à opposer à l'abatage, fait sans discernement, de ce qui constituait la parure de nos villes ; il ne faut point — c'est entendu — laisser périr nos chefs-lieux par défaut de circulation, mais il ne faudrait pas davantage les tuer en les uniformisant : les touristes s'éloigneront insensiblement de nous lorsqu'ils sauront que le niveau a passé partout et que leurs yeux seront désagréablement écarquillés par des perpectives droites, des rues monotones que n'interrompront plus les harmonieuses constructions du passé ; le temps fait lui-même une œuvre assez néfaste pour que l'on aide à son lent travail de destruction.

Les travaux d'édilité dont nous sommes tous partisans peuvent se faire sans estropier à jamais la physionomie d'une ville ou d'un monument ; rien n'indique, bien au contraire, qu'il soit indispensable de tout faucher pour *embellir* nos cités modernes [1] ; le problème a d'ailleurs été posé et résolu théori-

---

Voir sur ce sujet : ROBIDA, *L'Œuvre d'enlaidissement au XIXe siècle,* dans *Revue encyclopédique* du 27 novembre 1897, p. 989.

quement; il reste à nos assemblées le soin de le mettre en pratique, à moins que le goût public ne soit assez anéanti pour
qu'il n'en sente pas la nécessité [1].

.

Le quartier constitua d'abord, dès le haut moyen âge, la
division essentielle de nos cités : constitué par des groupes
d'habitations sises autour du château, de la citadelle, de l'évêché ou d'une abbaye, il fut pendant longtemps, jusqu'au
XIIIe siècle peut-être, le seul à recevoir une dénomination à peu
près fixe ; nous savons qu'à Apt ces quartiers, connus sous le
nom générique de *bréous*, du bas-latin *breve*, étaient au
nombre de quatre : les *bréous* de la Boucquerie et du Mitan,
sous la juridiction épiscopale, les *bréous* de Saint-Martin et de
Saint-Pierre, appartenant à diverses branches de la famille
seigneuriale de Simiane.

Dès le XIVe siècle, cette division s'estompe graduellement et
n'est déjà presque plus usitée par les rédacteurs d'actes publics
et privés ; en 1350, déjà les noms de rues ont fait leur apparition, chaque « *carreria* », chaque « place », « andronne » et
« canton » ou coin a reçu, du peuple seul et sans intervention
administrative, sa dénomination, issue des relations journalières, du besoin de préciser dans les actes privés, de plus en
plus nombreux, la situation des immeubles, des boutiques,
ainsi que le domicile des contractants.

Pour le peuple, l'adoption d'un nom n'était soumis à aucune
règle fixe ; il n'en était pas moins vrai que certaines détermi-

---

[1] M. Clerc, professeur à l'université d'Aix-Marseille, a résumé dans une
conférence faite le 15 février 1903, à Marseille, et en les appliquant à cette
ville, les données de M. Cam. Sitte sur l'*Art de bâtir les villes*; tout
serait à citer de cet ouvrage et de la conférence de l'érudit conservateur
du musée Borély.

nations avaient plus de poids que les autres : on peut d'abord remarquer que les noms de saints, tant en faveur lors du baptême général des rues en 1815, furent fort peu employés au moyen âge et les rues Saint-Pierre et Saint-Castor sont de réelles exceptions.

Dans la nomenclature des noms adoptés avant 1350, deux groupes principaux se distinguent avant tout :

1° Ceux venant du nom d'une famille bourgeoise, riche ou commerçante, dont le domicile se trouvait fixé dans l'artère qu'ils désignaient : par exemple, les rues de Beyssan, de Camaret, des Biords, des Stuecii, des Guiards, des Bompards, des Garins, des Renulfes, des Roberts, etc.

Et 2° ceux adoptés par suite de la concentration, dans certains quartiers, d'une industrie ou d'un commerce local. Le fait était d'ailleurs général en France. C'est ainsi que la ville d'Apt avait sa place du Septier, ses rues de la Poulasserie, de la Sellerie, de la Sabaterie, du Mazel, de la Triperie, des Muraires, de l'Epicerie, des Verriers, des Poissonniers, de la Mercerie, de la Draperie, etc.

Les dénominations qui ne faisaient pas partie de ces groupes étaient dues, soit à la topographie et à la forme de la rue, telles : la Careyrassa, la rue Droite, la rue Neuve, la rue du Chemin ; soit à un monument ou à une institution, comme le Costel — lieu des exécutions judiciaires, — les rues du Petit-Four, du Four de la Lauze, de l'Horloge-Vieux, du Puits-de-Bizot ; soit enfin à des causes très variées : c'est ainsi que la rue des *Toulousains*, la *Juiverie*, la *Canonengue* et probablement la rue des *Garses* devaient leur appellation à la résidence des marchands de Toulouse, des juifs, des chanoines et des « *dames vagabondes* », ainsi que s'expriment les comptes des clavaires aptésiens ; c'est ainsi encore que la rue du *Lion d'or* avait reçu son nom d'une auberge à enseigne monumentale, que la rue des Gebelins ou des Gênois rappelait l'internement de plusieurs partisans dans un immeuble qui leur avait été assigné par le juge d'Apt, etc.

La première série de noms de rues, celle due aux noms de famille était appelée à disparaître par suite de l'élimination de ces dernières; quelques-unes subsistèrent parfois sous une forme corrompue, comme la rue des-Stuecii, devenue rue des *Suisses;* les noms de métiers eurent une existence plus prolongée : la Poulasserie, la Sellerie, les Muraires existaient encore à la fin du XVIIIᵉ siècle, ainsi que la rue de la Sabaterie, devenue rue Sabathery, forme d'un nom d'homme ; les appellations dues à d'autres motifs : Juiverie, Puits-de-Bizot, Charivari, Costel ont enfin résisté aux changements.

Vint une heure où les édilités crurent agir sainement et contribuer à faire disparaître les traces du passé en supprimant les sculptures, les armoiries et une partie des archives — en remplaçant également les noms anciens des voies publiques. En 1792 et 1793, la rue Saint-Pierre, le Postel, la rue Cathédrale, les places Saint-Martin, du Septier, de Sainte-Croix, de l'Évêché, de la Bouquerie, le faubourg des Cordeliers devinrent respectivement : place de la Révolution, place Nationale, de l'Unité, des Sans-Culottes, de l'Abondance, de la Montagne, de la République, de l'Égalité et de la Liberté ; ces noms durèrent à peu près le temps de la Terreur ; mais la mesure prise en l'an II permit aux réacteurs de 1815 d'imposer à ces places les noms de place du Roi, place Française, place du Culte, des Royalistes, Bourbon, place Royale, faubourg des Bons-Enfants et faubourg de la Joie ! et d'aggraver, en 1826, cette transformation par une hécatombe de noms anciens remplacés aussitôt par des termes politiques et religieux : c'est à ce moment que furent inventés la rue des Capucins, de la Sous-Préfecture, de l'Évêché, Traversière, du Séminaire, des Marchands, Saint-Auspice, des Pénitents, des Récollets, de la Providence, de Sainte-Ursule et aussi la rue de l'Égout !

Tous les partis ont donc contribué successivement à donner à nos voies publiques des noms d'une banalité sans égale lorsqu'ils n'étaient pas ridicules.

Oui, il eut fallu conserver les anciennes désignations : on dira vainement qu'elles ne rappellent plus rien ; mais les rues des Recollets, des Pénitents, de Sainte-Croix, de Sainte-Ursule, des Quatre-Ormeaux, ainsi dénommée parce qu'un platane végète péniblement entre ses pavés, ne rappellent également rien, au sens strict du mot. Et dès lors, pourquoi avoir conservé la rue des Quatre-Poulies, la rue Puits-de-Bizot, la place du Postel, la rue des Muraires, etc. ?

La vérité est que les pouvoirs publics ont voulu imprimer, là où ils le pouvaient le plus aisément et à peu de frais, la marque de leur autorité ; il en est résulté une impression d'incohérence absolument désagréable et une tendance à l'oubli de tout le passé local.

Mais le fait existe, et je crois qu'il est inutile de résister à une tendance qui est générale ; il ne nous reste plus, en regrettant ces mutilations inutiles et souvent inintelligentes, en voyant disparaître la personnalité de nos cités, qu'à faire revivre sur le papier la physionomie ancienne de leurs rues et de leur terroir, tout en fixant aussi exactement que possible les anciennes dénominations que nos aïeux, épris des vocables savoureux, leur avaient données.

Fernand Sauve.

(Résumé d'un Mémoire, avec plan de restitution de la ville d'Apt au moyen âge et en 1784.)

COMMUNICATION DE M. CH. VINCENS

Le résumé suivant de la communication de M. Charles VINCENS (p. 113, n° 7) ne nous est pas parvenu en temps voulu pour être inséré à sa place.

Dans sa communication sur *La Coopération et les Sociétés coopératives de consommation à Marseille,* M. Charles Vincens a voulu étudier l'une des œuvres sociales qui sollicitent le plus, aujourd'hui, l'attention des économistes — surtout dans les grandes villes.

Il a tout d'abord défini la *Coopération*, qui est l'union légale et pacifique de toutes les petites forces pour en faire une grande ; il justifie cette définition par un exemple tout personnel, et qui, à Milan où tout est coopératif, lui ouvrit les yeux sur le caractère, la portée et les avantages du système.

Ne pouvant s'étendre sur ses diverses formes ou applications, M. Charles Vincens a négligé les *Sociétés de Crédit*, formées par ceux auxquels le crédit n'est pas nécessaire, c'est-à-dire par des capitalistes qui, dévoués au bien social, renoncent à l'intérêt de leurs actions pour l'appliquer à la diminution de l'escompte du petit papier, refusé par les grandes Banques. Il n'a pas parlé davantage des *Sociétés de production*, qui ne sont pas encore assez expérimentées dans notre pays et qui, pour la plupart, reposent sur une utopie, par exemple, sur le principe dangereux de « la mine aux mineurs ». — Mais il a étudié spécialement les *Sociétés de consommation*, forme la plus directement et pratiquement appropriée aux besoins de tous : ces Sociétés ont pour base la suppression du rouage onéreux — et inutile — de l'intermédiaire, mettant ainsi le producteur directement en contact avec le consommateur et il en résulte, au profit de l'un comme de l'autre, une notable économie. En outre, achetant en gros des denrées *de bonne qualité* et *de poids sincère*, ces Sociétés les vendent à leurs membres à un prix inférieur toujours à celui du détail ; et la différence, après payement des frais généraux, est répartie au prorata des achats de chaque sociétaire dans l'année.

Après avoir rappelé le succès des « Pionniers de Rochdale » qui, depuis un demi-siècle d'existence, ont déjà réparti 45 millions de francs entre leurs sociétaires, M. Charles Vincens a passé en revue la création des Sociétés similaires en France, où elles eurent quelque peine à être encouragées et appréciées, malgré le merveilleux développement qu'elles avaient pris peu à peu, après l'Angleterre, en Allemagne, en Danemark, en Suisse, en Italie ; et, après avoir eu soin de démontrer l'énorme différence qu'il y a entre le Collectivisme, qui met en commun les richesses acquises par quelques-uns, — de sorte que les fainéants seraient entretenus par ceux qui travaillent, — et la Coopération, qui crée, par les dépenses de tous, la richesse commune, M. Charles Vincens fait l'historique de ces Coopératives, de ces associations fraternelles, nées de ce sentiment chrétien qui est la source de tant d'améliorations sociales.

Nous ne pouvons suivre ici l'intéressant conférencier dans son exposé de l'organisation de ces Sociétés, conforme à la loi de 1867, remaniée par celle de 1893. Quelques-unes se sont formées, à l'origine, avec dix membres seulement, versant chacun 25 fr., quelquefois moins ; leur succès a amené d'autres sociétaires. Administrées avec intelligence, économie dans les frais, et dévouement, elles sont peu nombreuses encore à Marseille, mais toutes prospères, quel que soit leur plus ou moins d'importance ; le groupement de certaines autres, dans la région, donne à chacune d'elles des résultats tout à fait merveilleux, qu'apprécient bien les ménagères, lorsqu'au rendement des comptes la Société leur rembourse une partie de ce que la famille a consommé dans l'année.

Quelques esprits chagrins, ou mal intentionnés, se sont élevés, il est vrai, contre ces Sociétés qui, vendant à bon marché, peuvent faire baisser le cours des denrées et annihiler le commerce de détail. Cependant, comme l'a dit M. Charles Vincens, de quel droit obligerait-on quelqu'un à payer plus cher, à gauche, lorsque, à droite, il y a quelque combinaison sérieuse et honnête qui fait payer meilleur marché en donnant de meilleure qualité ?

Toutefois, en terminant cette conférence si documentée, M. Charles Vincens a tenu à démontrer que la prospérité et la paix sociale ne viennent pas seulement du bien-être matériel : leur source est surtout dans la fraternité humaine — et chrétienne ; — et les applaudissements qui ont accueilli la péroraison du conférencier montraient avec quel intérêt l'avait suivi l'auditoire, dans cette étude passionnante comme tout ce qui a pour but la moralisation de nos semblables par l'amélioration des conditions de la vie.

DISTINCTIONS HONORIFIQUES

Le Bureau du Congrès avait fait un certain nombre de propositions pour les palmes académiques. Ces propositions ont été accueillies avec bienveillance par M. le Ministre de l'Instruction publique. Ont été nommés officiers d'Académie :

Mlle Eugénie Houchart, de l'Académie de Vaucluse ;

MM. J.-B. Astier, de l'Escolo de la Mar ;

Marie Bertrand, de l'Ecole de Lérins, sous-bibliothécaire de la ville de Cannes ;

Ch. Latune, de la Société d'Études provençales, avocat à Marseille ;

J.-M. Nicollet, de la Société d'Études des Hautes-Alpes, juge de paix à La Bâtie-Neuve (Hautes-Alpes).

TABLE ALPHABÉTIQUE

DES

NOMS DE PERSONNES, DE LIEUX ET DE MATIÈRES

TABLE DES GRAVURES

TABLE DES MATIÈRES

VALENCE, IMPRIMERIE VALENTINOISE. — 1207.

www.ingramcontent.com/pod-product-compliance
Lightning Source LLC
Chambersburg PA
CBHW051223050726
47594CB00001B/4